더 쉽게 더 빠르게 합격 플러스

1차 시험

산업보건지도사

II 산업위생일반

서영민 지음

BM (주)도서출판 성안당

■ **도서 A/S 안내**

성안당에서 발행하는 모든 도서는 저자와 출판사, 그리고 독자가 함께 만들어 나갑니다.

좋은 책을 펴내기 위해 많은 노력을 기울이고 있습니다. 혹시라도 내용상의 오류나 오탈자 등이 발견되면 **"좋은 책은 나라의 보배"**로서 우리 모두가 함께 만들어 간다는 마음으로 연락주시기 바랍니다. 수정 보완하여 더 나은 책이 되도록 최선을 다하겠습니다.

성안당은 늘 독자 여러분들의 소중한 의견을 기다리고 있습니다. 좋은 의견을 보내주시는 분께는 성안당 쇼핑몰의 포인트(3,000포인트)를 적립해 드립니다.

잘못 만들어진 책이나 부록 등이 파손된 경우에는 교환해 드립니다.

저자 문의 e-mail : po2505ten@hanmail.net(서영민)
본서 기획자 e-mail : coh@cyber.co.kr(최옥현)
홈페이지 : http://www.cyber.co.kr   전화 : 031) 950-6300

P·R·E·F·A·C·E

머리말

본서는 한국산업인력공단 산업보건지도사 1차 시험 출제기준 및 산업위생일반에 관한 사항, 전문지식, 지도내용을 포함하여 구성하였으며, 산업보건지도사 시험을 준비하는 수험생 여러분들이 효율적으로 학습할 수 있도록 최근 출제경향을 기본으로 필수 내용만 정성껏 담았습니다.

본 교재의 특징
1. 최근 출제경향의 특성 분석에 의한 이론 내용을 충실하게 수록
2. 산업위생일반 관련 기본적 이론 및 심화학습 문제에 관한 내용 수록
3. 각 이론마다 해당되는 계산문제·풀이 구성
4. 최근 출제되었던 기출문제(2013~2025년)를 포함하여 수록

차후 실시되는 산업보건지도사 문제를 반영할 예정이며, 미흡하고 부족한 점을 계속 수정·보완해 나가도록 하겠습니다.

끝으로 이 책을 출간하기까지 끊임없는 성원과 배려를 해주신 성안당 이종춘 회장님, 편집부 최옥현 전무님, 이용화 부장님, 김원갑 부장님, 세라컴 유완호 부장님, 아들 서지운에게 깊은 감사를 전합니다.

저자 **서영민**

이 책의 특징 및 구성

핵심이론 16 인간공학 활용 3단계

(1) 1단계 : 준비 단계
  ① 인간공학에서 인간과 기계 관계 구성인자의 특성이 무엇인지를 알아야 하는 단계이다.
  ② 인간과 기계가 각기 맡은 일과 인간과 기계 관계가 어떠한 상태에서 조작될 것인지 명확히 알아야 하는 단계이다.

(2) 2단계 : 선택 단계
  각 작업을 수행하는 데 필요한 직종 간의 연결성, 공정 설계에 있어서의 기능적 특성, 경제적 효율, 제한점을 고려하여 세부 설계를 하여야 하는 인간공학의 활용 단계이다.

(3) 3단계 : 검토 단계
  공장의 기계 설계 시 인간공학적으로 인간과 기계 관계의 비합리적인 면을 수정 보완하는 단계이다.

핵심이론 17 인간공학에 적용되는 인체 측정방법

(1) 정적 치수(static dimension)
  ① 구조적 인체 치수라고도 한다.
  ② 정적 자세에서 움직이지 않는 측정을 인체 계측기로 측정한 것이다.
  ③ 골격 치수(팔꿈치와 손목 사이와 같은 관절 중심거리)와 외곽치수(머리둘레, 허리둘레 등)로 구성된다.
  ④ 보통 표(table)의 형태로 제시된다.
  ⑤ 동적인 치수에 비하여 데이터 수가 많다.
  ⑥ 구조적 인체 치수의 종류로는 팔 길이, 앉은키, 눈높이 등이 있다.

▌ 필수적으로 학습해야 하는 중요한 이론들을 각 항목별로 분류하여 수록하였다. 시험과 관계없는 두꺼운 기본서의 복잡한 이론들은 버리고 시험에 반드시 출제되는 이론을 중심으로 효과적인 학습이 가능하다.

기출 및 예상문제 03

300명의 근로자가 근무하는 공장에서 1년에 50건의 재해가 발생하였다. 이 가운데 근로자들이 질병, 기타의 사유로 인하여 총 근로시간 중 5%를 결근하였다면 도수율은? (단, 1주일에 40시간, 연간 50주 근무 기준)

풀이 도수율 = $\dfrac{\text{재해발생건수}}{\text{연근로시간수}} \times 1{,}000{,}000$

재해발생건수 : 50건
연근로시간수 : 40시간×50주×300명=600,000
실제 연근로시간수 : 600,000−(600,000×0.05)=570,000
= $\dfrac{50}{570{,}000} \times 1{,}000{,}000 = 87.72$

기출 및 예상문제 04

800인이 근무하는 사업장에서 연간 100건의 산업재해가 발생하였다. 1일 8시간, 연 300일을 작업한다면 강도율은? (단, 100건의 산업재해로 인한 근로손실일수는 3,000일)

풀이 강도율 = $\dfrac{\text{근로손실일수}}{\text{연근로시간수}} \times 1{,}000$

= $\dfrac{3{,}000}{8 \times 300 \times 800} \times 1{,}000 = 1.56$

기출 및 예상문제 05

A공장의 2013년도 총 재해건수는 6건, 의사진단에 의한 총 휴업일수는 900일이었다. 이 공장의 도수율과 강도율은 각각 약 얼마인가? (단, 평균 근로자는 1,000명, 근로자 1인당 1일 8시간씩 연간 300일을 근무하였다.)

풀이 ㉠ 도수율 = $\dfrac{6}{1{,}000 \times 8 \times 300} \times 10^6 = 2.5$

㉡ 강도율 = $\dfrac{900 \times \left(\dfrac{300}{365}\right)}{1{,}000 \times 8 \times 300} \times 10^3 = 0.31$

▌ 꼼꼼한 기출 및 예상 문제에 자세한 해설을 수록하여 핵심이론에서 학습한 중요 개념과 내용을 한 번 더 확인할 수 있다.

Guide

▎핵심이론의 중요 내용 중 약간 아쉬운 부분은 'Reference'를 통하여 추가 설명하여 플러스 학습이 가능하도록 하였다.

▎2013~2025년 13개년 과년도 문제를 자세한 해설과 함께 수록하여 기출 및 예상 문제만으로 아쉬운 내용을 보충 학습하고 출제경향과 새로운 변화를 직접 확인할 수 있다.

시험안내

01 기본 정보

① 산업보건지도사란 산업인력공단에서 시행하는 산업보건지도사 시험에 합격하여 그 자격을 취득한 자를 말한다. 응시자격에는 제한이 없으며, 응시자는 1차, 2차 필기시험과 3차 면접시험 3단계를 통과해야 한다. 1차는 객관식, 2차는 주관식, 3차는 면접으로 시행되며, 필기시험 1차와 2차는 100점을 만점으로 하여 매 과목 40점 이상, 전 과목 평균 60점 이상이면 합격한다. 면접시험은 10점 만점에 6점 이상이면 합격한다.
② 자격분류 : 국가전문자격
③ 시행기관 : 한국산업인력공단

02 자격 정보

(1) 산업보건지도사

① 산업보건지도사란 산업인력공단에서 시행하는 산업보건지도사 시험에 합격하여 그 자격을 취득한 자를 말한다.
② 산업보건지도사는 직업환경의학, 산업위생공학 분야로 구성된 국가전문자격으로 사업장 안전보건에 대한 진단·평가 및 기술지도, 교육 등을 하는 산업안전보건 컨설턴트이다.
③ 산업안전법 개정에 따라 2014년부터 '산업위생지도사' 자격 명칭을 '산업보건지도사'로 변경하였다.

(2) 특징

① 산업보건지도사 자격검정은 1차, 2차, 3차로 나누어 진행된다. 1차 시험은 분야별 구분 없이 공통과목으로 시행되며, 2차 시험은 직업환경의학, 산업위생공학 분야별로 나누어 시행된다. 3차 시험은 면접시험으로 시행된다.
② 산업보건지도사는 작업환경의 평가 및 개선 지도, 작업환경 개선과 관련된 계획서 및 보고서의 작성, 근로자 건강진단에 따른 사후관리 지도, 직업성 질병 진단(의료법에 따른 의사인 산업보건지도사만 해당) 및 예방 지도, 산업보건에 관한 조사·연구, 그 밖에 산업보건에 관한 사항으로서 대통령령으로 정하는 사항 등을 직무로 한다.

(3) 자격증의 활용

① 창업 : 산업보건지도사는 보건관리기관을 법인으로 낼 수 있고, 기술사와 더불어 측정기관과 보건관리기관의 필수자격이다. 산업보건 중에서 최상위 자격으로 평가된다.

② **취업** : 대기업 등 자율적인 보건관리 체계가 정착되도록 고도의 기술을 요하는 사업을 지원하는데 지도사의 역할이 부각될 전망이며, 사업장 보건관리자로도 취업이 가능할 것이다.

03 시행 취지

외부전문가인 지도사의 객관적이고도 전문적인 지도·조언을 통하여 사업장 내에서의 기존의 위생·보건상의 문제점을 규명하여 개선하고 생산라인 관계자에게 생산현장의 생산방식이나 공법도입에 따른 위생·보건 대책수립에 도움을 주기 위하여 본 자격시험을 시행한다.

04 수행직무

① 유해위험방지계획서, 안전보건개선계획서, 공정안전보고서, 물질안전보건자료 작성지도
② 작업환경측정에 대한 공학적인 개선대책 기술지도
③ 기타 산업위생, 건강증진에 관한 교육 또는 기술지도

05 소관부처명

고용노동부(산업보건과)

06 시험과목 및 시험시간

(1) 시험과목

구분		시험과목
제1차 시험	공통필수 (3과목)	① 공통필수 Ⅰ – 산업안전보건법령
		② 공통필수 Ⅱ – 산업위생일반
		③ 공통필수 Ⅲ – 기업 진단·지도
제2차 시험	전공필수 (택 1)	• 직업환경의학 • 산업위생공학
제3차 시험	공통필수 (면접)	• 전문지식과 응용능력 • 산업안전·보건제도에 대한 이해 및 인식정도 • 상담·지도 능력

시험안내

(2) 시험시간

구분	시험과목	입실시간	시험시간		
			일반 응시자	과목 면제자	
				2과목 응시자	1과목 응시자
제1차 시험	① 공통필수 Ⅰ - 산업안전보건법령 ② 공통필수 Ⅱ - 산업위생일반 ③ 공통필수 Ⅲ - 기업 진단·지도	09:00	09:30~11:00 (90분)	09:30~10:30 (60분)	09:30~10:00 (30분)
제2차 시험	전공필수	09:00	09:30~11:10(100분)		
제3차 시험	• 전문지식과 응용능력 • 산업안전·보건제도에 대한 이해 및 인식정도 • 상담·지도 능력		수험자 1명당 20분 내외		

※ 시험과 관련하여 법률 등을 적용하여 정답을 구하여야 하는 문제는 시험시행일 현재 시행 중인 법률 등을 적용하여 그 정답을 구하여야 함.

07 시험방법

① 제1차 시험 : 객관식 5지 택일형(과목당 25문항)
② 제2차 시험 : 주관식 논술형 및 단답형
③ 제3차 시험 : 면접시험

08 응시자격

① 응시자격은 별도의 규정이 없다.
② 단, 지도사 시험에서 부정행위를 한 응시자에 대해서는 그 시험을 무효로 하고, 그 처분을 한 날부터 5년간 시험응시자격을 정지한다.

09 결격사유(산업안전보건법 제145조)

다음의 어느 하나에 해당하는 사람
① 피성년후견인 또는 피한정후견인
② 파산선고를 받고 복권되지 아니한 사람
③ 금고 이상의 실형을 선고받고 그 집행이 끝나거나(집행이 끝난 것으로 보는 경우를 포함) 집행이 면제된 날부터 2년이 지나지 아니한 사람
④ 금고 이상의 형의 집행유예를 선고받고 그 유예기간 중에 있는 사람
⑤ 산업안전보건법을 위반하여 벌금형을 선고받고 1년이 지나지 아니한 사람
⑥ 산업안전보건법에 따라 등록이 취소된 후 2년이 지나지 아니한 사람

10 시험의 일부 면제(산업안전보건법 시행령 제104조)

(1) 다음의 어느 하나에 해당하는 사람에 대한 시험의 면제는 해당 분야의 업무영역별 지도사 시험에 응시하는 경우로 한정한다.

① 「국가기술자격법」에 따른 건설안전기술사, 기계안전기술사, 산업위생관리기술사, 인간공학기술사, 전기안전기술사, 화공안전기술사 : 별표 32에 따른 전공필수·공통필수Ⅰ 및 공통필수Ⅱ 과목
  ※ 인간공학기술사는 공통필수Ⅰ 및 공통필수Ⅱ 과목만 면제하고 전공필수(제2차 시험)는 반드시 응시

② 「국가기술자격법」에 따른 건설 직무분야(건축 중직무분야 및 토목 중직무분야로 한정), 기계 직무분야, 화학 직무분야, 전기·전자 직무분야(전기 중직무분야로 한정)의 기술사 자격 보유자 : 별표 32에 따른 전공필수 과목

③ 「의료법」에 따른 직업환경의학과 전문의 : 별표 32에 따른 전공필수·공통필수Ⅰ 및 공통필수Ⅱ 과목

④ 공학(건설안전·기계안전·전기안전·화공안전 분야 전공으로 한정), 의학(직업환경의학 분야 전공으로 한정), 보건학(산업위생 분야 전공으로 한정) 박사학위 소지자 : 별표 32에 따른 전공필수 과목

⑤ ② 또는 ④에 해당하는 사람으로서 각각의 자격 또는 학위 취득 후 산업안전·산업보건 업무에 3년 이상 종사한 경력이 있는 사람 : 별표 32에 따른 전공필수 및 공통필수Ⅱ 과목
  ※ 산업안전·산업보건 업무는 다음의 업무에 한하여 인정

> ㉠ 안전·보건 관리자로 실제 근무한 기간
> ㉡ 산업안전보건법에 따라 지정·등록된 산업안전·보건 관련 기관에서 산업안전·보건업무 종사자로 실제 근무한 기간
>   ※ 안전·보건관리전문기관, 재해예방지도기관, 안전·보건진단기관, 작업환경측정기관, 특수건강진단기관 등 (지정서로 확인)
> ㉢ 기업체에서 실제 안전관리 또는 보건관리 업무를 수행한 기간
>   ※ 품질·환경 업무, 시설(안전)점검 등 산업안전보건법상의 안전·보건관리 업무와 무관한 경력기간은 제외하고, 경력증명서상에 '안전관리' 또는 '보건관리'라고 기재되어 있으며 수행기간이 구체적으로 기재되어 있을 경우에 한해 인정

⑥ 「공인노무사법」에 따른 공인노무사 : 별표 32에 따른 공통필수Ⅰ 과목

⑦ 산업안전(보건)지도사 자격 보유자로서 다른 지도사 자격시험에 응시하는 사람 : 별표 32에 따른 공통필수Ⅰ 및 공통필수Ⅲ 과목

⑧ 산업안전(보건)지도사 자격 보유자로서 같은 지도사의 다른 분야 지도사 자격시험에 응시하는 사람 : 별표 32에 따른 공통필수Ⅰ, 공통필수Ⅱ 및 공통필수Ⅲ 과목

시험안내

※ 산업안전보건법 시행령 별표 32
  지도사 자격시험 중 필기시험의 업무 영역별 과목 및 범위(제103조 제2항 관련)

구분		산업보건지도사	
		직업환경의학 분야	산업위생 분야
전공필수	과목	직업환경의학	산업위생공학
	시험범위	• 직업병의 종류 및 인체발병경로, 직업병의 증상 판단 및 대책 등 • 역학조사의 연구방법, 조사 및 분석방법, 직종별 직업환경의학적 관리대책 등 • 유해인자별 특수건강진단 방법, 판정 및 사후관리대책 등 • 근골격계 질환, 직무스트레스 등 업무상 질환의 대책 및 작업관리방법 등	• 산업환기설비의 설계, 시스템의 성능검사 · 유지관리 기술 등 • 유해인자별 작업환경 측정방법, 산업위생 통계 처리 및 해석, 공학적 대책 수립 기술 등 • 유해인자별 인체에 미치는 영향 · 대사 및 축적, 인체의 방어 기전 등 • 측정시료의 전처리 및 분석방법, 기기분석 및 정도관리 기술 등
공통필수 Ⅰ	과목	산업안전보건법령	
	시험범위	「산업안전보건법」, 「산업안전보건법 시행령」, 「산업안전보건법 시행규칙」, 「산업안전보건기준에 관한 규칙」	
공통필수 Ⅱ	과목	산업위생일반	
	시험범위	산업위생개론, 작업관리, 산업위생보호구, 위험성평가, 산업재해 조사 및 원인 분석 등	
공통필수 Ⅲ	과목	기업 진단 · 지도	
	시험범위	경영학(인적자원관리, 조직관리, 생산관리), 산업심리학, 산업안전개론	

(2) 제1차 또는 제2차 필기시험에 합격한 사람에 대해서는 다음 회의 자격시험에 한정하여 합격한 차수의 필기시험을 면제한다.

(3) 경력 및 면제요건 산정 기준일
   서류심사 마감일

11 합격자 결정(산업안전보건법 시행령 제105조)

① **필기시험** : 매 과목 100점을 만점으로 하여 과목당 40점 이상, 전 과목 평균 60점 이상을 득점한 사람을 합격자로 결정한다.
② **면접시험** : 면접시험은 평정 요소별로 평가하되, 10점 만점에 6점 이상 득점한 사람을 합격자로 결정한다.

12 응시원서 접수

(1) 접수방법
① Q-Net 산업보건지도사 자격시험 홈페이지를 통한 인터넷 접수만 가능
http://www.Q-net.or.kr/site/indusani
  ※ 인터넷 활용 불가능자의 내방접수(공단지부·지사)를 위해 원서접수 도우미 지원
  ※ 단체접수는 불가
② 원서접수 마감시각까지 수수료를 결제하여야 함
③ 원서접수 시 최근 6개월 이내에 촬영한 여권용 사진(3.5cm×4.5cm)을 파일(JPG, JPEG 파일, 사이즈 : 150×200 이상, 300DPI 권장, 200KB 이하)로 등록

(2) 수수료 납부
① 응시수수료 : (1차) 55,000원
         (2, 3차 동시접수) 75,000원
  ※ 결제수수료는 공단에서 부담
② 납부방법 : 전자결제(신용카드, 계좌이체, 가상계좌, 간편결제, 퀵계좌이체) 이용
  ※ 가상계좌는 접수완료 시점이 13시 이전은 당일 14시까지 입금완료, 13시 이후는 익일 14시까지 입금완료 해야 함(지정 시간까지 미 입금 시, 원서접수가 취소됨)
  ※ 정기접수 마감일 13시 이후 가상계좌 결제가 불가하고 다른 결제수단만 가능
  ※ 빈자리 원서접수 기간 중에는 가상계좌 결제가 불가하고 다른 결제수단만 가능
③ 수수료 환불
  ㉠ 환불은 큐넷 산업보건지도사 홈페이지 ⇨ "마이페이지"에서만 신청 가능
  ㉡ 시험 시행일 이후 환불을 원할 시에는 큐넷 메인 홈페이지 자료실 ⇨ 각종 서식에서 '검정수수료 환불신청서' 다운로드 후 작성 ⇨ 제출

구분	환불기준
100% 환불	• 응시수수료를 과오납한 경우 (과오납 금액분만 환불) • 접수기간 내에 접수를 취소하는 경우(빈자리 접수기간 중에는 취소·환불 불가) • 한국산업인력공단의 귀책사유로 시험에 응시하지 못하는 경우
60% 환불	시험시행일 20일 전까지 접수를 취소하는 경우
50% 환불	시험시행일 10일 전까지 접수를 취소하는 경우
환불 불가	• 정해진 환불기간 종료 후 환불신청을 한 경우 • 시험 결시자

시험안내

구분	환불기준
사후환불 (시험일 이후 환불 가능사유)	• 본인 또는 배우자의 부모·(외)조부모·형제·자매, 배우자, 자녀가 시험일로부터 7일 전까지 사망하여 시험에 응시하지 못한 수험자가 시험일 이후 30일까지 환불을 신청한 경우에는 납입한 수수료의 전부 • 본인의 사고 및 질병으로 입원(시험일이 입원기간에 포함)하여 시험에 응시하지 못한 수험자가 시험일 이후 30일까지 환불을 신청한 경우에는 납입한 수수료의 전부(의료기관의 입원확인서 첨부) • 국가가 인정하는 격리가 필요한 감염병 발생 시 국가(공공기관 포함) 및 의료기관으로부터 감염확정 판정을 받거나, 격리대상자로 판정(격리기간에 시험일 포함)되어 시험에 응시하지 못한 수험자가 시험일 이후 30일까지 환불을 신청한 경우에는 납입한 수수료의 전부[국가(공공기관) 및 의료기관 발급한 확인서 첨부] • 북한의 포격도발 등 심각한 국가 위기단계로 휴가, 외출 등이 금지되어(금지기간에 시험일이 포함) 시험에 응시하지 못한 군인 및 군무원 수험자가 시험일 이후 30일까지 환불을 신청한 경우에는 납입한 수수료의 전부(중대장 이상이 발급한 확인서 첨부) • 예견할 수 없는 기후상황으로 본인의 거주지에서 시험장까지의 대중교통 수단이 두절되어 시험에 응시하지 못한 수험자가 시험일 이후 30일까지 환불을 신청한 경우에는 납입한 수수료의 전부(재난문자, 경찰서 확인서 등 객관적인 증빙자료 첨부) • 원서접수 이후 자격취득으로 해당 회차 동일자격의 기자격취득자가 된 경우 납입한 수수료의 전부

※ 시험관리기관의 귀책사유라 함은 다음에 해당하는 경우를 말한다.
  1. 같은 시험 일자에 2개 이상의 자격으로 접수되어 한 자격을 응시하지 못하게 된 경우(시험일시를 사전에 고지한 경우는 제외)
  2. 수험원서를 접수한 광역지방자치단체 행정구역 이외의 다른 광역지방자치단체 행정구역으로 시험장이 배정되어 시험에 응시하지 못한 경우(시험장소를 사전에 고지하여 수험자가 선택한 경우는 제외)
  3. 시험시설장비의 고장, 정전, 단수, 천재지변, 감염병 예방 등으로 시험시행을 하지 못한 경우
  4. 기타 시험 관련 고지 오류로 인하여 시험에 응시하지 못한 경우(착오에 대한 정정공지를 하였을 경우는 제외)

※ 수험원서 접수 취소 및 응시수수료 환불 신청은 인터넷(큐넷)으로만 가능
※ 제3차 시험은 동시접수로 진행되므로, 환불기간은 제2차 시험 환불기간과 동일
※ 빈자리 원서접수 기간 중에는 취소·환불 불가

(3) 시험시행기관

기관명	구분	주소	우편번호	담당부서	연락처
서울지역본부	1·2·3차	서울 동대문구 장안벚꽃로 279	02512	전문자격시험부	02-2137-0559
부산지역본부	1차	부산 북구 금곡대로 441번길 26	46519	필기시험부	051-330-1822
대구지역본부		대구 달서구 성서공단로 213	42704	필기시험부	053-580-2375
광주지역본부		광주 북구 첨단벤처로 82	61008	필기시험부	062-970-1765
대전지역본부		대전 중구 서문로 25번길 1	35000	필기시험부	042-580-9132

※ 상기 내용은 변경될 수 있음.

(4) 수험표 교부

① 수험표는 인터넷 원서접수가 정상적으로 처리되면 출력 가능
② 수험표는 시험 당일까지 수험자가 인터넷으로 재출력 가능
③ 수험표에는 시험일시, 입실시간, 시험장 위치(교통편), 수험자 유의사항 등이 기재되어 있음
  ※ 「SMART Q-Finder」 도입으로 시험전일 18:00부터 시험실을 확인할 수 있도록 서비스 제공

Guide

(5) 원서접수 완료 후(결제완료 후) 접수내용 변경 방법

원서접수 기간 내에는 취소 후 재접수가 가능하나, 원서접수 기간 종료 후에는 재접수 및 접수내용 변경 불가

※ 빈자리 원서접수 기간에는 접수 완료 후 취소·환불이 불가하며, 내용 변경 및 재접수 불가

(6) 수험자 응시편의 제공

① 장애인 및 기타 응시편의 제공 요청자의 경우 원서접수 시 해당 편의 제공 유형 및 요청사항을 선택하고 해당 장애 등을 입증할 수 있는 증빙서류를 제출하여야 편의를 제공받을 수 있음

　※ 증빙서류 미제출시, 일반수험자와 동일한 방법으로 응시해야 함

　㉠ (온라인 제출) 원서접수 기간 내 [큐넷 마이페이지 – 원서접수내역 – 응시시험 편의제공 사항 수정 및 확인]에서 증빙서류 업로드

　㉡ (우편 또는 방문제출) 원서접수 마감 후 4일 이내에 시험 시행기관(관할 지역본부)에 등기우편 또는 방문 제출

② 척추장애는 기본적으로 하지장애로 구분하며, 의료법에 의한 종합병원에서 발급한 상지장애 진단서(장애정도 표기 필요, 진단서 없는 소견서 불인정) 제출 시, 상지장애로 구분

③ 일시적 신체장애로 인한 편의제공 요청사항 중 시험시간 연장이 포함될 경우는 반드시 의료법에 의한 종합병원에서 발급한 진단서 제출(진단서 유효기간 명시 필요, 진단서 없는 소견서 불인정)

④ 대장장애 등 배변에 장애가 있는 수험자는 의료법에 의한 병원급 의료기관에서 발행한 진단서(또는 소견서) 원본을 제출한 경우 시험 중 화장실 출입 허용(임산부는 의료법에 의한 의원급 또는 병원급 의료기관에서 발급한 소견서 또는 임신사실확인서 원본, 이외 수험자는 시험 중 화장실 출입 불가)

⑤ 기타, 장애 유형 및 정도에 따른 응시편의 제공사항은 장애인 등 유형별 편의제공 적용 기준 참고

〈제출서류〉
1. 장애인복지법에 의한 장애인은 시장·도지사·군수·구청장이 발행한 장애인등록증(명서) 또는 장애인복지카드 사본 1부. 다만, 지체장애인의 경우에는 장애인등록증명서 사본 1부
2. 국가유공자 등 예우 및 지원에 관한 법률 시행령에 의한 상이등급에 해당하는 자는 국가보훈부장관이 발행한 국가보훈등록증 사본 및 상이등급과 상이부위 확인이 가능한 서류(상이판정 신체검사 결과통지서 등) 각 1부
3. 산업재해보상보험법 시행령에 의한 장해급여지급 대상자로 결정된 자는 관계기관이 발행한 보험급여지급확인원 원본 1부
4. 의료법에 의한 병원급 의료기관에서 발급한 진단서 또는 소견서 원본 1부
   - 일시적 신체장애로 인한 편의제공 요청사항 중 시험시간 연장이 포함될 경우 의료법에 의한 종합병원에서 발급한 진단서(소견서 불인정, 유효기간 필요) 원본 1부
5. 임신부의 경우 의료법에 의한 의원급 또는 병원급 의료기관에서 발급한 의사소견서 또는 임신사실확인서 원본 1부

Industrial health management

시험안내

13 수험자 유의사항

(1) 제1·2·3차 시험 공통 수험자 유의사항

① 수험원서 또는 제출서류 등의 허위작성·위조·기재오기·누락 및 연락불능의 경우에 발생하는 불이익은 전적으로 수험자 책임이다.
  ※ Q-Net의 회원정보에 반드시 연락 가능한 전화번호로 수정
  ※ 알림서비스 수신동의 시에 시험실 사전 안내 및 합격축하 메시지 발송

② 수험자는 시험시행 전까지 시험장 위치 및 교통편을 확인하여야 하며(단, 시험실 출입은 할 수 없음), 시험당일 교시별 입실시간까지 신분증, 수험표, 필기구를 지참하고 해당 시험실의 지정된 좌석에 착석하여야 한다.
  ※ 매 교시 시험시작 이후 입실불가
  ※ 수험자 입실완료시간 20분 전 교실별 좌석배치도 부착
  ※ 신분증 인정범위

- 모든 수험자 공통 적용
  - (모바일신분증)
    ① 정부24·PASS앱을 통한 주민등록증 모바일 확인서비스
    ② 모바일 운전면허증(삼성월렛 등 민간앱에 발급된 모바일 운전면허증 포함) 및 PASS앱을 통한 모바일 운전면허 확인서비스
    ③ 모바일 공무원증
    ④ 모바일 큐넷 전자지갑에 발급된 모바일 자격증 및 정부24, 카카오, 네이버를 통한 모바일 국가기술자격 확인 서비스
    ⑤ 모바일 국가보훈등록증(삼성월렛 등 민간앱에 발급된 모바일 국가보훈등록증 포함)
  - (실물신분증)
    ① 주민등록증(주민등록증발급신청확인서(유효기간 이내인 것))
    ② 운전면허증(경찰청에서 발행된 것)
    ③ 건설기계조종사면허증
    ④ 여권
    ⑤ 공무원증(장교·부사관·군무원신분증 포함)
    ⑥ 장애인등록증(복지카드)(주민등록번호가 표기된 것)
    ⑦ (구)국가유공자증 및 국가보훈등록증
    ⑧ 국가기술자격증(국가기술자격법에 의거 한국산업인력공단 등 10개 기관에서 발행된 것)
    ⑨ 동력수상레저기구 조종면허증(해양경찰청에서 발행된 것)
- 초·중·고등학생 및 만18세 이하인 자
  - 초·중·고등학교 학생증(사진·생년월일·성명·학교장 직인이 표기·날인된 것)
  - NEIS 및 정부24를 통해 발급(흑백, 컬러)된 재학증명서(사진·생년월일·성명·학교장 직인이 표기·날인 되고, 발급일로부터 1년 이내인 것)
  - 국가자격검정용 신분확인증명서
  - 청소년증(청소년증발급신청확인서 포함)
  - 국가자격증(국가공인 및 민간자격증 불인정)
  - 서울시교육청 하이잡하이유 앱에 발급된 스마트학생증(서울 소재 특성화고 한정)
- 미취학 아동
  - 한국산업인력공단 발행 "국가자격검정용 임시신분증"
  - 국가자격증(국가공인 및 민간자격증 불인정)
- 사병(군인) : 국가자격검정용 신분확인증명서
- 외국인
  - 외국인등록증
  - 외국국적동포국내거소신고증
  - 영주증

Guide

※ 신분증(증명서)에는 사진, 성명, 주민번호(생년월일), 발급기관이 반드시 포함(없는 경우 불인정)
※ 원본이 아닌 화면 캡쳐본, 녹화·촬영본, 복사본 등은 신분증으로 불인정
※ 신분증미지참자는 응시 불가

③ 본인이 원서접수 시 선택한 시험장이 아닌 다른 시험장이나 지정된 시험실 좌석 이외에는 응시할 수 없다.

④ 시험시간 중에는 화장실 출입이 불가하고, 시험시간의 1/2 경과 후 퇴실할 수 있다.
　※ '시험포기각서' 제출 후 퇴실한 수험자는 재입실·응시 불가 및 당해 시험 무효(0점)처리
　※ 단, 배탈·설사 등 긴급한 상황으로 시험포기 없이 시험 중에 퇴실하려는 자는 퇴실 가능하지만, 해당 교시에 재입실은 불가하고 시험시간 1/2 경과 전까지 시험 본부에 대기(퇴실 전 작성한 답안까지 인정)

⑤ 결시 또는 기권, 답안카드(답안지) 제출 불응한 수험자는 해당 교시 이후 시험에 응시할 수 없다.

⑥ 시험 종료 후 감독위원의 답안카드(답안지) 제출지시에 불응한 채 계속 답안카드(답안지)를 작성하는 경우 당해 시험은 무효처리하고 부정행위자로 처리될 수 있으니 유의하여야 한다.

⑦ 수험자는 감독위원의 지시에 따라야 하며, 부정한 행위를 한 수험자에게는 당해 시험을 무효로 하고, 그 처분일로부터 5년간 시험에 응시할 수 없다.

⑧ 시험실에는 벽시계가 구비되지 않을 수 있으므로, 개인용 시계(손목시계, 탁상시계)를 준비하여 시험시간을 관리하여야 하며, 휴대전화기 등 데이터를 저장할 수 있는 전자기기는 시계대용으로 사용할 수 없다.
　※ 시험시간은 타종 등에 의하여 관리되며, 교실에 비치되어 있는 시계 및 감독위원의 시간 안내는 단순참고사항이며 시간 관리의 책임은 수험자에게 있음
　※ 통신, 계산 또는 검색이 가능한 시계(스마트워치, 스마트밴드 등) 부정행위에 활용될 수 있는 일체의 시계 사용을 금함
　※ 시험시간 중 개인용 시계의 알람 등이 울려 시험 진행을 방해한 경우 응시 제한 등 불이익을 받을 수 있음

⑨ 전자계산기는 필요시 1개만 사용할 수 있고 공학용 및 재무용 등 데이터 저장기능이 있는 전자계산기는 수험자 본인이 반드시 메모리(SD카드 포함)를 제거, 삭제(리셋, 초기화)하고 시험위원이 초기화 여부를 확인할 경우에는 협조하여야 한다. 메모리(SD카드 포함) 내용이 제거되지 않은 계산기는 사용불가하며 사용 시 부정행위로 처리될 수 있다.
　※ 단, 메모리(SD카드 포함) 내용이 제거되지 않은 계산기는 사용 불가
　※ 시험일 이전에 리셋 점검하여 계산기 작동여부 등 사전확인 및 재설정(초기화 이후 세팅) 방법 숙지

시험안내

⑩ 시험시간 중에는 통신기기 및 전자기기[휴대용 전화기, 휴대용 개인정보단말기(PDA), 휴대용 멀티미디어 재생장치(PMP), 휴대용 컴퓨터, 휴대용 카세트, 디지털 카메라, 음성파일 변환기(MP3), 휴대용 게임기, 전자사전, 카메라펜, 시각표시 외의 기능이 부착된 시계, 스마트워치 등]를 일체 휴대할 수 없으며, 금속(전파)탐지기 수색을 통해 시험 도중 관련 장비를 소지·착용하다가 적발될 경우 실제 사용여부와 관계없이 당해 시험을 정지(퇴실) 및 무효(0점) 처리하며 부정행위자로 처리될 수 있음을 유의하여야 한다.
　※ 휴대폰은 전원 OFF하여 시험위원 지시에 따라 보관
⑪ 시험 당일 시험장 내에는 주차공간이 없거나 협소하므로 대중교통을 이용하도록 하며, 교통 혼잡이 예상되므로 미리 입실할 수 있도록 한다.
⑫ 시험장은 전체가 금연구역이므로 흡연을 금지하며, 쓰레기를 함부로 버리거나 시설물이 훼손되지 않도록 주의하도록 한다.
⑬ 가답안 발표 후 의견제시 사항은 반드시 정해진 기간 내에 제출하도록 한다.
⑭ 기타 시험일정, 운영 등에 관한 사항은 해당 자격 큐넷 홈페이지의 시행공고를 확인하여야 하며, 미확인으로 인한 불이익은 수험자의 귀책이다.

(2) 제1차 시험 객관식 수험자 유의사항

① 답안카드에 기재된 '수험자 유의사항 및 답안카드 작성 시 유의사항'을 준수하도록 한다.
② 수험자교육시간에 감독위원 안내 또는 방송(유의사항)에 따라 답안카드에 수험번호를 기재 마킹하고, 배부된 시험지의 인쇄상태 확인 후 답안카드에 형별을 마킹하여야 한다.
③ 답안카드는 국가전문자격 공통 표준형으로 문제번호가 1번부터 125번까지 인쇄되어 있다. 답안 마킹 시에는 반드시 시험문제지의 문제번호와 동일한 번호에 마킹하여야 한다.
　※ 답안카드 견본은 큐넷 산업보건지도사 홈페이지 공지사항에 공개

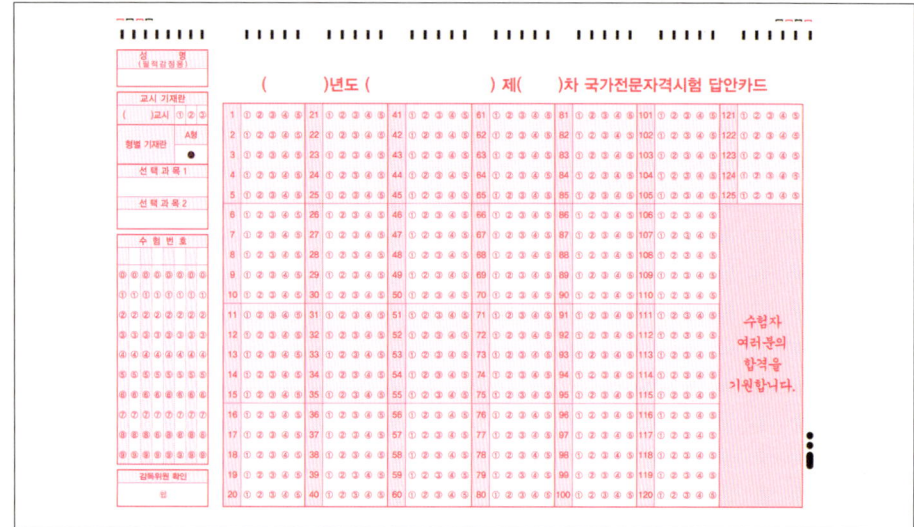

④ 답안카드 기재·마킹 시에는 반드시 검은색 사인펜을 사용하여야 한다.
   ※ 지워지는 펜 사용 불가
⑤ 채점은 전산 자동 판독 결과에 따르므로 유의사항을 지키지 않거나 수험자의 부주의(답안카드 기재·마킹착오, 불완전한 마킹·수정, 예비마킹, 형별착오 마킹 등)로 판독불능, 중복판독 등 불이익이 발생할 경우 수험자 책임으로 이의제기를 하더라도 받아들여지지 않는다.
   ※ 답안을 잘못 작성했을 경우, 답안카드 교체 및 수정테이프 사용가능(단, 답안 이외 수험번호 등 인적사항은 수정불가)하며 재작성에 따른 시험시간은 별도로 부여하지 않음
   ※ 수정테이프 이외 수정액 및 스티커 등은 사용불가

(3) 제2차 시험 주관식 수험자 유의사항

① 국가전문자격 주관식 답안지 표지에 기재된 '답안지 작성 시 유의사항'을 준수하도록 한다.
② 수험자 인적사항·답안지 등 작성은 반드시 검은색 필기구만 사용하여야 한다. (그 외 연필류, 유색필기구 등으로 작성한 답항은 채점하지 않으며 0점 처리)
   ※ 필기구는 본인 지참으로 별도 지급하지 않음
   ※ 지워지는 펜 사용 불가
③ 답안지의 인적사항 기재란 외의 부분에 특정인임을 암시하거나 답안과 관련 없는 특수한 표시를 하는 경우, 답안지 전체를 채점하지 않으며 0점 처리한다.
④ 답안 정정 시에는 반드시 정정부분을 두 줄(=)로 긋고 다시 기재하거나 수정테이프를 사용하여 수정하여야 하며, 수정액 등을 사용했을 경우 채점상의 불이익을 받을 수 있으므로 사용하지 않도록 한다.

(4) 제3차(면접) 시험 수험자 유의사항

① 수험자는 일시·장소 및 입실시간을 정확하게 확인 후 신분증과 수험표를 소지하고 시험당일 입실시간까지 해당 시험장 수험자 대기실에 입실하여야 한다.
② 소속회사 근무복, 군복, 교복 등 제복(유니폼)을 착용하고 시험장에 입실할 수 없다. (특정인임을 알 수 있는 모든 의복 포함)

시험안내

14. 최근 7년간 합격자 통계

(단위 : 명)

구분		1차			2차			3차		
2019년		대상	응시	합격	대상	응시	합격	대상	응시	합격
	소계	330	272	37	26	24	8	53	52	37
보건	직업환경	72	51	3	7	7	1	5	5	4
	산업위생	258	221	34	19	17	7	48	47	33
2020년		대상	응시	합격	대상	응시	합격	대상	응시	합격
	소계	355	290	124	91	85	17	58	56	29
보건	직업환경	91	69	29	28	27	8	14	14	10
	산업위생	264	221	95	63	58	9	44	42	19
2021년		대상	응시	합격	대상	응시	합격	대상	응시	합격
	소계	475	394	101	128	119	22	64	62	21
보건	직업환경	135	106	33	49	45	4	11	11	5
	산업위생	340	288	68	79	74	18	53	51	16
2022년		대상	응시	합격	대상	응시	합격	대상	응시	합격
	소계	596	476	176	163	151	45	115	111	35
보건	직업환경	195	146	53	70	68	27	36	33	10
	산업위생	401	330	123	93	83	18	79	78	25
2023년		대상	응시	합격	대상	응시	합격	대상	응시	합격
	소계	848	669	71	130	124	12	93	90	25
보건	직업환경	272	206	27	63	61	6	33	33	12
	산업위생	576	463	44	67	63	6	60	57	13
2024년		대상	응시	합격	대상	응시	합격	대상	응시	합격
	소계	994	758	255	233	218	28	79	77	20
보건	직업환경	353	265	105	109	104	27	47	45	16
	산업위생	641	493	150	124	114	1	32	32	4
2025년		대상	응시	합격	대상	응시	합격	대상	응시	합격
	소계	908	718	185	283	259	37	101	97	27
보건	직업환경	383	303	78	139	127	20	45	43	19
	산업위생	525	415	107	144	132	17	56	54	8

15 출제기준

과목명	주요항목	세부항목
산업위생일반	1. 산업위생개론	(1) 산업위생의 정의, 목적 및 역사
		(2) 작업환경노출기준
		(3) 산업위생통계
		(4) 작업환경측정 및 평가
		(5) 산업환기
		(6) 물리적(온열조건, 이상기압, 소음진동 등) 유해인자의 관리
		(7) 입자상 물질의 종류, 발생, 성질 및 인체영향
		(8) 유해화학물질의 종류, 발생, 성질 및 인체영향
		(9) 중금속의 종류, 발생, 성질 및 인체영향
	2. 작업관리	(1) 업무적합성 평가방법
		(2) 근로자의 적정배치 및 교대제 등 작업시간 관리
		(3) 근골격계 질환 예방관리
		(4) 작업개선 및 작업환경관리
	3. 산업위생보호구	(1) 보호구의 개념 이해 및 구조
		(2) 보호구의 종류 및 선정방법
	4. 건강관리	(1) 인체 해부학적 구조와 기능
		(2) 순환계, 호흡계 및 청각기관 구조와 기능
		(3) 유해물질의 대사 및 생물학적 모니터링
		(4) 직무스트레스 등 뇌심혈관질환 예방 및 관리
		(5) 건강진단 및 사후 관리
	5. 산업재해 조사 및 원인 분석	(1) 재해조사의 목적
		(2) 재해의 원인분석 및 조사기법
		(3) 재해사례 분석절차
		(4) 산재분류 및 통계분석
		(5) 역학조사 종류 및 방법

차 례

PART 1 핵심이론

✦ 산업위생일반 핵심이론 172개 정리 ······ 3

PART 2 과년도 출제문제(13개년 기출문제 풀이)

- 2013년 제3회 산업보건지도사 ······ 355
- 2014년 제4회 산업보건지도사 ······ 366
- 2015년 제5회 산업보건지도사 ······ 377
- 2016년 제6회 산업보건지도사 ······ 387
- 2017년 제7회 산업보건지도사 ······ 396
- 2018년 제8회 산업보건지도사 ······ 406
- 2019년 제9회 산업보건지도사 ······ 414
- 2020년 제10회 산업보건지도사 ······ 425
- 2021년 제11회 산업보건지도사 ······ 434
- 2022년 제12회 산업보건지도사 ······ 444
- 2023년 제13회 산업보건지도사 ······ 455
- 2024년 제14회 산업보건지도사 ······ 465
- 2025년 제15회 산업보건지도사 ······ 482

산업보건지도사

PART 1

핵심이론

PART 01 핵심이론

산업위생일반

핵심이론 1 | 미국산업위생학회 (AIHA, 1994)의 산업위생의 정의

(1) **정의** (산업위생활동의 기본 4요소 ; 예측, 측정, 평가, 관리)
근로자나 일반 대중(지역주민)에게 질병, 건강장애와 안녕방해, 심각한 불쾌감 및 능률 저하 등을 초래하는 작업환경 요인과 스트레스를 예측, 측정, 평가하고 관리하는 과학과 기술이다 (예측, 인지(확인), 측정, 평가, 관리 의미와 동일함).

(2) **산업위생 활동**
① 예측
  ㉠ 산업위생 활동에서 처음으로 요구되는 활동이다.
  ㉡ 근로자들의 건강장해 및 영향은 사전에 예측이 필요하다.
② 인지(인식 ; recognition)의 특징
  ㉠ 건강에 장해를 줄 수 있는 물리적·화학적·생물학적·인간공학적 유해인자 목록을 작성하고, 작업내용을 검토하며, 설치된 각종 대책과 관련된 조치들을 조사하는 활동이다.
  ㉡ 상황이 존재(설치)하는 상태에서 유해인자에 대한 문제점을 찾아내는 것이다. 즉, 현재 상황에서 존재 또는 잠재하고 있는 유해인자의 파악이다.
  ㉢ 인지(인식) 단계에서의 이러한 활동들은 사업장의 특성, 근로자의 작업 특성, 유해인자의 특성에 근거한다.
③ 측정
  ㉠ 작업환경 및 유해정도를 정성적 또는 정량적으로 계측하는 것을 말한다.
  ㉡ 측정에서 정확한 공기시료의 포집(채취)이 가장 우선적이다.
④ 평가
  ㉠ 유해인자에 대한 양, 정도가 근로자들에게 미치는 영향을 판단하는 의사결정단계이다.
  ㉡ 시료의 채취와 분석, 예비조사의 목적과 범위결정도 평가에 포함된다.
  ㉢ 노출정도를 노출기준과 통계적인 근거로 비교하여 판정하는 것을 말한다.
  ㉣ 유해인자에 대한 평가는 노출정도(유해정도)를 노출기준과 통계적인 근거로 비교하여 판정한다.
⑤ 관리
  ㉠ 유해인자로부터 근로자들을 보호하는 모든 수단을 말한다.

ⓒ 공학적 관리, 행정적 관리, 개인보호구에 의한 관리로 구분하며 공학적 관리가 가장 우선적으로 시행되어야 한다.

핵심이론 2 외국의 산업위생 역사

(1) Hippocrates (B.C. 4세기, 460~377년 : 그리스)
  ① 광산에서의 납중독 보고(역사상 최초로 기록된 직업병 : 납중독)
  ② 직업과 질병의 상관관계의 예를 제시
  ③ 현대 의학의 아버지

(2) Pliny the Elder (A.D. 1세기, 23~79년 : 로마)
  ① 아연, 황의 유해성 주장
  ② 동물의 방광막을 먼지 마스크로 사용하도록 권장함

(3) Galen (A.D. 2세기, 130~200년 : 그리스)
  ① 해부학, 병리학에 관한 많은 이론 발표
  ② 구리광산의 산증기(酸 ; mist)의 유해성 제시(해결책은 밝혀내지 못함)
  ③ 납중독의 증세 관찰

(4) Ulrich Ellenbog (1440~1499년)
  ① 직업병과 위생에 관한 교육용 팸플릿 발간
  ② 납, 수은 중독증상 기술 및 예방조치 제시

(5) Philippus Paracelsus (1493~1541년, 스위스 의사)
  ① 폐질환 원인물질은 수은, 황, 염이라고 주장
  ② 모든 화학물질은 독물이며, 독물이 아닌 화학물질은 없다. 따라서 적절한 양을 기준으로 독물 또는 치료약으로 구별된다고 주장, 독성학의 아버지로 불림
  ③ 모든 물질은 독성을 가지고 있으며, 중독을 유발하는 것은 용량(dose)에 의존한다고 주장
  ④ Von der Bergsucht und anderen Bergkrankheiten 단행본 출판

(6) Georgius Agricola (1494~1555년, 독일 의사)
  ① 저서 "광물에 대하여(De Re Metallica)"
    (내용 : 광부들의 사고와 질병, 예방방법, 비소 독성 등을 포함한 광산업에 대한 상세한 내용 설명)
  ② 광산에서의 환기와 마스크 착용을 권장
  ③ 먼지에 의한 규폐증 기록

(7) Benardino Ramazzini (1633~1714년, 이탈리아 의사)
① 산업보건의 시조, 산업의학의 아버지로 불림
② 저서 "직업인의 질병(De Morbis Artificum Diatriba)(1700년)" : 최초로 직업병 언급
③ 직업병의 원인을 크게 두 가지로 구분
　㉠ 작업장에서 사용하는 유해물질
　㉡ 근로자들의 불완전한 작업이나 과격한 동작
④ 20세기 이전에 인간공학 분야에 관하여 원인과 대책 언급

(8) Sir George Bake (18세기)
사이다 공장에서 납에 의한 복통 발표

(9) Percivall Pott (1713~1830년)
① 영국의 외과의사로 직업성 암을 최초로 보고하였으며, 어린이 굴뚝청소부에게 많이 발생하는 음낭암(scrotal cancer) 발견
② 암의 원인물질은 검댕 속 여러 종류의 다환 방향족 탄화수소(PAH)
③ 굴뚝청소부법을 제정하도록 함(1788년)

(10) Alice Hamilton (1869~1970년)
① 미국의 여의사이며 미국 최초의 산업위생학자, 산업의학자로 인정받음
② 현대적 의미의 최초 산업위생전문가(최초 산업의학자)
③ 20세기 초 미국의 산업보건 분야에 크게 공헌(1910년 납공장에 대한 조사 시작)
④ 유해물질(납, 수은, 이황화탄소) 노출과 질병의 관계 규명
⑤ 1910년 납공장에 대한 조사를 시작으로 40년간 각종 직업병 발견 및 작업환경 개선에 힘을 기울임
⑥ 1970년 미국의 산업재해보건법을 제정하는 데 크게 기여(NIOSH, OSHA 발족)
⑦ 미국의 「산업중독」 발간하여 납중독, 황린에 의한 직업병, 일산화탄소 중독을 기술

(11) Bismark
① 독일에서 근로자질병보호법(1883년)과 공장재해보험법(1884년) 제정
② 사회보장제도의 시조

(12) M.V Pettenkofer (1866년, 독일)
① 환경위생학의 시조
② 실험위생학을 강조

(13) Rudolf Virchow (1821~1902년)
    ① 근대 병리학의 시조(독일의 병리학자)
    ② 의학의 사회성 속에서 노동자의 건강보호를 주장

(14) 공장법 (1833년)
    ① 산업보건에 관한 최초의 법률로서 실제로 효과를 거둔 최초의 법
    ② 19세기 영국 산업보건 발전 계기
    ③ 주요 내용
        ㉠ 감독관을 임명하여 공장 감독
        ㉡ 직업 연령 13세 이상으로 제한
        ㉢ 18세 미만 야간작업 금지
        ㉣ 주간작업시간 48시간으로 제한
        ㉤ 근로자 교육을 의무화
    ※ 1825년 공장법은 대부분 어린이 노동과 관련한 내용임

(15) 공장법 (1864년)
    ① 산업위생에 관한 최초의 법률
    ② 오늘날 전체 환기 및 희석 환기의 시초

(16) Rehn (1890년)
    Anilin 염료로 인한 직업성 방광암 발견

(17) Loriga (1911년)
    진동공구에 의한 수지의 레이노드(Raynaud)씨 현상을 상세히 보고

(18) Turner Thackrah (1975~1833년)
    ① Ramazzini보다 산업위생을 한 단계 발전시킴
    ② 직업에 의해 야기된 질병의 예방에 노력

(19) Robert Peel (1802년)
    자신의 면직공장에서 발진티푸스가 집단적으로 발생함에 따라 그 원인에 대한 조사 등의 경험을 계기로 도제 건강 및 도덕법 제정에 주도적 역할을 함

(20) 중세노동자 사고와 질병은 의학적 인과관계에 의해서 규명되지 못하였으며 산업혁명 초창기 어린이 장시간 노동은 일반적이었다.

핵심이론 3 한국의 산업위생 역사

(1) 1926년
   공장보건위생법 제정

(2) 1953년
   ① 근로기준법 제정(우리나라 산업위생에 관한 최초의 법령) 공포
   ② 근로기준법 주요 내용
      안전과 위생에 관한 조항 규정 및 산업재해를 방지하기 위하여 사업주로 하여금 의무 강요
   ③ 근로기준법 시행령(1962년) 제정(위험 방지에 관한 규정)

(3) 1962년
   가톨릭의대 산업의학연구소 설립

(4) 1963년
   ① 대한산업보건협회 창립
   ② 노정국에서 노동청으로 승격
   ③ 산업재해보상보험법 제정

(5) 1977년
   ① 근로복지공사 설립 및 부속병원 개설
   ② 국립노동과학연구소 설립

(6) 1981년
   ① 산업안전보건법 제정 공포(근로기준법, 동 시행령으로 산업위생의 전반적인 내용을 규제하기는 미흡하여 새롭게 독립적으로 제정)
   ② 산업안전보건법 목적
      ㉠ 근로자의 안전과 보건 유지·증진
      ㉡ 산업재해 예방
      ㉢ 쾌적한 작업환경 조성
   ③ 산업안전보건법 주요 내용
      ㉠ 안전보건관리책임자 고용
      ㉡ 작업환경 측정의 의무화
      ㉢ 특수건강진단과 임시건강진단의 도입
      ㉣ 안전보건교육의 확립

④ 노동청에서 고용노동부로 승격
※ 산업안전보건법 시행 : 1982년 7월 1일

(7) 1986년
① 유해물질의 허용농도 제정
② 산업위생 관련 자격제도 도입

(8) 1987년
한국산업안전공단 설립

(9) 1988년
① 문송면 군의 수은중독 사망
② 온도계, 형광등 제조회사에서 발생

(10) 1990년
한국산업위생학회 창립

(11) 1991년
① (주)원진레이온 이황화탄소(CS_2) 중독
② 1991년에 중독을 발견하고 1998년에 집단적으로 발생, 즉 집단 직업병을 유발
③ 사건 개요
  ㉠ 펄프를 이황화탄소와 적용시켜 비스코스 레이온을 만드는 공정에서 발생
  ㉡ 중고기계를 가동하여 많은 오염물질 누출이 주원인이었으며, 사용했던 기기나 장비는 직업병 발생이 사회문제가 되자 중국으로 수출
  ㉢ 작업환경 측정 및 근로자 건강진단을 소홀히 하여 예방에 실패한 대표적인 예
  ㉣ 급성 고농도 노출 시 사망할 수 있고, 1,000ppm 수준에서는 환상을 보는 등 정신이상을 유발
  ㉤ 만성중독으로는 뇌경색증, 다발성 신경염, 협심증, 신부전증 등을 유발

(12) 1992년
① 작업환경 측정기관에 대한 정도관리 규정 제정
② 산업보건연구원 개원

(13) 2002년
대한산업보건협회 12개 산업보건센터 운영

> **Reference 국제노동기구(ILO)**
>
> 1. 1919년에 창립되었으며, 근로자의 권익과 안전보건을 위한 국제기구이다.
> 2. 우리나라는 1982년부터 옵서버(참관인)로 총회에 참석하였으며, 1991년에 정식으로 가입하였다.
> 3. ILO 활동 중에서 가장 중요한 것은 국제노동기준의 설정이다.

핵심이론 4 산업위생 분야 종사자들의 윤리강령 (미국산업위생학술원, AAIH) : 윤리적 행위의 기준

(1) 산업위생전문가로서의 책임
① 성실성과 학문적 실력 면에서 최고 수준을 유지한다(전문적 능력 배양 및 성실한 자세로 행동).
② 과학적 방법의 적용과 자료의 해석에서 경험을 통한 전문가의 객관성을 유지한다(공인된 과학적 방법 적용, 해석).
③ 전문 분야로서의 산업위생을 학문적으로 발전시킨다.
④ 근로자, 사회 및 전문 직종의 이익을 위해 과학적 지식을 공개하고 발표한다.
⑤ 산업위생활동을 통해 얻은 개인 및 기업체의 기밀은 누설하지 않는다(정보는 비밀 유지).
⑥ 전문적 판단이 타협에 의하여 좌우될 수 있거나 이해관계가 있는 상황에는 개입하지 않는다.

(2) 근로자에 대한 책임
① 근로자의 건강보호가 산업위생전문가의 일차적 책임임을 인지한다(주된 책임 인지).
② 근로자와 기타 여러 사람의 건강과 안녕이 산업위생전문가의 판단에 좌우된다는 것을 깨달아야 한다.
③ 위험요인의 측정, 평가 및 관리에 있어서 외부 영향력에 굴하지 않고 중립적(객관적) 태도를 취한다.
④ 건강의 유해요인에 대한 정보(위험요소)와 필요한 예방조치에 대해 근로자와 상담(대화)한다.

(3) 기업주와 고객에 대한 책임
① 결과 및 결론을 뒷받침할 수 있도록 정확한 기록을 유지하고, 산업위생사업을 전문가답게 전문부서들을 운영·관리한다.
② 기업주와 고객보다는 근로자의 건강보호에 궁극적 책임을 두어 행동한다.
③ 쾌적한 작업환경을 조성하기 위하여 산업위생의 이론을 적용하고 책임감 있게 행동한다.
④ 신뢰를 바탕으로 정직하게 권하고 성실한 자세로 충고하며, 결과와 개선점 및 권고사항을 정확히 보고한다.

(4) 일반 대중에 대한 책임
① 일반 대중에 관한 사항은 학술지에 정직하게 사실 그대로 발표한다.
② 적정(정확)하고도 확실한 사실(확인된 지식)을 근거로 전문적인 견해를 발표한다.

핵심이론 5 산업안전보건법상 산업보건지도사의 직무 (업무)

① 작업환경의 평가 및 개선 지도
② 작업환경 개선과 관련된 계획서 및 보고서의 작성
③ 근로자 건강진단에 따른 사후관리지도
④ 직업병 질병 진단(의료법에 따른 의사인 산업보건지도사만 해당한다) 및 예방지도
⑤ 산업보건에 관한 조사·연구
⑥ 위험도평가의 지도
⑦ 안전보건개선계획의 작성
⑧ 그 밖에 산업보건에 관한 사항의 자문에 대한 응답 및 조언

핵심이론 6 노출기준의 종류

(1) 미국정부산업위생전문가협의회 (ACGIH)
매년 "화학물질과 물리적 인자에 대한 노출기준 및 생물학적 노출지수"를 발간하여 노출기준 제정에 있어서 국제적으로 선구적인 역할을 담당하고 있다.
① **허용기준** (TLVs ; Threshold Limit Values)
세계적으로 가장 널리 이용(권고사항)
② **생물학적 노출지수** (BEIs ; Biological Exposure Indices)
㉠ 근로자가 특정한 유해물질에 노출되었을 때 체액이나 조직 또는 호기 중에 나타나는 반응을 평가함으로써 근로자의 노출 정도를 권고하는 기준
㉡ 근로자가 유해물질에 어느 정도 노출되었는지를 파악하는 지표로서, 작업자의 생체시료에서 대사산물 등을 측정하여 유해물질의 노출량을 추정하는 데 사용

(2) 미국산업안전보건청 (OSHA ; Occupational Safety and Health Administration)
① PEL(Permissible Exposure Limits) 기준 사용 - 법적 기준
② PEL 설정 시 건강상의 영향과 함께 사업장에 적용할 수 있는 기술 가능성도 고려한 것

③ 우리나라 고용노동부 성격과 유사함
④ 미국직업안전위생관리국이라고도 함

(3) **미국국립산업안전보건연구원** (NIOSH ; National Institute for Occupational Safety and Health)
① REL(Recommended Exposure Limits) 기준 사용 – 권고사항
② REL은 오직 건강상의 영향을 예방하는 것을 목적으로 함

(4) **미국산업위생학회** (AIHA ; American Industrial Hygiene Association)
① WEEL 사용
② 1939년에 창립된 학회(미국산업위생학회지 발간)

(5) **독일**
① MAK(Maximal Arbeitsplatz Konzentration) 기준 사용
② 작업장 내 화학물질의 최대농도를 나타내며, MAK 값은 1일 8시간 시간가중평균치(TWA)로 건강한 성인에게 적용

(6) **영국** (WEL ; Workplace Exposure Limits)

(7) **스웨덴, 프랑스** (OEL ; Occupational Exposure Limits)

핵심이론 7 농도 표기

(1) **산업위생 분야 표준상태 (작업환경 측정)**
25℃, 1기압이며, 이때 물질 1mol의 부피는 24.45L

(2) **산업환기 분야 표준상태**
21℃, 1기압이며, 이때 물질 1mol의 부피는 24.1L

(3) **일반대기 분야 표준상태**
0℃, 1기압이며, 이때 물질 1mol의 부피는 22.4L

(4) 용량농도와 질량농도의 환산 (0℃, 1기압)

① 용량농도 (ppm)

$$\text{ppm} \Rightarrow \text{mg/m}^3, \quad \text{mg/m}^3 = \text{ppm}(\text{mL/m}^3) \times \frac{\text{분자량(mg)}}{22.4\text{mL}}$$

② 질량농도 (mg/m^3)

$$\text{mg/m}^3 \Rightarrow \text{ppm}, \quad \text{ppm}(\text{mL/m}^3) = \text{mg/m}^3 \times \frac{22.4\text{mL}}{\text{분자량(mg)}}$$

기출 및 예상문제 01

0℃, 760mmHg일 때 CS_2가 10mg/m^3라면 몇 ppm인가?

풀이
$$\text{ppm}(\text{mL/m}^3) = \text{mg/m}^3 \times \frac{22.4\text{mL}}{\text{분자량(mg)}} = 10 \times \frac{22.4\text{mL}}{76\text{mg}} = 2.95\text{mL/m}^3(\text{ppm})$$

기출 및 예상문제 02

크실렌 농도 100ppm을 mg/m^3로 환산하시오. (단, 18℃, 1기압, 분자량 106)

풀이 우선 일반대기 분야 표준상태에 의해 부피를 환산하면
$$22.4\text{mL} \times \frac{273+18}{273} = 23.87\text{mL}$$
$$\text{농도}(\text{mg/m}^3) = \text{ppm}(\text{mL/m}^3) \times \frac{106\text{mg}}{23.87\text{mL}} = 100\text{mL/m}^3 \times \frac{106\text{mg}}{23.87\text{mL}} = 444\text{mg/m}^3$$

기출 및 예상문제 03

어느 작업장의 SO_2 농도가 5ppm이다. 이를 mg/m^3로 나타내시오. (단, 온도 25℃, 750mmHg)

풀이 우선 일반대기 분야 표준상태에 의해 부피를 환산하면
$$22.4\text{mL} \times \frac{273+25}{273} = 24.45\text{L}$$
$$\text{농도}(\text{mg/m}^3) = 5\text{ppm}(\text{mL/m}^3) \times \frac{64\text{mg}}{\left(22.4 \times \frac{273+25}{273} \times \frac{760}{750}\right)\text{mL}} = 12.91\text{mg/m}^3$$

핵심이론 8 보일-샤를의 법칙

(1) 보일의 법칙

일정한 온도에서 기체 부피는 그 압력에 반비례한다. 즉, 압력이 2배 증가하면 부피는 처음의 1/2배로 감소한다.

(2) 샤를의 법칙

일정한 압력에서 기체를 가열하면 온도가 1℃ 증가함에 따라 부피는 0℃ 부피의 $\frac{1}{273}$ 만큼 증가한다.

(3) 보일 – 샤를의 법칙

온도와 압력이 동시에 변하면 일정량의 기체 부피는 압력에 반비례하고, 절대온도에 비례한다.

$$\frac{PV}{T} = K(\text{일정 상수})$$

기체의 양이 일정할 때, 온도 T_1, 압력 P_1에서 부피 V_1인 기체를 온도 T_2, 압력 P_2로 변화시켰을 때 부피가 V_2로 변했다면 다음 관계식이 성립한다.

$$\frac{P_1 V_1}{T_1} = \frac{P_2 V_2}{T_2}$$

$$V_2 = V_1 \times \frac{T_2}{T_1} \times \frac{P_1}{P_2}, \quad P_2 = P_1 \times \frac{V_1}{V_2} \times \frac{T_2}{T_1}$$

여기서, P_1, T_1, V_1 : 처음 압력, 온도, 부피
P_2, T_2, V_2 : 나중 압력, 온도, 부피

기출 및 예상문제 01

30℃, 750mmHg 상태의 배기가스 SO_2 $2m^3$를 표준상태로 환산하면 그 부피는 몇 m^3가 되는가?

풀이 실측상태 $2m^3$를 표준상태(0℃, 1기압)로 환산하면

$$\frac{P_1 V_1}{T_1} = \frac{P_2 V_2}{T_2}, \quad V_2 = V_1 \times \frac{T_2}{T_1} \times \frac{P_1}{P_2}$$

$$V_2(\text{부피}) = 2m^3 \times \frac{273}{273+30} \times \frac{750}{760} = 1.78m^3$$

기출 및 예상문제 02

127℃, 700mmHg 상태에서 100m³의 배기가스가 있다면 표준상태의 배기가스 용량(m³)은?

[풀이] 실측상태 100m³를 표준상태(0℃, 1기압)로 환산하면

$$\frac{P_1 V_1}{T_1} = \frac{P_2 V_2}{T_2}, \quad V_2 = V_1 \times \frac{T_2}{T_1} \times \frac{P_1}{P_2}$$

$$V_2(부피) = 100\text{m}^3 \times \frac{273}{273+127} \times \frac{700}{760} = 62.86\text{m}^3$$

핵심이론 9 TLV (허용기준, 노출기준)

(1) 정의
① **일반적 정의**
   근로자가 유해인자에 노출되는 경우 거의 모든 근로자에게 건강상 나쁜 영향을 미치지 아니하는 수준을 말한다.
② **ACGIH 정의**
   거의 모든 근로자가 건강상 장애를 입지 않고 매일 반복하여 노출될 수 있다고 생각되는 공기 중 유해인자의 농도 또는 강도이다.

(2) ACGIH (미국정부산업위생전문가협의회)에서 권고하고 있는 허용농도 (TLV) 적용상 주의사항
① 대기오염 평가 및 지표(관리)에 사용할 수 없다.
② 24시간 노출 또는 정상 작업시간을 초과한 노출에 대한 독성 평가에는 적용할 수 없다.
③ 기존의 질병이나 신체적 조건을 판단(증명 또는 반증자료)하기 위한 척도로 사용될 수 없다(노출기준 초과여부로 건강영향을 진단할 수 없다).
④ 작업조건이 다른 나라에서 ACGIH-TLV를 그대로 사용할 수 없다.
⑤ 안전농도와 위험농도를 정확히 구분하는 경계선이 아니다.
⑥ 독성의 강도를 비교할 수 있는 지표는 아니다.
⑦ 반드시 산업보건(위생)전문가에 의하여 설명(해석), 적용되어야 한다.
⑧ 피부로 흡수되는 양은 고려하지 않은 기준이다.
⑨ 산업장의 유해조건을 평가하기 위한 지침이며, 건강장애를 예방하기 위한 지침이다.

(3) 종류
① **시간가중 평균농도** (TWA ; Time Weighted Average)
   ㉠ 1일 8시간, 주 40시간 동안의 평균농도로서 거의 모든 근로자가 평상 작업에서 반복하여 노출되더라도 건강장애를 일으키지 않는 공기 중 유해물질의 농도를 말함

ⓒ 시간가중 평균농도 산출은 1일 8시간 작업을 기준으로 하여 각 유해인자의 측정치에 발생시간을 곱하여 8시간으로 나눈 값

$$\text{TWA} = \frac{C_1 T_1 + \cdots + C_n T_n}{8}$$

여기서, C : 유해인자의 측정농도(ppm 또는 mg/m^3)
T : 유해인자의 발생시간

② **단시간 노출농도** (STEL ; Short Term Exposure Limits)
  ⓐ 근로자가 1회 15분간 유해인자에 노출되는 경우의 기준(허용농도)
  ⓒ 이 기준 이하에서는 노출간격이 1시간 이상인 경우 1일 작업시간 동안 4회까지 노출이 허용될 수 있다. 또한 고농도에서 급성중독을 초래하는 물질에 적용

③ **최고노출기준** (C ; Ceiling ≒ 최고허용농도)
  ⓐ 근로자가 작업시간 동안 잠시라도 노출되어서는 안 되는 기준(농도)
  ⓒ 노출기준 앞에 'C'를 붙여 표시
  ⓒ 어떤 시점에서 수치를 넘어서는 안 된다는 상한치를 뜻하는 것으로 항상 표시된 농도 이하를 유지해야 한다는 의미이며, 자극성 가스나 독작용이 빠른 물질에 적용

④ **시간가중 평균노출기준** (TLV−TWA : ACGIH)
  ⓐ 하루 8시간, 주 40시간 동안에 노출되는 평균농도
  ⓒ 작업장의 노출기준을 평가할 때 시간가중 평균농도를 기본으로 함
  ⓒ 이 농도에서는 오래 작업하여도 건강장애를 일으키지 않는 관리지표로 사용
  ⓒ 안전과 위험의 한계로 해석해서는 안 됨
  ⓒ ACGIH에서의 노출상한선과 노출시간 권고사항
    ⓐ TLV−TWA의 3배(30분 이하)
    ⓑ TLV−TWA의 5배(잠시라도 노출금지)
  ⓑ 오랜 시간 동안의 만성적인 노출을 평가하기 위한 기준으로 사용

⑤ **단시간 노출기준** (TLV−STEL : ACGIH)
  ⓐ 근로자가 자극, 만성 또는 불가역적 조직장애, 사고유발, 응급 시 대처능력의 저하 및 작업능률 저하 등을 초래할 정도의 마취를 일으키지 않고 단시간(15분) 노출될 수 있는 기준
  ⓒ 시간가중 평균농도에 대한 보완적인 기준
  ⓒ 만성중독이나 고농도에서 급성중독을 초래하는 유해물질에 적용
  ⓒ 독성 작용이 빨라 근로자에게 치명적인 영향을 예방하기 위한 기준

⑥ **천장값 노출기준** (TLV−C : ACGIH)
  ⓐ 어떤 시점에서도 넘어서는 안 된다는 상한치

　　　　ⓛ 항상 표시된 농도 이하를 유지하여야 함
　　　　ⓒ 노출기준에 초과되어 노출 시 즉각적으로 비가역적인 반응을 나타냄
　　　　ⓔ 자극성 가스나 독작용이 빠른 물질 및 TLV-STEL이 설정되지 않는 물질에 적용
　　　　ⓜ 측정은 실제로 순간 농도 측정이 불가능하며 따라서 약 15분간 측정함
　　⑦ Skin 또는 피부(ACGIH)
　　　　㉠ 유해화학물질의 노출기준 또는 허용기준에 '피부' 또는 'Skin'이라는 표시가 있을 경우 그 물질은 피부(경피)로 흡수되어 전체 노출량(전신영향)에 기여할 수 있다는 의미
　　　　㉡ 피부자극, 피부질환 및 감각 등과는 관련이 없음
　　　　㉢ 피부의 상처는 흡수에 큰 영향을 미치며 Skin 표시가 있는 경우는 생물학적 지표가 되는 물질도 공기 중 노출농도 측정과 병행하여 측정

(4) 노출기준에 피부(Skin) 표시를 하여야 하는 물질
① 손이나 팔에 의한 흡수가 몸 전체 흡수에 지대한 영향을 주는 물질
② 반복하여 피부에 도포했을 때 전신작용을 일으키는 물질
③ 급성 동물실험 결과 피부 흡수에 의한 치사량(LD_{50})이 비교적 낮은 물질
④ 옥탄올-물 분배계수가 높아 피부 흡수가 용이한 물질
⑤ 다른 노출경로에 비하여 피부 흡수가 전신작용에 중요한 역할을 하는 물질

(5) 우리나라 노출기준
① 노출기준은 1일 작업시간 동안의 시간가중 평균노출기준, 단시간 노출기준, 최고노출기준으로 표시한다.
② 각 유해인자에 대한 노출기준은 해당 유해인자가 단독으로 존재하는 경우의 노출기준을 말하며, 2종 또는 그 이상의 유해인자가 혼재하는 경우에는 각 유해인자의 상가작용 또는 상승작용으로 유해성이 증가할 수 있으므로 사용상 주의를 요한다.
③ 노출기준은 1일 8시간 작업을 기준으로 하여 제정된 것이므로 이를 이용할 때에는 근로시간, 작업강도, 온열조건, 이상기압 등 노출기준에 영향을 끼칠 수 있는 제반요인에 대해 특별히 고려하여야 한다.
④ 유해인자(유해요인)에 대한 감수성은 개인에 따라 차이가 있으며 노출기준 이하의 작업환경에서도 직업상 질병이 발생하는 경우가 있으므로 노출기준 이하의 작업환경이라는 이유만으로 직업성 질병의 이환을 부정하는 근거 또는 반증 자료로 사용할 수 없다.
⑤ 대기오염의 평가 또는 관리상의 지표로 사용할 수 없다.

(6) 화학물질에 대한 노출수준을 측정하는 데 활용하는 사항
① 하루평균 화학물질 취급빈도
② 하루평균 화학물질 시간

③ 하루평균 화학물질 취급량
④ 화학물질 제거 환기효율

기출 및 예상문제 01

어느 작업장의 acetone의 농도를 측정 평가한 결과 1시간 350ppm, 3시간 200ppm, 4시간 150ppm에 폭로된 결과를 얻었다. TWA(시간가중 평균치)를 계산하면?

[풀이]
$$\text{TWA} = \frac{C_1 T_1 + C_2 T_2 + C_3 T_3}{8} = \frac{(1 \times 350) + (3 \times 200) + (4 \times 150)}{8}$$
$$= 193.75\,\text{ppm}$$

C : 유해인자의 측정농도(ppm 또는 mg/m³)
T : 유해인자의 발생기간(시간)

기출 및 예상문제 02

1일 8시간 도장작업하는 근로자에게 톨루엔의 농도가 3시간 동안 75ppm, 2시간 동안 95ppm, 1시간 동안 100ppm, 1시간 동안 110ppm으로 노출되고 나머지 시간은 노출되지 않았다. 톨루엔의 시간가중 평균농도는 몇 ppm인가?

[풀이]
$$\text{TWA} = \frac{C_1 T_1 + \cdots + C_n T_n}{8}$$
$$= \frac{(3 \times 75) + (2 \times 95) + (1 \times 100) + (1 \times 110) + (1 \times 0)}{8}$$
$$= 78.12\,\text{ppm}$$

기출 및 예상문제 03

다음 표는 어떤 작업장의 카르비닐분진을 측정한 자료이다. 이 경우 시간가중 평균농도(TWA)는?

시료	유량(LPM)	측정시간(min)	측정질량(mg)
A	2	240	3.005
B	2	240	2.475

[풀이]
㉠ 시료 A 농도
$$\text{농도}(\text{mg/m}^3) = \frac{\text{질량}}{\text{부피}} = \frac{3.005\,\text{mg}}{2\,\text{L/min} \times 240\,\text{min}} = \frac{3.005\,\text{mg}}{480\,\text{L} \times (\text{m}^3/1{,}000\,\text{L})} = 6.26\,\text{mg/m}^3$$

㉡ 시료 B 농도
$$\text{농도}(\text{mg/m}^3) = \frac{\text{질량}}{\text{부피}} = \frac{2.475\,\text{mg}}{2\,\text{L/min} \times 240\,\text{min}} = \frac{2.475\,\text{mg}}{480\,\text{L} \times (\text{m}^3/1{,}000\,\text{L})} = 5.15\,\text{mg/m}^3$$

$$\text{TWA} = \frac{(240 \times 6.26) + (240 \times 5.15)}{240 + 240} = 5.71\,\text{mg/m}^3$$

핵심이론 10 혼합물의 허용기준 (노출기준)

(1) 노출지수 (EI ; Exposure Index)
① 2가지 이상의 독성이 유사한 유해화학물질이 공기 중에 공존할 때는 대부분의 물질은 유해성의 상가작용(additive effect)을 나타내기 때문에 유해성 평가는 다음의 식에 의하여 계산된 노출지수에 의하여 결정한다.

$$EI = \frac{C_1}{TLV_1} + \frac{C_2}{TLV_2} + \cdots + \frac{C_n}{TLV_n}$$

여기서, EI : 노출지수
C_n : 각 혼합물질의 공기 중 농도
TLV_n : 각 혼합물질의 노출기준

② 노출지수가 1을 초과하면 노출기준을 초과한다고 평가한다.
③ 다만, 혼합된 물질의 유해성이 상승작용 또는 상가작용이 없을 때는 각 물질에 대하여 개별적으로 노출기준 초과 여부를 결정한다(독립작용).

(2) 액체 혼합물의 구성 성분을 알 때 혼합물의 허용농도 (노출기준)

$$혼합물의\ 노출기준 = \frac{1}{\dfrac{f_a}{TLV_a} + \dfrac{f_b}{TLV_b} + \cdots + \dfrac{f_n}{TLV_n}}\ (mg/m^3)$$

여기서, $f_a, f_b, \cdots, f_n$: 액체 혼합물에서의 각 성분 무게(중량) 구성비(%)
$TLV_a, TLV_b, \cdots, TLV_n$: 해당 물질의 TLV(노출기준)(mg/m³)

기출 및 예상문제 01

어느 작업장이 dibromoethane 10ppm(TLV=20ppm), carbon tetrachloride 5ppm(TLV=10ppm) 및 dichloroethane 20ppm(TLV=50ppm)으로 오염되었을 경우 평가 결과는? (단, 이들은 상가작용을 일으킨다고 가정한다.)

풀이

$$노출지수(EI) = \frac{C_1}{TLV_1} + \frac{C_2}{TLV_2} + \frac{C_3}{TLV_3}$$

$$= \frac{10}{20} + \frac{5}{10} + \frac{20}{50} = 1.4$$

1을 초과하므로 허용기준 초과 평가

기출 및 예상문제 02

공기 중 혼합물로서 carbon tetrachloride(TLV=10ppm) 5ppm, 1,2-dichloroethane(TLV=50ppm) 25ppm, 1,2-dibromoethane(TLV=20ppm) 5ppm으로 존재 시 허용농도 초과 여부를 평가하고, 허용기준(ppm)을 구하면? (단, 혼합물은 상가작용을 한다.)

풀이

㉠ 노출지수(EI) $= \dfrac{C_1}{TLV_1} + \dfrac{C_2}{TLV_2} + \cdots + \dfrac{C_n}{TLV_n}$

$= \dfrac{5}{10} + \dfrac{25}{50} + \dfrac{5}{20} = 1.25$ (1을 초과하므로 허용농도 초과 판정)

㉡ 보정된 허용농도(기준) $= \dfrac{\text{혼합물의 공기 중 농도}(C_1 + C_2 + C_3)}{\text{노출지수}}$

$= \dfrac{(5+25+5)\text{ppm}}{1.25} = \dfrac{35\text{ppm}}{1.25} = 28\text{ppm}$

기출 및 예상문제 03

유기용제가 다음의 중량비로 혼합되어 공기 중으로 휘발(증발)되었을 때 공기 중 혼합물의 노출기준(허용농도 : mg/m^3)은?

- 50% 헵탄(TLV=1,640mg/m^3)
- 30% 메틸클로로포름(TLV=1,910mg/m^3)
- 20% 퍼클로로에틸렌(TLV=170mg/m^3)

풀이

혼합물의 노출기준 $= \dfrac{1}{\dfrac{f_a}{TLV_a} + \dfrac{f_b}{TLV_b} + \dfrac{f_c}{TLV_c}} = \dfrac{1}{\dfrac{0.5}{1,640} + \dfrac{0.3}{1,910} + \dfrac{0.2}{170}} = 610\text{mg/m}^3$

기출 및 예상문제 04

헵탄(TLV=1,640mg/m^3), 메틸클로로포름(TLV=1,910mg/m^3), 퍼클로로에틸렌(TLV=170mg/m^3)이 1 : 2 : 3의 비율로 혼합된 유해물질의 허용농도(mg/m^3, 노출기준)는?

풀이 각 유해물질의 중량비를 먼저 구하면

㉠ 헵탄 $= \dfrac{1}{6} \times 100 = 16.7\%$

㉡ 메틸클로로포름 $= \dfrac{2}{6} \times 100 = 33.3\%$

㉢ 퍼클로로에틸렌 $= \dfrac{3}{6} \times 100 = 50.0\%$

혼합물의 노출기준 $= \dfrac{1}{\dfrac{0.167}{1,640} + \dfrac{0.333}{1,910} + \dfrac{0.500}{170}} = 310.81\text{mg/m}^3$

핵심이론 11 비정상 작업시간에 대한 허용농도 보정

(1) OSHA의 보정방법
 ① 노출기준 보정계수를 구하여 노출기준에 곱하여 계산한다.
 ② 급성중독을 일으키는 물질(대표적 : 일산화탄소)

$$\text{보정된 노출기준} = 8\text{시간 노출기준} \times \frac{8\text{시간}}{\text{노출시간/일}}$$

 ③ 만성중독을 일으키는 물질(대표적 : 중금속)

$$\text{보정된 노출기준} = 8\text{시간 노출기준} \times \frac{40\text{시간}}{\text{노출시간/주}}$$

 ④ 노출기준(허용농도)에 보정을 생략할 수 있는 경우
  ㉠ 천장값(C ; Ceiling)으로 되어 있는 노출기준
  ㉡ 가벼운 자극(만성중독 야기 안 함)을 유발하는 물질에 대한 노출기준
  ㉢ 기술적으로 타당성이 없는 노출기준

(2) Brief와 Scala의 보정방법
 ① 노출기준 보정계수를 구하여 노출기준에 곱하여 계산한다.
 ② 노출기준 보정계수(RF)

$$\text{RF} = \left(\frac{8}{H}\right) \times \frac{24-H}{16} \quad \left[\text{일주일, RF} = \left(\frac{40}{H}\right) \times \frac{168-H}{128}\right]$$

  여기서, H : 비정상적인 작업시간(노출시간/일, 노출시간/주)
    16 : 휴식시간 의미(128 : 일주일 휴식시간 의미)
 ③ 보정된 노출기준=RF×노출기준(허용농도)

기출 및 예상문제 01

톨루엔(TLV=50ppm)을 사용하는 작업장의 작업시간이 10시간일 때 허용기준을 보정하여야 한다. OSHA 보정법과 Brief and Scala 보정법을 적용하였을 경우 보정된 허용기준치 간의 차이는?

풀이 ㉠ OSHA 보정방법

$$보정된\ 노출기준 = 8시간\ 노출기준 \times \frac{8시간}{노출시간/일} = 50 \times \frac{8}{10} = 40\,\text{ppm}$$

㉡ Brief and Scala 보정방법

$$RF = \left(\frac{8}{H}\right) \times \frac{24-H}{16} = \left(\frac{8}{10}\right) \times \frac{24-10}{16} = 0.7$$

보정된 노출기준 = TLV × RF = 50 × 0.7 = 35 ppm

∴ 허용기준치 차이 = 40 − 35 = 5 ppm

핵심이론 12 공기 중 혼합물질의 화학적 상호 (혼합)작용

(1) 상가작용 (additive effect)
① 작업환경 중의 유해인자가 2종 이상 혼재하는 경우에 있어서 혼재하는 유해인자가 인체의 같은 부위에 작용함으로써 그 유해성이 가중되는 것을 말한다.
② 화학물질 및 물리적 인자의 노출기준에 있어 2종 이상의 화학물질이 공기 중에 혼재하는 경우에는 유해성이 인체의 서로 다른 조직에 영향을 미치는 근거가 없는 한 유해물질들 간의 상호작용을 나타낸다.
③ 상대적 독성 수치로 표현하면
2+3=5, 여기서 수치는 독성의 크기를 의미한다.

(2) 상승작용 (synergism effect)
① 각각 단일물질에 노출되었을 때 독성보다 훨씬 독성이 커짐을 말한다.
② 상대적 독성 수치로 표현하면, 2+3=20
③ 예시
  ㉠ 사염화탄소와 에탄올
  ㉡ 흡연자가 석면에 노출 시

(3) 잠재작용 (potentiation effect)(=가승작용)
① 인체의 어떤 기관이나 계통에 영향을 나타내지 않는 물질이 다른 독성 물질과 복합적으로 노출되었을 때 그 독성이 커지는 것을 말한다.

② 상대적 독성 수치로 표현하면, 2+0=10
③ 예시

이소프로필알코올은 간에 독성을 나타내지 않으나 이것이 사염화탄소와 동시에 노출 시 나타난다.

(4) 길항작용 (antagonism effect)(=상쇄작용)
① 두 가지 화합물이 함께 있을 때 서로의 작용을 방해하는 것을 말한다.
② 상대적 독성 수치로 표현하면, 2+3=1
③ 예시

페노바비탈은 디란틴을 비활성화시키는 효소를 유도함으로써 급·만성의 독성이 감소된다.
④ 종류
  ㉠ 화학적 길항작용
    두 화학물질이 반응하여 저독성의 물질을 형성하는 경우
  ㉡ 기능적 길항작용
    동일한 생리적 기능에 길항작용을 나타내는 경우
  ㉢ 배분적 길항작용
    물질의 흡수, 대사 등에 영향을 미쳐 표적기관 내 축적기관의 농도가 저하되는 경우
  ㉣ 수용적 길항작용
    두 화학물질이 같은 수용체에 결합하여 독성이 저하되는 경우

(5) 독립작용
① 독성이 서로 다른 물질이 혼합되어 있을 경우 각각 반응양상이 달라 각 물질에 대하여 독립적으로 노출기준을 적용한다.
② 예시
  ㉠ SO_2와 HCN
  ㉡ 질산과 카드뮴
  ㉢ 납과 황산

핵심이론 13 ACGIH에서 유해물질의 TLV를 설정하거나 개정 시 이용되는 자료(노출기준 설정 이론적 배경)

(1) 화학구조상의 유사성과 연계하여 설정
① TLV를 설정하는 가장 기초적인 단계이다.
② 기타 자료(동물실험, 인체실험, 산업장 역학조사)가 부족할 때 이용한다.
③ 유사한 화학구조라도 독성의 구조가 다른 경우가 많은 것이 한계점이다.

(2) 동물실험 자료를 근거로 설정
① 인체실험, 산업장 역학조사 자료가 부족할 때 적용한다.
② 동물실험 자료를 적용하여 노출기준을 정할 때는 안전계수를 충분히 고려해야 한다.
③ 무관찰작용량(NOEL)을 알아내는 것이 어렵지 않다.
④ 한계점
  ㉠ 다양한 화학물질의 노출 상황에 따른 독성을 알아내기 어렵다.
  ㉡ 동물과 사람의 종(species) 차이에 따른 독성의 불확실성이 있다.
  ㉢ 수십 년 동안 낮은 농도의 화학물질 노출에 따른 건강영향을 알아내기 어렵다.
  ㉣ 기저질환을 갖고 있는 질환자들의 건강영향을 규명하기 어렵다.

(3) 인체실험 자료를 근거로 설정
① 인체실험이라 제한적으로 실시된다.
② 실험에 참여하는 자는 서명으로 실험에 참여할 것을 동의하여야 한다.
③ 영구적 신체장애를 일으킬 가능성은 없어야 한다.
④ 자발적으로 실험에 참여하는 자를 대상으로 하여야 한다.

(4) 산업장 역학조사 자료를 근거로 설정
① 근로자가 대상이다.
② 가장 신뢰성을 가진다.
③ 허용농도 설정에 있어서 가장 중요한 자료이다.

핵심이론 14 | Hatch의 양-반응 곡선 및 기관장애 3단계

(1) 항상성(homeostasis) 유지 단계
① 정상적인 상태로 유해인자 노출에 적응할 수 있는 단계이다.
② 인체의 항상성 유지기전의 특성에는 보상성, 자가조절성, 되먹이기전 등이 있다.

(2) 보상(compensation) 유지 단계
① 인체가 가지고 있는 방어기전에 의해서 유해인자를 제거하여 기능장애를 방지할 수 있는 단계이다.
② 노출기준의 설정 단계로 질병이 일어나기 전을 의미한다.

(3) 고장(breakdown) 장애 단계
① 진단 가능한 질병이 시작되는 단계, 즉 기관의 파괴를 의미한다.

② 보상이 불가능한 비가역적 단계이다.

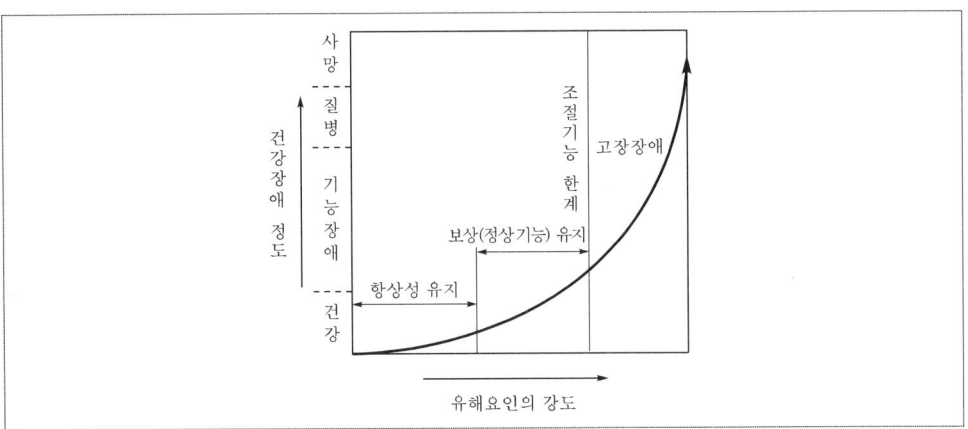

‖ 기관장애 3단계 ‖

핵심이론 15 체내 흡수량 (안전흡수량, 안전폭로량)

$$SHD = C \times T \times V \times R$$

여기서, SHD : 안전계수와 체중을 고려한 것(mg)
  C : 공기 중 유해물질농도(mg/m³)
  T : 노출시간(hr)
  V : 호흡률(폐환기율)(m³/hr)
  R : 체내 잔류율(보통 1.0)

기출 및 예상문제 01

구리(Cu) 독성에 관한 인체실험 결과 안전흡수량(일 기준)이 체중 kg당 0.1mg이었다. 1일 8시간 작업 시 구리의 체내 흡수를 안전흡수량 이하로 유지하려면 공기 중 구리농도(mg/m³)는 얼마이어야 하는가? (단, 성인근로자 평균체중 70kg, 작업 시 폐환기율 1.2m³/hr, 체내 잔류율 1.0)

풀이 체내 흡수량(mg) = $C \times T \times V \times R$
  • 체내 흡수량(SHD) → 0.1mg/kg × 70kg = 7mg
  • T : 노출시간 → 8hr
  • V : 폐환기율 → 1.2m³/hr
  • R : 체내 잔류율 → 1.0
  $7 = C \times 8 \times 1.2 \times 1$
  C (농도) = $\dfrac{7}{8 \times 1.2 \times 1}$ = 0.73mg/m³

핵심이론 16 │ 인간공학 활용 3단계

(1) 1단계 : 준비 단계
① 인간공학에서 인간과 기계 관계 구성인자의 특성이 무엇인지를 알아야 하는 단계이다.
② 인간과 기계가 각기 맡은 일과 인간과 기계 관계가 어떠한 상태에서 조작될 것인지 명확히 알아야 하는 단계이다.

(2) 2단계 : 선택 단계
각 작업을 수행하는 데 필요한 직종 간의 연결성, 공정 설계에 있어서의 기능적 특성, 경제적 효율, 제한점을 고려하여 세부 설계를 하여야 하는 인간공학의 활용 단계이다.

(3) 3단계 : 검토 단계
공장의 기계 설계 시 인간공학적으로 인간과 기계 관계의 비합리적인 면을 수정 보완하는 단계이다.

핵심이론 17 │ 인간공학에 적용되는 인체 측정방법

(1) 정적 치수(static dimension)
① 구조적 인체 치수라고도 한다.
② 정적 자세에서 움직이지 않는 측정을 인체 계측기로 측정한 것이다.
③ 골격 치수(팔꿈치와 손목 사이와 같은 관절 중심거리)와 외곽치수(머리둘레, 허리둘레 등)로 구성된다.
④ 보통 표(table)의 형태로 제시된다.
⑤ 동적인 치수에 비하여 데이터 수가 많다.
⑥ 구조적 인체 치수의 종류로는 팔 길이, 앉은키, 눈높이 등이 있다.

(2) 동적 치수(dynamic dimension)
① 기능적 치수라고도 한다.
② 육체적인 활동을 하는 상황에서 측정한 치수이다.
③ 정적인 데이터로부터 기능적 인체 치수로 환산하는 일반적인 원칙은 없다.
④ 다양한 움직임을 표로 제시하기 어렵다.
⑤ 정적인 치수에 비하여 상대적으로 데이터가 적다.

> **Reference** 신체부위별 동작 유형
>
> ㉠ 굴곡 : 각을 이루며 굽히는 동작으로, 관절의 각도가 작아지는 동작
> ㉡ 신전 : 굴곡의 반대 움직임으로 굽히기에서 기본 자세로 돌아가는 동작. 즉, 관절에서의 각도가 증가하는 동작
> ㉢ 내전 : 몸의 중심선으로 향하는 이동 동작
> ㉣ 외전 : 몸의 중심선에서 멀어지는 이동 동작
> ㉤ 내선 : 몸의 중심선을 향하여 안쪽으로 회전하는 동작 ┐ 회전
> ㉥ 외선 : 몸의 중심선을 향하여 바깥쪽으로 회전하는 동작 ┘

핵심이론 18   중량물 취급작업

(1) 중량물 취급에 대한 기준(NIOSH) 적용 범위

① 박스(box)인 경우는 손잡이가 있어야 하고 신발이 미끄럽지 않아야 한다.
② 작업장 내의 온도가 적절해야 한다.
③ 물체의 폭이 75cm 이하로서 두 손을 적당히 벌리고 작업할 수 있는 공간이 있어야 한다.
④ 보통 속도로 두 손으로 들어올리는 작업을 기준으로 한다.

(2) NIOSH에서 제안한 중량물 취급작업의 권고치 중 감시기준(AL)

① 설정 배경

　㉠ 역학조사 결과

　　⇨ 소수 근로자들에게 장애 위험도 증가

　㉡ 생물역학적 연구 결과

　　⇨ L_5/S_1 디스크에 가하는 압력이 3,400N 미만인 경우 대부분의 근로자가 견딤

　㉢ 노동생리학적 연구 결과

　　⇨ 요구되는 에너지 대사량 3.5kcal/min

　㉣ 정신물리학적 연구 결과

　　⇨ 남자 99%, 여자 75% 이상에서 AL 수준의 작업 가능

② 감시기준(AL) 관계식

$$AL(kg) = 40\left(\frac{15}{H}\right)(1 - 0.004|V - 75|)\left(0.7 + \frac{7.5}{D}\right)\left(1 - \frac{F}{F_{\max}}\right)$$

여기서, H : 대상 물체의 수평거리
　　　　V : 대상 물체의 수직거리
　　　　D : 대상 물체의 이동거리
　　　　F : 중량물 취급작업의 빈도

(3) NIOSH에서 제안한 중량물 취급작업의 권고치 중 최대허용기준(MPL)
  ① 설정 배경
    ㉠ 역학조사 결과
      ⇨ MPL을 초과하는 작업에서는 대부분의 근로자에게 근육, 골격장애 나타남
    ㉡ 인간공학적 연구 결과
      ⇨ L_5/S_1 디스크에 6,400N 압력 부하 시 대부분의 근로자가 견딜 수 없음
    ㉢ 노동생리학적 연구 결과
      ⇨ 요구되는 에너지 대사량 5.0kcal/min 초과
    ㉣ 정신물리학적 연구 결과
      ⇨ 남성 25%, 여성 1% 미만에서만 MPL 수준의 작업 가능
  ② 최대허용기준(MPL) 관계식

$$MPL = AL \times 3$$

(4) 개정 NIOSH 중량물 취급작업의 권고기준(RWL)
  ① 중량물을 취급하는 동작을 분석하는 대표적인 인간공학 평가도구인 NLE(NIOSH Lifting Equation)를 이용하여 평가할 때 단일작업 시 RWL(추천 중량한계)를 구한다.
  ② 권고중량물 한계기준이라고도 하며, 감시기준과 최대허용기준의 보완적 의미이다.
  ③ 권고기준(RWL) 관계식

$$RWL(kg) = L_C \times HM \times VM \times DM \times AM \times FM \times CM$$

여기서, L_C : 중량상수(부하상수)(23kg : 최적 작업 상태 권장 최대무게, 즉 모든 조건이 가장 좋지 않을 경우 허용되는 최대중량의 의미)

HM : 수평계수(몸의 수직선상의 중심에서 물체를 잡는 손의 중앙까지의 수평거리(H)를 측정하여 $\frac{25}{H}$로 구함)

VM : 수직계수(바닥에서 손까지의 수직거리(V)를 측정하여 $1-(0.003|V-75|)$로 구함)

DM : 물체 이동거리계수(최초의 위치에서 최종 운반위치까지의 수직 이동거리를 의미)

AM : 비대칭각도계수(물건을 들어올릴 때 허리의 비틀림 각도(A)를 측정하여 $1-0.0032A$에 대입)

FM : 작업빈도계수

CM : 물체를 잡는 데 따른 계수(커플링계수)

(5) NIOSH 중량물 취급지수 (들기지수)
① 특정 작업에 의한 스트레스를 비교, 평가 시 사용하며 작업조건을 인간공학적으로 개선하기 위한 우선순위를 결정하는 데 이용한다.
② 중량물 취급지수(LI) 관계식

$$LI = \frac{물체\ 무게(mg)}{RWL(kg)}$$

(6) NIOSH의 중량물 취급작업의 분류와 대책
① MPL (최대허용한계) 초과인 경우
반드시 공학적 개념을 도입하여 설계(MPL을 초과하면 대부분의 근로자에게 근육 및 골격 장애를 유발)
② RWL (AL)과 MPL 사이인 경우
㉠ 원인 분석, 행정적 및 경영학적 개선을 하여 작업조건을 AL 이하로 내려야 함
㉡ 적합한 근로자 선정 및 적정 배치, 훈련, 작업방법 개선 필요함
③ RWL (AL) 이하인 경우
적합한 작업조건(대부분의 정상 근로자들에게 적절한 작업조건으로 현 수준을 유지)

핵심이론 19 작업 영역 구분

(1) 정상작업역 (표준 영역, normal area)
① 상박부를 자연스런 위치에서 몸통부에 접하고 있을 때에 전박부가 수평면 위에서 쉽게 도착할 수 있는 운동범위
② 위팔(상완)을 자연스럽게 수직으로 늘어뜨린 채 아래팔(전완)만으로 편안하게 뻗어 파악할 수 있는 영역
③ 움직이지 않고 전박과 손으로 조작할 수 있는 범위
④ 앉은 자세에서 위팔은 몸에 붙이고, 아래팔만 곧게 뻗어 닿는 범위
⑤ 약 34~45cm의 범위

(2) 최대작업역 (최대 영역, maximum area)
① 팔 전체가 수평상에 도달할 수 있는 작업 영역
② 어깨로부터 팔을 뻗어 도달할 수 있는 최대 영역
③ 아래팔(전완)과 위팔(상완)을 곧게 펴서 파악할 수 있는 영역
④ 움직이지 않고 상지를 뻗어서 닿는 범위
⑤ 약 55~65cm의 범위

핵심이론 20 | 노동생리 (작업생리)

(1) 개요
① 작업생리학은 여러 가지 활동에 필요한 에너지 소비량과 그에 따른 인체의 작업능력 한계를 연구하는 학문이다.
② 육체적인 작업에 있어서 필요한 에너지는 근육의 수축을 지원해 줄 수 있을 만큼 충분한 에너지가 필요하다.
③ 노동에 필요한 에너지원은 근육에 저장된 화학에너지(혐기성 대사)와 대사과정(구연산 회로, 호기성 대사)을 거쳐 생성되는 에너지로 구분된다.
④ 혐기성과 호기성 대사에 모두 에너지원으로 작용하는 것은 포도당(glucose)이다.

(2) 노동에 필요한 에너지원
① 혐기성 대사(anaerobic metabolism)
  ㉠ 근육에 저장된 화학적 에너지를 의미함
  ㉡ 혐기성 대사 순서(시간대별)
    근육운동에 동원되는 주요 에너지원 중 가장 먼저 소비되는 것은 ATP이다.

    $$ATP \Rightarrow CP \Rightarrow glycogen\ or\ glucose$$
    (아데노신삼인산) (크레아틴인산) (글리코겐) (포도당)

  ㉢ 기타 혐기성 대사(근육운동)
    ⓐ $ATP + H_2O \rightleftarrows ADP + P + free\ energy$
    ⓑ $creatine\ phosphate + ADP \rightleftarrows creatine + ATP$
    ⓒ $glucose + P + ADP \rightarrow lactate + ATP$

② 호기성 대사(aerobic metabolism)
  ㉠ 대사과정(구연산 회로)을 거쳐 생성된 에너지를 의미함
  ㉡ 대사과정

    $$\begin{bmatrix} 포도당 \\ 단백질 \\ 지\ \ 방 \end{bmatrix} + 산소 \Rightarrow 에너지원$$

핵심이론 21 근골격계질환

(1) 근골격계질환 용어
① 누적외상성질환(CTDs ; Cumulative Trauma Disorders)
② 근골격계질환(MSDs ; Musculo Skeletal Disorders)
③ 반복성 긴장장애(RSI ; Repetitive Strain Injuries)
④ 경견완증후군(고용노동부, 1994, 업무상 재해 인정기준)

(2) 근골격계질환의 특징
① 노동력 손실에 따른 경제적 피해가 크다.
② 근골격계질환의 최우선 관리목표는 발생의 최소화이다.
③ 단편적인 작업환경 개선으로 좋아질 수 없다.
④ 한 번 악화되어도 회복은 가능하다(회복과 악화가 반복적).
⑤ 자각증상으로 시작되며 환자발생이 집단적이다.
⑥ 손상의 정도 측정이 용이하지 않다.
⑦ 생산공정이 기계화, 자동화되어도 꾸준하게 증가 추세이다.
⑧ 우리나라의 경우 50인 미만의 영세중소기업에서 약 70% 정도를 차지한다.
⑨ 업종별로는 제조업 > 서비스업 > 건설업 순으로 발생한다.

(3) 관리대상작업(근골격계 부담 작업)의 범위
① 하루에 4시간 이상 집중적으로 자료입력 등을 위해 키보드 또는 마우스를 조작하는 작업
② 하루에 총 2시간 이상 목, 어깨, 팔꿈치, 손목 또는 손을 사용하여 같은 동작을 반복하는 작업
③ 하루에 총 2시간 이상 머리 위에 손이 있거나, 팔꿈치가 어깨 위에 있거나, 팔꿈치를 몸통으로부터 들거나, 팔꿈치를 몸통 뒤쪽에 위치하도록 하는 상태에서 이루어지는 작업
④ 지지되지 않은 상태이거나 임의로 자세를 바꿀 수 없는 조건에서, 하루에 총 2시간 이상 목이나 허리를 구부리거나 펴는 상태에서 이루어지는 작업
⑤ 하루에 총 2시간 이상 쪼그리고 앉거나 무릎을 굽힌 자세에서 이루어지는 작업
⑥ 하루에 총 2시간 이상 지지되지 않은 상태에서 1kg 이상의 물건을 한 손의 손가락으로 집어 옮기거나, 2kg 이상에 상응하는 힘을 가하여 한 손의 손가락으로 물건을 쥐는 작업
⑦ 하루에 총 2시간 이상 지지되지 않은 상태에서 4.5kg 이상의 물건을 한 손으로 들거나 동일한 힘으로 쥐는 작업
⑧ 하루에 10회 이상 25kg 이상의 물체를 드는 작업

⑨ 하루에 25회 이상 10kg 이상의 물체를 무릎 아래에서 들거나, 어깨 위에서 들거나, 팔을 뻗은 상태에서 드는 작업
⑩ 하루에 총 2시간 이상 분당 2회 이상 4.5kg 이상의 물체를 드는 작업
⑪ 하루에 총 2시간 이상 시간당 10회 이상 손 또는 무릎을 사용하여 반복적으로 충격을 가하는 작업

(4) 근골격계 부담 작업의 범위 및 유해요인 조사방법에 관한 고시상 용어
① 단시간 작업이란 2개월 이내에 종료되는 1회성 작업을 말한다.
② 간헐적인 작업이란 연간 총 작업일수가 60일을 초과하지 않는 작업을 말한다.
③ 하루란 근로기준법에 따른 1일 소정근로시간과 1일 연장근로시간 동안 근로자가 수행하는 총 작업시간을 말한다.

(5) 근골격계질환의 종류와 원인 및 증상

종류	원인	증상
근육통증후군 (기용터널증후군)	목이나 어깨를 과다 사용하거나 굽히는 자세	목이나 어깨 부위 근육의 통증 및 움직임 둔화
요통 (건초염)	중량물 인양 및 옮기는 자세와 허리를 비틀거나 구부리는 자세	추간판 탈출로 인한 신경 압박 및 허리부위에 염좌가 발생하여 통증 및 감각마비
손목뼈터널증후군 (수근관증후군)	반복적이고 지속적인 손목 압박 및 굽힘 자세	손가락의 저림 및 통증, 감각 저하
내·외상과염	과다한 손목 및 손가락의 동작	팔꿈치 내·외측의 통증
수완진동증후군	진동공구 사용	손가락의 혈관수축, 감각마비, 하얗게 변함

(6) 사업주의 근골격계질환 유해요인 조사
① 사업주는 근로자가 근골격계 부담 작업을 하는 경우에 3년마다 다음의 사항에 대한 유해요인 조사를 하여야 한다. 다만, 신설되는 사업장의 경우에는 신설일로부터 1년 이내에 최초의 유해요인 조사를 하여야 한다.
  ㉠ 설비, 작업공정, 작업량, 작업속도 등 작업장 상황
  ㉡ 작업시간, 작업자세, 작업방법 등 작업조건
  ㉢ 작업과 관련된 근골격계질환 징후 및 증상 유무 등
② 사업주는 다음의 어느 하나에 해당하는 사유가 발생하였을 경우에 지체 없이 유해요인 조사를 하여야 한다. 다만, ㉠의 경우는 근골격계 부담 작업이 아닌 작업에서 발생한 경우를 포함한다.

㉠ 법에 따른 임시건강진단 등에서 근골격계질환자가 발생하였거나 근로자가 근골격계질환으로 「산업재해보상보호법 시행령」에 따라 업무상 질병으로 인정받은 경우
㉡ 근골격계 부담 작업에 해당하는 새로운 작업·설비를 도입한 경우
㉢ 근골격계 부담 작업에 해당하는 업무의 양과 작업공정 등 작업환경을 변경한 경우
③ 사업주는 유해요인 조사에 근로자 대표 또는 해당 작업 근로자를 참여시켜야 한다.
④ 사업주는 유해요인 조사를 하는 경우에 근로자의 면담, 증상 설문조사, 인간공학적 측면을 고려한 조사 등 적절한 방법으로 하여야 한다.
⑤ 사업주는 유해요인 조사 결과 근골격계질환이 발생할 우려가 있는 경우에 인간공학적으로 설계된 인력작업 보조설비 및 편의설비를 설치하는 등 작업환경 개선에 필요한 조치를 하여야 한다.
⑥ 근로자는 근골격계 부담 작업으로 인하여 운동범위의 축소, 쥐는 힘의 저하, 기능의 손실 등의 징후가 나타나는 경우 그 사실을 사업주에게 통지할 수 있다.
⑦ 사업주는 근골격계 부담 작업으로 인하여 ⑥에 따른 징후가 나타난 근로자에 대하여 의학적 조치를 하고 필요한 경우에는 작업환경 개선 등 적절한 조치를 하여야 한다.
⑧ 사업주는 근로자가 근골격계 부담 작업을 하는 경우에 다음의 사항을 근로자에게 알려야 한다.
㉠ 근골격계 부담 작업의 유해요인
㉡ 근골격계질환의 징후와 증상
㉢ 근골격계질환 발생 시의 대처요령
㉣ 올바른 작업자세와 작업도구, 작업시설의 올바른 사용방법
㉤ 그 밖에 근골격계질환 예방에 필요한 사항
⑨ 사업주는 유해요인 조사 및 그 결과, 조사방법 등을 해당 근로자에게 알려야 한다.
⑩ 사업주는 근로자 대표의 요구가 있으면 설명회를 개최하여 유해요인 조사 결과를 해당 근로자와 같은 방법으로 작업하는 근로자에게 알려야 한다.
⑪ 사업주는 다음의 어느 하나에 해당하는 경우에 근골격계질환 예방관리 프로그램을 수립하여 시행하여야 한다.
㉠ 근골격계질환으로 「산업재해보상보험법 시행령」에 따라 업무상 질병으로 인정받은 근로자가 연간 10명 이상 발생한 사업장 또는 5명 이상 발생한 사업장으로서 발생비율이 그 사업장 근로자 수의 10퍼센트 이상인 경우
㉡ 근골격계질환 예방과 관련하여 노사 간 이견(異見)이 지속되는 사업장으로서 고용노동부장관이 필요하다고 인정하여 근골격계질환 예방관리 프로그램을 수립하여 시행할 것을 명령한 경우
⑫ 사업주는 근골격계질환 예방관리 프로그램을 작성·시행할 경우에 노사협의를 거쳐야 한다.

⑬ 사업주는 근골격계질환 예방관리 프로그램을 작성·시행할 경우에 인간공학·산업의학·산업위생·산업간호 등 분야별 전문가로부터 필요한 지도·조언을 받을 수 있다.

(7) 근골격계 부담 작업 평가도구

평가도구	주대상 작업	평가유형
JSI	수작업	지수계산법
NLE	들기·내리기 작업	지수계산법
RULA	상지 중심작업	자세관찰기법
REBA	전신 작업	자세관찰기법
WAC(296-62-05174)	일반적 작업	체크리스트
OWAS	전신 작업	자세관찰기법
MAC	중량물 취급작업	지수계산법
3D SSPP	일반적 작업	시뮬레이션
QEC	일반적 작업	체크리스트
PATH	비정형 작업(건설업)	자세관찰기법

핵심이론 22 피로

(1) 피로(산업피로)의 일반적 설명

① 피로는 고단하다는 주관적 느낌이라 할 수 있다.
② 작업강도는 반응하는 육체적, 정신적 생체현상이다.
③ 피로 자체는 질병이 아니라 가역적인 생체변화이다.
④ 피로가 오래되면 얼굴 부종, 허탈감의 증세가 온다.
⑤ 국소피로와 전신피로는 피로를 나타내는 신체의 부위가 어느 정도인지에 따라 상대적으로 구분된다.
⑥ 정신적 피로, 신체적 피로는 보통 함께 나타나 구별하기 어렵다(정신적 피로나 육체적 피로가 각각 단독으로 생기는 일은 거의 없다).
⑦ 육체적, 정신적, 그리고 신경적인 노동부하에 반응하는 생체의 태도이다.
⑧ 산업피로는 건강장애에 대한 경고반응이다.
⑨ 산업피로는 생산성(작업능률)의 저하뿐만 아니라 재해와 질병의 원인이 된다.
⑩ 피로는 생리학적 기능 변동으로 인하여 생긴다고 할 수 있다.
⑪ 피로현상은 개인차가 심하므로 작업에 대한 개체의 반응을 어디서부터 피로현상이라고 타각적 수치로 나타내기 어렵다.

⑫ 피로조사는 피로도를 판가름하는 데에 그치지 않고 작업방법과 교대제 등을 과학적으로 검토할 필요가 있다.
⑬ 작업시간이 등차급수적으로 늘어나면 피로회복에 요하는 시간은 등비급수적으로 증가하게 된다.
⑭ 노동수명(turn over ratio)으로도 피로를 판정할 수 있다.
⑮ 피로는 자각적인 피로감과 더불어 점차 기능적인 저하가 일어난다.
⑯ 피로는 정신적 기능과 신체적 기능의 저하가 통합된 생체반응이다.
⑰ 피로의 자각증상은 피로의 정도와 반드시 일치하지는 않는다.
⑱ 정신피로는 주로 중추신경계의 피로를, 근육피로는 주로 말초신경계의 피로를 의미한다.
⑲ 근육 내 에너지원의 부족은 피로 발생의 생리적 원인에 해당한다.

(2) 피로의 발생요인
① 내적 요인(개인적응조건)
  ㉠ 적응능력
  ㉡ 영양상태
  ㉢ 숙련 정도
  ㉣ 신체적 조건
② 외적 요인
  ㉠ 작업환경(환기, 소음과 진동, 온열조건)
  ㉡ 작업부하(작업자세, 작업강도, 조작방법, 긴장도)
  ㉢ 생활조건
  ㉣ 엄격한 작업관리, 1일 노동시간, 야간근무

(3) 피로의 3단계
① **보통 피로(1단계)**
하룻밤을 자고나면 완전히 회복하는 상태이다.
② **과로(2단계)**
다음날까지도 피로상태가 지속되는 피로의 축적으로, 단기간 휴식으로 회복될 수 있으며, 발병 단계는 아니다.
③ **곤비(3단계)**
과로의 축적으로 단시간에 회복될 수 없는 단계를 말하며, 심한 노동 후의 피로현상으로 병적 상태를 의미한다.

(4) 피로의 발생기전(본태)
① 활성 에너지 요소인 영양소, 산소 등 소모(에너지 소모)

② 물질대사에 의한 노폐물인 젖산 등의 축적(중간 대사물질의 축적)으로 인한 근육, 신장 등 기능 저하
③ 체내의 항상성 상실(체내에서의 물리화학적 변조)
④ 여러 가지 신체조절기능의 저하
⑤ 크레아틴, 젖산, 초성포도당, 시스테인, 잔여질소를 피로물질이라고 함
⑥ 근육 내 글리코겐 양의 감소

(5) 전신피로
① 전신피로의 원인
  ㉠ 혈중 포도당 농도 저하(가장 큰 원인)
  ㉡ 산소공급 부족
  ㉢ 혈중 젖산 농도 증가
  ㉣ 근육 내 글리코겐 양의 감소
  ㉤ 작업강도의 증가
② 산소부채(oxygen debt)
  ㉠ 산소부채는 운동이 격렬하게 진행될 때에 산소섭취량이 수요량에 미치지 못하여 일어나는 산소부족현상으로 산소부채량은 원래대로 보상되어야 하므로 운동이 끝난 뒤에도 일정 시간 산소를 소비한다는 의미이다.
  ㉡ 산소부채현상은 작업이 시작되면서 발생하며 작업이 끝난 후에는 산소부채의 보상현상이 발생하고 작업이 끝난 후에 남아 있는 젖산을 제거하기 위해서는 산소가 더 필요하며, 이때 동원되는 산소소비량을 산소부채라 한다.
  ㉢ 작업강도에 따라 필요한 산소요구량과 산소공급량의 차이에 의하여 산소부채현상이 발생한다.
  ㉣ 작업 시 소비되는 산소소비량은 초기에 서서히 증가하다가 작업강도에 따라 일정한 양에 도달하고, 작업이 종료된 후 서서히 감소되어 일정 시간 동안 산소를 소비한다.

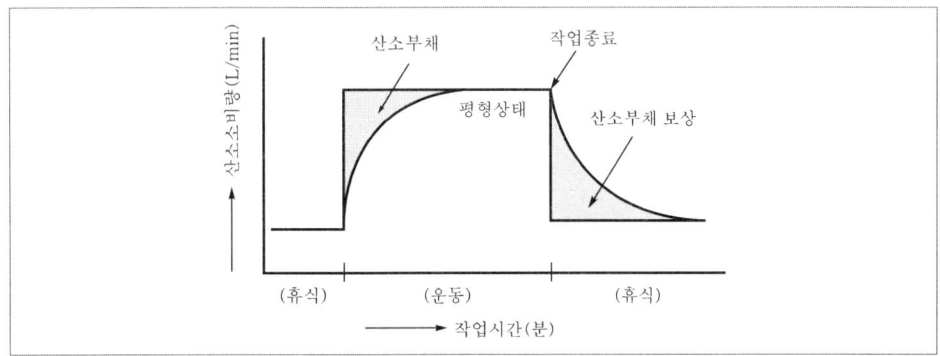

‖ 작업시간 및 종료 시의 산소소비량 ‖

③ 전신피로 정도 평가
  ㉠ 전신피로의 정도를 평가하려면 작업종료 후 심박수(heart rate)를 측정하여 이용함
  ㉡ 심한 전신피로상태
    HR_1이 110을 초과하고 HR_3와 HR_2의 차이가 10 미만인 경우
    여기서, HR_1 : 작업종료 후 30~60초 사이의 평균 맥박수
          HR_2 : 작업종료 후 60~90초 사이의 평균 맥박수
          HR_3 : 작업종료 후 150~180초 사이의 평균 맥박수(회복기 심박수 의미)

(6) 국소피로
  ① 정의
    단순반복작업에 의해 목, 어깨, 손목, 발목 등의 작은 근육에 국한하여 피로가 생기는 것으로 대사산물의 근육 내 축적과 근육 내 에너지 고갈이 국소피로를 유발한다.
  ② 국소피로 증상
    ㉠ 순환기능
      ⓐ 맥박이 빨라지고 회복 시까지 시간이 걸림
      ⓑ 혈압은 초기에 높아지나 피로가 진행되면서 낮아짐
    ㉡ 호흡기능
      호흡이 얕고 빨라지며, 체온이 상승하여 호흡중추를 흥분시킴
    ㉢ 신경기능
      중추신경 피로 시 판단력 저하, 권태감, 졸음 발생
    ㉣ 혈액
      혈당치가 낮아지고 젖산과 탄산량이 증가하여 산혈증 발생
    ㉤ 소변
      양이 줄고 뇨 내의 단백질 또는 교질물질의 배설량 증가
  ③ 국소피로 평가
    ㉠ 국소근육 활동피로를 측정, 평가하는 데에는 객관적인 방법인 근전도(EMG)를 가장 많이 이용함
    ㉡ 정상근육과 비교하여 피로한 근육에서 나타나는 EMG의 특징
      ⓐ 저주파(0~40Hz) 영역에서 힘(전압)의 증가
      ⓑ 고주파(40~200Hz) 영역에서 힘(전압)의 감소
      ⓒ 평균주파수 영역에서 힘(전압)의 감소
      ⓓ 총 전압의 증가

핵심이론 23 | 육체적 작업능력 (PWC)

① 젊은 남성이 일반적으로 평균 16kcal/min 정도의 작업은 피로를 느끼지 않고 하루에 4분간 계속할 수 있는 작업강도이다(여성 평균 : 12kcal/min).
② 하루 8시간(480분) 작업 시에는 PWC의 1/3에 해당된다. 즉 남성은 5.3kcal/min, 여성은 4kcal/min에 해당한다.
③ PWC를 결정할 수 있는 기능은 개인의 심폐기능이며 결정요인은 대사정도, 호흡기계 활동, 순환기계 활동 등이다.

핵심이론 24 | 피로예방 허용작업시간 (작업강도에 따른 허용작업시간)

$$\log T_{\text{end}} = 3.720 - 0.1949E$$

여기서, T_{end} : 허용작업시간(min)
       E : 작업대사량(kcal/min)

핵심이론 25 | 피로예방 휴식시간비 (Hertig식)

$$T_{\text{rest}}(\%) = \left[\frac{E_{\max} - E_{\text{task}}}{E_{\text{rest}} - E_{\text{task}}}\right] \times 100 : \text{Hertig식}$$

여기서, $T_{\text{rest}}(\%)$: 피로예방을 위한 적정 휴식시간비. 즉 60분을 기준하여 산정
       $E_{\max}$: 1일 8시간 작업에 적합한 작업대사량(PWC의 $\frac{1}{3}$)
       E_{task} : 해당 작업의 작업대사량
       E_{rest} : 휴식 중 소모대사량

기출 및 예상문제 01

PWC가 16kcal/min인 근로자가 1일 8시간 동안 물체 운반작업을 하고 있다. 이때의 작업대사량은 7kcal/min일 때 이 사람이 쉬지 않고 계속하여 일을 할 수 있는 최대허용시간(min)은?

풀이
$\log T_{end} = 3.720 - 0.1949E$
E(작업대사량) $= 7$kcal/min
$\log T_{end} = 3.720 - 0.1949 \times 7 = 2.356$
최대허용시간(T_{end}) $= 10^{2.356} = 227$min

기출 및 예상문제 02

육체적 작업능력(PWC)이 16kcal/min인 근로자가 1일 8시간 동안 물체를 운반하고 있다. 이때의 작업대사량은 8kcal/min이고, 휴식 시의 대사량은 3kcal/min이라면 이 사람의 휴식시간과 작업시간을 배분하면? (단, Hertig의 식을 이용한다.)

풀이 먼저 Hertig식을 이용 휴식시간 비율(%)을 구하면

$$T_{rest}(\%) = \left[\frac{\text{PWC의 } \frac{1}{3} - \text{작업대사량}}{\text{휴식대사량} - \text{작업대사량}}\right] \times 100 = \left[\frac{\left(16 \times \frac{1}{3}\right) - 8}{3 - 8}\right] \times 100 = 53.33\%$$

60분 중 53.33%인 32분 휴식, 28분(60분 − 32분) 작업

핵심이론 26 작업강도

(1) 작업강도 (%MS)

$$\text{작업강도} = \frac{\text{RF}}{\text{MS}} \times 100$$

여기서, RF : 작업 시 요구되는 힘
MS : 근로자가 가지고 있는 최대 힘

(2) 적정 작업시간 (sec)

$$\text{적정 작업시간} = 671,120 \times \%\text{MS}^{-2.222}$$

여기서, %MS : 작업강도(근로자의 근력이 좌우함)

기출 및 예상문제 01

젊은 근로자에 있어서 약한 손(오른손잡이의 경우 왼손)의 힘은 평균 45kP(kilo pound)라고 한다. 이러한 근로자가 무게 8kg인 상자를 두 손으로 들어 올릴 경우 작업강도(%MS)는?

풀이
작업강도(%MS) = $\dfrac{RF}{MS} \times 100$

RF(작업 시 요구되는 힘) : 8kg 상자를 두 손으로 들어 올리므로 한 손에 미치는 4kP
MS(근로자가 가지고 있는 최대 힘) : 45kP

$= \dfrac{4}{45} \times 100 = 8.9\% \, MS$

(3) 일반적 작업강도

① **작업대사율**(에너지대사율, RMR ; Relative Metabolic Rate)
  ㉠ 작업대사량을 소요시간에 대한 가중평균으로 나타낸다.
  ㉡ 작업강도의 단위로써 산소호흡량을 측정하여 에너지의 소모량을 결정하는 방식으로 RMR이 클수록 작업강도가 높음을 의미한다.
  ㉢ 작업강도에 영향을 주는 요소
    에너지소비량, 작업속도, 작업자세, 작업범위, 작업의 위험성 등
  ㉣ 작업강도는 작업을 할 때 소비되는 열량으로 측정하고 작업대사율로 주로 평가한다.
  ㉤ 연령을 고려한 심장박동률은 작업 시 필요한 에너지요구량(에너지대사율)에 의해 변화한다.
  ㉥ RMR 계산식

  $$RMR = \dfrac{\text{작업대사량}}{\text{기초대사량}} = \dfrac{\text{작업 시 소요열량} - \text{안정 시 소요열량}}{\text{기초대사량}}$$
  $$= \dfrac{\text{작업 시 산소소비량} - \text{안정 시 산소소비량}}{\text{기초대사량}}$$

  여기서,
  - 기초대사량
    - 인체가 안정 시 생체기능 유지에 필요한 최소의 열량을 의미
    - 기초대사량의 2배까지를 노동강도 중 경노동으로 구분
    - 노동 시 대사량은 단시간의 동작이면 기초대사량의 10배까지 될 수 있음
    - 일반적으로 성인은 1,500~1,800kcal/day임
  - 작업 시 소비된 에너지대사량은 휴식 후부터 작업종료 시까지의 에너지대사량을 나타낸다.

② 계속작업 한계시간(CMT) 계산식

$$\log CMT = 3.724 - 3.25 \log RMR$$

③ RMR에 의한 작업강도 분류

RMR	작업(노동) 강도	실노동률 (%)	1일 소비열량(kcal)	총 작업(근무시간 중) 소비열량(kcal)	비고
0~1	경작업 (노동)	80 이상	남) 2,200 이하 여) 1,920 이하	남) 920 이하 여) 720 이하	사무작업 등 주로 의자에 앉아서 손으로 하는 작업
1~2	중등작업 (노동)	80~76	남) 2,200~2,550 여) 1,920~2,200	남) 920~1,250 여) 720~1,020	지적작업, 6시간 이상 쉬지 않고 하는 작업
2~4	강작업 (노동)	76~67	남) 2,550~3,050 여) 2,220~2,600	남) 1,250~1,750 여) 1,020~1,420	• 전형적인 지속작업(계속 작업한계는 RMR 4) • RMR 4 이상이면 휴식 필요
4~7	중작업 (노동)	67~50	남) 3,050~3,500 여) 2,600~2,920	남) 1,750~2,170 여) 1,420~1,780	• 휴식이 필요한 작업(계속 작업한계는 RMR 7) • RMR 7 이상이면 수시 휴식 필요
7 이상	격심작업 (노동)	50 이하	남) 3,500 이상 여) 2,920 이상	남) 2,170 이상 여) 1,780 이상	근육작업에 해당

∴ 실노동률(실동률)(%) = 85 - (5×RMR) : 사이토 오시마 공식

기출 및 예상문제 02

작업대사량이 4,000kcal이고, 기초대사량이 1,500kcal인 작업자가 계속하여 작업할 수 있는 계속 작업 한계시간(CMT)은 약 몇 분인가? (단, logCMT = 3.724-3.25logRMR 적용)

[풀이] 우선 RMR을 구하면

$$RMR = \frac{작업대사량}{기초대사량} = \frac{4,000 \text{kcal}}{1,500 \text{kcal}} = 2.67$$

$\log CMT = 3.724 - 3.25 \log 2.67 = 2.34$
$CMT = 10^{2.34} = 218.78 \text{min}$
계속작업 한계시간(CMT) = $10^{2.34}$ = 218.78min

기출 및 예상문제 03

RMR이 10인 격심한 작업을 하는 근로자의 실동률과 계속작업의 한계시간(min)은 각각 어떻게 되는가? (단, 실동률은 사이토 오시마 식을 적용한다.)

[풀이] ㉠ 실동률 = 85 - (5×RMR) = 85 - (5×10) = 35%
㉡ log(계속작업 한계시간) = 3.724 - 3.25log(RMR) = 3.724 - 3.25×log10 = 0.474
계속작업 한계시간(CMT) = $10^{0.474}$ = 2.98min

기출 및 예상문제 04

작업에 소모된 열량이 4,500kcal, 안정 시 열량이 1,000kcal, 기초대사량이 1,500kcal일 때 실동률(%)은 약 얼마인가? (단, 사이토 오시마 경험식을 적용한다.)

[풀이]
$$RMR = \frac{작업대사량}{기초대사량}$$
$$= \frac{(4,500-1,000)\text{kcal}}{1,500\text{kcal}} = 2.33$$
실동률(%) = $85 - (5 \times RMR) = 85 - (5 \times 2.33) = 73.35\%$

기출 및 예상문제 05

기초대사량이 75kcal/hr이고, 작업대사량이 225kcal/hr인 작업을 수행할 때 작업의 실동률(%)과 이에 해당되는 작업강도의 분류를 작성하면 어떻게 되는가?

[풀이] 우선 RMR을 구하면
$$RMR = \frac{작업대사량}{기초대사량} = \frac{225\text{kcal/hr}}{75\text{kcal/hr}} = 3$$
㉠ 실동률(%) = $85 - (5 \times RMR) = 85 - (5 \times 3) = 70\%$
㉡ 작업강도는 RMR 3, 실동률 70%에 해당하므로 작업강도의 분류는 강노동이다.

핵심이론 27 교대작업

(1) 일반적 특징

① 교대근무라 하는 것은 각각 다른 근무시간대에 서로 다른 사람들이 일을 할 수 있도록 작업조를 2개 조 이상으로 나누어 근무하는 것으로 일시적 혹은 임의적으로 시행되는 작업형태를 제외한 제도화된 근무형태를 말하며, 산업 보건면이나 관리면에서 가장 문제가 되는 것은 3교대제이다.

② 교대근무는 일반적으로 생산량 확대와 기계 운영의 효율성 등을 높이기 위한 경제적 측면이 강조되고 작업자에 대한 별다른 고려없이 도입된 측면이 있기 때문에 여러 가지 부작용을 초래하고 있다.

③ 어쩔 수 없이 교대근무를 할 수밖에 없다면 작업자 일주기성의 리듬(circadian rhythm)이 최대한 작업 특성에 맞도록 조건을 갖추어 나가고 작업피로를 최대한 줄일 수 있도록 해야 한다.

④ 교대제 근무에 대한 일주일 리듬의 생리적, 심리적 적응은 불완전하므로 생산적 이유 이외의 교대제는 하지 않는다.

⑤ 젊은 층의 교대근무자에게 있어서는 체중의 감소가 뚜렷하고 회복은 빠른 반면, 중년층에서는 체중의 변화가 적고 회복은 늦다.
⑥ 교대근무군은 주간근무군과 비교하여 대사증후군 발생률이 높다.

(2) 야간근무의 생체 부담
① 야간작업 시 새로 만들어지는 바이오리듬의 형성기간은 수개월 걸린다.
② 야간근무 시 가면시간은 적어도 1시간 반 이상은 주어야 수면효과가 있다(주간수면은 효율이 좋지 않음).
③ 야근은 오래 계속하더라도 완전히 습관화되지 않는다.
④ 야간작업 시 체온상승은 주간작업 시보다 낮다.
⑤ 체중의 감소가 발생하고 주간근무에 비하여 피로가 쉽게 온다.
⑥ 주간작업에서 야간작업으로 교대 시 이미 형성된 신체리듬은 즉시 새로운 조건에 맞게 변화되지 않으므로 활동력이 떨어진다.
⑦ 주간수면 시 혈액수분의 증가가 충분하지 않고, 에너지대사량이 저하되지 않아 잠이 깊이 들지 않는다.
⑧ 교감신경과 부교감신경을 합쳐 자율신경이라 하며 자율신경계의 조절기능이 주간의 교감신경, 야간의 부교감신경의 신경강화로 주간수면은 야간수면에 비해 효과가 떨어진다.

(3) 교대근무제 관리원칙 (바람직한 교대제)
① 각 반의 근무시간은 8시간씩 교대로 하고, 야근은 가능한 짧게 한다.
② 2교대면 최저 3조의 정원을, 3교대면 4조를 편성한다.
③ 채용 후 건강관리로서 정기적으로 체중, 위장증상 등을 기록해야 하며, 근로자의 체중이 3kg 이상 감소하면 정밀검사를 받아야 한다.
④ 평균 주 작업시간은 40시간을 기준으로 갑반→을반→병반으로 순환하게 된다.
⑤ 근무시간의 간격은 15~16시간 이상으로 하는 것이 좋다.
⑥ 야근의 주기를 4~5일로 한다.
⑦ 신체의 적응을 위하여 야간근무의 연속일수는 2~3일로 하며 야간근무를 3일 이상 연속으로 하는 경우에는 피로축적현상이 나타나게 되므로 연속하여 3일을 넘기지 않도록 한다.
⑧ 야근 후 다음반으로 가는 간격은 최저 48시간 이상의 휴식시간을 갖도록 하여야 한다.
⑨ 야근 교대시간은 상오 0시 이전에 하는 것이 좋다(심야시간을 피함).
⑩ 야근 시 가면은 반드시 필요하며, 보통 2~4시간(1시간 30분 이상)이 적합하다.
⑪ 야근 시 가면은 작업강도에 따라 30분에서 1시간 범위로 하는 것이 좋다.
⑫ 작업 시 가면시간은 적어도 1시간 30분 이상 주어야 수면효과가 있다고 볼 수 있다.
⑬ 야근은 가면을 하더라도 10시간 이내가 좋다.

⑭ 상대적으로 가벼운 작업은 야간근무조에 배치하는 등 업무내용을 탄력적으로 조정해야 하며 야간작업자는 주간작업자보다 연간 쉬는 날이 더 많아야 한다.
⑮ 근로자가 교대일정을 미리 알 수 있도록 해야 한다.
⑯ 일반적으로 오전근무의 개시시간은 오전 9시로 한다.
⑰ 교대방식(교대근무 순환주기)은 낮근무, 저녁근무, 밤근무 순으로 한다. 즉, 정교대가 좋다.

핵심이론 28 직무스트레스

(1) 직무스트레스 정의
맡겨진 작업, 업무로 인한 여러 가지 조건으로 정신적·심적인 압박을 받아서 그것이 재해의 기본적 원인이 되고 있는 것을 말하며, 이러한 무리한 스트레스를 인간계에 주어지지 않도록 예방하는 것이 바람직하다.

(2) 직무스트레스 요인
① 물리적 환경요인
　소음·진동, 고온, 한랭, 조명, 환기불량(공기오염), 사회적 밀도
② 조직 관련 요인
　관리유형, 역할요구, 역할모호성 및 갈등, 경력 및 직무안정성, 직업요건, 조직구조, 리더십, 성과평가
③ 작업 관련 요인
　작업부하, 작업속도, 교대근무
④ 개인 관련 요인
　성격특성, 기술, 의사결정 참여, 역할갈등, 역할과부하
⑤ 조직 외 관련 요인
　가족, 이주, 경제적 지위, 사회적 지위

(3) 직무(산업)스트레스 반응 결과
① 개인적 결과
　㉠ 행동적 결과(형태적 결과)
　　ⓐ 흡연
　　ⓑ 알코올 및 약물 남용
　　ⓒ 행동 격양에 따른 돌발적 사고, 불편한 인간관계
　　ⓓ 식욕 감퇴

ⓒ 심리적 결과
ⓐ 가정 문제(가족 조직 구성인원 문제), 근심, 사기저하, 불만족
ⓑ 불면증으로 인한 수면부족, 집중력 상실
ⓒ 성적 욕구 감퇴, 억압감
ⓒ 생리적(의학적) 결과
ⓐ 심혈관계 질환(심장), 호흡장애
ⓑ 위장관계 질환, 신체적 손상, 긴장, 사망
ⓒ 기타 질환(두통, 피부질환, 암, 우울증 등)
② 조직적 결과
㉠ 직무성과의 변화
㉡ 회피증가의 증가
㉢ 직무불만족
㉣ 환경통제능력
㉤ 수익·판매량의 변화

(4) 직무스트레스 관리
① 스트레스 요인은 서로 복합적으로 작용하여 완전해소가 불가능하기 때문에 가능하면 작업 현장에서 각 스트레스 요인들이 부정적 영향을 미치지 않게 예방하는 것이 중요하다.
② 개인 차원의 관리기법
㉠ Hellriegel의 개인적 관리
ⓐ 긍정적 사고방식
ⓑ 현실적으로 타당한 작업종료시간 설정
ⓒ 규칙적인 운동
ⓓ 적절한 휴식 및 적절한 체중유지
ⓔ 기술과 자신감을 개발시켜 줌
ⓕ 개인이 처한 상황을 변화시키는 기술을 교육함
ⓖ 비적절한 행동회피
ⓗ 문제의 심각화 방지
㉡ Greenberg의 신체적 관리
ⓐ 체중조절과 음식물 섭취
ⓑ 교육 및 명상
ⓒ 적절한 운동 및 휴양
ⓓ 전반적 건강관리
㉢ 일반적 스트레스 관리
ⓐ 자신의 한계와 문제의 징후를 인식하여 해결방안을 도출
ⓑ 신체검사를 통하여 스트레스성 질환을 평가

ⓒ 긴장이완 훈련(명상, 요가 등)을 통하여 생리적 휴식상태를 경험
ⓓ 규칙적인 운동으로 스트레스를 줄이고, 직무 외적인 취미, 휴식 등에 참여하여 대처능력을 함양

③ 집단(조직) 차원의 관리기법
㉠ 개인별 특성 요인을 고려한 작업근로환경(개인의 적응수준 제고)
㉡ 작업계획 수립 시 적극적 참여 유도(참여적 의사결정)
㉢ 사회적 지위 및 일 재량권 부여
㉣ 근로자 수준별 작업 스케줄 운영(직무 재설계)
㉤ 적절한 작업과 휴식시간
㉥ 조직구조와 기능의 변화
㉦ 우호적인 직장 분위기 조성
㉧ 작업환경·작업내용·노동시간 등 직무스트레스 요인에 대한 평가

(5) 직무스트레스 모델
① 인간-환경 적합 모델
직업에 대한 개인의 동기와 환경이 제공해 주는 여러 여건들이 조화를 이루지 못할 때, 혹은 직장에서의 요구와 그 요구에 대처할 수 있는 인간의 능력에 차이가 존재할 때 긴장이 발생하게 된다고 보는 모델이다.

② NIOSH 직무스트레스 모델
직무스트레스란 스트레스 요인과 근로자 개인 간의 상호작용하는 조건과 그로 인하여 나타나는 급성 심리적 파괴 혹은 행동적 반응이 일어나는 상황으로, 이런 급성반응들이 지속되면 결국 다양한 질병을 유발, 직무스트레스와 급성반응 사이에는 개인적 요인 외에 직장외 요인, 완충요인 등이 중재요인으로 작용된다는 모델이다.

③ 노력-보상 불균형 모델
개인의 차원에서 스트레스를 일으키는 가장 가까운 과정은 본인 노력의 내용과 크기, 그리고 본인이 직접 체험하는 보상의 내용과 크기라는 관점의 모델이다.

④ 카라섹 직무스트레스 모델
개별 근로자의 인식을 평가하기 위한 것이 아니라 개별 근로자 외부에 존재하는 직무구조와 특징을 평가한 모델이다.

⑤ 직무 요구-통제 모델
직무소진에 대한 영향을 밝히는 데 핵심 메커니즘으로 설명되는 이론이며, 직무요구와 직무통제가 각각의 작용을 하는 것이 아니라 서로 상호작용을 하고 있으며, 직무요구가 직무스트레스에 영향을 주는 것에 직무통제가 신체적, 정신적 악영향에의 완충역할을 한다고 제시한 모델이다.

핵심이론 29 직무스트레스에 의한 건강장해 예방조치

사업주는 근로자가 장시간 근로, 야간작업을 포함한 교대작업, 차량운전[전업(專業)으로 하는 경우에만 해당한다] 및 정밀기계 조작작업 등 신체적 피로와 정신적 스트레스 등(이하 "직무스트레스"라 한다)이 높은 작업을 하는 경우에 직무스트레스로 인한 건강장해 예방을 위하여 다음의 조치를 해야 한다.

① 작업환경·작업내용·근로시간 등 직무스트레스 요인에 대하여 평가하고 근로시간 단축, 장·단기 순환작업 등의 개선대책을 마련하여 시행할 것
② 작업량·작업일정 등 작업계획 수립 시 해당 근로자의 의견을 반영할 것
③ 작업과 휴식을 적절하게 배분하는 등 근로시간과 관련된 근로조건을 개선할 것
④ 근로시간 외의 근로자 활동에 대한 복지 차원의 지원에 최선을 다할 것
⑤ 건강진단 결과, 상담자료 등을 참고하여 적절하게 근로자를 배치하고 직무스트레스 요인, 건강문제 발생 가능성 및 대비책 등에 대하여 해당 근로자에게 충분히 설명할 것
⑥ 뇌혈관 및 심장질환 발병위험도를 평가하여 금연, 고혈압 관리 등 건강증진 프로그램을 시행할 것

핵심이론 30 적성검사 분류 및 특성

(1) 신체검사 (신체적 적성검사, 체격검사)

(2) 생리적 기능검사 (생리적 적성검사)
① 감각기능검사
② 심폐기능검사
③ 체력검사

(3) 심리학적 검사 (심리학적 적성검사)
① 지능검사
   언어, 기억, 추리, 귀납 등에 대한 검사
② 지각동작검사
   수족협조, 운동속도, 형태지각 등에 대한 검사
③ 인성검사
   성격, 태도, 정신상태에 대한 검사

④ 기능검사

직무에 관련된 기본 지식과 숙련도, 사고력 등 직무평가에 관한 항목을 가지고 추리검사

핵심이론 31 | 사업장(직장)에서의 부적응현상

① 퇴행, 고집, 체념, 구실
② 생산성 저하
③ 사고, 재해의 증가
④ 신경증의 증가
⑤ 규율의 문란

핵심이론 32 | 뇌·심혈관계 질환

(1) 정의

뇌혈관이나 심장혈관에 이상이 생겨 발생하는 질환으로 순환기계 질환이라고도 말한다. 업무상 질병으로 인정되는 뇌혈관질환은 뇌출혈, 거미막하출혈, 뇌경색, 고혈압성 뇌증을 말하며 심장질환은 심근경색증과 협심증을 말한다.

(2) 뇌·심혈관계 질환의 유해요인

① 개인적 요인
  ㉠ 유전적 요인(연령, 성, 유전 등)
  ㉡ 건강 상태 요인(고혈압, 고지혈증, 당뇨, 비만 등)
  ㉢ 생활습관 요인(흡연, 운동부족 등)
② 작업 관련 요인
  ㉠ 화학적 요인(이황화탄소, 질산염, 염화탄화수소, 일산화탄소, 니트로글리세린, 메틸렌클로라이드)
  ㉡ 물리적 요인(소음, 고열 및 한냉작업)
  ㉢ 정신적 요인(스트레스 등)
  ㉣ 직업관리적 요인(교대근무, 야간근무 등)

(3) 뇌·심혈관계 질환 발병 위험인자

발병 위험인자	발병 위험완화인자
• 연령(남 55세, 여 65세 이상) • 흡연 • 총콜레스테롤 수치가 240mg/dL보다 높을 때 • HDL 콜레스테롤 수치가 남 40mg/dL, 여 45mg/dL보다 낮을 때 • 직계가족의 심혈관질환 조기 발병(50세 이전) • 비만 또는 신체활동부족 • 심방세동	HDL 콜레스테롤 수치가 높을 때(60mg/dL 이상)

핵심이론 33 업무상 질병 (직업성 질환)

(1) 특성
① 열악한 작업환경 및 유해인자에 장기간 노출된 후에 발생한다.
② 폭로 시작과 첫 증상이 나타나기까지 장시간이 걸린다(질병증상이 발현되기까지 시간적 차이가 큼).
③ 인체에 대한 영향이 확인되지 않은 신물질(새로운 물질)이 많아 정확한 판정이 어려운 경우가 많다.
④ 임상적 또는 병리적 소견이 일반 질병과 구별하기가 어렵다.
⑤ 많은 직업성 요인이 비직업성 요인에 상승작용을 일으킨다.
⑥ 임상의사가 관심이 적어 이를 간과하거나 직업력을 소홀히 하며 직업력을 소홀히 할 경우 판정이 어렵다.
⑦ 보상과 관련이 있다(보상에 실익이 없을 수도 있음).

(2) 범위
① 직업상 업무에 기인하여 1차적으로 발생하는 원발성 질환은 포함한다.
② 원발성 질환과 합병작용하여 제2의 질환을 유발하는 경우를 포함한다.
③ 합병증이 원발성 질환과 불가분의 관계를 가지는 경우를 포함한다.
④ 원발성 질환에 떨어진 다른 부위에 같은 원인에 의한 제2의 질환을 일으키는 경우를 포함한다.
⑤ 합병증은 원발성 질환에서 떨어진 다른 부위에 같은 원인에 의해 제2의 질환을 일으키는 경우를 의미한다.

핵심이론 34   직업병의 원인물질 (직업성 질환 유발물질)

(1) 물리적 요인
소음·진동, 유해광선(전리, 비전리 방사선) 온도(온열), 이상기압, 한랭, 조명 등

(2) 화학적 요인
화학물질(대표적 : 유기용제), 금속증기

(3) 생물학적 요인
각종 바이러스, 진균, 리케차, 쥐 등

(4) 인간공학적 요인
작업방법, 작업자세, 작업시간, 중량물 취급 등

핵심이론 35   생물학적 유해인자 독소 (Toxin)

(1) 마이코톡신(mycotoxins)은 곰팡이와 진균의 유독 대사산물의 총칭으로 곰팡이독이라고도 한다.

(2) 아플라톡신 B_1은 간암을 초래한다.

(3) 글루칸은 글루코스(glucose)를 구성하는 당으로 하는 분자량이 큰 다당류로 우리 몸에서 소화되지 않는 섬유소이다.

(4) 엔도톡신은 그람음성균이 죽을 때나 번식할 때 내놓는 독소로 발열성 물질 중에서 가장 강력한 발열물질로 낮은 농도에서는 호흡기계 점막의 자극, 발열, 오한 등을 일으키나, 높은 농도에서는 기도와 폐포 염증, 폐기능 장해까지 초래한다.

핵심이론 36   생물학적 유해인자의 특징

(1) 생물학적 유해인자는 생물학적 특성이 있는 유기체가 근원이 되어 발생한다.

(2) 생물학적 유해인자 노출의 주요 위험환경(직무)에는 정화조, 환경미화원, 절삭가공공정, 폐수처리장, 사료저장, 농작물, 제빵, 수용성금속가공 등이다.

(3) 곰팡이의 세포벽인 글루칸은 호흡기점막을 자극하여 새집증후군을 초래한다.

(4) 박테리아에 의한 대표적인 감염성 질환은 탄저병, 레지오넬라병, 결핵, 콜레라 등이 있다.

(5) 공기 중의 박테리아와 곰팡이에 대한 측정 및 분석은 곰팡이와 박테리아를 살아있는 상태로 채취, 배양한 다음 집락수를 세어 CFU로 나타낸다.

핵심이론 37 주물공정 작업 시 주발생 화학적 유해인자

① 분진
② 일산화탄소, 아황산가스, 페놀류, 포름알데히드
③ 고열
④ 소음

핵심이론 38 직업병 및 직업 관련성 질환

(1) 직업병
① 일반적으로 단일요인에 의해 발생한다.
② 작업환경 중 유해인자와 관련성이 뚜렷한 질병으로 난청, 진폐, 금속 및 중금속농도, 유기화합물 중독, 기타 화학물질 중독 등이 있다.
③ 발생자수(난청 > 진폐 > 유기화합물 중독 > 금속 및 중금속 중독 > 기타 화학물질 중독)

(2) 직업 관련성 질환
① 일반적으로 다수의 원인요인에 의해서 발생한다.
② 작업환경과 업무수행상의 요인들이 다른 위험요인과 함께 질병발생의 복합적 원인 중 한 요인으로서 기여한다.
③ 다양한 원인에 의해 발생할 수 있는 질병으로 개인적인 소인에 직접적 요인이 부가되어 발생하는 질병을 말한다.
④ 업무적 요인과 개인질병 등 업무 외적 요인이 복합적으로 작용하여 발생하는 질병으로 뇌·심혈관질환, 신체 부담 작업, 요통 등이 있다.
⑤ 발생자수(신체 부담 작업 > 사고성 요통 > 비사고성 요통 > 뇌혈관질환 > 정신질환 > 심장질환 > 수근관증후군)

핵심이론 39   만성질병과 직무(업무) 연관성을 규명하기 어려운 이유

① 작업기간 동안 노출된 정보가 부족하기 때문이다.
② 직무나 환경에 의한 순수 영향 규명이 어렵기 때문이다.
③ 작업공정이 없거나 변경되었기 때문이다.
④ 작업환경 중 노출된 물질이나 함량에 대한 정보가 부족하기 때문(과거 유해인자 노출수준 추정의 어려움)이다.
⑤ 과거 담당했던 직무 기록이 미흡하기 때문이다.
⑥ 과거 작업 상황조사가 어렵기 때문이다.

핵심이론 40   직업성 질환의 예방

(1) 1차 예방
① 원인인자의 제거나 원인이 되는 손상을 막는 것이다.
② 새로운 유해인자의 통제, 잘 알려진 유해인자의 통제, 노출관리를 통해 할 수 있다.

(2) 2차 예방
① 근로자가 진료를 받기 전 단계인 초기에 질병을 발견하는 것이다.
② 질병의 선별검사, 감시, 주기적 의학적 검사, 법적인 의학적 검사를 통해 할 수 있다.

(3) 3차 예방
① 치료와 재활과정을 말한다.
② 근로자들이 더 이상 노출되지 않도록 해야 하며, 필요 시 적절한 의학적 치료를 받아야 한다.

핵심이론 41   근로자 건강진단 실시기준

(1) 정의
① 사후관리 조치

사업주가 건강진단 실시결과에 따른 작업장소 변경, 작업전환, 근로시간 단축, 야간근무 제한, 작업환경측정, 시설·설비의 설치 또는 개선, 건강상담, 보호구 지급 및 착용 지도, 추적검사, 근무 중 치료 등 근로자의 건강관리를 위하여 실시하는 조치를 말한다.

② 건강진단 지원·보조
특수건강진단 및 배치 전 건강진단에 소요되는 비용의 전부 또는 일부를 사업주에게 지원하는 것을 말한다.
③ 고용노동부장관이 정하여 고시하는 물질
다음의 어느 하나에 해당되는 물질을 말한다.
㉠ 제조 등이 금지되는 유해물질
㉡ 허가 대상 유해물질
㉢ 「산업안전보건기준에 관한 규칙」에 따른 관리대상 유해물질 중 특별관리물질

(2) 일반건강진단에 대한 제2차 건강진단 검사항목

번호	질환 구분	제2차 건강진단 검사항목
1	폐결핵 및 비결핵성 흉부 질환	① 흉부방사선 직접촬영 검사 ② 결핵균 농축도말 검사
2	순환기계 질환	① 혈압 검사 ② 정밀안전 검사 ③ 심전도 검사 ④ 트리글세라이드 검사 ⑤ 총콜레스테롤 검사 ⑥ H.D.L-콜레스테롤 검사

3	간장 질환	① 총단백 검사
		② 혈청알부민 검사
		③ 총빌리루빈 검사
		④ 알칼리포스파타제 검사
		⑤ 혈청지오티 검사
		⑥ 혈청지피티 검사
		⑦ 감마지티피 검사
		⑧ B형간염 검사
		  ㉠ 표면항원 검사
		  ㉡ 표면항체 검사
		⑨ 알파피토단백 검사

4	신장 질환	① 요침사현미경 검사 ② 요소질소 검사 ③ 요단백 검사 ④ 크레아티닌 검사
5	빈혈증 질환	① 혈색소 검사 ② 백혈구수 검사 ③ 적혈구수 검사 ④ 혈청철 검사 ⑤ 철결합능(T.I.B.C) 검사

번호	질환 구분	제2차 건강진단 검사항목
6	당뇨 질환	① 혈당 검사 ② 요당 검사 ③ 당화혈색소(HbA$_1$C) 검사
7	피부 질환	의사가 필요하다고 인정하여 사업주가 동의한 검사
8	그 밖의 질환	의사가 필요하다고 인정하여 사업주가 동의한 검사

(3) 특수·배치 전·수시 건강진단 제2차 검사항목 중 필요시 실시하는 검사항목

신체기관	필요시 실시하는 검사항목
간담도계	알파휘토단백, 초음파 검사, B형간염 표면항원, B형간염 표면항체, C형간염 항체, A형간염 항체
호흡기계	흉부방사선(측면), 흉부방사선(후전면), 비특이 기도과민검사, 흉부 전산화 단층촬영, 폐활량검사, 작업 중 최대호기 유속 연속측정
비뇨기계	비뇨기과진료, 전립선특이항원(남), 베타2마이크로글로불린
신경계	신경전도 검사, 근전도 검사, 신경행동 검사, 임상심리 검사
눈·피부·비강·인두	세극등현미경 검사, KOH 검사, 면역글로불린 정량(IgE), 피부첩포 시험, 피부단자 시험, 비강 및 인두 검사
	비강 및 인두 검사, 후두경 검사
	정밀안저 검사, 정밀안압 검사, 안과 진찰
이비인후	중이 검사(고막운동성 검사)
순환기계	24시간 혈압, 24시간 심전도
내분비계	유방 촬영, 유방 초음파
위장관계	위내시경

(4) 일반건강진단 제1차 검사항목 중 실시대상 근로자

번호	검사항목	실시대상 근로자
1	혈당 검사	직전 일반건강진단에서 "당뇨병 의심(R)" 판정을 받은 근로자
2	총콜레스테롤 검사	① 직전 일반건강진단에서 "고혈압 요관찰(C)" 판정을 받은 근로자 ② 일반건강진단시 실시한 혈압측정에서 수축기 또는 이완기 혈압이 각각 150mmHg 또는 95mmHg 이상 초과한 근로자
3	감마지·티·피 검사	35세 이상인 근로자

(5) 제2차 건강진단의 검사항목

다음의 어느 하나에 해당하는 근로자에 대해서는 제1차 검사항목을 검사할 때 제2차 검사항목의 일부 또는 전부를 추가하여 실시할 수 있다.

① 전회 특수건강진단결과 직업병 유소견자나 요관찰자로 판정받은 근로자
② 최근 1년간의 작업환경측정 결과 노출기준 이상인 작업공정에서 해당 유해인자에 노출된 근로자
③ 문진이나 병력·진찰 등의 소견에서 해당 유해인자와 관련된 질병의 소견이 의심되는 근로자

(6) 치과검사
① 특수건강진단 대상 유해인자 중 다음의 어느 하나에 해당되는 유해인자에 대한 치과검사는 치과의사가 실시하여야 한다.
㉠ 불화수소 ㉡ 염소
㉢ 염화수소 ㉣ 질산
㉤ 황산 ㉥ 이산화황
㉦ 황화수소 ㉧ 고기압

② 치과검사결과 직업병 유소견자에 대하여는 치아검사(부식증, 교모증) 및 치주조직검사표를 작성하여 특수·배치 전·수시·임시 검강진단개인표에 첨부하여야 한다.

(7) 건강관리 구분, 사후관리 내용 및 업무수행 적합여부 판정
① 건강관리구분 판정

건강관리 구분		건강관리 구분 내용
A		건강관리상 사후관리가 필요 없는 근로자(건강한 근로자)
C	C_1	직업성 질병으로 진전될 우려가 있어 추적검사 등 관찰이 필요한 근로자(직업병 요관찰자)
	C_2	일반질병으로 진전될 우려가 있어 추적관찰이 필요한 근로자(일반질병 요관찰자)
D_1		직업성 질병의 소견을 보여 사후관리가 필요한 근로자(직업병 유소견자)
D_2		일반 질병의 소견을 보여 사후관리가 필요한 근로자(일반질병 유소견자)
R		건강진단 1차 검사결과 건강수준의 평가가 곤란하거나 질병이 의심되는 근로자(제2차건강진단 대상자)

※ "U"는 2차 건강진단대상임을 통보하고 30일을 경과하여 해당 검사가 이루어지지 않아 건강관리구분을 판정할 수 없는 근로자 "U"로 분류한 경우에는 해당 근로자의 퇴직, 기한 내 미실시 등 2차 건강진단의 해당 검사가 이루어지지 않은 사유를 건강진단결과표의 사후관리소견서 검진소견란에 기재하여야 한다.

② "야간작업" 특수건강진단 건강관리구분 판정

건강관리 구분	건강관리 구분 내용
A	건강관리상 사후관리가 필요 없는 근로자(건강한 근로자)
C_N	질병으로 진전될 우려가 있어 야간작업 시 추적관찰이 필요한 근로자(질병요관찰자)
D_N	질병의 소견을 보여 야간작업시 사후관리가 필요한 근로자(질병 유소견자)
R	건강진단 1차 검사결과 건강수준의 평가가 곤란하거나 질병이 의심되는 근로자(제2차 건강진단 대상자)

※ "U"는 2차 건강진단대상임을 통보하고 30일을 경과하여 해당 검사가 이루어지지 않아 건강관리구분을 판정할 수 없는 근로자 "U"로 분류한 경우에는 해당 근로자의 퇴직, 기한 내 미실시 등 2차 건강진단의 해당 검사가 이루어지지 않은 사유를 건강진단결과 표의 사후관리소견서 검진소견란에 기재하여야 한다.

(8) 건강진단결과 사후관리

① 사업주는 건강진단 실시결과에 따라 작업장소 변경, 작업전환, 근로시간 단축, 야간근무 제한 등의 조치를 시행할 때에는 사전에 해당 근로자에게 이를 알려주어야 한다. 이 경우 해당 조치의 이행이 어려울 때에는 건강진단을 실시한 의사 또는 산업보건의(의사인 보건관리자를 포함)의 의견을 들어 사후관리 조치의 내용을 변경하여 시행할 수 있다.

② 사업주는 건강진단 실시결과에 따라 건강상담, 보호구 지급 및 착용 지도, 추적검사, 근무 중 치료 등의 조치를 시행할 때에 다음의 어느 하나를 활용할 수 있다.
  ㉠ 건강진단기관
  ㉡ 산업보건의
  ㉢ 보건관리자
  ㉣ 공단 근로자 건강센터

③ 근로자는 사업주가 실시하는 ②의 조치를 받아야 한다. 이 경우 근로자가 원할 때에는 다른 전문기관에서 이에 상응하는 조치를 받아 그 결과를 증명하는 서류를 사업주에게 제출할 수 있다.

(9) 업무수행 적합여부 판정

구분	업무수행 적합여부 내용
가	건강관리상 현재의 조건하에서 작업이 가능한 경우
나	일정한 조건(환경개선, 보호구착용, 건강진단주기의 단축 등)하에서 현재의 작업이 가능한 경우
다	건강장해가 우려되어 한시적으로 현재의 작업을 할 수 없는 경우 (건강상 또는 근로조건상의 문제가 해결된 후 작업복귀 가능)
라	건강장해의 악화 또는 영구적인 장해의 발생이 우려되어 현재의 작업을 해서는 안 되는 경우

※ 업무수행 적합 여부 판정을 내릴 때 일정한 조건이나 건강상 또는 근로조건상의 문제가 있는 경우는 조치사항(사후관리내용)을 구체적으로 명시한다.

핵심이론 42 특수건강진단의 시기 및 기본주기

구분	대상 유해인자	시기 배치 후 첫 번째 특수건강진단	기본주기
1	N, N-디메틸아세트아미드 디메틸포름아미드	1개월 이내	6개월
2	벤젠	2개월 이내	6개월
3	1, 1, 2, 2-테트라클로로에탄 사염화탄소 아크릴로니트릴 염화비닐	3개월 이내	6개월
4	석면, 면 분진	12개월 이내	12개월
5	광물성 분진 나무 분진 소음 및 충격소음	12개월 이내	24개월
6	1~5까지의 규정의 대상 유해인자를 제외한 특수건강진단 대상 유해인자의 모든 대상 유해인자	6개월 이내	12개월

※ 배치 후 첫 번째 특수건강진단 시기에서 유해인자별로 정해져 있는 'O월 이내'라는 기간의 의미는 O월이라는 기간을 넘겨서는 안 되며 가급적 그 기간에 가까운 시점에 실시해야 한다는 의미이다. 예를 들어 '6월 이내'란 배치된 지 적어도 4~5개월부터 6개월이 되기 직전까지의 기간에 실시하여야 한다는 의미이다.

핵심이론 43 야간작업 특수건강진단

(1) 야간작업 특수건강진단 대상
① 6개월간 밤 12시부터 다음날 오전 6시까지 중 최소 5시간(이 경우 밤 12시부터 오전 5시를 반드시 포함) 이상 계속되는 8시간 작업을 월 평균 4회 이상 수행하는 경우
② 6개월간 오후 10시부터 다음날 오전 6시까지 시간 중 작업을 월 평균 60시간 이상 수행하는 경우
※ ①과 ②에 해당하는 작업자(근무자)의 경우 특수건강진단을 실시

(2) 야간작업 검사항목

항목	1차 건강진단	2차 건강진단
신경계	불면증 증상 문진	심층면담 및 문진
심혈관계	복부둘레, 혈압	혈압(1차 건강진단 시 수축 140/ 이완 90 이상)
	공복혈당	공복혈당, 당화혈색소(1차 건강진단 시 공복혈당 125 이상)
	총콜레스테롤, 트리글리세라이드, HDL콜레스테롤	총콜레스테롤, 트리글리세라이드, HDL콜레스테롤, LDL콜레스테롤 (1차 건강진단 시 트리글리세라이드 400 이상)
위장관계	관련 증상 문진	위내시경
내분비계	유방암 관련 증상 문진	유방촬영, 유방초음파

(3) 야간작업 판정기준

건강관리 구분	건강관리 구분 내용
A	건강관리상 사후관리가 필요 없는 근로자(건강한 근로자)
C_N	질병으로 진전될 우려가 있어 야간작업 시 추적관찰이 필요한 근로자(질병 요관찰자)
D_N	질병의 소견을 보여 야간작업 시 사후관리가 필요한 근로자(질병 유소견자)
R	건강진단 1차 검사결과 건강수준의 평가가 곤란하거나 질병이 의심되는 근로자(2차 건강진단 대상자)

※ 야간작업 특수건강진단의 경우 C_1/C_2, D_1/D_2 구분을 하지 않고 C_N(요관찰자), D_N(유소견자)으로 판정

C_N/D_N으로 판정하는 이유는 '야간작업'에 의한 건강영향은 기존 특수건강진단 유해인자에 의한 직업병과는 달리 '개인적 요인'과 '업무상 요인'이 함께 작용하여 발병하므로 기존 직업병(C_1, D_1), 일반질병(C_2, D_2)과 판정구분을 달리 한다.

핵심이론 44 특수·배치 전·수시건강진단의 검사항목

유해인자	1차 건강진단	2차 건강진단
벤젠	① 직업력 및 노출력 조사 ② 주요 표적기관과 관련된 병력조사 ③ 임상검사 및 진찰 　㉠ 조혈기계 : 혈색소량, 혈구용적치, 적혈구 수, 백혈구 수, 혈소판 수, 백혈구 백분율 　㉡ 신경계 : 신경계 증상 문진, 신경증상에 유의하여 진찰 　㉢ 눈, 피부, 비강, 인두 : 점막 자극증상 문진	① 임상검사 및 진찰 　㉠ 조혈기계 : 혈액도말검사, 망상적혈구 수 　㉡ 신경계 : 신경행동검사, 임상심리검사, 신경학적 검사 　㉢ 눈, 피부, 비강, 인두 : 세극등현미경검사, KOH검사, 피부단자시험, 비강 및 인두검사 ② 생물학적 노출지표 검사 : 혈중 벤젠·소변 중 페놀·소변 중 뮤콘산 중 택 1(작업 종료 시 채취)
사염화 탄소	① 직업력 및 노출력 조사 ② 주요 표적기관과 관련된 병력조사 ③ 임상검사 및 진찰 　㉠ 간담도계 : 혈청지오티, 혈청지피티, 감마지티피 　㉡ 비뇨기계 : 요검사 10종 　㉢ 신경계 : 신경계 증상 문진, 신경증상에 유의하여 진찰 　㉣ 눈, 피부 : 점막자극증상 문진	임상검사 및 진찰 ① 간담도계 : 혈청지오티, 혈청지피티, 감마지티피, 총단백, 알부민, 총빌리루빈, 직접빌리루빈, 알칼리포스파타아제, 알파피토단백, B형간염 표면항원, B형간염 표면항체, C형간염 항체, A형간염 항체, 초음파 검사 ② 비뇨기계 : 단백뇨정량, 혈당 크레아티닌, 요소질소 ③ 신경계 : 신경행동검사, 임상심리검사, 신경학적 검사 ④ 눈, 피부 : 세극등현미경검사, KOH검사, 피부단자시험
시클로 헥산	① 직업력 및 노출력 조사 ② 주요 표적기관과 관련된 병력조사 ③ 임상검사 및 진찰 　신경계 : 신경계 증상 문진, 신경증상에 유의하여 진찰	임상검사 및 진찰 신경계 : 신경행동검사, 임상심리검사, 신경학적 검사
아세톤	① 직업력 및 노출력 조사 ② 주요 표적기관과 관련된 병력조사 ③ 임상검사 및 진찰 　㉠ 호흡기계 : 청진, 흉부방사선(추전면) 　㉡ 신경계 : 신경계 증상 문진, 신경증상에 유의하여 진찰	① 임상검사 및 진찰 　㉠ 호흡기계 : 흉부방사선(측면), 폐활량검사 　㉡ 신경계 : 신경행동검사, 임성심리검사, 신경학적 검사 ② 생물학적 노출지표 검사 : 소변 중 아세톤(작업 종료 시 채취)
이소프로필 알코올	① 직업력 및 노출력 조사 ② 주요 표적기관과 관련된 병력조사 ③ 임상검사 및 진찰 　눈, 피부, 비강, 인두 : 점막자극증상 문진	① 임상검사 및 진찰 　눈, 피부, 비강, 인두 : 세극등현미경검사, KOH검사, 피부단자시험, 비강 및 인두검사 ② 생물학적 노출지표 검사 : 혈중 또는 소변 중 아세톤(작업 종료 시 채취)

유해인자	1차 건강진단	2차 건강진단
톨루엔	① 직업력 및 노출력 조사 ② 주요 표적기관과 관련된 병력조사 ③ 임상검사 및 진찰 　㉠ 간담도계 : 혈청지오티, 혈청지피티, 감마지티피 　㉡ 비뇨기계 : 요검사 10종 　㉢ 신경계 : 신경계 증상 문진, 신경증상에 유의하여 진찰 　㉣ 눈, 피부, 비강, 인두 : 점막자극 증상 문진, 진찰 ④ 생물학적 노출지표 검사 : 소변 중 o-크레졸(작업 종료 시 채취)	임상검사 및 진찰 ① 간담도계 : 혈청지오티, 혈청지피티, 감마지티피, 총단백, 알부민, 총빌리루빈, 직접빌리루빈, 알칼리포스파타아제, 알파피토단백, B형간염 표면항원, B형간염 표면항체, C형간염 항체, A형간염 항체, 초음파 검사 ② 비뇨기계 : 단백뇨정량, 혈청 크레아티닌, 요소질소 ③ 신경계 : 근전도 검사, 신경전도 검사, 신경행동검사, 임상심리검사, 신경학적 검사 ④ 눈, 피부, 비강, 인두 : 세극등현미경검사, KOH검사, 피부단자시험, 비강 및 인두검사
포름알데히드	① 직업력 및 노출력 조사 ② 주요 표적기관과 관련된 병력조사 ③ 임상검사 및 진찰 　㉠ 호흡기계 : 청진, 흉부방사선(후전면) 　㉡ 눈, 피부, 비강, 인두 : 점막자극 증상 문진	임상검사 및 진찰 ① 호흡기계 : 흉부방사선(측면), 폐활량검사 ② 눈, 피부, 비강, 인두 : 세극등현미경검사, 면역글로불린 정량(IgE), 피부첩포시험, 피부단자시험, KOH검사, 비강 및 인두검사
헥산 (n-헥산)	① 직업력 및 노출력 조사 ② 주요 표적기관과 관련된 병력조사 ③ 임상검사 및 진찰 　㉠ 신경계 : 신경계 증상 문진, 신경증상에 유의하여 진찰 　㉡ 눈, 피부, 비강, 인두 : 점막자극 증상 문진 ④ 생물학적 노출지표 검사 : 소변 중 2,5-헥산디온(작업 종료 시 채취)	임상검사 및 진찰 ① 신경계 : 근전도 검사, 신경전도 검사, 신경행동검사, 임상심리검사, 신경학적 검사 ② 눈, 피부, 비강, 인두 : 세극등현미경검사, 정밀안저검사, 정밀안압측정, 안과 진찰, KOH검사, 피부단자시험, 비강 및 인두검사
니켈 및 그 무기화합물, 니켈카르보닐	① 직업력 및 노출력 조사 ② 주요 표적기관과 관련된 병력조사 ③ 임상검사 및 진찰 　㉠ 호흡기계 : 청진, 흉부방사선(후전면), 폐활량검사 　㉡ 눈, 피부, 비강, 인두 : 관련 증상 문진	① 임상검사 및 진찰 　㉠ 호흡기계 : 흉부방사선(측면), 작업 중 최대날숨유량 연속측정, 비특이 기도과민검사, 흉부 전산화 단층촬영, 객담세포검사 　㉡ 피부, 비강, 인두 : 면역글로불린 정량(IgE), 피부첩포시험, 피부단자시험, KOH검사, 비강 및 인두 검사 ② 생물학적 노출지표 검사 : 소변 중 니켈

유해인자	1차 건강진단	2차 건강진단
납 및 그 무기화합물	① 직업력 및 노출력 조사 ② 주요 표적기관과 관련된 병력조사 ③ 임상검사 및 진찰 　㉠ 조혈기계 : 혈색소량, 혈구용적치, 적혈구 수, 백혈구 수, 혈소판 수, 백혈구 백분율 　㉡ 비뇨기계 : 요검사 10종, 혈압측정 　㉢ 신경계 및 위장관계 : 관련 증상 문진, 진찰 ④ 생물학적 노출지표 검사 : 혈중 납	① 임상검사 및 진찰 　㉠ 조혈기계 : 혈액도말검사, 철, 총철결합능력, 혈청페리틴 　㉡ 비뇨기계 : 단백뇨정량, 혈청 크레아티닌, 요소질소, 베타 2 마이크로글로블린 　㉢ 신경계 : 근전도검사, 신경전도검사, 신경행동검사, 임상심리검사, 신경학적검사 ② 생물학적 노출지표 검사 　㉠ 혈중 징크프로포피린 　㉡ 소변 중 델타이미노레블린산 　㉢ 소변 중 납
크롬과 그 화합물	① 직업력 및 노출력 조사 ② 주요 표적기관과 관련된 병력조사 ③ 임상검사 및 진찰 　㉠ 호흡기계 : 청진, 흉부방사선(후전면), 폐활량검사 　㉡ 눈, 피부, 비강, 인두 : 관련 증상 문진	① 임상검사 및 진찰 　㉠ 호흡기계(천식, 폐암) : 흉부방사선(측면), 작업 중 최대날숨유량 연속측정, 비특이 기도과민검사, 흉부 전산화 단층촬영, 객담세포검사 　㉡ 눈, 피부, 비강, 인두 : 세극등현미경검사, 면역글로불린 정량(IgE), 피부첩포시험, 피부단자시험, KOH검사, 비강 및 인두검사 ② 생물학적 노출지표 검사 : 소변 중 또는 혈중 크롬
황산	① 직업력 및 노출력 조사 ② 주요 표적기관과 관련된 병력조사 ③ 임상검사 및 진찰 　㉠ 호흡기계 : 청진, 흉부방사선(후전면) 　㉡ 눈, 피부, 비강, 인두·후두 : 점막자극 증상 문진 　㉢ 악구강계 : 치과의사에 의한 치아부식증 검사	임상검사 및 진찰 ① 호흡기계 : 흉부방사선(측면), 폐활량검사 ② 눈, 피부, 비강, 인두 : 세극등현미경검사, KOH검사, 피부단자시험, 비강 및 인두검사, 후두경검사
석면	① 직업력 및 노출력 조사 ② 주요 표적기관과 관련된 병력조사 ③ 임상검사 및 진찰 　호흡기계 : 청진, 흉부방사선(후전면), 폐활량검사	임상검사 및 진찰 호흡기계 : 흉부방사선(측면), 결핵도말검사, 흉부 전산화 단층촬영, 객담세포검사
마이크로파 및 라디오파	① 직업력 및 노출력 조사 ② 주요 표적기관과 관련된 병력조사 ③ 임상검사 및 진찰 　㉠ 신경계 : 신경계 증상 문진, 신경증상에 유의하여 진찰 　㉡ 생식계 : 생식계 증상 문진 　㉢ 눈 : 관련 증상 문진	임상검사 및 진찰 ① 신경계 : 신경행동검사, 임상심리검사, 신경학적 검사 ② 생식계 : 에스트로겐(여), 황체형성호르몬, 난포자극호르몬, 테스토스테론(남) ③ 눈 : 세극등현미경검사, 정밀안저검사, 정밀안압측정, 안과 진찰

유해인자	1차 건강진단	2차 건강진단
야간작업	① 직업력 및 노출력 조사 ② 주요 표적기관과 관련된 병력조사 ③ 임상검사 및 진찰 　㉠ 신경계 : 불면증 증상 문진 　㉡ 심혈관계 : 복부둘레, 혈압, 공복혈당, 총콜레스테롤, 트리글리세라이드, HDL콜레스테롤 　㉢ 위장관계 : 관련 증상 문진 　㉣ 내분비계 : 관련 증상 문진	임상검사 및 진찰 ① 신경계 : 심층면담 및 문진 ② 심혈관계 : 혈압, 공복혈당, 당화혈색소, 총콜레스테롤, 트리글리세라이드, HDL콜레스테롤, LDL콜레스테롤, 24시간 심전도, 24시간 혈압 ③ 위장관계 : 위내시경 ④ 내분비계 : 유방 촬영, 유방 초음파

> **Reference** 배치 전 건강진단 실시의 면제 (산업안전보건법 시행규칙 제203조)
>
> 1. 다른 사업장에서 해당 유해인자에 대하여 다음의 어느 하나에 해당하는 건강진단을 받고 6개월이 지나지 않은 근로자로서 건강진단결과를 적은 서류 또는 그 사본을 제출한 근로자
>   ① 배치 전 건강진단
>   ② 배치 전 건강진단의 제1차 검사항목을 포함하는 특수건강진단, 수시건강진단 또는 임시건강진단
>   ③ 배치 전 건강진단의 제1차 검사항목 및 제2차 검사항목을 포함하는 건강진단
> 2. 해당 사업장에서 해당 유해인자에 대하여 1.의 어느 하나에 해당하는 건강진단을 받고 6개월이 지나지 않은 근로자

핵심이론 45 　근로자 건강증진활동 지침

(1) 용어

① 근로자 건강증진활동
　작업관련성질환 예방활동을 포함하여 근로자의 건강을 최상의 상태로 하기 위한 일련의 활동을 말한다.

② 직업성질환
　작업환경 중 유해인자가 있어 업무나 직업적 활동에 의하여 근로자가 노출될 경우 그 유해인자로 인하여 발생하는 질환을 말한다.

③ 작업관련성질환
　작업관련 뇌심혈관질환·근골격계질환 등 업무적 요인과 개인적 요인이 복합적으로 작용하여 발생하는 질환을 말한다.

④ 직업건강서비스
　직업성질환 및 작업관련성질환 예방을 위한 근로자 지원서비스를 말한다.

⑤ 건강증진활동추진자

사업장 내의 보건관리자 또는 근로자 건강증진활동에 필요한 지식과 기술을 보유하고 건강증진활동을 추진하는 사람을 말한다.

(2) 건강증진활동계획 수립·시행 시 포함사항
① 사업주가 건강증진을 적극적으로 추진한다는 의사표명
② 건강증진활동계획의 목표 설정
③ 사업장 내 건강증진 추진을 위한 조직구성
④ 직무스트레스 관리, 올바른 작업자세 지도, 뇌심혈관계질환 발병위험도 평가 및 사후관리, 금연, 절주, 운동, 영양개선 등 건강증진활동 추진내용
⑤ 건강증진활동을 추진하기 위해 필요한 예산, 인력, 시설 및 장비의 확보
⑥ 건강증진활동계획 추진상황 평가 및 계획의 재검토
⑦ 그 밖에 근로자 건강증진활동에 필요한 조치

핵심이론 46 실내공기오염

(1) 개요
실내공기문제에 대한 증상은 명확히 정의된 질병들보다 불특정한 증상이 더 많으며 실내공기오염에 의해 호흡기자극 및 과민성 질환이 발생될 수 있다.

(2) 실내오염 관련 질환
① 빌딩증후군(SBS)
② 복합화학물질 민감증후군(MCS)
③ 새집증후군(SHS)
④ 빌딩 관련 질병(BRI)
⑤ 가습기열
⑥ 과민성 폐렴

(3) 포름알데히드
① 페놀수지의 원료로서 각종 합판, 칩보드, 가구, 단열재 등으로 사용되어 눈과 상부기도를 자극하여 기침, 눈물을 야기시키며 어지러움, 구토, 피부질환, 정서불안정의 증상을 나타낸다.

② 자극적인 냄새가 나고 무색의 수용성 가스로 메틸알데히드라고도 하며 일반주택 및 공공 건물에 많이 사용하는 건축자재와 섬유옷감이 그 발생원이 되고 있다.
③ 동물실험결과 발암성이 있는 것으로 알려져 있으며 산업안전보건법상 사람에 충분한 발암성 증거가 있는 물질(1A)로 분류되고 있다.
④ TLV-TWA : 0.3ppm

(4) 라돈
① 자연적으로 존재하는 암석이나 토양에서 발생하는 thorium, uranium의 붕괴로 인해 생성되는 자연방사성 가스로 공기보다 9배가 무거워 지표에 가깝게 존재한다.
② 무색, 무취, 무미한 가스로 인간의 감각에 의해 감지할 수 없다.
③ 라돈은 라듐의 α붕괴에서 발생하며, 호흡하기 쉬운 방사성 물질이다.
④ 라돈의 동위원소에는 Rn^{222}, Rn^{220}, Rn^{219}가 있으며, 이 중 반감기가 Rn^{222}가 실내공간의 인체 위해성 측면에서 주요 관심대상이며 지하공간에 더 높은 농도를 보인다.
⑤ 방사성 기체로서 지하수, 흙, 석고실드, 콘크리트, 시멘트나 벽돌, 건축자재 등에서 발생하여 폐암 등을 유발시킨다.
⑥ 작업장 노출기준 : $600Bq/m^3$

(5) 이산화탄소
① 환기의 지표물질 및 실내오염의 주요 지표로 사용된다.
② 실내 CO_2 발생은 대부분 거주자의 호흡에 의함, 즉 CO_2의 증가는 산소의 부족을 초래하기 때문에 주요 실내오염물질로 적용된다.
③ 측정방법으로는 직독식 또는 검지관 kit로 측정한다.

핵심이론 47   사무실 공기관리 지침

(1) 오염물질 관리

오염물질	관리기준
미세먼지(PM10)	$100\mu g/m^3$ 이하
초미세먼지(PM2.5)	$50\mu g/m^3$ 이하
이산화탄소(CO_2)	1,000ppm 이하
일산화탄소(CO)	10ppm 이하
이산화질소(NO_2)	0.1ppm 이하
포름알데히드(HCHO)	$100\mu g/m^3$ 이하
총휘발성 유기화합물(TVOC)	$500\mu g/m^3$ 이하
라돈(radon)	$148Bq/m^3$ 이하
총부유세균	$800CFU/m^3$ 이하
곰팡이	$500CFU/m^3$ 이하

※ 1. 관리기준 : 8시간 시간가중평균농도 기준
   2. 라돈은 지상 1층을 포함한 지하에 위치한 사무실에만 적용한다.

(2) 사무실 공기질의 측정

오염물질	측정횟수(측정시기)	시료채취시간
미세먼지(PM10)	연 1회 이상	업무시간 동안 - 6시간 이상 연속 측정
초미세먼지(PM2.5)	연 1회 이상	업무시간 동안 - 6시간 이상 연속 측정
이산화탄소(CO_2)	연 1회 이상	업무시작 후 2시간 전후 및 종료 전 2시간 전후 - 각각 10분간 측정
일산화탄소(CO)	연 1회 이상	업무시작 후 1시간 전후 및 종료 전 1시간 전후 - 각각 10분간 측정
이산화질소(NO_2)	연 1회 이상	업무시작 후 1시간~종료 1시간 전 - 1시간 측정
포름알데히드(HCHO)	연 1회 이상 및 신축(대수선 포함)건물 입주 전	업무시작 후 1시간~종료 1시간 전 - 30분간 2회 측정
총휘발성 유기화합물(TVOC)	연 1회 이상 및 신축(대수선 포함)건물 입주 전	업무시작 후 1시간~종료 1시간 전 - 30분간 2회 측정
라돈(radon)	연 1회 이상	3일 이상~3개월 이내 연속 측정

오염물질	측정횟수(측정시기)	시료채취시간
총부유세균	연 1회 이상	업무시작 후 1시간~종료 1시간 전 - 최고 실내온도에서 1회 측정
곰팡이	연 1회 이상	업무시작 후 1시간~종료 1시간 전 - 최고 실내온도에서 1회 측정

(3) 시료채취 및 분석방법

오염물질	시료채취방법	분석방법
미세먼지(PM10)	PM10 샘플러(sampler)를 장착한 고용량 시료채취기에 의한 채취	중량분석(천칭의 해독도 : 10μg 이상)
초미세먼지(PM2.5)	PM2.5 샘플러(sampler)를 장착한 고용량 시료채취기에 의한 채취	중량분석(천칭의 해독도 : 10μg 이상)
이산화탄소(CO_2)	비분산적외선검출기에 의한 채취	검출기의 연속 측정에 의한 직독식 분석
일산화탄소(CO)	비분산적외선검출기 또는 전기화학검출기에 의한 채취	검출기의 연속 측정에 의한 직독식 분석
이산화질소(NO_2)	고체흡착관에 의한 시료채취	분광광도계로 분석
포름알데히드(HCHO)	2,4-DNPH(2,4-Dinitrophenylhydrazine)가 코팅된 실리카겔관(silicagel tube)이 장착된 시료채취기에 의한 채취	2,4-DNPH-포름알데히드 유도체를 HPLC UVD(High Performance Liquid Chromatography-Ultraviolet Detector) 또는 GC-NPD (Gas Chromato graphy-Nitrogen Phosphorous Detector)로 분석
총휘발성 유기화합물(TVOC)	1. 고체흡착관 또는 2. 캐니스터(canister)로 채취	1. 고체흡착열탈착법 또는 고체흡착용매 추출법을 이용한 GC로 분석 2. 캐니스터를 이용한 GC 분석
라돈(radon)	라돈연속검출기(자동형), 알파트랙(수동형), 충전막 전리함(수동형) 측정 등	3일 이상 3개월 이내 연속 측정 후 방사능감지를 통한 분석
총부유세균	충돌법을 이용한 부유세균채취기(bioair sampler)로 채취	채취·배양된 균주를 새어 공기체적당 균주 수로 산출
곰팡이	충돌법을 이용한 부유진균채취기(bioair sampler)로 채취	채취·배양된 균주를 새어 공기체적당 균주 수로 산출

(4) 시료채취 및 측정지침

① 공기의 측정시료는 사무실 내에서 공기질이 가장 나쁠 것으로 예상되는 2곳(다만, 사무실 면적이 500m²를 초과하는 경우에는 500m²당 1곳씩 추가) 이상에서 채취한다.
② 측정은 사무실 바닥면으로부터 0.9~1.5m 높이에서 한다.

(5) 측정결과의 평가
① 사무실 공기질의 측정결과는 측정치 전체에 대한 평균값을 오염물질별 관리기준과 비교하여 평가한다.
② 이산화탄소는 각 지점에서 측정한 측정치 중 최고값을 기준으로 비교·평가한다.

핵심이론 48 중대재해

(1) 중대재해의 범위
① 사망자가 1인 이상 발생한 재해
② 3개월 이상의 요양을 요하는 부상자가 동시에 2인 이상 발생한 재해
③ 부상자 또는 직업성 질병자가 동시에 10인 이상 발생한 재해

(2) 특징
① 중대재해가 발생한 때에는 지체없이 발생 개요 및 피해 상황을 관할하는 지방고용노동관서의 장에게 전화, 팩스, 그 밖의 적절한 방법으로 보고하여야 한다.
② 중대재해가 발생했을 때에는 산업재해조사표 사본을 보존하거나 요양신청서 사본에 재해방지대책을 첨부해서 보존한다.

핵심이론 49 산업재해 발생보고

① 사업주는 산업재해로 사망자가 발생하거나 3일 이상의 휴업이 필요한 부상을 입거나 질병에 걸린 사람이 발생한 경우에는 해당 산업재해가 발생한 날부터 1개월 이내에 산업재해조사표를 작성하여 관할 지방고용노동관서의 장에게 제출(전자문서로 제출하는 것을 포함)해야 한다.
② 다음의 모두에 해당하지 않는 사업주가 2014년 7월 1일 이후 해당 사업자에서 처음 발생한 산업재해에 대하여 지방고용노동관서의 장으로부터 산업재해조사표를 작성하여 제출하도록 명령을 받은 경우 그 명령을 받은 날부터 15일 이내에 이를 이행한 때에는 보고를 한 것으로 본다.
  ㉠ 안전관리자 또는 보건관리자를 두어야 하는 사업주
  ㉡ 안전보건총괄책임자를 지정해야 하는 도급인
  ㉢ 건설재해예방전문지도기관의 지도를 받아야 하는 사업주
  ㉣ 산업재해 발생사실을 은폐하려고 한 사업주

③ 사업주는 산업재해조사표에 근로자대표의 확인을 받아야 하며, 그 기재 내용에 대하여 근로자대표의 이견이 있는 경우에는 그 내용을 첨부해야 한다. 다만, 근로자대표가 없는 경우에는 재해자 본인의 확인을 받아 산업재해조사표를 제출할 수 있다.
④ 규정에서 정한 사항 외에 산업재해발생 보고에 필요한 사항은 고용노동부장관이 정한다.
⑤ 「산업재해보상보험법」에 따라 요양급여의 신청을 받은 근로복지공단은 지방고용노동관서의 장 또는 공단으로부터 요양신청서 사본, 요양업무 관련 전산입력자료, 그 밖에 산업재해예방업무 수행을 위하여 필요한 자료의 송부를 요청받은 경우에는 이에 협조해야 한다.

핵심이론 50 유해인자의 유해성·위험성 분류기준

(1) 화학물질의 분류기준
① 물리적 위험성 분류기준
  ㉠ 폭발성 물질
    자체의 화학반응에 따라 주위환경에 손상을 줄 수 있는 정도의 온도·압력 및 속도를 가진 가스를 발생시키는 고체·액체 또는 혼합물
  ㉡ 인화성 가스
    20℃, 표준압력(101.3kPa)에서 공기와 혼합하여 인화되는 범위에 있는 가스와 54℃ 이하 공기 중에서 자연발화하는 가스를 말한다(혼합물을 포함).
  ㉢ 인화성 액체
    표준압력(101.3kPa)에서 인화점이 93℃ 이하인 액체
  ㉣ 인화성 고체
    쉽게 연소되거나 마찰에 의하여 화재를 일으키거나 촉진할 수 있는 물질
  ㉤ 에어로졸
    재충전이 불가능한 금속·유리 또는 플라스틱 용기에 압축가스·액화가스 또는 용해가스를 충전하고 내용물을 가스에 현탁시킨 고체나 액상입자로, 액상 또는 가스상에서 폼·페이스트·분말상으로 배출되는 분사장치를 갖춘 것
  ㉥ 물반응성 물질
    물과 상호작용을 하여 자연발화되거나 인화성 가스를 발생시키는 고체·액체 또는 혼합물
  ㉦ 산화성 가스
    일반적으로 산소를 공급함으로써 공기보다 다른 물질의 연소를 더 잘 일으키거나 촉진하는 가스

ⓞ 산화성 액체

그 자체로는 연소하지 않더라고, 일반적으로 산소를 발생시켜 다른 물질을 연소시키거나 연소를 촉진하는 액체

ⓩ 산화성 고체

그 자체로는 연소하지 않더라고, 일반적으로 산소를 발생시켜 다른 물질을 연소시키거나 연소를 촉진하는 고체

ⓧ 고압가스

20℃, 200킬로파스칼(kPa) 이상의 압력 하에서 용기에 충전되어 있는 가스 또는 냉동액화가스 형태로 용기에 충전되어 있는 가스(압축가스, 액화가스, 냉동액화가스, 용해가스로 구분)

ⓚ 자기반응성 물질

열적(熱的)인 면에서 불안정하여 산소가 공급되지 않아도 강렬하게 발열·분해하기 쉬운 액체·고체 또는 혼합물

ⓔ 자연발화성 액체

적은 양으로도 공기와 접촉하여 5분 안에 발화할 수 있는 액체

ⓟ 자연발화성 고체

적은 양으로도 공기와 접촉하여 5분 안에 발화할 수 있는 고체

ⓗ 자기발열성 물질

주위의 에너지 공급 없이 공기와 반응하여 스스로 발열하는 물질(자기발화성 물질은 제외)

㉮ 유기과산화물

2가의 -O-O- 구조를 가지고 1개 또는 2개의 수소 원자가 유기라디칼에 의하여 치환된 과산화수소의 유도체를 포함한 액체 또는 고체 유기물질

㉯ 금속 부식성 물질

화학적인 작용으로 금속에 손상 또는 부식을 일으키는 물질

② 건강 및 환경 유해성 분류기준

㉠ 급성 독성 물질

입 또는 피부를 통하여 1회 투여 또는 24시간 이내에 여러 차례로 나누어 투여하거나 호흡기를 통하여 4시간 동안 흡입하는 경우 유해한 영향을 일으키는 물질

㉡ 피부 부식성 또는 자극성 물질

접촉 시 피부조직을 파괴하거나 자극을 일으키는 물질(피부 부식성 물질 및 피부 자극성 물질로 구분)

ⓒ 심한 눈 손상성 또는 자극성 물질
  접촉 시 눈 조직의 손상 또는 시력의 저하 등을 일으키는 물질(눈 손상성 물질 및 눈 자극성 물질로 구분)
ⓛ 호흡기 과민성 물질
  호흡기를 통하여 흡입되는 경우 기도에 과민반응을 일으키는 물질
ⓜ 피부 과민성 물질
  피부에 접촉되는 경우 피부 알레르기 반응을 일으키는 물질
ⓑ 발암성 물질
  암을 일으키거나 그 발생을 증가시키는 물질
ⓢ 생식세포 변이원성 물질
  자손에게 유전될 수 있는 사람의 생식세포에 돌연변이를 일으킬 수 있는 물질
ⓞ 생식독성 물질
  생식기능, 생식능력 또는 태아의 발생·발육에 유해한 영향을 주는 물질
ⓩ 특정 표적장기 독성 물질(1회 노출)
  1회 노출로 특정 표적장기 또는 전신에 독성을 일으키는 물질
ⓧ 특정 표적장기 독성 물질(반복 노출)
  반복적인 노출로 특정 표적장기 또는 전신에 독성을 일으키는 물질
ⓚ 흡인 유해성 물질
  액체 또는 고체 화학물질이 입이나 코를 통하여 직접적으로 또는 구토로 인하여 간접적으로, 기관 및 더 깊은 호흡기관으로 유입되어 화학적 폐렴, 다양한 폐 손상이나 사망과 같은 심각한 급성 영향을 일으키는 물질
ⓔ 수생 환경 유해성 물질
  단기간 또는 장기간의 노출로 수생생물에 유해한 영향을 일으키는 물질
ⓟ 오존층 유해성 물질
  「오존층 보호를 위한 특정물질의 제조규제 등에 관한 법률」에 따른 특정물질

(2) 물리적 인자의 분류기준
  ① 소음
    소음성난청을 유발할 수 있는 85데시벨(A) 이상의 시끄러운 소리
  ② 진동
    착암기, 손망치 등의 공구를 사용함으로써 발생되는 백랍병·레이노 현상·말초순환장애 등의 국소 진동 및 차량 등을 이용함으로써 발생되는 관절통·디스크·소화장애 등의 전신 진동

③ 방사선
직접·간접으로 공기 또는 세포를 전리하는 능력을 가진 알파선·베타선·감마선·엑스선·중성자선 등의 전자선
④ 이상기압
게이지 압력이 제곱센티미터당 1킬로그램 초과 또는 미만인 기압
⑤ 이상기온
고온·한랭·다습으로 인하여 열사병·동상·피부질환 등을 일으킬 수 있는 기온

(3) 생물학적 인자의 분류기준
① 혈액매개 감염인자 : 인간면역결핍바이러스, B형·C형간염바이러스, 매독바이러스 등 혈액을 매개로 다른 사람에게 전염되어 질병을 유발하는 인자
② 공기매개 감염인자
결핵·수두·홍역 등 공기 또는 비말감염 등을 매개로 호흡기를 통하여 전염되는 인자
③ 곤충 및 동물매개 감염인자
쯔쯔가무시증, 렙토스피라증, 유행성출혈열 등 동물의 배설물 등에 의하여 전염되는 인자 및 탄저병, 브루셀라병 등 가축 또는 야생동물로부터 사람에게 감염되는 인자

핵심이론 51 제조 등이 금지되는 유해물질

① β-나프틸아민과 그 염
② 4-니트로디페닐과 그 염
③ 백연을 포함한 페인트(포함된 중량의 비율이 2% 이하인 것은 제외)
④ 벤젠을 포함하는 고무풀(포함된 중량의 비율이 5% 이하인 것은 제외)
⑤ 석면
⑥ 폴리클로리네이티드 터페닐
⑦ 황린(黃燐) 성냥
⑧ ①, ②, ⑤ 또는 ⑥에 해당하는 물질을 포함한 화합물(포함된 중량의 비율이 1% 이하인 것은 제외)
⑨ "화학물질관리법"에 따른 금지물질
⑩ 그 밖에 보건상 해로운 물질로서 산업재해보상보험 및 예방심의위원회의 심의를 거쳐 고용노동부장관이 정하는 유해물질

핵심이론 52 | 작업환경측정 주기 및 횟수

(1) 사업주는 작업장 또는 작업공정이 신규로 가동되거나 변경되는 등으로 작업환경측정 대상 작업장이 된 경우에는 그 날부터 30일 이내에 작업환경측정을 하고, 그 후 반기에 1회 이상 정기적으로 작업환경을 측정하여야 한다. 다만, 작업환경측정 결과가 다음의 어느 하나에 해당하는 작업장 또는 작업공정은 해당 유해인자에 대하여 그 측정일부터 3개월에 1회 이상 작업환경 측정을 해야 한다.
  ① 화학적 인자(고용노동부장관이 정하여 고시하는 물질만 해당)의 측정치가 노출기준을 초과하는 경우
  ② 화학적 인자(고용노동부장관이 정하여 고시하는 물질은 제외)의 측정치가 노출기준을 2배 이상 초과하는 경우

(2) (1)에도 불구하고 사업주는 최근 1년간 작업공정에서 공정 설비의 변경, 작업방법의 변경, 설비의 이전, 사용 화학물질의 변경 등으로 작업환경측정 결과에 영향을 주는 변화가 없는 경우로서, 다음의 어느 하나에 해당하는 경우에는 해당 유해인자에 대한 작업환경측정을 연 1회 이상 할 수 있다.
  ① 작업공정 내 소음의 작업환경측정 결과가 최근 2회 연속 85dB 미만인 경우
  ② 작업공정 내 소음 외의 다른 모든 인자의 작업환경측정 결과가 최근 2회 연속 노출기준 미만인 경우

핵심이론 53 | 질병자 근로금지 및 제한

(1) **질병자의 근로금지**
  ① 전염될 우려가 있는 질병에 걸린 사람. 다만, 전염을 예방하기 위한 조치를 한 경우에는 제외한다.
  ② 조현병, 마비성 치매에 걸린 사람
  ③ 심장·신장·폐 등의 질환이 있는 사람으로서 근로에 의하여 병세가 악화될 우려가 있는 사람
  ④ ①~③까지의 규정에 준하는 질병으로서 고용노동부장관이 정하는 질병에 걸린 사람

(2) **질병자 등의 근로 제한**
  ① 사업주는 건강진단 결과 유기화합물·금속류 등의 유해물질에 중독된 사람, 해당 유해물질에 중독될 우려가 있다고 의사가 인정하는 사람, 진폐의 소견이 있는 사람 또는 방사선

에 피폭된 사람을 해당 유해물질 또는 방사선을 취급하거나 해당 유해물질의 분진·증기 또는 가스가 발산되는 업무 또는 해당 업무로 인하여 근로자의 건강을 악화시킬 우려가 있는 업무에 종사하도록 해서는 안 된다.
② 사업주는 다음의 어느 하나에 해당하는 질병이 있는 근로자를 고기압 업무에 종사하도록 해서는 안 된다.
  ㉠ 감압증이나 그 밖에 고기압에 의한 장해 또는 그 후유증
  ㉡ 결핵, 급성상기도감염, 진폐, 폐기종, 그 밖의 호흡기계의 질병
  ㉢ 빈혈증, 심장판막증, 관상동맥경화증, 고혈압증, 그 밖의 혈액 또는 순환기계의 질병
  ㉣ 정신신경증, 알코올중독, 신경통, 그 밖의 정신신경계의 질병
  ㉤ 메니에르씨병, 중이염, 그 밖의 이관(耳管)협착을 수반하는 귀 질환
  ㉥ 관절염, 류마티스, 그 밖의 운동기계의 질병
  ㉦ 천식, 비만증, 바세도우씨병, 그 밖에 알레르기성·내분비계·물질대사 또는 영양장해 등과 관련된 질병

핵심이론 54 밀폐공간 작업

(1) 적정공기
① 산소 농도의 범위가 18% 이상 23.5% 미만인 수준의 공기
② 탄산가스 농도가 1.5% 미만인 수준의 공기
③ 황화수소 농도가 10ppm 미만인 수준의 공기
④ 일산화탄소의 농도가 30ppm 미만인 수준의 공기

(2) 산소결핍
공기 중의 산소 농도가 18% 미만인 상태를 말한다.

(3) 밀폐공간 작업 프로그램 수립·시행 시 포함사항(산업안전보건기준에 관한 규칙)
① 사업장 내 밀폐공간의 위치 파악 및 관리 방안
② 밀폐공간 내 질식·중독 등을 일으킬 수 있는 유해·위험 요인의 파악 및 관리 방안
③ 밀폐공간 작업 시 사전 확인이 필요한 사항에 대한 확인 절차
④ 안전보건교육 및 훈련
⑤ 그 밖에 밀폐공간 작업 근로자의 건강장해 예방에 관한 사항

(4) 밀폐공간 작업 시작 전 확인사항
① 작업 일시, 기간, 장소 및 내용 등 작업 정보
② 관리감독자, 근로자, 감시인 등 작업자 정보
③ 산소 및 유해가스 농도의 측정결과 및 후속조치 사항
④ 작업 중 불활성가스 또는 유해가스의 누출·유입·발생 가능성 검토 및 후속조치 사항
⑤ 작업 시 착용하여야 할 보호구의 종류
⑥ 비상연락체계

핵심이론 55 | 이상기압 건강장해 용어

사업주는 잠함 또는 잠수작업 등 높은 기압에서 작업에 종사하는 근로자에 대하여 1일 6시간, 주 34시간을 초과하여 근로자에게 작업하게 하여서는 안 된다.

① 고압작업
고기압($1kg/cm^2$ 이상)에서 잠함공법 또는 그 외의 압기공법으로 행하는 작업을 말한다.

② 잠수작업
　㉠ 표면공급식 잠수작업
　　수면 위의 공기압축기 또는 호흡용 기체통에서 압축된 호흡용 기체를 공급받으면서 하는 작업
　㉡ 스쿠버 잠수작업
　　호흡용 기체통을 휴대하고 하는 작업

③ 기압조절실
고압작업을 하는 근로자 또는 잠수작업을 하는 근로자가 가압 또는 감압을 받는 장소를 말한다.

④ 압력
게이지 압력을 말한다.

⑤ 비상기체통
주된 기체공급장치가 고장난 경우 잠수작업자가 안전한 지역으로 대피하기 위하여 필요한 충분한 양의 호흡용 기체를 저장하고 있는 압력용기와 부속장치를 말한다.

핵심이론 56 근로자 건강장해 예방을 위한 사업주의 조치

① 고열작업에 근로자를 새로 배치할 경우 고열에 순응할 때까지 고열작업시간을 매일 단계적으로 증가시키는 등 필요한 조치를 해야 한다.
② 근로자가 한랭작업을 하는 경우 적절한 지방과 비타민 섭취를 위한 영양지도를 해야 한다.
③ 근로자가 신체 또는 의복, 신발, 보호장구 등에 방사성물질이 부착될 우려가 있는 작업을 하는 경우에 판 또는 막 등의 방지설비를 설치하여야 한다.
④ 근로자가 주사 및 채혈 작업시 채취한 혈액을 검사 용기에 옮기는 경우에는 주사침 사용을 금지하도록 해야 한다.
⑤ 공기매개 감염병이 있는 환자와 접촉하는 경우 면역이 저하되는 등 감염의 위험이 높은 근로자는 전염성이 있는 환자와의 접촉을 제한하도록 해야 한다.

핵심이론 57 근골격계 부담 작업에 근로자를 종사하도록 하는 경우의 유해요인 조사사항

3년마다 유해요인 조사를 실시한다(단, 신설 사업장은 신설일로부터 1년 이내).
① 설비·작업공정·작업량·작업속도 등 작업장 상황
② 작업시간·작업자세·작업방법 등 작업조건
③ 작업과 관련된 근골격계질환 징후 및 증상 유무 등

핵심이론 58 화학물질 및 물리적 인자의 노출기준

(1) 정의
① 노출기준
근로자가 유해인자에 노출되는 경우 노출기준 이하 수준에서는 거의 모든 근로자에게 건강상 나쁜 영향을 미치지 아니하는 기준을 말하며, 1일 작업시간 동안의 시간가중평균노출기준(TWA ; Time Weighted Average), 단시간노출기준(STEL ; Short Term Exposure Limit) 또는 최고노출기준(C ; Ceiling)으로 표시한다.
② 시간가중평균노출기준 (TWA)
1일 8시간 작업을 기준으로 하여 유해인자의 측정치에 발생시간을 곱하여 8시간으로 나눈 값을 말한다.

$$\text{TWA 환산값} = \frac{C_1 T_1 + C_2 T_2 + \cdots + C_n T_n}{8}$$

여기서, C : 유해인자의 측정치(ppm 또는 mg/m^3)
        T : 유해인자의 발생시간

③ 단시간 노출기준(STEL)
15분간의 시간가중평균노출값으로서 노출농도가 시간가중평균노출기준(TWA)을 초과하고 단시간노출기준(STEL) 이하인 경우에는 1회 노출지속시간이 15분 미만이어야 하고, 이러한 상태가 1일 4회 이하로 발생하여야 하며, 각 노출의 간격은 60분 이상이어야 한다.

④ 최고 노출기준(C)
근로자가 1일 작업시간동안 잠시라도 노출되어서는 아니 되는 기준을 말하며, 노출기준 앞에 'C'를 붙여 표시한다.

(2) 노출기준 사용상의 유의사항

① 각 유해인자의 노출기준은 해당 유해인자가 단독으로 존재하는 경우의 노출기준을 말하며, 2종 또는 그 이상의 유해인자가 혼재하는 경우에는 각 유해인자의 상가작용으로 유해성이 증가할 수 있으므로 혼합물 규정에 의하여 산출하는 노출기준을 사용하여야 한다.
② 노출기준은 1일 8시간 작업을 기준으로 하여 제정된 것이므로 이를 이용할 때에는 근로시간, 작업의 강도, 온열조건, 이상기압 등이 노출기준 적용에 영향을 미칠 수 있으므로 이와 같은 제반요인을 특별히 고려하여야 한다.
③ 유해인자에 대한 감수성은 개인에 따라 차이가 있고, 노출기준 이하의 작업환경에서도 직업성 질병에 이환되는 경우가 있으므로 노출기준은 직업병진단에 사용하거나 노출기준 이하의 작업환경이라는 이유만으로 직업성질병의 이환을 부정하는 근거 또는 반증자료로 사용하여서는 아니 된다.
④ 노출기준은 대기오염의 평가 또는 관리상의 지표로 사용하여서는 아니 된다.

(3) 화학물질의 노출기준 분류

발암성, 생식세포 변이원성 및 생식독성 정보는 법상 규제 목적이 아닌 정보제공 목적으로 표시하는 것으로서 발암성은 국제암연구소(International Agency for Research on Cancer, IARC), 미국산업위생전문가협회(American Conference of Governmental Industrial Hygienists, ACGIH), 미국독성프로그램(National Toxicology Program, NTP), 「유럽연합의 분류·표시에 관한 규칙(European Regulation on the Classification, Labelling and Packaging of substances and mixtures, EU CLP)」 또는 미국산업안전보건청(American Occupational Safety & Health Administration, OSHA)의 분류를 기준으로, 생식세포 변이원성 및 생식독성은 유럽연합의 분류·표시에 관한 규칙(European Regulation on the Classification, Labelling and Packaging of substances and mixtures, EU CLP)을 기준으로 「화학물질의 분류·표시 및 물질안전보건자료에 관한 기준」에 따라 분류한다.

(4) 표시단위
① 가스 및 증기의 노출기준 표시단위는 ppm을 사용한다.
② 분진 및 미스트 등 에어로졸의 노출기준 표시단위는 mg/m³를 사용한다. 다만, 석면 및 내화성 세라믹섬유의 노출기준 표시단위는 개/cm³를 사용한다.
③ 고온의 노출기준 표시단위는 습구흑구온도지수(WBGT)를 사용하며 다음 식에 의하여 산출한다.
　㉠ 옥외(태양광선이 내리쬐는 장소)

$$WBGT = 0.7 \times 자연습구온도 + 0.2 \times 흑구온도 + 0.1 \times 건구온도(℃)$$

　㉡ 옥내 또는 옥외(태양광선이 내리쬐지 않는 장소)

$$WBGT = 0.7 \times 자연습구온도 + 0.3 \times 흑구온도(℃)$$

핵심이론 59 화학물질의 분류·표시 및 물질안전보건자료에 관한 기준

(1) 경고표지의 부착
① 물질안전보건자료대상물질을 양도·제공하는 자는 해당 물질안전보건자료대상물질의 용기 및 포장에 한글 경고표지(같은 경고표지 내에 한글과 외국어가 함께 기재된 경우를 포함)를 부착하거나 인쇄하는 등 유해·위험 정보가 명확히 나타나도록 하여야 한다.
다만, 실험실에서 시험·연구목적으로 사용하는 시약으로서 외국어로 작성된 경고표지가 부착되어 있거나 수출하기 위하여 저장 또는 운반 중에 있는 완제품은 한글 경고표지를 부착하지 아니할 수 있다.
② 국제연합(UN)의 "위험물 운송에 관한 권고"에서 정하는 유해성·위험성 물질을 포장에 표시하는 경우에는 "위험물 운송에 관한 권고"에 따라 표시할 수 있다.
③ 포장하지 않는 드럼 등의 용기에 국제연합(UN)의 "위험물 운송에 관한 권고"에 따라 표시를 한 경우에는 경고표지에 해당 그림문자를 표시하지 아니할 수 있다.
④ 용기 및 포장에 경고표지를 부착하거나 경고표지의 내용을 인쇄하는 방법으로 표시하는 것이 곤란한 경우에는 경고표지를 인쇄한 꼬리표를 달 수 있다.
⑤ 물질안전보건자료대상물질을 사용·운반 또는 저장하고자 하는 사업주는 경고표지의 유무를 확인하여야 하며, 경고표지가 없는 경우에는 경고표지를 부착하여야 한다.

⑥ 사업주는 물질안전보건자료대상물질의 양도·제공자에게 경고표지의 부착을 요청할 수 있다.

(2) 물질안전보건자료 작성 시 포함되어야 할 항목 및 그 순서
① 화학제품과 회사에 관한 정보
② 유해성·위험성
③ 구성성분의 명칭 및 함유량
④ 응급조치요령
⑤ 폭발·화재 시 대처방법
⑥ 누출 사고 시 대처방법
⑦ 취급 및 저장방법
⑧ 노출방지 및 개인보호구
⑨ 물리화학적 특성
⑩ 안정성 및 반응성
⑪ 독성에 관한 정보
⑫ 환경에 미치는 영향
⑬ 폐기 시 주의사항
⑭ 운송에 필요한 정보
⑮ 법적 규제 현황
⑯ 그 밖의 참고사항

(3) 작성원칙
① 물질안전보건자료는 한글로 작성하는 것을 원칙으로 하되 화학물질명, 외국기관명 등의 고유명사는 영어로 표기할 수 있다.
② 실험실에서 시험·연구목적으로 사용하는 시약으로서 물질안전보건자료가 외국어로 작성된 경우에는 한국어로 번역하지 아니할 수 있다.
③ 시험결과를 반영하고자 하는 경우에는 해당 국가의 우수실험실기준(GLP) 및 국제공인시험기관 인정(KOLAS)에 따라 수행한 시험결과를 우선적으로 고려하여야 한다.
④ 외국어로 되어 있는 물질안전보건자료를 번역하는 경우에는 자료의 신뢰성이 확보될 수 있도록 최초 작성기관명 및 시기를 함께 기재하여야 하며, 다른 형태의 관련 자료를 활용하여 물질안전보건자료를 작성하는 경우에는 참고문헌의 출처를 기재하여야 한다.
⑤ 물질안전보건자료 작성에 필요한 용어, 작성에 필요한 기술지침은 한국산업안전보건공단이 정할 수 있다.
⑥ 물질안전보건자료의 작성단위는 "계량에 관한 법률"이 정하는 바에 의한다.
⑦ 각 작성항목은 빠짐없이 작성하여야 한다. 다만, 부득이 어느 항목에 대해 관련 정보를 얻을 수 없는 경우에는 작성란에 '자료 없음'이라고 기재하고, 적용이 불가능하거나 대상이 되지 않는 경우에는 작성란에 '해당 없음'이라고 기재한다.
⑧ 화학제품에 관한 정보 중 용도는 용도분류체계에서 하나 이상을 선택하여 작성할 수 있다. 다만, 작성된 물질안전보건자료를 제출할 때에는 용도분류체계에서 하나 이상을 선택하여야 한다.
⑨ 혼합물 내 함유된 화학물질 중 물리적 위험성 분류기준에 해당하는 화학물질의 함유량이 한계농도인 1% 미만이거나 동 건강 및 환경 유해성 분류기준에 해당하는 화학물질의 함유

량이 한계농도 미만인 경우 항목에 대한 정보를 기재하지 아니할 수 있다. 이 경우 화학물질이 물리적 위험성 분류기준 및 건강 및 환경 유해성 분류기준에 모두 해당할 때에는 낮은 한계농도를 기준으로 한다.
⑩ 구성성분의 함유량을 기재하는 경우에는 함유량의 ±5퍼센트포인트(%P) 내에서 범위(하한 값~상한 값)로 함유량을 대신하여 표시할 수 있다.
⑪ 물질안전보건자료를 작성할 때에는 취급근로자의 건강보호목적에 맞도록 성실하게 작성하여야 한다.

(4) 혼합물의 유해성·위험성 결정
① 물질안전보건자료를 작성할 때에는 혼합물의 유해성·위험성을 다음과 같이 결정한다.
  ㉠ 혼합물에 대한 유해성·위험성의 결정을 위한 세부 판단기준은 별도로 정한다.
  ㉡ 혼합물에 대한 물리적 위험성 여부가 혼합물 전체로서 시험되지 않는 경우에는 혼합물을 구성하고 있는 단일화학물질에 관한 자료를 통해 혼합물의 물리적 잠재유해성을 평가할 수 있다.
② 혼합물인 제품들이 다음의 요건을 모두 충족하는 경우에는 해당 제품들을 대표하여 하나의 물질안전보건자료를 작성할 수 있다.
  ㉠ 혼합물인 제품들의 구성성분이 같을 것
  ㉡ 각 구성성분의 함량 변화가 10% 이하일 것
  ㉢ 비슷한 유해성을 가질 것

핵심이론 60   산업재해

(1) 산업재해조사의 목적
① 재해원인과 결함 규명
② 예방자료 수집
③ 동종재해 및 유사재해 재발방지

(2) 산업재해조사표
① 3일 이상의 휴업이 필요한 부상을 입었거나 질병에 걸린 사람이 발생한 경우에는 산업재해조사표를 제출하여야 한다.
② 산업재해조사표에 근로자대표의 확인을 받아야 하지만 건설업의 경우에는 이를 생략할 수 있다.
③ 재해조사를 통하여 근로자 및 사업주의 안전의식을 고취시킬 수 있다.

(3) 재해조사의 순서
① 사실의 확인
② 직접 원인과 문제점 확인
③ 기본 원인과 근본적인 문제의 결정
④ 대책의 수립

(4) 재해발생 시 조치순서
① 산업재해 발생
② 긴급처리
③ 재해조사
④ 원인강구
⑤ 대책수립
⑥ 대책실시 계획
⑦ 실시
⑧ 평가

(5) 산업재해 발생보고
① 대상재해
산업재해로 사망자가 발생하거나 3일 이상의 휴업이 필요한 부상을 입거나 질병에 걸린 사람이 발생한 경우
② 보고방법
재해가 발생한 날부터 1개월 이내에 산업재해조사표를 작성하여 관할 지방고용노동청장 또는 지청장에게 제출

핵심이론 61 재해의 분류

(1) 산업안전보건법상 재해발생 형태별 분류
① 추락
사람이 건축물, 비계, 기계, 사다리, 계단, 경사면, 나무 등에서 떨어지는 것
② 전도
사람이 평면상으로 넘어졌을 때를 말함(과속, 미끄러짐 포함)
③ 충돌
사람이 정지물에 부딪힌 경우

④ 낙하, 비래
   물건이 주체가 되어 사람이 맞은 경우
⑤ 붕괴, 도괴
   적재물, 비계, 건축물이 무너진 경우
⑥ 협착
   물건에 끼인 상태, 말려든 상태
⑦ 감전
   전기접촉이나 방전에 의해 사람이 충격을 받은 경우
⑧ 폭발
   압력의 급격한 발생 또는 개방으로 폭음을 수반한 팽창이 일어난 경우
⑨ 파열
   용기 또는 장치가 물리적인 압력에 의해 파열한 경우
⑩ 화재
   화재로 인한 경우를 말하며 관련 물체는 발화물을 기재
⑪ 무리한 동작
   무거운 물건을 들다 허리를 삐거나 부자연스러운 자세 또는 동작의 반동으로 입은 상해
⑫ 이상온도 접촉
   고온이나 저온에 접촉한 경우
⑬ 유해물 접촉
   유해물 접촉으로 중독되거나 질식된 경우

(2) 산업안전보건법상 상해 종류별 분류
① 골절
   뼈가 부러진 상해
② 동상
   저온물 접촉으로 생긴 동상 상해
③ 부종
   국부의 혈액순환 이상으로 몸이 퉁퉁 부어오르는 상태
④ 자상(찔림)
   칼날 등 날카로운 물질에 찔린 상태
⑤ 좌상(타박상)
   타박, 충돌, 추락 등으로 피부 표면보다는 피하조직 또는 근육부를 다친 상해(삔 것 포함)

⑥ 절상(절단, 베임)
  신체 부위가 절단된 상해
⑦ 중독, 질식
  음식, 약물, 가스 등에 의한 중독이나 질식된 상해
⑧ 찰과상
  스치거나 문질러서 벗겨진 상해
⑨ 창상
  창, 칼 등에 베인 상해
⑩ 청력장애
  청력의 감퇴 또는 고온물 접촉으로 인한 상해
⑪ 화상
  화재 또는 고온물 접촉으로 인한 상해
⑫ 시력장애
  시력이 감퇴 또는 실명된 상해
⑬ 뇌진탕
⑭ 익사
⑮ 피부병

(3) ILO의 상해 분류

① 사망
  안전사고로 죽거나 혹은 사고 시 입은 부상의 결과 일정기간 내에 생명을 잃는 것
② 영구 전노동 불능상해
  부상의 결과로 근로의 기능을 완전 영구적으로 잃는 상해 정도(신체장애등급 1~3급)
③ 영구 일부 노동 불능상해
  부상의 결과로 신체의 일부가 영구적으로 노동기능을 상실한 상해 정도(신체장애등급 4~14급)
④ 일시 전노동 불능상해
  의사의 진단에 따라 일정 기간 정규노동에 종사할 수 없는 상해 정도
⑤ 일시 일부 노동 불능상해
  의사의 진단으로 일정 기간 정규노동에 종사할 수 없으나, 휴무상태가 아닌 일시 가벼운 노동에 종사할 수 있는 상해 정도
⑥ 응급(구조)조치 상해
  응급처치 혹은 의료조치를 받아 부상당한 다음 날 정규노동에 종사할 수 있는 경우

핵심이론 62 산업재해의 기본 원인 (4M)

① Man (사람)
   본인 이외의 사람으로 인간관계, 의사소통의 불량을 의미한다.
② Machine (기계, 설비)
   기계, 설비 자체의 결함을 의미한다.
③ Media (작업환경, 작업방법)
   인간과 기계의 매개체를 말하며 작업자세·동작의 결함, 작업공간의 결함, 작업정보의 부적절, 작업환경조건의 불량을 의미한다.
④ Management (법규준수, 관리)
   안전교육과 훈련의 부족, 부하에 대한 지도·감독의 부족을 의미한다.

> **Reference** 산업재해의 직접 원인
>
> 1. 불안전한 행위(인적 요인)
>   ① 위험장소 접근
>   ② 안전장치 기능제거(안전장치를 고장나게 함)
>   ③ 기계·기구의 잘못 사용(기계설비의 결함)
>   ④ 운전 중인 기계장치의 손실
>   ⑤ 불안전한 속도 조작
>   ⑥ 주변환경에 대한 부주의(위험물 취급 부주의)
>   ⑦ 불안전한 상태의 방치
>   ⑧ 불안전한 자세
>   ⑨ 안전확인 경고의 미비(감독 및 연락 불충분)
>   ⑩ 복장, 보호구의 잘못 사용(보호구를 착용하지 않고 작업)
> 2. 불안전한 상태(물적 요인)
>   ① 물 자체의 결함
>   ② 안전보호장치 결함
>   ③ 복장, 보호구의 결함
>   ④ 물의 배치 및 작업장소 결함(불량)
>   ⑤ 작업환경의 결함(불량)
>   ⑥ 생산공장의 결함
>   ⑦ 경계표시, 설비의 결함

핵심이론 63 산업재해 발생비율

(1) 하인리히(Heinrich)의 재해 발생비율

1 : 29 : 300으로 중상 또는 사망 1회, 경상해 29회, 무상해 300회의 비율로 재해가 발생한다는 것을 의미한다.

① 1 ⇨ 중상 또는 사망(중대사고, 주요재해)
② 29 ⇨ 경상해(경미한 사고, 경미재해)
③ 300 ⇨ 무상해사고(near accident), 즉 사고가 일어나더라도 손실을 전혀 수반하지 않은 재해(유사재해)

(2) 버드(Bird) 재해의 발생비율
1 : 10 : 30 : 600의 비율로 재해가 발생한다는 것을 의미한다.
① 1 ⇨ 중상 또는 폐질(사망, 질병에 이르거나 또는 시간의 손실 또는 치료가 필요하게 되었던 상해)
② 10 ⇨ 경상(응급치료만으로 끝난 상해, 물적·인적 상해)
③ 30 ⇨ 무상해사고(물적 손실 발생, 즉 재산손해 사고건수 의미)
④ 600 ⇨ 무상해, 무사고, 무손실 고장(위험순간)

핵심이론 64 | 재해요인의 분석기법

(1) 일반적인 재해원인 분석
① 사실을 확인하여 파악된 사실에 관해 미리 정해둔 판정기준에 근거해 재해요소를 찾고 재해요소의 중요도를 평가하여 재해요인을 파악한다.
② 결론적으로 재해요인의 상관관계와 중요도를 검토하여 재해원인을 결정한다.
③ 판정기준으로서는 법규·사내규정, 기술지침, 작업표준, 설비기준 등이 있다.

(2) 파레토법
① 사고의 유형, 기인물 등 분류항목을 큰 순서대로 도표화하여 항목 간의 경중을 비교하는 통계적 원인 분석방법이다.
② 중요한 문제점을 발견하고자 할 때, 문제점의 원인을 조사하고자 할 때, 개선과 대책의 효과를 알고자 할 때 적용한다.

(3) 특성 요인도
특정 결과와 원인이라고 생각되는 항목을 계통적으로 나타낸 도표, 즉 재해원인 간의 상호 인과관계를 화살표로 결부시키는 분석방법이다.

(4) 크로스 분석
2개 항목 이상의 발생빈도를 분석하는 방법이다.

(5) 관리도
시간경과에 따른 재해발생건수, 불안전행동률 등의 변화추이를 분석하는 방법이다.

(6) 문답방식에 의한 재해원인 분석
Flow-chart에 의한 분석방법이다.

(7) 4M법 (인간공학적 접근방식)
사고 또는 안전에 중대한 관계가 있는 사항 모두를 시계열적으로 분석하는 방법으로 조사자료를 가지고 man, machine, media, management 측면에서 재해원인을 분석한다.

(8) 3E법
관리적(Enforcement), 기술적(Engineering), 교육적(Education) 측면으로 결함을 생각하여 3가지 면에서 재해원인을 분석하는 방법이다.

핵심이론 65 산업재해 평가 (통계)지표

(1) 재해율
① 정의

임금근로자 수 100명당 발생하는 재해자 수의 비율을 말한다.

② 계산식

$$재해율 = \frac{재해자 \ 수}{임금근로자 \ 수} \times 100$$

(2) 건수율 (발생률)
① 정의

평균 근로자 수 1,000명당 발생하는 재해건수의 비율을 말한다.

② 계산식

$$건수율 = \frac{재해건수}{평균 \ 근로자 \ 수} \times 1,000$$

③ 특징
  ㉠ 산업재해 발생의 상황 파악에 이용되며 산업재해 발생의 총괄적 지표로 사용된다.
  ㉡ 작업시간이 고려되지 않는 것이 단점이다.

(3) 연천인율

① 정의

재직근로자 1,000명당 1년간 발생한 재해자 수

② 계산식

$$연천인율 = \frac{연간\ 재해자\ 수}{연평균\ 근로자\ 수} \times 1,000$$

③ 특징

　㉠ 재해자 수는 사망자, 부상자, 직업병의 환자 수를 합한 것이다.
　㉡ 산업재해의 발생상황을 총괄적으로 파악하는 데 적합하다.
　㉢ 재해의 강도가 고려되지 않는다(사망이나 경상을 동일하게 적용).
　㉣ 근로자 수, 근로일수의 변동이 많은 사업장은 적합하지 않다.
　㉤ 산출이 용이하며 알기 쉬운 장점이 있다.
　㉥ 각 사업장 간의 재해상황을 비교하는 자료로 활용 가능하다.
　㉦ 근무시간이 같은 동종의 업체끼리만 비교가 가능하다.
　㉧ 연천인율이 가장 높은 업종은 광업이다.

(4) 도수율(빈도율, FR)

① 정의

재해의 발생빈도를 나타내는 것으로 연근로시간 합계 100만 시간당의 재해발생 건수

② 계산식

$$도수율 = \frac{일정\ 기간\ 중\ 재해발생\ 건수(재해자\ 수)}{일정\ 기간\ 중\ 연근로시간\ 수} \times 1,000,000$$

③ 특징

　㉠ 현재 재해발생의 빈도를 표시하는 표준척도로 사용한다.
　㉡ 연근로시간수의 정확한 산출이 곤란할 때는 1일 8시간, 1개월 25일, 연 300일을 시간으로 환산한 연 2,400시간으로 한다.
　㉢ 재해발생건수 또는 재해자 수는 동일개념으로 사용한다.
　㉣ 재해의 강도가 고려되지 않는다(사망이나 경상을 동일하게 적용).
　㉤ 재해발생건수의 산정은 응급처치 이상의 사고를 모두 포함한다.
　㉥ 일평생 근로시간은 100,000시간으로 한다.

④ 환산도수율(F) : 100,000시간 중 1인당 재해건수

$$환산도수율 = \frac{도수율}{10}$$

⑤ 도수율과 연천인율 관계

$$도수율 = \frac{연천인율}{2.4}, \quad 연천인율 = 도수율 \times 2.4$$

(5) 강도율(SR)

① 정의

연근로시간 1,000시간당 재해에 의해서 잃어버린 근로손실일수

② 계산식

$$강도율 = \frac{일정\ 기간\ 중\ 근로손실일수}{일정\ 기간\ 중\ 연근로시간수} \times 1,000$$

③ 특징
   ㉠ 재해의 경중(정도) 즉, 강도를 나타내는 척도이다.
   ㉡ 재해자의 수나 발생빈도에 관계없이 재해의 내용(상해 정도)을 측정하는 척도이다.
   ㉢ 사망 및 1, 2, 3급(신체장애등급)의 근로손실일수는 7,500일이며, 근거는 재해로 인한 사망자의 평균연령을 30세로 보고 노동이 가능한 연령을 55세로 보며 1년 동안의 노동일수를 300일로 본 것이다.
   ㉣ 근로손실일수 산정기준(입원, 휴업, 휴직, 요양 경우)

$$총\ 휴업일수 \times \frac{300}{365}$$

④ 환산강도율(S) : 100,000시간 중 1인당 근로손실일수

$$환산강도율 = 강도율 \times 100$$

기출 및 예상문제 01

연평균 근로자 수가 200인이 근무하는 사업장에서 1년에 16명의 재해자가 발생하였으며 연근로시간이 1인당 2,400시간이다. 연천인율은?

풀이
$$연천인율 = \frac{연간\ 재해자\ 수}{연평균\ 근로자\ 수} \times 1,000 = \frac{16}{200} \times 1,000 = 80$$

기출 및 예상문제 02

50명의 근로자가 작업하는 사업장에서 1년 동안 3건, 작업손실일수 15일의 재해가 발생하였다면 도수율은? (단, 1일 8시간, 연평균 근로일수 300일 기준)

[풀이] 도수율 $= \dfrac{\text{재해발생건수(재해자 수)}}{\text{연근로시간수}} \times 10^6 = \dfrac{3}{8 \times 300 \times 50} \times 10^6 = 25$

기출 및 예상문제 03

300명의 근로자가 근무하는 공장에서 1년에 50건의 재해가 발생하였다. 이 가운데 근로자들이 질병, 기타의 사유로 인하여 총 근로시간 중 5%를 결근하였다면 도수율은? (단, 1주일에 40시간, 연간 50주 근무 기준)

[풀이] 도수율 $= \dfrac{\text{재해발생건수}}{\text{연근로시간수}} \times 1,000,000$

재해발생건수 : 50건
연근로시간수 : 40시간 × 50주 × 300명 = 600,000
실제 연근로시간수 : 600,000 − (600,000 × 0.05) = 570,000

$= \dfrac{50}{570,000} \times 1,000,000 = 87.72$

기출 및 예상문제 04

800인이 근무하는 사업장에서 연간 100건의 산업재해가 발생하였다. 1일 8시간, 연 300일을 작업한다면 강도율은? (단, 100건의 산업재해로 인한 근로손실일수는 3,000일)

[풀이] 강도율 $= \dfrac{\text{근로손실일수}}{\text{연근로시간수}} \times 1,000$

$= \dfrac{3,000}{8 \times 300 \times 800} \times 1,000 = 1.56$

기출 및 예상문제 05

A공장의 2013년도 총 재해건수는 6건, 의사진단에 의한 총 휴업일수는 900일이었다. 이 공장의 도수율과 강도율은 각각 약 얼마인가? (단, 평균 근로자는 1,000명, 근로자 1인당 1일 8시간씩 연간 300일을 근무하였다.)

[풀이] ㉠ 도수율 $= \dfrac{6}{1,000 \times 8 \times 300} \times 10^6 = 2.5$

㉡ 강도율 $= \dfrac{900 \times \left(\dfrac{300}{365}\right)}{1,000 \times 8 \times 300} \times 10^3 = 0.31$

(6) 종합재해지수(FSI)

① 정의

인적사고 발생의 빈도 및 강도를 종합한 지표

② 계산식

$$종합재해지수 = \sqrt{빈도율 \times 강도율}$$

③ 특징

㉠ 도수 강도치를 의미한다.

㉡ 어느 기업의 위험도를 비교하는 수단과 안전에 대한 관심을 높이는 데 사용한다.

(7) 사고사망만인율

① 정의

임금근로자 수 10,000명당 발생하는 사망자 수의 비율이며, 주로 건설업체의 산업재해 발생률 산정기준에 의거 산정한 재해율을 말한다.

② 계산식

$$사고사망만인율 = \frac{사고사망자\ 수}{임금근로자\ 수} \times 10,000$$

핵심이론 66 산업재해보상보험법

(1) 용어

① 업무상의 재해

업무상의 사유에 따른 근로자의 부상·질병·장해 또는 사망을 말한다.

② 근로자·임금·평균임금·통상임금

각각 「근로기준법」에 따른 "근로자"·"임금"·"평균임금"·"통상임금"을 말한다. 다만, 「근로기준법」에 따라 "임금" 또는 "평균임금"을 결정하기 어렵다고 인정되면 고용노동부장관이 정하여 고시하는 금액을 해당 "임금" 또는 "평균임금"으로 한다.

③ 유족

사망한 사람의 배우자(사실상 혼인 관계에 있는 사람을 포함)·자녀·부모·손자녀·조부모 또는 형제자매를 말한다.

④ 치유

부상 또는 질병이 완치되거나 치료의 효과를 더 이상 기대할 수 없고 그 증상이 고정된 상태에 이르게 된 것을 말한다.

⑤ 장해

부상 또는 질병이 치유되었으나 정신적 또는 육체적 훼손으로 인하여 노동능력이 상실되거나 감소된 상태를 말한다.

⑥ 중증요양상태

업무상의 부상 또는 질병에 따른 정신적 또는 육체적 훼손으로 노동능력이 상실되거나 감소된 상태로서 그 부상 또는 질병이 치유되지 아니한 상태를 말한다.

⑦ 진폐(塵肺)

분진을 흡입하여 폐에 생기는 섬유증식성(纖維增殖性) 변화를 주된 증상으로 하는 질병을 말한다.

⑧ 출퇴근

취업과 관련하여 주거와 취업장소 사이의 이동 또는 한 취업장소에서 다른 취업장소로의 이동을 말한다.

(2) 업무상의 재해 인정 기준

① 근로자가 다음의 어느 하나에 해당하는 사유로 부상·질병 또는 장해가 발생하거나 사망하면 업무상의 재해로 본다. 다만, 업무와 재해 사이에 상당인과관계가 없는 경우에는 그러하지 아니하다.

㉠ 업무상 사고

ⓐ 근로자가 근로계약에 따른 업무나 그에 따르는 행위를 하던 중 발생한 사고

ⓑ 사업주가 제공한 시설물을 이용하던 중 그 시설물 등의 결함이나 관리소홀로 발생한 사고

ⓒ 사업주가 주관하거나 사업주의 지시에 따라 참여한 행사나 행사준비 중에 발생한 사고

ⓓ 휴게시간 중 사업주의 지배관리하에 있다고 볼 수 있는 행위로 발생한 사고

ⓔ 그 밖에 업무와 관련하여 발생한 사고

㉡ 업무상 질병

ⓐ 업무수행 과정에서 물리적 인자, 화학물질, 분진, 병원체, 신체에 부담을 주는 업무 등 근로자의 건강에 장해를 일으킬 수 있는 요인을 취급하거나 그에 노출되어 발생한 질병

ⓑ 업무상 부상이 원인이 되어 발생한 질병

ⓒ 「근로기준법」에 따른 직장 내 괴롭힘, 고객의 폭언 등으로 인한 업무상 정신적 스트레스가 원인이 되어 발생한 질병

ⓓ 그 밖에 업무와 관련하여 발생한 질병

ⓒ 출퇴근 재해
ⓐ 사업주가 제공한 교통수단이나 그에 준하는 교통수단을 이용하는 등 사업주의 지배관리하에서 출퇴근하는 중 발생한 사고
ⓑ 그 밖에 통상적인 경로와 방법으로 출퇴근하는 중 발생한 사고
② 근로자의 고의·자해행위나 범죄행위 또는 그것이 원인이 되어 발생한 부상·질병·장해 또는 사망은 업무상의 재해로 보지 아니한다. 다만, 그 부상·질병·장해 또는 사망이 정상적인 인식능력 등이 뚜렷하게 낮아진 상태에서 한 행위로 발생한 경우로서 대통령령으로 정하는 사유가 있으면 업무상의 재해로 본다.
③ 출퇴근 경로 일탈 또는 중단이 있는 경우에는 해당 일탈 또는 중단 중의 사고 및 그 후의 이동 중의 사고에 대하여는 출퇴근 재해로 보지 아니한다. 다만, 일탈 또는 중단이 일상생활에 필요한 행위로서 대통령령으로 정하는 사유가 있는 경우에는 출퇴근 재해로 본다.
④ 출퇴근 경로와 방법이 일정하지 아니한 직종으로 대통령령으로 정하는 경우에는 출퇴근 재해를 적용하지 아니한다.
⑤ 업무상의 재해의 구체적인 인정 기준은 대통령령으로 정한다.
⑥ 업무상의 재해를 입은 근로자가 요양할 산재보험 의료기관이 상급종합병원인 경우에는 「응급의료에 관한 법률」에 따른 응급환자이거나 그 밖에 부득이한 사유가 있는 경우를 제외하고는 그 근로자가 상급종합병원에서 요양할 필요가 있다는 의학적 소견이 있어야 한다.

(3) 수급권자인 유족의 우선순위

① 유족 간의 수급권의 순위는 다음의 순서로 하되, 각 호의 사람 사이에서는 각각 그 적힌 순서에 따른다. 이 경우 같은 순위의 수급권자가 2명 이상이면 그 유족에게 똑같이 나누어 지급한다.
㉠ 근로자가 사망할 당시 그 근로자와 생계를 같이 하고 있던 배우자·자녀·부모·손자녀 및 조부모
㉡ 근로자가 사망할 당시 그 근로자와 생계를 같이 하고 있지 아니하던 배우자·자녀·부모·손자녀 및 조부모 또는 근로자가 사망할 당시 근로자와 생계를 같이 하고 있던 형제자매
㉢ 형제자매
② 부모는 양부모(養父母)를 선순위로, 실부모(實父母)를 후순위로 하고, 조부모는 양부모의 부모를 선순위로, 실부모의 부모를 후순위로, 부모의 양부모를 선순위로, 부모의 실부모를 후순위로 한다.
③ 수급권자인 유족이 사망한 경우 그 보험급여는 같은 순위자가 있으면 같은 순위자에게, 같은 순위자가 없으면 다음 순위자에게 지급한다.
④ 근로자가 유언으로 보험급여를 받을 유족을 지정하면 그 지정에 따른다.

핵심이론 67 산업재해의 보상

(1) 하인리히(Heinrich)의 산업재해 손실평가

$$\text{총 재해코스트} = \text{직접비} + \text{간접비}(\text{직접비와 간접비의 비} = 1:4)$$
$$= \text{직접비} \times 5$$

여기서, 직접비 : • 법령으로 정한 피해자에게 지급되는 산재보상비
  • 종류 – 휴업보상비, 장애보상비, 요양보상비, 유족보상비, 장의비, 상병보상연금, 유족특별보상비, 장애특별보상비
  간접비 : • 재산손실 및 생산중단으로 기업이 입은 손실
  • 종류 – 인적손실, 물적손실, 생산손실, 특수손실, 기타 손실

(2) 시몬즈(Simonds)의 산업재해 손실평가

$$\text{총 재해코스트} = \text{보험코스트} + \text{비보험코스트}$$

여기서, 보험코스트 : 산재보험료
  비보험코스트 : (휴업상해건수 $\times$ A) + (통원상해건수 $\times$ B) + (응급조치건수 $\times$ C) + (무상해사고건수 $\times$ D)
  A, B, C, D는 장애 정도별에 의한 비보험코스트의 평균

핵심이론 68 산업재해 이론

(1) 하인리히의 도미노 이론 : 사고 연쇄반응

사회적 환경 및 유전적 요소(선천적 결함)
⇩
개인적인 결함(인간의 결함)
⇩
불안전한 행동 및 상태(인적 원인과 물적 원인) : 제거요인
⇩
사고
⇩
재해

(2) 버드의 수정 도미노 이론

```
┌─────────────────────────────────────────┐
│ 통제(제어)의 부족(관리) : 부적절한 프로그램 │
└─────────────────────────────────────────┘
                    ⇩
┌─────────────────────────────────────────┐
│ 기본 원인(기원) : 개인적 요인과 작업상의 요인으로 분류 │
└─────────────────────────────────────────┘
                    ⇩
┌─────────────────────────────────────────┐
│ 직접 원인(징후) : 불안전 행동 및 상태      │
└─────────────────────────────────────────┘
                    ⇩
┌─────────────────────────────────────────┐
│ 사고(접촉)                                │
└─────────────────────────────────────────┘
                    ⇩
┌─────────────────────────────────────────┐
│ 상해(손실) : 재해                         │
└─────────────────────────────────────────┘
```

핵심이론 69 산업재해의 대책

(1) 산업재해 예방(방지) 4원칙

① 예방가능의 원칙
   재해는 원칙적으로 모두 방지(예방)가 가능하다.
② 손실우연의 원칙
   재해 발생과 손실 발생은 우연적이므로 사고 발생 자체의 방지가 이루어져야 한다. 즉 사고 예방이 가장 중요하다.
③ 원인계기의 원칙
   재해 발생에는 반드시 원인이 있으며, 사고와 원인의 관계는 필연적이다.
④ 대책선정의 원칙
   재해 예방을 위한 가능한 안전대책은 반드시 존재한다.

(2) 하인리히의 사고 예방(방지) 대책의 기본 원리 5단계

① 제1단계 : 안전관리 조직구성(조직)
② 제2단계 : 사실의 발견
③ 제3단계 : 분석 평가
④ 제4단계 : 시정방법의 선정(대책의 선정)
⑤ 제5단계 : 시정책의 적용(대책 실시)

(3) 재해발생 시 긴급처리 내용
① 피재(재난으로 피해를 입음) 기계의 정지
② 피해자의 응급조치
③ 관계자에게 통보
④ 2차 재해방지
⑤ 현장보존

핵심이론 70 소음 관련 기준

(1) 작업환경 측정대상
8시간 시간가중평균 80dB 이상의 소음

(2) 특수건강진단 대상
① 소음작업(1일 8시간 작업을 기준으로 85dB 이상의 소음이 발생하는 작업)
② 강렬한 소음작업(90dB 이상의 소음이 1일 8시간 이상 발생하는 작업)
③ 충격소음작업(소음이 1초 이상 간격으로 120dB을 초과하는 소음이 1일 1만회 이상 발생하는 작업)

(3) 청력보존프로그램 수립대상
작업환경측정 결과 소음 수준이 90dB을 초과하거나, 소음으로 인하여 근로자에게 건강장해가 발생한 사업장

핵심이론 71 미국산업위생학회(AIHA) 작업환경측정 목적

① 근로자 노출에 대한 기초자료 확보를 위한 측정(유사노출그룹별로 유해물질의 농도범위 분포를 평가하기 위한 것)
② 진단을 위한 측정(작업장에서 근로자에게 가장 큰 위험을 초래하는 작업과 그 원인이 무엇인지를 알아내기 위한 것)
③ 법적인 노출기준 초과 여부를 판단하기 위한 측정(유해물질의 노출정도가 법에서 정한 노출기준과 비교하여 적절한지를 판단하기 위한 것)

핵심이론 72 | 개인시료 (personal sampling)

① 작업환경측정을 실시할 경우 시료채취의 한 방법으로서 개인시료채취기를 이용하여 가스·증기, 흄, 미스트 등을 근로자 호흡위치(호흡기를 중심으로 반경 30cm인 반구)에서 채취하는 것을 말한다.
② 개인시료채취방법은 분석화학의 발달로 미량분석이 가능하게 됨에 따라 시료채취기기의 소형화도 쉽게 이루어질 수 있다.
③ 작업환경측정은 개인시료채취를 원칙으로 하고 있으며 개인시료채취가 곤란한 경우에 한하여 지역시료를 채취할 수 있다(개인시료 위주, 지역시료 보조).
④ 대상이 근로자일 경우 노출되는 유해인자의 양이나 강도를 간접적으로 측정하는 방법이다.
⑤ 개인시료의 활용은 노출기준 평가 시 이용된다.

핵심이론 73 | 작업환경측정의 예비조사

(1) 예비조사의 측정계획서 작성 시 포함사항
① 원재료의 투입과정부터 최종제품 생산공정까지의 주요공정 도식
② 해당 공정별 작업내용, 측정대상 공정 및 공정별 화학물질 사용실태
③ 측정대상 유해인자, 유해인자 발생주기, 종사근로자 현황
④ 유해인자별 측정방법 및 측정소요기간 등 필요한 사항

(2) 예비조사 목적
① 동일노출그룹(유사노출그룹, HEG)의 설정
　㉠ 어떤 동일한 유해인자에 대하여 통계적으로 비슷한 수준(농도, 강도)에 노출되는 근로자그룹이라는 의미이며 유해인자의 특성이 동일하다는 것은 노출되는 유해인자가 동일하고 농도가 일정한 변이 내에서 통계적으로 유사하다는 것이다.
　㉡ 모든 근로자를 유사한 노출그룹별로 구분하고 그룹별로 대표적인 근로자를 선택하여 측정하면 측정하지 않은 근로자의 노출농도까지도 추정할 수 있다.
　㉢ 작업환경측정 분야에서 유사노출군의 개념이 도입된 배경
　　한 작업장 내에 존재하는 근로자 모두에 대해 개인노출을 평가하는 것이 바람직하지만, 시간적, 경제적 사유로 불가능하기 때문에 대표적인 근로자를 선정하여 측정·평가를 실시하고 그 결과를 유사노출군에 적용하고자 하는 것이다.
　㉣ HEG의 설정방법
　　조직 → 공정 → 작업범주 → 작업내용(업무 : 유해인자)별로 구분하여 설정한다.

② 정확한 시료채취 전략 수립
  ㉠ 발생되는 유해인자의 특성을 조사한다.
  ㉡ 작업장과 공정의 특성 및 근로자들의 작업특성을 파악한다.
  ㉢ 측정대상, 측정시간, 측정매체 등을 계획한다.

(3) 동일노출그룹(HEG) 설정 목적
  ① 시료채취 수를 경제적으로 하는 데 있다.
  ② 모든 작업의 근로자에 대한 노출농도를 평가할 수 있다.
  ③ 역학조사 수행 시 해당 근로자가 속한 동일노출그룹의 노출농도를 근거로 노출 원인 및 농도를 추정할 수 있다.
  ④ 작업장에서 모니터링하고 관리해야 할 우선적인 그룹을 결정하기 위함이다.

핵심이론 74 공시료(blank sample)

① 공시료는 공기 중의 유해물질, 분진 등을 측정 시 시료를 채취하지 않고 측정오차를 보정하기 위하여 사용하는 시료, 즉 채취하고자 하는 공기에 노출되지 않은 시료를 말한다.
② 모든 시료에는 공시료를 분석하고 이를 농도 산정에 고려하여 측정오차를 보정하기 위한 목적이 있으며, 공시료 수는 각 시료 세트당 10개(NIOSH)이다.
③ 현장시료와 동일한 방법으로 취급·운반·분석되어야 한다.

핵심이론 75 표준기구(보정기구)

(1) 정의

표준기구는 공기(시료)채취 시의 공기유량을 보정하는 기구를 의미한다.

(2) 1차 표준기구(표준장비) : 1차 유량보정장치
  ① 물리적 크기에 의해서 공간의 부피를 직접 측정할 수 있는 기구를 말하며, 기구 자체가 정확한 값(±1% 이내)을 제시한다(비누거품미터 측정시간의 정확도는 ±1% 이내).
  ② pump의 유량을 보정하는 데 1차 표준으로서 비누거품미터는 정확하고 경제적이며, 비교적 단순하기 때문에 산업위생 분야에서 가장 널리 이용된다.

‖ 공기채취기구의 보정에 사용되는 1차 표준기구의 종류 ‖

표준기구	일반 사용범위	정확도
비누거품미터(soap bubble meter)	1mL/분~30L/분	±1% 이내
폐활량계(spirometer)	100~600L	±1% 이내
가스치환병(mariotte bottle)	10~500mL/분	±0.05~0.25%
유리피스톤미터(glass piston meter)	10~200mL/분	±2% 이내
흑연피스톤미터(frictionless piston meter)	1mL/분~50L/분	±1~2%
피토튜브(Pitot tube)	15mL/분 이하	±1% 이내

(2) 2차 표준기구(표준장비) : 2차 유량보정장치

① 2차 표준기구는 공간의 부피를 직접 알 수 없으며, 유량과 비례관계가 있는 유속, 압력을 측정하여 유량으로 환산하는 방식, 즉 1차 표준기구로 다시 보정하여야 하며 정확도는 ±5% 이내이다.
② 1차 표준기구를 기준으로 보정하여 사용할 수 있는 기구를 의미하며, 온도와 압력에 영향을 받는다.
③ 유량측정 시 가장 흔히 사용하는 2차 표준기구는 로터미터(rotameter)이다.
④ 로터미터의 원리

유체가 위쪽으로 흐름에 따라 float도 위로 올라가며 float와 관벽 사이의 접촉면에서 발생되는 압력강하가 float를 충분히 지지해 줄 때까지 올라간 float의 눈금을 읽는 것이다.

‖ 공기채취기구의 보정에 사용되는 2차 표준기구의 종류 ‖

표준기구	일반 사용범위	정확도
로터미터(rotameter)	1mL/분 이하	±1~25%
습식 테스트미터(wet-test-meter)	0.5~230L/분	±0.5% 이내
건식 가스미터(dry-gas-meter)	10~150L/분	±1% 이내
오리피스미터(orifice meter)	–	±0.5% 이내
열선기류계(thermo anemometer)	0.05~40.6m/초	±0.1~0.2%

핵심이론 76   검출한계와 정량한계

(1) **검출한계** (LOD ; Limit Of Detection)
  ① 정의
    분석에 이용되는 공시료와 통계적으로 다르게 분석될 수 있는 가장 낮은 농도로 분석기기가 검출할 수 있는 가장 작은 양, 즉 주어진 신뢰수준에서 검출 가능한 분석물의 질량[분석기기마다 바탕선량(background)과 구별하여 분석될 수 있는 가장 적은 분석물질의 양]이다.
  ② 특징
    ㉠ 검출한계는 바탕신호의 통계적 요동 크기에 대한 분석신호의 크기의 비에 따라 달라진다.
    ㉡ 최근 분석신호가 바탕신호 표준편차의 3배일 때 검출의 신뢰수준은 95% 정도로 인정되고 있다.
  ③ 검출한계 계산방법
    ㉠ 시각에 의한 방법으로 신호/잡음비(S/N비)를 구하여 S/N의 비가 3을 초과하는 농도로 평가한다.
    ㉡ 회귀직선을 이용하는 방법으로 검량선에서 구한 방정식의 표준오차를 기울기로 나누어 3배를 해준 값으로 구한다.

(2) **정량한계** (LOQ ; Limit Of Quantization)
  ① 정의
    분석결과가 어느 주어진 분석절차에 따라 합리적인 신뢰성을 가지고 정량 분석할 수 있는 가장 작은 양이나 농도이다.
  ② 도입 이유
    검출한계가 정량분석에서 만족스런 개념을 제공하지 못하기 때문에 검출한계의 개념을 보충하기 위해서이다.
  ③ 특징
    ㉠ 정량한계를 기준으로 최소한으로 채취해야 하는 양이 결정된다.
    ㉡ 정량한계는 통계적인 개념보다는 일종의 약속이다.
  ④ 관계
    ㉠ 정량한계 = 표준편차 × 10
    ㉡ 정량한계 = 검출한계 × 3(또는 3.3)

기출 및 예상문제 01

세척제로 사용하는 트리클로로에틸렌의 근로자 노출농도를 측정하고자 한다. 과거의 노출농도를 조사해 본 결과 평균 60ppm이었다. 활성탄관을 이용하여 0.17L/min으로 채취하였다. 트리클로로에틸렌의 분자량은 131.39이고 가스 크로마토그래피의 정량한계는 시료당 0.25mg이다. 채취하여야 할 최소한의 시간(분)은? (단, 25℃, 1기압 기준)

풀이 우선, 과거 농도 60ppm을 mg/m^3로 환산하면

$$mg/m^3 = 60ppm \times \frac{131.39g}{24.45L} = 322.43mg/m^3$$

정량한계를 기준으로 최소한으로 채취해야 하는 양이 결정되므로

$$부피 = \frac{LOQ}{과거\ 농도} = \frac{0.25mg}{322.43mg/m^3} = 0.000775m^3 \times \frac{1,000L}{m^3} = 0.78L$$

따라서, 채취 최소시간은 최소채취량을 pump 용량으로 나누면

$$채취\ 최소시간(분) = \frac{0.78L}{0.17L/min} = 4.59min$$

핵심이론 77 고체 채취방법 (흡착)

(1) 흡착의 종류

① 물리적 흡착
   ㉠ 흡착제와 흡착분자(흡착질) 간의 van der Waals형의 비교적 약한 인력에 의해서 일어난다.
   ㉡ 가역적 현상이므로 재생이나 오염가스 회수에 용이하다.
   ㉢ 일반적으로 작업환경측정에서 사용된다.
   ㉣ 흡착량은 온도가 높을수록, pH가 높을수록, 분자량이 작을수록 감소된다.
   ㉤ 흡착물질은 임계온도 이상에서는 흡착되지 않는다.
   ㉥ 기체 분자량이 클수록 잘 흡착된다.

② 화학적 흡착
   ㉠ 흡착제와 흡착된 물질 사이에 화학결합이 생성되는 경우로서 새로운 종류의 표면 화합물이 형성된다.
   ㉡ 비가역적 현상이므로 재생되지 않는다.
   ㉢ 온도의 영향은 비교적 적다.
   ㉣ 흡착과정 중 발열량이 많다(흡착열이 물리적 흡착에 비하여 높다).

(2) 파과

① 연속채취가 가능하며, 정확도 및 정밀도가 우수한 흡착관을 이용하여 채취 시 파과(breakthrough)를 주의하여야 한다.
② 파과란 공기 중 오염물이 시료채취매체에 포함되지 않고 빠져나가는 현상이다.
③ 흡착관의 앞층에 포화된 후 뒤층에 흡착되기 시작하여 결국 흡착관을 빠져나가고, 파과가 일어나면 유해물질농도를 과소평가할 우려가 있다.
④ 포집시료의 보관 및 저장 시 흡착물질의 이동현상(migration)이 일어날 수 있으며, 파과현상과 구별하기가 힘들다.
⑤ 시료채취유량이 높으면 파과가 일어나기 쉽고 코팅된 흡착제일수록 그 경향이 강하다.
⑥ 고온일수록 흡착성질이 감소하여 파과가 일어나기 쉽다.
⑦ 극성 흡착제를 사용할 경우 습도가 높을수록 파과가 일어나기 쉽다.
⑧ 공기 중 오염물질의 농도가 높을수록 파과용량(흡착된 오염물질량)은 증가한다.

(3) 흡착관

① 작업환경측정 시 많이 이용하는 흡착관은 앞층이 100mg, 뒤층이 50mg으로 되어 있는데 오염물질에 따라 다른 크기의 흡착제를 사용하기도 한다.
② 표준형은 길이 7cm, 내경 4mm, 외경 6mm의 유리관에 20/40mesh의 활성탄이 우레탄폼으로 나뉜 앞층과 뒤층으로 구분되어 있다.
③ 앞·뒤 층의 구분 이유는 파과를 감지하기 위함이다.
④ 대용량의 흡착관은 앞층이 400mg, 뒤층이 200mg으로 되어 있으며, 휘발성이 큰 물질 및 낮은 농도의 물질을 채취할 경우 사용한다.
⑤ 일반적으로 앞층의 1/10 이상이 뒤층으로 넘어가면 파과가 일어났다고 하고 측정 결과로 사용할 수 없다.
⑥ 채취효율을 높이기 위해 흡착제에 시약을 처리하여 사용하기도 한다.

(4) 흡착제 이용 시료채취 시 영향인자

① 온도
  ㉠ 온도가 낮을수록 흡착에 좋다.
  ㉡ 고온일수록 흡착대상 오염물질과 흡착제의 표면 사이 또는 2종 이상의 흡착대상 물질 간 반응속도가 증가하여 흡착성질이 감소하며, 파과가 일어나기 쉽다(모든 흡착은 발열반응이다).
② 습도
  ㉠ 극성 흡착제를 사용할 때 수증기가 흡착되기 때문에 파과가 일어나기 쉬우며 비교적 높은 습도는 활성탄의 흡착용량을 저하시킨다.
  ㉡ 습도가 높으면 파과공기량(파과가 일어날 때까지의 채취공기량)이 적어진다.

③ 시료채취속도 (시료채취량)
시료채취속도가 크고 코팅된 흡착제일수록 파과가 일어나기 쉽다.

④ 유해물질농도 (포집된 오염물질의 농도)
농도가 높으면 파과용량(흡착제에 흡착된 오염물질량)이 증가하나 파과공기량은 감소한다.

⑤ 혼합물
혼합기체의 경우 각 기체의 흡착량은 단독성분이 있을 때보다 적어지게 된다(혼합물 중 흡착제와 강한 결합을 하는 물질에 의하여 치환반응이 일어나기 때문).

⑥ 흡착제의 크기 (흡착제의 비표면적)
입자 크기가 작을수록 표면적 및 채취효율이 증가하지만 압력강하가 심하다(활성탄은 다른 흡착제에 비하여 큰 비표면적을 갖고 있음).

⑦ 흡착관의 크기 (튜브의 내경 ; 흡착제의 양)
흡착제의 양이 많아지면 전체 흡착제의 표면적이 증가하여 채취용량이 증가하므로 파과가 쉽게 발생되지 않는다.

⑧ 유해물질의 휘발성 및 다른 가스와의 흡착 경쟁력
⑨ 포집을 마친 후부터 분석까지의 시간

기출 및 예상문제 01

작업장(25℃, 1기압)의 톨루엔을 활성탄관을 이용하여 0.3L/min으로 180분 동안 측정한 후 G.C로 분석하였더니 활성탄관 100mg층에서 3.3mg이, 50mg층에서 0.11mg이 검출되었다. 탈착효율이 95%라고 할 때 파과 여부와 공기 중 농도(ppm)는?

풀이 ㉠ 파과 여부
앞층과 뒤층의 비를 구하여 확인한다.

$$\frac{뒤층\ 검출량}{앞층\ 검출량} = \frac{0.11mg}{3.3mg} \times 100 = 3.33\%$$

10%에 미치지 않기 때문에 파과 아님

㉡ 공기 중 농도

$$농도 = \frac{질량}{부피}$$

질량(톨루엔의 양) = 3.3 + 0.11 = 3.41mg
실제 채취 톨루엔의 양은 탈착효율(95%)을 고려하여 구한다.

$$\frac{3.41mg}{0.95} = 3.59mg$$

부피(공기채취량) = pump 유량 × 채취시간
$$= 0.3L/min \times 180min = 54L$$

$$공기\ 중\ 농도(mg/m^3) = \frac{3.59mg}{54L \times 10^{-3}m^3/L} = 66.48mg/m^3$$

$$공기\ 중\ 농도(ppm) = 66.48mg/m^3 \times \frac{24.45}{92.13} = 17.64ppm$$

(5) 흡착관의 종류

① 활성탄관(charcoal tube)
  ㉠ 활성탄은 탄소함유물질을 탄화 및 활성화하여 만든 흡착능력이 큰 무정형 탄소의 일종으로 다른 흡착제에 비하여 큰 비표면적을 가지며 제조과정 중 탄화과정은 약 600℃의 무산소 상태에서 이루어진다.
  ㉡ 비교적 높은 습도는 활성탄의 흡착용량을 저하시킨다.
  ㉢ 공기 중 가스상 물질의 고체포집법으로 이용되는 활성탄관은 유리관 안에 활성탄 100mg과 50mg을 두 개 층으로 충전하여 양 끝을 봉인한 것으로 유기용제 포집에 가장 많이 사용한다.
  ㉣ 활성탄관을 사용하여 채취하기 용이한 시료
    ⓐ 비극성류의 유기용제
    ⓑ 각종 방향족 유기용제(방향족 탄화수소류)
    ⓒ 할로겐화 지방족 유기용제(할로겐화 탄화수소류)
    ⓓ 에스테르류, 알코올류, 에테르류, 케톤류
  ㉤ 탈착용매
    이황화탄소(CS_2)가 주로 사용되며 G.C로 미량분석이 가능하다(비극성 물질의 탈착용매는 이황화탄소).
  ㉥ 흡착과정
    ⓐ 1단계 : 오염물질 중 활성탄에 흡착할 수 있는 흡착질 분자들이 흡착제 외부 표면으로 이동(느린 반응)
    ⓑ 2단계 : 흡착제의 거대공극, 중간공극을 통한 확산에 의해 내부의 미세공극 쪽으로 이동(느린 반응)
    ⓒ 3단계 : 확산된 흡착질이 미세공극에 채워짐으로써 시료채취 완료(빠른 반응)

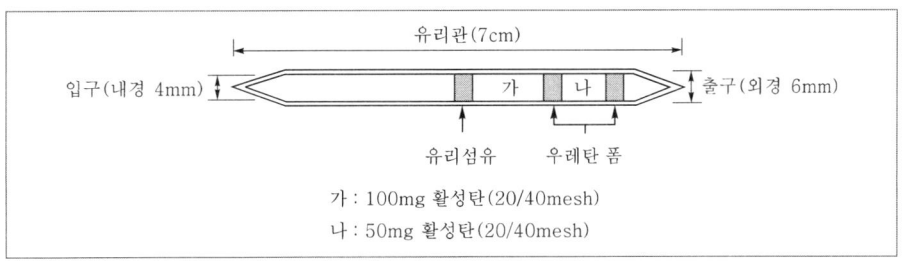

∥활성탄관∥

② 실리카겔관(silica gel tube)
  ㉠ 실리카겔은 규산나트륨과 황산과의 반응에서 유도된 무정형의 물질이다.
  ㉡ 극성을 띠고 흡수성이 강하므로 습도가 높을수록 파과되기 쉽고 파과용량이 감소한다.

ⓒ 실리카 및 알루미나 흡착제는 탄소의 불포화결합을 가진 분자를 선택적으로 흡수한다 (표면에서 물과 같은 극성 분자를 선택적으로 흡착).
② 실리카겔은 극성 물질을 강하게 흡착하므로 작업장에 여러 종류의 극성 물질이 공존할 때는 극성이 강한 물질이 약한 물질을 치환하게 된다.
⑩ 실리카겔관을 사용하여 채취하기 용이한 시료
  ⓐ 극성류의 유기용제, 산(무기산 : 불산, 염산)
  ⓑ 방향족 아민류, 지방족 아민류
  ⓒ 아미노에탄올, 아마이드류
  ⓓ 니트로벤젠류, 페놀류, 메탄올
ⓑ 장점
  ⓐ 극성이 강하여 극성 물질을 채취한 경우 물, 메탄올 등 다양한 용매로 쉽게 탈착한다.
  ⓑ 추출용액(탈착용매)가 화학분석이나 기기분석에 방해물질로 작용하는 경우는 많지 않다.
  ⓒ 활성탄으로 채취가 어려운 아닐린, 오르토-톨루이딘 등의 아민류나 몇몇 무기물질의 채취가 가능하다.
  ⓓ 매우 유독한 이황화탄소를 탈착용매로 사용하지 않는다.
ⓢ 단점
  ⓐ 친수성이기 때문에 우선적으로 물분자와 결합을 이루어 습도의 증가에 따른 흡착용량의 감소를 초래한다.
  ⓑ 습도가 높은 작업장에서는 다른 오염물질의 파과용량이 작아져 파과를 일으키기 쉽다.
ⓞ 실리카겔의 친화력(극성이 강한 순서)

> 물 > 알코올류 > 알데하이드류 > 케톤류 > 에스테르류
> > 방향족 탄화수소류 > 올레핀류 > 파라핀류

③ 다공성 중합체(porous polymer)
  ㉠ 활성탄에 비해 비표면적, 흡착용량, 반응성은 작지만 특수한 물질 채취에 유용하다.
  ㉡ 대부분 스티렌, 에틸비닐벤젠, 디비닐벤젠 중 하나와 극성을 띤 비닐화합물과의 공중 중합체이다.
  ㉢ 특별한 물질에 대하여 선택성이 좋은 경우가 있다.
  ㉣ 장점
    ⓐ 아주 적은 양도 흡착제로부터 효율적으로 탈착이 가능
    ⓑ 고온에서 매우 열안정성이 뛰어나기 때문에 열탈착이 가능
    ⓒ 저농도 측정이 가능

ⓜ 단점
　　　ⓐ 비휘발성 물질(대표적 : 이산화탄소)에 의하여 치환반응이 일어남
　　　ⓑ 시료가 산화·가수·결합 반응이 일어날 수 있음
　　　ⓒ 아민류 및 글리콜류는 비가역적 흡착이 발생함
　　　ⓓ 반응성이 강한 기체(무기산, 이산화황)가 존재 시 시료가 화학적으로 변함
　　ⓗ Tenax관
　　　ⓐ 휘발성 유기화합물(VOC)의 측정 시 많이 사용
　　　ⓑ 유기염류, 중성화합물, 끓는점이 높은 화합물의 채취에도 사용
　　　ⓒ 다공성 중합체 중에서 가장 일반적으로 사용
　　　ⓓ 375℃까지 고열에 안정하여 열탈착이 가능
　　　ⓔ 저농도의 오염물질 채취에 적합
　　　ⓕ 휘발성이며 비극성인 유기화합물의 채취에 이용
　　　ⓖ 폭발성 물질 흡착제로 이용 가능
④ **냉각 트랩**(cold trap)
　　㉠ 일반채취방법으로 채취가 어려울 경우 냉각응축방법을 이용한다.
　　㉡ 개인시료채취보다는 일반대기(실내오염) 측정 시 사용한다.
⑤ **분자체 탄소**(Molecular seive)
　　㉠ 비극성(포화결합) 화합물 및 유기물질을 잘 흡착하는 성질이 있다.
　　㉡ 거대공극 및 무산소 열분해로 만들어지는 구형의 다공성 구조로 되어 있다.
　　㉢ 사용 시 가장 큰 제한요인은 습도이다.
　　㉣ 휘발성이 큰 비극성 유기화합물의 채취에 흑연체를 많이 사용한다.

핵심이론 78 　액체 채취방법 (흡수)

흡수효율 (채취효율)을 높이기 위한 방법
① 포집액의 온도를 낮추어 오염물질의 휘발성을 제한한다.
② 두 개 이상의 임핀저나 버블러를 연속적(직렬)으로 연결하여 사용하는 것이 좋다.
③ 시료채취속도(채취물질이 흡수액을 통과하는 속도)를 낮춘다.
④ 기포의 체류시간을 길게 한다.
⑤ 기포와 액체의 접촉면적을 크게 한다(가는 구멍이 많은 fritted 버블러 사용).
⑥ 액체의 교반을 강하게 한다.
⑦ 흡수액의 양을 늘려준다.

핵심이론 79 | 수동식 시료채취기(passive sampler)

(1) 원리

수동채취기는 공기채취펌프가 필요하지 않고 공기층을 통한 확산 또는 투과되는 현상을 이용하여 수동적으로 농도구배에 따라 가스나 증기를 포집하는 장치이며, 확산포집방법(확산포집기)이라고도 한다.

(2) 적용원리 – Fick의 제1법칙 (확산)

$$W = D\left(\frac{A}{L}\right)(C_i - C_o) \text{ 또는 } \frac{M}{At} = D\frac{C_i - C_o}{L}$$

여기서, W : 물질의 이동속도(ng/sec)
   D : 확산계수(cm^2/sec)
   A : 포집기에서 오염물질이 포집되는 면적(확산경로의 면적)(cm^2)
   L : 확산경로의 길이(cm)
   $C_i - C_o$: 공기 중 포집대상 물질의 농도와 포집매질에 함유한 포집대상 물질의 농도 (ng/cm^3)
   M : 물질의 질량(ng)
   t : 포집기의 표면이 공기에 노출된 시간(채취시간)(sec)

(3) 결핍 (starvation)현상

① 수동식 시료채취기 사용 시 최소한의 기류가 있어야 하는데, 최소기류가 없어 채취가 표면에서 일단 확산에 대하여 오염물질이 제거되면 농도가 없어지거나 감소하는 현상이다.
② 수동식 시료채취기의 표면에서 나타나는 결핍현상을 제거하는 데 필요한 가장 중요한 요소는 최소한의 기류 유지(0.05~0.1m/sec)이다.

(4) 장점

① 시료채취방법이 편리하고 간편하다.
② 근로자의 작업에 방해되지 않는다.
③ 시료채취가 뱃지(badge) 형태로 가볍고 크지 않아서 근로자들이 착용하는 데 불편함이 거의 없다.

(5) 단점

① 능동식 시료채취기에 비해 시료채취속도가 매우 낮기 때문에 저농도 측정 시에는 장시간에 걸쳐 시료채취를 해야 한다(따라서, 대상 오염물이 일정한 확산계수로 확산되도록 하여야 함).

② 채취오염물질 양이 적어 재현성이 좋지 않다.
③ 능동식 시료채취기에 비해 가격이 고가이며 높은 습도 같은 특정조건에서 일부 물질의 포집효율이 감소된다.

핵심이론 80 | 탈착방법

(1) 용매탈착
① 비극성 물질의 탈착용매는 이황화탄소(CS_2)를 사용하고 극성 물질에는 이황화탄소와 다른 용매를 혼합하여 사용한다.
② 활성탄에 흡착된 증기(유기용제 – 방향족 탄화수소)를 탈착시키는 데 일반적으로 사용되는 용매는 이황화탄소이다.
③ 용매로 사용되는 이황화탄소의 단점
  ㉠ 독성 및 인화성이 크며 작업이 번잡하다.
  ㉡ 특히 심혈관계와 신경계에 독성이 매우 크고 취급 시 주의를 요한다.
  ㉢ 전처리 및 분석하는 장소의 환기에 유의하여야 한다.
④ 용매로 사용되는 이황화탄소의 장점
  탈착효율이 좋고 가스 크로마토그래피의 불꽃이온화검출기에서 반응성이 낮아 피크의 크기가 적게 나오므로 분석 시 유리하다.

(2) 열탈착
① 흡착관에 열을 가하여 탈착하는 방법으로 탈착이 자동으로 수행되며 탈착된 분석물질이 가스 크로마토그래피로 직접 주입되도록 되어 있다.
② 분자체 탄소, 다공중합체에서 주로 사용한다.
③ 용매탈착보다 간편하나 활성탄을 이용하여 시료를 채취한 경우 열탈착에 필요한 300℃ 이상에서는 많은 분석물질이 분해되어 사용이 제한된다.
④ 열탈착은 한 번에 모든 시료가 주입된다.

기출 및 예상문제 01

공기 중 벤젠(분자량 78.1)을 활성탄에 0.1L/min의 유량으로 2시간 동안 채취하여 분석한 결과 2.5mg이 나왔다. 공기 중 벤젠의 농도(ppm)는? (단, 공시료에서는 벤젠이 검출되지 않았으며, 25℃, 1기압)

풀이 농도를 구하여 단위를 변환(mg/m³ ⇨ ppm)하는 문제

농도 = $\dfrac{\text{질량(분석)}}{\text{공기채취량}}$ 이고, 공기채취량은 유량(L/min) × 시료채취시간(min)이므로

농도(mg/m³) = $\dfrac{2.5\text{mg}}{0.1\text{L/min} \times 120\text{min}} = \dfrac{2.5\text{mg}}{12\text{L} \times (1\text{m}^3/1{,}000\text{L})} = 208.33\text{mg/m}^3$

농도(ppm) = $208.33\text{mg/m}^3 \times \dfrac{24.45}{78.1} = 65.22\text{ppm}$

기출 및 예상문제 02

2개의 흡수관을 연결하여 메탄올을 액체 채취하였다. 다음과 같은 분석 결과가 나왔다면 농도(mg/m³)는?

[결과]
- 앞쪽 흡수관에서 정량된 분석량 35.75μg
- 뒤쪽 흡수관에서 정량된 분석량 6.25μg
- 공시료에서 분석시료량 2.35μg
- 포집유량 1.0L/min, 포집시간 365분
- 흡수관의 포집효율 80%

풀이 농도를 구하여 포집효율을 고려하여 계산하면

농도(mg/m³) = $\dfrac{\text{질량(분석)}}{\text{공기채취량}} = \dfrac{(35.75 + 6.25)\mu g - (2.35)\mu g}{1.0\text{L/min} \times 365\text{min}} = 0.1086\mu\text{g/L}(= \text{mg/m}^3)$

흡수관의 포집효율을 고려한 보정농도를 구하면

보정농도 = $\dfrac{\text{측정농도}}{\text{포집효율}} = \dfrac{0.1086\text{mg/m}^3}{0.8} = 0.14\text{mg/m}^3$

핵심이론 81 검지관 측정법

(1) 작업환경측정, 단위작업장소에서 검지관을 사용할 수 있는 경우
① 예비조사 목적인 경우
② 검지관방식 외에 다른 측정방법이 없는 경우
③ 사업장 자체측정기관이 작업환경측정을 하는 때에 있어서 발생하는 가스상 물질이 단일물질인 경우

(2) 장점
① 사용이 간편하다.

② 반응시간이 빨라 현장에서 바로 측정 결과를 알 수 있다.
③ 비전문가도 어느 정도 숙지하면 사용할 수 있지만 산업위생전문가의 지도 아래 사용되어야 한다.
④ 맨홀, 밀폐공간에서의 산소부족 또는 폭발성 가스로 인한 안전이 문제가 될 때 유용하게 사용된다.
⑤ 다른 측정방법이 복잡하거나 빠른 측정이 요구될 때 사용할 수 있다.

(3) 단점
① 민감도가 낮아 비교적 고농도에만 적용이 가능하다.
② 특이도가 낮아 다른 방해물질의 영향을 받기 쉽고 오차가 크다.
③ 대개 단시간 측정만 가능하다.
④ 한 검지관으로 단일물질만 측정 가능하여 각 오염물질에 맞는 검지관을 선정함에 따른 불편함이 있다.
⑤ 색변화에 따라 주관적으로 읽을 수 있어 판독자에 따라 변이가 심하며, 색변화가 시간에 따라 변하므로 제조자가 정한 시간에 읽어야 한다.
⑥ 미리 측정대상 물질의 동정이 되어 있어야 측정이 가능하다.

핵심이론 82 | 입자상 물질의 종류

(1) 에어로졸(aerosol)
유기물의 불완전연소 시 발생한 액체와 고체의 미세한 입자가 공기 중에 부유되어 있는 혼합체이며 가장 포괄적인 용어이다.

(2) 먼지(dust)
① 입자의 크기가 비교적 큰 고체입자로 석탄, 재, 시멘트와 같이 물질의 운송 처리 과정에서 방출되며, 톱밥, 모래흙과 같이 기계의 작동 및 연마, 절삭, 분쇄에 의하여 방출되기도 한다.
② 입자의 크기는 $1 \sim 100\mu m$ 정도이다.

(3) 분진(particulates)
① 일반적으로 공기 중에 부유하고 있는 모든 고체의 미립자로서 공기나 다른 가스에 단시간 동안 부유할 수 있는 고체입자를 말한다.
② 산업조건에서는 근로자가 작업하는 장소에서 발생하거나 흩날리는 미세한 분말상의 물질을 분진으로 정의하고 있다.

(4) 미스트 (mist)
① 상온에서 액체인 물질이 교반, 발포, 스프레이 작업 시 액체의 입자가 공기 중에서 발생·비산하여 부유·확산되어 있는 액체미립자를 말한다.
② 입자의 크기는 보통 $100\mu m$ 이하이다.
③ 미스트를 포집하기 위한 장치로는 벤투리 스크러버(venturi scrubber) 등이 사용된다.

(5) 흄 (fume)
① 상온에서 고체물질(금속)이 용해되어 액상 물질로 되고 이것이 가스상 물질로 기화된 후 다시 응축된 고체미립자이다.
② 보통 크기가 $0.1(1)\mu m$ 이하이므로 호흡성 분진의 형태로 체내에 흡입되어 유해성도 커진다.
③ 용접공정에서 흄이 발생되며 미세하여 폐포에 쉽게 도달한다.
④ 생성기전 3단계
  ㉠ 금속의 증기화
  ㉡ 증기물의 산화
  ㉢ 산화물의 응축

(6) 섬유상 (fiber) 입자
길이가 $5\mu m$ 이상이고 길이 대 너비의 비가 3 : 1 이상인 가늘고 긴 먼지로 석면섬유, 식물섬유, 유리섬유, 암면 등이 있다.

(7) 안개 (fog)
증기가 응축되어 생성되는 액체입자이며, 크기는 $1\sim10\mu m$ 정도이다.

(8) 연기 (smoke)
유해물질이 불완전 연소하여 만들어진 에어로졸의 혼합체로 크기는 $0.01\sim1.0\mu m$ 정도이다.

(9) 스모그 (smog)
smoke와 fog가 결합된 상태이며, 광화학 생성물과 수증기가 결합하여 에어로졸로 변한다.

핵심이론 83 입자상 물질의 크기 결정방법

(1) 가상 직경
① 공기역학적 직경 (aero-dynamic diameter)
  ㉠ 대상 먼지와 침강속도가 같고 단위밀도가 $1g/cm^3$ 이며, 구형인 먼지의 직경으로 환산된 직경이다.

ⓒ 입자의 크기를 입자의 역학적 특성, 즉 침강속도(setting velocity) 또는 종단속도(terminal velocity)에 의하여 측정되는 입자의 크기를 말한다.
ⓒ 입자의 공기 중 운동이나 호흡기 내의 침착기전을 설명할 때 유용하게 사용한다.
② **질량 중위 직경**(mass median diameter)
㉠ 입자 크기별로 농도를 측정하여 50%의 누적분포에 해당하는 입자 크기를 말한다.
ⓒ 입자를 밀도, 크기의 형태에 따라 측정기기의 단계별로 질량을 측정한 것이다.
ⓒ 직경분립충돌기(cascade impactor)를 이용하여 측정한다.

(2) 기하학적(물리적) 직경

입자 직경의 크기는 페렛 직경, 등면적 직경, 마틴 직경의 순으로 작아진다.

① **마틴 직경**(Martin diameter)
㉠ 먼지의 면적을 2등분하는 선의 길이로 선의 방향은 항상 일정하여야 한다.
ⓒ 과소평가할 수 있는 단점이 있다.
ⓒ 입자의 2차원 투영상을 구하여 그 투영면적을 2등분한 선분 중 어떤 기준선과 평행인 것의 길이(입자의 무게중심을 통과하는 외부 경계면에 접하는 이론적인 길이)를 직경으로 사용하는 방법이다.

② **페렛 직경**(Feret diameter)
㉠ 먼지의 한쪽 끝 가장자리와 다른 쪽 가장자리 사이의 거리이다.
ⓒ 과대평가될 가능성이 있는 입자성 물질의 직경이다.

③ **등면적 직경**(projected area diameter)
㉠ 먼지의 면적과 동일한 면적을 가진 원의 직경으로 가장 정확한 직경이다.
ⓒ 측정은 현미경 접안경에 porton reticle을 삽입하여 측정한다. 즉,

$$D = \sqrt{2^n}$$

여기서, D : 입자 직경(μm)
n : porton reticle에서 원의 번호

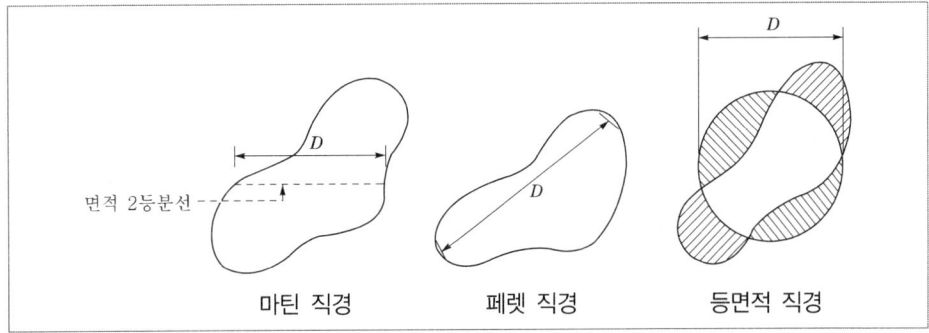

| 물리적 직경 |

핵심이론 84   침강속도

(1) 스토크스(Stokes) 법칙에 의한 침강속도

$$V = \frac{g \cdot d^2(\rho_1 - \rho)}{18\mu}$$

여기서, V : 침강속도(cm/sec)
g : 중력가속도(980cm/sec^2)
d : 입자 직경(cm)
ρ_1 : 입자 밀도(g/cm^3)
ρ : 공기 밀도(0.0012g/cm^3)
μ : 공기 점성계수(20℃ : 1.81×10^{-4}g/cm·sec, 25℃ : 1.85×10^{-4}g/cm·sec)

(2) Lippman 식에 의한 침강속도

입자 크기가 1~50μm인 경우 적용한다.

$$V = 0.003 \times \rho \times d^2$$

여기서, V : 침강속도(cm/sec)
ρ : 입자 밀도(비중)(g/cm^3)
d : 입자 직경(μm)

기출 및 예상문제 01

입경이 10μm이고 밀도가 1.2g/cm^{3}인 입자의 침강속도(cm/sec)는? (단, 공기 밀도 0.0012g/cm^3, 중력가속도 980cm/sec^2, 공기 점성계수 1.78×10^{-4}g/cm·sec)

풀이
$$V(\text{cm/sec}) = \frac{g \cdot d^2(\rho_1 - \rho)}{18\mu}$$

1μm = 10^{-4}cm 이므로, [1m=10^2cm=10^3mm=$10^6$$\mu$m=$10^9$nm]

$$V = \frac{980 \times (10 \times 10^{-4})^2 \times (1.2 - 0.0012)}{18 \times (1.78 \times 10^{-4})} = 0.37 \text{cm/sec}$$

기출 및 예상문제 02

어떤 작업장에 입자의 직경이 5μm, 비중 2.3인 입자상 물질이 있다. 작업장의 높이가 3m일 경우 모든 입자가 바닥에 가라앉은 후 청소를 하려고 하면 몇 분 후에 시작하여야 하는가?

풀이   Lippman 식을 이용하여 침강속도를 구하고 작업장 높이를 고려하여 구한다.

$$V(\text{cm/sec}) = 0.003 \times \rho \times d^2 = 0.003 \times 2.3 \times 5^2 = 0.1725 \text{cm/sec}$$

$$\text{시간} = \frac{\text{작업장 높이}}{\text{침강속도}} = \frac{300 \text{cm}}{0.1725 \text{cm/sec}} = 1739.12 \text{sec} \times \text{min}/60\text{sec} = 28.99 \text{min}$$

핵심이론 85 | ACGIH 입자 크기별 기준(TLV)

(1) 흡입성 입자상 물질(IPM ; Inspirable Particulates Mass)
① 호흡기계 어느 부위(비강, 인후두, 기관 등 호흡기의 기도 부위)에 침착하더라도 독성을 유발하는 분진
② 입경범위는 0~100μm
③ 평균입경(폐침착의 50%에 해당하는 입자의 크기)은 100μm
④ 침전분진은 재채기, 침, 코 등의 벌크(bulk) 세척기전으로 제거됨
⑤ 비암이나 비중격천공을 일으키는 입자상 물질이 여기에 속함
⑥ 채취기구는 IOM sampler

(2) 흉곽성 입자상 물질(TPM ; Thoracic Particulates Mass)
① 기도나 하기도(가스교환부위인 폐포나 폐기도)에 침착하여 독성을 나타내는 물질
② 평균입경은 10μm(공기역학적 지름 30μm 이하의 크기)
③ 채취기구는 PM 10

(3) 호흡성 입자상 물질(RPM ; Respirable Particulates Mass)
① 가스교환 부위, 즉 폐포에 침착할 때 유해한 물질
② 평균입경은 4μm(공기역학적 직경이 10μm 미만의 먼지가 호흡성 입자상 물질)
③ 채취기구는 10mm nylon cyclone

> **Reference 호흡기계의 구조의 기능**
> 1. 해부학적으로 상부와 하부 호흡기계로 구분한다.
> 2. 폐포는 가스교환 작용이 일어나는 곳이다.
> 3. 기관지는 세기관지에 가까울수록 섬모세포의 수는 줄어들고 섬모가 없는 클라라세포가 주종을 이룬다.
> 4. 내호흡은 조직에서 일어나며 산소는 조직액 쪽으로 이동하며 이산화탄소는 조직액으로부터 혈액 쪽으로 이동하는 것을 말한다.
> 5. 외호흡은 폐호흡으로 폐포공기와 폐의 모세혈관 사이에서의 이산화탄소와 산소의 교환작용을 말한다.

핵심이론 86 여과포집원리 (기전)

(1) **직접 차단 (간섭, interception)**
   ① 기체유선에 벗어나지 않는 크기의 미세입자가 섬유와 접촉에 의해서 포집되는 집진기구이다.
   ② 입자 크기와 필터 기공의 비율이 상대적으로 클 때 중요한 포집기전이다.

(2) **관성충돌 (inertial impaction)**
   ① 입경이 비교적 크고 입자가 기체유선에서 벗어나 급격하게 진로를 바꾸면 방향의 변화를 따르지 못한 입자의 방향지향성, 즉 관성 때문에 섬유층에 직접 충돌하여 포집되는 원리, 즉 공기의 흐름방향이 바뀔 때 입자상 물질은 계속 같은 방향으로 유지하려는 원리를 이용한 것이다(입자의 크기에 따라 비교적 큰 분진은 가스 통과 경로를 따라 발산하지 못하고, 작은 분진은 가스와 같이 발산).
   ② 유속이 빠를수록, 필터 섬유가 조밀할수록 이 원리에 의한 포집비율이 커진다.
   ③ 관성충돌은 $1\mu m$ 이상인 입자에서 공기의 면속도가 수 cm/sec 이상일 때 중요한 역할을 한다.

(3) **확산 (diffusion)**
   ① 유속이 느릴 때 포집된 입자층에 의해 유효하게 작용하는 포집기구로서 미세입자의 불규칙적인 운동, 즉 브라운 운동에 의한 포집원리이다.
   ② 입자상 물질의 채취(카세트에 장착된 여과지 이용) 시 펌프를 이용, 공기를 흡인하여 시료 채취 시 크게 작용하는 기전이 확산이다.

(4) **중력침강 (gravitational settling)**
   ① 입경이 비교적 크고 비중이 큰 입자가 저속기류 중에서 중력에 의하여 침강되어 포집되는 원리이다.
   ② 면속도 약 5cm/sec 이하에서 작용한다.

(5) **정전기침강 (electrostatic settling)**
   입자가 정전기를 띠는 경우에는 중요한 기전이나 정량화하기가 어렵다.

핵심이론 87 | 입자상 물질 채취기구

(1) 카세트
① 카세트에 장착된 여과지에 여과원리를 이용한다.
② 총 분진, 금속성 입자상 물질을 측정할 때 일반적인 이용방법이다.

(2) 10mm nylon cyclone (사이클론)
① 호흡성 입자상 물질을 측정하는 기구이며, 원심력을 이용하는 채취원리이다.
② 10mm nylon cyclone과 여과지가 연결된 개인시료채취펌프의 채취유량은 1.7L/min이 가장 적절하다. 왜냐하면 이 채취유량으로 채취하여야만 호흡성 입자상 물질에 대한 침착률을 평가할 수 있기 때문이다.
③ 10mm nylon cyclone의 입구(orifice)는 0.7mm이며, 일반적으로 직경이 소형인 10mm cyclone이 사용된다.
④ 입경분립충돌기에 비해 갖는 장점
  ㉠ 사용이 간편하고 경제적임
  ㉡ 호흡성 먼지에 대한 자료를 쉽게 얻을 수 있음
  ㉢ 시료입자의 되튐으로 인한 손실 염려가 없음
  ㉣ 매체의 코팅과 같은 별도의 특별한 처리가 필요 없음

(3) Cascade impactor (입경분립충돌기, 직경분립충돌기, anderson impactor)
① 흡입성 입자상 물질, 흉곽성 입자상 물질, 호흡성 입자상 물질의 크기별로 측정하는 기구이며, 공기흐름이 층류일 경우 입자가 관성력에 의해 시료채취 표면에 충돌하여 채취하는 원리이다. 즉, 노즐로 주입되는 에어로졸의 유선이 충돌판 부근에서 급속하게 꺾이면 에어로졸상의 입자들 중 특정크기(절단입경 ; cut diameter)보다 큰 입자들은 유선을 따라가지 못하고 충돌판에 부착되고 절단입경보다 작은 입자들은 공기의 유선을 따라 이동하여 충돌판을 빠져나가는 원리이다.
② 장점
  ㉠ 입자의 질량 크기 분포를 얻을 수 있다(공기흐름속도를 조절하여 채취입자를 크기별로 구분 가능).
  ㉡ 호흡기의 부분별로 침착된 입자 크기의 자료를 추정할 수 있다.
  ㉢ 흡입성, 흉곽성, 호흡성 입자의 크기별로 분포와 농도를 계산할 수 있다.
③ 단점
  ㉠ 시료채취가 까다롭다. 즉 경험이 있는 전문가가 철저한 준비를 통해 이용해야 정확한 측정이 가능하다(작은 입자는 공기흐름속도를 크게 하여 충돌판에 포집할 수 없음).

ⓒ 비용이 많이 든다.
　　　ⓔ 채취준비시간이 과다하다.
　　　ⓢ 되튐으로 인한 시료의 손실이 일어나 과소분석결과를 초래할 수 있어 유량을 2L/min 이하로 채취한다.
　　　ⓜ 공기가 옆에서 유입되지 않도록 각 충돌기의 조립과 장착을 철저히 해야 한다.

(4) Virtual impactor (명목상충돌기)

(5) Marple personal cascade impactor (마플 개인용 직경분립충돌기)

핵심이론 88 여과지

(1) 여과지(여과재) 선정 시 고려사항(구비조건)
　① 포집대상 입자의 입도분포에 대하여 포집효율이 높을 것
　② 포집 시의 흡인저항은 될 수 있는 대로 낮을 것(압력손실이 적을 것)
　③ 접거나 구부리더라도 파손되지 않고 찢어지지 않을 것
　④ 될 수 있는 대로 가볍고 1매당 무게의 불균형이 적을 것
　⑤ 될 수 있는 대로 흡습률이 낮을 것
　⑥ 측정대상 물질의 분석상 방해가 되는 것과 같은 불순물을 함유하지 않을 것

(2) 막 여과지(membrane filter)
　① 막 여과지
　　셀룰로오스에스테르, PVC, 니트로아크릴 같은 중합체를 일정한 조건에서 침착시켜 만든 다공성의 얇은 막 형태이다.
　② 특징
　　㉠ 작업환경측정 시 공기 중에 부유하고 있는 입자상 물질을 포집하기 위하여 사용되는 여과지이며, 유해물질은 여과지 표면이나 그 근처에 채취된다.
　　㉡ 섬유상 여과지에 비하여 공기저항이 심하다.
　　㉢ 여과지 표면에 채취된 입자들이 이탈되는 경향이 있다.
　　㉣ 섬유상 여과지에 비하여 채취 입자상 물질이 작다.
　③ 종류
　　㉠ MCE막 여과지(Mixed Cellulose Ester membrane filter)
　　　ⓐ 산업위생에서는 거의 대부분이 직경 37mm, 구멍 크기 0.45~0.8μm의 MCE막 여과지를 사용하고 있어 작은 입자의 금속과 fume 채취가 가능하다.

ⓑ MCE막 여과지는 산에 쉽게 용해되고 가수분해되며, 습식 회화되기 때문에 공기 중 입자상 물질 중의 금속을 채취하여 원자흡광법으로 분석하는 데 적당하다.

ⓒ 시료가 여과지의 표면 또는 가까운 곳에 침착되므로 석면, 유리섬유 등 현미경 분석을 위한 시료채취에도 이용된다.

ⓓ 흡습성(원료인 셀룰로오스가 수분 흡수)이 높은 MCE막 여과지는 오차를 유발할 수 있어 중량분석에 적합하지 않다.

ⓔ MCE막 여과지는 산에 의해 쉽게 회화되기 때문에 원소분석에 적합하고 NIOSH에서는 금속, 석면, 살충제, 불소화합물 및 기타 무기물질에 추천되고 있다.

ⓛ PVC막 여과지(Polyvinyl chloride membrane filter)

ⓐ PVC막 여과지는 가볍고, 흡습성이 낮기 때문에 분진의 중량분석에 사용된다.

ⓑ 유리규산을 채취하여 X-선 회절법으로 분석하는 데 적절하고 6가 크롬, 그리고 아연산화물의 채취에 이용한다.

ⓒ 수분의 영향이 크지 않아 공해성 먼지, 총 먼지 등의 중량분석을 위한 측정에 사용한다.

ⓓ 석탄먼지, 결정형 유리규산, 무정형 유리규산, 별도로 분리하지 않은 먼지 등을 대상으로 무게농도를 구하고자 할 때 PVC막 여과지로 채취한다.

ⓔ 습기에 영향을 적게 받으며 전기적인 전하를 가지고 있어 채취 시 입자를 반발하여 채취효율을 떨어뜨리는 단점이 있는 것으로 채취 전에 이 필터를 세정용액으로 처리함으로써 이러한 오차를 줄일 수 있다.

ⓒ PTFE막 여과지(Polytetrafluoroethylene membrane filter, 테프론)

ⓐ 열, 화학물질, 압력 등에 강한 특성을 가지고 있어 석탄건류나 증류 등의 고열공정에서 발생하는 다핵방향족 탄화수소를 채취하는 데 이용된다.

ⓑ 농약, 알칼리성 먼지, 콜타르피치 등을 채취한다.

ⓒ $1\mu m$, $2\mu m$, $3\mu m$의 여러 가지 구멍 크기를 가지고 있다.

ⓔ 은막 여과지(silver membrane filter)

ⓐ 균일한 금속은을 소결하여 만들며 열적·화학적 안정성이 있다.

ⓑ 코크스 제조공정에서 발생되는 코크스 오븐 배출물질, 콜타르피치 휘발물질, X선 회절분석법을 적용하는 석영 또는 다핵방향족 탄화수소 등을 채취하는데 사용한다.

ⓒ 결합제나 섬유가 포함되어 있지 않다.

ⓜ nuclepore 여과지

ⓐ 폴리카보네이트 재질에 레이저빔을 쏘아 만들어지며, 구조가 막 여과지처럼 여과지 구멍이 겹치는 것이 아니고 체(sieve)처럼 구멍(공극)이 일직선으로 되어 있다.

ⓑ TEM(전자현미경) 분석을 위한 석면의 채취에 이용된다.

ⓒ 화학물질과 열에 안정적이다.

ⓓ 표면이 매끄럽고 기공의 크기는 일반적으로 $0.03 \sim 8\mu m$ 정도이다.

(3) 섬유상 여과지

① 섬유상 여과지

20μm 이하의 직경을 가진 섬유를 압착 제조한 것이다.

② 특징
   ㉠ 막 여과지에 비하여 가격이 높고 물리적 강도가 약하며 흡수성이 작다.
   ㉡ 막 여과지에 비해 열에 강하고 과부하에서도 채취효율이 높다.
   ㉢ 여과지 표면뿐만 아니라 단면 깊게 입자상 물질이 들어가므로 더 많은 입자상 물질을 채취할 수 있다.

③ 종류
   ㉠ 유리섬유 여과지(glass fiber filter)
      ⓐ 유리섬유 여과지는 흡습성이 없지만 부서지기 쉬운 단점이 있어 중량분석에 사용하지 않는다.
      ⓑ 부식성 가스 및 열에 강하다.
      ⓒ 높은 포집용량과 낮은 압력강하 성질을 가지고 있다.
      ⓓ 다량의 공기시료채취에 적합하다.
      ⓔ 농약류(메르캅탄), 벤지딘, 나프틸아민, 다핵방향족 탄화수소화합물 등의 유기화합물 채취에 널리 사용된다.
      ⓕ 유리섬유가 여과지 측정물질과 반응을 일으킨다고 알려졌거나 의심되는 경우에는 PTFE를 사용할 수 있다.
      ⓖ 유해물질이 여과지의 안층에서도 채취되며, 결합제 첨가형과 결합제 비첨가형이 있다.
   ㉡ 셀룰로오스섬유 여과지
      ⓐ 작업환경측정보다는 실험실 분석에 많이 유용하게 사용한다.
      ⓑ 셀룰로오스펄프로 조제하고 친수성이며, 습식 회화가 용이하다.
      ⓒ 대표적 여과지는 와트만(Whatman) 여과지이다.

기출 및 예상문제 01

공기 중 호흡성 분진의 측정자료가 다음과 같을 때 공기 중 분진의 농도(mg/m³)는?

[조건]
- 시료채취시간 : 8시간
- 펌프유량 : 2.0L/min
- 시료채취 전 시료 여과지 무게 : 14.10mg
- 시료채취 후 시료 여과지 무게 : 19.10mg
- 공시료는 0으로 가정

풀이) 농도(mg/m^3) = $\dfrac{\text{시료채취 후 여과지 무게} - \text{시료채취 전 여과지 무게}}{\text{공기채취량}}$

= 유량(L/min) × 채취시간(min)이므로

= $\dfrac{(19.10 - 14.10)\text{mg}}{2.0\text{L/min} \times 480\text{min}}$

= $\dfrac{5\text{mg}}{960\text{L} \times (1\text{m}^3/1{,}000\text{L})}$ = 5.20mg/m^3

핵심이론 89 측정치의 오차

(1) 계통오차

① 특징
  ㉠ 참값과 측정치 간에 일정한 차이가 있음을 나타낸다.
  ㉡ 대부분의 경우 변이의 원인을 찾아낼 수 있으며, 크기와 부호를 추정 및 보정할 수 있다.
  ㉢ 계통오차가 작을 때는 정확하다고 말한다.

② 원인
  ㉠ 부적절한 표준물질 제조(시약의 오염)
  ㉡ 표준시료의 분해
  ㉢ 잘못된 검량선
  ㉣ 부적절한 기구 보정
  ㉤ 분석물질의 낮은 회수율 적용
  ㉥ 부적절한 시료채취 여재의 사용

③ 종류
  ㉠ 외계오차(환경오차)
    ⓐ 측정 및 분석 시 온도나 습도와 같은 외계의 환경으로 생기는 오차

ⓑ 대책

보정값을 구하여 수정함으로써 오차를 제거할 수 있다.
ⓒ 기계오차(기기오차)
ⓐ 사용하는 측정 및 분석기기의 부정확성으로 인한 오차
ⓑ 대책

기계의 교정에 의하여 오차를 제거할 수 있다.
ⓒ 개인오차
ⓐ 측정자의 습관이나 선입관에 의한 오차
ⓑ 대책

두 사람 이상 측정자의 측정을 비교하여 오차를 제거할 수 있다.
④ 계통오차 확인방법
㉠ 표준시료 분석 후 인증서값과 일치하는지 확인하는 방법
㉡ spliced된 시료분석 후 이론값과 비교 확인하는 방법
㉢ 독립적 분석방법과 서로 비교 확인하는 방법

(2) 우발오차 (임의오차, 확률오차, 비계통오차)
① 특징
㉠ 어떤 값보다 큰 오차와 작은 오차가 일어나는 확률이 같을 때 이 값을 확률오차라 한다.
㉡ 참값의 변이가 기준값과 비교하여 불규칙하게 변하는 경우로, 정밀도로 정의되기도 한다.
㉢ 오차원인 규명 및 그에 따른 보정도 어렵다.
㉣ 한 가지 실험측정을 반복할 때 측정값의 변동으로 발생되는 오차이며 보정이 힘들다.
㉤ 측정횟수를 될 수 있는 대로 많이 하여 오차의 분포를 살펴 가장 확실한 값을 추정할 수 있다.
② 원인
㉠ 전력의 불안정으로 인한 기기반응이 불규칙하게 변하는 경우
㉡ 기기로 시료주입량의 불일정성이 있는 경우
㉢ 분석 시 부피 및 질량에 대한 측정의 변이가 발생한 경우

(3) 누적오차 (총 측정오차)
① 정의
㉠ 여러 가지 요소에 의한 오차의 합을 의미한다.
㉡ 오차의 최소화방법은 오차의 절대값이 큰 항부터 개선해야 한다.

② 관계식

$$E_c = \sqrt{E_1^2 + E_2^2 + E_3^2 + \cdots + E_n^2}$$

여기서, E_c : 누적오차(%)

$E_1, E_2, E_3, \cdots, E_n$: 각 요소에 대한 오차

기출 및 예상문제 01

유량, 측정시간, 회수율, 분석 등에 의한 오차가 각각 15, 5, 10 및 −7%일 때 누적오차(%)는?

풀이 $E_c = \sqrt{E_1^2 + E_2^2 + E_3^2 + \cdots + E_n^2}$
$= \sqrt{15^2 + 5^2 + 10^2 + (-7)^2} = 19.97\%$

핵심이론 90 가스상 물질의 분석

(1) 가스 크로마토그래피(gas chromatography)

① 원리
  ㉠ 기체시료 또는 기화한 액체나 고체시료를 운반가스(carrier gas)에 의해 분리관(칼럼) 내 충전물의 흡착성 또는 용해성 차이에 따라 전개(분석시료의 휘발성을 이용)시켜 분리관 내에서 이동속도가 달라지는 것을 이용, 각 성분의 크로마토그래피적(크로마토그램)을 이용하여 성분을 정성 및 정량하는 분석기기이다.
  ㉡ 크로마토그램에서 피크의 모양은 선처럼 가늘지 않고 일정한 폭을 가진 형태로 나타나고, 소용돌이확산, 세로확산 비평형 물질전달의 요소에 의해 폭이 넓어진다[이동상 : 가스(기체)].

② 적용범위
  ㉠ 휘발성 유기화합물(주 : 유기용제)에 대한 정성 및 정량 분석에 적용된다.
  ㉡ 사용되는 시료는 휘발성인 것으로 분자량이 500 이하이다.

③ 구분
  분리관의 고정상에 따라 다음과 같이 구분한다.
  ㉠ 가스 – 고체 크로마토그래피(GSC)
     고정상(분리관)의 충진물로 흡착성 고체분말을 사용하여 흡착·탈착 기전에 의해 성분의 분리가 일어난다(분리기전 : 흡착 → 탈착 → 분배).
  ㉡ 가스 – 액체 크로마토그래피(GLC)
     고정상의 지지체로 고체를 사용하여 엷은 액상 물질을 입혀 분배기전에 의하여 분리가 일어난다.

④ 가스 크로마토그래피의 기기 구성도

가스 유로계 ⇨ 시료주입부(injection) ⇨ 칼럼(분리관 ; column) ⇨ 검출기(detector) ⇨ 기록계

⑤ 검출기의 종류 및 특성

검출기 종류	특징
불꽃이온화검출기(FID)	• 원리 : 수소-공기로 시료를 태워 전하를 띤 이온 생성 • 유기용제 분석 시 가장 많이 사용하는 검출기 • 매우 안정한 보조가스(수소-공기)의 기체흐름이 요구됨 • 큰 범위의 직선성, 비선택성, 넓은 용융성, 안정성, 대부분의 화합물에 높은 감도 • 할로겐 함유 화합물에 대하여 민감도가 낮음 • 운반기체로 질소나 헬륨을 사용 • 주성분 대상가스는 다핵방향족 탄화수소류, 할로겐화 탄화수소류, 알코올류, 방향족 탄화수소류
열전도도검출기(TCD)	• 분석물질마다 다른 열전도도 차를 이용하는 원리 • 민감도는 FID의 약 1/1,000 • 사용되는 운반가스는 순도 99.8% 이상의 수소, 헬륨 사용 • 주분석 대상가스는 벤젠
전자포획형 검출기(ECD)	• 유기화합물의 분석에 많이 사용 • 사용되는 운반가스는 순도 99.8% 이상의 헬륨 사용 • 주분석 대상가스는 할로겐화 탄화수소화합물, 사염화탄소, 벤조피렌니트로화합물, 유기금속화합물 • 불순물 및 온도에 민감
불꽃광전자검출기(FPD)	• 악취관계 물질분석에 많이 사용(이황화탄소, 메프캅탄류) • 잔류 농약의 분석(유기인, 유기황화합물)에 대하여 특히 감도가 좋음
광이온화검출기(PID)	주분석 대상가스는 알칸계, 방향족, 에스테르류, 유기금속류
질소인검출기(NPD)	• 매우 안정한 보조가스(수소-공기)의 기체흐름이 요구됨 • 주분석 대상가스는 질소포함 화합물, 인포함 화합물

(2) 가스 크로마토그래피-질량분석기(gas chromatography-mass spectrometry)

① 개요
  ㉠ 가스 크로마토그래피와 질량분석기를 결합하여, 다성분의 유기화합물의 화합물을 가스 크로마토그래피로 분리해, 분리된 각 성분을 질량분석기에 의해 정성·정량 분석하는 장치이다.
  ㉡ 질량분석기는 가스 크로마토그래피의 검출기라기보다는 하나의 독립된 분석기로서, 가스 크로마토그래피보다 고가이고 다루기도 복잡하다.

② 원리

가스 크로마토그래피의 칼럼 뒤에 캐리어가스(헬륨가스)의 분리장치를 장착하여 캐리어가스의 농도를 낮춰서 질량분석기의 이온원으로 도입해 전 이온을 포획하고 각 성분의 양을 측정함과 동시에 분리된 각 성분의 질량스펙트럼을 수 초 이내로 주사해 측정 분석한다.

③ 구성장치

> 시료주입장치 ⇨ 이온화장치 ⇨ 질량에 따른 분석기 ⇨ 검출기 ⇨ 컴퓨터

(3) 고성능 액체 크로마토그래피 (HPLC ; High Performance Liquid Chromatography)

① 개요

물질을 이동상과 충진제와의 분배에 따라 분리하므로 분리물질별로 적당한 이동상으로 액체를 사용하는 분석기이며 이동상인 액체가 분리관에 흐르게 하기 위해 압력을 가할 수 있는 펌프가 필요하다.

② 원리

고정상과 액체 이동상 사이의 물리화학적 반응성의 차이(주 : 분석시료의 용해성)를 이용하여 분리한다.

③ 특징

㉠ 시료의 전처리가 거의 필요 없이 직접적 분석이 이루어지며, 장점으로는 빠른 분석속도, 해상도, 민감도를 들 수 있다.
㉡ 시료의 회수가 용이하여 열안정성의 고려가 필요 없는 것이 장점이다.
㉢ 가스 크로마토그래피에 비해 실험법이 쉬우나 분해물질이 이동상에 녹아야 하는 제한점이 있다.

④ 구성장치

> 용매전달장치 ⇨ 시료주입장치 ⇨ 분리관 ⇨ 검출기 ⇨ 자료처리시스템
> (pump)　　　　　　　　　　　　(column)

(4) 이온 크로마토그래피 (IC ; Ion Chromatography)

① 원리

이동상 액체시료를 고정상의 이온교환수지가 충전된 분리관 내로 통과시켜 시료성분의 용출상태를 전기전도도검출기로 검출하여 그 농도를 정량하는 기기이다.

② 특징 및 적용

㉠ 액체 크로마토그래피의 한 종류로 이온성 물질 분석에 주로 사용된다.
㉡ 강수, 대기 중 먼지, 하천수 중의 이온성분을 정성·정량 분석에 사용한다.
㉢ 음이온(황산, 질산, 인산, 염소) 및 무기산류(염산, 불산, 황산, 크롬산), 에탄올아민류, 알칼리, 황화수소 특성 분석에 이용된다.

③ 구성장치

> 용리액 펌프 ⇨ 시료주입장치 ⇨ 분리관(column) ⇨ 검출기 ⇨ 기록계

핵심이론 91 | 입자상물질의 분석

(1) 흡광광도법 (분광광도계, absorptiometric analysis)
 ① 원리
  빛(백색광)이 시료용액을 통과할 때 흡수나 산란 등에 의하여 강도가 변화하는 것을 이용하는 것으로서 시료물질의 용액 또는 여기에 적당한 시약을 넣어 발색시킨 용액의 흡광도를 측정하여 시료 중의 목적성분을 정량하는 방법이다. 즉 특정 파장의 빛이 특정한 자유원자층을 통과하면서 선택적인 흡수가 일어나는 것을 이용하는 것이다.
 ② 개요
  ㉠ 일반적으로 사용하는 파장대는 주로 자외선(180~320nm)이나 가시광선(320~800nm) 영역이다.
  ㉡ 광원에서 나오는 빛을 단색화장치(monochromer) 또는 필터(filter)를 이용해서 좁은 파장범위의 빛만을 선택하여 액층을 통과시킨 다음 광전관(photoelectric tube)으로 흡광도를 측정하여 목적성분의 농도를 정량하는 방법이다.
 ③ 램버트 비어(Lambert-Beer)의 법칙
  세기 I_o인 빛이 농도 C, 길이 L이 되는 용액층을 통과하면 이 용액에 빛이 흡수되어 입사광의 강도가 감소한다. 통과한 직후의 빛의 세기 I_t와 I_o 사이에는 램버트-비어(Lambert-Beer)의 법칙에 의하여 다음의 관계가 성립한다.

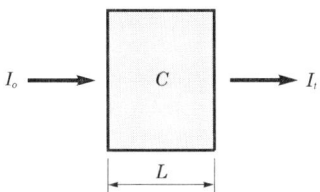

  ㉠
$$I_t = I_o \cdot 10^{-\varepsilon \cdot C \cdot L}$$

  여기서, I_o : 입사광의 강도, I_t : 투사광의 강도, C : 농도
   L : 빛의 투사거리(석영 cell의 두께)
   ε : 비례상수로서 흡광계수

ⓛ 투과도(투광도, 투과율)(T)

$$T = \frac{I_t}{I_o}$$

ⓒ 흡광도(A)

$$A = \xi Lc = \log\frac{I_o}{I_t} = \log\frac{1}{투과율}$$

여기서, ξ : 몰 흡광계수

기출 및 예상문제 01

흡광광도계로 측정 시 최초 광의 80%가 흡수되었을 때 흡광도는?

풀이 $A = \log\dfrac{1}{투과율}$ 이므로

투과율 $= \dfrac{100-80}{100} = \dfrac{20}{100} = 0.2 = \log\dfrac{1}{0.2} = 0.7$

④ 장치 구성

광원부 ⇨ 파장선택부 ⇨ 시료부 ⇨ 측광부검출기, 지시기

㉠ 광원부
  ⓐ 가시부와 근적외부 광원 : 텅스텐램프
  ⓑ 자외부의 광원 : 중수소 방전관
㉡ 파장선택부
  ⓐ 단색화장치 : 프리즘, 회절격자 또는 이 두 가지를 조합시킨 것을 사용하며, 단색광을 내기 위하여 슬릿(slit)을 부속시킨다.
  ⓑ 필터 : 색유리 필터, 젤라틴 필터, 간접 필터 등을 사용한다.
㉢ 시료부(시료용기 ; cuvette holder)
  ⓐ 시료액을 넣은 흡수셀(시료셀)과 대조액을 넣는 흡수셀(대조셀)이 있다.
  ⓑ 흡수셀의 재질
    • 유리 : 가시·근적외 파장에 사용
    • 석영 : 자외파장에 사용
    • 플라스틱 : 근적외파장에 사용
  ⓒ 흡수셀의 길이는 지정하지 않았을 경우 10mm 셀을 사용한다.

ⓔ 측광부(검출기, 지시기)
  ⓐ 자외·가시파장 : 광전관, 광전자증배관 사용
  ⓑ 근적외파장 : 광전도셀 사용
  ⓒ 가시파장 : 광전지 사용

(2) 원자흡광광도법(atomic absorption spectrophotometry)
  ① 원리 및 적용범위
    시료를 적당한 방법으로 해리시켜 중성원자로 증기화하여 생긴 기저상태의 원자가 이 원자 증기층을 투과하는 특유 파장의 빛을 흡수하는 현상을 이용하여 광전 측광과 같은 개개의 특유 파장에 대한 흡광도를 측정하여 시료 중의 원소농도를 정량하는 방법으로 대기 또는 배출가스 중의 유해중금속, 기타 원소의 분석에 적용한다.
  ② 개요
    측정하려는 물질의 원자를 불꽃(flame), 흑연로(graphite furnace) 등으로 가열하여 기체상태의 중성원자로 만든 다음 이 중성원자에 적당한 복사에너지(자외선 또는 가시광선 영역)를 쪼여주면 중성원자는 복사에너지 중 일부를 흡수하여 들뜬 상태의 원자가 되는데, 이때 흡수된 복사에너지(흡광도)를 측정하여 정량분석을 하게 된다.
  ③ 적용이론
    램버트-비어 법칙
  ④ 장치 구성

    광원부 ⇨ 시료 원자화부 ⇨ 단색화부 ⇨ 검출부

    ㉠ 광원부 - 속빈 음극램프(중공음극램프, hollow cathode lamp)
      ⓐ 분석하고자 하는 원소가 잘 흡수할 수 있는 특정 파장의 빛을 방출하는 역할
      ⓑ 가장 널리 쓰이는 광원
    ㉡ 시료원자화부(불꽃원자화 장치)
      원자화장치는 금속화합물을 원자화시켜 빛의 통로까지 올리는 역할, 즉 분석대상 원소를 자유상태로 만들어 광원에서 나온 빛의 통로에 위치시킨다.
      ⓐ 조연제와 연료를 적절히 혼합하여 최적의 불꽃온도와 화학적 분위기를 유도하여 원자화시키는 방법이다.
      ⓑ 빠르고 정밀도가 좋으며, 매질효과에 의한 영향이 적다는 장점이 있다.
      ⓒ 금속화합물을 원자화시키는 것으로 가장 일반적인 방법이다.
      ⓓ 버너에서 불꽃에 의한 연소와 원자화가 일어난다.
      ⓔ 장점
        • 쉽고 간편하다.

- 가격이 흑연로장치나 유도결합플라스마-원자발광분석기보다 저렴하다.
- 분석이 빠르고, 정밀도가 높다(분석시간이 흑연로장치에 비해 적게 소요).
- 기질의 영향이 적다.

ⓕ 단점
- 많은 양의 시료(10mL)가 필요하며, 감도가 제한되어 있어 저농도에서 사용이 힘들다.
- 용질이 고농도로 용해되어 있는 경우, 버너의 슬롯을 막을 수 있으며 점성이 큰 용액은 분무구를 막을 수 있다.
- 고체시료의 경우 전처리에 의하여 기질(매트릭스)을 제거해야 한다.

(3) 유도결합플라스마 분광광도계(ICP ; Inductively Coupled Plasma, 원자발광분석기)

① 개요 및 원리
㉠ 모든 원자는 고유한 파장(에너지)을 흡수하면 바닥상태(안정된 상태)에서 여기상태(들뜬 상태, 흥분된 상태)로 된다.
㉡ 여기상태의 원자는 다시 안정한 바닥상태로 되돌아올 때 에너지를 방출한다.
㉢ 금속원자마다 그들이 흡수하는 고유한 특정 파장과 고유한 파장이 있다. 전자의 원리를 이용한 분석이 원자흡광광도계이고, 후자의 원리(원자가 내놓는 고유한 발광에너지)를 이용한 것이 유도결합플라스마 분광광도계이다(발광에너지=방출스펙트럼).

② 장치 구성

시료주입장치 ⇨ 광원부 ⇨ 분광장치 ⇨ 검출기

㉠ 시료주입장치
ⓐ 수용액 시료를 pump(주입속도 : 1~2mL/min)로 분무 도입시킨다.
ⓑ 가장 일반적으로 시료를 플라스마로 보내는 방법은 액체 에어로졸을 직접 주입하는 분무기에 의한 것이다.

㉡ 광원부(플라스마 토치+라디오 주파수 발생기)
별도의 광원이 필요 없고 아르곤가스를 6,000K 이상의 초고온상태로 만들어 아르곤 플라스마를 생성시켜 플라스마가 금속원자를 들뜨게 한다.

㉢ 분광장치(파장분리기)
플라스마에서 이온화되어 들뜬 상태의 금속에서 내놓는 발광에너지들은 광학시스템에 모아져 분광장치로 보내진다.

③ 장점
㉠ 비금속을 포함한 대부분의 금속을 ppb 수준까지 측정할 수 있다.
㉡ 적은 양의 시료를 가지고 한 번에 많은 금속을 분석할 수 있는 것이 가장 큰 장점이다.
㉢ 한 번에 시료를 주입하여 10~20초 내에 30개 이상의 원소를 분석할 수 있다.

    ② 화학물질에 의한 방해로부터 거의 영향을 받지 않는다.
    ⑰ 검량선의 직선성 범위가 넓다. 즉 직선성 확보가 유리하다.
    ⑪ 원자흡광광도계보다 더 줄거나 적어도 같은 정밀도를 갖는다.
④ 단점
    ㉠ 원자들은 높은 온도에서 많은 복사선을 방출하므로 분광학적 방해영향이 있다.
    ㉡ 시료분해 시 화합물 바탕방출이 있어 컴퓨터 처리과정에서 교정이 필요하다.
    ㉢ 유지관리 및 기기 구입가격이 높다.
    ㉣ 이온화 에너지가 낮은 원소들은 검출한계가 높고, 다른 금속의 이온화에 방해를 준다.

핵심이론 92 현미경 분석

(1) 섬유
① 현미경을 이용하여 실제 크기를 측정하며 일반적으로 입자 크기를 포톤-레티큘을 삽입한 현미경으로 측정하는 방법을 이용한다.
② 공기 중에 있는 길이가 $5\mu m$ 이상이고, 너비가 $5\mu m$보다 얇으면서 길이와 너비의 비가 3 : 1 이상의 형태를 가진 고체로서 석면, 유리섬유 등을 섬유라 한다.
③ 섬유는 흡입성, 흉곽성, 호흡성으로 구분하지 않으며 농도는 중량 대신 섬유의 개수로 나타낸다.
④ 섬유는 위상차 현미경을 통하여 측정하며 물리적 크기로 표시한다(일반 먼지 : 공기역학적 직경으로 표시).
⑤ 섬유의 구분

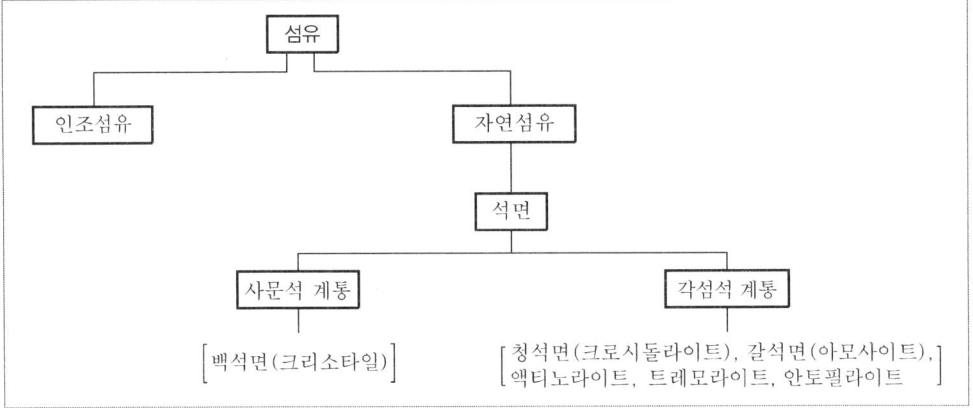

∥ 섬유의 구분 ∥

(2) 석면
  ① 개요
    광물성 규산염의 총칭이며 사문석, 각섬석이 지열 및 지하수의 작용으로 인하여 섬유화된 것이다.
  ② 성질
    내열성과 내압성이 높고 산, 알칼리 등 화학약품에 강하다.
  ③ 용도
    보온재 또는 석면 슬레이트, 브레이크라이닝의 원료 등으로 사용된다.
  ④ 영향
    ㉠ 만성장애로 석면폐를 일으키며 기침, 가래 등 기관지염 증상이 따르며 호흡곤란, 심계 항진 등을 호소하며 폐기능 장애가 인정된다.
    ㉡ 폐암, 중피종암, 늑막암, 위암을 발생시킨다.
  ⑤ 채취 및 분석
    ㉠ 공기 중 석면시료의 채취는 MCE막 여과지를 이용하여 'open face'로 시료채취를 하여 전처리한 후 월톤-베켓 눈금자가 있는 위상차 현미경으로 분석한다.
    ㉡ 석면측정방법
      ⓐ 위상차 현미경법
        - 석면 측정에 이용되는 현미경으로 일반적으로 가장 많이 사용된다.
        - 막 여과지에 시료를 채취한 후 전처리하여 위상차 현미경으로 분석한다.
        - 다른 방법에 비해 간편하나 석면의 감별이 어렵다($0.25\mu m$ 이하의 섬유는 관찰되지 않는다).
      ⓑ 전자 현미경법
        - 석면분진 측정방법에서 공기 중 석면시료를 가장 정확하게 분석할 수 있다.
        - 석면의 성분분석(감별분석)이 가능하다.
        - 위상차 현미경으로 볼 수 없는 매우 가는 섬유도 관찰 가능하다.
        - 값이 비싸고 분석시간이 많이 소요된다.
      ⓒ 편광 현미경법
        - 고형 시료 분석에 사용하며 석면을 감별 분석할 수 있다.
        - 석면 광물이 가지는 고유한 빛의 편광성을 이용한 것이다.
      ⓓ X선 회절법
        - 단결정 또는 분말시료(석면 포함 물질을 은막 여과지에 놓고 X선 조사)에 의한 단색 X선의 회절각을 변화시켜가며 회절선의 세기를 계수관으로 측정하여 X선의 세기나 각도를 자동적으로 기록하는 장치를 이용하는 방법이다.

- 값이 비싸고, 조작이 복잡하다.
- 고형 시료 중 크리소타일 분석에 사용하며 토석, 암석, 광물성 분진 중의 유리 규산(SiO_2) 함유율도 분석한다.

Reference | NIOSH 측정방법

충전식 휴대용 pump를 이용하여 여과지를 통하여 공기를 통과시켜 시료를 채취한 다음, 이 여과지에 아세톤 증기를 씌우고 트리아세틴 시약을 가한 후 위상차 현미경으로 400~450배의 배율에서 섬유 수를 개수한다. 이 측정방법은 길이 $5\mu m$ 이상이고, 길이 : 직경의 비율이 3 : 1인 석면만을 측정한다. 장점은 간편하게 단시간에 분석할 수 있는 점이고, 단점은 석면과 다른 섬유를 구별할 수 없다는 점이다.

Reference | 석면농도

$$석면농도(개/cc) = \frac{(C_s - C_b) \times A_s}{A_f \times T \times R \times 1,000(cc/L)}$$

여기서, $C_s - C_b$: 1시야당 실제 석면 개수(개/시야), A_s : 여과지 유효면적(mm^2)
A_f : 개수면적(1시야 면적=$0.00785mm^2$), T : 채취기간(min)
R : pump 유량(L/min)

핵심이론 93 산업위생 통계

(1) 특징

① 재해통계는 주로 대상으로 하는 조직의 안전관리수준을 평가하고 차후의 재해방지에 기본이 되는 정보를 파악하기 위해 작성하는 것이다.
② 재해통계에 의해 대상집단의 경향과 특성 등을 수량적, 총괄적으로 해명할 수 있다.
③ 정보에 근거해서 조직의 대상집단에 대해 미리 효과적인 대책을 강구한다.
④ 동종재해 또는 유사재해의 재발방지를 도모한다.
⑤ 재해통계는 도형이나 숫자에 의한 표시법이 있지만 도형에 의한 표시법이 이해하기 쉽다.
⑥ 근로자가 노출되는 유해인자 측정자료는 일반적으로 기하정규분포를 나타낸다.
⑦ 기하표준편차(GSD)값이 작을수록 유해인자 노출특성은 유사한 것으로 평가한다.
⑧ 동일자료에 대한 기하평균(GM)값은 산술평균 값보다 작다.
⑨ 정규분포하지 않은 자료를 대수로 변환했을 때 정규분포하면 대수정규분포한다고 평가한다.
⑩ 기하표준편차의 단위는 없다.
⑪ 기하평균이 같다면 기하표준편차가 클수록 노출기준을 초과할 확률은 커진다.
⑫ 노출농도를 로그변환하면 변환된 자료는 정규분포한다.

(2) 통계 계산

산업위생 통계의 대푯값으로 산술평균, 중앙값, 최빈값, 가중평균, 기하평균 등이 사용된다.

① 산술평균 (M or $\overline{M}$)
  ㉠ 평균을 구하기 위해 모근 수치를 합하고, 그것을 총 개수로 나누면 평균이 된다.
  ㉡ 계산식

$$M = \frac{X_1 + X_2 + X_3 + \cdots + X_n}{N} = \frac{\sum_{i=1}^{N} X_i}{N}$$

  여기서, M : 산술평균, N : 개수(측정치)

② 가중평균 ($\overline{X}$)
  ㉠ 작업환경 유해물질 평균농도 산출에 이용되며 자료의 크기를 고려한 평균을 가중평균이라 한다. 즉 빈도를 가중치로 택하여 평균값을 계산한다.
  ㉡ 계산식

$$\overline{X} = \frac{X_1 N_1 + X_2 N_2 + X_3 N_3 + \cdots + X_n N_k}{N_1 + N_2 + N_3 + \cdots + N_k}$$

  여기서, $\overline{X}$: 가중평균
  $N_1, N_2, \cdots, N_k$: k개의 측정치에 대한 각각의 크기

③ 중앙치 (median)
  ㉠ N개의 측정치를 크기 중앙값 순서로 배열 시 $X_1 \leq X_2 \leq X_3 \leq \cdots \leq X_n$이라 할 때 중앙에 오는 값을 중앙치라 한다.
  ㉡ 값이 짝수일 때는 중앙값이 유일하지 않고 두 개가 될 수 있다. 이 경우 두 값의 평균을 취한다.
  ㉢ 조화평균이란 상이한 반응을 보이는 집단의 중심 경향을 파악하고자 할 때 유용하게 이용된다.

④ 기하평균 (GM)
  ㉠ 모든 자료를 대수로 변환하여 평균 후 평균한 값을 역대수 취한 값 또는 N개의 측정치 $X_1, X_2, \cdots, X_n$이 있을 때 이들 수의 곱의 N제곱근의 값이다.
  ㉡ 산업위생 분야에서는 작업환경측정 결과가 대수정규분포를 하는 경우 대푯값으로서 기하평균을, 산포도로서 기하표준편차를 널리 사용한다.
  ㉢ 기하평균이 산술평균보다 작게 되므로 작업환경관리 차원에서 보면 기하평균치의 사용이 항상 바람직한 것이라고 보기는 어렵다.

ㄹ 계산식

$$\log(\text{GM}) = \frac{\log X_1 + \log X_2 + \cdots + \log X_n}{N}$$

위 식에서 GM을 구함(가능한 위의 계산식 사용을 권장)

$$\text{GM} = \sqrt[N]{X_1 \cdot X_2 \cdot \cdots \cdot X_n}$$

⑤ **표준편차**(SD)
  ㉠ 표준편차는 관측값의 산포도(dispersion), 즉 평균 가까이에 분포하고 있는지의 여부를 측정하는 데 많이 쓰인다.
  ㉡ 표준편차가 0일 때는 관측값의 모두가 동일한 크기이고 표준편차가 클수록 관측값 중에는 평균에서 떨어진 값이 많이 존재한다.
  ㉢ 계산식

$$\text{SD} = \sqrt{\frac{\sum_{i=1}^{N}(X_i - \overline{X})^2}{N-1}}$$

여기서, SD : 표준편차
  X_i : 측정치
  $\overline{X}$: 측정치의 산술평균치
  N : 측정치의 수

• 측정횟수 N이 큰 경우는 다음 식을 사용한다.

$$\text{SD} = \sqrt{\frac{\sum_{i=1}^{N}(X_i - \overline{X})^2}{N}}$$

⑥ **기하표준편차**(GSD)
  ㉠ 작업환경측정으로 얻어지는 공기 중 유해물질의 분포는 경험적으로 대수정규분포에 가깝다. 즉 공기 중 유해물질 농도의 분포를 대수변환하였을 때 정규분포에 따른다는 특징을 가지고 있다.
  ㉡ 대수변환된 변화량의 평균치, 표준편차 수치를 다시 역대수화한 수치를 각각 기하평균, 기하표준편차라 하며 작업환경평가에서 평가치 계산의 기준으로 널리 사용되고 있다.

ⓒ 계산식

$$\log(\text{GSD}) = \left[\frac{(\log X_1 - \log \text{GM})^2 + (\log X_2 - \log \text{GM})^2 + \cdots + (\log X_N - \log \text{GM})^2}{N-1}\right]^{0.5}$$

여기서, GSD : 기하표준편차
 GM : 기하평균
 X_i : 측정치
 N : 측정치의 수

⑦ 변이계수(CV)
 ㉠ 측정방법의 정밀도를 평가하는 계수이며, %로 표현되므로 측정단위와 무관하게 독립적으로 산출된다.
 ㉡ 통계집단의 측정값에 대한 균일성과 정밀성의 정도를 표현한 계수이다.
 ㉢ 단위가 서로 다른 집단이나 특성값의 상호산포도를 비교하는 데 이용될 수 있다.
 ㉣ 변이계수가 작을수록 자료가 평균 주위에 가깝게 분포한다는 의미이다(평균값의 크기가 0에 가까울수록 변이계수의 의미는 작아짐).
 ㉤ 표준편차의 수치가 평균치에 비해 몇 %가 되느냐로 나타낸다.
 ㉥ 계산식

$$CV = \frac{표준편차}{평균치} \times 100(\%)$$

(3) 그래프로 기하평균, 기하표준편차 구하는 방법

① 기하평균
 누적분포에서 50%에 해당하는 값
② 기하표준편차
 84.1%에 해당하는 값을 50%에 해당하는 값으로 나누는 값

$$\text{GSD} = \frac{84.1\%에\ 해당하는\ 값}{50\%에\ 해당하는\ 값} = \frac{50\%에\ 해당하는\ 값}{15.9\%에\ 해당하는\ 값}$$

기출 및 예상문제 01

작업환경측정 결과 다음과 같을 때 산술평균, 표준편차, 기하평균, 기하표준편차를 구하면?

[결과] 측정치(10회, ppm) : 51, 53, 61, 67, 72, 122, 75, 110, 93, 190

풀이

㉠ 산술평균

$$M = \frac{X_1 + X_2 + X_3 + \cdots + X_n}{N} = \frac{51 + 53 + 61 + 67 + 72 + 122 + 75 + 110 + 93 + 190}{10} = 89.4\text{ppm}$$

㉡ 표준편차

$$\text{SD} = \left[\frac{\sum_{i=1}^{N}(X_i - \overline{X})^2}{N-1} \right]^{0.5}$$

$$= \sqrt{\frac{\sum_{i=1}^{N}(X_i - \overline{X})^2}{N-1}}$$

$$= \left[\frac{(51-89.4)^2 + (53-89.4)^2 + (61-89.4)^2 + (67-89.4)^2 + (72-89.4)^2 + (122-89.4)^2 + (75-89.4)^2 + (110-89.4)^2 + (93-89.4)^2 + (190-89.4)^2}{10-1} \right]^{0.5}$$

$$= \left[\frac{16238.4}{9} \right]^{0.5} = 42.48\text{ppm}$$

㉢ 기하평균

$$\log(\text{GM}) = \frac{\log X_1 + \log X_2 + \cdots + \log X_n}{N}$$

$$= \frac{\log 51 + \log 53 + \log 61 + \log 67 + \log 72 + \log 122 + \log 75 + \log 110 + \log 93 + \log 190}{10}$$

$$= \frac{19.15}{10}$$

$$= 1.92$$

$$\text{GM} = 10^{1.92} = 83.18\text{ppm}$$

㉣ 기하표준편차

$$\log(\text{GSD}) = \left[\frac{(\log X_1 - \log \text{GM})^2 + (\log X_2 - \log \text{GM})^2 + \cdots + (\log X_N - \log \text{GM})^2}{N-1} \right]^{0.5}$$

$$= \left[\frac{(\log 51 - 1.92)^2 + (\log 53 - 1.92)^2 + (\log 61 - 1.92)^2 + (\log 67 - 1.92)^2 + (\log 72 - 1.92)^2 + (\log 122 - 1.92)^2 + (\log 75 - 1.92)^2 + (\log 110 - 1.92)^2 + (\log 93 - 1.92)^2 + (\log 190 - 1.92)^2}{10-1} \right]^{0.5}$$

$$= \left[\frac{0.29}{9} \right]^{0.5}$$

$$= 0.179$$

$$\text{GSD} = 10^{0.179} = 1.51$$

PART 01 | 핵심이론

기출 및 예상문제 02

측정값이 17, 5, 3, 13, 8, 7, 12, 10일 때 중앙값을 구하면?

풀이 3, 5, 7, 8, 10, 12, 13, 17

중앙값 $= \dfrac{8+10}{2} = 9$

기출 및 예상문제 03

어떤 물질을 분석한 결과가 다음과 같을 때 변이계수를 구하면?

[결과] 분석값 : 0.18, 0.17, 0.17, 0.16

풀이 변이계수(CV)

$$CV(\%) = \dfrac{표준편차}{평균} \times 100$$

평균$(M) = \dfrac{0.18 + 0.17 + 0.17 + 0.16}{4} = 0.17$

표준편차$(SD) = \left[\dfrac{(0.18-0.17)^2 + (0.17-0.17)^2 + (0.17-0.17^2) + (0.16-0.17)^2}{4-1} \right]^{0.5} = 0.0082$

$= \dfrac{0.0082}{0.17} \times 100 = 4.8\%$

기출 및 예상문제 04

근로자의 납 노출농도를 8시간 작업시간 동안 측정한 결과 0.075mg/m³이었다. 고용노동부의 통계적인 평가방법에 따라 이 근로자의 노출을 평가하면? [단, 시료채취 및 분석오차(SAE)는 0.131이고 납에 대한 고용노동부 노출기준은 0.05mg/m³이다. 95% 신뢰도]

풀이
㉠ Y(표준화값) $= \dfrac{X(시간가중\ 평균농도)}{허용기준}$

$X : 0.075\text{mg/m}^3$

허용기준 : 0.05mg/m^3

$= \dfrac{0.075}{0.05} = 1.5$

㉡ LCL(하한치) $= Y -$ 시료채취 분석오차 $= 1.5 - 0.131 = 1.369$

㉢ 판정 : LCL>1(1.369>1)이므로 허용기준 초과 판정

(4) 노출타당성의 파악을 위한 통계적 방법에 근거한 노출평가 과정
① 노출에 대한 신뢰구간을 계산한다.
② 신뢰구간과 노출 기준를 비교한다.
③ 분포에 따른 대표치와 변이를 산출한다.
④ 자료의 분포검정과 이상값 존재유무를 확인한다.
⑤ 자료가 기하정규분포할 경우의 변이는 기하표준편차로 산출한다.

(5) 통계적 자료분석 방법
① 회귀분석
  관측된 자료를 정량화해서 여러 독립변수와 종속변수의 관계를 함수식으로 나타내며, 독립변수가 종속변수에 영향을 미치는지 분석할 때 사용한다. 또한 회귀분석은 인과관계를 분석한다.
② 분산분석(변량분석)
  둘 이상의 집단 간에 평균값의 차이가 있는지를 검증하는 분석방법이다.
③ 상관분석
  두 변수 간에 관계가 있는지를 검증하는 분석방법으로 특정시간에 대한 변수간의 상관관계를 나타낸다.
④ 자기상관분석
  시간의 변화에 따른 변수간의 상관관계 변화를 검증하는 분석방법으로 자료의 무작위성을 파악할 수 있다.
⑤ 박스 플롯 분석
  자료의 크기 순서를 나타내는 순서통계량을 이용하여 자료를 요약 정리하는 분석방법으로 자료의 분포형태확인 및 분석에 주요한 변수 도출을 위해 사용하는 방법이다.

핵심이론 94 증기화 위험지수(VHI)에 의한 평가

(1) 증기화 위험지수는 독성과 증발력을 고려한 지수이다.

(2) 화학물질의 평가 우선순위를 결정하기 위해서는 VHI에다 노출근로자 수 및 노출시간을 고려해야 한다.

(3) 관계식

$$\text{VHI} = \log\left(\frac{C}{\text{TLV}}\right)$$

여기서, VHI : 증기화 위험지수(포텐도르프가 제안)
　　　　TLV : 노출기준
　　　　C : 포화농도(최고농도 : 대기압과 해당물질 증기압 이용 계산)
　　　　$\dfrac{C}{\text{TLV}}$: VHR(Vaper Hazard Ratio)

기출 및 예상문제 01

hexane의 부분압이 100mmHg(OEL 500ppm)이었을 때 VHR$_{\text{Hexane}}$은?

풀이

$$\text{VHR}_{\text{Hexane}} = \frac{C}{\text{TLV}} = \frac{\left(\dfrac{100}{760}\right) \times 10^6}{500} = 263.16$$

기출 및 예상문제 02

수은(알킬수은 제외)의 노출기준은 0.05mg/m³이고, 증기압은 0.0018mmHg인 경우, VHR은?
(단, 25℃ 1기압 기준, 수은 원자량 200.59)

풀이

$$\text{VHR} = \frac{C}{\text{TLV}} = \frac{\left(\dfrac{0.0018\,\text{mmHg}}{760\,\text{mmHg}} \times 10^6\right)}{\left(0.05\,\text{mg/m}^3 \times \dfrac{24.45\text{L}}{200.59\text{g}}\right)} = 388.61$$

핵심이론 95 | 작업환경측정 및 정도관리 등에 관한 고시

(1) 정의

① 액체채취방법
　시료공기를 액체 중에 통과시키거나 액체의 표면과 접촉시켜 용해·반응·흡수·충돌 등을 일으키게 하여 해당 액체에 작업환경측정을 하려는 물질을 채취하는 방법을 말한다.

② 고체채취방법
　시료공기를 고체의 입자층을 통해 흡입, 흡착하여 당해 고체입자에 측정하고자 하는 물질을 채취하는 방법을 말한다.

③ 직접채취방법

시료공기를 흡수, 흡착 등의 과정을 거치지 아니하고 직접채취대 또는 진공채취병 등의 채취용기에 물질을 채취하는 방법을 말한다.

④ 냉각응축채취방법

시료공기를 냉각된 관 등에 접촉 응축시켜 측정하고자 하는 물질을 채취하는 방법을 말한다.

⑤ 여과채취방법

시료공기를 여과재를 통하여 흡인함으로써 당해 여과재에 측정하고자 하는 물질을 채취하는 방법을 말한다.

⑥ 개인 시료채취

개인시료채취기를 이용하여 가스·증기·분진·흄(fume)·미스트(mist) 등을 근로자의 호흡위치(호흡기를 중심으로 반경 30cm인 반구)에서 채취하는 것을 말한다.

⑦ 지역 시료채취

시료채취기를 이용하여 가스·증기·분진·흄(fume)·미스트(mist) 등을 근로자의 작업 행동 범위에서 호흡기 높이에 고정하여 채취하는 것을 말한다.

⑧ 노출기준

작업환경평가기준을 말한다.

⑨ 최고노출근로자

작업환경측정대상 유해인자의 발생 및 취급원에서 가장 가까운 위치의 근로자이거나 작업환경측정대상 유해인자에 가장 많이 노출될 것으로 간주되는 근로자를 말한다.

⑩ 단위작업 장소

작업환경측정대상이 되는 작업장 또는 공정에서 정상적인 작업을 수행하는 동일 노출집단의 근로자가 작업을 하는 장소를 말한다.

⑪ 호흡성 분진

호흡기를 통하여 폐포에 축적될 수 있는 크기의 분진을 말한다.

⑫ 흡입성 분진

호흡기의 어느 부위에 침착하더라도 독성을 일으키는 분진을 말한다.

⑬ 입자상 물질

화학적 인자가 공기 중으로 분진·흄(fume)·미스트(mist) 등의 형태로 발생되는 물질을 말한다.

⑭ 가스상 물질

화학적 인자가 공기 중으로 가스·증기의 형태로 발생되는 물질을 말한다.

⑮ 정도관리

작업환경측정·분석 결과에 대한 정확성과 정밀도를 확보하기 위하여 작업환경측정기관의 측정·분석능력을 확인하고 그 결과에 따라 지도·교육 등 측정·분석능력 향상을 위하여 행하는 모든 관리적 수단을 말한다.

⑯ 정확도

분석치가 참값에 얼마나 접근하였는가 하는 수치상의 표현이다.

⑰ 정밀도

일정한 물질에 대해 반복 측정·분석을 했을 때 나타나는 자료 분석치의 변동 크기가 얼마나 작은가 하는 수치상의 표현이다.

(2) 시료채취 근로자수

① 단위작업 장소에서 최고 노출근로자 2명 이상에 대하여 동시에 개인 시료채취 방법으로 측정하되, 단위작업 장소에 근로자가 1명인 경우에는 그러하지 아니하며, 동일 작업근로자수가 10명을 초과하는 경우에는 매 5명당 1명 이상 추가하여 측정하여야 한다. 다만, 동일 작업근로자수가 100명을 초과하는 경우에는 최대 시료채취 근로자수를 20명으로 조정할 수 있다.

② 지역 시료채취 방법으로 측정을 하는 경우 단위작업 장소 내에서 2개 이상의 지점에 대하여 동시에 측정하여야 한다. 다만, 단위작업 장소의 넓이가 50평방미터 이상인 경우에는 매 30평방미터마다 1개 지점 이상을 추가로 측정하여야 한다.

(3) 단위

① 화학적 인자의 가스, 증기, 분진, 흄(fume), 미스트(mist) 등의 농도는 피피엠(ppm) 또는 세제곱미터당 밀리그램(mg/m^3)으로 표시한다.

다만, 석면의 농도 표시는 세제곱센티미터당 섬유개수(개/cm^3)로 표시한다.

② 피피엠(ppm)과 세제곱미터당 밀리그램(mg/m^3) 간의 상호 농도변환은 다음의 식에 의한다.

$$노출기준(mg/m^3) = \frac{노출기준(ppm) \times 그램 분자량}{24.45(25℃, 1기압)}$$

③ 소음수준의 측정단위는 데시벨[dB(A)]로 표시한다.

④ 고열(복사열 포함)의 측정단위는 습구흑구온도지수(WBGT)를 구하여 섭씨온도(℃)로 표시한다.

> **Reference** mppcf(million particle per cubic feet)
>
> 1. 분진의 질이나 양과는 관계없이 단위공기 중에 들어있는 분자량
> 2. 우리나라는 공기 mL 속에 분자 수로 표시하고, 미국의 경우는 1ft^{3}당 몇 백만 개 mppcf로 사용
> 3. 1mppcf=35.31입자(개)/mL=35.31입자(개)/cm^3
> 4. OSHA 노출기준(PEL) 중 mica와 graphite는 mppcf로 표시

(4) 입자상 물질 측정 및 분석방법
① 측정방법
- ㉠ 석면의 농도는 여과채취방법에 의한 계수방법 또는 이와 동등 이상의 분석방법으로 측정할 것
- ㉡ 광물성 분진은 여과채취방법에 의하여 석영, 크리스토바라이트, 트리디마이트를 분석할 수 있는 적합한 분석방법으로 측정한다. 다만, 규산염과 기타 광물성 분진은 중량분석방법으로 측정할 것
- ㉢ 용접흄은 여과채취방법으로 하되 용접보안면을 착용한 경우에는 그 내부에서 채취하고 중량분석방법과 원자흡광광도계 또는 유도결합플라스마를 이용한 분석방법으로 측정할 것
- ㉣ 석면, 광물성 분진 및 용접흄을 제외한 입자상 물질은 여과채취방법으로 측정한 후 중량분석방법이나 유해물질 종류에 따른 적합한 분석방법으로 측정할 것
- ㉤ 호흡성 분진은 호흡성 분진용 분립장치 또는 호흡성 분진을 채취할 수 있는 기기를 이용한 여과채취방법으로 측정할 것
- ㉥ 흡입성 분진은 흡입성 분진용 분립장치 또는 흡입성 분진을 채취할 수 있는 기기를 이용한 여과채취방법으로 측정할 것

② 측정위치
- ㉠ 개인 시료채취 방법으로 측정하는 경우에는 측정기기를 작업근로자의 호흡기 위치에 장착하여야 한다.
- ㉡ 지역 시료채취 방법의 경우에는 측정기기를 발생원의 근접한 위치 또는 작업근로자의 주 작업행동 범위 내에서 작업근로자 호흡기 높이에 설치하여야 한다.

(5) 가스상 물질 측정 및 분석방법
① 측정방법

가스상 물질의 측정은 개인시료채취기 또는 이와 동등 이상의 특성을 가진 측정기기를 사용하여, 채취방법에 따라 시료를 채취한 후 원자흡광분석, 가스 크로마토그래프 분석 또는 이와 동등 이상의 분석방법으로 정량 분석하여야 한다.

② 측정위치
  ㉠ 측정위치 및 측정시간의 규정에도 불구하고 다음의 어느 하나에 해당하는 경우에는 검지관방식으로 측정할 수 있다.
    ⓐ 예비조사 목적인 경우
    ⓑ 검지관방식 외에 다른 측정방법이 없는 경우
    ⓒ 발생하는 가스상 물질이 단일물질인 경우. 다만, 자격자가 측정하는 사업장에 한정
  ㉡ 자격자가 해당 사업장에 대하여 검지관방식으로 측정하는 경우 사업주는 2년에 1회 이상 사업장 위탁측정기관에 의뢰하여 측정을 하여야 한다.
  ㉢ 검지관방식의 측정결과가 노출기준을 초과하는 것으로 나타난 경우에는 즉시 가스상 물질 측정방법으로 재측정하여야 하며, 해당 사업장에 대하여는 측정치가 노출기준 이하로 나타날 때까지는 검지관방식으로 측정할 수 없다.
  ㉣ 검지관방식으로 측정하는 경우에는 해당 작업근로자의 호흡기 및 가스상 물질 발생원에 근접한 위치 또는 근로자 작업행동 범위의 주 작업 위치에서 근로자 호흡기 높이에서 측정하여야 한다.
  ㉤ 검지관방식으로 측정하는 경우에는 1일 작업시간 동안 1시간 간격으로 6회 이상 측정하되 측정시간마다 2회 이상 반복 측정하여 평균값을 산출하여야 한다. 다만, 가스상 물질의 발생시간이 6시간 이내일 때에는 작업시간 동안 1시간 간격으로 나누어 측정하여야 한다.

(6) 소음
① 측정방법
  ㉠ 측정에 사용되는 기기(소음계)는 누적소음 노출량측정기, 적분형 소음계 또는 이와 동등 이상의 성능이 있는 것으로 하되 개인 시료채취 방법이 불가능한 경우에는 지시소음계를 사용할 수 있으며, 발생시간을 고려한 등가소음레벨 방법으로 측정하여야 한다. 다만, 소음발생 간격이 1초 미만을 유지하면서 계속적으로 발생되는 소음(연속음)을 지시소음계 또는 이와 동등 이상의 성능이 있는 기기로 측정할 경우에는 그러하지 아니할 수 있다.
  ㉡ 소음계의 청감보정회로는 A특성으로 하여야 한다.
  ㉢ 소음측정은 다음과 같이 하여야 한다.
    ⓐ 소음계 지시침의 동작은 느린(slow) 상태로 한다.
    ⓑ 소음계의 지시치가 변동하지 않는 경우에는 당해 지시치를 그 측정점에서의 소음 수준으로 한다.
  ㉣ 누적소음노출량 측정기로 소음을 측정하는 경우에는 criteria=90dB, exchange rate=5dB, threshold=80dB로 기기설정을 하여야 한다.

ⓜ 소음이 1초 이상의 간격을 유지하면서 최대음압수준이 120dB(A) 이상의 소음인 경우에는 소음수준에 따른 1분 동안의 발생횟수를 측정하여야 한다.

② 측정위치

㉠ 개인 시료채취 방법으로 측정하는 경우에는 소음측정기의 센서 부분을 작업근로자의 귀 위치(귀를 중심으로 반경 30cm인 반구)에 장착하여야 한다.

㉡ 지역 시료채취 방법으로 측정하는 경우에는 소음측정기를 측정대상이 되는 근로자의 주 작업행동 범위 내에서 작업근로자 귀 높이에 설치하여야 한다.

③ 측정시간

㉠ 단위작업 장소에서 소음수준은 규정된 측정위치 및 지점에서 1일 작업시간 동안 6시간 이상 연속 측정하거나 작업시간을 1시간 간격으로 나누어 6회 이상 측정하여야 한다. 다만, 소음의 발생특성이 연속음으로서 측정치가 변동이 없다고 자격자 또는 지정측정기관이 판단한 경우에는 1시간 동안을 등간격으로 나누어 3회 이상 측정할 수 있다.

㉡ 단위작업 장소에서의 소음발생시간이 6시간 이내인 경우나 소음발생원에서의 발생시간이 간헐적인 경우에는 발생시간 동안 연속 측정하거나 등간격으로 나누어 4회 이상 측정하여야 한다.

(7) 고열

① 측정기기

고열은 습구흑구온도지수(WBGT)를 측정할 수 있는 기기 또는 이와 동등 이상의 성능을 가진 기기를 사용한다.

② 측정방법

㉠ 측정은 단위작업 장소에서 측정대상이 되는 근로자의 주 작업 위치에서 측정한다.

㉡ 측정기의 위치는 바닥 면으로부터 50센티미터 이상, 150센티미터 이하의 위치에서 측정한다.

㉢ 측정기를 설치한 후 충분히 안정화시킨 상태에서 1일 작업시간 중 가장 높은 고열에 노출되는 1시간을 10분 간격으로 연속하여 측정한다.

(8) 정도관리

① 실시시기 및 구분

㉠ 정기정도관리는 분석자의 분석능력을 평가하기 위해 실시하는 정도관리로서 연 1회 이상 다음의 구분에 따라 실시하는 것을 말한다.

ⓐ 기본분야 : 기본적인 유기화합물과 금속류에 대한 분석능력을 평가

ⓑ 자율분야 : 특수한 유해인자에 대한 분석능력을 평가

ⓒ 특별정도관리는 다음의 어느 하나에 해당하는 경우 실시하는 것을 말한다.
　　　ⓐ 작업환경측정기관으로 지정받고자 하는 경우
　　　ⓑ 직전 정기정도관리(기본분야에 한함)에 불합격한 경우
　　　ⓒ 대상기관이 부실측정과 관련한 민원을 야기하는 등 운영위원회에서 특별정도관리가 필요하다고 인정하는 경우
② 정도관리 항목
　　㉠ 대상기관에 대한 정도관리 항목은 다음과 같다.
　　　ⓐ 정기정도관리 평가항목 : 분석자의 분석능력으로 하며 세부사항은 운영위원회에서 정한다.
　　　ⓑ 특별정도관리 평가항목 : 분석장비・설비, 분석준비현황, 분석자의 분석능력 및 운영위원회에서 결정하는 그 밖의 항목으로 한다.
　　㉡ 분석자의 분석능력 항목은 유기화합물, 금속 및 자율분야로 하며 각 분야별 세부항목은 운영위원회에서 정한다.
　　다만, 사업장 자체측정기관은 해당 측정대상 작업장에 일부 분야의 유해인자만 존재할 경우에는 해당 항목에 한정하여 정도관리에 참여할 수 있다.

(9) 온도 표시

① 온도의 표시는 셀시우스(Celcius)법에 따라 아라비아 숫자의 오른쪽에 ℃를 붙인다. 절대온도는 K으로 표시하고, 절대온도 0K은 −273℃로 한다.
② 상온은 15~25℃, 실온은 1~35℃, 미온은 30~40℃로 하고, 찬 곳은 따로 규정이 없는 한 0~15℃의 곳을 말한다.
③ 냉수(冷水)는 15℃ 이하, 온수(溫水)는 60~70℃, 열수(熱水)는 약 100℃를 말한다.

(10) 농도 표시

① 중량백분율을 표시할 때에는 %의 기호를 사용한다.
② 액체단위부피 또는 기체단위부피 중의 성분질량(g)을 표시할 때에는 %(W/V)의 기호를 사용한다.
③ 액체단위부피 또는 기체단위부피 중의 성분용량을 표시할 때에는 %(V/V)의 기호를 사용한다.
④ 백만분율(parts per million)을 표시할 때에는 ppm을 사용하며 따로 표시가 없으면, 기체인 경우에는 용량 대 용량(V/V)을, 액체인 경우에는 중량 대 중량(W/W)을 의미한다.
⑤ 10억분율(parts per billion)을 표시할 때에는 ppb를 사용하며 따로 표시가 없으면, 기체인 경우에는 용량 대 용량(V/V)을, 액체인 경우에는 중량 대 중량(W/W)을 의미한다.
⑥ 공기 중의 농도를 mg/m^3로 표시했을 때는 25℃, 1기압상태의 농도를 말한다.

(11) 용기

① 용기

시험용액 또는 시험에 관계된 물질을 보존, 운반 또는 조작하기 위하여 넣어두는 것으로 시험에 지장을 주지 않도록 깨끗한 것을 말한다.

② 밀폐용기(密閉容器)

물질을 취급 또는 보관하는 동안에 이물(異物)이 들어가거나 내용물이 손실되지 않도록 보호하는 용기를 말한다.

③ 기밀용기(機密容器)

물질을 취급하거나 보관하는 동안에 외부로부터의 공기 또는 다른 기체가 침입하지 않도록 내용물을 보호하는 용기를 말한다.

④ 밀봉용기(密封容器)

물질을 취급 또는 보관하는 동안에 기체 또는 미생물이 침입하지 않도록 내용물을 보호하는 용기를 말한다.

⑤ 차광용기(遮光容器)

광선이 투과되지 않는 갈색 용기 또는 투과하지 않도록 포장한 용기로서 취급 또는 보관하는 동안에 내용물의 광화학적 변화를 방지할 수 있는 용기를 말한다.

(12) 용어

① 항량이 될 때까지 건조한다 또는 강열한다.

규정된 건조온도에서 1시간 더 건조 또는 강열할 때 전후 무게의 차가 매 g당 0.3mg 이하일 때를 말한다.

② 시험조작 중 "즉시"란 30초 이내에 표시된 조작을 하는 것을 말한다.

③ 감압 또는 진공

따로 규정이 없는 한 15mmHg 이하를 뜻한다.

④ "이상", "초과", "이하", "미만"이라고 기재하였을 때 이(以)자가 쓰인 쪽은 어느 것이나 기산점(起算點) 또는 기준점(基準點)인 숫자를 포함하며, "미만" 또는 "초과"는 기산점 또는 기준점의 숫자를 포함하지 않는다. 또 "a~b"라 표시한 것은 a 이상 b 이하를 말한다.

⑤ 바탕시험(空試驗)을 하여 보정

시료에 대한 처리 및 측정을 할 때, 시료를 사용하지 않고 같은 방법으로 조작한 측정치를 빼는 것을 말한다.

⑥ 중량을 "정확하게 단다"란 지시된 수치의 중량을 그 자릿수까지 단다는 것을 말한다.

⑦ 약

그 무게 또는 부피에 대하여 ±10% 이상의 차가 있지 아니한 것을 말한다.

⑧ 검출한계

분석기기가 검출할 수 있는 가장 적은 양을 말한다.

⑨ 정량한계

분석기기가 정량할 수 있는 가장 적은 양을 말한다.

⑩ 회수율

여과지에 채취된 성분을 추출과정을 거쳐 분석 시 실제 검출되는 비율을 말한다.

⑪ 탈착효율

흡착제에 흡착된 성분을 추출과정을 거쳐 분석 시 실제 검출되는 비율을 말한다.

(13) 시료채취 및 분석 시 고려사항

① 시료채취 시 고려사항
  ㉠ 시료채취 시에는 예상되는 측정대상 물질의 농도, 방해인자, 시료채취시간 등을 종합적으로 고려하여야 한다.
  ㉡ 시간가중 평균허용기준을 평가하기 위해서는 정상적인 작업시간 동안 최소한 6시간 이상 시료를 채취해야 하고, 단시간 허용기준 또는 최고허용기준을 평가하기 위해서는 10~15분 동안 시료를 채취해야 한다.
  ㉢ 시료채취 시 오차를 발생시키는 주요 원인은 시료채취 시 흡입한 공기 총량이 정확히 측정되지 않아서 발생되는 경우가 많다. 따라서 시료채취용 펌프는 유량변동폭이 적은 안정적인 펌프를 선택하여 사용하여야 하고, 시료채취 전·후로 펌프의 유량을 확인하여 공기 총량을 산출하여야 한다.

② 검량선 작성을 위한 표준용액 조제
  ㉠ 측정대상 물질의 표준용액을 조제할 원액(시약)의 특성[분자량, 비중, 순도(함량), 노출기준 등]을 파악한다.
  ㉡ 표준용액의 농도범위는 채취된 시료의 예상농도(0.1~2배 수준)에서 결정하는 것이 좋다.
  ㉢ 표준용액 조제방법은 표준원액을 단계적으로 희석시키는 희석식과 표준원액에서 일정량씩 줄여가면서 만드는 배취식이 있다. 희석식은 조제가 수월한 반면 조제 시 계통오차가 발생할 가능성이 있고, 배취식은 조제가 희석식에 비해 어려운 점이 있으나 계통오차를 줄일 수 있는 장점이 있다.
  ㉣ 표준용액은 최소한 5개 수준 이상을 만드는 것이 좋으며, 이때 분석하고자 하는 시료의 농도는 반드시 포함되어져야 한다.
  ㉤ 원액의 순도, 제조일자, 유효기간 등은 조제 전에 반드시 확인되어져야 한다.
  ㉥ 표준용액, 탈착효율 또는 회수율에 사용되는 시약은 같은 로트(Lot)번호를 가진 것을 사용하여야 한다.

③ 내부 표준물질
　㉠ 내부 표준물질은 시료채취 후 분석 시 칼럼의 주입손실, 퍼징손실, 또는 점도 등에 영향을 받은 시료의 분석결과를 보정하기 위해 인위적으로 시료 전처리과정에서 더해지는 화학물질을 말한다.
　㉡ 내부 표준물질도 각 측정방법에서 정하는 대로 모든 측정시료, 정도관리시료, 그리고 공시료에 가해지며, 내부 표준물질 분석결과가 수용한계를 벗어난 경우 적절한 대응책을 마련한 후 다시 분석을 실시하여야 한다.
　㉢ 내부 표준물질로 사용되는 물질은 다음의 특성을 갖고 있어야 한다.
　　ⓐ 머무름시간이 분석대상 물질과 너무 멀리 떨어져 있지 않아야 한다.
　　ⓑ 피크가 용매나 분석대상 물질의 피크와 중첩되지 않아야 한다.
　　ⓒ 내부 표준물질의 양이 분석대상 물질의 양보다 너무 많거나 적지 않아야 한다.
　㉣ 내부 표준물질은 탈착용매 및 표준용액의 용매로 사용되는 물질에 적당한 양을 직접 주입한 후 이를 표준용액 조제용 용매와 탈착용매로 사용하는 것이 좋다.

④ 탈착효율 실험을 위한 시료조제방법
　탈착효율 실험을 위한 첨가량은 작업장에서 예상되는 측정대상 물질의 일정 농도범위(0.5~2배)에서 결정한다. 이러한 실험의 목적은 흡착관의 오염 여부, 시약의 오염 여부 및 분석 대상 물질이 탈착용매에 실제로 탈착되는 양을 파악하여 보정하는 데 있으며, 그 시험방법은 다음과 같다.
　㉠ 탈착효율 실험을 위한 첨가량을 결정한다. 작업장의 농도를 포함하도록 예상되는 농도(mg/m^3)와 공기채취량(L)에 따라 첨가량을 계산한다. 만일 작업장의 예상농도를 모를 경우 첨가량은 노출기준과 공기채취량 20L(또는 10L)를 기준으로 계산한다.
　㉡ 예상되는 농도의 3가지 수준(0.5~2배)에서 첨가량을 결정한다. 각 수준별로 최소한 3개 이상의 반복 첨가시료를 다음의 방법으로 조제하여 분석한 후 탈착효율을 구하도록 한다.
　　ⓐ 탈착효율 실험용 흡착튜브의 뒤층을 제거한다.
　　ⓑ 계산된 첨가량에 해당하는 분석대상 물질의 원액(또는 희석용액)을 마이크로실린지를 이용하여 정확히 흡착튜브 앞층에 주입한다.
　　ⓒ 흡착튜브를 마개로 즉시 막고 하룻밤 동안 상온에서 놓아둔다.
　　ⓓ 탈착시켜 분석한 후 분석량/첨가량으로서 탈착효율을 구한다.
　㉢ 탈착효율은 최소한 75% 이상이 되어야 한다.
　㉣ 탈착효율 간의 변이가 심하여 일정성이 없으면 그 원인을 찾아 교정하고 다시 실험을 실시해야 한다.

⑤ 회수율 실험을 위한 시료조제방법

회수율 실험을 위한 첨가량은 측정대상 물질의 작업장 예상농도 일정범위(0.5~2배)에서 결정한다. 이러한 실험의 목적은 여과지의 오염, 시약의 오염 여부 및 분석대상 물질이 실제로 전처리과정 중에 회수되는 양을 파악하여 보정하는 데 있으며, 그 시험방법은 다음과 같다.

㉠ 회수율 실험을 위한 첨가량을 결정한다. 작업장의 농도를 포함하도록 예상되는 농도(mg/m^3)와 공기채취량(L)에 따라 첨가량을 계산한다. 만일 작업장의 예상농도를 모를 경우 첨가량은 노출기준과 공기채취량 400L(또는 200L)를 기준으로 계산한다.

㉡ 예상되는 농도의 3가지 수준(0.5~2배)에서 첨가량을 결정한다. 각 수준별로 최소한 3개 이상의 반복 첨가시료를 다음의 방법으로 조제하여 분석한 후 회수율을 구하도록 한다.

ⓐ 3단 카세트에 실험용 여과지를 장착시킨 후 상단 카세트를 제거한 상태에서 계산된 첨가량에 해당하는 분석대상 물질의 원액(또는 희석용액)을 마이크로실린지를 이용하여 주입한다.

ⓑ 하룻밤 동안 상온에 놓아둔다.

ⓒ 시료를 전처리한 후 분석하여 분석량/첨가량으로서 회수율을 구한다.

㉢ 회수율은 최소한 75% 이상이 되어야 한다.

㉣ 회수율 간의 변이가 심하여 일정성이 없으면 그 원인을 찾아 교정하고 다시 실험을 실시해야 한다.

핵심이론 96 유체의 역학적 원리

(1) 연속방정식

① 개요

정상류가 흐르고 있는 유체유동에 관한 연속방정식을 설명하는 데 적용된 법칙은 질량보전의 법칙이다. 즉 정상류로 흐르고 있는 유체가 임의의 한 단면을 통과하는 질량은 다른 임의의 한 단면을 통과하는 단위시간당 질량과 같아야 한다.

② 관계식 (비압축성 유체흐름 가정)

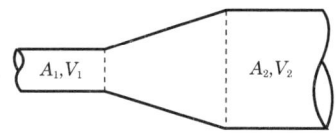

$$Q = A_1 V_1 = A_2 V_2$$

여기서, Q : 단위시간에 흐르는 유체의 체적(유량)(m^3/min)
  A_1, A_2 : 각 유체의 통과 단면적(m^2)
  V_1, V_2 : 각 유체의 통과 유속(m/sec)

③ 유체역학의 질량보전 원리를 환기시설에 적용하는 데 필요한 네 가지 공기 특성의 주요 가정(전제조건)
  ㉠ 환기시설 내외(덕트 내부와 외부)의 열전달(열교환) 효과 무시
  ㉡ 공기의 비압축성(압축성과 팽창성 무시)
  ㉢ 건조공기 가정
  ㉣ 환기시설에서 공기 속 오염물질의 질량(무게)과 부피(용량)를 무시

기출 및 예상문제 01

그림과 같이 Q_1과 Q_2에서 유입된 기류가 합류관인 Q_3로 흘러갈 때 Q_3의 유량(m^3/min)은? (단, Q_3의 직경은 350mm)

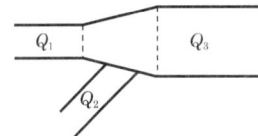

$Q_1 \Rightarrow$ 직경 200mm, 유속 10m/sec
$Q_2 \Rightarrow$ 직경 150mm, 유속 14m/sec

[풀이] 연속방정식 이론에 의해 유체의 질량보전 법칙이 성립하므로
$Q_3 = Q_1 + Q_2$
$Q_1 = A \times V$
$\quad = \dfrac{3.14 \times D^2}{4} \times V = \dfrac{3.14 \times (0.2m)^2}{4} \times 10 m/sec = 0.314 m^3/sec$
$Q_2 = A \times V$
$\quad = \dfrac{3.14 \times (0.15)m^2}{4} \times 14 m/sec = 0.247 m^3/sec$
$= 0.314 + 0.247 = 0.56 m^3/sec \times 60 sec/min = 33.68 m^3/min$

(2) 베르누이 정리 (Bernoulli 정리)

① 개요
  ㉠ 동일 유선상에서 정상상태로 흐르는 유체에 대한 베르누이 정리의 적용조건은 비압축성이며 비점성 유체, 즉 베르누이 방정식은 임의의 두 점이 같은 유선상에 있고 비압축성이며 비점성인 이상유체가 정상상태(정상류)로 흐르는 조건하에 성립한다.

  ⓒ 산업환기시설 내에서의 기류흐름은 후드나 덕트와 같은 관내의 유동이며, 이 유동은 두 점 사이의 압력차에 기인하여 일어나며 여기서 압력은 단위체적의 유체가 갖는 에너지를 의미한다.
  ⓒ 베르누이 정리에 의해 국소배기장치 내의 에너지 총합은 에너지의 득, 실이 없다면 언제나 일정하다. 즉 에너지 보존법칙이 성립한다.
② 베르누이 정리(방정식)

$$\frac{P}{\gamma} + \frac{V^2}{2g} + Z = \mathrm{constant}(H)$$

여기서, $\frac{P}{\gamma}$: 압력수두(m) ⇨ 단위질량당 압력에너지

$\frac{V^2}{2g}$: 속도수두(m) ⇨ 단위질량당 속도에너지

Z : 위치수두(m) ⇨ 단위질량당 위치에너지

H : 전수두(m)

③ 산업환기, 즉 유체가 기체인 경우 위치수두 Z의 값이 매우 작아 무시한다. 그러므로 이때 베르누이 방정식은 다음과 같다.

$$\frac{P}{\gamma} + \frac{V^2}{2g} = \mathrm{constant}(H)$$

④ 베르누이 방정식 적용조건
다음 중 한 조건이라도 만족하지 않을 경우 적용할 수 없다.
 ㉠ 정상유동
 ㉡ 비압축성 · 비점성 유동
 ㉢ 마찰이 없는 흐름, 즉 이상 유동
 ㉣ 동일한 유선상의 유동

(3) 레이놀즈 수 및 층류와 난류

① 층류(laminar flow)
 ㉠ 유체의 입자들이 규칙적인 유동상태가 되어 질서정연하게 흐르는 상태, 즉 유체가 관내를 아주 느린 속도로 흐를 때 소용돌이나 선회운동을 일으키지 않고 관 벽에 평행으로 유동하는 흐름을 말한다.
 ㉡ 관내에서의 속도분포가 정상 포물선을 그리며 평균유속은 최대유속의 약 1/2이다.

② **난류**(turbulent flow)
유체의 입자들이 불규칙적인 유동상태가 되어 상호간 활발하게 운동량을 교환하면서 흐르는 상태, 즉 속도가 빨라지면 관내 흐름은 크고 작은 소용돌이가 혼합된 형태로 변하여 혼합 상태로 유동하는 흐름을 말한다.

③ **레이놀즈 수**(Reynolds number, Re)
㉠ 정의
유체흐름에서 관성력과 점성력의 비를 무차원 수로 나타낸 것을 말한다.
㉡ 적용
ⓐ 레이놀즈 수는 유체흐름에서 층류와 난류를 구분하는 데 사용된다.
ⓑ 유체에 작용하는 마찰력의 크기를 결정하는 데 중요한 인자이다.
㉢ 층류흐름
ⓐ 레이놀즈 수가 작으면 관성력에 비해 점성력이 상대적으로 커져서 유체가 원래의 흐름을 유지하려는 성질을 갖는다.
ⓑ
관성력 < 점성력

㉣ 난류흐름
ⓐ 레이놀즈 수가 커지면 점성력에 비해 관성력이 지배하게 되어 유체의 흐름에 많은 교란이 생겨 난류흐름을 형성한다.
ⓑ
관성력 > 점성력

㉤ 관계식

$$Re = \frac{\rho Vd}{\mu} = \frac{Vd}{\nu} = \frac{관성력}{점성력}$$

여기서, Re : 레이놀즈 수(무차원)
ρ : 유체의 밀도(kg/m³)
d : 유체가 흐르는 직경(m)
V : 유체의 평균유속(m/sec)
μ : 유체의 점성계수(kg/m·s (Poise))
ν : 유체의 동점성계수(m²/sec)

㉥ 레이놀즈 수의 크기에 따른 구분
ⓐ 층류($Re < 2,100$)
ⓑ 천이영역($2,100 < Re < 4,000$)
ⓒ 난류($Re > 4,000$)

기출 및 예상문제 02

21℃에서 동점성계수가 $1.5\times10^{-5}\text{m}^2/\text{sec}$이다. 직경이 20cm인 관에 층류로 흐를 수 있는 최대의 평균속도(m/sec)와 유량(m^3/min)을 구하면?

[풀이] ㉠ 공기의 최대평균속도
관내를 층류로 흐를 수 있는 $Re = 2,100$이므로
$Re = \dfrac{Vd}{\nu}$ 에서 V를 구하면
$V = \dfrac{Re \times \nu}{d} = \dfrac{2,100 \times (1.5 \times 10^{-5})}{0.2} = 0.16\text{m/sec}$

㉡ 유량
$Q = A \times V$
$= \left(\dfrac{3.14 \times 0.2^2}{4}\right)\text{m}^2 \times 0.16\text{m/sec} = 5.02 \times 10^{-3}\text{m}^3/\text{sec} \times 60\text{sec/min} = 0.3\text{m}^3/\text{min}$

기출 및 예상문제 03

직경이 30cm인 관으로 유체가 5m/sec로 흐르고 있다. 유체의 점도가 $1.85\times10^{-5}\text{kg/m}\cdot\text{s}$라 할 때 이 유체의 흐름 특성을 평가하면? (단, 유체의 밀도는 1.2kg/m^3로 가정)

[풀이] $Re = \dfrac{\rho Vd}{\mu} = \dfrac{1.2 \times 5 \times 0.3}{1.85 \times 10^{-5}} = 97,297$
유체흐름 특성은 Re 값이 4,000보다 큰 값이므로 난류상태

핵심이론 97 혼합비중(유효비중)

(1) 오염된 공기 중에 포함되어 있는 아주 소량의 증기 유효비중(혼합비중)은 순수한 공기비중과 거의 동일하다.

(2) 환기시설 설계 시 오염물질의 비중만을 고려하여 후드 설치위치를 선정하면 안 된다. 즉, 유효비중(혼합비중)을 고려하여 설계하여야 한다.

기출 및 예상문제 01

작업장에 퍼져 있는 트리클로로에틸렌(T.C.E)의 농도가 10,000ppm이고 비중이 5.3이라면 오염공기의 유효비중은?

[풀이] 유효비중 $= \dfrac{(10,000 \times 5.3) + (990,000 \times 1.0)}{1,000,000}$
$= 1.043$(문제상 공기비중이 주어지지 않으면 1.0으로 계산함)

기출 및 예상문제 02

작업장에서 20,000ppm의 사염화에틸렌(분자량 166)이 공기 중에 함유되어 있다면 이 작업장의 공기비중은?

풀이

$$\text{혼합비중} = \frac{\left(20,000 \times \frac{166}{29}\right) + (980,000 \times 1.0)}{1,000,000} = 1.0945$$

핵심이론 98 압력의 종류

(1) 압력은 단위면적당 단위체적의 유체가 가지고 있는 에너지를 의미한다.

(2) 베르누이 정리에 의해 속도수두를 동압(속도압), 압력수두를 정압이라 하고, 동압과 정압의 합을 전압이라 한다.

> 전압(TP ; Total Pressure) = 동압(VP ; Velocity Pressure) + 정압(SP ; Static Pressure)

(3) 정압

① 밀폐된 공간(duct) 내 사방으로 동일하게 미치는 압력, 즉 모든 방향에서 동일한 압력이며 송풍기 앞에서는 음압, 송풍기 뒤에서는 양압이다.
② 공기흐름에 대한 저항을 나타내는 압력이며, 위치에너지에 속한다.
③ 밀폐공간에서 전압이 50mmHg이면 정압은 50mmHg이다.
④ 정압이 대기압보다 낮을 때는 음압(negative pressure)이고, 대기압보다 높을 때는 양압(positive pressure)으로 표시한다.
⑤ 정압은 단위체적의 유체가 압력이라는 형태로 나타나는 에너지이다.
⑥ 양압은 공간벽을 팽창시키려는 방향으로 미치는 압력이고 음압은 공간벽을 압축시키려는 방향으로 미치는 압력이다. 즉 유체를 압축시키거나 팽창시키려는 잠재에너지의 의미가 있다.
⑦ 정압을 때로는 저항압력 또는 마찰압력이라고 한다.
⑧ 정압은 속도압과 관계없이 독립적으로 발생한다.

(4) 동압 (속도압)

① 공기의 흐름방향으로 미치는 압력이고 단위체적의 유체가 갖고 있는 운동에너지이다. 즉, 동압은 공기의 운동에너지에 비례한다.

② 정지상태의 유체에 작용하여 일정한 속도 또는 가속을 일으키는 압력으로 공기를 이동시킨다.
③ 공기의 운동에너지에 비례하여 항상 0 또는 양압을 갖는다. 즉, 동압은 공기가 이동하는 힘으로 항상 0 이상이다.
④ 동압은 송풍량과 덕트 직경이 일정하면 일정하다.
⑤ 정지상태의 유체에 작용하여 현재의 속도로 가속시키는 데 요구하는 압력이고 반대로 어떤 속도로 흐르는 유체를 정지시키는 데 필요한 압력으로서 흐름에 대항하는 압력이다.
⑥ duct에서 속도압은 duct의 반송속도를 추정하기 위해 측정한다.
⑦ 공기속도(V)와 속도압(VP)의 관계

$$\text{속도압(동압)}(VP) = \frac{\gamma V^2}{2g} \text{에서, } V = \sqrt{\frac{2gVP}{\gamma}}$$

여기서, 표준공기인 경우 $\gamma = 1.203\,\text{kg}_f/\text{m}^3$, $g = 9.81\,\text{m/s}^2$이므로
위의 식에 대입하면

$$V = 4.043\sqrt{VP}$$

$$VP = \left(\frac{V}{4.043}\right)^2$$

여기서, V : 공기속도(m/sec)
VP : 동압(속도압)(mmH$_2$O)

(5) 전압
① 전압은 단위유체에 작용하는 정압과 동압의 총합이다.
② 시설 내에 필요한 단위체적당 전 에너지를 나타낸다.
③ 유체의 흐름방향으로 작용한다.
④ 정압과 동압은 상호변환 가능하며, 그 변환에 의해 정압, 동압의 값이 변화하더라도 그 합인 전압은 에너지의 득, 실이 없다면 관의 전 길이에 걸쳐 일정하다. 이를 베르누이 정리라 한다. 즉 유입된 에너지의 총량은 유출된 에너지의 총량과 같다는 의미이다.
⑤ 속도변화가 현저한 축소관 및 확대관 등에서는 완전한 변환이 일어나지 않고 약간의 에너지손실이 존재하며, 이러한 에너지손실은 보통 정압손실의 형태를 취한다.
⑥ 흐름이 가속되는 경우 정압이 동압으로 변화될 때의 손실은 매우 적지만 흐름이 감속되는 경우 유체가 와류를 일으키기 쉬우므로 동압이 정압으로 변화될 때의 손실은 크다.

기출 및 예상문제 01

표준공기가 15m/sec로 흐르고 있다. 이때 송풍기 앞쪽에서 정압을 측정하였더니 10mmH$_2$O였다. 전압(mmH$_2$O)은 얼마인가?

풀이 $TP = VP + SP$ 이므로

$$VP = \left(\frac{V}{4.043}\right)^2 = \left(\frac{15}{4.043}\right)^2 = 13.76 \text{mmH}_2\text{O}$$

$SP = -10$mmH$_2$O (송풍기 앞쪽이므로)

$= 13.76 + (-10) = 3.76$mmH$_2$O

기출 및 예상문제 02

직경 180mm 덕트 내 정압은 -80.5mmH$_2$O, 전압은 28.9mmH$_2$O이다. 이때 공기유량(m^3/sec)은?

풀이 $Q = A \times V$

$$A(\text{단면적}) = \frac{3.14 \times D^2}{4} = \frac{3.14 \times 0.18^2}{4} = 0.025 \text{m}^2$$

V(유속)은 동압을 우선 구하여야 한다.
동압 = 전압 - 정압 = 28.9 - (-80.5) = 109.4mmH$_2$O
$V = 4.043\sqrt{VP} = 4.043\sqrt{109.4} = 42.29$m/sec
$= 0.025 \times 42.29 = 1.06$m^3/sec

핵심이론 99 후드정압

(1) 후드정압은 가속손실과 유입손실을 합한 것이다. 즉 공기를 가속화시키는 힘인 속도압과 후드 유입구에서 발생되는 후드의 압력손실을 합한 것이다.

(2) 관계식

$$\text{후드정압}(SP_h) = VP + \Delta P = VP + (F \times VP) = VP(1+F)$$

여기서, VP : 속도압(동압)(mmH$_2$O)
ΔP : hood 압력손실(mmH$_2$O) ⇨ 유입손실
F : 유입손실계수(요소) ⇨ 후드 모양에 좌우됨

(3) 유입계수(Ce)
① 실제 후드 내로 유입되는 유량과 이론상 후드 내로 유입되는 유량의 비를 의미하며 후드에서의 압력손실이 유량의 저하로 나타나는 현상이다.

② 후드의 유입효율을 나타내며, Ce가 1에 가까울수록 압력손실이 작은 hood를 의미한다. 즉, 후드에서의 유입손실이 전혀 없는 이상적인 후드의 유입계수는 1.0이다.
③ 관계식

$$유입계수 = \frac{실제\ 유량}{이론적인\ 유량} = \frac{실제\ 흡인유량}{이상적인\ 흡인유량}$$

$$후드\ 유입손실계수(F) = \frac{1}{Ce^2} - 1$$

$$유입계수(Ce) = \sqrt{\frac{1}{1+F}}$$

기출 및 예상문제 01

어떤 단순 후드의 유입계수가 0.82이고, 기류속도가 18m/sec일 때 후드의 정압(mmH₂O)은? (단, 공기밀도는 1.2kg/m³)

풀이 $SP_h = VP(1+F)$

$$F = \frac{1}{Ce^2} - 1 = \frac{1}{0.82^2} - 1 = 0.487$$

$$VP = \frac{\gamma V^2}{2g} = \frac{1.2 \times 18^2}{2 \times 9.8} = 19.84 \text{mmH}_2\text{O}$$

$$= 19.84(1 + 0.487) = 29.5 \text{mmH}_2\text{O}\ [실질적으로\ -29.5\text{mmH}_2\text{O}]$$

기출 및 예상문제 02

환기시스템에서 공기유량(Q)이 0.14m³/sec, 덕트 직경이 9.0cm, 후드 유입손실요소(F_h)가 0.5일 때 후드의 정압(mmH₂O)은?

풀이 후드의 정압(SP_h) = $VP(1+F)$

VP를 구하기 위하여 V(속도)를 먼저 구하면
$Q = A \times V$에서

$$V = \frac{Q}{A} = \frac{0.14 \text{m}^3/\text{sec}}{\left(\frac{3.14 \times 0.09^2}{4}\right)\text{m}^2} = 22.02 \text{m/sec}$$

$$VP = \left(\frac{V}{4.043}\right)^2 = \left(\frac{22.02}{4.043}\right)^2 = 29.66 \text{mmH}_2\text{O}$$

$$= 29.66(1+0.5) = 44.49 \text{mmH}_2\text{O}\ [실제적으로\ -44.49\text{mmH}_2\text{O}]$$

기출 및 예상문제 03

유입계수 $Ce = 0.78$ 플랜지 부착 원형 후드가 있다. 덕트의 원면적이 $0.0314m^2$이고 필요환기량 Q는 $30m^3/min$이라고 할 때 후드의 정압(mmH₂O)은? (단, 공기밀도 $1.2kg/m^3$)

[풀이] 후드의 정압$(SP_h) = VP(1+F)$

여기서, VP를 구하기 위하여 V(속도)를 먼저 구하면
$Q = A \times V$에서

$$V = \frac{Q}{A} = \frac{30m^3/min}{0.0314m^2} = 955.41 m/min (=15.92 m/sec)$$

$$VP = \frac{\gamma V^2}{2g} = \frac{1.2 \times 15.92^2}{2 \times 9.8} = 15.51 mmH_2O$$

$$F = \frac{1}{Ce^2} - 1 = \frac{1}{0.78^2} - 1 = 0.64$$

$= 15.51(1+0.64) = 25.49 mmH_2O$ [실제적으로 $-25.49 mmH_2O$]

핵심이론 100 | Duct 압력손실

(1) 원형 직선 duct의 압력손실

① 압력손실은 덕트의 길이, 공기밀도에 비례, 유속의 제곱에 비례하고 덕트의 직경에 반비례한다.

② 원칙적으로 마찰계수는 Moody chart(레이놀즈 수와 상대조도에 의한 그래프)에서 구한 값을 적용한다.

③ 관련 식

$$압력손실(\Delta P) = F \times VP (mmH_2O) : Darcy-weisbach식$$

여기서, F(압력손실계수)$= 4 \times f \times \frac{L}{D} \left(= \lambda \times \frac{L}{D} \right)$

여기서, λ : 관마찰계수(무차원)($\lambda = 4f$, f : 페닝마찰계수)
D : 덕트 직경(m)
L : 덕트 길이(m)

$$VP(속도압) = \frac{\gamma \cdot V^2}{2g} (mmH_2O)$$

여기서, γ : 비중(kg/m³)
V : 공기속도(m/sec)
g : 중력가속도(m/sec²)

$$f(\text{페닝마찰계수 : 표면마찰계수}) = \frac{\lambda}{4}$$

여기서, λ : 달시마찰계수(관마찰계수)

(2) 장방형 직선 duct의 압력손실
① 압력손실 계산 시 원형 상당 직경을 구하여 원형 직선 duct 계산과 동일하게 한다.
② 관련 식

$$\text{압력손실}(\Delta P) = F \times VP \text{ (mmH}_2\text{O)}$$

여기서, F(압력손실계수) $= \lambda(f) \times \dfrac{L}{D}$

여기서, λ : 달시마찰계수(무차원)
f : 페닝마찰계수(무차원)
D : 덕트 직경(상당직경, 등가직경)(m)
L : 덕트 길이(m)

$$VP(\text{속도압}) = \frac{\gamma \cdot V^2}{2g} \text{ (mmH}_2\text{O)}$$

여기서, γ : 비중(kg/m^3)
V : 공기속도(m/sec)
g : 중력가속도(m/sec^2)

③ **상당 직경**(등가직경, equivalent diameter)
㉠ 사각형(장방형)관과 동일한 유체역학적인 특성을 갖는 원형관의 직경을 의미한다.
㉡ 관련 식

$$\text{상당 직경}(d_e) = \frac{2ab}{a+b}$$

여기서, $\dfrac{2ab}{a+b} = \text{수력반경} \times 4 = \dfrac{\text{유로단면적}}{\text{접수길이}} \times 4 = \dfrac{ab}{2(a+b)} \times 4$

a, b : 각 변의 길이

기출 및 예상문제 01

송풍량이 110m³/min일 때 관 내경이 400mm이고, 길이가 5m인 직관의 마찰손실(mmH₂O)은?
(단, 유체밀도 1.2kg/m³, 관마찰손실계수 0.02를 직접 적용함)

[풀이] 압력손실$(\Delta P) = \left(\lambda \times \dfrac{L}{D}\right) \times VP$

VP(속도압)을 구하려면 먼저 V(속도)를 구하여야 한다.
$Q = A \times V$

$V = \dfrac{Q}{A} = \dfrac{110\text{m}^3/\text{min}}{\left(\dfrac{3.14 \times 0.4^2}{4}\right)\text{m}^2} = 875.79\text{m/min} \times \text{min}/60\text{sec} = 14.59\text{m/sec}$

$= 0.02 \times \dfrac{5}{0.4} \times \dfrac{1.2 \times 14.59^2}{2 \times 9.8} = 3.26\text{mmH}_2\text{O}$

기출 및 예상문제 02

높이 760mm, 폭 380mm인 각 관내를 풍량 280m³/min의 표준공기가 흐르고 있을 때 길이 10m당 관마찰손실은? (단, 관마찰계수는 0.019)

[풀이] 관마찰손실 $= \lambda \times \dfrac{L}{D} \times VP$

$VP = \left(\dfrac{V}{4.043}\right)^2 = \left(\dfrac{16.16}{4.043}\right)^2 = 15.97\text{mmH}_2\text{O}$

$V = \dfrac{Q}{A} = \dfrac{280\text{m}^3/\text{min} \times \text{min}/60\text{sec}}{(0.76 \times 0.38)\text{m}^2} = 16.16\text{m/sec}$

$D = \dfrac{2ab}{a+b} = \dfrac{2(0.76 \times 0.38)}{0.76 + 0.38} = 0.51\text{m}$

$= 0.019 \times \dfrac{10}{0.51} \times 15.97 = 5.95\text{mmH}_2\text{O}$

핵심이론 101 곡관 압력손실

(1) 곡관 압력손실은 곡관의 덕트 직경(D)과 곡률반경(R)의 비, 즉 곡률반경비(R/D)에 의해 주로 좌우되며 곡관의 크기, 모양, 속도, 연결, 덕트 상태에 의해서도 영향을 받는다.

(2) 곡관의 반경비(R/D)를 크게 할수록 압력손실이 적어진다.

(3) 곡관의 구부러지는 경사는 가능한 한 완만하게 하도록 하고 구부러지는 관의 중심선의 반지름(R)이 송풍관 직경의 2.5배 이상이 되도록 한다.

(4) 관련 식

압력손실은 곡관의 각도가 90°가 아닌 경우 ΔP에 $\dfrac{\theta}{90°}$을 곱하여 구한다.

$$\text{압력손실}(\Delta P) = \left(\xi \times \dfrac{\theta}{90}\right) \times VP$$

여기서, ξ : 압력손실계수
θ : 곡관의 각도
VP : 속도압(동압)(mmH$_2$O)

기출 및 예상문제 01

직경 10cm, 중심선반경 25cm인 60° 곡관의 속도압이 20mmH$_2$O일 때 이 곡관의 압력손실(mmH$_2$O)은? (단, 다음 표를 이용하라.)

반경비(r/d)	1.25	1.50	1.75	2.00	2.25	2.50	2.75
압력손실계수(ξ)	0.55	0.39	0.32	0.27	0.26	0.22	0.26

풀이 압력손실$(\Delta P) = \left(\xi \times \dfrac{\theta}{90}\right) \times VP$

여기서, ξ는 $\dfrac{r}{d} = \dfrac{25}{10} = 2.5$이므로 ξ는 0.22이다.

$= 0.22 \times \dfrac{60}{90} \times 20 = 2.93\,\text{mmH}_2\text{O}$

핵심이론 102 전체환기

(1) 개요

전체환기는 유해물질을 외부에서 공급된 신선한 공기와의 혼합으로 유해물질의 농도를 희석시키는 방법으로 자연환기방식과 인공환기방식으로 구분된다.

(2) 목적

① 유해물질 농도를 희석, 감소시켜 근로자의 건강을 유지·증진한다.
② 화재나 폭발을 예방한다.
③ 실내의 온도 및 습도를 조절한다.

(3) 종류

① 자연환기
  ㉠ 기계적 시설이 필요 없다.
  ㉡ 작업장의 개구부(문, 창, 환기공 등)를 통하여 바람(풍력)이나 작업장 내외의 온도, 기압 차이에 의한 대류작용으로 행해지는 환기를 말한다.
  ㉢ 장점
    ⓐ 설치비 및 유지보수비가 적게 든다.
    ⓑ 적당한 온도 차이와 바람이 있다면 운전비용이 거의 들지 않는다.
    ⓒ 효율적인 자연환기는 에너지 비용을 최소화할 수 있어 냉방비 절감효과가 있다.
    ⓓ 소음발생이 적다.
  ㉣ 단점
    ⓐ 외부 기상조건과 내부 조건에 따라 환기량이 일정하지 않아 작업환경 개선용으로 이용하는 데 제한적이다.
    ⓑ 계절변화에 불안정하다. 즉, 여름보다 겨울철이 환기효율이 높다.
    ⓒ 정확한 환기량 산정이 힘들다. 즉, 환기량 예측자료를 구하기 힘들다.

② 인공환기(기계환기)
  ㉠ 자연환기의 작업장 내외의 압력차는 몇 mmH_2O 이하의 차이이므로 공기를 정화해야 할 때는 인공환기를 해야 한다.
  ㉡ 장점
    ⓐ 외부 조건(계절변화)에 관계없이 작업조건을 안정적으로 유지할 수 있다.
    ⓑ 환기량을 기계적(송풍기)으로 결정하므로 정확한 예측이 가능하다.
  ㉢ 단점
    ⓐ 소음발생이 크다.
    ⓑ 운전비용이 증대하고, 설비비 및 유지보수비가 많이 든다.
  ㉣ 종류
    ⓐ 급배기법
      • 급·배기를 동력에 의해 운전한다.
      • 가장 효과적인 인공환기방법이다.
      • 실내압을 양압이나 음압으로 조정 가능하다.
      • 정확한 환기량이 예측 가능하며, 작업환경 관리에 적합하다.
    ⓑ 급기법
      • 급기는 동력, 배기는 개구부로 자연 배출한다.
      • 고온 작업장에 많이 사용한다.

- 실내압은 양압으로 유지되어 청정산업(전자산업, 식품산업, 의약산업)에 적용한다.
- 청정공기가 필요한 작업장은 실내압을 양압(+)으로 유지한다.
ⓒ 배기법
- 급기는 개구부, 배기는 동력으로 한다.
- 실내압은 음압으로 유지되어 오염이 높은 작업장에 적용한다.
- 오염이 높은 작업장은 실내압을 음압(−)으로 유지해야 한다.

(4) 전체환기(희석환기) 적용 시 조건
① 유해물질의 독성이 비교적 낮은 경우, 즉 TLV가 높은 경우(가장 중요한 제한조건)
② 동일한 작업장에 다수의 오염원이 분산되어 있는 경우
③ 소량의 유해물질이 시간에 따라 균일하게 발생될 경우
④ 유해물질의 발생량이 적은 경우 및 희석공기량이 많지 않아도 될 경우
⑤ 유해물질이 증기나 가스일 경우
⑥ 국소배기로 불가능한 경우
⑦ 배출원이 이동성인 경우
⑧ 가연성 가스의 농축으로 폭발의 위험이 있는 경우
⑨ 오염원이 근무자가 근무하는 장소로부터 멀리 떨어져 있는 경우

(5) 전체환기(강제환기)시설 설치 기본원칙
① 오염물질 사용량을 조사하여 필요환기량을 계산한다.
② 배출공기를 보충하기 위하여 청정공기를 공급한다.
③ 오염물질배출구는 가능한 한 오염원으로부터 가까운 곳에 설치하여 '점환기'의 효과를 얻는다.
④ 공기배출구와 근로자의 작업위치 사이에 오염원이 위치해야 한다.
⑤ 공기가 배출되면서 오염장소를 통과하도록 공기 배출구와 유입구의 위치를 선정한다.
⑥ 작업장 내 압력을 경우에 따라서 양압이나 음압으로 조정해야 한다(오염원 주위에 다른 작업공정이 있으면 공기공급량을 배출량보다 작게 하여 음압을 형성시켜 주위 근로자에게 오염물질이 확산되지 않도록 한다).
⑦ 배출된 공기가 재유입되지 못하게 배출구 높이를 적절히 설계하고 창문이나 문 근처에 위치하지 않도록 한다.
⑧ 오염된 공기는 작업자가 호흡하기 전에 충분히 희석되어야 한다.
⑨ 오염물질 발생은 가능하면 비교적 일정한 속도로 유출되도록 조정해야 한다.

(6) 전체환기량 (필요환기량, 희석환기량) : 평형상태일 경우

① 유해물질(화학물질)의 농도가 일정하게 유지되는 경우 전체환기량은 유해물질의 발생량, 유해물질의 허용농도, 환기를 위한 혼합 상태에 따른 여유계수 등에 좌우된다.

② 유효환기량 (Q')

$$Q' = \frac{G}{C}$$

여기서, G : 유해물질 발생률(L/hr)(영향인자 : 물질의 비중·사용량·증기압)
C : 공기 중 유해물질 농도

③ 실제환기량 (Q)

$$Q = Q' \times K$$

여기서, Q' : 유효환기량(m^3/min)
K : 작업장 내 공기의 불완전 혼합에 대해 안전 확보를 위한 안전계수
(여유계수 – 무차원)

④ 필요환기량 (Q : m^3/min)

$$Q = \frac{G}{\text{TLV}} \times K$$

여기서, G : 시간당 공기 중으로 발생된 유해물질의 용량(발생률 : L/hr)
TLV : 허용기준
K : 안전계수(여유계수)

기출 및 예상문제 01

A물질이 균일하게 0.95L/hr가 공기 중으로 증발되는 작업장에서 노출기준(TLV=100ppm)의 50%로 유지하기 위한 전체환기량(m^3/min)은? (단, 비중 0.88, A물질 분자량 95.13, 안전계수 6)

풀이 ㉠ 사용량(g/hr)
0.95L/hr×0.88g/mL×1,000mL/L=836g/hr
㉡ 발생률(G : L/hr)
95.13g : 24.1L=836g/hr : G
$G = \dfrac{24.1\text{L} \times 836\text{g/hr}}{95.13\text{g}} = 211.79\text{L/hr}$
㉢ 필요환기량(Q)
$Q = \dfrac{G}{\text{TLV}} \times K$(TLV 100ppm의 50% 적용)
$= \dfrac{211.79\text{L/hr}}{50\text{ppm}} \times 6 = \dfrac{211.79\text{L/hr} \times 1,000\text{mL/L}}{50\text{mL/m}^3} \times 6$
$= 25,414.82\text{m}^3/\text{hr} \times \text{hr}/60\text{min} = 423.58\text{m}^3/\text{min}$

기출 및 예상문제 02

벤젠 1L가 모두 증발하였다면 벤젠이 차지하는 부피(L)는? (단, 벤젠의 비중은 0.88이고, 분자량은 78, 21℃, 1기압)

[풀이] 벤젠 사용량을 우선 구하면
1L×0.88g/mL×1,000mL/L=880g
벤젠 발생 부피는
78g : 24.1L=880g : x(부피)
부피 = $\dfrac{24.1L \times 880g}{78g}$ = 272L

기출 및 예상문제 03

벤젠 1kg이 모두 증발하였다면 벤젠이 차지하는 부피(L)는? (단, 벤젠의 비중 0.88, 분자량 78, 21℃, 1기압)

[풀이] 벤젠 사용량(1kg)을 문제에서 주어졌으므로 벤젠 발생 부피는
78g : 24.1L=1,000g : x(부피)
부피 = $\dfrac{24.1L \times 1,000g}{78g}$ = 309L

(7) **전체환기량(필요환기량, 희석환기량) : 이산화탄소 제거가 목적일 경우**
  ① 실내공기 오염의 지표(환기지표)로 CO_2 농도를 이용하며 실내허용농도는 0.1%이다.
  ② CO_2 자체는 건강에 큰 영향을 주는 물질이 아니며 측정하기 어려운 다른 실내오염물질에 대한 지표물질로 사용된다.
  ③ 관련 식
    일정기적을 갖는 작업장 내에서 매 시간 $M(m^3)$의 CO_2가 발생할 때 필요환기량(m^3/hr)

$$필요환기량(Q : m^3/hr) = \dfrac{M}{C_s - C_o} \times 100$$

여기서, M : CO_2 발생량(m^3/hr)
  C_s : 작업환경 실내 CO_2 기준농도(%)(≒0.1%)
  C_o : 작업환경 실외 CO_2 기준농도(%)(≒0.03%)

  ④ 1시간당 공기교환횟수(ACH)
    ㉠ 필요환기량 및 작업장 용적

$$ACH = \dfrac{필요환기량(m^3/hr)}{작업장\ 용적(m^3)}$$

ⓒ 경과된 시간 및 CO_2 농도 변화

$$ACH = \frac{\ln(\text{측정 초기 농도}-\text{외부 } CO_2 \text{ 농도})-\ln(\text{시간 경과 후 } CO_2 \text{ 농도}-\text{외부 } CO_2 \text{ 농도})}{\text{경과된 시간}}$$

기출 및 예상문제 04

대기의 이산화탄소 농도가 0.03%, 실내 이산화탄소의 농도가 0.3%일 때 한 사람의 시간당 이산화탄소 배출량이 21L라면, 1인 1시간당 필요환기량(m^3/hr·인)은 약 얼마인가?

풀이

$$\text{필요환기량}(m^3/hr \cdot \text{인}) = \frac{M}{C_s - C_o} \times 100$$

$$= \frac{0.021}{0.3 - 0.03} \times 100 = 7.78 \, m^3/hr \cdot \text{인}$$

$[M = 21L/hr \times m^3/1,000L = 0.021 m^3/hr]$

기출 및 예상문제 05

흡연실에서 발생되는 담배연기를 배기시키기 위해 전체환기를 실시하고자 한다. 흡연실의 크기는 $2m(H) \times 4m(W) \times 4m(L)$이고, 필요한 시간당 공기교환율(ACH)을 10회로 할 경우 필요한 환기량(m^3/min)은? [단, 안전계수(K)는 3임]

풀이

$$ACH = \frac{\text{필요환기량}}{\text{작업장용적}}$$

$$\text{필요환기량} = ACH \text{ TIMES 용적} = 10\text{회}/hr \times (2 \times 4 \times 4)m^3$$
$$= 320 m^3/hr \times 1hr/60min$$
$$= 5.33 m^3/min \times \text{안전계수}(3) = 16 m^3/min$$

기출 및 예상문제 06

어느 실내의 길이, 넓이, 높이가 각각 25m, 10m, 3m이며 실내에 1시간당 18회의 환기를 하고자 한다. 직경 50cm의 개구부를 통하여 공기를 공급하고자 하면 개구부를 통과하는 공기의 유속(m/sec)은?

풀이

$$ACH = \frac{\text{필요환기량}}{\text{작업장용적}}$$

$$\text{필요환기량} = ACH \times \text{용적} = 18\text{회}/hr \times (25 \times 10 \times 3)m^3$$
$$= 13,500^3/hr \times 1hr/3,600sec = 3.75 m^3/sec$$

$$Q = A \times V$$

$$V = \frac{Q}{A} = \frac{3.75 m^3/sec}{\left(\frac{3.14 \times 0.5^2}{4}\right) m^2} = 19.11 m/sec$$

기출 및 예상문제 07

재순환 공기의 CO_2 농도는 900ppm이고, 급기의 CO_2 농도는 700ppm이다. 급기 중의 외부 공기 포함량(%)은? (단, 외부 공기의 CO_2 농도는 330ppm)

[풀이]

$$급기\ 중\ 재순환량(\%) = \frac{급기\ 공기\ 중\ CO_2\ 농도 - 외부\ 공기\ 중\ CO_2\ 농도}{재순환\ 공기\ 중\ CO_2\ 농도 - 외부\ 공기\ 중\ CO_2\ 농도} \times 100$$

$$= \frac{700-330}{900-330} \times 100 = 64.91\%$$

급기 중 외부 공기 포함량(%) = 100 - 64.91 = 35.1%

기출 및 예상문제 08

직원이 모두 퇴근한 직후인 오후 6시에 측정한 공기 중 CO_2 농도는 1,200ppm, 사무실이 빈 상태로 2시간 경과한 오후 8시에 측정한 CO_2 농도는 500ppm이었다면 이 사무실의 시간당 공기교환횟수는? (단, 외부 공기 CO_2 농도 330ppm)

[풀이]

$$시간당\ 공기교환횟수 = \frac{\ln(측정\ 초기\ 농도 - 외부\ CO_2\ 농도) - \ln(시간\ 경과\ 후\ 외부\ 공기\ 중\ CO_2\ 농도)}{경과된\ 시간(hr)}$$

$$= \frac{\ln(1,200-330) - \ln(500-330)}{2hr} = 0.82회(시간당)$$

(8) 화재 및 폭발방지를 위한 전체환기량

$$Q = \frac{24.1 \times S \times W \times C \times 10^2}{MW \times LEL \times B}$$

여기서, Q : 필요환기량(m^3/min)

S : 물질의 비중 ─┐
W : 인화물질 사용량(L/min) ─┴ 유해물질 발생량
C : 안전계수

- 안전한 조건을 유지하기 위하여 LEL의 몇 %를 물질의 농도로 유지할 것인가에 좌우되는 계수
- LEL의 25% ($\frac{1}{4}$ 유지) 경우 $C=4$
- 안전계수가 4라는 의미는 화재·폭발이 일어날 수 있는 농도에 대해 25% 이하로 낮춘다는 의미이다.

MW : 물질의 분자량
LEL : 폭발농도 하한치(%)

B : 온도에 따른 보정상수
- 120℃까지 $B=1.0$
- 120℃ 이상 $B=0.7$

$$Q_a = Q \times \frac{273+t}{273+21}$$

여기서, Q : 표준공기(21℃)에 의한 환기량(m^3/min)
t : 실제 공기의 온도(℃)
Q_a : 실제 필요환기량(m^3/min)

기출 및 예상문제 09

선반 제조공정에서 선반을 에나멜에 담갔다가 건조시키는 작업이 있다. 이 공정온도는 170℃이고 에나멜이 건조될 때 xylene 2L/hr가 증발한다. 폭발방지를 위한 실제 환기량(m^3/min)은? (단, xylene의 LEL=1%, SG=0.88, MW=106, C=10)

풀이

$$Q = \frac{24.1 \times S \times W \times C \times 10^2}{MW \times LEL \times B}$$

$$= \frac{24.1 \times 0.88 \times (2/60) \times 10 \times 10^2}{106 \times 1 \times 0.7} = 9.53 m^3/min (표준공기\ 환기량)$$

온도 보정에 따른 환기량(Q_a)

$$Q_a = 9.53 \times \frac{273+170}{273+21} = 14.36 m^3/min$$

핵심이론 103 열평형 방정식

(1) 개요
① 생체(인체)와 작업환경 사이의 열교환(체열생산 및 체열방산) 관계를 나타내는 식이다.
② 인체와 작업환경 사이의 열교환은 주로 체내열생산량(작업대사량), 전도, 대류, 복사, 증발 등에 의해 이루어진다.
③ 안정된 상태에서 열발산 순서는 전도 및 대류 > 피부증발 > 호기증발 > 배뇨 순이다.

(2) 열평형 방정식 (열역학적 관계식)

$$\Delta S = M \pm C \pm R - E$$

여기서, ΔS : 생체열용량의 변화(인체의 열축적 또는 열손실)
 M : 작업대사량(체내열생산량)
 $(M-W)$ W : 작업수행으로 인한 손실열량
 C : 대류에 의한 열교환
 R : 복사에 의한 열교환
 E : 증발(발한)에 의한 열손실(피부를 통한 증발)

(3) 특징
① 열평형은 물리적 현상이며, 인체의 기관 중 관계 주요기관은 피부이며, 단위는 피부면적당 watt로 표현된다.
② 작업환경에서 인체가 가장 쾌적한 상태가 되기 위해서는 $\Delta S = 0$, 즉 $0 = M \pm C \pm R - E$의 상태가 되는 것이다.
③ $\Delta S = 0$의 의미는 생체 내에서 대사로 말미암아 생성된 열은 모두 방산되는 것이다.

핵심이론 104 | 환경요소지수 (온열지수)

(1) 개요
환경요소지수 중 가장 널리 쓰이고 있는 것은 습구흑구온도지수(WBGT)와 실효온도(ET)이다.

(2) 습구흑구온도지수 (WBGT)(℃)
① WBGT는 태양복사열의 영향을 받은 옥외 환경을 평가하는 데 사용되도록 고안된 것이며 감각온도 대신 사용되고 있다.
② 주위환경 내의 열(고온)압박의 존재 여부를 판단할 수 있는 지수이다.
③ 이 지수는 사용하기 간편한 장점이 있다.
④ 습구흑구온도지수의 측정
 ㉠ 옥외(태양광선이 내리쬐는 장소)

$$\text{WBGT}(℃) = 0.7 \times \text{자연습구온도} + 0.2 \times \text{흑구온도} + 0.1 \times \text{건구온도}$$

 ㉡ 옥내 또는 태양광선이 내리쬐지 않는 옥외

$$\text{WBGT}(℃) = 0.7 \times \text{자연습구온도} + 0.3 \times \text{흑구온도}$$

ⓒ 습구흑구온도지수의 노출기준은 작업강도에 따라 달라지며, 그 기준은 다음과 같다.

(단위 : ℃, WBGT)

작업과 휴식 시간비 \ 작업강도	경작업	중등작업	중작업
계속작업	30.0	26.7	25.0
매 시간 75% 작업, 25% 휴식	30.6	28.0	25.9
매 시간 50% 작업, 50% 휴식	31.4	29.4	27.9
매 시간 25% 작업, 75% 휴식	32.2	31.1	30.0

주 1. 경작업 : 시간당 200kcal까지의 열량이 소요되는 작업을 말하며, 앉아서 또는 서서 기계의 조정을 하기 위하여 손 또는 팔을 가볍게 쓰는 일 등을 뜻함
　2. 중등작업 : 시간당 200~350kcal의 열량이 소요되는 작업을 말하며, 물체를 들거나 밀면서 걸어다니는 일 등을 뜻함
　3. 중작업 : 시간당 350~500kcal의 열량이 소요되는 작업을 말하며, 곡괭이질 또는 삽질하는 일 등을 뜻함

(3) 실효온도 (ET)
① 온도, 습도, 기류가 인체에 미치는 열적 효과를 나타내는 수치이다.
② 상대습도가 100%일 때의 건구온도에서 느끼는 것과 동일한 온도감각을 의미한다.

핵심이론 105 | 국소배기

(1) 개요
① 국소배기는 유해물질의 발생원에 되도록 가까운 장소에서 동력에 의하여 발생되는 유해물질을 흡인, 배출하는 장치이다. 즉 유해물질이 발생원에서 이탈하여 확산되기 전에 포집, 제거하는 환기방법이 국소배기이다(압력차에 의한 공기의 이동을 의미함).
② 비교적 높은 증기압과 낮은 허용기준치를 갖는 유기용제를 사용하는 작업장을 관리할 때 국소배기가 효과적인 방법이다.
③ 국소배기에서 효율성 있는 운전(투자비용, 운전비 적게 함)을 하기 위해서 가장 먼저 고려할 사항은 필요송풍량 감소이다.

(2) 국소배기 적용조건
① 높은 증기압의 유기용제
② 유해물질 발생량이 많은 경우
③ 유해물질 독성이 강한 경우(낮은 허용 기준치를 갖는 유해물질)

④ 근로자 작업위치가 유해물질 발생원에 가까이 근접해 있는 경우
⑤ 발생주기가 균일하지 않은 경우
⑥ 발생원이 고정되어 있는 경우
⑦ 법적 의무 설치사항인 경우

(3) 전체환기와 비교 시 장점
① 전체환기는 희석에 의한 저감으로서 완전제거가 불가능하지만, 국소배기는 발생원상에서 포집, 제거하므로 유해물질의 완전제거가 가능하다.
② 국소배기는 유해물질의 발생 즉시 배기시키므로 전체환기에 비해 필요환기량이 적어 경제적이다.
③ 작업장 내의 방해기류나 부적절한 급기에 의한 영향을 적게 받는다.
④ 유해물질에 의한 작업장 내의 기계 및 시설물을 보호할 수 있다.
⑤ 비중이 큰 침강성 입자상 물질도 제거 가능하므로 작업장 관리(청소 등)비용을 절감할 수 있다.
⑥ 유해물질 독성이 클 때도 효과적 제거가 가능하다.

(4) 국소배기장치의 설계순서
국소배기시설 설계 시 가장 먼저 실시하는 것은 후드의 형식 선정이다. 즉 후드의 적절한 선택과 위치 선정이 가장 중요한 부분이다.

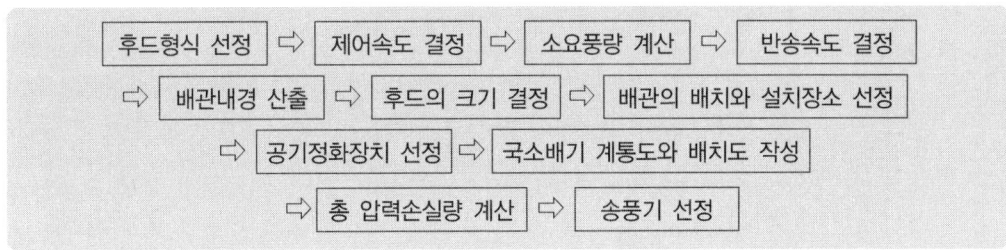

① 1단계 : 후드의 형식 선정
  ㉠ 작업형태 및 공정, 비산방향 등을 고려하여 후드의 형식 및 모양, 배기방향, 설치위치 등을 결정한다.
  ㉡ 표면처리조(도금조) 경우 push-pull type 후드 선정
  ㉢ 열상승기류에는 천개형 레시버식 후드 선정
② 2단계 : 제어속도의 결정
  ㉠ 오염물질을 후드 쪽으로 흡인하기 위하여 필요한 최소풍속을 제어속도라 하며, 발생원에서의 오염물질의 비산방향, 비산거리, 후드의 형식을 고려하여 포촉점에서의 적정한 제어속도를 결정한다.

    ⓵ 제어속도는 주변 공기의 흐름이나 열 등에 많은 영향을 받는다.
    © 국소배기장치의 제어풍속은 모든 후드를 개방한 경우의 제어풍속을 말한다.
    ② 포위식 후드에서는 당해 후드면에서의 풍속을, 외부식 후두에서는 당해 후드에 의하여 거리의 발생원 위치에서의 풍속을 말한다.
  ③ 3단계 : 필요송풍량 계산
    ㉠ 후드의 개구면적 및 제어속도, 발생원과의 거리 등으로 필요송풍량을 산출한다.
    ㉡ ACGIH에서 권장하는 사양 등을 이용해서도 필요송풍량을 계산할 수 있다.
  ④ 4단계 : 반송속도의 결정
    ㉠ 반송속도는 후드로 흡인한 오염물질을 덕트 내에 퇴적시키지 않고 이송하기 위한 송풍관 내 기류의 최소속도이다.
    ㉡ 오염물질의 종류, 덕트 내면 상태, 덕트 단면 확대 및 수축, 곡관 수 및 모양 등을 고려하여 덕트 내 분진 등이 퇴적되지 않도록 덕트 내 반송속도를 결정한다.
  ⑤ 5단계 : 덕트 직경의 산출
    ㉠ 송풍량의 반송속도로 덕트의 직경을 산출한다(이론치).
    ㉡ 복합환기시설의 경우에는 정압조절평형법으로 Main duct(주관)와 Branch dust(분지관)의 직경을 계산한다.
    ㉢ 실제 덕트 직경은 이론치보다 작은 것(시판용 덕트)을 선택하여야 하며 이렇게 선정된 시판용 덕트의 단면적을 갖고 덕트의 직경을 구하여 다시 실제 덕트 속도를 구해야 한다.
  ⑥ 후드의 크기 결정
    ㉠ 외부식 후드의 경우 후드 개구면적이 덕트의 단면적보다 5배 이상 되어야 하고 후드 전면에서 덕트까지의 길이는 덕트의 직경보다 3배 이상 되어야 효과적이다.
    ㉡ 후드 크기는 작업형태, 오염물질 특성과 발생특성, 작업공간의 크기 등을 고려한다.
  ⑦ 덕트의 배치와 설치장소의 선정
    ㉠ 덕트 배치도를 작성하고 그에 따른 설치장소를 현장여건을 감안하여 선정한다.
    ㉡ 덕트 길이, 연결부분과 곡관의 수, 형태 등을 고려하여 덕트의 배치와 설치장소를 선정한다.
    ㉢ 덕트의 배치가 작업장의 상태나 작업공정 및 기계의 배치상 어려움이 있을 때는 후드의 형식 및 설치장소를 재검토한다.
  ⑧ 공기정화장치의 선정
    배출허용기준을 만족하는 집진장치 또는 유해가스 처리장치를 선정한 후 압력손실을 계산한다.
  ⑨ 국소배기 계통도와 배치도 작성
    후드, 덕트, 공기정화장치, 송풍기, 배기덕트 등의 설계길이를 결정하고 system flow sheet(계통도)를 선으로 작성하여 치수를 기입하고 이를 기초로 배치도를 작성한다.

⑩ 총 압력손실의 계산

후드 정압, 덕트, 공기정화장치 등의 총 압력손실의 합계를 산출한다.

⑪ 송풍기의 선정

총 필요환기량 및 총 압력손실을 기초로 송풍기의 풍량, 풍압, 소요동력을 결정하고 적정한 송풍기 및 원동기를 선정한다.

(5) 국소배기시설의 구성

① 국소배기시설(장치)은 후드(hood), 덕트(duct), 공기정화장치(air cleaner equipment), 송풍기(fan), 배기덕트(exhaust duct)의 각 부분으로 구성되어 있다.

② 송풍기는 정화 후의 공기가 통하는 위치, 즉 공기정화장치 후단에 설치한다. 그 이유는 공기정화장치는 각종 유해물질이 송풍기로 유입되기 전에 정화시켜서 송풍기의 부식 및 고장을 방지하기 위한 것이다. 다만, 흡인된 물질에 의해서 폭발의 우려가 없고 배풍기의 날개가 부식될 우려가 없는 경우에는 공기정화장치 전 위치에 송풍기를 설치할 수 있다.

핵심이론 106 | 후드

(1) 개요

① 후드는 발생원에서 발생된 유해물질을 작업자 호흡영역까지 확산되어 가기 전에 한 곳으로 포집하고 흡인하는 장치이다.

② 최소의 배기량과 최소의 동력비로 유해물질을 효과적으로 처리하기 위해 가능한 오염원 가까이 설치한다.

(2) 제어속도 (포촉속도, 포착속도)

① 정의

후드 근처에서 발생하는 오염물질을 주변의 방해기류를 극복하고 후드 쪽으로 흡인하기 위한 유체의 속도, 즉 유해물질을 후드 쪽으로 흡인하기 위하여 필요한 최소풍속을 말한다.

② 특징

㉠ 제어속도는 주변 공기의 흐름이나 열 등에 많은 영향을 받는다.

㉡ 국소배기장치의 제어풍속은 모든 후드를 개방한 경우의 제어풍속을 말한다.

㉢ 포위식 후드에서는 당해 후드면에서의 풍속을, 외부식 후드에서는 당해 후드에 의하여 거리의 발생원 위치에서의 풍속을 말한다.

③ 제어속도 결정 시 고려사항

㉠ 유해물질의 비산방향(확산상태)

ⓒ 유해물질의 비산거리(후드에서 오염원까지 거리)
  ⓒ 후드의 형식(모양)
  ⓔ 작업장 내 방해기류(난기류의 속도)
  ⓜ 유해물질의 성상(종류) : 유해물질의 사용량 및 독성
④ **제어속도 범위**(ACGIH)
  제어속도는 이론적 결정이 아니라 방해기류(발산속도, 난기류속도) 등을 고려하여 실험적 및 경험적으로 결정한다.

작업조건	작업공정 사례	제어속도(m/sec)
• 움직이지 않는 공기 중에서 속도 없이 배출되는 작업조건 • 조용한 대기 중에 실제 거의 속도가 없는 상태로 발산하는 경우의 작업조건	• 액면에서 발생하는 가스나 증기, 흄 • 탱크에서 증발, 탈지시설	0.25~0.5
비교적 조용한(약간의 공기 움직임) 대기 중에서 저속도로 비산하는 작업조건	• 용접, 도금 작업 • 스프레이 도장 • 주형을 부수고 모래를 터는 장소	0.5~1.0
발생기류가 높고 유해물질이 활발하게 발생하는 작업조건	• 스프레이 도장, 용기충전 • 컨베이어 적재 • 분쇄기	1.0~2.5
초고속기류가 있는 작업장소에 초고속으로 비산하는 경우	• 회전연삭작업 • 연마작업 • 블라스트 작업	2.5~10

⑤ 제어속도 범위 적용 시 기준

범위가 낮은 쪽	범위가 높은 쪽
• 작업장 내 기류가 낮거나 제어하기 유리하게 작용될 때 • 유해물질의 독성이 낮을 때 • 유해물질 발생량이 적고, 발생이 간헐적일 때 • 대형 후드로 공기량이 다량일 때	• 작업장 내 기류가 국소배기효과를 방해할 때 • 유해물질의 독성이 높을 때 • 유해물질 발생량이 높을 때 • 소형 후드로 국소적일 때

(3) 후드가 갖추어야 할 사항(필요환기량을 감소시키는 방법)
① 가능한 한 오염물질 발생원에 가까이 설치한다(포집형 및 레시버식 후드).
② 제어속도는 작업조건을 고려하여 적정하게 선정한다.
③ 작업이 방해되지 않도록 설치하여야 한다.
④ 오염물질 발생특성을 충분히 고려하여 설계하여야 한다.
⑤ 가급적이면 공정을 많이 포위한다.

⑥ 후드 개구면에서 기류가 균일하게 분포되도록 설계한다.
⑦ 공정에서 발생 또는 배출되는 오염물질의 절대량을 감소시킨다.

(4) 플레넘 (plenum) : 충만실
① 후드 뒷부분에 위치하며 개구면 흡입유속의 강약을 작게 하여 일정하게 되므로 압력과 공기흐름을 균일하게 형성하는 데 필요한 장치이다.
② 가능한 설치는 길게 한다.
③ 국소배기시스템에 설치된 충만실에 있어 가장 우선적으로 높여야 하는 효율은 배기효율이다.

(5) 후드 선택 시 유의사항 (후드의 선택지침)
① 필요환기량을 최소화하여야 한다.
② 작업자의 호흡영역을 유해물질로부터 보호해야 한다.
③ ACGIH 및 OSHA의 설계기준을 준수해야 한다.
④ 작업자의 작업방해를 최소화할 수 있도록 설치되어야 한다.
⑤ 상당거리 떨어져 있어도 제어할 수 있다는 생각, 공기보다 무거운 증기는 후드 설치위치를 작업장 바닥에 설치해야 한다는 생각의 설계오류를 범하지 않도록 유의해야 한다.
⑥ 후드는 덕트보다 두꺼운 재질을 선택하고 오염물질의 물리화학적 성질을 고려하여 후드 재료를 선정한다.

(6) 무효점 (제로점, null point) 이론 : Hemeon 이론
① 무효점이란 발생원에서 방출된 유해물질이 초기 운동에너지를 상실하여 비산속도가 0이 되는 비산한계점을 의미한다.
② 무효점 이론이란 필요한 제어속도는 발생원뿐만 아니라 이 발생원을 넘어서 유해물질이 초기 운동에너지가 거의 감소되어 실제 제어속도 결정 시 이 유해물질을 흡인할 수 있는 지점까지 확대되어야 한다는 이론이다.

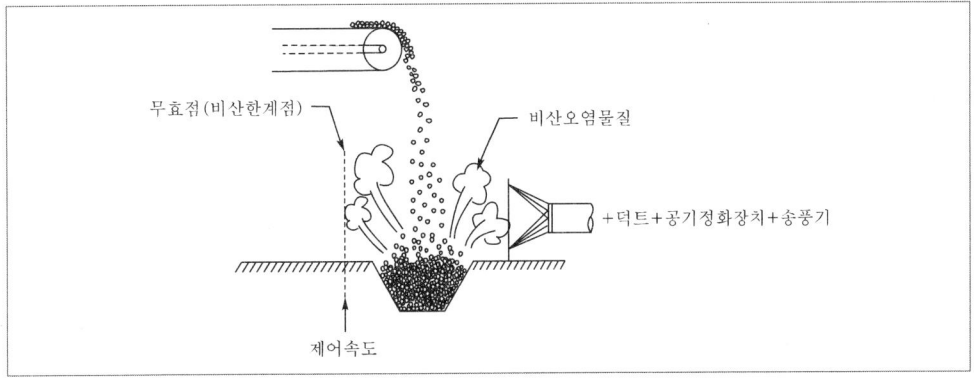

‖ null point ‖

(7) 후드의 형태

① 포위식 후드
  ㉠ 발생원을 완전히 포위하는 형태의 후드이고 후드의 개방면에서 측정한 속도로서 면속도가 제어속도가 된다.
  ㉡ 국소배기시설의 후드 형태 중 가장 효과적인 형태이다. 즉, 필요환기량을 최소한으로 줄일 수 있다.
  ㉢ 종류
    ⓐ Cover type
      • 유해물질의 제거효과가 가장 크다.
      • 주로 분쇄, 혼합, 파쇄 공정에 사용한다.
    ⓑ Glove box type(장갑부착 상자형)
      box 내부가 음압이 형성되므로 독성가스 및 방사성 동위원소 취급공정, 발암성물질에 주로 사용한다.
  ㉣ 특성
    ⓐ 후드의 개방면에서 측정한 면속도가 제어속도가 된다.
    ⓑ 유해물질의 완벽한 흡입이 가능하다(단, 충분한 개구면 속도를 유지하지 못할 경우 오염물질이 외부로 누출될 우려가 있음).
    ⓒ 유해물질 제거 공기량(송풍량)이 다른 형태보다 훨씬 적다.
    ⓓ 작업장 내 방해기류(난기류)의 영향을 거의 받지 않는다.
  ㉤ 부스식 후드는 포위식 후드의 일종이며, 포위식보다 큰 것을 의미한다.

② 외부식 후드
  ㉠ 후드의 흡인력이 외부까지 미치도록 설계한 후드이며, 포집형 후드라고 한다.
  ㉡ 작업여건상 발생원에 독립적으로 설치하여 유해물질을 포집하는 후드로 후드와 작업지점과의 거리를 줄이면 제어속도가 증가한다.
  ㉢ 특성
    ⓐ 다른 후드 형태에 비해 작업자가 방해를 받지 않고 작업을 할 수 있어 일반적으로 많이 사용하고 있다.
    ⓑ 포위식에 비하여 필요송풍량이 많이 소요된다.
    ⓒ 방해기류(외부 난기류)의 영향이 작업장 내에 있을 경우 흡인효과가 저하된다.
    ⓓ 기류속도가 후드 주변에서 매우 빠르므로 쉽게 흡인되는 물질(유기용제, 미세분말 등)의 손실이 크다.
  ㉣ 필요송풍량(della valle)
    외부식 후드의 필요송풍량은 후드 설치위치, 플랜지 부착 유무에 따라 4가지 방법으로 산출할 수 있다.

ⓐ 자유공간(공중) 위치, 플랜지 미부착

$$Q = 60 \cdot V_c(10X^2 + A) \Rightarrow \text{Della Valle식(기본식)}$$

여기서, Q : 필요송풍량(m^3/min)
V_c : 제어속도(m/sec)
A : 개구면적(m^2)
X : 후드 중심선으로부터 발생원(오염원)까지의 거리(m)

위 공식은 오염원에서 후드까지의 거리가 덕트 직경의 1.5배 이내일 때만 유효하다.

ⓑ 바닥면(작업테이블면)에 위치, 플랜지 미부착

$$Q = 60 \cdot V_c(5X^2 + A)$$

여기서, Q : 필요송풍량(m^3/min)
V_c : 제어속도(m/sec)
A : 개구면적(m^2)
X : 후드 중심선으로부터 발생원(오염원)까지의 거리(m)

ⓒ 자유공간(공중) 위치, 플랜지 부착

$$Q = 60 \cdot 0.75 \cdot V_c(10X^2 + A)$$

- 일반적으로 외부식 후드에 플랜지(flange)를 부착하면 후방 유입기류를 차단하고 후드 전면에서 포집범위가 확대되어 flange가 없는 후드에 비해 동일 지점에서 동일한 제어속도를 얻는 데 필요한 송풍량을 약 25% 감소시킬 수 있다.
- 등속흡인 곡선에서 덕트직경만큼 떨어진 부위의 유속이 덕트 유속의 7.5%를 초과한다.
- 플랜지 폭은 후드 단면적의 제곱근($\sqrt{A}$) 이상이 되어야 한다.

ⓓ 바닥면(작업 테이블면)에 위치, 플랜지 부착

$$Q = 60 \cdot 0.5 \cdot V_c(10X^2 + A)$$

필요송풍량을 가장 많이 줄일 수 있는 경제적 후드 형태이다.

기출 및 예상문제 01

용접작업 시 발생되는 fume을 제거하기 위하여 외부식 후드를 설치하려고 한다. 후드 개구면에서 흄 발생지점까지의 거리가 0.25m, 제어속도는 0.5m/sec, 후드 개구면적이 0.5m²일 때 필요한 송풍량(m³/min)은?

[풀이] 문제 내용 중 후드 위치 및 플랜지에 대한 언급이 없으므로 기본식으로 구한다.

$$Q = 60 \times V_c(10X^2 + A)$$

V_c(제어속도) : 0.5m/sec
X(후드 개구면부터 거리) : 0.25m
A(개구단면적) : 0.5m²

$= 60 \times 0.5[(10 \times 0.25^2) + 0.5] = 33.75 \text{m}^3/\text{min}$

기출 및 예상문제 02

플랜지가 붙고 면에 고정된 외부식 국소배기 후드의 개구면적이 3m²이고 오염물 발산원의 포착속도는 0.8m/sec이며, 발산원이 개구면으로부터 2.5m 거리에 위치하고 있다면 흡인공기량(m³/min)은?

[풀이] 후드 바닥면에 위치, 플랜지 부착 조건이므로

$$Q = 60 \times 0.5 \times V_c(10X^2 + A)$$

V_c(포착속도, 제어속도) : 0.8m/sec
X(후드 개구면부터 거리) : 2.5m
A(개구단면적) : 3m²

$= 60 \times 0.5 \times 0.8[(10 \times 2.5^2) + 3)] = 1,572 \text{m}^3/\text{min}$

기출 및 예상문제 03

외부식 후드에서 플랜지가 붙고 공간에 설치된 후드와 플랜지가 붙고 면에 고정 설치된 후드의 필요공기량을 비교할 때, 플랜지가 붙고 면에 고정 설치된 후드는 플랜지가 붙고 공간에 설치된 후드에 비하여 필요공기량을 약 몇 % 절감할 수 있는가? (단, 후드는 장방형 기준)

[풀이] ㉠ 플랜지 부착, 자유공간 위치 송풍량(Q_1)

$$Q_1 = 60 \times 0.75 \times V_c[(10X^2) + A]$$

㉡ 플랜지 부착, 작업면 위치 송풍량(Q_2)

$$Q_2 = 60 \times 0.5 \times V_c[(10X^2) + A]$$

절감효율(%) $= \dfrac{0.75 - 0.5}{0.75} \times 100 = 33.33\%$

기출 및 예상문제 04

자유공간에 떠 있는 직경 20cm인 원형 개구 후드의 개구면으로부터 20cm 떨어진 곳의 입자를 흡인하려고 한다. 제어풍속을 0.8m/sec로 할 때 덕트에서의 속도(m/sec)는 약 얼마인가?

풀이
$$Q = V_c(10X^2 + A)$$
$$= 0.8\text{m/sec} \times \left[(10 \times 0.2^2)\text{m}^2 + \left(\frac{3.14 \times 0.2^2}{4}\right)\text{m}^2\right]$$
$$= 0.345\text{m}^3/\text{sec}$$
$$V = \frac{Q}{A} = \frac{0.345\text{m}^3/\text{sec}}{\left(\frac{3.14 \times 0.2^2}{4}\right)\text{m}^2} = 10.99\text{m/sec}$$

③ 외부식 슬롯 후드
  ㉠ slot 후드는 후드 개방부분의 길이가 길고, 높이(폭)가 좁은 형태로 [높이(폭)/길이]의 비가 0.2 이하인 것을 말한다.
  ㉡ slot 후드에서도 플랜지를 부착하면 필요배기량을 줄일 수 있다(ACGIH : 환기량 30% 절약).
  ㉢ slot 후드의 가장자리에서도 공기의 흐름을 균일하게 하기 위해 사용한다.
  ㉣ slot 속도는 배기송풍량과는 관계가 없으며, 제어풍속은 slot 속도에 영향을 받지 않는다.
  ㉤ 플레넘 속도를 슬롯속도의 1/2 이하로 하는 것이 좋다.
  ㉥ 필요송풍량(Q)

$$Q = 60 \cdot C \cdot L \cdot V_c \cdot X$$

여기서, Q : 필요송풍량(m^3/min)
  C : 형상계수 [(전원주 ⇨ 5.0(ACGIH : 3.7)
    $\frac{3}{4}$원주 ⇨ 4.1
    $\frac{1}{2}$원주(플랜지 부착 경우와 동일) ⇨ 2.8 (ACGIH : 2.6)
    $\frac{1}{4}$원주 ⇨ 1.6)]
  V_c : 제어속도(m/sec)
  L : slot 개구면의 길이(m)
  X : 포집점까지의 거리(m)

기출 및 예상문제 05

flange 부착 slot 후드가 있다. slot의 길이가 40cm이고 제어풍속이 1m/sec, 제어풍속이 미치는 거리가 20cm인 경우 필요환기량(m^3/min)은?

풀이 flange 부착 경우 형상계수는 원주 $\frac{1}{2}$에 해당하는 2.8 적용

$Q = 60 \cdot C \cdot L \cdot V_c \cdot X$
$= 60 \times 2.8 \times 0.4 \times 1 \times 0.2 = 13.44 m^3/min$

④ 레시버식(수형) 천개형 후드
  ㉠ 작업공정에서 발생되는 오염물질이 운동량(관성력)이나 열상승력을 가지고 자체적으로 발생될 때, 발생되는 방향 쪽에 후드의 입구를 설치함으로써 보다 적은 풍량으로 오염물질을 포집할 수 있도록 설계한 후드이다.
  ㉡ 필요송풍량 계산 시 제어속도의 개념이 필요 없다.
  ㉢ 적용
     가열로, 용융로, 단조, 연마, 연삭 공정에 적용한다.
  ㉣ 종류
     ⓐ 천개형(canopy type)
     ⓑ 그라인더형(grinder type)
     ⓒ 자립형(free standing)
  ㉤ 특징
     ⓐ 비교적 유해성이 적은 유해물질을 포집하는 데 적합하다.
     ⓑ 잉여공기량이 비교적 많이 소요된다.
     ⓒ 한랭공정에는 사용을 금하고 있다.
  ㉥ 열원과 캐노피 후드와의 관계

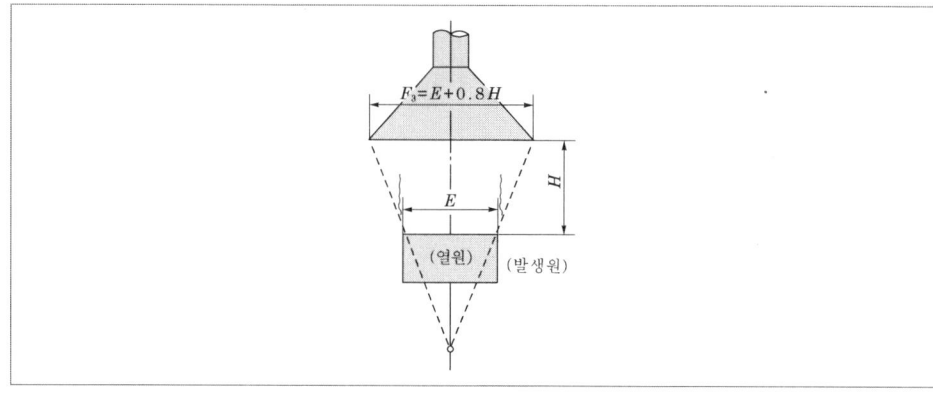

| 열원과 캐노피 후드와의 관계 |

$$F_3 = E + 0.8H$$

여기서, F_3 : 후드의 직경

E : 열원의 직경(직사각형은 단변)

H : 후드 높이

ⓐ 배출원의 크기(E)에 대한 후드면과 배출원 간의 거리(H)의 비(H/E)는 0.7 이하로 설계하는 것이 바람직하다.

ⓑ 필요송풍량(Q)

• 난기류가 없을 경우(유량비법)

$$Q_T = Q_1 + Q_2 = Q_1\left(1 + \frac{Q_2}{Q_1}\right) = Q_1(1 + K_L)$$

여기서, Q_T : 필요송풍량(m³/min)

Q_1 : 열상승기류량(m³/min)

Q_2 : 유도기류량(m³/min)

K_L : 누입한계유량비 ⇨ 오염원의 형태, 후드의 형식 등에 영향을 받는다.

• 난기류가 있을 경우(유량비법)

$$Q_T = Q_1 \times [1 + (m \times K_L)] = Q_1 \times (1 + K_D)$$

여기서, Q_T : 필요송풍량(m³/min)

Q_1 : 열상승기류량(m³/min)

m : 누출안전계수(난기류의 크기에 따라 다름)

K_L : 누입한계유량비

K_D : 설계유량비($K_D = m \times K_L$)

⑤ 후드의 형식과 적용작업

식	형	적용작업의 예
포위식	포위형 장갑부착 상자형	• 분쇄, 마무리작업, 공작기계, 체분저조 • 농약 등 유독물질 또는 독성 가스 취급
부스식	드래프트 체임버형 건축부스형	• 연마, 포장, 화학 분석 및 실험, 동위원소 취급, 연삭 • 산세척, 분무도장
외부식	슬롯형 루버형 그리드형 원형 또는 장방형	• 도금, 주조, 용해, 마무리작업, 분무도장 • 주물의 모래털기작업 • 도장, 분쇄, 주형 해체 • 용해, 체분, 분쇄, 용접, 목공기계

식	형	적용작업의 예
레시버식	캐노피형	• 가열로, 소입, 단조, 용융
	원형 또는 장방형	• 연삭, 연마
	포위형(그라인더형)	• 탁상 그라인더, 용융, 가열로

⑥ Push-pull 후드 (밀어 당김형 후드)

㉠ 개요

ⓐ 제어 길이가 비교적 길어서 외부식 후드에 의한 제어효과가 문제가 되는 경우, 즉 공정상 포착거리가 길어서 단지 공기를 제어하는 일반적인 후드로는 효과가 낮을 때 이용하는 장치로 공기를 불어주고(push) 당겨주는(pull) 장치로 되어 있다.

ⓑ 개방조 한 변에서 압축공기를 이용하여 오염물질이 발생하는 표면에 공기를 불어 반대쪽에 오염물질이 도달하게 한다.

㉡ 적용

ⓐ 도금조 및 자동차 도장공정과 같이 오염물질 발생원의 개방면적이 큰(발산면의 폭이 넓은) 작업공정에 주로 많이 적용된다(효율적인 tank의 길이는 1.2~2.4m).

ⓑ 포착거리(제어거리)가 일정거리 이상일 경우 push-pull형 환기장치가 적용된다.

㉢ 특징

ⓐ 제어속도는 push 제트기류에 의해 발생한다.

ⓑ 공정에서 작업물체를 처리조에 넣거나 꺼내는 중에 공기막이 파괴되어 오염물질이 발생한다.

ⓒ 노즐로는 하나의 긴 슬롯, 구멍 뚫린 파이프 또는 개별 노즐을 여러 개 사용하는 방법이 있다.

ⓓ 노즐의 각도는 제트 공기가 방해받지 않도록 하향 방향을 향하고 최대 20° 내를 유지하도록 한다.

ⓔ 노즐 전체면적은 기류분포를 고르게 하기 위해서 노즐 충만실 단면적의 25%를 넘지 않도록 해야 한다.

ⓕ 푸시노즐의 단면이 원형, 직사각형, 정사각형 어느 것이나 무방하나 단면적은 전체 노즐 단면적의 2.5배 이상의 크기이어야 한다.

ⓖ 풀(배출구 슬롯)쪽의 후드 개구면은 슬롯속도가 10m/sec를 유지하도록 설계한다.

ⓗ 노즐의 형태는 3~8mm 크기의 수평슬롯이나 4~6mm 구멍으로 직경의 3~8배 간격으로 배치한 것을 사용한다.

ⓘ push-pull 후드에 있어서는 여러 가지의 영향인자가 존재하므로 ±20% 정도의 유량조정이 가능하도록 설계되어야 한다.

ⓙ 흡인후드의 송풍량은 근사적으로 가압노즐 송풍량의 1.5~2.0배의 표준기준이 사용된다.

ⓚ 흡인기류는 취출기류에 비해서 거리에 따른 감소속도가 크므로 후드는 가능한 오염원 가까이 설치해야 한다.
ⓒ 장점
　ⓐ 포집효율을 증가시키면서 필요유량을 대폭 감소시킬 수 있다.
　ⓑ 작업자의 방해가 적고 적용이 용이하다.
ⓓ 단점
　ⓐ 원료의 손실이 크다.
　ⓑ 설계방법이 어렵다.
　ⓒ 효과적으로 기능을 발휘하지 못하는 경우가 있다.

핵심이론 107 후드의 분출기류

(1) 잠재중심부
① 분출중심속도(V_c)가 분사구출구속도(V_o)와 동일한 속도를 유지하는 지점까지의 거리이다.
② 분출중심속도의 분출거리에 대한 변화는 배출구 직경의 약 5배 정도까지 분출중심속도의 변화는 거의 없다.

(2) 천이부
① 분출중심속도가 작아지기 시작하는 점이 천이부의 시작이며 분출중심속도가 50%까지 줄어드는 지점까지를 말한다.
② 배출구 직경의 5배부터 30배 정도까지를 의미한다.

(3) 완전개구부
분사구로부터 어느 정도 떨어진 위치 이하에서는 위치변화에 관계없이 분출속도분포가 유사한 형태를 보이는 영역을 의미한다.

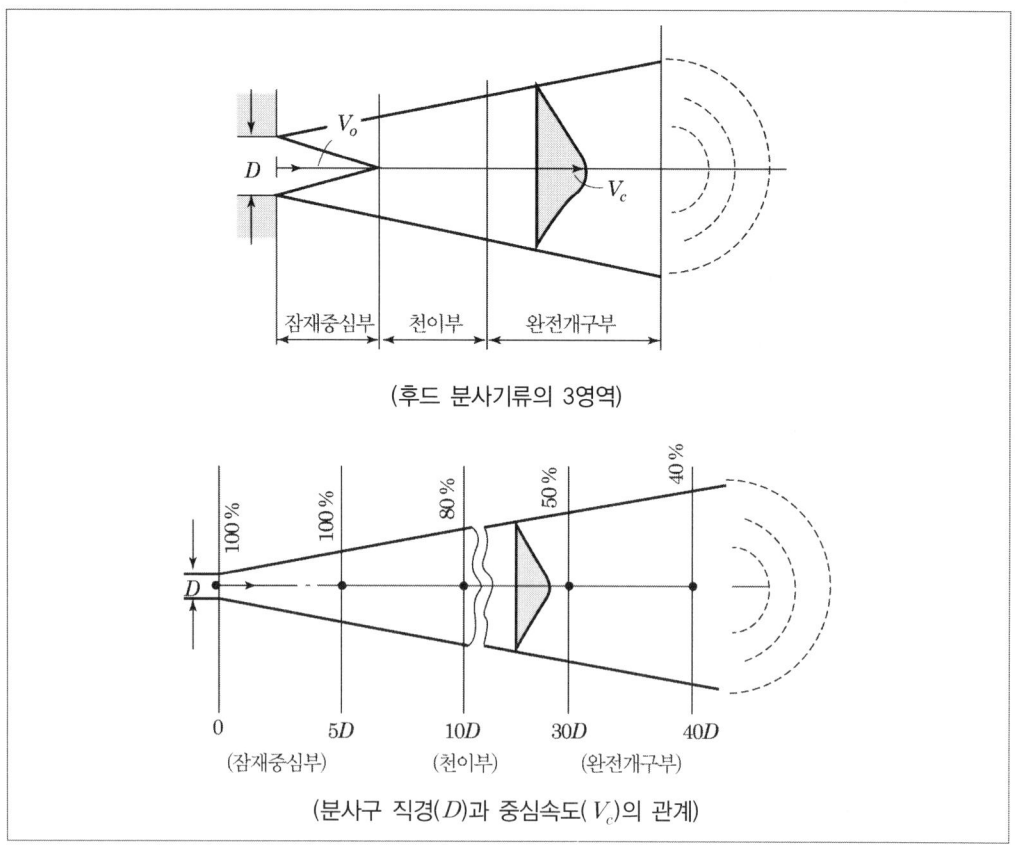

‖ 후드의 분출기류 ‖

핵심이론 108 공기공급(make-up air) 시스템

(1) 정의

공기공급시스템은 환기시설에 의해 작업장 내에서 배기된 만큼의 공기를 작업장 내로 재공급하는 시스템을 말한다.

(2) 의미

환기시설을 효율적으로 운영하기 위해서는 공기공급시스템이 필요하다. 즉 국소배기장치가 효과적인 기능을 발휘하기 위해서는 후드를 통해 배출되는 것과 같은 양의 공기가 외부로부터 보충되어야 한다.

(3) 공기공급시스템이 필요한 이유
① 국소배기장치의 원활한 작동을 위하여
② 국소배기장치의 효율 유지를 위하여
③ 안전사고를 예방하기 위하여
④ 에너지(연료)를 절약하기 위하여
⑤ 작업장 내의 방해기류(교차기류)가 생기는 것을 방지하기 위하여
⑥ 외부공기가 정화되지 않은 채로 건물 내로 유입되는 것을 막기 위하여
⑦ 근로자에게 영향을 미치는 냉각기류를 제거하기 위하여

핵심이론 109 덕트

(1) 개요
① 후드에서 흡인한 유해물질을 공기정화기를 거쳐 송풍기까지 운반하는 송풍관 및 송풍기로부터 배기구까지 운반하는 관을 덕트라 한다.
② 후드로 흡인한 유해물질이 덕트 내에 퇴적하지 않게 공기정화장치까지 운반하는 데 필요한 최소속도를 반송속도라 한다. 또한 압력손실을 최소화하기 위해 낮아야 하지만 너무 낮게 되면 입자상 물질의 퇴적이 발생할 수 있어 주의를 요한다.

(2) 덕트 설치기준 (설치 시 고려사항)
① 가능한 한 길이는 짧게 하고 굴곡부의 수는 적게 할 것
② 접속부의 내면은 돌출된 부분이 없도록 할 것
③ 청소구를 설치하는 등 청소하기 쉬운 구조로 할 것
④ 덕트 내 오염물질이 쌓이지 아니하도록 이송속도를 유지할 것
⑤ 연결부위 등은 외부공기가 들어오지 아니하도록 할 것(연결방법을 가능한 한 용접할 것)
⑥ 가능한 후드의 가까운 곳에 설치할 것
⑦ 송풍기를 연결할 때는 최소 덕트 직경의 6배 정도 직선구간을 확보할 것
⑧ 직관은 하향구배로 하고 직경이 다른 덕트를 연결할 때에는 경사 30° 이내의 테이퍼를 부착할 것
⑨ 원형 덕트가 사각형 덕트보다 덕트 내 유속분포가 균일하므로 가급적 원형 덕트를 사용하며, 부득이 사각형 덕트를 사용할 경우에는 가능한 정방형을 사용하고 곡관의 수를 적게 할 것
⑩ 곡관의 곡률반경은 최소 덕트 직경의 1.5 이상, 주로 2.0을 사용할 것
⑪ 수분이 응축될 경우 덕트 내로 들어가지 않도록 경사나 배수구를 마련할 것
⑫ 덕트의 마찰계수는 작게 하고, 분지관을 가급적 적게 할 것

(3) 반송속도

① 정의

반송속도는 후드로 흡인한 오염물질을 덕트 내에 퇴적시키지 않고 이송하기 위한 송풍관 내 기류의 최소속도를 말한다.

② 반송속도 선정 시 고려인자

㉠ 덕트의 직경

㉡ 조도

㉢ 단면 확대 또는 수축

㉣ 곡관 수 및 모양 등

유해물질	예	반송속도(m/sec)
가스, 증기, 흄 및 극히 가벼운 물질	각종 가스, 증기, 산화아연 및 산화알루미늄 등의 흄, 목재 분진, 솜먼지, 고무분, 합성수지분	10
가벼운 건조먼지	원면, 곡물분, 고무, 플라스틱, 경금속 분진	15
일반 공업 분진	털, 나무 부스러기, 대패 부스러기, 샌드블라스트, 글라인더 분진, 내화벽돌 분진	20
무거운 분진	납 분진, 주조 후 모래털기작업 시 먼지, 선반작업 시 먼지	25
무겁고 비교적 큰 입자의 젖은 먼지	젖은 납 분진, 젖은 주조작업 발생 먼지	25 이상

핵심이론 110 총 압력손실의 계산

(1) 개요

총 압력손실의 계산은 덕트 합류 시 균형유지를 위한, 즉 압력평형을 이루기 위한 계산방법을 의미한다.

(2) 총 압력손실 계산 목적

① 제어속도와 반송속도를 얻는 데 필요한 송풍량을 확보하기 위해

② 환기시설 전체의 압력손실을 극복하는 데 필요한 풍량과 풍압을 얻기 위한 송풍기 형식 및 동력, 규모를 결정하기 위해

(3) 총 압력손실 계산방법

① **정압조절평형법**(유속조절평형법, 정압균형유지법)
  ㉠ 정의
    저항이 큰 쪽의 덕트 직경을 약간 크게 또는 덕트 직경을 감소시켜 저항을 줄이거나 증가시켜 합류점의 정압이 같아지도록 하는 방법이다.
  ㉡ 적용
    분지관의 수가 적고 고독성 물질이나 폭발성 및 방사성 분진을 대상으로 사용
  ㉢ 계산식

$$Q_c = Q_d \sqrt{\frac{SP_2}{SP_1}}$$

  여기서, Q_c : 보정유량(m^3/min)
    Q_d : 설계유량(m^3/min)
    SP_2 : 압력손실이 큰 관의 정압(지배정압)(mmH$_2$O)
    SP_1 : 압력손실이 작은 관의 정압(mmH$_2$O)
      (계산결과 높은 쪽 정압과 낮은 쪽 정압의 비(정압비)가 1.2 이하인 경우는 정압이 낮은 쪽의 유량을 증가시켜 압력을 조정하고 정압비가 1.2보다 클 경우는 정압이 낮은 덕트의 직경을 재설계하여야 한다)
  ㉣ 장점
    ⓐ 예기치 않는 침식, 부식, 분진퇴적으로 인한 축적(퇴적) 현상이 일어나지 않는다.
    ⓑ 잘못 설계된 분지관, 최대저항경로(저항이 큰 분지관) 선정이 잘못되어도 설계 시 쉽게 발견할 수 있다.
    ⓒ 설계가 정확할 때에는 가장 효율적인 시설이 된다.
    ⓓ 유속의 범위가 적절히 선택되면 덕트의 폐쇄가 일어나지 않는다.
  ㉤ 단점
    ⓐ 설계 시 잘못된 유량을 고치기 어렵다(임의의 유량을 조절하기 어려움).
    ⓑ 설계가 복잡하고 시간이 걸린다.
    ⓒ 설계유량 산정이 잘못되었을 경우 수정은 덕트의 크기 변경을 필요로 한다.
    ⓓ 때에 따라 전체 필요한 최소유량보다 더 초과될 수 있다.
    ⓔ 설치 후 변경이나 확장에 대한 유연성이 낮다.
    ⓕ 효율개선 시 전체를 수정해야 한다.

② **저항조절평형법**(댐퍼조절평형법, 덕트균형유지법)
  ㉠ 정의
    각 덕트에 댐퍼를 부착하여 압력을 조정, 평형을 유지하는 방법이다.

ⓒ 특징
  ⓐ 후드를 추가 설치해도 쉽게 정압조절이 가능하다.
  ⓑ 사용하지 않는 후드를 막아 다른 곳에 필요한 정압을 보낼 수 있어 현장에서 가장 편리하게 사용할 수 있는 압력균형방법이다.
  ⓒ 총 압력손실 계산은 압력손실이 가장 큰 분지관을 기준으로 산정한다.
ⓒ 적용
  분지관의 수가 많고 덕트의 압력손실이 클 때 사용(배출원이 많아서 여러 개의 후드를 주관에 연결한 경우)
② 장점
  ⓐ 시설 설치 후 변경에 유연하게 대처가 가능하다.
  ⓑ 최소설계풍량으로 평형유지가 가능하다.
  ⓒ 공장 내부의 작업공정에 따라 적절한 덕트 위치 변경이 가능하다.
  ⓓ 설계 계산이 간편하고, 고도의 지식을 요하지 않는다.
  ⓔ 설치 후 송풍량의 조절이 비교적 용이하다. 즉, 임의의 유량을 조절하기가 용이하다.
  ⓕ 덕트의 크기를 바꿀 필요가 없기 때문에 반송속도를 그대로 유지한다.
ⓜ 단점
  ⓐ 평형상태 시설에 댐퍼를 잘못 설치 시 또는 임의의 댐퍼 조정 시 평형상태가 파괴될 수 있다.
  ⓑ 부분적 폐쇄댐퍼는 침식, 분진퇴적의 원인이 된다.
  ⓒ 최대저항경로 선정이 잘못되어도 설계 시 쉽게 발견할 수 없다.
  ⓓ 댐퍼가 노출되어 있는 경우가 많아 누구나 쉽게 조절할 수 있어 정상기능을 저해할 수 있다.

핵심이론 111 송풍기

(1) 종류
  ① 원심력 송풍기(centrifugal fan)
    ㉠ 개요
      ⓐ 원심력 송풍기는 축방향으로 흘러들어온 공기가 반지름방향으로 흐를 때 생기는 원심력을 이용한다.
      ⓑ 달팽이 모양으로 생겼으며, 흡입방향과 배출방향이 수직이다.
      ⓒ 날개의 방향에 따라 다익형, 평판형, 터보형으로 구분한다.

ⓛ 다익형(multi blade fan)
　ⓐ 전향 날개형(전곡 날개형, forward-curved blade fan)이라고 하며, 많은 날개(blade)를 갖고 있다.
　ⓑ 송풍기의 임펠러가 다람쥐 쳇바퀴 모양으로 회전날개가 회전방향과 동일한 방향으로 설계되어 있다.
　ⓒ 동일 송풍량을 발생시키기 위한 임펠러 회전속도가 상대적으로 낮아 소음문제가 거의 없다.
　ⓓ 강도문제가 그리 중요하지 않기 때문에 저가로 제작이 가능하다.
　ⓔ 상승구배 특성이다.
　ⓕ 높은 압력손실에서는 송풍량이 급격하게 떨어지므로 이송시켜야 할 공기량이 많고 압력손실이 작게 걸리는 전체환기나 공기조화용으로 널리 사용된다.
　ⓖ 구조상 고속회전이 어렵고, 큰 동력의 용도에는 적합하지 않다.
　ⓗ 장점
　　• 동일풍량, 동일풍압에 대해 가장 소형이므로 제한된 장소에 사용 가능
　　• 설계 간단
　　• 회전속도가 작아 소음이 낮음
　　• 분지관의 송풍에 적합
　　• 저가로 제작이 가능
　ⓘ 단점
　　• 구조 강도상 고속회전이 불가능
　　• 효율이 낮음(≒60%)
　　• 동력 상승률이 크고 과부하되기 쉬우므로 큰 동력의 용도에 적합하지 않음
　　• 청소가 곤란
ⓒ 평판형(radial fan)
　ⓐ 플레이트(plate) 송풍기, 방사 날개형 송풍기라고도 한다.
　ⓑ 날개(blade)가 다익형보다 적고, 직선이며 평판 모양을 하고 있어 강도가 매우 높게 설계되어 있다.
　ⓒ 깃의 구조가 분진을 자체 정화할 수 있도록 되어 있다.
　ⓓ 적용
　　시멘트, 미분탄, 곡물, 모래 등의 고농도 분진 함유 공기나 마모성이 강한 분진 이송용으로 사용된다.
　ⓔ 부식성이 강한 공기를 이송하는 데 많이 사용된다.

- ⓕ 압력은 다익팬보다 약간 높으며, 효율도 65%로 다익팬보다는 약간 높으나 터보팬보다는 낮다.
  - ⓖ 습식 집진장치의 배기에 적합하며, 소음은 중간 정도이다.
 ㉣ 터보형(turbo fan)
  - ⓐ 후향 날개형(후곡 날개형)(backward-curved blade fan)은 송풍량이 증가해도 동력이 증가하지 않는 장점을 가지고 있어 한계부하 송풍기라고도 한다.
  - ⓑ 회전날개(깃)가 회전방향 반대편으로 경사지게 설계되어 있어 충분한 압력을 발생시킬 수 있다.
  - ⓒ 소요정압이 떨어져도 동력은 크게 상승하지 않으므로 시설저항 및 운전상태가 변하여도 과부하가 걸리지 않는다.
  - ⓓ 송풍기 성능곡선에서 동력곡선이 최대송풍량의 60~70%까지 증가하다가 감소하는 경향을 띠는 특성이 있다.
  - ⓔ 고농도 분진 함유 공기를 이송시킬 경우 깃 뒷면에 분진이 퇴적하며 집진기 후단에 설치하여야 한다.
  - ⓕ 깃의 모양은 두께가 균일한 것과 익형이 있다.
  - ⓖ 장점
    - 장소의 제약을 받지 않음
    - 통상적으로 최고속도가 높으므로 송풍기 중 효율이 가장 좋음
    - 하향구배 특성이기 때문에 풍압이 바뀌어도 풍량의 변화가 적음
    - 통상적으로 최고속도가 높으므로 송풍량이 증가해도 동력은 크게 상승하지 않음
    - 송풍기를 병렬로 배치해도 풍량에는 지장이 없음
    - 규정 풍량 이외에서도 효율이 갑자기 떨어지지 않음
  - ⓗ 단점
    - 소음이 큼
    - 고농도 분진 함유 공기 이송 시에 집진기 후단에 설치해야 함
② **축류 송풍기**(axial flow fan)
 ㉠ 개요
  - ⓐ 전향 날개형 송풍기와 유사한 특징을 가지고 있으며 원통형으로 되어 있다.
  - ⓑ 공기 이송 시 공기가 회전축(프로펠러)을 따라 직선방향으로 이송된다.
  - ⓒ 국소배기용보다는 압력손실이 비교적 작은 전체환기량으로 사용해야 한다.
  - ⓓ 공기는 날개의 앞부분에서 흡인되고 뒷부분 날개에서 배출되므로 공기의 유입과 유출은 동일한 방향을 가지고 유출된다.

ⓒ 장점
  ⓐ 축방향 흐름이기 때문에 덕트에 바로 삽입할 수 있어 설치비용이 저렴
  ⓑ 전동기와 직결할 수 있음
  ⓒ 경량이고 재료비 및 설치비용이 저렴
ⓒ 단점
  ⓐ 풍압이 낮기 때문에 압력손실이 비교적 많이 걸리는 시스템에 사용했을 때 서징현상으로 진동과 소음이 심한 경우가 생김
  ⓑ 최대송풍량의 70% 이하가 되도록 압력손실이 걸릴 경우 서징현상을 피할 수 없음
  ⓒ 원심력 송풍기보다 주속도가 커서 소음이 큼
  ⓓ 규정풍량 외에는 효율이 갑자기 떨어지기 때문에 가열공기 또는 오염공기의 취급에는 부적당함

(2) 송풍기 전압 및 정압

① 송풍기 전압(FTP)

배출구 전압(TP_{out})과 흡입구 전압(TP_{in})의 차로 표시한다.

$$FTP = TP_{out} - TP_{in} = (SP_{out} + VP_{out}) - (SP_{in} + VP_{in})$$

② 송풍기 정압(FSP)

송풍기 전압(FTP)과 배출구 속도압(VP_{out})의 차로 표시한다.

$$\begin{aligned}FSP &= FTP - VP_{out} \\ &= (SP_{out} - SP_{in}) + (VP_{out} - VP_{in}) - VP_{out} \\ &= (SP_{out} - SP_{in}) - VP_{in} \\ &= (SP_{out} - TP_{in})\end{aligned}$$

기출 및 예상문제 01

송풍기의 흡입구 및 배출구 내의 속도압은 각각 18mmH₂O로 같고, 흡입구의 정압은 −55mmH₂O이며, 배출구 내의 정압은 20mmH₂O이다. 송풍기의 전압(mmH₂O)과 정압(mmH₂O)은 각각 얼마인가?

풀이 ㉠ 송풍기 전압(FTP)

$$FTP = (SP_{out} + VP_{out}) - (SP_{in} + VP_{in})$$
$$= (20 + 18) - (-55 + 18) = 75\,mmH_2O$$

㉡ 송풍기 정압(FSP)

$$FSP = (SP_{out} - SP_{in}) - VP_{in}$$
$$= [20 - (-55)] - 18 = 57\,mmH_2O$$

(3) 송풍기 소요동력(kW)

$$kW = \frac{Q \times \Delta P}{6,120 \times \eta} \times \alpha$$

여기서, Q : 송풍량(m^3/min)
  ΔP : 송풍기 유효전압(＝전압＝정압)(mmH$_2$O)
  η : 송풍기 효율(%)
  α : 안전인자(여유율)(%)

$$HP = \frac{Q \times \Delta P}{4,500 \times \eta} \times \alpha$$

기출 및 예상문제 02

송풍량이 100m^3/min, 송풍기 유효전압이 150mmH$_2$O, 송풍기 효율이 70%, 여유율이 1.2인 송풍기의 소요동력(kW)은? (단, 송풍기 효율과 원동기 여유율을 고려함)

풀이 $kW = \dfrac{Q \times \Delta P}{6,120 \times \eta} \times \alpha = \dfrac{100 \times 150}{6,120 \times 0.7} \times 1.2 = 4.2 kW$

기출 및 예상문제 03

송풍기 전압이 125mmH$_2$O이고, 송풍기의 총 송풍량이 20,000m^3/hr일 때 소요동력(kW)은? (단, 송풍기 효율 80%, 안전율 50%)

풀이 소요동력 $= \dfrac{(20,000 m^3/hr \times hr/60 min) \times 125}{6,120 \times 0.8} \times 1.5 = 12.77 kW$

(4) 송풍기 법칙(상사 법칙, law of similarity)

송풍기 법칙이란 송풍기의 회전수와 송풍기 풍량, 송풍기 풍압, 송풍기 동력과의 관계이며, 송풍기의 성능 추정에 매우 중요한 법칙이다.

① 송풍기 크기가 같고, 공기의 비중이 일정할 때
  ㉠ 풍량은 회전속도(회전수)비에 비례한다.

$$\frac{Q_2}{Q_1} = \frac{N_2}{N_1}$$

여기서, Q_2 : 회전수 변경 후 풍량(m^3/min)
  Q_1 : 회전수 변경 전 풍량(m^3/min)
  N_2 : 변경 후 회전수(rpm)
  N_1 : 변경 전 회전수(rpm)

    ⓒ 풍압(전압)은 회전속도(회전수)비의 제곱에 비례한다.

$$\frac{\text{FTP}_2}{\text{FTP}_1} = \left(\frac{N_2}{N_1}\right)^2$$

    여기서, FTP_2 : 회전수 변경 후 풍압(mmH$_2$O)
            FTP_1 : 회전수 변경 전 풍압(mmH$_2$O)

    ⓒ 동력은 회전속도(회전수)비의 세제곱에 비례한다.

$$\frac{\text{kW}_2}{\text{kW}_1} = \left(\frac{N_2}{N_1}\right)^3$$

    여기서, kW_2 : 회전수 변경 후 동력(kW)
            kW_1 : 회전수 변경 전 동력(kW)

② 송풍기 회전수, 공기의 중량이 일정할 때

    ㉠ 풍량은 송풍기의 크기(회전차 직경)의 세제곱에 비례한다.

$$\frac{Q_2}{Q_1} = \left(\frac{D_2}{D_1}\right)^3$$

    여기서, D_2 : 변경 후 송풍기의 크기(회전차 직경)
            D_1 : 변경 전 송풍기의 크기(회전차 직경)

    ⓒ 풍압(전압)은 송풍기의 크기(회전차 직경)의 제곱에 비례한다.

$$\frac{\text{FTP}_2}{\text{FTP}_1} = \left(\frac{D_2}{D_1}\right)^2$$

    여기서, FTP_2 : 송풍기 크기 변경 후 풍압(mmH$_2$O)
            FTP_1 : 송풍기 크기 변경 전 풍압(mmH$_2$O)

    ⓒ 동력은 송풍기의 크기(회전차 직경)의 오제곱에 비례한다.

$$\frac{\text{kW}_2}{\text{kW}_1} = \left(\frac{D_2}{D_1}\right)^5$$

    여기서, kW_2 : 송풍기 크기 변경 후 동력(kW)
            kW_1 : 송풍기 크기 변경 전 동력(kW)

③ 송풍기 회전수와 송풍기 크기가 같을 때
　㉠ 풍량은 비중(량)의 변화에 무관하다.

$$Q_1 = Q_2$$

　여기서, Q_1 : 비중(량) 변경 전 풍량(m^3/min)
　　　　Q_2 : 비중(량) 변경 후 풍량(m^3/min)
　㉡ 풍압과 동력은 비중(량)에 비례, 절대온도에 반비례한다.

$$\frac{FTP_2}{FTP_1} = \frac{kW_2}{kW_1} = \frac{\rho_2}{\rho_1} = \frac{T_1}{T_2}$$

　여기서, FTP_1, FTP_2 : 변경 전후의 풍압(mmH_2O)
　　　　kW_1, kW_2 : 변경 전후의 동력(kW)
　　　　ρ_1, ρ_2 : 변경 전후의 비중(량)
　　　　T_1, T_2 : 변경 전후의 절대온도

기출 및 예상문제 04

송풍기 풍압 50mmH₂O에서 200m³/min의 송풍량을 이동시킬 때 회전수가 500rpm이고 동력은 4.2kW이다. 만약 회전수를 600rpm으로 하면 송풍량(m³/min), 풍압(mmH₂O), 동력(kW)은?

풀이 ㉠ 송풍량

$$\frac{Q_2}{Q_1} = \left(\frac{N_2}{N_1}\right)$$

$$Q_2 = Q_1 \times \left(\frac{N_2}{N_1}\right) = 200 \times \left(\frac{600}{500}\right) = 240 \mathrm{m^3/min}$$

㉡ 풍압

$$\frac{FTP_2}{FTP_1} = \left(\frac{N_2}{N_1}\right)^2$$

$$FTP_2 = FTP_1 \times \left(\frac{N_2}{N_1}\right)^2 = 50 \times \left(\frac{600}{500}\right)^2 = 72 \mathrm{mmH_2O}$$

㉢ 동력

$$\frac{kW_2}{kW_1} = \left(\frac{N_2}{N_1}\right)^3$$

$$kW_2 = kW_1 \times \left(\frac{N_2}{N_1}\right)^3 = 4.2 \times \left(\frac{600}{500}\right)^3 = 7.3 \mathrm{kW}$$

기출 및 예상문제 05

회전차 외경이 600mm인 원심송풍기의 풍량은 300m³/min, 풍압은 100mmH₂O, 축동력은 10kW이다. 회전차 외경이 1,200mm인 동류(상사구조)의 송풍기가 동일한 회전수로 운전된다면 이 송풍기의 풍량(m³/min), 풍압(mmH₂O), 축동력(kW)은? (단, 두 경우 모두 표준공기를 취급한다.)

[풀이] ㉠ 송풍량

$$\frac{Q_2}{Q_1} = \left(\frac{D_2}{D_1}\right)^3$$

$$Q_2 = Q_1 \times \left(\frac{D_2}{D_1}\right)^3 = 300 \times \left(\frac{1,200}{600}\right)^3 = 2,400 \text{m}^3/\text{min}$$

㉡ 풍압

$$\frac{\text{FTP}_2}{\text{FTP}_1} = \left(\frac{D_2}{D_1}\right)^2$$

$$\text{FTP}_2 = \text{FTP}_1 \times \left(\frac{D_2}{D_1}\right)^2 = 100 \times \left(\frac{1,200}{600}\right)^2 = 400 \text{mmH}_2\text{O}$$

㉢ 축동력

$$\frac{\text{kW}_2}{\text{kW}_1} = \left(\frac{D_2}{D_1}\right)^5$$

$$\text{kW}_2 = \text{kW}_1 \times \left(\frac{D_2}{D_1}\right)^5 = 10 \times \left(\frac{1,200}{600}\right)^5 = 320 \text{kW}$$

기출 및 예상문제 06

21℃ 기체를 취급하는 어떤 송풍기의 풍량이 20m³/min, 송풍기 정압이 70mmH₂O, 축동력이 2kW이다. 동일한 회전수로 50℃인 기체를 취급한다면 이때 풍량(m³/min), 송풍기 정압(mmH₂O), 축동력(kW)은?

[풀이] ㉠ 풍량

동일 송풍기로 운전되므로 풍량은 비중량의 변화와 무관

$$Q_1 = Q_2 = 20 \text{m}^3/\text{min}$$

㉡ 송풍기 정압

$$\frac{\text{FTP}_2}{\text{FTP}_1} = \frac{T_1}{T_2} \text{(정압은 절대온도에 반비례)}$$

$$\text{FTP}_2 = \text{FTP}_1 \times \left(\frac{T_1}{T_2}\right) = 70 \times \left(\frac{273+21}{273+50}\right) = 63.72 \text{mmH}_2\text{O}$$

㉢ 축동력

$$\frac{\text{kW}_2}{\text{kW}_1} = \frac{T_1}{T_2} \text{(축동력은 절대온도에 반비례)}$$

$$\text{kW}_2 = \text{kW}_1 \times \left(\frac{T_1}{T_2}\right) = 2 \times \left(\frac{273+21}{273+50}\right) = 1.82 \text{kW}$$

(5) 송풍기의 풍량 조절방법
① 회전수 조절법(회전수 변환법)
　㉠ 풍량을 크게 바꾸려고 할 때 가장 적절한 방법이다.
　㉡ 구동용 풀리의 풀리비 조정에 의한 방법이 일반적으로 사용된다.
　㉢ 비용은 고가이나 효율은 좋다.
② 안내익 조절법(vane control법)
　㉠ 송풍기 흡입구에 6~8매의 방사상 blade를 부착, 그 각도를 변경함으로써 풍량을 조절한다.
　㉡ 다익, 레이디얼 팬보다 터보팬에 적용하는 것이 효과가 크다.
　㉢ 큰 용량의 제진용으로 적용하는 것은 부적합하다.
③ 댐퍼 부착법(damper 조절법)
　㉠ 후드를 추가로 설치해도 쉽게 압력조절이 가능하다.
　㉡ 사용하지 않는 후드를 막아 다른 곳에 필요한 정압을 보낼 수 있어 현장에서 배관 내에 댐퍼를 설치하여 송풍량을 조절하기 가장 쉬운 방법이다.
　㉢ 저항곡선의 모양을 변경해서 교차점을 바꾸는 방법이다.

핵심이론 112 | 산업환기 설비에 관한 기술 지침

(1) 용어의 정의
① 발생원
유해물질이 발생하여 작업환경오염의 원인이 되는 생산설비나 작업장소 등을 말한다.
② 유해물질
작업환경을 오염시키는 물질로서 가스, 증기 등 기체상 물질과 미스트, 흄, 분진 등 입자상 물질을 말한다.
③ 산업환기설비
유해물질을 건강상 유해하지 않은 농도로 유지하고 유해물질에 의한 화재·폭발을 방지하거나 열 또는 수증기를 제거하기 위하여 설치하는 전체환기장치와 국소배기장치 등 일체의 환기설비를 말한다.
④ 전체환기장치
자연적 또는 기계적인 방법에 의하여 작업장 내의 열수증기 및 유해물질을 희석, 환기시키는 장치 또는 설비를 말한다.

⑤ 국소배기장치

발생원에서 발생되는 유해물질을 후드, 덕트, 공기정화장치, 배풍기 및 배기구를 설치하여 배출하거나 처리하는 장치를 말한다.

⑥ 공기정화장치

후드 및 덕트를 통해 반송된 유해물질을 정화시키는 공정식 또는 이동식의 제진, 집진, 흡수, 흡착, 연소, 산화, 환원방식 등의 처리장치를 말한다.

⑦ 후드

유해물질을 포집·제거하기 위해 해당 발생원의 가장 근접한 위치에 다양한 형태로 설치하는 구조물로서 국소배기장치의 개구부를 말한다.

⑧ 제어풍속

후드 전면 또는 후드 개구면에서 유해물질이 함유된 공기를 당해 후드로 흡입시킴으로써 그 지점의 유해물질을 제어할 수 있는 공기속도를 말한다. 다만, 포위식 및 부스식 후드에서는 후드의 개구면에서 흡입되는 기류의 풍속을 말하며, 외부식 및 레시버식 후드에서는 후드의 개구면으로부터 가장 먼 거리의 유해물질 발생원 또는 작업위치에서 후드 쪽으로 흡인되는 기류의 속도를 말한다.

⑨ 반송속도

덕트를 통하여 이동하는 유해물질이 덕트 내에서 퇴적이 일어나지 않는 상태로 이동시키기 위하여 필요한 최소 속도를 말한다.

⑩ 기타 이 지침에서 사용하는 용어의 정의는 이 기준에서 특별히 규정하는 경우를 제외하고는 법, 동법시행령, 시행규칙 및 산업안전보건기준에 관한 규칙에서 정하는 바에 따른다.

(2) 전체환기장치

① 개요

전체환기장치는 열, 수증기 및 독성이 낮은 가스·증기가 발생되고, 발생원이 이동성이며, 분산되어 있는 상태에서 다음과 같은 경우에 적용할 수 있다.

㉠ 유해물질의 유해성이 낮거나 근로자와 발생원이 멀리 떨어져 노출량이 적어 건강상 장해의 우려가 낮으며, 작업의 특성상 국소배기장치의 설치가 경제적·기술적으로 매우 곤란하다고 인정될 경우

㉡ 원격조작에 의하여 운전되는 생산 공정의 작업장과 운전실을 분리 설치한 경우

㉢ 작업장에 근접하여 설치되는 기숙사, 사무실, 휴게실, 식당, 세면·목욕실이나 탈의실 등의 경우

㉣ 발생원에 근로자의 접근은 없으나 화재·폭발방지 등을 위한 조치가 필요할 경우

㉤ 화학물질을 저장하는 창고나 옥내장소에 근로자가 상시 출입하는 경우

② 설치 시 유의사항

전체환기장치를 설치할 때에는 다음에서 정하는 바에 따라야 한다.
㉠ 배풍기만을 설치하여 열, 수증기 및 유해물질을 희석 환기하고자 하는 경우에는 희석공기의 원활한 환기를 위하여 배기구를 설치하여야 한다.
㉡ 배풍기만을 설치하여 열, 수증기 및 유해물질을 희석 환기하고자 하는 경우에는 발생원 가까운 곳에 배풍기를 설치하고, 근로자의 후위에 적절한 형태 및 크기의 급기구나 급기시설을 설치하여야 하며, 배풍기의 작동 시에는 급기구를 개방하거나 급기시설을 가동하여야 한다.
㉢ 외부공기의 유입을 위하여 설치하는 배풍기나 급기구에는 필요시 외부로부터 열, 수증기 및 유해물질의 유입을 막기 위한 필터나 흡착설비 등을 설치하여야 한다.
㉣ 작업자 외부로 배출된 공기가 당해 작업장 또는 인접한 다른 작업장으로 재유입되지 않도록 필요한 조치를 하여야 한다.

③ 필요환기량 산정

유해물질이 발생원으로부터 작업장 내에서 확산되어 이동하는 경우, 유해물질의 농도가 노출기준 미만으로 유지되도록 적정한 필요환기량을 산정하여야 한다.

(3) 국소배기장치

① 개요
㉠ 국소배기장치는 후드, 덕트, 공기정화장치, 배풍기 및 배기구의 순으로 설치하는 것을 원칙으로 한다. 다만, 배풍기의 캐이싱이나 임펠러가 유해물질에 의하여 부식, 마모, 폭발 등이 발생하지 아니한다고 인정되는 경우에는 배풍기의 설치위치를 공기정화장치의 전단에 둘 수 있다.
㉡ 국소배기장치는 유지보수가 용이한 구조로 하여야 한다.

② 후드
㉠ 후드의 형식 등
ⓐ 후드는 유해물질을 충분히 제어할 수 있는 구조와 크기로 하여야 하며, 후드의 형식 및 종류는 다음과 같다.

∥후드의 형식 및 종류∥

형식	종류	비고
포위식 (enclosing type)	유해물질의 발생원을 전부 또는 부분적으로 포위하는 후드	• 포위형(enclosing type) • 장갑부착상자형(glove box hood) • 드래프트 체임버형(draft chamber hood) • 건축부스형 등

형식	종류	비고
외부식 (exterior type)	유해물질의 발생원을 포위하지 않고 발생원 가까운 위치에 설치하는 후드	• 슬롯형(slot hood) • 그리드형(grid hood) • 푸시-풀형(push-pull hood) 등
레시버식 (receiver type)	유해물질이 발생원에서 상승기류, 관성기류 등 일정방향의 흐름을 가지고 발생할 때 설치하는 후드	• 그라인더커버형(grinder cover hood) • 캐노피형(canopy hood)

ⓑ 후드는 발생원을 가능한 한 포위하는 형태인 포위식 형식의 구조로 하고, 발생원을 포위할 수 없을 때는 발생원과 가장 가까운 위치에 외부식 후드를 설치하여야 한다. 다만, 유해물질이 일정한 방향성을 가지고 발생될 때는 레시버식 후드를 설치하여야 한다.

ⓒ 상부면이 개방된 개방조에서 유해물질이 발생하는 경우에 설치하는 후드의 제어거리에 따른 형식과 설치위치는 다음을 참조하여야 한다.

∥ 개방조에 설치하는 후드의 구조와 설치위치 ∥

제어거리(m)	후드의 구조 및 설치위치	비고
0.5 미만	측면에 1개의 슬롯후드 설치	제어거리 : 후드의 개구면에서 가장 먼 거리에 있는 개방조의 가장자리까지의 거리
0.5~0.9	양측면에 각 1개의 슬롯후드 설치	
0.9~1.2	양측면에 각 1개 또는 가운데에 중앙선을 따라 1개의 슬롯후드를 설치하거나 푸시-풀형 후드 설치	
1.2 이상	푸시-풀형 후드 설치	

ⓓ 슬롯후드의 외형단면적이 연결덕트의 단면적보다 현저히 큰 경우에는 후드와 덕트 사이에 충만실(plenum chamber)을 설치하여야 하며, 이때 충만실의 깊이는 연결덕트 지름의 0.75배 이상으로 하거나 충만실의 기류속도를 슬롯 개구면 속도의 0.5배 이내로 하여야 한다.

ⓔ 후드의 흡입방향은 가급적 비산 또는 확산된 유해물질이 작업자의 호흡영역을 통과하지 않도록 하여야 한다.

ⓕ 후드 뒷면에서 주덕트 접속부까지의 가지덕트 길이는 가능한 한 가지덕트 지름의 3배 이상 되도록 하여야 한다. 다만, 가지덕트가 장방형 덕트인 경우에는 원형 덕트의 상당 지름을 이용하여야 한다.

ⓖ 후드의 형태와 크기 등 구조는 후드에서의 유입손실이 최소화되도록 하여야 한다.

ⓗ 후드가 설비에 직접 연결된 경우 후드의 성능 평가를 위한 정압 측정구를 후드와 덕트의 접합부분(hood throat)에서 주덕트 방향으로 1~3직경 정도에 설치한다.

ⓛ 제어풍속
  ⓐ 유해물질별 후드의 형식과 제어풍속은 작업장 내의 유해물질 농도가 노출기준 미만이 되도록 하기 위해 기준 이상의 제어풍속이 되어야 한다.
  ⓑ 제어풍속을 조절하기 위하여 각 후드마다 댐퍼를 설치하여야 한다. 다만, 압력평형 방법에 의해 설치된 국소배기장치에는 가능한 한 사용하지 않는 것이 원칙이다.
ⓒ 배풍량 계산
  ⓐ 각 후드에서의 배풍량은 유해물질별 후두형식과 제어풍속 기준에서 정하는 제어풍속 이상을 유지하여야 하며 그 계산방법은 후드의 형태별 배풍량 계산식과 같다.
  ⓑ 배풍량 계산 시 정상조건은 21℃, 1기압을 기준으로 하여야 한다.
ⓔ 후드의 재질선정
  ⓐ 후드는 내마모성 또는 내부식성 등의 재료 또는 도포한 재질을 사용하고, 변형 등이 발생하지 않는 충분한 강도를 지닌 재질로 하여야 한다.
  ⓑ 후드의 입구 측에 강한 기류음이 발생하는 경우 흡음재를 부착하여야 한다.
ⓜ 방해기류 영향 억제
  후드의 흡인기류에 대한 방해기류가 있다고 판단될 때에는 작업에 영향을 주지 않는 범위 내에서 기류 조정판을 설치하는 등 필요한 조치를 하여야 한다.
ⓗ 신선한 공기 공급
  ⓐ 국소배기장치를 설치할 때에는 배기량과 같은 양의 신선한 공기가 작업장 내부로 공급될 수 있도록 공기유입부 또는 급기시설을 설치하여야 한다.
  ⓑ 신선한 공기의 공급방향은 유해물질이 없는 가장 깨끗한 지역에서 유해물질이 발생하는 지역으로 향하도록 하여야 하며, 가능한 한 근로자의 뒤쪽에 급기구가 설치되어 신선한 공기가 근로자를 거쳐서 후드방향으로 흐르도록 하여야 한다.
  ⓒ 신선한 공기의 기류속도는 근로자 위치에서 가능한 한 0.5m/sec를 초과하지 않도록 하고, 작업공정이나 후드의 근처에서 후드의 성능에 지장을 초래하는 방해기류를 일으키지 않도록 하여야 한다.

③ 덕트
  ㉠ 재질의 선정 등
    ⓐ 덕트는 내마모성, 내부식성 등의 재료 또는 도포한 재질을 사용하고, 변형 등이 발생하지 않는 충분한 강도를 지닌 재질로 하여야 한다.
    ⓑ 덕트는 가능한 한 원형관을 사용하고, 다음의 사항에 적합하도록 하여야 한다.
      • 덕트의 굴곡과 접속은 공기흐름의 저항이 최소화될 수 있도록 할 것
      • 덕트 내부는 가능한 한 매끄러워야 하며, 마찰손실을 최소화 할 것

- 마모성, 부식성 유해물질을 반송하는 덕트는 충분한 강도를 지닐 것
ⓒ 덕트의 접속 등
   ⓐ 덕트의 접속 등은 다음의 사항에 적합하도록 설치하여야 한다.
      - 접속부의 내면은 돌기물이 없도록 할 것
      - 곡관(elbow)은 5개 이상의 새우등 곡관으로 연결하거나, 곡관의 중심선 곡률 반경이 덕트 지름의 2.5배 내외가 되도록 할 것
      - 주덕트와 가지덕트의 접속은 30° 이내가 되도록 할 것
      - 확대 또는 축소되는 덕트의 관은 정사각을 15° 이하로 하거나, 확대 또는 축소 전후의 덕트 지름 차이가 5배 이상 되도록 할 것
      - 접속부는 덕트 소용돌이(vortex)기류가 발생하지 않는 구조로 할 것
      - 가지덕트가 2개 이상인 경우 주덕트와의 접속은 각각 적절한 방향과 간격을 두고 접속하여 저항이 최소화되는 구조로 하고, 2개 이상의 가지덕트를 확대관 또는 축소관의 동일한 부위에 접속하지 않도록 할 것
   ⓑ 덕트 내부에는 분진, 흄, 미스트 등이 퇴적할 수 있으므로 청소가 가능한 부위에 청소구를 설치하여야 한다.
   ⓒ 미스트나 수증기 등 응축이 일어날 수 있는 유해물질이 통과하는 덕트에는 덕트에 응축된 미스트나 응축수 등을 제거하기 위한 드레인밸브(drain valve)를 설치하여야 한다.
   ⓓ 덕트에는 덕트내 반송속도를 측정할 수 있는 측정구를 적절한 위치에 설치하여야 하며, 측정구의 위치는 균일한 기류상태에서 측정하기 위해서, 엘보, 후드, 가지덕트 접속부 등 기류변동이 있는 지점으로부터 최소한 덕트 지름의 7.5배 이상 떨어진 하류 측에 설치하여야 한다.
   ⓔ 덕트의 진동이 심한 경우, 진동전달을 감소시키기 위하여 지지대 등을 설치하여야 한다.
   ⓕ 플랜지를 이용한 덕트 연결 시에는 가스킷을 사용하여 공기의 누설을 방지하고, 볼트체결부에는 방진고무를 삽입하여야 한다.
   ⓖ 덕트 길이가 1m 이상인 경우, 견고한 구조로 지지대 등을 설치하여 휨 등에 의한 구조변화나 파손 등이 발생하지 않도록 하여야 한다.
   ⓗ 작업장 천정 등의 설치공간 부족으로 덕트 형태가 변형될 때에는 그에 따르는 압력 손실이 크지 않도록 설치하여야 한다.
   ⓘ 주름관 덕트(flexible duct)는 가능한 한 사용하지 않는 것이 원칙이나, 필요에 의하여 사용한 경우에는 접힘이나 꼬임에 의해 과도한 압력손실이 발생하지 않도록 최소한의 길이로 설치하여야 한다.

ⓒ 반송속도 결정

덕트에서의 반송속도는 국소배기장치의 성능향상 및 덕트내 퇴적을 방지하기 위하여 유해물질의 발생형태에 따라 정하는 기준에 따라야 한다.

유해물질의 덕트 내 반송속도

유해물질	예	반송속도(m/sec)
증기·가스·연기	모든 증기, 가스 및 연기	5.0~10.0
흄	아연흄, 산화알미늄 흄, 용접흄 등	10.0~12.5
미세하고 가벼운 분진	미세한 면분진, 미세한 목분진, 종이분진 등	12.5~15.0
건조한 분진이나 분말	고무분진, 면분진, 가죽분진, 동물털 분진 등	15.0~20.0
일반 산업분진	그라인더분진, 일반적인 금속분말분진, 모직물분진, 실리카분진, 주물분진, 석면분진 등	17.5~20.0
무거운 분진	젖은 톱밥분진, 입자가 혼입된 금속분진, 샌드블라스트분진, 주절보링분진, 납분진	20.0~22.5
무겁고 습한 분진	습한 시멘트분진, 작은 침이 혼입된 납분진, 석면덩어리 등	22.5 이상

ⓔ 압력평형의 유지

ⓐ 덕트 내의 공기흐름은 압력손실이 가능한 한 최소가 되도록 설계되어야 한다.

ⓑ 설계 시에는 후드, 충만실, 직선덕트, 확대 또는 축소관, 곡관, 공기정화장치 및 배기구 등의 압력손실과 합류관의 접속각도 등에 의한 압력손실이 포함되도록 하여야 한다.

ⓒ 주덕트와 가지덕트의 연결점에서 각각의 압력손실의 차가 10% 이내가 되도록 압력평형이 유지되도록 하여야 한다.

ⓜ 추가 설치 시 조치

ⓐ 기설치된 국소배기장치에 후드를 추가로 설치하고자 하는 경우에는 추가로 인한 국소배기장치의 전반적인 성능을 검토하여 모든 후드에서 제어풍속을 만족할 수 있을 때에만 후드를 추가하여 설치할 수 있다.

ⓑ 성능을 검토하는 경우에는 배기풍량, 후드의 제어풍속, 압력손실, 덕트의 반송속도 및 압력평형, 배풍기의 동력과 회전속도, 전기정격용량 등을 고려하여야 한다.

ⓑ 화재폭발 등

ⓐ 화재·폭발의 우려가 있는 유해물질을 이송하는 덕트의 경우, 작업장 내부로 화재·폭발의 전파방지를 위한 방화댐퍼를 설치하는 등 기타 안전상 필요한 조치를 하여야 한다.

ⓑ 국소배기장치 가동중지 시 덕트를 통하여 외부공기가 유입되어 작업장으로 역류될 우려가 있는 경우에는 덕트에 기류의 역류 방지를 위한 역류방지댐퍼를 설치하여야 한다.

④ 공기정화장치
   ㉠ 구조 등
      ⓐ 공기정화장치는 다음에 적합한 구조로 하여야 한다.
         • 마모, 부식과 농도에 충분히 견딜 수 있는 재질로 선정할 것
         • 공기정화장치에서 정화되어 배출되는 배기중 유해물질의 농도는 다른 법령에서 정하는 바에 따른다.
         • 압력손실이 가능한 한 작은 구조로 설계할 것
         • 화재·폭발의 우려가 있는 유해물질을 정화하는 경우에는 방산구를 설치하는 등 필요한 조치를 하여야 하며, 이 경우 방산구를 통해 배출된 유해물질에 의한 근로자의 노출이나 2차 재해의 우려가 없도록 할 것
      ⓑ 규정에 의해 설치한 공기정화장치는 접근과 청소 및 정기적인 유지보수가 용이한 구조이어야 한다.
      ⓒ 공기정화장치 막힘에 의한 유량 감소를 예방하기 위해 공기정화장치는 차압계를 설치하여 상시 차압을 측정하여야 한다.
   ㉡ 공기정화장치의 선정
      ⓐ 공기정화장치는 유해물질의 종류, 발생량, 입자의 크기, 형태, 밀도, 온도 등을 고려하여 선정하여야 한다.
      ⓑ 공기정화장치는 다음의 구분에 따른 공기정화방식 또는 이와 동등이상 성능을 가진 공기정화장치를 설치하여야 한다.

유해물질의 발생형태별 공기정화방식

유해물질의 발생형태		공기정화방식	비고
분진	분진지름 (μm) 5 미만	여과방식, 전기제진방식	분진지름 : 중량법으로 측정한 입경분포에서 최대빈도를 나타내는 입자지름
	5~20	습식정화방식, 여과방식, 전기제진방식	
	20 이상	습식정화방식, 여과방식, 관성방식, 원심력방식 등	
흄		여과방식, 습식정화방식, 관성방식 등	
미스트·증기·가스		습식정화방식, 흡수방식, 흡착방식, 촉매산화방식, 전기제진방식 등	

   ㉢ 성능유지
      ⓐ 공기정화장치를 거친 유해가스의 농도는 환경부의 환경관련법령에서 정하는 배출허용기준을 만족하도록 하여야 한다. 다만, 배기구를 옥내에 설치하고자 하는 경우에는 공기정화장치를 거친 유해가스가 포함된 유해물질로 인하여 작업장의 작업환경농도가 고용노동부장관이 정하는 유해물질의 노출기준을 초과하지 않도록 하여야 한다.

ⓑ 작업장 내부에 설치하는 공기정화장치는 작업장 내부로 유입 및 확산을 방지하기 위하여 덮개를 설치하고, 배기구를 옥외의 안전한 위치에 설치하여야 한다.

⑤ 배풍기
　㉠ 배풍기의 형식 및 구조 등
　　ⓐ 배풍기는 국소배기장치 설계 시에 계산된 압력과 배기량을 만족시킬 수 있는 크기로 규격을 선정하여야 한다.
　　ⓑ 설치되는 국소배기 시설에 많은 압력이 소요될 경우 압력에 강한 후향날개형 배풍기를 사용하고, 많은 유량이 필요한 경우 전향날개형 배풍기를, 분진이 많이 발생되는 작업이나 용접작업에는 날개에 분진이 퇴적되지 않는 평판형 배풍기를 사용하여야 한다.
　　ⓒ 배풍기의 날개나 구성물은 내마모성, 내산성, 내부식성 재질을 사용하여 임펠러와 케이싱의 마모, 부식이나, 분진의 퇴적에 의한 성능저하 또는 소음·진동이 발생하지 않도록 하여야 한다.
　　ⓓ 화재 및 폭발의 우려가 있는 유해물질을 이송하는 배풍기는 방폭구조로 하여야 한다.
　　ⓔ 전동기는 부하에 다소간 변동이 있어도 안정된 성능을 유지하고 가능한 한 소음·진동이 발생하지 않는 것을 사용하여야 하며, 과부하시의 과전류보호장치, 벨트구동 부분의 방호장치 등 기타 기계·기구 및 전기로 인한 위험예방에 필요한 안전상의 조치를 하여야 한다.
　㉡ 소요 축동력 산정
　　배풍기의 소요 축동력은 배풍량, 후드 및 덕트의 압력손실, 전동기의 효율, 안전계수 등을 고려하여 작업장 내에서 발생하는 유해물질을 효율적으로 제거할 수 있는 성능으로 산정하여야 한다.
　㉢ 설치위치
　　ⓐ 배풍기는 가능한 한 옥외에 설치하도록 하여야 한다.
　　ⓑ 배풍기 전후에 진동전달을 방지하기 위하여 캔버스(canvas)를 설치하는 경우 캔버스의 파손 등이 발생하지 않도록 조치하여야 한다.
　　ⓒ 배풍기의 전기제어반을 옥외에 설치하는 경우에는 옥내작업장의 작업영역 내에 국소배기장치를 가동할 수 있는 스위치를 별도로 부착하여야 한다.
　　ⓓ 옥내작업장에 설치하는 배풍기는 발생하는 소음 및 진동에 대한 밀폐시설, 흡음시설, 방진시설 설치 등 소음·진동 예방조치를 하여야 한다.
　　ⓔ 배풍기에서 발생한 강한 기류음이 덕트를 거쳐 작업장 내부 또는 외부로 전파되는 경우, 소음감소를 위하여 소음감소장치를 설치하는 등 필요한 조치를 하여야 한다.
　　ⓕ 배풍기의 설치 시 기초대는 견고하게 하고 평형상태를 유지하도록 하되, 바닥으로의 진동의 전달을 방지하기 위하여 방진스프링이나 방진고무를 설치하여야 한다.

ⓖ 배풍기는 구조물 지지대, 난간 등과 접속하지 않아야 한다.
ⓗ 강우, 응축수 등에 의하여 배풍기의 케이싱과 임펠러의 부식을 방지하기 위하여 배풍기 내부에 고인 물을 제거할 수 있도록 배수 밸브(drain valve)를 설치하여야 한다.
ⓘ 배풍기의 흡입부분 또는 토출부분에 댐퍼를 사용한 경우에는 반드시 댐퍼고정장치를 설치하여 작업자가 배풍기의 배풍량을 임의로 조절할 수 없는 구조로 하여야 한다.

⑥ 배기구의 설치
㉠ 옥외에 설치하는 배기구는 지붕으로부터 1.5m 이상 높게 설치하고, 배출된 공기가 주변 지역에 영향을 미치지 않도록 상부 방향으로 10m/s 이상 속도로 배출하는 등 배출된 유해물질이 당해 작업장으로 재유입되거나 인근의 다른 작업장으로 확산되어 영향을 미치지 않는 구조로 하여야 한다.
㉡ 배기구는 최종 배기구 종류를 참조하여 내부식성, 내마모성이 있는 재질로 설치하고, 배기구의 하단에 배수밸브를 설치하여야 한다.

(4) 산업환기설비의 유지관리
① 국소배기장치 검사시기
국소배기장치 등의 효율적인 유지관리를 위해 다음에서 정하는 바에 따라 검사를 실시하여야 한다.
㉠ 신규로 설치된 국소배기장치 최초 사용 전
㉡ 국소배기장치 개조 및 수리 후 사용 전
㉢ 안전검사 대상 국소배기장치
㉣ 최근 2년간 작업환경측정 결과 노출기준 50% 이상일 경우 해당 국소배기장치

② 국소배기장치 검사방법
국소배기장치 검사는 체크리스트 내용에 따라 점검한다. 단, 안전검사 대상물질을 취급하는 국소배기장치는 고용노동부고시(안전검사절차에 관한 고시)에 따라 실시한다.

③ 국소배기장치 등의 가동
㉠ 국소배기장치는 근로자의 건강, 화재 및 폭발, 가스 등의 유해·위험성을 고려하여 안전하게 가동되어야 한다.
㉡ 국소배기장치는 작업 중 계속 가동하여야 하며, 작업시작 전과 종료 후 일정시간 가동하여야 한다. 다만, 작업이 미실시 되는 시간이라도 유해물질에 의한 작업환경이 지속적으로 오염될 우려가 있는 경우에는 국소배기장치를 계속 가동하여야 한다.
㉢ 공기정화장치의 가동은 제조 및 시공자의 지침서에 따라 조작하고, 가동 중 공기정화장치의 성능 저하시에는 즉시 청소·보수·교체 기타 필요한 조치를 하여야 한다.
㉣ 배풍기와 전동기의 베어링 등 구동부에는 주기적으로 윤활유를 주유하고, 벨트가 파손되거나 느슨해진 경우에는 벨트 전부를 새것으로 교체하여야 한다.

ⓑ 검사 결과 이상이 있는 경우, 반드시 수리나 부대품교체 등을 하여 성능이 항상 유지될 수 있도록 하여야 한다.

핵심이론 113 | 관리대상 및 허가대상 유해물질 후드의 제어풍속

(1) 관리대상 유해물질 관련 국소배기장치 후드의 제어풍속

물질의 상태	후드 형식	제어풍속(m/sec)
가스상태	포위식 포위형	0.4
	외부식 측방흡인형	0.5
	외부식 하방흡인형	0.5
	외부식 상방흡인형	1.0
입자상태	포위식 포위형	0.7
	외부식 측방흡인형	1.0
	외부식 하방흡인형	1.0
	외부식 상방흡인형	1.2

[비고]
1. "가스 상태"란 관리대상 유해물질이 후드로 빨아들여질 때의 상태가 가스 또는 증기인 경우를 말한다.
2. "입자 상태"란 관리대상 유해물질이 후드로 빨아들여질 때의 상태가 흄, 분진 또는 미스트인 경우를 말한다.
3. "제어풍속"이란 국소배기장치의 모든 후드를 개방한 경우의 제어풍속으로서 다음에 따른 위치에서의 풍속을 말한다.
   가. 포위식 후드에서는 후드 개구면에서의 풍속
   나. 외부식 후드에서는 해당 후드에 의하여 관리대상 유해물질을 빨아들이려는 범위 내에서 해당 후드 개구면으로부터 가장 먼 거리의 작업위치에서의 풍속

(2) 허가대상 유해물질 관련 국소배기장치 후드의 제어풍속

물질의 상태	제어풍속(m/sec)
가스상태	0.5
입자상태	1.0

[비고]
1. 이 표에서 제어풍속이란 국소배기장치의 모든 후드를 개방한 경우의 제어풍속을 말한다.
2. 이 표에서 제어풍속은 후드의 형식에 따라 다음에서 정한 위치에서의 풍속을 말한다.
   가) 포위식 또는 부스식 후드에서는 후드 개구면에서의 풍속
   나) 외부식 또는 리시버식 후드에서는 유해물질의 가스·증기 또는 분진이 빨려들어가는 범위에서 해당 개구면으로부터 가장 먼 작업위치에서의 풍속

핵심이론 114 | 국소배기장치 성능시험 시 시험장비

(1) **반드시 갖추어야 할 측정기(필수장비)**
　① 발연관(연기발생기, smoke tester)
　② 청음기 또는 청음봉
　③ 절연저항계
　④ 표면온도계 및 초자온도계
　⑤ 줄자

(2) **필요에 따라 갖추어야 할 측정기**
　① 테스트 해머
　② 나무봉 또는 대나무봉
　③ 초음파 두께 측정기
　④ (수주) 마노미터
　⑤ 열선풍속계
　⑥ 정압 프로브(prove) 부착 열선풍속계
　⑦ 스크레이퍼
　⑧ 회전계(rpm 측정기)
　⑨ 피토관(pitot tube)
　⑩ 공기 중 유해물질 측정기
　⑪ 스톱워치 또는 시계

(3) **발연관(smoke tester)**
　① 개요
　　㉠ 염화제2주석이 공기와 반응, 흰색 연기를 발생시키는 원리이며, 통풍이나 환기상태 정도를 인지할 수 있도록 한 기구이다.
　　㉡ 연기발생기에서 발생되는 연기는 부식성과 화재 위험성이 있을 수 있다.
　② 적용 및 특징
　　㉠ 오염물질 확산이동의 관찰에 유용하게 사용된다.
　　㉡ 후드로부터 오염물질의 이탈요인의 규명에 사용된다.
　　㉢ 후드 성능에 미치는 난기류의 영향에 대한 평가에 사용된다.
　　㉣ 덕트 접속부의 공기 누출입 및 집진장치의 배출부에서의 기류의 유입 유무 판단 등에 사용된다.
　　㉤ 대략적인 후드의 성능을 평가할 수 있다.
　　㉥ 작업장 내 공기의 유동현상과 이동방향을 알 수 있다.

(4) 송풍관 내의 풍속측정계기
① 피토관
   풍속 > 3m/sec에 사용
② 풍차 풍속계
   풍속 > 1m/sec에 사용
③ 열선식 풍속계
   ㉠ 측정범위가 적은 것
      0.05m/sec < 풍속 < 1m/sec인 것을 사용
   ㉡ 측정범위가 큰 것
      0.05m/sec < 풍속 < 40m/sec인 것을 사용
④ 마노미터

(5) 기류의 속도(공기유속) 측정기기
① 피토관(pitot tube)
   ㉠ 피토관은 끝부분의 정면과 측면에 구멍을 뚫은 관을 말하며 이것을 유체의 흐름에 따라 놓으면 정면에 뚫은 구멍에는 유체의 정압과 동압을 더한 전압이, 측면 구멍에는 정압이 걸리므로 양쪽의 압력차를 측정함으로써 베르누이의 정압에 따라 흐름의 속도가 구해진다.
   ㉡ 유체흐름의 전압과 정압의 차이를 측정하고 그것에서 유속을 구하는 장치이다.

$$V = 4.043\sqrt{VP}\,(\text{m/sec})$$

   ㉢ 산업안전보건법에서는 환기시설 덕트 내에 형성되는 기류의 속도를 측정하는 데 사용한다.
② 회전날개형 풍속계(rotating vane anemometer)
   ㉠ 공기 공급 및 배기용으로 큰 송풍량을 정확히 측정하는 데 사용한다.
   ㉡ 자주 점검하여야 한다.
   ㉢ 덕트 내의 유속측정은 풍속계가 너무 크기 때문에 적절하지 않다.
   ㉣ 단점으로는 파손되기 쉬우며, 분진량이 많은 경우와 부식성의 공기에서는 사용할 수 없다.
③ 그네날개형 풍속계(swinging vane anemometer, 벨로미터)
   ㉠ 휴대가 편하며 적용범위가 광범위하고 판독은 직독식이기 때문에 편리하다.
   ㉡ 사용 전에 'Z' 조정기를 사용하여 0점 보정을 하여야 한다. 방법은 눈금을 0점에 맞춘 후 양쪽의 개구부를 막았을 때 바늘이 0점으로부터 오차범위가 1/8인치 이상 벗어나지 않아야 한다.

④ 열선 풍속계(thermal anemometer)
   ㉠ 미세한 백금 또는 텅스텐의 금속선이 공기와 접촉하여 금속의 온도가 변하고 이에 따라 전기저항이 변하여 유속을 측정한다. 따라서 기류속도가 낮을 때도 정확한 측정이 가능하다.
   ㉡ 가열된 공기가 지나가면서 빼앗는 열의 양은 공기의 속도에 비례한다는 원리를 이용하며 국소배기장치 검사에 공기유속을 측정하는 유속계 중 가장 많이 사용된다.
   ㉢ 속도센서 및 온도센서로 구성된 프로브(probe)을 사용하며 probe는 급기, 배기 개구부에서 직접 공기의 속도 측정, 저유속 측정, 실내공기 흐름 측정, 후드 유속을 측정하는 데 사용한다.
   ㉣ 부식성 환경, 가연성 환경, 분진량이 많은 경우에는 사용할 수 없다.
⑤ 카타온도계(kata thermometer)
   ㉠ 기기 내의 알코올이 위의 눈금($100°F$)에서 아래 눈금($95°F$)까지 하강하는 데 소요되는 시간을 측정하여 기류를 간접적으로 측정한다.
   ㉡ 기류의 방향이 일정하지 않던가, 실내 0.2~0.5m/sec 정도의 불감기류 측정 시 사용한다.
⑥ 풍차 풍속계
   ㉠ 풍차의 회전속도로 풍속(1~150m/sec 범위)을 측정하며, 옥외용이다.
   ㉡ 기류가 아주 낮을 때는 적합하지 않다.
⑦ 풍향 풍속계
⑧ 마노미터

(6) 압력측정기기
① 피토관
② U자 마노미터(U튜브형 마노미터)
   ㉠ 가장 간단한 압력측정기기이다.
   ㉡ U튜브에 상용하는 매체는 주로 물, 알코올, 수은, 기름 등이다.
③ 경사 마노미터
   ㉠ 일반적으로 10 : 1의 경사기울기를 갖는다.
   ㉡ 정밀측정 시 사용한다.
④ 아네로이드 게이지
   ㉠ 현장용으로 많이 사용한다.
   ㉡ 피토튜브로 정압, 속도압, 전압을 측정하고, 단일튜브로 정압을 측정한다.
⑤ 마크네헬릭 게이지
   ㉠ 휴대가 간편하며, 판독이 쉽다.
   ㉡ 마노미터보다 응답성능이 좋으며, 유지관리가 용이하다.

핵심이론 115 　작업환경관리

(1) 작업환경관리의 목적
① 산업재해 예방 및 방지
② 근로자 의욕고취
③ 작업능률 향상
④ 작업환경의 개선

(2) 작업환경관리의 과정
유해요인 확인 → 유해요인 인식 → 작업환경 측정 → 작업환경 평가 → 개선대책 실시

(3) 작업환경관리의 우선순위
제거 → 대체 → 환기 → 교육 → 보호구 착용

(4) 작업환경 개선의 공학적 대책
① 대치 (대체)
　㉠ 공정의 변경
　㉡ 시설의 변경
　㉢ 유해물질의 변경
② 격리 (밀폐)
　㉠ 저장물질의 격리
　㉡ 시설의 격리
　㉢ 공정의 격리
　㉣ 작업자의 격리
③ 환기
④ 교육

핵심이론 116 　보호구 선택 시 구비조건

① 가벼울 것
② 사용이 간편할 것
③ 착용감이 좋으며 불쾌감이 없을 것
④ 흡기나 배기저항이 작아 호흡하기 편할 것

⑤ 시야가 우수할 것
⑥ 대화가 가능할 것
⑦ 안면부가 부드러울 것
⑧ 위생적이며 작업방해가 없을 것
⑨ 보관, 세척이 편리하고 보수가 간편할 것
⑩ 얼굴, 체형에 맞게 밀착이 잘될 것
⑪ 공인기관으로부터 성능에 대한 검정을 받은 것

핵심이론 117 호흡용 보호구

(1) 개요
① 유해물질들은 대부분이 코나 입 등의 호흡기를 통해서 체내로 흡입되면서 건강장애를 초래하게 되는데 호흡기를 통해 흡입되는 유해물질을 강제로 차단하거나 공기를 정화해 주는 보호구를 호흡용 보호구라 한다.
② 분진의 체내 침입을 방지하는 방진마스크, 가스나 증기가 체내로 들어가는 것을 방지하는 방독마스크, 송기마스크, 자급식 호흡기 등이 있다.
③ 방진마스크와 방독마스크는 외기를 여과하여 오염물질을 제거하므로 산소결핍장소에서 착용해서는 안 된다.
④ 대기에 대한 압력상태에 따라 음압식과 양압식 호흡보호구로 구분된다.
⑤ NIOSH는 발암물질에 대하여 음압식 호흡보호구를 사용하지 않도록 권고한다.
⑥ 페인트 도장이나 농약살포와 같이 공기 중에 가스 및 증기상 물질과 분진이 동시에 존재하는 경우 호흡보호구에 이용되는 가장 적절한 공기정화기는 만능 캐니스터(방진·방독 겸용 마스크)이다.

(2) 구분
① 공기정화식 (여과식)
  ㉠ 공기가 호흡기로 흡입되기 전에 여과재 또는 정화통에 의해 유해물질을 제거하는 방식이다.
  ㉡ 가격이 저렴하고 사용이 간편하여 널리 사용되지만 산소가 18% 미만인 장소에서는 사용할 수 없다.
  ㉢ 단시간 노출되었을 시 사망 또는 회복 불가능한 상태를 초래할 수 있는 농도 이상에서는 공기정화식을 사용할 수 없다.

② 공기공급식
공기공급관, 공기호스 또는 자급식 공기원으로 구성된 호흡용 보호구에서 신선한 공기만을 공급하는 방식이다.

핵심이론 118 | 방진마스크

(1) 개요
① 공기 중의 유해한 분진, 미스트, 흄 등을 여과재를 통해 제거하여 유해물질이 근로자의 호흡기를 통하여 체내에 유입되는 것을 방지하기 위해 사용되는 보호구를 말하며 분진제거용 필터는 일반적으로 압축된 섬유상 물질을 사용한다.
② 산소농도가 정상적(산소농도 18% 이상)이고 유해물질의 농도가 규정 이하 농도의 먼지만 존재하는 작업장에서는 방진마스크를 사용한다.
③ 방진마스크는 비휘발성 입자에 대한 보호가 가능하다.

(2) 방진마스크의 선정조건(구비조건)
① 흡기저항 및 흡기저항 상승률이 낮을 것 : 일반적 흡기저항 범위 → 6~8mmH$_2$O
② 배기저항이 낮을 것 : 일반적 배기저항 기준 → 6mmH$_2$O 이하
③ 여과재 포집효율이 높을 것
④ 착용 시 시야 확보가 용이할 것 : 하방시야가 60° 이상이 되어야 함
⑤ 중량은 가벼울 것
⑥ 안면에서의 밀착성이 클 것
⑦ 침입률 1% 이하까지 정확히 평가 가능할 것
⑧ 피부접촉 부위가 부드러울 것
⑨ 사용 후 손질이 간단할 것
⑩ 무게중심은 안면에 강한 압박감을 주지 않는 위치에 있을 것

(3) 여과재의 재질
① 면, 모
② 유리섬유
③ 합성섬유
④ 금속섬유

(4) 보호구 안전인증 고시
① 용어
  ㉠ 분진 등
   분진, 미스트 및 흄을 총칭하는 것으로 물리적 작용 및 화학적 반응에 의해 생성된 고체 또는 액체입자를 말한다.
  ㉡ 전면형 방진마스크
   분진 등으로부터 안면부 전체(입, 코, 눈)를 덮을 수 있는 구조의 방진마스크를 말한다.
  ㉢ 반면형 방진마스크
   분진 등으로부터 안면부의 입과 코를 덮을 수 있는 구조의 방진마스크를 말한다.
  ㉣ 신장률
   시편에 인장하중을 가하고 난 후 인장을 받아 생기는 방향으로의 변형을 말하며 원래 길이에 대한 늘어난 길이의 비를 백분율로 나타낸 것을 말한다.
  ㉤ 영구 변형률
   시편에 일정시간동안 인장하중을 가하고 난 후 원상태로 되돌아오지 않고 남아있는 변형을 말하며 원래 길이에 대한 늘어난 길이의 비를 백분율로 나타낸 것을 말한다.
② 방진마스크의 성능기준

번호	구분	내용			
1	등급	|| 방진마스크의 등급 ||			
		등급	특급	1급	2급
		사용 장소	• 베릴륨 등과 같이 독성이 강한 물질들을 함유한 분진 등 발생장소 • 석면 취급장소	• 특급마스크 착용장소를 제외한 분진 등 발생장소 • 금속흄 등과 같이 열적으로 생기는 분진 등 발생장소 • 기계적으로 생기는 분진 등 발생장소(규소 등과 같이 2급 방진마스크를 착용하여도 무방한 경우는 제외한다)	특급 및 1급 마스크 착용장소를 제외한 분진 등 발생장소
		배기밸브가 없는 안면부여과식 마스크는 특급 및 1급 장소에 사용해서는 안 된다.			

번호	구분	내용

| 2 | 형태 및 구조 분류 | **방진마스크의 형태** |

종류	분리식		안면부여과식
	격리식	직결식	
형태	전면형	전면형	반면형
	반면형	반면형	
사용조건	산소농도 18% 이상인 장소에서 사용하여야 한다.		

형태별 구조분류

형태	분리식		안면부여과식
	격리식	직결식	
구조 분류	안면부, 여과재, 연결관, 흡기밸브, 배기밸브 및 머리끈으로 구성되며 여과재에 의해 분진 등이 제거된 깨끗한 공기를 연결관으로 통하여 흡기밸브로 흡입되고 체내의 공기는 배기밸브를 통하여 외기중으로 배출하게 되는 것으로 부품을 자유롭게 교환할 수 있는 것을 말한다.	안면부, 여과재, 흡기밸브, 배기밸브 및 머리끈으로 구성되며 여과재에 의해 분진 등이 제거된 깨끗한 공기가 흡기밸브를 통하여 흡입되고 체내의 공기는 배기밸브를 통하여 외기중으로 배출하게 되는 것으로 부품을 자유롭게 교환할 수 있는 것을 말한다.	여과재로 된 안면부와 머리끈으로 구성되며 여과재인 안면부에 의해 분진 등을 여과한 깨끗한 공기가 흡입되고 체내의 공기는 여과재인 안면부를 통해 외기중으로 배기되는 것으로 (배기밸브가 있는 것은 배기밸브를 통하여 배출)부품이 교환될 수 없는 것을 말한다.

| 3 | 구조 | ① 방진마스크의 일반구조
　㉠ 착용 시 이상한 압박감이나 고통을 주지 않을 것
　㉡ 전면형은 호흡 시에 투시부가 흐려지지 않을 것
　㉢ 분리식 마스크에 있어서는 여과재, 흡기밸브, 배기밸브 및 머리끈을 쉽게 교환할 수 있고 착용자 자신이 안면과 분리식 마스크의 안면부와의 밀착성 여부를 수시로 확인할 수 있어야 할 것
　㉣ 안면부여과식의 마스크는 여과재로 된 안면부가 사용기간 중심하게 변형되지 않을 것
　㉤ 안면부여과식 마스크는 여과재를 안면에 밀착시킬 수 있어야 할 것
② 방진마스크 각부의 구조
　㉠ 방진마스크는 쉽게 착용되어야 하고 착용하였을 때 안면부가 안면에 밀착되어 공기가 새지 않을 것
　㉡ 흡기밸브는 미약한 호흡에 대하여 확실하고 예민하게 작동하도록 할 것
　㉢ 배기밸브는 방진마스크의 내부와 외부의 압력이 같을 경우 항상 닫혀 있도록 할 것. 또한, 약한 호흡 시에도 확실하고 예민하게 작동하여야 하며 외부의 힘에 의하여 손상되지 않도록 덮개 등으로 보호되어 있을 것
　㉣ 연결관(격리식에 한한다)은 신축성이 좋아야 하고 여러 모양의 구부러진 상태에서도 통기에 지장이 없을 것(또한, 턱이나 팔의 압박이 있는 경우에도 통기에 지장이 없어야 하며 목의 운동에 지장을 주지 않을 정도의 길이를 가질 것)
　㉤ 머리끈은 적당한 길이 및 탄력성을 갖고 깊이를 쉽게 조절할 수 있을 것 |

번호	구분	내용
4	재료	방진마스크의 재료 ① 안면에 밀착하는 부분은 피부에 장해를 주지 않을 것 ② 여과재는 여과성능이 우수하고 인체에 장해를 주지 않을 것 ③ 방진마스크에 사용하는 금속부품은 내식성을 갖거나 부식방지를 위한 조치가 되어 있을 것 ④ 전면형의 경우 사용할 때 충격을 받을 수 있는 부품은 충격 시에 마찰 스파크를 발생되어 가연성의 가스혼합물을 점화시킬 수 있는 알루미늄, 마그네슘, 티타늄 또는 이의 합금을 사용하지 않을 것 ⑤ 반면형의 경우 사용할 때 충격을 받을 수 있는 부품은 충격 시에 마찰 스파크를 발생되어 가연성의 가스혼합물을 점화시킬 수 있는 알루미늄, 마그네슘, 티타늄 또는 이의 합금을 최소한 사용할 것

시험성능기준

번호	구분	내용			
5	안면부 흡기 저항	형태 및 등급		유량(ℓ/min)	차압(Pa)
		분리식	전면형	160	250 이하
				30	50 이하
				95	150 이하
			반면형	160	200 이하
				30	50 이하
				95	130 이하
		안면부 여과식	특급	30	100 이하
			1급		70 이하
			2급		60 이하
			특급	95	300 이하
			1급		240 이하
			2급		210 이하

번호	구분	형태 및 등급		염화나트륨(NaCl) 및 파라핀 오일(Paraffin oil) 시험(%)
6	여과재 분진 등 포집 효율	분리식	특급	99.95 이상
			1급	94.0 이상
			2급	80.0 이상
		안면부 여과식	특급	99.0 이상
			1급	94.0 이상
			2급	80.0 이상

번호	구분	내용			
7	안면부 배기저항	형태	유량(ℓ/min)	차압(Pa)	
		분리식	160	300 이하	
		안면부 여과식	160	300 이하	
8	안면부 누설률	형태 및 등급		누설률(%)	
		분리식	전면형	0.05 이하	
			반면형	5 이하	
		안면부 여과식	특급	5 이하	
			1급	11 이하	
			2급	25 이하	
9	배기밸브 작동	정확하게 작동할 것			
10	시야	형태		시야(%)	
				유효시야	겹침시야
		전면형	1안식	70 이상	80 이상
			2안식	70 이상	20 이상
11	강도, 신장율 및 영구 변형율	형태	부품	강도	신장률(%)	영구변형률(%)
		분리식 전면형	머리끈과 안면부의 연결부	찢어짐 또는 끊어짐이 없을 것	–	–
			머리끈	–	100 이하	5 이하
			안면부와 나사연결부	찢어짐 또는 끊어짐이 없을 것	–	–
			배기밸브 덮개	이탈되지 않을 것	–	–
		분리식 반면형	머리끈과 안면부의 연결부	찢어짐 또는 끊어짐이 없을 것	–	–
			안면부와 여과재 연결부	이탈되지 않을 것	–	–
			배기밸브 덮개	이탈되지 않을 것	–	–
		안면부 여과식	배기밸브 덮개	이탈되지 않을 것	–	–
		분리식	음성전달판의 조립부	이탈되지 않을 것	–	–
12	불연성	불꽃을 제거했을 때 안면부가 계속적으로 타지 않을 것			
13	음성 전달판	찢어지거나 변형이 없을 것			

번호	구분	내용			
14	투시부의 내충격성	이탈, 균형, 깨어짐 및 갈라짐이 없을 것			
15	여과재 질량		형태		질량(g)
		분리식	전면형		500 이하
			반면형		300 이하
16	여과재 호흡저항		형태 및 등급	유량(L/min)	차압(Pa)
		분리식	특급	30	120 이하
				95	420 이하
			1급	30	70 이하
				95	240 이하
			2급	30	60 이하
				95	210 이하
17	안면부 내부의 이산화탄소 농도	안면부 내부의 이산화탄소 농도가 부피분율 1% 이하일 것			

핵심이론 119 방독마스크

(1) 개요
공기 중에 유해가스, 증기 등을 흡수관을 통해 제거하여 근로자의 호흡기 내로 침입하는 것을 가능한 적게 하기 위해 착용하는 호흡보호구이다.

(2) 흡수제의 재질
① 활성탄(activated carbon)
  ㉠ 가장 많이 사용되는 물질
  ㉡ 비극성(유기용제)에 일반적 사용
② 실리카겔(silica gel)
  극성에 일반적 사용
③ 염화칼슘(soda lime)
④ 제올라이트(zeolite)

(3) 방독마스크 정화통(카트리지, cartridge) 수명에 영향을 주는 인자
   ① 작업장 습도(상대습도) 및 온도
   ② 착용자의 호흡률(노출조건)
   ③ 작업장 오염물질의 농도
   ④ 흡착제의 질과 양
   ⑤ 포장의 균일성과 밀도
   ⑥ 다른 가스, 증기와 혼합 유무

(4) 방독마스크 사용상 주의점
   ① 고농도 작업장(IDLH : 순간적으로 건강이나 생명에 위험을 줄 수 있는 유해물질의 고농도 상태)이나 산소결핍의 위험이 있는 작업장(산소농도 18% 이하)에서는 절대 사용해서는 안 되며 대상 가스에 맞는 정화통을 사용하여야 한다.
   ② 정화통의 종류에 따라 더 이상 유해물질을 흡수할 수 없는 사용한도시간(파과시간)이 있으므로 마스크 사용시간을 기록하여 사용한도시간을 넘어서는 마스크를 사용해서는 안 된다.
   ③ 마스크 착용 중 가스 냄새가 나거나 숨쉬기가 답답하다고 느낄 때에는 즉시 작업을 중지하고 새로운 정화통으로 교환해야 한다(정화통은 한번 개봉하면 재사용을 피하는 것이 좋음).
   ④ 정화통은 작업자가 필요에 따라 언제든지 교환할 수 있도록 작업자가 쉽게 찾을 수 있는 곳에 보관해야 한다.
   ⑤ 가스나 증기상의 물질과 분진이 동시에 발생하는 작업장에서는 1차적으로 분진을 걸러줄 수 있는 필터가 장착된 마스크를 착용해야 한다.
   ⑥ 유해물질이 존재하는 곳에 마스크를 보관하게 되면 정화통의 사용한도시간이 단축되므로 반드시 신선하고 건조한 장소에서 비닐팩 속에 넣어 보관해야 한다.
   ⑦ 마스크 본체를 세척할 필요가 있을 때는 적당한 세척제를 푼 따뜻한 물이나 위생액으로 닦아낸 후 파손상태를 정기적으로 검사하고 정화통은 절대로 세척해서는 안 된다.
   ⑧ 방독마스크는 일시적인 작업 또는 긴급용으로 사용하여야 한다.
   ⑨ 산소결핍 위험이 있는 경우, 유효시간이 불분명한 경우는 송기마스크나 자급식 호흡기를 사용한다.

(5) 흡수관 수명
   ① 흡수관의 수명은 시험가스가 파과되기 전까지의 시간을 의미한다.
   ② 검정 시 사용하는 물질은 사염화탄소(CCl_4)이다.
   ③ 방독마스크의 사용가능 여부를 가장 정확히 확인할 수 있는 것은 파과곡선이다.

④ 파과시간 (유효시간)

$$\text{유효시간} = \frac{\text{표준유효시간} \times \text{시험가스 농도}}{\text{작업장의 공기 중 유해가스 농도}}$$

기출 및 예상문제 01

공기 중의 사염화탄소 농도가 0.2%이며 사용하는 정화통의 정화능력이 사염화탄소 0.5%에서 60분간 사용가능하다면 방독면의 사용가능시간(분)은?

풀이

$$\text{사용가능시간} = \frac{\text{표준유효시간} \times \text{시험가스 농도}}{\text{공기 중 유해가스 농도}}$$

$$= \frac{0.5 \times 60}{0.2} = 150\text{분}$$

(6) 정화통(흡수관) 종류 구분

흡수관 종류	색
유기화합물용	갈색
할로겐용, 황화수소용, 시안화수소용	회색
아황산용	노란색
암모니아용	녹색
복합용 및 겸용	• 복합용의 경우 : 해당 가스 모두 표시(2층 분리) • 겸용의 경우 : 백색과 해당 가스 모두 표시(2층 분리)

※ 증기밀도가 낮은 유기화합물 정화통의 경우 색상표시 및 화학물질명 또는 화학기호를 표기
※ 유기화합물(용기용제용) 정화통은 습도가 낮을수록, 산성용(황화수소, 아황산가스, 할로겐가스 등) 정화통은 습도가 높을수록(50% 이상) 수명은 길어진다.

(7) 보호구 안전인증 고시

① 용어
  ㉠ 파과
    대응하는 가스에 대하여 정화통 내부의 흡착제가 포화상태가 되어 흡착능력을 상실한 상태를 말한다.
  ㉡ 파과시간
    어느 일정농도의 유해물질 등을 포함한 공기를 일정 유량으로 정화통에 통과하기 시작부터 파과가 보일 때까지의 시간을 말한다.
  ㉢ 파과곡선
    파과시간과 유해물질 등에 대한 농도와의 관계를 나타낸 곡선을 말한다.

ⓔ 전면형 방독마스크

유해물질 등으로부터 안면주 전체(입, 코, 눈)를 덮을 수 있는 구조의 방독마스크를 말한다.

ⓜ 반면형 방독마스크

유해물질 등으로부터 안면부의 입과 코를 덮을 수 있는 구조의 방독마스크를 말한다.

ⓑ 복합용 방독마스크

두 종류 이상의 유해물질 등에 대한 제독능력이 있는 방독마스크를 말한다.

ⓢ 겸용 방독마스크

방독마스크(복합용 포함)의 성능에 방진마스크의 성능이 포함된 방독마스크를 말한다.

② 방독마스크의 성능기준

번호	구분	내용
1	종류	**방독마스크의 종류** | 종류	시험가스
---	---
유기화합물용	시클로헥산(C_6H_{12})
	디메틸에테르(CH_3OCH_3)
	이소부탄(C_4H_{10})
할로겐용	염소가스 또는 증기(Cl_2)
황화수소용	황화수소가스(H_2S)
시안화수소용	시안화수소가스(HCN)
아황산용	아황산가스(SO_2)
암모니아용	암모니아가스(NH_3)	
2	등급 및 형태 분류	**방독마스크의 등급** | 등급	사용장소
---	---
고농도	가스 또는 증기의 농도가 100분의 2(암모니아에 있어서는 100분의 3) 이하의 대기 중에서 사용하는 것
중농도	가스 또는 증기의 농도가 100분의 1(암모니아에 있어서는 100분의 1.5) 이하의 대기 중에서 사용하는 것
저농도 및 최저농도	가스 또는 증기의 농도가 100분의 0.1 이하의 대기 중에서 사용하는 것으로서 긴급용이 아닌 것	 [비고] 방독마스크는 산소농도가 18% 이상인 장소에서 사용하여야 하고, 고농도와 중농도에서 사용하는 방독마스크는 전면형(격리식, 직결식)을 사용해야 한다.

번호	구분	내용			
2	등급 및 형태 분류	**방독마스크의 형태 및 구조**			
		형태			구조
		격리식	전면형		정화통, 연결관, 흡기밸브, 안면부, 배기밸브 및 머리끈으로 구성되고, 정화통에 의해 가스 또는 증기를 여과한 청정공기를 연결관을 통하여 흡입하고 배기는 배기밸브를 통하여 외기중으로 배출하는 것으로 안면부 전체를 덮는 구조
			반면형		정화통, 연결관, 흡기밸브, 안면부, 배기밸브 및 머리끈으로 구성되고, 정화통에 의해 가스 또는 증기를 여과한 청정공기를 연결관을 통하여 흡입하고 배기는 배기밸브를 통하여 외기중으로 배출하는 것으로 코 및 입부분을 덮는 구조
		직결식	전면형		정화통, 흡기밸브, 안면부, 배기밸브 및 머리끈으로 구성되고, 정화통에 의해 가스 또는 증기를 여과한 청정공기를 흡기밸브를 통하여 흡입하고 배기는 배기밸브를 통하여 외기중으로 배출하는 것으로 정화통이 직접 연결된 상태로 안면부 전체를 덮는 구조
			반면형		정화통, 흡기밸브, 안면부, 배기밸브 및 머리끈으로 구성되고, 정화통에 의해 가스 또는 증기를 여과한 청정공기를 흡기밸브를 통하여 흡입하고 배기는 배기밸브를 통하여 외기중으로 배출하는 것으로 안면부와 정화통이 직접 연결된 상태로 코 및 입부분을 덮는 구조
3	일반구조	① 방독마스크의 일반구조 　㉠ 착용 시 이상한 압박감이나 고통을 주지 않을 것 　㉡ 착용자의 얼굴과 방독마스크의 내면사이의 공간이 너무 크지 않을 것 　㉢ 전면형은 호흡 시에 투시부가 흐려지지 않을 것 　㉣ 격리식 및 직결식 방독마스크에 있어서는 정화통·흡기밸브·배기밸브 및 머리끈을 쉽게 교환할 수 있고, 착용자 자신이 스스로 안면과 방독마스크 안면부와의 밀착성 여부를 수시로 확인할 수 있을 것 ② 방독마스크 각 부의 구조 　㉠ 방독마스크는 쉽게 착용할 수 있고, 착용하였을 때 안면부가 안면에 밀착되어 공기가 새지 않을 것 　㉡ 정화통 내부의 흡착제는 견고하게 충진되고 충격에 의해 외부로 노출되지 않을 것 　㉢ 흡기밸브는 미약한 호흡에 대하여 확실하고 예민하게 작동할 것 　㉣ 배기밸브는 방독마스크의 내부와 외부의 압력이 같을 경우 항상 닫혀 있어야 하고 미약한 호흡에 대하여 확실하고 예민하게 작동하여야 하며 외부의 힘에 의하여 손상되지 않도록 덮개 등으로 보호되어 있을 것 　㉤ 연결관은 신축성이 좋아야 하고 여러 모양의 구부러진 상태에서도 통기에 지장이 없어야 하고 턱이나 팔의 압박이 있는 경우에도 통기에 지장이 없어야 하며 목의 운동에 지장을 주지 않을 정도의 길이를 가질 것 　㉥ 머리끈은 적당한 길이 및 탄력성을 갖고 길이를 쉽게 조절할 수 있을 것			

번호	구분	내용
4	재료	방독마스크의 재료 ① 안면에 밀착하는 부분은 피부에 장해를 주지 않을 것 ② 흡착제는 흡착성능이 우수하고 인체에 장해를 주지 않을 것 ③ 방독마스크에 사용하는 금속부품은 부식되지 않을 것 ④ 방독마스크를 사용할 때 충격을 받을 수 있는 부품은 충격 시에 마찰 스파크가 발생되어 가연성의 가스혼합물을 점화시킬 수 있는 알루미늄, 마그네슘, 티타늄 또는 이의 합금으로 만들지 말 것

시험성능기준

번호	구분	내용			
5	안면부 흡기저항	형태		유량(L/min)	차압(Pa)
		격리식 및 직결식	전면형	160	250 이하
				30	50 이하
				95	150 이하
			반면형	160	200 이하
				30	50 이하
				95	130 이하

번호	구분	내용
6	정화통의 제독능력	① 시험가스 함유공기의 경우 다음 표의 파과농도에 도달할 때까지의 시간이 우측의 파과시간 이상일 것 ② 복합용의 경우 해당 시험가스에 대하여 정화통 제독능력시험을 각각 측정한다. ③ 겸용의 경우 정화통이 장착된 상태에서 제독능력 및 분집포집효율을 측정한다.

시험가스의 조건 및 파과농도, 파과시간 등

종류 및 등급		시험가스의 조건		파과 농도 (ppm, ±20%)	파과 시간 (분)	분진 포집 효율 (%)
		시험가스	농도(%) (±10%)			
유기화합 물용	고농도	시클로헥산	0.8	10.0	65 이상	** 특급 : 99.95 1급 : 94.0 2급 : 80.0
	중농도	시클로헥산	0.5		35 이상	
	저농도	시클로헥산	0.1		70 이상	
	최저 농도	시클로헥산	0.1		20 이상	
		디메틸에테르	0.05	5.0	50 이상	
		이소부탄	0.25			
할로겐용	고농도	염소가스	1.0	0.5	30 이상	
	중농도	염소가스	0.5		20 이상	
	저농도	염소가스	0.1		20 이상	
황화 수소용	고농도	황화수소가스	1.0	10.0	60 이상	
	중농도	황화수소가스	0.5		40 이상	
	저농도	황화수소가스	0.1		40 이상	

번호	구분	내용					
6	정화통의 제독능력	종류 및 등급		시험가스의 조건		파과농도 (ppm, ±20%)	파과시간 (분)	분진포집효율 (%)
				시험가스	농도(%) (±10%)			
		시안화수소용	고농도	시안화수소가스	1.0	10.0*	35 이상	
			중농도	시안화수소가스	0.5		25 이상	
			저농도	시안화수소가스	0.1		25 이상	
		아황산용	고농도	아황산가스	1.0	5.0	30 이상	
			중농도	아황산가스	0.5		20 이상	
			저농도	아황산가스	0.1		20 이상	
		암모니아용	고농도	암모니아가스	1.0	25.0	60 이상	
			중농도	암모니아가스	0.5		40 이상	
			저농도	암모니아가스	0.1		50 이상	

* 시안화수소가스에 의한 제독능력시험 시 시아노겐(C_2N_2)은 시험가스에 포함될 수 있다.
($C_2Na+H(N)$)을 포함한 파과농도는 10ppm을 초과할 수 없다.
** 겸용의 경우 정화통과 여과재가 장착된 상태에서 분진포집효율시험을 하였을 때 등급에 따른 기준치 이상일 것

번호	구분	내용		
7	안면부 배기저항	형태	유량(L/min)	차압(Pa)
		격리식 및 직결식	160	300 이하

번호	구분	내용		
8	안면부 누설률	형태		누설률(%)
		격리식 및 직결식	전면형	0.05 이하
			반면형	5 이하

번호	구분	내용
9	배기밸브작동	정확하게 작동할 것

번호	구분	내용			
10	시야	형태		시야(%)	
				유효시야	겹침시야
		전면형	1안식	70 이상	80 이상
			2안식		20 이상

번호	구분	내용				
11	강도, 신장률 및 영구변형률	형태	부품	강도	신장률 (%)	영구변형률 (%)
		전면형	머리끈과 안면부의 연결부	찢어짐 또는 끊어짐이 없을 것	–	–
			머리끈	–	100 이하	5 이하
			안면부와 나사 연결부	찢어짐 또는 끊어짐이 없을 것	–	–
			배기밸브 덮개	이탈되지 않을 것	–	–

번호	구분	내용				
11	강도, 신장률 및 영구변형률	형태	부품	강도	신장률(%)	영구변형률(%)
		반면형	머리끈과 안면부의 연결부	찢어짐 또는 끊어짐이 없을 것	-	-
			안면부와 정화통 연결부	찢어짐 또는 끊어짐이 없을 것	-	-
			배기밸브 덮개	이탈되지 않을 것	-	-
			음성전달판의 조립부	이탈되지 않을 것	-	-
12	불연성	불꽃을 제거했을 때 안면부가 계속적으로 타지 않을 것				
13	음성전달판	찢어지거나 변형이 없을 것				
14	투시부의 내충격성	이탈, 균열, 깨어짐 및 갈라짐이 없을 것				
15	정화통 질량(여과재가 있는 경우 포함)	형태			누설률(%)	
		격리식 및 직결식		전면형	500 이하	
				반면형	300 이하	

번호	구분	내용				
16	정화통 호흡저항	등급		최대 호흡저항(Pa)		표면막힘 전처리후 95L/min에서 최대호흡저항(Pa)
		고농도	*정화통(특급)	280	1,060	1,140
			*정화통(1급)	230	880	1,140
			*정화통(2급)	220	850	1,040
			정화통	160	640	-
		중농도	*정화통(특급)	260	980	1,060
			*정화통(1급)	210	800	1,060
			*정화통(2급)	200	770	960
			정화통	140	560	-
		저농도 및 최저농도	*정화통(특급)	220	820	900
			*정화통(1급)	170	640	900
			*정화통(2급)	160	610	800
			정화통	100	400	-
		* 특급, 1급, 2급의 방진마스크 여과재가 장착된 상태임 * 표면막힘전처리 후 최대호흡저항은 부가성능 기준으로 신청자의 요구 시에 시험할 수 있음 * 증기밀도가 낮은 유기화합물의 호흡저항 기준은 중농도 조건에 따름(정화통 호흡저항기준)				
17	안면부 내부의 이산화탄소 농도	안면부 내부의 이산화탄소(CO_2)농도가 부피분율 1% 이하일 것				

번호	구분	내용
18	추가표시	안전인증 방독마스크에는 안전인증의 표시에 따른 표시 외에 다음의 내용을 추가로 표시해야 한다. ① 파과곡선도 ② 사용시간 기록카드 ③ 정화통의 외부측면의 표시 색(표 5에 따름) ④ 사용상의 주의사항 **∥정화통의 외부 측면의 표시 색∥** <table><tr><th>종류</th><th>표시색</th></tr><tr><td>유기화합물용 정화통</td><td>갈색</td></tr><tr><td>할로겐용 정화통</td><td rowspan="3">회색</td></tr><tr><td>황화수소용 정화통</td></tr><tr><td>시안화수소용 정화통</td></tr><tr><td>아황산용 정화통</td><td>노랑색</td></tr><tr><td>암모니아용 정화통</td><td>녹색</td></tr><tr><td>복합용 및 겸용의 정화통</td><td>• 복합용의 경우 해당 가스 모두 표시(2층 분리) • 겸용의 경우 백색과 해당 가스 모두 표시(2층 분리)</td></tr></table>※ 증기밀도가 낮은 유기화합물 정화통의 경우 색상표시 및 화학물질명 또는 화학기호를 표기

핵심이론 120 송기마스크

(1) 개요

① 산소가 결핍된 환경 또는 유해물질의 농도가 높거나 독성이 강한 작업장에서 사용해야 한다.

② 에어라인(air-line) 마스크와 자가공기공급장치(SCBA)가 보호구로서 대표적이다.

(2) 공기공급식 사용상 주의점

① 전동식 공기정화형 호흡보호구는 생명과 건강에 즉각적으로 위험을 줄 수 있는 고농도의 작업장에서 사용할 수 없으며, 유해물질의 종류에 맞는 정화물질을 잘 선택하여 사용해야 한다.

② 동력장치의 경우 작업 중 동력이 떨어지지 않도록 주기적으로 동력(배터리)을 체크해야 한다.

③ 공기공급식 호흡보호구는 외부에서 신선한 공기를 공급해 주기 때문에 만약 공급되는 공기가 오염되어 있으면 오히려 건강을 해치거나 작업자가 두통을 호소하는 등 부작용이 있을 수 있으므로 주기적으로 공기의 신선도를 체크해 주고, 필터 등을 점검하여 자주 교체해 주어야 한다.

④ 고농도의 아주 위험한 작업을 수행할 때는 외부에서 공급되는 공기가 갑자기 차단되거나 전동장치에 문제가 있을 때 대처할 수 있도록 비상용 공기통을 준비하여 바로 사용할 수 있도록 한다.

⑤ 외부에서 공급되는 공기의 압력에 의해 소음이 발생될 수 있으므로 소음을 체크하여 작업에 방해가 될 때에는 소음기를 부착해야 한다.

⑥ 유해물질의 농도가 극히 높으면 자기공급식 장치를 사용한다.

(3) 송기마스크를 착용하여야 할 작업 (산업안전보건기준에 관한 규칙)

① 환기를 할 수 없는 밀폐공간에서의 작업
② 밀폐공간에서 비상 시에 근로자를 피난시키거나 구출작업
③ 탱크, 보일러 또는 반응탑의 내부 등 통풍이 불충분한 장소에서의 용접작업
④ 지하실 또는 맨홀의 내부 기타 통풍이 불충분한 장소에서 가스배관의 해체 또는 부착 작업을 할 때 환기가 불충분한 경우
⑤ 국소배기장치를 설치하지 아니한 유기화합물 취급 특별장소에서 관리대상 물질의 단시간 취급업무
⑥ 유기화학물을 넣었던 탱크 내부에서 세정 및 도장 업무

(4) 보호구 안전인증 고시

① 용어
  ㉠ 안면부 등
    안면부, 페이스실드 및 후드를 말한다.
  ㉡ 디맨드밸브
    흡기 때 열리고 흡기를 정지시켰을 때 배기할 때 닫히는 밸브를 말한다.
  ㉢ 압력 디맨드밸브
    안면부 안이 외기압보다 일정 정도만 양압이 되도록 설계된 밸브로서 안면부 안에 일정 양압 이하가 되는 경우 작동하는 밸브를 말한다.
  ㉣ 공급밸브
    디맨드밸브와 압력 디맨드밸브를 말한다.
  ㉤ AL마스크
    에어라인 마스크와 복합식 에어라인 마스크를 말한다.

② 송기마스크의 성능기준

번호	구분	내용
1	종류 및 등급	**송기마스크의 종류 및 등급** <table><tr><th>종류</th><th colspan="2">등급</th><th>구분</th></tr><tr><td rowspan="3">호스 마스크</td><td colspan="2">폐력흡인형</td><td>안면부</td></tr><tr><td rowspan="2">송풍기형</td><td>전동</td><td>안면부, 페이스실드, 후드</td></tr><tr><td>수동</td><td>안면부</td></tr><tr><td rowspan="3">에어라인 마스크</td><td colspan="2">일정유량형</td><td>안면부, 페이스실드, 후드</td></tr><tr><td colspan="2">디맨드형</td><td>안면부</td></tr><tr><td colspan="2">압력 디맨드형</td><td>안면부</td></tr><tr><td rowspan="2">복합식 에어라인 마스크</td><td colspan="2">디맨드형</td><td>안면부</td></tr><tr><td colspan="2">압력 디맨드형</td><td>안면부</td></tr></table> **송기마스크의 종류에 따른 형상 및 사용범위** <table><tr><th>종류</th><th>등급</th><th>형상 및 사용범위</th></tr><tr><td rowspan="2">호스 마스크</td><td>폐력흡인형</td><td>호스의 끝을 신선한 공기 중에 고정시키고 호스, 안면부를 통하여 착용자가 자신의 폐력으로 공기를 흡입하는 구조로서, 호스는 원칙적으로 안지름 19mm 이상, 길이 10m 이하이어야 한다.</td></tr><tr><td>송풍기형</td><td>전동 또는 수동의 송풍기를 신선한 공기 중에 고정시키고 호스, 안면부 등을 통하여 송기하는 구조로서, 송기풍량의 조절을 위한 유량조절 장치(수동 송풍기를 사용하는 경우는 공기조절 주머니도 가능) 및 송풍기에는 교환이 가능한 필터를 구비하여야 하며, 안면부를 통해 송기하는 것은 송풍기가 사고로 정지된 경우에도 착용자가 자기 폐력으로 호흡할 수 있는 것이어야 한다.</td></tr><tr><td rowspan="2">에어 라인 마스크</td><td>일정 유량형</td><td>압축 공기관, 고압 공기용기 및 공기압축기 등으로부터 중압호스, 안면부 등을 통하여 압축공기를 착용자에게 송기하는 구조로서, 중간에 송기풍량을 조절하기 위한 유량조절 장치를 갖추고 압축공기중의 분진, 기름미스트 등을 여과하기 위한 여과장치를 구비한 것이어야 한다.</td></tr><tr><td>디맨드형 및 압력 디맨드형</td><td>일정 유량형과 같은 구조로서 공급밸브를 갖추고 착용자의 호흡량에 따라 안면부 내로 송기하는 것이어야 한다.</td></tr><tr><td>복합식 에어라인 마스크</td><td>디맨드형 및 압력 디맨드형</td><td>보통의 상태에서는 디맨드형 또는 압력 디맨드형으로 사용할 수 있으며, 급기의 중단 등 긴급 시 또는 작업상 필요시에는 보유한 고압공기용기에서 급기를 받아 공기 호흡기로서 사용할 수 있는 구조로서, 고압공기 용기 및 폐지밸브는 KS P 8155(공기 호흡기)의 구정에 의한 것이어야 한다.</td></tr></table>

번호	구분	내용
2	일반구조	① 송기마스크는 급기원에서의 공기를 호스 또는 중압호스, 안면부 등을 통하여 착용자에게 송기하는 구조의 것으로서 다음과 같이 한다. 　㉠ 튼튼하고 가능한 가벼워야 하며, 장시간 사용하여도 고장이 없을 것 　㉡ 공기공급호스는 그 결합이 확실하고 누설이 우려가 없을 것 　㉢ 취급시의 충격에 대한 내성을 보유할 것 　㉣ 각 부분의 취급이 간단하고 쉽게 파손되지 않아야 하며 착용 시 압박을 주지 않을 것 ‖ 송기마스크의 각 부분의 기준 ‖ | 부분	기준
---	---
안면부	㉠ 배기밸브를 갖추어야 한다. 폐력 흡인형의 안면부는 흡기밸브도 있어야 한다. ㉡ 착용이 간단하고 머리부 조임끈은 길이를 조절할 수 있는 것이어야 한다. ㉢ 전면형은 1안식 및 2안식의 것으로서 안면전체를 가리고 누설이 없어야 하며 아이피스는 투명하여 영상이 흔들리지 않고 시야가 넓은 것으로서 사용 중 김서림이 없어야 한다. ㉣ 반면형은 코, 입 및 턱을 막아 누설되지 않아야 한다.
흡기밸브	보통의 호흡에 의하여 예민하게 작동해야 한다.
배기밸브	㉠ 밸브 및 밸브자리의 건습 상태에 관계없이 보통의 호흡에 의하여 확실하고 예민하게 작동해야 한다. ㉡ 내부와 외부의 압력이 같을 때는 안면부의 방향에 관계없이 닫힌 상태를 유지해야 한다. ㉢ 외력에 의한 손상이 생기지 않도록 덮개 등으로 보호된 것이어야 한다.
머리부 조임끈	KS M 6674(방독면)의 5.3.1(5)(강도시험)에 적합한 것이어야 한다.
페이스 실드	㉠ 착용자의 얼굴 전체를 가리는 크기이어야 한다. ㉡ 눈 부분을 가리는 부분은 투명하여 영상이 흔들리지 않고 시야가 넓은 것으로 사용 중 김서림이 없어야 한다. ㉢ 내측은 연질 플라스틱제, 고무제 또는 이와 동등이상의 재질로 안면을 둘러싸고 가능한 한 유해 오염물질이 들어오지 못하도록 해야 한다. ㉣ 용접작업에 사용하는 경우에는 검정에 합격된 용접용 보안면과 교환할 수 있는 것이어야 한다. ㉤ 바깥쪽 창틀을 들어 올릴 수 있는 것은 투시부가 흔들리지 않아야 한다.	

번호	구분	내용	
		부분	기준
2	일반구조	후드	㉠ 외부에서 유해 오염물질이 들어오지 못하도록 머리, 눈, 안면 및 목 부분 전체를 가리는 것으로 하고 목부분은 조임끈에 의해 확실하게 조여지거나 기밀이 양호한 보호복과 하나로 되어 있어야 한다. ㉡ 착용 중에 머리부를 포함하여 신체의 운동에 가능한 지장이 없어야 한다. ㉢ 송기구는 그 출구에 바람막이 판을 부착하는 등 착용자에게 불쾌감을 주지 않아야 한다. ㉣ 아이피스는 투명하여 영상이 흔들리지 않고 시야가 넓은 것으로서 사용 중 김서림이 없어야 한다. ㉤ 배기밸브는 후드내의 미약한 압력변화에 대하여도 예민하고 확실하게 작동하여야 하며 외력에 의한 변형 및 손상으로부터 보호되어야 한다. ㉥ 후드내부의 음압수준은 분당 송기량 200L에서 KS A 0701(소음도 측정방법)의 정상소음에 규정하는 방법에 따라 시험했을 때 착용자의 귀의 근방에서 80dB(A) 이하이어야 한다.
		연결관	㉠ 신축성이 양호한 것으로서 다양한 상태로 휘어져도 통기에 지장이 없어야 한다. ㉡ 턱 또는 팔의 압박에 의해서도 통기에 지장이 없어야 한다. ㉢ 목부위를 자유롭게 움직일 수 있도록 충분히 긴 것이어야 한다. ㉣ 안면부에서 호스연결부까지의 강도는 KS M 6674(방독면)의 연결관 부착 강도시험에 규정하는 방법에 따라 시험했을 때 150N 이상이어야 한다.
		유량 조절 장치	공기유량을 자유롭게 조절할 수 있어야 하며 착용자의 통상적인 수조작에 의하여도 자유롭게 조절되어야 한다. 에어라인 마스크용 유량조절장치는 출구를 완전히 닫은 상태에서 980kPa의 압력에 견디어야 한다.
		공급 밸브	㉠ 당해 제품의 사용압력에 대하여 안전성과 기밀성이 충분하여야 하며 외부로부터의 충격에 대하여 사용압력의 변동이 크지 않아야 한다. ㉡ 디맨드밸브는 흡기에 의하여 예민하게 열리고 흡기정지 시 및 배기 시에 확실하게 닫혀야 한다. ㉢ 압력 디맨드밸브는 설정 양압에 대하여 예민하게 작동해야 한다.
		감압 밸브	고압공기 용기에서의 압축공기 압력을 에어라인 마스크의 최고 사용압력 이하로 감압할 수 있는 것이어야 한다.
		여과 장치	압축공기중의 분진, 기름 미스트 등의 입자를 여과할 수 있어야 한다.
		공기 조절 주머니	내부에 스프링재료 등을 넣어 통기성을 확보하여야 하며, 그 공기량은 2L 이상이어야 한다.
		공기 취입구	폐력흡인형 호스마스크의 공기 취입구는 이물질의 침입을 방지하여야 하며 호스의 끝을 고정시킬 수 있는 유지기구를 갖추어야 한다.

번호	구분	내용		
2	일반구조	부분	기준	
		호스 연결부	나사조임식, 원터치식 또는 이와 동등 이상 구조를 사용할 수 있어야 한다. 그러나 복합식 에어라인마스크는 나사 조임식 만으로 하여서는 안 된다.	
		장착대	착용자가 호스 또는 중압호스를 뒤쪽으로 당기면서 작업할 수 있도록 견고성이 있어야 하며 착용자의 체격에 따라서 조절이 가능한 것으로서 이음매, 꿰맨 곳 및 호스연결부는 각각 1kN의 인장에 견디어야 한다.	
		케이블	전동 송풍기에 사용하는 케이블은 KS C 3004(고무, 플라스틱 절연전선시험방법)에 규정하는 캡타이어 코드 또는 이와 동등이상의 것이어야 한다.	
		긴급 시 급기 경보장치	에어라인 마스크용의 긴급 시 급기경보장치는 에어라인 마스크를 사용할 시의 안전성을 특히 높이기 위하여 사용하는 장치로서 공기원에서는 급기가 갑자기 정지되거나 극히 적은 경우 자동적으로 급기원을 다른 것으로 교환하여 그 압력공기를 착용자에게 송기할 수 있어야 한다. 또한 이 장치는 착용자 및 주변 작업자에게 긴급사태의 발생을 경보할 수 있어야 한다.	
3	재료	송기마스크의 재료 ① 강도·탄력성 등이 각 부위별 용도에 따라 적합할 것 ② 피부에 접촉하는 부분에 사용하는 재료는 자극 또는 변화를 주지 않아야 하며, 소독이 가능한 것일 것 ③ 금속재료는 내부식성이 있는 것이거나 내부식 처리를 할 것 ④ 호스 및 중압호스는 균일하고 유연성이 있어야 하며, 흠·기포·균열 등의 결점이 없고 유해가스 등에 의하여 침식되지 않을 것		

시험성능기준				
번호	구분	내용		
4	안면부 누설률	종류	등급	누설률(%)
		호스 마스크	폐력흡인형	0.05 이하
			송풍기형 전동	2 이하
			송풍기형 수동	2 이하
		에어라인 마스크	일정유량형	0.05 이하
			디맨드형	
			압력 디맨드형	
		복합식 에어라인 마스크	디맨드형	
			압력 디맨드형	
		페이스실드 또는 후드	5 이하	
5	저압부의 기밀성	공기 누설이 없어야 한다.		
6	배기밸브의 작동 기밀성	① 공기를 흡인하였을 때 바로 내부가 감압되어야 한다. ② 내외의 압력차가 980Pa이 될 때까지의 시간이 15초 이상이어야 한다.		

번호	구분	내용		
7	안면부 내의 압력	종류	흡기량(L/min)	압력(Pa)
		디맨드형	30	−245 이상 0 이하
			150	−685 이상 0 이하
		압력 디맨드형	0	90 이상 588 이하
			0 초과 200 이하	0 이상
8	통기저항	종류		흡·배기량 (L/min)	저항(Pa)
		폐력흡인형 호스마스크의 흡기저항		30	148 이하
				85	588 이하
		안면부를 가진 송기마스크의 배기저항	폐력흡인형 호스마스크	85	196 이하
			송풍기형 호스마스크 및 일정유량형 에어라인마스크	135	343 이하
			디맨드형 AL마스크	30	69 이하
				150	490 이하
			압력 디맨드형 AL마스크	30	686 이하
				150	980 이하
9	호스 및 중압호스	수압	파열, 누설, 국부적인 부풀음 등의 이상이 없어야 한다.	
		변형	심한 변형이 없고 또한 통기에 지장이 없어야 한다.	
		구부림	통기에 지장이 없어야 한다.	
10	호스 및 중압호스 연결부	인장	찢어지거나 분리되지 않아야 한다.	
		누출	공기누출이 없어야 한다.	
11	송풍기	① 안면부 등의 흡입구에서는 풍량이 50L/min 이상이고 베어링 등 작동부에 이상이 없으며 수동송풍기의 송풍기 1개당 소비에너지는 150W를 초과하지 않아야 한다. ② 송기구 1개당의 풍량이 100L/min 이상, 압력이 127.5kPa 이상이어야 한다.		
12	송풍기형 호스 마스크의 분진 포집효율	등급	효율(%)	
		전동	99.8 이상	
		수동	95.0 이상	
13	일정 유량형 에어라인 마스크의 공기공급량	등급별 구분	공기공급량(L/min)	
		안면부	85 이상	
		페이스실드 및 후드	120 이상	

핵심이론 121 호흡용 보호구의 선정방법

(1) 산소결핍, IDLH 작업상황
호흡용 보호구 내부에 양압을 유지하는 압력식 SCBA나 SCBA가 부착된 에어라인을 선택한다.

(2) 보호정도와 한계
① 보호계수(PF ; Protection Factor)
보호구를 착용함으로써 유해물질로부터 보호구가 얼마만큼 보호해 주는가의 정도를 의미

$$PF = \frac{C_o}{C_i}$$

여기서, PF : 보호계수(항상 1보다 크다)
C_i : 보호구 안의 농도
C_o : 보호구 밖의 농도

② 할당보호계수(APF ; Assigned Protection Factor)
㉠ 일반적인 PF 개념의 특별한 적용으로 적절히 밀착이 이루어진 호흡기 보호구를 훈련된 일련의 착용자들이 작업장에서 보호구 착용 시 기대되는 최소보호정도치를 의미한다.
㉡ APF 50의 의미는 APF 50의 보호구를 착용하고 작업 시 착용자는 외부 유해물질로부터 적어도 50배만큼 보호를 받을 수 있다는 의미이다.
㉢ APF가 가장 큰 것은 양압 호흡기 보호구 중 공기공급식(SCBA, 압력식) 전면형이다.
㉣ APF를 이용하여 보호구에 대한 최대사용농도를 구할 수 있다.
㉤ 관련 식

$$APF \geq \frac{C_{air}}{PEL}(= HR)$$

여기서, APF : 할당보호계수
PEL : 노출기준
C_{air} : 기대되는 공기 중 농도
HR : 위해비

③ 밀착도 검사(fit test)
㉠ 개요
ⓐ 얼굴 피부 접촉면과 보호구 안면부가 적합하게 밀착되는지를 측정하는 것이다.
ⓑ 밀착도 검사를 하는 것은 작업자가 작업장에 들어가기 전 누설 정도를 최소화시키기 위함이다.

ⓒ 어떤 형태의 마스크가 작업자에게 적합한 지 마스크를 선택하는 데 도움을 주어 작업자의 건강을 보호한다.
ⓓ 음압밀착도 자가점검은 흡입구를 막고 숨을 들이마신다.
ⓔ 양압밀착도 자가점검은 배출구를 막고 숨을 내쉰다.
ⓒ 측정방법
ⓐ 정성적인 방법(QLFT) : 냄새, 맛, 자극물질을 이용
ⓑ 정량적인 방법(QNFT) : 보호구 안과 밖에서 농도, 압력의 차이를 수적인 방법으로 나타냄
ⓒ 밀착계수(FF)
ⓐ QNFT를 이용하여 밀착정도를 나타내는 것을 의미한다.
ⓑ 보호구 안 농도(C_i)와 밖에서 농도(C_o)를 측정하여 비로 나타낸다.
ⓒ 높을수록 밀착정도가 우수하여 착용자 얼굴에 적합하다.

핵심이론 122 호흡보호구의 선정·사용 및 관리에 관한 지침

(1) 용어

① 호흡보호구
산소결핍공기의 흡입으로 인한 건강장해예방 또는 유해물질로 오염된 공기 등을 흡입함으로써 발생할 수 있는 건강장해를 예방하기 위한 보호구를 말한다.

② 방독마스크
흡입공기 중 가스·증기상 유해물질을 막아주기 위해 착용하는 호흡보호구를 말한다.

③ 방진마스크
흡입공기 중 입자상(분진, 흄, 미스트 등) 유해물질을 막아주기 위해 착용하는 호흡보호구를 말한다.

④ 송기식 마스크
작업장이 아닌 장소의 공기를 호스 등을 통하여 공급하여 흡입할 수 있도록 만들어진 호흡보호구를 말한다.

⑤ 자급식 마스크
착용자의 몸에 지닌 압력공기실린더, 압력산소실린더 또는 산소발생장치가 작동되어 호흡용 공기가 공급되도록 만들어진 호흡보호구를 말한다.

⑥ 밀착도 검사(fit test)
착용자의 얼굴에 호흡보호구가 효과적으로 밀착되는지 확인하기 위한 검사를 말한다.

⑦ **보호계수**(PF, Protection Factor)
호흡보호구 바깥쪽에서의 공기 중 오염물질 농도와 안쪽에서의 오염물질 농도비로 착용자 보호의 정도를 나타내는 척도를 말한다.

⑧ **할당보호계수**(APF, Assigned Protection Factor)
잘 훈련된 착용자가 보호구를 착용했을 때 각 호흡보호구가 제공할 수 있는 보호계수의 기대치를 말한다.

⑨ **밀폐공간**
산업안전보건기준에 관한 규칙 제618조에서 정한 내용을 말한다.

⑩ **즉시위험건강농도**(IDLH, Immediately Dangerous to Life or Health)
생명 또는 건강에 즉각적으로 위험을 초래하는 농도로서 그 이상의 농도에서 30분간 노출되면 사망 또는 회복 불가능한 건강장해를 일으킬 수 있는 농도를 말한다.

⑪ **밀착형 호흡보호구**
호흡보호구의 안면부가 얼굴이나 두부에 직접 닿는 호흡보호구를 말한다.

⑫ **유해비**
공기 중 오염물질 농도와 노출기준과의 비로 호흡보호구 착용장소의 오염정도를 나타내는 척도를 말한다.

(2) 호흡보호구의 종류
① 기능 및 안면부 형태에 따른 호흡보호구 분류
호흡보호구를 기능 및 안면부 형태별로 분류하면 다음 표와 같다.

호흡보호구의 종류

분류	공기정화식		공기공급식	
종류	비전동식	전동식	송기식	자급식
안면부 등의 형태	전면형, 반면형	전면형, 반면형	전면형, 반면형, 페이스실드, 후드	전면형
보호구 명칭	방진마스크, 방독마스크, 겸용 방독마스크 (방진+방독)	전동기 부착, 방진마스크, 방독마스크, 겸용 방독마스크 (방진+방독)	호스 마스크, 에어라인 마스크, 복합식 에어라인 마스크	공기호흡기 (개방식) 산소호흡기 (폐쇄식)

㉠ 공기정화식은 오염공기가 호흡기로 흡입되기 전에 여과재 또는 정화통을 통과시켜 오염물질을 제거하는 방식으로서 다음과 같이 비전동식과 전동식으로 분류한다.
　ⓐ 비전동식은 별도의 전동기가 없이 오염공기가 여과재 또는 정화통을 통과한 뒤 정화된 공기가 안면부로 가도록 고안된 형태이다.

ⓑ 전동식은 사용자의 몸에 전동기를 착용한 상태에서 전동기 작동에 의해 여과된 공기가 호흡호스를 통하여 안면부에 공급하는 형태이다.
ⓒ 공기공급식은 공기 공급관, 공기호스 또는 자급식 공기원(공기보관용기 등)을 가진 호흡보호구로서 신선한 호흡용 공기만을 공급하는 방식으로서 송기식과 자급식으로 분류한다.
  ⓐ 송기식은 공기 호스 등으로 호흡용 공기를 공급할 수 있도록 설계된 형태이다.
  ⓑ 자급식은 호흡보호구 사용자가 착용한 압력공기 보관용기를 통하여 공기가 공급되도록 한 형태이다.
ⓒ 마스크의 안면부 형태별로 전면형, 반면형의 구분은 다음과 같다.
  ⓐ 전면형 마스크는 사용자의 눈, 코, 입 등 안면부 전체를 덮을 수 있는 마스크이다.
  ⓑ 반면형 마스크는 사용자의 코와 입을 덮을 수 있는 마스크이다.

② 오염물질에 따른 호흡보호구 분류
  ㉠ 입자상 오염물질 제거용 호흡보호구
  분진, 흄, 미스트 등의 입자상 오염물질을 제거하기 위한 방진마스크는 다음과 같이 구분한다.

∥ 제거대상 오염물질별 방진마스크 등급 분류 ∥

등급	제거대상 오염물질	비고
특급	베릴륨 등과 같이 독성이 강한 물질들*을 함유한 분진 등 * 산업안전보건법의 분진, 흄, 미스트 등의 입자상 제조 등 금지물질, 허가 대상 유해물질, 특별관리물질	노출수준에 따라 호흡보호구 종류 및 등급이 달라질 수 있음
1급	• 금속흄 등과 같이 열적으로 생기는 분진 등 • 기계적으로 생기는 분진 등 • 결정형 유리규산	
2급	기타 분진 등	

  ㉡ 가스·증기상 오염물질 제거용 호흡보호구
    ⓐ 정화통이 개발되지 않은 일부 화학물질을 취급할 경우 송기마스크 등 양압의 공기공급식 호흡보호구를 착용하여야 한다. 이 때 정화통 미개발 물질여부는 전문가 또는 제조사에 문의하여 확인토록 한다.
    ⓑ 정화통이 개발된 물질은 상온에서 가스 또는 증기상태의 오염물질을 제거하기 위한 방독마스크로 다음과 같이 구분한다. 산업안전보건기준에 관한 규칙에 따른 관리대상 유해물질 종류별 추천 정화통을 참고한다.

‖ 정화통 종류 및 외부 측면의 표시 색 ‖

종류	표시 색
유기화합물용 정화통	갈색
할로겐용 정화통	회색
황화수소용 정화통	
시안화수소용 정화통	
아황산용 정화통	노랑색
암모니아용 정화통	녹색
복합용 및 겸용의 정화통	• 복합용의 경우 해당가스 모두 표시(2층 분리) • 겸용의 경우 백색과 해당가스 모두 표시(2층 분리)

(3) 호흡보호구 선정을 위한 고려사항

① 작업 시 노출되는 유해인자 정보

호흡보호구 관리자는 근로자에게 노출되는 유해인자에 대해 필요한 정보를 얻기 위하여 산업위생이나 산업독성학에 관한 자료를 참조하고 관련 전문가에게 의견을 들어야 한다.

② 호흡보호구 선정 전 고려사항

㉠ 호흡보호구를 선정하기에 앞서 다음과 같이 화학물질의 호흡과 관련한 유해성 및 조건을 알아야 한다.
  ⓐ 오염물질의 종류 및 농도와 같은 일반적인 조건 : 고용노동부고시 화학물질 및 물리적 인자의 노출기준에 따른 노출기준 제정 물질인지 여부를 가장 먼저 확인
  ⓑ 오염물질의 물리화학 및 독성 특성
  ⓒ 노출기준
  ⓓ 과거와 현재 노출정도, 최대로 노출이 예상되는 농도
  ⓔ 즉시위험건강농도(IDLH)
  ⓕ 작업장의 산소농도 혹은 예상 산소농도
  ⓔ 눈에 대한 자극 혹은 자극 가능성

㉡ 공기 중 오염물질의 농도를 측정한다.

㉢ 호흡보호구의 일반적인 사용조건에는 호흡보호구를 착용함으로 인한 불편 정도는 물론이고 작업시간, 주기, 위치, 물리적인 조건 및 공정 등 작업의 실체가 포함되어야 한다. 근로자의 의학적 및 심리적 문제로 인하여 공기호흡기 같은 호흡보호구를 사용하지 못할 수도 있다.

㉣ 사업주는 정화통의 교환주기표를 작성하여 근로자가 볼 수 있도록 하여야 한다. 이 주기는 제조사의 도움이나 수명시험을 통하여 만들 수 있다. 착용자가 느끼는 오염물질의 냄새 특성과 관계없이 평가를 실시하고 극한의 온도와 습도에서 실시되어야 한다.

◎ 정화통은 교환주기표에 따라 교환하여야 하며 냄새에 의존하지 않아야 한다. 하지만 착용자들이 냄새가 나거나 피부에 자극적인 증상을 느끼면 오염지역을 벗어나도록 훈련받아야 한다.
ⓗ 작업장 유해물질의 농도는 매일 그리고 시시때때로 변한다. 그러므로 유해물질의 농도가 가장 높은 경우를 고려하여 호흡보호구를 선정해야 한다.
ⓢ 밀착형 호흡보호구는 정성 또는 정량 밀착도 검사를 권고한다.
ⓞ 밀착형 호흡보호구를 얼굴에 흉터나 기형이 있는 자가 착용하거나 안면부에 머리카락이나 수염이 있는 경우 공기의 누설이 발생할 수 있으므로 착용하지 않아야 한다.
ⓩ 공기정화식 특히, 가스 또는 증기 유해물질 종류별 적정 정화통 및 교체주기를 준수하여야 한다. 예를 들어, 노출되는 유해물질에 부적합한 정화통을 사용하거나 파과 후까지 사용해서는 안 된다.
ⓧ 한국산업안전보건공단 인증 호흡보호구를 사용하여야 한다.

③ 호흡보호구의 할당보호계수
㉠ 호흡보호구의 할당보호계수는 다음과 같다. 할당보호계수는 오염물질을 제거할 수 있는 정화통이 개발된 경우에 적용하여야 하며 정화통이 개발되지 않은 물질에 대해서는 그 농도에 관계없이 송기마스크 등 양압의 공기공급식 마스크를 착용하여야 한다.

호흡보호구별 할당보호계수

호흡보호구 분류	안면부 형태	할당보호계수(양압)	할당보호계수(음압)
비전동식	반면형	N/A*	10
	전면형		50
전동식	반면형	50	N/A*
	전면형	1,000	
	후드형	1,000	
송기식	반면형	50	N/A*
	전면형	1,000	
	후드형	1,000	
자급식	공기호흡기	10,000	N/A*

* N/A : 해당없음(Not Application)

㉡ 할당보호계수의 활용
유해비를 산출하고 유해비보다 높은 할당보호계수의 호흡보호구를 산출한다.

기출 및 예상문제 01

톨루엔의 노출기준은 50ppm인데, 공기 중 오염물질의 농도를 측정한 결과 1,500ppm이다. 어떤 호흡보호구를 선정하여야 하는가?

풀이
㉠ 유해비 $= \dfrac{1,500\text{ppm}}{50\text{ppm}} = 30$
㉡ 할당보호계수가 유해비 30보다 큰 호흡보호구 선정
㉢ 호흡보호구 선정 : 가스·증기용 방독마스크로서 비전동식의 전면형, 가스·증기용 방독마스크로서 전동식 반면형/전면형/후드형 마스크, 모든 형태의 송기식, 자급식 호흡보호구
※ 비전동식 반면형 방독마스크는 선정 불가

기출 및 예상문제 02

TCE의 노출기준은 50ppm인데, 공기 중 오염물질의 농도를 측정한 결과 100ppm이다. 어떤 호흡보호구를 선정하여야 하는가?

풀이
㉠ 유해비 $= \dfrac{100\text{ppm}}{50\text{ppm}} = 2$
㉡ 할당보호계수가 유해비 2보다 큰 호흡보호구 선정
㉢ 호흡보호구 선정 : 가스·증기용 모든 종류의 호흡보호구

(4) 호흡보호구의 선정절차

① 호흡보호구 선정 일반 원칙
  ㉠ 산소결핍 작업장소, 밀폐공간, 정화통이 개발되지 않은 물질 취급 및 소방작업
    질식위험이 있는 밀폐공간이나 정화통이 개발되지 않은 물질을 취급하는 경우에는 공기호흡기, 송기마스크를 사용하고, 소방작업은 공기호흡기를 사용한다. 이들 작업에서 절대로 방독마스크를 사용하여서는 안 된다.
  ㉡ 독성 오염물질이면 즉시위험건강농도(IDLH)에 해당되는지 여부를 구분한다.
    ⓐ 즉시위험건강농도(IDLH) 이상인 경우 공기호흡기, 송기마스크를 사용한다.
    ⓑ 즉시위험건강농도(IDLH) 미만인 경우 입자상 물질이 존재하면 방진마스크, 송기마스크를 사용하고, 가스·증기상 오염물질이 존재하면 방독마스크, 송기마스크를 사용한다. 입자상 및 가스·증기상 물질이 동시에 존재하면 방진방독 겸용 마스크 또는 송기마스크를 사용한다.

(5) 밀착도검사(fit test) 및 밀착도 자가점검(user seal check)

① 밀착도 검사
  착용자의 얼굴에 맞는 호흡보호구를 선정하고 오염물질의 누설 여부를 판단하기 위하여 밀착도 검사를 시행해야 한다.

㉠ 밀착도 검사의 목적
　ⓐ 착용자의 얼굴에 밀착이 잘 되는 호흡보호구를 선정하기 위함이다.
　ⓑ 어떻게 착용하는 것이 밀착이 잘되는 지를 착용자에게 알려주기 위함이다.
㉡ 밀착도 검사시기
　ⓐ 호흡보호구를 처음 선정할 때
　ⓑ 다른 제품의 호흡보호구를 착용하고자 할 때
　ⓒ 얼굴의 형상이 크게 변하였을 때
　ⓓ 검사주기는 1년에 1회 이상 실시

② **밀착도 검사자**
밀착도 검사는 밀착도 검사방법 교육 이수자, 밀착도 검사를 수행하는 전문가 또는 업체가 실시토록 한다.

③ **밀착도 검사의 종류**
㉠ 정성적 밀착도 검사(QLFT)
사람의 오감 즉, 냄새, 맛, 자극 등을 이용하여 호흡보호구 내부로 오염물질의 침투여부를 판단하는 방법이다.
　ⓐ 호흡보호구를 착용하고 있는 사람에게 외부에서 감미료(사카린 법)나 쓴 맛(Bitrex법)의 에어로졸, 자극성의 흄(irritant fume 법), 바나나향의 증기(isoamyl acetate법) 증기를 뿜어준다.
　ⓑ 호흡보호구 착용자가 호흡보호구 내부에서 맛, 재채기, 냄새를 맡으면 밀착도가 불량하여 '불합격'으로 판정하고 그러하지 아니하면 밀착도가 양호하여 '합격'으로 판정한다.

> **Reference** 호흡보호구 정성적 밀착도 검사(QLFT)

1. QLFT를 사용할 수 있는 경우
　① 음압식, 공기정압식 호흡보호구[단, 유해인자가 개인 노출한도(PEL)의 10배 미만인 대기에서만 사용해야 함]
　② 전동식 및 송기식 호흡보호구와 함께 사용되는 밀착식 보호구
2. QLFT의 판정
　합격 또는 불합격으로 판정
3. 검사물질(OSHA에서 승인한 4가지 검사물질)
　① 아세트산 이소아밀(초산이소아밀) : 바나나향
　　유기증기 정화통이 장착되는 호흡보호구만 검사
　② 사카린 : 달콤한 맛
　　어떠한 방진등급의 미립자 방진필터가 장착된 호흡보호구도 검사 가능함

③ Bitrex : 쓴맛
  어떠한 등급의 미립자 방진필터가 장착된 호흡보호구도 검사 가능함
④ 자극적인 연기 : 비자발적 기침 반사
  미국기준 수준 100(또는 한국방진특급) 미립자 방진필터가 장착된 호흡보호구만 검사함
4. QLFT의 수행 동작(1분간 수행)
 ① 정상 호흡
 ② 깊은 호흡
 ③ 머리 좌우로 움직이기
 ④ 머리 상하로 움직이기
 ⑤ 허리굽히기
 ⑥ 말하기
 ⑦ 다시 정상 호흡

ⓒ 정량적 밀착도 검사(QNFT)

오염물질의 누설 정도를 양적으로 확인하기 위한 검사이다. 호흡보호구를 착용한 후 호흡보호구의 내부와 외부에서 공기 중 에어로졸의 농도를 비교하거나 착용자가 호흡할 때 생기는 압력의 차이를 이용하여 새어 들어오는 정도를 양적으로 비교하는 방법이다. 전면형 호흡보호구는 정량적 밀착도 검사를 실시토록 한다.

ⓐ 에어로졸이나 압력을 측정할 수 있는 정량적 밀착도 검사 장비를 실험실에 설치하고 작동시킨다.
ⓑ 호흡보호구를 착용하고 있는 사람을 실험실과 검사 장비에 노출시키고 호흡보호구 안과 밖의 에어로졸 농도나 압력의 차이를 측정한다.
ⓒ 검사를 실시할 때에는 작업할 때를 가정하여 동작검사(exercise regime)를 실시한다.

Reference 호흡보호구 정량적 밀착도 검사(QNFT)

1. QNFT를 사용할 수 있는 경우
   모든 종류의 밀착형 호흡보호구에 대한 밀착검사에 사용 가능
2. QNFT 시험방법(OSHA에서 승인한 3가지 방법)
   ① Generated aerosoluses : 검사챔버에서 발생된 옥수수기름 같은 위험하지 않은 에어로졸을 사용
   ② Condensation Nuclei Counter(CNC) : 주변 에어로졸을 사용하며 검사 챔버가 필요없음
   ③ Controlled Negative Pressure(CNP) : 일시적으로 공기를 차단해 진공상태를 만드는 검사
3. QNFT의 수행 동작
   QLFT 수행동작(7가지)+인상쓰기 검사
4. 요구 밀착계수
   ① 반면형 호흡보호구 : 최소 100의 밀착계수 필요
   ② 전면형 음압식 호흡보호구 : 최소 500의 밀착계수 필요

ⓒ 밀착도 검사의 기록
밀착도 검사의 기록은 시험 기간 중에 연속적으로 다음과 같은 사항을 기록하여야 한다.
ⓐ 밀착도 검사의 형식
ⓑ 호흡보호구의 구조와 형식, 모델명
ⓒ 피시험자 성명과 시험자 성명
ⓓ 검사시기와 결과

ⓓ 밀착도 자가점검
착용자가 오염지역으로부터 적절히 보호되고 있다는 것을 확인하기 위하여 호흡보호구를 착용할 때마다 아래와 같이 밀착도 자가점검을 시행해야 한다.
ⓐ 음압 밀착도 자가점검
- 호흡보호구의 흡입구나 흡입관을 손바닥이나 테이프로 막는다.
- 정화통이나 방진필터가 부착되어 있으면 이 부분을 손이나 테이프로 막는다.
- 천천히 숨을 들어 마시고 10초 정도 정지한다. 이때 안면부가 약간 조여들거나 공기가 안면부 내로 들어오는 느낌이 없다면 밀착도는 좋은 상태이다.

ⓑ 양압 밀착도 자가점검
배기밸브가 있는 호흡보호구에 대하여 실시한다. 이 방법은 배기밸브가 없는 호흡보호구에 대해서는 시행하기 어렵다.
- 배기밸브를 손으로 막거나 마개를 부착하여 막는다.
- 착용자는 천천히 숨을 내쉰다.
- 안면부의 내부가 약간 양압이 되어 마스크 안면부와 안면과의 접촉면으로 공기가 새어나가는 느낌이 없다면 밀착도는 좋은 상태이다.

ⓒ 음압 및 양압 밀착도 자가점검 때 주의사항
음압 또는 양압 밀착도 자가점검을 할 때 흡기구 또는 배기밸브를 확실하게 막지 않으면 밀착도 자가점검의 결과는 신뢰할 수 없으므로 밀착도 자가점검을 할 때에는 호흡보호구 착용자를 시험 전에 충분히 교육시킨다.

핵심이론 123 차광보안경 관련 용어

(1) 접안경
착용자의 시야를 확보하는 보안경의 일부로서 렌즈 및 플레이트 등을 말한다.

(2) 필터
해로운 자외선 및 적외선 또는 강렬한 가시광선의 강도를 감소시킬 수 있도록 설계된 것을 말한다.

(3) 필터렌즈 (플레이트)
유해광선을 차단하는 원형 또는 변형모양의 렌즈(플레이트)를 말한다.

(4) 커버렌즈 (플레이트)
분진, 칩, 액체약품 등 비산물로부터 눈을 보호하기 위해 사용하는 렌즈(플레이트)를 말한다.

(5) 시감투과율
필터 입사에 대한 투과 광속의 비를 말하며, 분광투과율을 측정하고 다음 산식에 따라 계산한다.

$$\tau_V = \frac{\int_{380nm}^{780nm} \phi(\lambda)\tau(\lambda)V(\lambda)d\lambda}{\int_{380nm}^{780nm} \phi(\lambda)V(\lambda)d\lambda}$$

여기서, τ_V : 시감투과율
$\phi(\lambda)$: 표준광에서의 분광분포의 값
$\tau(\lambda)$: 파장 λ에서의 필터 입사 광속과 투자광속의 비
$V(\lambda)$: 분광투과율

(6) 적외선 투과율
780나노미터 이상 1,400나노미터 이하, 780나노미터 이상 2,000나노미터 이하 영역의 평균 분광투과율을 말하며 다음 산식에 따라 계산한다.

$$\tau_A = \frac{1}{620}\int_{780nm}^{1400nm} \tau(\lambda) \cdot d\lambda$$

$$\tau_H = \frac{1}{1220}\int_{780nm}^{2000nm} \tau(\lambda) \cdot d\lambda$$

여기서, τ_A : 근적외부 분광투과율
τ_H : 전적외부 분광투과율

(7) 차광도 번호(scale number)

필터와 플레이트의 유해광선을 차단할 수 있는 능력을 말하고 자외선, 가시광선 및 적외선에 대해 표기할 수 있으며 다음 산식에 따라 계산한다.

$$N = 1 + \frac{7}{3}\log\frac{1}{\tau_V}$$

여기서, N : 차광도 번호(scale number)
τ_V : 시감투과율

Reference 화학물질용 보호복의 성능기준(보호구 안전인증 고시)

번호	구분	내용		
1	종류 및 형식	**화학물질용 보호복의 구분**		
		형식		형식구분 기준
		1형식	1a형식	보호복 내부에 개방형 공기호흡기와 같은 대기와 독립적인 호흡용 공기공급이 있는 가스 차단 보호복
			1a형식 (긴급용)	긴급용 1a 형식 보호복
			1b형식	보호복 외부에 개방형 공기호흡기와 같은 호흡용 공기공급이 있는 가스 차단 보호복
			1b형식 (긴급용)	긴급용 1b 형식 보호복
			1c형식	공기라인과 같은 양압의 호흡용 공기가 공급되는 가스 차단 보호복
		2형식		공기라인과 같은 양압의 호흡용 공기가 공급되는 가스 비차단 보호복
		3형식		액체 차단 성능을 갖는 보호복. 만일 후드, 장갑, 부츠, 안면창(visor) 및 호흡용보호구가 연결되는 경우에도 액체 차단 성능을 가져야 한다.
		4형식		분무 차단 성능을 갖는 보호복. 만일 후드, 장갑, 부츠, 안면창(visor) 및 호흡용보호구가 연결되는 경우에도 분무 차단 성능을 가져야 한다.
		5형식		분진 등과 같은 에어로졸에 대한 차단 성능을 갖는 보호복
		6형식		미스트에 대한 차단 성능을 갖는 보호복
		비고 : 3, 4, 6 형식은 부분보호복을 인정한다. ① 보호복의 등급은 투과저항 화학물질과 그 성능수준으로 한다. ② 1, 2형식 보호복은 안전장갑과 안전화를 포함하는 일체형이야 한다.		

번호	구분	내용
2	구조 및 재료	보호복의 구조와 재료 ① 보호복에 사용되는 재료와 부품은 착용자에게 해로운 영향을 주지 않아야 한다. ② 보호복은 착용 및 조작이 원활하여야 하며, 착용상태에서 작업을 행하는데 지장이 없어야 한다. ③ 착용자에게 접촉되는 보호복의 부위는 상해를 줄 수 있는 날카로운 모서리 등이 없어야 한다.
3	재료시험	**보호복 형식별 재료시험항목 및 최소요구 성능수준** | 시험항목	1, 2형식 (긴급용)	3, 4 형식	5형식	6형식
---	---	---	---	---
투과저항	3(3)	1	–	–
마모저항	3(6)		1	1
굴곡저항	1(4)		1	–
저온굴곡저항*	2(2)		–	–
인열강도	3(3)		1	1
인장강도	3(6)		–	1
뚫림강도	2(3)		1	1
화염저항	–(3)	–	–	–
액체반발	–	–	–	3
액체침투저항	–	–	–	2
연소저항	불꽃 통과	불꽃 통과	–	불꽃 통과	 * 저온굴곡저항은 해당 성능을 갖는 보호복만 적용 ① 투과저항시험은 시험에 사용되는 화학물질 중 최소 1종의 화학물질에 대해 적용한다. 다만, 긴급용 보호복은 모든 화학물질에 대해 적용한다. ② 보호복에 연결되는 안전장갑과 안전화의 투과저항수준은 보호복의 투과저항수준에 따른다. ③ 액체반발시험은 4가지 화학물질 중 최소 하나의 물질에 대하여 3수준 이상이어야 한다. ④ 액체침투저항시험은 4가지 화학물질 중 최소 하나의 물질에 대하여 2수준 이상이어야 한다.

번호	구분	내용		
3	재료시험	**투과저항시험 화학물질 목록**		
		화학물질	물리적 상태	CAS 번호
		메탄올	액체	67-56-1
		아세톤	액체	67-64-1
		아세토니트릴	액체	75-05-8
		디클로로메탄	액체	75-09-2
		이황화탄소	액체	75-15-0
		톨루엔	액체	108-88-3
		디에틸아민	액체	109-89-7
		테트라하이드로퓨란	액체	109-99-9
		에틸아세테이트	액체	141-78-6
		N-헥산	액체	110-54-3
		수산화나트륨 40%	액체	1310-73-2
		황산 96%	액체	7664-93-9
		암모니아 99.99%	기체	7664-41-7
		염소 99.5%	기체	7782-50-5
		염화수소 99.0%	기체	7647-01-0
		액체 반발 및 침투시험 화학물질		
		화학물질	농도(무게 %)	
		황산	30	
		수산화나트륨	10	
		o-크실렌	비희석	
		1-부탄올	비희석	

번호	구분	내용						
3	재료시험	**보호복 재료에 대한 시험항목**						
		시험항목 (단위)	시험성능수준(class)					
			6	5	4	3	2	1
		투과저항(분)	>480	>240	>120	>60	>30	>10
		인장강도(N)	>1,000	>500	>250	>100	>60	>30
		인열강도(N)	>150	>100	>60	>40	>20	>10
		뚫림강도(N)	>250	>150	>100	>50	>10	>5
		마모저항 (횟수)	>2,000	>1,500	>1,000	>500	>100	>10
		굴곡저항 (횟수)	>100,000	>40,000	>15,000	>5,000	>2,500	>1,000
		화염저항(초)	해당 없음	해당 없음	해당 없음	5	1	불꽃 통과
		저온굴곡 저항(횟수)	>4,000	>2,000	>1,000	>500	>200	1>100
		액체반발 지수(%)	해당 없음	해당 없음	해당 없음	>95	>90	>80
		액체투과 지수(%)	해당 없음	해당 없음	해당 없음	<1	<5	<10
4	솔기 및 접합부 시험	**보호복의 솔기 및 접합부에 대한 시험항목별 시험성능기준**						
		시험항목 (단위)	시험성능수준(class)					
			6	5	4	3	2	1
		투과저항(분)	>480	>240	>120	>60	>30	>10
		솔기강도(N)	>500	>300	>125	>75	>50	>30
		접합부 연결강도	안전장갑, 안전화 등이 연결된 구조인 경우 접합부 연결 강도 시험에서 100N의 인장력에 파손 또는 분리되어서는 안 된다. 긴급용인 경우 인장력은 250N으로 한다.						

① 솔기 및 접합부의 대한 시험항목별 성능기준은 다음과 같이 한다.
  ㉠ 솔기의 투과저항은 보호복 재료의 투과저항 수준 이상일 것. 다만, 5, 6형식 보호복은 적용하지 않는다.
  ㉡ 1, 2형식 보호복에 대한 솔기강도는 5수준 이상일 것
  ③ 3~6형식 보호복에 대한 솔기강도는 1수준 이상일 것
② 긴급용 보호복의 지퍼(찍찍이)는 화학물질 모두에 대하여 투과저항이 5분 이상의 파과시간을 가져야 하며, 2등급 이하에서는 덮개가 있어야 한다.

번호	구분	내용

1, 2형식 보호복 완성품의 시험항목

번호	구분	시험항목	형식 1a	형식 1b	형식 1c	형식 2
5	1, 2형식 보호복 완성품 성능시험	전처리	○	○	○	○
		기밀	○	○	○	
		누설률		○(1)	○	○
		안면창 시야	○		○	○
		안면창 강도	○		○	○
		전면형 마스크	○	○		
		공기호흡기 연결부				
		강도	○			
		성능	○			
		공기 공급시스템 연결부 강도			○	○
		호흡 및 환기 호스				
		외부 호흡호스			○	○
		내부 호흡호스			○	○
		외부 환기호스		○(2)		
		공기 유량				
		연속 유량밸브			○	○
		경고 장치			○	○
		압축 공기공급 튜브			○	○
		배기 장치	○	○(3)	○	○
		보호복 내 압력	○	○(3)	○	○
		호흡저항			○	
		이산화탄소 농도			○	○
		보호복에 유입되는 공기의 소음			○	○

[비고]
(1) 호흡용보호구가 영구 결합형태가 아닌 경우
(2) 공기호흡기가 보호복 외부에 있으며 환기를 위해 실린더 공기가 보호복으로 공급되는 경우
(3) 공기호흡기가 보호복 외부에 있으며 환기를 위해 실린더 공기가 보호복으로 공급되고, 공기가 호흡용 보호구로부터 보호복으로 환기되는 경우
※ 1, 2형식 보호복 완성품에 대한 시험항목별 성능기준
① 기밀시험을 하여 압력 저하가 6분 동안 300Pa 이하이어야 한다.
② 누설률은 0.05% 이하여야 한다.

번호	구분	내용
5	1, 2형식 보호복 완성품 성능시험	③ 안면창은 다음 성능을 만족하여야 한다. 　㉠ 강도시험에서 물리적인 손상이 없어야 한다. 　㉡ 작업 모의시험을 하는 동안 안면창의 시야는 확보되어야 하며, 6m 떨어진 거리에서 100mm 크기의 문자를 읽을 수 있어야 한다. ④ 전면형 마스크는 다음 성능을 만족하여야 한다. 　㉠ 보호복과 일체형으로 결합되어 있는 경우에는 작업 모의시험을 하는 동안 기능에 이상이 없어야 한다. 　㉡ 비영구적인 결합형태인 경우 액체분사시험에서 흡수작업복에 나타난 총 얼룩면적이 기준 얼룩면적의 3배 이하이어야 한다. 이때 시편은 전처리 후 3개로 실시한다. ⑤ 공기호흡기 연결부는 다음 성능을 만족하여야 한다. 　㉠ 연결부 강도시험을 통과하여야 한다. 　㉡ 550kPa에서 최소 300L/min을 전달하여야 한다. ⑥ 연속 유량조절밸브는 쉽게 조작할 수 있어야 하며, 제조자의 최소 설계유량보다 큰 범위에서만 작동하여야 한다. ⑦ 배기밸브 기밀시험에서 1분 동안 압력 변화가 100Pa 이하여야 한다. 3개를 시험하며 하나는 전처리 후 시험한다. ⑧ 보호복 압력시험에서 보호복 내부 압력이 400Pa 이하여야 한다. 1b 형식은 배기장치가 있는 경우에만 실시한다. ⑨ 호흡저항은 다음 사항을 만족하여야 한다. 　㉠ 공기가 보호복에서 공급되는 경우 흡기저항은 0Pa 이상이어야 하며, 배기저항은 500Pa 이하여야 한다. 　㉡ 공기가 전면형 마스크로 공급되는 경우 송기마스크의 성능기준을 따른다. ⑩ 보호복에 부착되는 공기공급라인은 안전인증기준의 송기마스크와 전동식 호흡보호구의 안전인증기준을 따른다.
6	3형식 보호복 완성품 성능시험	① 예비시험에서 작업복에 손상이 없어야 하며, 7단계 운동 과정이 무리 없이 수행되어야 한다. ② 액체분사시험에서 흡수작업복에 나타난 총 얼룩면적이 기준 얼룩면적의 3배 이하이어야 한다. ③ 안면창은 다음 성능을 만족하여야 한다. 　㉠ 강도시험에서 물리적인 손상이 없어야 한다. 　㉡ 6m 떨어진 거리에서 100mm 크기의 문자를 읽을 수 있어야 한다. ④ 부분 보호복의 솔기 및 접합부도 액체분사시험 성능기준을 만족하여야 한다.
7	4형식 보호복 완성품 성능시험	① 예비시험에서 작업복에 손상이 없어야 하며, 7단계 운동 과정이 무리 없이 수행되어야 한다. ② 액체분무시험에서 흡수작업복에 나타난 총 얼룩면적이 기준 얼룩면적의 3배 이하이어야 한다. ③ 안면창은 다음 성능을 만족하여야 한다. 　㉠ 강도시험에서 물리적인 손상이 없어야 한다. 　㉡ 6m 떨어진 거리에서 100mm 크기의 문자를 읽을 수 있어야 한다. ④ 부분 보호복은 액체분무시험 성능기준을 적용하지 아니한다.

번호	구분	내용

8	5형식 보호복 완성품 성능시험	① 누설률 시험에서 오름차순으로 정렬한 누설률 값의 91.1%에 분포하는 값이 30% 이하이고, 오름차순으로 정렬한 보호복당 총 누설율의 80%에 분포한 값이 15% 이하여야 한다.
		② 안면창은 다음 성능을 만족하여야 한다.
		  ㉠ 강도시험에서 물리적인 손상이 없어야 한다.
		  ㉡ 누설률 시험을 하는 동안 안면창의 시야는 확보되어야 하며, 6m 떨어진 거리에서 100mm 크기의 문자를 읽을 수 있어야 한다.

9	6형식 보호복 완성품 성능시험	액체연무시험에서 흡수작업복에 나타난 총 얼룩면적이 기준 얼룩면적의 3배 이하이어야 한다.
10	추가표시	안전인증 보호복에는 안전인증의 표시에 따른 표시 외에 다음의 내용을 추가로 표시해야 한다. ① KS K ISO 13688(보호복의 일반요건)에서 정하는 보호복 치수 ② 성능수준(class) ③ 보관·사용 및 세척상의 주의사항(세탁방법 포함) ④ 보호복을 표시하는 화학물질 보호성능 표시 및 제품 사용에 대한 설명 ⑤ 화학물질 외 다른 화학물질에 대한 투과저항시험, 액체반발 및 액체침투 시험의 성능수준은 제조회사의 시험 결과임을 명시하여 사용설명서에 나타낼 수 있다. ⑥ 재료시험의 각 성능 수준을 사용설명서에 표시하여야 한다. ‖ 화학물질 보호성능 표시 ‖

핵심이론 124 | 방음용 귀마개 또는 귀덮개

(1) 구분

종류	등급	기호	성능
귀마개	1종	EP-1	저음부터 고음까지 차음하는 것
귀마개	2종	EP-2	주로 고음을 차음하여 회화음 영역인 저음은 차음하지 않는 것
귀덮개		EM	

(2) 방음효과

① 일반적으로 양질의 보호구일 경우 귀마개의 감음효과는 주로 고주파영역(4,000Hz)에서 크게 나타나며 25~35dB(A) 정도, 귀덮개는 35~45dB(A) 정도의 차음효과가 있으며 두 개를 동시에 착용하면 추가로 3~5dB(A) 감음효과를 얻을 수 있다.

② 귀마개는 40dB 이상의 차음효과가 있어야 하나 귀마개를 끼면 사람들과의 대화가 방해되므로 사람의 회화영역인 1,000Hz 이하의 주파수영역에서는 25dB 이상의 차음효과만 있어도 충분한 방음효과가 있는 것으로 인정한다.

③ 고음만 차단해 주는 귀마개(EP-2)와 저음부터 고음까지 차단해 주는 것(EP-1)이 있으므로 작업도중 작업자 간의 대화가 반드시 필요한 곳에서는 고음은 차단하고, 저음은 통과해 주는 귀마개(EP-2)를 선택한다.

④ 외청도에 이상이 없는 경우에 사용이 가능하며 덥고 습한 환경, 장시간 사용 시, 연속적 소음에 노출 시, 다른 보호구와 동시 사용할 때 좋다.

(3) 귀마개

① 장점
  ㉠ 부피가 작아서 휴대가 쉽다.
  ㉡ 착용하기가 간편하다.
  ㉢ 안경과 안전모 등에 방해가 되지 않는다.
  ㉣ 고온작업에서도 사용 가능하다.
  ㉤ 좁은 장소에서도 사용 가능하다.
  ㉥ 가격이 귀덮개보다 저렴하다.

② 단점
  ㉠ 귀에 질병이 있는 사람은 착용 불가능하다.
  ㉡ 여름에 땀이 많이 날 때는 외이도에 염증유발 가능성이 있다.
  ㉢ 제대로 착용하는 데 시간이 걸리며 요령을 습득하여야 한다.

② 차음효과가 일반적으로 귀덮개보다 떨어진다.
⑩ 사람에 따라 차음효과 차이가 크다(개인차가 큼).
⑪ 더러운 손으로 만짐으로써 외청도를 오염시킬 수 있다(귀마개에 묻어 있는 오염물질이 귀에 들어갈 수 있음).

(4) 귀덮개
① 장점
  ㉠ 귀마개보다 일관성 있는 차음효과를 얻을 수 있다.
  ㉡ 귀마개보다 차음효과가 일반적으로 높다.
  ㉢ 동일한 크기의 귀덮개를 대부분의 근로자가 사용할 수 있다(크기를 여러 가지로 할 필요가 없음).
  ㉣ 귀에 염증이 있어도 사용할 수 있다(질병이 있을 때도 가능).
  ㉤ 귀마개보다 차음효과의 개인차가 적다.
  ㉥ 근로자들이 귀마개보다 쉽게 착용할 수 있고 착용법을 틀리거나 잃어버리는 일이 적다(멀리서도 착용유무를 확인할 수 있음).
  ㉦ 고음영역에서 차음효과가 탁월하다.
② 단점
  ㉠ 부착된 밴드에 의해 차음효과가 감소될 수 있다.
  ㉡ 고온에서 사용 시 불편하다(보호구 접촉면에 땀이 남).
  ㉢ 머리카락이 길 때와 안경테가 굵거나 잘 부착되지 않을 때는 사용하기가 불편하다.
  ㉣ 장시간 사용 시 꼭 끼는 느낌이 든다.
  ㉤ 보안경과 함께 사용하는 경우 다소 불편하며, 차음효과가 감소한다.
  ㉥ 가격이 비싸고 운반과 보관이 쉽지 않다.
  ㉦ 오래 사용하여 귀걸이의 탄력성이 줄었을 때나 귀걸이가 휘었을 때는 차음효과가 떨어진다.

(5) 차음효과 (OSHA)

$$차음효과 = (NRR - 7) \times 0.5$$

여기서, NRR : 차음평가지수

> **기출 및 예상문제 01**
>
> 어떤 작업장의 음압수준이 90dB이고, 근로자는 귀덮개(NRR=17)를 착용하고 있다. 미국산업안전보건청 계산방법을 이용하여 차음효과와 근로자가 노출되는 음압수준값은?
>
> [풀이] ㉠ 차음효과=(NRR-7)×0.5=(17-7)×0.5=5dB
> ㉡ 노출되는 음압수준=90-차음효과(5)=85dB

(6) 보호구 안전인증 고시

① 용어 정의

㉠ 방음용 귀마개(ear-plugs)

외이도에 삽입 또는 외이 내부·외이도 입구에 반 삽입함으로서 차음효과를 나타내는 일회용 또는 재사용 가능한 방음용 귀마개를 말한다.

㉡ 방음용 귀덮개(ear-muff)

양쪽 귀 전체를 덮을 수 있는 컵(머리띠 또는 안전모에 부착된 부품을 사용하여 머리에 압착될 수 있는 것)을 말한다.

㉢ 음압수준

음압을 다음 식에 따라 데시벨(db)로 나타낸 것을 말하며 적분평균소음계(KS C 1505) 또는 소음계(KS C 1502)에 규정하는 소음계의 "C" 특성을 기준으로 한다.

$$\text{음압수준(dB)} = 20\log_{10}\frac{P}{P_0}$$

여기서, P : 측정음압으로서 파스칼(Pa) 단위를 사용
P_0 : 기준음압으로서 $20\mu\text{Pa}$ 사용

㉣ 최소가청치

음압수준을 감지할 수 있는 최저 음압수준을 말한다.

㉤ 상승법

최소가청치를 측정함에 있어 충분히 낮은 음압수준으로부터 2.5데시벨 또는 그 이하의 비율로 일정하게 순차적으로 음압수준을 상승시켜 최소가청치로 하는 방법을 말한다.

㉥ 백색소음

20Hz 이상 20,000Hz 이하의 가청범위 전체에 걸쳐 연속적으로 균일하게 분포된 주파수를 갖는 소음을 말한다.

㉦ 중심주파수

가청범위 대역에서 125Hz·250Hz·500Hz·1,000Hz·2,000Hz·4,000Hz 및 8,000Hz의 주파수를 말한다.

ⓗ 1/3 옥타브대역

중심 주파수를 중심으로 다음 표와 같은 주파수의 범위를 말한다.

| 1/3 옥타브대역 |

중심주파수(Hz)	주파수 범위(Hz)
125	112~140
250	224~280
500	450~560
1,000	900~1,120
2,000	1,800~2,240
4,000	3,550~4,500
8,000	7,100~9,000

ⓩ 1/3 옥타브대역 소음

백색소음을 1/3 옥타브대역 필터(1/3 옥타브대역 이외의 대역은 모두 제거시키는 것)에 통과시킨 소음을 말한다.

ⓒ 시험음

차음 성능시험에 사용하는 음을 말한다.

ⓚ 환경소음

시험장소에서 시험음이 없을 때의 소음을 말한다.

② 방음용 귀마개 또는 귀덮개의 성능기준

번호	구분	내용				
1	종류 및 등급 등	방음용 귀마개 또는 귀덮개의 종류와 등급 등은 다음 표와 같이 한다. **| 방음용 귀마개 또는 귀덮개의 종류·등급 등 |**				
		종류	등급	기호	성능	비고
		귀마개	1종	EP-1	저음부터 고음까지 차음하는 것	귀마개의 경우 재사용 여부를 제조특성으로 표기
			2종	EP-2	주로 고음을 차음하고 저음(회화음영역)은 차음하지 않는 것	
		귀덮개	–	EM		
2	일반구조	① 귀마개는 다음과 같이 한다. 　㉠ 귀마개는 사용수명 동안 피부자극, 피부질환, 알레르기 반응 혹은 그 밖에 다른 건강상의 부작용을 일으키지 않을 것 　㉡ 귀마개 사용 중 재료에 변형이 생기지 않을 것 　㉢ 귀마개를 착용할 때 귀마개의 모든 부분이 착용자에게 물리적인 손상을 유발시키지 않을 것 　㉣ 귀마개를 착용할 때 밖으로 돌출되는 부분이 외부의 접촉에 의하여 귀에 손상이 발생하지 않을 것				

번호	구분	내용
2	일반구조	⑩ 귀(외이도)에 잘 맞을 것 ⓑ 사용 중 심한 불쾌함이 없을 것 ⓢ 사용 중에 쉽게 빠지지 않을 것 ② 귀덮개는 다음과 같이 한다. ㉠ 인체에 접촉되는 부분에 사용하는 재료는 해로운 영향을 주지 않을 것 ㉡ 귀덮개 사용 중 재료에 변형이 생기지 않을 것 ㉢ 제조자가 지정한 방법으로 세척 및 소독을 한 후 육안상 손상이 없을 것 ㉣ 금속으로 된 재료는 부식방지 처리가 된 것으로 할 것 ㉤ 귀덮개의 모든 부분은 날카로운 부분이 없도록 처리할 것 ㉥ 제조자는 귀덮개의 쿠션 및 라이너를 전용 도구로 사용하지 않고 착용자가 교체할 수 있을 것 ㉦ 귀덮개는 귀 전체를 덮을 수 있는 크기로 하고, 발포 플라스틱 등의 흡음재료로 감쌀 것 ㉧ 귀주위를 덮는 덮개의 안쪽 부위는 발포 플라스틱 공기 혹은 액체를 봉입한 플라스틱 튜브 등에 의해 귀주위에 완전하게 밀착되는 구조일 것 ㉨ 길이조절을 할 수 있는 금속재질의 머리띠 또는 걸고리 등은 적당한 탄성을 가져 착용자에게 압박감 또는 불쾌감을 주지 않을 것
3	시험 성능기준	① 귀마개 또는 귀덮개의 차음성능 기준 **귀마개 · 귀덮개 차음성능 기준** | 차음성능	중심주파수(Hz)	차음치(dB)		
---	---	---	---	---
		EP-1	EP-2	EM
	125	10 이상	10 미만	5 이상
	250	15 이상	10 미만	10 이상
	500	15 이상	10 미만	10 이상
	1,000	20 이상	20 미만	25 이상
	2,000	25 이상	20 이상	30 이상
	4,000	25 이상	25 이상	35 이상
	8,000	20 이상	20 이상	20 이상	 ② 귀덮개의 충격성능(저온포함)시험 시 깨지거나 분리되지 않을 것(다만, 탈부착 가능한 쿠션부분은 제외한다)
4	추가표시	안전인증 귀마개 또는 귀덮개에는 안전인증의 표시에 따른 표시 외에 다음의 내용을 추가로 표시해야 한다. ① 일회용 또는 재사용 여부 ② 세척 및 소독방법등 사용상의 주의사항(다만, 재사용 귀마개의 한한다)

핵심이론 125 고온 (고열)작업

(1) 개요
① 사람과 환경 사이에 일어나는 열교환에 영향을 미치는 것은 기온, 기류, 습도 및 복사열 4가지이다.
② 기후인자 가운데서 기온, 기류, 습도(기습) 및 복사열 등 온열요소가 동시에 인체에 작용하여 관여할 때 인체는 온열감각을 느끼게 되며, 온열요소를 단일척도로 표현하는 것을 온열지수라 한다.

(2) 기온 (온도)
① 기온 측정기기 종류
  ㉠ 아스만(assmann) 통풍온습도계
  ㉡ 액체봉상온도계
  ㉢ 연속측정 시는 자기저온계
② 감각온도 (실효온도= 유효온도)
  기온, 습도, 기류(감각온도 3요소)의 조건에 따라 결정되는 체감온도이다.
③ 실효복사온도
  흑구온도와 기온의 차이

(3) 기습 (습도)
① 관련 식

$$\text{상대습도}(U) = \frac{e}{eW} \times 100 = \frac{\text{절대습도}}{\text{포화습도}} \times 100$$

② 측정
  ㉠ 건구와 습구 2개의 온도계로 측정하고, 이 수치에서 상대습도를 읽는 표에 의하여 간접적으로 산출한다.
  ㉡ 모발습도계 등에서 직접 측정한다.
③ 습도 측정기기 종류
  ㉠ 아스만(assmann) 통풍온습도계
  ㉡ 회전습도계
  ㉢ 자기모발습도계
  ㉣ 전기저항습도계

(4) 기류 (풍속)

기류를 느끼고 측정할 수 있는 최저한계는 0.5m/sec이고, 기류는 대류 및 증발과 관계가 있다.

(5) 복사열

① 인체는 실외에서는 항상 직접적으로 태양에서 방출되는 복사열에 노출, 산업현장에서는 전기로, 가열로, 용해로, 건조로 등에서 발생되는 복사열에 노출되어 있다.
② 인간의 피부는 흑체에 가까우며, 흑체는 복사열을 모두 흡수하는 물체를 말한다.
③ 복사열 측정기기 종류
 ㉠ 습구흑구온도지수(WBGT) 측정기
 ㉡ 열전기쌍복사계
 ㉢ 복사고온계
 ㉣ 볼로미터

핵심이론 126 │ 고열장애

(1) 열사병 (heat stroke)

① 개요
 ㉠ 열사병은 고온다습한 환경(육체적 노동 또는 태양의 복사선을 두부에 직접적으로 받는 경우)에 노출될 때 뇌 온도의 상승으로 신체 내부의 체온조절 중추에 기능장애를 일으켜서 생기는 위급한 상태를 말한다.
 ㉡ 고열로 인해 발생하는 장애 중 가장 위험성이 크다.
 ㉢ 태양광선에 의한 열사병은 일사병(sunstroke)이라고 한다.
② 발생
 ㉠ 체온조절 중추(특히 발한 중추)의 기능장애에 의한다(체내에 열이 축적되어 발생).
 ㉡ 혈액 중의 염분량과는 관계없다.
 ㉢ 대사열의 증가는 작업부하와 작업환경에서 발생하는 열부하가 원인이 되어 발생하며, 열사병을 일으키는 데 크게 관여하고 있다.
③ 증상
 ㉠ 일차적인 증상
   정신착란, 의식결여, 경련, 혼수, 건조하고 높은 피부온도, 체온상승
 ㉡ 특징
   ⓐ 중추신경계의 장애
   ⓑ 뇌막혈관이 노출되면 뇌온도의 상승으로 체온조절 중추의 기능 장애

ⓒ 전신적인 발한 정지(땀을 흘리지 못하여 체열방산을 하지 못해 건조할 때가 많음)
ⓓ 직장온도 상승(40℃ 이상의 직장온도), 즉 체열방산을 하지 못하여 체온이 41~43℃까지 급격하게 상승하여 사망
ⓔ 초기에 조치가 취해지지 못하면 사망에 이를 수도 있음
ⓕ 40%의 높은 치명률을 보이는 응급성 질환
ⓖ 치료 후 4주 이내에는 다시 열에 노출되지 않도록 주의

④ 치료
㉠ 체온조절 중추의 손상이 있을 때에는 치료효과를 거두기 어려우며 체온을 급히 하강시키기 위한 응급조치방법으로 얼음물에 담가서 체온을 39℃까지 내려주어야 한다.
㉡ 얼음물에 의한 응급조치가 불가능할 때는 찬물로 닦으면서 선풍기를 사용하여 증발냉각이라도 시도해야 한다.
㉢ 호흡곤란 시에는 산소를 공급해 준다.
㉣ 체열의 생산을 억제하기 위하여 항신진대사제 투여가 도움이 되나 체온 냉각 후 사용하는 것이 바람직하다.
㉤ 울열방지와 체열이동을 돕기 위하여 사지를 격렬하게 마찰시킨다.

(2) 열피로(heat exhaustion), 열탈진(열 소모)
① 개요
㉠ 고온 환경에서 장시간 힘든 노동을 할 때 주로 미숙련공(고열에 순화되지 않은 작업자)에 많이 나타나며, 과다발한으로 수분·염분 손실에 의하여 발생한다.
㉡ 현기증, 두통, 구토 등의 약한 증상에서부터 심한 경우는 허탈(collapse)로 빠져 의식을 잃을 수도 있다.
㉢ 체온은 그다지 높지 않고(39℃ 정도까지) 맥박은 빨라지면서 약해지고 혈압은 낮아진다.

② 발생
㉠ 땀을 많이 흘려(과다 발한) 수분과 염분 손실이 많을 때
㉡ 탈수로 인해 혈장량이 감소할 때
㉢ 말초혈관 확장에 따른 요구 증대 만큼의 혈관운동조절이나 심박출력의 증대가 없을 때 발생(말초혈관 운동신경의 조절장애와 심박출력의 부족으로 순환부전)
㉣ 대뇌피질의 혈류량이 부족할 때

③ 증상
㉠ 체온은 정상범위를 유지하고, 혈중 염소 농도는 정상이다.
㉡ 구강온도는 정상이거나 약간 상승하고 맥박수는 증가한다.
㉢ 혈액농축은 정상범위를 유지한다(혈당치는 감소하나 혈액 및 뇨 소견은 현저한 변화가 없음).

② 실신, 허탈, 두통, 구역감, 현기증 증상을 주로 나타낸다.
⑩ 권태감, 졸도, 과다 발한, 냉습한 피부 등의 증상을 보이며, 직장온도가 경미하게 상승할 경우도 있다.

④ 치료
휴식 후 5% 포도당을 정맥주사한다.

(3) 열경련 (heat cramp)
① 개요
  ㉠ 가장 전형적인 열중증의 형태로서 주로 고온 환경에서 지속적으로 심한 육체적인 노동을 할 때 나타나며 주로 작업 중에 많이 사용하는 근육에 발작적인 경련이 일어나는데, 작업 후에도 일어나는 경우가 있으며 팔이나 다리뿐만 아니라 등 부위의 근육, 위에도 생기는 경우가 있다.
  ㉡ 더운 환경에서 고된 육체적인 작업을 장시간하면서 땀을 많이 흘릴 때 많은 물을 마시지만 신체의 염분 손실을 충당하지 못해(혈중 염분농도가 낮아짐) 발생하는 것으로 혈중 염분농도 관리가 중요한 고열장애이다.

② 발생
  ㉠ 지나친 발한에 의한 수분 및 혈중 염분 손실(혈액의 현저한 농축 발생)
  ㉡ 땀을 많이 흘리고 동시에 염분이 없는 음료수를 많이 마셔서 염분 부족 시 발생
  ㉢ 전해질의 유실 시 발생

③ 증상
  ㉠ 체온이 정상이거나 약간 상승하고 혈중 Cl^- 농도가 현저히 감소한다.
  ㉡ 낮은 혈중 염분농도와 팔과 다리의 근육경련이 일어난다(수의근 유통성 경련).
  ㉢ 통증을 수반하는 경련은 주로 작업 시 사용한 근육에서 흔히 발생한다.
  ㉣ 일시적으로 단백뇨가 나온다.
  ㉤ 중추신경계통의 장애는 일어나지 않는다.
  ㉥ 복부와 사지 근육에 강직, 동통이 일어나고 과도한 발한이 발생된다.
  ㉦ 수의근의 유통성 경련(주로 작업 시 사용한 근육에서 발생)이 일어나기 전에 현기증, 이명, 두통, 구역, 구토 등의 전구증상이 일어난다.

④ 치료
  ㉠ 수분 및 NaCl 보충(생리식염수 0.1% 공급)
  ㉡ 바람이 잘 통하는 곳에 눕혀 안정시킴
  ㉢ 체열방출을 촉진시킴(작업복을 벗겨 전도와 복사에 의한 체열방출)
  ㉣ 증상이 심하면 생리식염수 1,000~2,000mL 정맥주사

핵심이론 127 | 고온순화 (순응)

(1) 개요
① 순화란 외부의 환경변화나 신체활동이 반복되어 인체조절기능이 숙련되고 습득된 상태를 순화라고 하며, 고온순화는 외부의 환경영향요인이 고온일 경우이다.
② 신체의 순응현상이란 외부 환경의 변화에 신체반응의 항상성이 작용하는 현상이다.
③ 고온의 영향으로 나타나는 일차적 생리적 영향은 발한이다.
④ 고온에 순응된 사람들이 고온에 계속적으로 노출되었을 때 땀의 분비속도가 증가하는 현상이 나타난다.

(2) 고온의 생리적 반응
① 1차적 생리적 반응
  ㉠ 발한(불감발한) 및 호흡촉진
  ㉡ 교감신경에 의한 피부혈관 확장
  ㉢ 체표면 증가(한선)
② 2차적 생리적 반응
  ㉠ 혈중 염분량 현저히 감소 및 수분 부족
  ㉡ 심혈관, 위장, 신경계, 신장 장해

(3) 특징
① 고온순화는 매일 고온에 반복적이며, 지속적으로 폭로 시 4~6일에 주로 이루어진다.
② 순화방법은 하루 100분씩 폭로하는 것이 가장 효과적이며, 하루의 고온폭로시간이 길다고 하여 고온순화가 빨리 이루어지는 것은 아니다.
③ 고온에 폭로된 지 12~14일에 거의 완성되는 것으로 알려져 있다.
④ 고온순응의 정도는 폭로된 고온의 정도에 따라 부분적으로 순응되며, 더 심한 온도에는 내성이 없다.
⑤ 고온에 순응된 상태에서 계속 노출되면 땀의 분비속도가 증가한다.
⑥ 고온순화에 관계된 가장 중요한 외부영향요인은 영양과 수분보충이다.

핵심이론 128 | 고열 측정

(1) 온도, 습도 측정
① 작업환경 평가 시 온도는 일반적으로 아스만통풍건습계를 사용하며, 습도는 건구온도와 습구온도 차를 구하여 습도 환산표를 이용하여 구한다.
② 아스만통풍건습계
  ㉠ 눈금의 간격은 0.5℃
  ㉡ 측정시간은 5분 이상(온도 안정시간)
  ㉢ 2개의 같은 눈금을 갖는 봉상수은온도계 사용
  ㉣ 1개는 기온측정에 사용되는 건구온도계로, 또 다른 하나는 습구온도를 측정하는 데 사용

(2) 기류 측정
① 풍차풍속계
  ㉠ 1~150m/sec 범위의 풍속 측정
  ㉡ 옥외용으로 사용
  ㉢ 풍차의 회전속도로 풍속 측정
② 카타온도계
  ㉠ 카타의 냉각력을 이용하여 측정, 즉 알코올 눈금이 100°F(37.8℃)에서 95°F(35℃)까지 내려가는 데 소요되는 시간을 4~5회 측정 평균하여 카타 상수값을 이용하여 구하는 간접적 측정방법
  ㉡ 작업환경 내에 기류의 방향이 일정치 않을 경우 기류속도 측정
  ㉢ 실내 0.2~0.5m/sec 정도의 불감기류 측정 시 기류속도를 측정
③ 열선풍속계
  ㉠ 가열된 금속선에 바람이 접촉하면 열을 빼앗겨 이를 풍속과 관련지어 측정하는 원리로 기온과 정압을 동시에 구할 수 있어 환기시설의 점검에 유용
  ㉡ 기류속도가 아주 낮을 때 사용하여 정확함
  ㉢ 측정 범위는 0~50m/sec
④ 가열온도풍속계
  ㉠ 풍속과 기온과의 차이의 관계에서 풍속을 구함
  ㉡ 작업환경 측정의 표준방법으로 사용

(3) 복사열 측정
① 표준형의 직경 15cm(0.5mm 동판), 무광택의 흑색도료(황화동, $CuSO_4$)로 도색
② 실효복사온도는 흑구온도와 기온과의 차이를 말함
③ 작업환경 측정의 표준방법으로 사용하며 흑구온도계는 복사온도를 측정함

(4) 습구, 흑구온도 측정
아스만통풍건습계를 이용하여 건구 및 자연습구온도를 측정, 흑구온도계로 복사온도(흑구온도)를 측정하여 계산함

핵심이론 129 한랭의 생체영향

(1) 개요
① 저온환경에서는 환경온도와 대류가 체열을 방출하는 이화학적 조절에 가장 중요하게 영향을 미친다.
② 한랭환경에서 생체열용량의 변화는 대사에 의한 체열생산에서 증발, 복사, 대류에 의한 체열방산을 뺀 것과 같다.
③ 한랭에 대한 순화는 고온순화보다 느리다.
④ 혈관의 이상은 저온노출로 유발되거나 악화된다.
⑤ 저온작업에서 손가락, 발가락 등의 말초부위는 피부온도 저하가 가장 심한 부위이다.

(2) 한랭의 생리적 반응
① 1차적 생리적 반응
　㉠ 피부혈관 수축 및 체표면적 감소
　㉡ 근육긴장 증가 및 떨림
　㉢ 화학적 대사(호르몬 분비) 증가
② 2차적 생리적 반응
　㉠ 말초혈관의 수축으로 표면조직의 냉각
　㉡ 식욕 변화(식욕 항진)
　㉢ 혈압 일시적 상승(혈류량 증가)
　㉣ 피부혈관의 수축으로 순환기능이 감소

핵심이론 130 고압환경에서의 인체작용

(1) 개요
청력의 저하, 귀의 압박감이 일어나며 심하면 고막파열이 일어날 수 있으며 부비강 개구부 감염 혹은 기형으로 폐쇄된 경우 심한 구토, 두통 등의 증상을 일으킨다.

(2) 1차적 가압현상

① 기계적 장애라고도 하며 인체와 환경 사이의 기압 차이로 인해 일어나는 현상이다.
② 1차적으로 부종, 출혈, 동통(근육통, 관절통) 등을 동반한다.
③ 1psi 이하의 기압 차이에서도 울열, 부종, 출혈 동통이 발생한다.
④ 부비강, 치아가 기압증가에 의하여 압박장해를 일으킨다.
⑤ 잠수부의 가압외상은 귀의 염증이다.
⑥ 흉곽이 잔기량보다 적은 용량까지 압축되면 폐압박 현상이 나타난다.

(3) 2차적 가압현상

고압하의 대기가스의 독성 때문에 나타나는 현상으로 2차성 압력현상이다.

① 질소가스의 마취작용
  ㉠ 공기 중의 질소가스는 정상기압에서는 비활성이지만 4기압 이상에서 마취작용을 일으키며 이를 다행증이라 한다(공기 중의 질소가스는 3기압 이하에서는 자극작용을 함).
  ㉡ 질소가스 마취작용은 알코올 중독의 증상과 유사하다.
  ㉢ 작업력의 저하, 기분의 변환, 여러 종류의 다행증(euphoria)이 일어난다.
  ㉣ 수심 90~120m에서 환청, 환시, 조현증, 기억력 감퇴 등이 나타난다.

② 산소중독
  ㉠ 산소의 분압이 2기압이 넘으면 산소중독 증상을 보인다. 즉, 3~4기압의 산소 혹은 이에 상당하는 공기 중 산소분압에 의하여 중추신경계의 장애에 기인하는 운동장애를 나타내는데 이것을 산소중독이라 한다.
  ㉡ 수중의 잠수자는 폐압착증을 예방하기 위하여 수압과 같은 압력의 압축기체를 호흡하여야 하며, 이로 인한 산소분압 증가로 산소중독이 일어난다.
  ㉢ 고압산소에 대한 폭로가 중지되면 증상은 즉시 멈춘다. 즉, 가역적이다.
  ㉣ 1기압에서 순산소는 인후를 자극하나 비교적 짧은 시간의 폭로라면 중독 증상은 나타나지 않는다.
  ㉤ 산소중독 작용은 운동이나 이산화탄소로 인해 악화된다.
  ㉥ 수지나 족지의 작열통, 시력장애, 정신혼란, 근육경련 등의 증상을 보이며 나아가서는 간질 모양의 경련을 나타낸다.

③ 이산화탄소의 작용
  ㉠ 이산화탄소 농도의 증가는 산소의 독성과 질소의 마취작용을 증가시키는 역할을 하고 감압증의 발생을 촉진시킨다.
  ㉡ 이산화탄소 농도가 고압환경에서 대기압으로 환산하여 0.2%를 초과해서는 안 된다.
  ㉢ 동통성 관절장애(bends)도 이산화탄소의 분압 증가에 따라 보다 많이 발생한다.

(4) 고압환경작업의 특징
① 고압환경의 대표적인 것은 잠함작업이다.
② 수면 하에서의 압력은 수심이 10m 깊어질 때 1기압씩 증가한다.
③ 수심 20m인 곳의 절대압은 3기압이며 작용압은 2기압이다.
④ 예방으로는 수소 또는 질소를 대신하여 마취현상이 적은 헬륨 같은 불활성기체들로 대치한 공기를 호흡시킨다.

핵심이론 131 감압환경에서의 인체작용

(1) 감압환경의 인체작용
깊은 물에서 올라오거나 감압실 내에서 감압을 하는 도중에 폐압박의 경우와는 반대로 폐 속의 공기가 팽창한다. 이때는 감압에 의한 가스팽창과 질소기포형성의 두 가지 건강상의 문제가 발생한다.

(2) 감압에 의한 가스팽창효과
① 감압에 따른 팽창된 공기가 폐혈관으로 유입되어 뇌공기전색증(air embolism)을 일으켜 즉시 재가압 조치를 하지 않으면 사망에 이르게 된다.
② 감압속도가 너무 빠르면 폐포가 파열되고 흉부조직 내로 유입된 질소가스 때문에 여러 증상(종격기종, 기흉, 공기전색)이 나타난다.

(3) 감압환경에 따른 용해질소의 기포형성효과
① 용해질소의 기포는 감압병(잠함병)의 증상을 대표적으로 나타내며, 잠함병의 직접적인 원인은 체액 및 지방조직의 질소기포 증가이다.
② 질소의 지방용해도는 물에 대한 용해도보다 5배가 크다.
③ 감압 시 조직 내 질소 기포형성량에 영향을 주는 요인
　㉠ 조직에 용해된 가스량(폐 내의 CO_2 농도)
　　체내 지방량, 고기압폭로의 정도와 시간으로 결정
　㉡ 혈류변화 정도(혈류를 변화시키는 상태)
　　ⓐ 감압 시나 재감압 후에 생기기 쉬움
　　ⓑ 연령, 기온, 운동, 공포감, 음주와 관계가 있음
　㉢ 감압속도

핵심이론 132 | 산소결핍의 인체장애

(1) 산소결핍증(hypoxia, 저산소증)
① 정의
저산소증이라고도 하며, 저산소상태에서 산소분압의 저하, 즉 저기압에 의하여 발생되는 질환이다.
② 특징
㉠ 산소결핍에 의한 질식사고가 가스재해 중에서 큰 비중을 차지한다.
㉡ 무경고성이고 급성적, 치명적이기 때문에 많은 희생자를 발생시킬 수 있다. 즉, 단시간 내에 비가역적 파괴현상을 나타낸다.
㉢ 생체 중 최대산소 소비기관은 뇌신경세포이다.
㉣ 산소결핍에 가장 민감한 조직은 대뇌피질이다.
㉤ 뇌는 산소소비가 가장 큰 장기로, 중량은 1.4kg에 불과하지만 소비량은 전신의 약 25%에 해당한다.
㉥ 혈액의 총 산소 함량은 혈액 100mL당 산소 20mL 정도이며, 인체 내에서 산소전달 역할을 한다. 즉, 혈액 중 적혈구가 산소전달 역할을 한다.
㉦ 신경조직 1g은 근육조직 1g과 비교하면 약 20배 정도의 산소를 소비한다.
③ 인체증상
㉠ 산소공급 정지가 2분 이상일 경우 뇌의 활동성이 회복되지 않고 비가역적 파괴가 일어난다.
㉡ 산소농도가 5~6%라면 혼수, 호흡 감소 및 정지, 6~8분 후 심장이 정지된다.

(2) 산소농도에 따른 인체장애

산소농도(%)	산소분압(mmHg)	동맥혈의 산소포화도(%)	증상
12~16	90~120	85~89	호흡수 증가, 맥박 증가, 정신집중 곤란, 두통, 이명, 신체기능 조절 손상 및 순환기 장애자 초기증상 유발
9~14	60~105	74~87	불완전한 정신상태에 이르고 취한 것과 같으며 당시의 기억상실, 전신탈진, 체온상승, 호흡장애, 청색증 유발, 판단력 저하
6~10	45~70	33~74	의식불명, 안면창백, 전신근육경련, 중추신경장애, 청색증 유발, 경련, 8분 내 100% 치명적, 6분 내 50% 치명적, 4~5분 내 치료로 회복 가능
4~6 및 이하	45 이하	33 이하	40초 내에 혼수상태, 호흡정지, 사망

※ 정상공기 중의 산소분압은 해면에 있어서 159.6mmHg(760mmHg×0.21) 정도이다.

핵심이론 133 | 소음

(1) 소음의 정의
① 소음은 공기의 진동에 의한 음파 중 인간에게 감각적으로 바람직하지 못한 소리, 즉 지나치게 강렬하여 불쾌감을 주거나 주의력을 빗나가게 하여 작업에 방해가 되는 음향을 말한다.
② 산업안전보건법에서는 소음성 난청을 유발할 수 있는 85dB(A) 이상의 시끄러운 소리로 정의하고 있다.
③ 사람의 귀는 자극의 절대물리량에 대수적으로 비례하여 반응한다(웨버-페흐너 법칙).

(2) 소음공해의 특징
① 축적성이 없다.
② 국소 다발적이다.
③ 대책 후에 처리할 물질이 발생되지 않는다.
④ 감각적 공해이다.
⑤ 민원발생이 많다.

(3) 소음의 단위
소음수준(noise level)은 소음계로 측정한 음원수준을 말하며 소음계에는 청감보정회로가 들어 있어 이를 통해 측정한 음압수준을 의미한다. 단위는 dB, sone, phon 등이 있다.
① dB
  ㉠ 음압수준을 표시하는 한 방법으로 사용하는 단위로 dB(decibel)로 표시한다.
  ㉡ 사람이 들을 수 있는 음압은 $0.00002 \sim 60 \text{N/m}^2$의 범위이며, 이것을 dB로 표시하면 0~130dB이 된다.
  ㉢ 음압을 직접 사용하는 것보다 dB로 변환하여 사용하는 것이 편리하다.
② sone
  ㉠ 감각적인 음의 크기(loudness)를 나타내는 양이며 1,000Hz에서의 압력수준 dB을 기준으로 하여 등청감곡선을 소리의 크기로 나타내는 단위이다.
  ㉡ 1,000Hz 순음의 음의 세기레벨 40dB의 음의 크기를 1sone으로 정의한다.
③ phon
  ㉠ 감각적인 음의 크기를 나타내는 양이다.
  ㉡ 1,000Hz 순음의 크기와 평균적으로 같은 크기로 느끼는 1,000Hz 순음의 음의 세기레벨로 나타낸 것이 phon이다.
  ㉢ 1,000Hz에서 압력수준 dB을 기준으로 하여 등감곡선을 소리의 크기로 나타낸 단위이다.

④ 음의 크기와 음의 크기 레벨의 관계

$$S = 2^{\frac{(L_L - 40)}{10}}, \quad L_L = 33.3 \log S + 40$$

여기서, S : 음의 크기(sone)

L_L : 음의 크기 레벨(phon)

(4) 소음의 계산

① 합성 소음도(전체 소음도, 소음원 동시 가동 시 소음도)

$$L_P = 10 \log\left(10^{\frac{L_1}{10}} + 10^{\frac{L_2}{10}} + \cdots + 10^{\frac{L_n}{10}}\right) (\text{dB})$$

여기서, L_P : 합성 소음도

$L_1, \cdots, L_n$: 각각 소음원의 소음

② 소음도 차이

$$L' = 10 \log\left(10^{\frac{L_1}{10}} - 10^{\frac{L_2}{10}}\right)(\text{dB}), \quad (단, \ L_1 > L_2)$$

③ 평균 소음도

$$\overline{L} = 10 \log\left[\frac{1}{n}\left(10^{\frac{L_1}{10}} + 10^{\frac{L_2}{10}} + \cdots + 10^{\frac{L_n}{10}}\right)\right](\text{dB})$$

여기서, $\overline{L}$: 평균 소음도

n : 소음원의 개수

기출 및 예상문제 01

세 개의 소음원 소음수준을 한 지점에서 각각 측정해 보니 첫 번째 소음원만 가동될 때 88dB, 두 번째 소음원만 가동될 때 86dB, 세 번째 소음원만이 가동될 때 91dB이었다. 세 개의 소음원이 동시에 가동될 때 그 지점에서의 음압수준은?

풀이 합성소음도$(L) = 10\log(10^{\frac{88}{10}} + 10^{\frac{86}{10}} + 10^{\frac{91}{10}}) = 93.59\text{dB}$

(5) 음속

① 음파의 속도를 말한다.
② 음파는 음압의 변화에 따라 매질을 통하여 전달하는 종파(소밀파, 압력파, P파)이다.
③ 관련 식

$$C = f \times \lambda$$

여기서, C : 음속(m/sec)
f : 주파수(1/sec)
λ : 파장(m)

$$C = 331.42 + 0.6t$$

여기서, C : 음속(m/sec)
t : 음전달 매질의 온도(℃)

> **기출 및 예상문제 02**
>
> 공기의 온도가 20℃에서 500Hz인 음의 파장(m)은?
>
> **풀이** 음속 $(C) = f \times \lambda$
> $\lambda = \dfrac{C}{f}$
> C는 매질의 온도 20℃를 고려하면 $C = 331.42 + (0.6 \times 20) = 343.42 \, \text{m/sec}$
> $= \dfrac{343.42}{500} = 0.69\text{m}\,(= 69\text{cm})$

(6) 음의 압력 및 음압수준 (음압도, 음압레벨)

① 음의 압력(음압)
  ㉠ 음에너지에 의해 매질에는 미세한 압력변화가 생기고, 이 압력부분을 음압이라 한다.
  ㉡ 단위는 $Pa(N/m^2)$이다.
② 음압진폭(피크치, 최댓값)과 음압 실효치(rms값)의 관계

$$P_{rms} = \dfrac{P_m}{\sqrt{2}}$$

여기서, P_{rms} : 음압의 실효치(N/m^2)
P_m : 음압진폭(피크, 최댓값)(N/m^2)

③ 음압수준(SPL)

$$SPL = 20\log\left(\frac{P}{P_o}\right)$$

여기서, SPL : 음압수준(음압도, 음압레벨)(dB)
　　　　P : 대상음의 음압(음압 실효치)(N/m^2)
　　　　P_o : 기준음압 실효치(2×10^{-5}N/m^2, 20μPa, 2×10^{-4}dyne/cm^2)

기출 및 예상문제 03

음압 6N/m^{2}의 음압도는?

풀이
$SPL = 20\log\left(\dfrac{P}{P_o}\right)$

여기서 P는 실효치 적용(문제상 음압은 실효치 의미)

$= 20\log\left(\dfrac{6}{2\times10^{-5}}\right) = 110$dB

기출 및 예상문제 04

음압이 10배 증가하면 음압수준은 몇 dB 증가하는가?

풀이
음압수준(SPL) $= 20\log\left(\dfrac{P}{P_o}\right)$에서 P_o는 일정하므로

$= 20\log\left(\dfrac{10}{1}\right) = 20$dB

기출 및 예상문제 05

측정한 음압의 최댓값이 0.63N/m^{2}라면 음압수준은 얼마인가?

풀이
음압수준(SPL) $= 20\log\left(\dfrac{P}{P_o}\right)$

여기서 P는 실효치이므로 문제상 음압 최댓값을 실효치로 적용

$= 20\log\left(\dfrac{0.63/\sqrt{2}}{2\times10^{-5}}\right) = 87$dB

(7) 음의 세기(강도) 및 음의 세기레벨(음의 세기수준)
　① 음의 세기
　　㉠ 음의 진행 방향에 수직하는 단위면적을 단위시간에 통과하는 음에너지를 음의 세기라 한다.
　　㉡ 단위는 Watt/m^{2}이다.

② 음의 세기레벨(SIL)

$$SIL = 10\log\left(\frac{I}{I_o}\right)$$

여기서, SIL : 음의 세기레벨(dB)
  I : 대상음의 세기(W/m²)
  I_o : 최소가청음 세기(10^{-12}W/m²)

③ 음의 세기 관련 관계식

$$I = \frac{P^2}{\rho c} = P \times V$$

여기서, I : 음의 세기(W/m²)
  P : 음압(실효치)(N/m²)
  ρc : 음향 임피던스(Rayls)
  V : 매질에서의 입자속도(m/sec)

(8) 음향출력 및 음향파워레벨 (음력수준)

① 음향출력 (음향파워, 음력)
  ㉠ 음원으로부터 단위시간당 방출되는 총 음에너지(총 출력)를 말한다.
  ㉡ 단위는 watt(W)이다.

② 음향파워레벨 (PWL, 음력수준)

$$PWL = 10\log\left(\frac{W}{W_o}\right)$$

여기서, PWL : 음향파워레벨(dB)
  W : 대상음원의 음향파워(watt)
  W_o : 기준 음향파워(10^{-12}watt)

기출 및 예상문제 06

음향출력 0.1W를 발생하는 소형 사이렌의 음향파워레벨은 몇 dB인가?

풀이 $PWL = 10\log\left(\frac{W}{W_o}\right) = 10\log\left(\frac{0.1}{10^{-12}}\right) = 110$dB

기출 및 예상문제 07

음의 세기가 10배로 되면 음의 세기수준은?

풀이 음의 세기수준(SIL) $= 10\log\left(\dfrac{I}{I_o}\right)$ 에서 I_o는 일정하므로
$= 10\log 10 = 10\text{dB}$ 증가

(9) SPL과 PWL의 관계식

PWL은 절대적인 값이고, SPL은 거리에 따라 변하는 상대적인 값이다.

① 무지향성 점음원
  ㉠ 자유공간(공중, 구면파)에 위치할 때
  $$SPL = PWL - 20\log r - 11\,(\text{dB})$$

  ㉡ 반자유공간(바닥, 벽, 천장, 반구면파)에 위치할 때
  $$SPL = PWL - 20\log r - 8\,(\text{dB})$$

② 무지향성 선음원
  ㉠ 자유공간(공중, 구면파)에 위치할 때
  $$SPL = PWL - 10\log r - 8\,(\text{dB})$$

  ㉡ 반자유공간(바닥, 벽, 천장, 반구면파)에 위치할 때
  $$SPL = PWL - 10\log r - 5\,(\text{dB})$$

  여기서, r : 소음원으로부터의 거리(m)

기출 및 예상문제 08

출력 1watt의 점음원으로부터 100m 떨어진 곳의 SPL은? (단, 무지향성 음원, 자유공간의 경우)

풀이 $SPL = PWL - 20\log r - 11$
$PWL = 10\log\left(\dfrac{1}{10^{-12}}\right) = 120\text{dB}$
$r = 100\text{m}$
$= 120 - 20\log 100 - 11 = 69\text{dB}$

(10) 거리감쇠
  ① 점음원
    ㉠ 관련 식

$$SPL_1 - SPL_2 = 20\log\left(\frac{r_2}{r_1}\right)$$

여기서, SPL_1 : 음원으로부터 r_1(m) 떨어진 지점의 음압레벨
       SPL_2 : 음원으로부터 r_2(m)$(r_2 > r_1)$ 떨어진 지점의 음압레벨
       $SPL_1 - SPL_2$: 거리감쇠치(dB)

    ㉡ 역2승법칙
       점음원으로부터 거리가 2배 멀어질 때마다 음압레벨이 6dB(=20log2)씩 감쇠한다.

  ② 선음원
    ㉠ 관련 식

$$SPL_1 - SPL_2 = 10\log\left(\frac{r_2}{r_1}\right)$$

    ㉡ 선음원으로부터 거리가 2배 멀어질 때마다 음압레벨이 3dB(=10log2)씩 감쇠한다.

기출 및 예상문제 09

벌판에 세워진 어느 공장으로부터 2m 떨어진 지점에서 소음도는 59dB이었다. 8m 떨어진 지점의 소음도는?

풀이
$SPL_1 - SPL_2 = 20\log\dfrac{r_2}{r_1}$

$59 - SPL_2 = 20\log\dfrac{8}{2}$

$SPL_2 = 59 - 20\log4 = 46.9\text{dB}$

(11) 주파수 분석
  ① 개요
    ㉠ 소음의 특성을 정확히 평가, 즉 문제가 되는 주파수 대역을 알아내어 그에 따른 대책을 세우기 위해 주파수 분석을 한다.
    ㉡ 분석에는 정비형과 정폭형이 있고 일반적으로 정비형을 주로 사용한다.
  ② 정비형
    ㉠ 대역(band)의 하한 및 상한 주파수를 f_L 및 f_U라 할 때 어떤 대역에서도 f_U/f_L의 비가 일정한 필터이다.

⊙ $\dfrac{f_U}{f_L} = 2^n$

여기서, n : 일반적으로 1/1, 1/3 옥타브밴드

③ 1/1 옥타브밴드 분석기

$$\dfrac{f_U}{f_L} = 2^{\frac{1}{1}}, \; f_U = 2f_L$$

$$중심주파수(f_c) = \sqrt{f_L \times f_U} = \sqrt{f_L \times 2f_L} = \sqrt{2}\,f_L$$

$$밴드폭(bw) = f_c(2^{\frac{n}{2}} - 2^{-\frac{n}{2}}) = f_c(2^{\frac{1/1}{2}} - 2^{-\frac{1/1}{2}}) = 0.707 f_c$$

④ 1/3 옥타브밴드 분석기

$$\dfrac{f_U}{f_L} = 2^{\frac{1}{3}}, \; f_U = 1.26 f_L$$

$$중심주파수(f_c) = \sqrt{f_L \times f_U} = \sqrt{f_L \times 1.26 f_L} = \sqrt{1.26}\,f_L$$

$$밴드폭(bw) = f_c(2^{\frac{n}{2}} - 2^{-\frac{n}{2}}) = f_c(2^{\frac{1/3}{2}} - 2^{-\frac{1/3}{2}}) = 0.232 f_c$$

기출 및 예상문제 10

중심주파수가 8,000Hz인 경우, 하한주파수와 상한주파수를 구하면? (단, 1/1 옥타브밴드)

[풀이] ㉠ f_c(중심주파수) $= \sqrt{2}\,f_L$

$$f_L(하한주파수) = \dfrac{f_c}{\sqrt{2}} = \dfrac{8,000}{\sqrt{2}} = 5,656\text{Hz}$$

㉡ f_c(중심주파수) $= \sqrt{f_L \times f_U}$

$$f_U(상한주파수) = \dfrac{f_c^{\,2}}{f_L} = \dfrac{(8,000)^2}{5,656} = 11,315\text{Hz}$$

기출 및 예상문제 11

중심주파수가 1,000Hz일 때 밴드폭(bw)을 구하면? (단, 1/1 옥타브밴드)

[풀이]
$$밴드폭(bw) = f_c(2^{\frac{n}{2}} - 2^{-\frac{n}{2}})$$
$$= f_c(2^{\frac{1/1}{2}} - 2^{-\frac{1/1}{2}}) = 1,000 \times 0.707 = 707\text{Hz}(단위 주의 요함)$$

(12) 등청감곡선 및 청감보정회로

① 등청감곡선

㉠ 정의

정상 청력을 가진 젊은 사람을 대상으로 한 주파수로 구성된 음에 대하여 느끼는 소리의 크기(loudness)를 실험한 곡선이 등청감곡선이다.

㉡ 특징

ⓐ 인간의 청감은 4,000Hz 주위의 음에서 가장 예민하며 저주파 영역에서는 둔하다.

ⓑ 1,000Hz에서 음압수준을 기준으로 등감곡선을 나타내는 단위를 phon이라 한다.

ⓒ 1,000Hz에서 40dB은 100Hz에서 약 50dB과 비슷한 크기로 느껴진다.

ⓓ 사람이 느끼는 크기는 음의 주파수에 따라 다르며, 동일한 크기를 느끼기 위해서 저주파음에서는 고주파음보다 높은 압력수준이 요구된다.

ⓔ 같은 크기의 에너지를 가진 소리라도 주파수에 따라 크기를 다르게 느낀다.

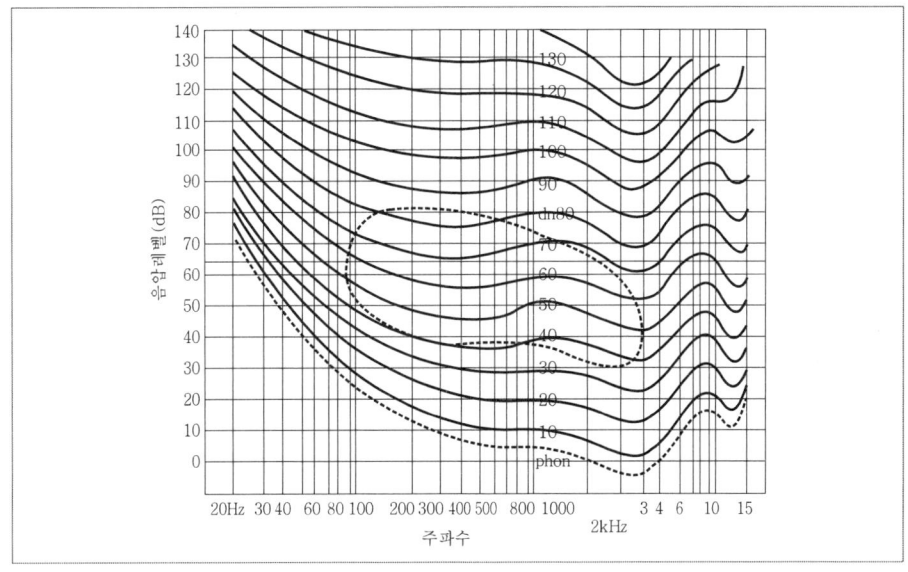

‖ 등청감곡선 ‖

② 청감보정회로

㉠ 정의

40phon, 70phon, 100phon의 등청감곡선과 비슷하게 주파수에 따른 반응을 보정하여 측정한 음압수준으로 순차적으로 A, B, C 청감보정회로(특성)라 하며, 등청감곡선을 역으로 한 보정회로로 소음계에 내장되어 있다.

ⓒ A특성
  ⓐ 사람의 청감에 맞춘 것으로 순차적으로 40phon 등청감곡선과 비슷하게 주파수에 따른 반응을 보정하여 측정한 음압수준을 말한다.
  ⓑ dB(A)로 표시하며, 저주파 대역을 보정한 청감보정회로이다.
ⓒ C특성
  ⓐ 실제적인 물리적인 음에 가까운 100phon의 등청감곡선과 비슷하게 보정하여 측정한 값이다.
  ⓑ dB(C)로 표시하며, 평탄 특성을 나타낸다.
ⓔ 어떤 소음을 소음계의 청감보정회로 A 및 C에 놓고 측정한 소음레벨이 dB(A) 및 dB(C)일 때 dB(A)≪dB(C)이면 저주파성분이 많고, dB(A)≈dB(C)이면 고주파가 주성분이다.

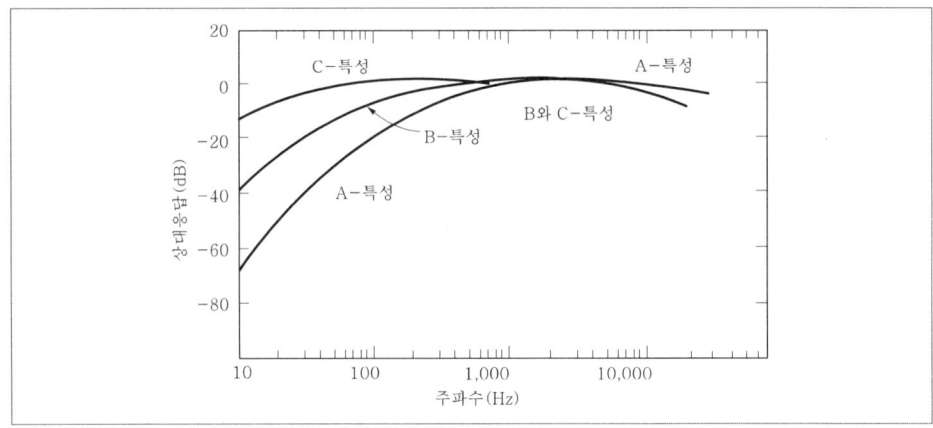

| 청감보정회로 |

ⓜ 소음의 특성치를 알아보기 위해서 A, B, C 특성치(청감보정회로)로 측정한 결과 세 가지의 값이 거의 일치되는 주파수는 1,000Hz이다. 즉 A, B, C 특성 모두 1,000Hz에서 보정치는 0이다.
ⓗ 일반적으로 소음계는 A, B, C 특성에서 음압을 측정할 수 있도록 보정되어 있으며 모든 주파수의 음압수준을 보정없이 그대로 측정할 수 있다.

③ C_5-dip 현상
  ㉠ 소음성 난청의 초기단계로 4,000Hz에서 청력장애가 현저히 커지는 현상이다.
  ㉡ 우리 귀는 고주파음에 대단히 민감하다. 특히 4,000Hz에서 소음성 난청이 가장 많이 발생한다.

(13) 평균청력손실 평가방법

① 3분법

$$평균청력손실 = \frac{a+b+c}{3}$$

② 4분법

$$평균청력손실 = \frac{a+2b+c}{4}$$

여기서, a : 옥타브밴드 중심주파수 500Hz에서의 청력손실(dB)
  b : 옥타브밴드 중심주파수 1,000Hz에서의 청력손실(dB)
  c : 옥타브밴드 중심주파수 2,000Hz에서의 청력손실(dB)

평균청력손실값이 25dB 이상이면 난청이라 평가한다.

③ 6분법

$$평균청력손실 = \frac{a+2b+2c+d}{6}$$

여기서, d : 옥타브밴드 중심주파수 4,000Hz에서의 청력손실(dB)

(14) 소음성 난청(직업성 난청)

① 정의
  심한 소음에 반복하여 노출되면 일시적 청력변화는 영구적 청력변화(PTS)로 변하여 코르티기관에 손상이 온 것이므로 회복이 불가능하다. 즉 감각세포의 손상이며, 청력손실의 원인이 되는 코르티기관의 총체적인 파괴이다.

② 특징
  ㉠ 항상 내이의 모세포에 작용하는 감각신경성 난청이다. 즉 전음계가 아니라 감음계의 장애를 말한다.
  ㉡ 거의 항상 양측성이며, 처음 중음부에서 시작되어 고음부 순서로 파급된다.
  ㉢ 소음 노출이 중단되었을 때 소음 노출 결과로 인한 청력손실이 진행하지 않는다. 심한 소음에 노출되면 처음에는 일시적 변화(TTS)를 초래하는데, 이것은 소음 노출을 중단하면 다시 노출 전의 상태로 회복되는 변화이다.
  ㉣ 과거의 소음성 난청으로 인해 소음 노출에 더 민감하게 반응하지 않는다.
  ㉤ 초기 저음역(500Hz, 1,000Hz, 2,000Hz)에서보다 고음역(3,000Hz, 4,000Hz, 6,000Hz)에서 청력손실이 현저히 나타나고, 특히 4,000Hz에서 심하다.
  ㉥ 지속적인 소음 노출 시 고음역에서의 청력손실이 보통 10~15년에 최고치에 이른다. 즉, 장기적인 소음 노출에 의해서 발생된다.

ⓢ 소음성 난청은 주로 주파수 4,000Hz 영역에서 시작하여 전 영역으로 파급된다.
ⓞ 음이 강해짐에 따라 정상인에 비해 음이 급격하게 들린다.

③ 소음성 난청의 업무재해 인정기준

연속음으로 85dB(A) 이상의 소음에 노출되는 작업장에서 3년 이상 종사하거나 종사한 경력이 있는 근로자로서 한 귀의 청력손실이 40dB 이상이 되는 감각신경성 난청의 증상 또는 소견이 있을 것으로 정하고 있다.

(15) 소음에 관한 노출기준

① 우리나라 노출기준

8시간 노출에 대한 기준 90dB(5dB 변화율)

1일 노출시간(hr)	소음수준[dB(A)]	1일 노출시간(hr)	소음수준[dB(A)]
8	90	1	105
4	95	$\frac{1}{2}$	110
2	100	$\frac{1}{4}$	115

㈜ 115dB(A)를 초과하는 소음수준에 노출되어서는 안 된다.

② ACGIH 노출기준

8시간 노출에 대한 기준 85dB(3dB 변화율)

1일 노출시간(hr)	소음수준[dB(A)]	1일 노출시간(hr)	소음수준[dB(A)]
8	85	1	94
4	88	$\frac{1}{2}$	97
2	91	$\frac{1}{4}$	100

③ 우리나라 충격소음 노출기준

소음수준[dB(A)]	1일 작업시간 중 허용횟수
140	100
130	1,000
120	10,000

㈜ 1. 충격소음은 최대음압수준이 120dB 이상인 소음이 1초 이상의 간격으로 발생하는 것을 말한다.
2. 충격소음이 발생하는 작업장은 6월에 1회 이상 소음수준을 측정하고, 소음에 노출되는 근로자에게는 특수건강진단을 실시하여야 한다.

PART 01 | 핵심이론

기출 및 예상문제 12

어떤 작업환경에서 100dB(A)의 소음이 1시간(TLV 2hr), 95dB(A)의 소음이 3시간(TLV 4hr) 발생하고 있을 때 소음허용기준 초과 여부를 판정하면?

풀이

소음허용기준 초과 여부 $= \dfrac{C_1}{T_1} + \cdots + \dfrac{C_n}{T_n}$

여기서, $C_1 \sim C_n$: 각 소음노출시간(hr)
$T_1 \sim T_n$: 각 노출허용기준(TLV)에 따른 노출시간(hr)

$= \dfrac{1}{2} + \dfrac{3}{4} = 1.25$ ⇨ 이 값이 1 이상이므로 허용기준 초과 판정

(16) 누적소음 노출량 측정기(noise dose meter)

① 정의

소음에 대한 작업환경 측정 시 소음의 변동이 심하거나 소음수준이 다른 여러 작업장소를 이동하면서 작업하는 경우 소음의 노출평가에 가장 적합한 소음기, 즉 개인의 노출량을 측정하는 기기로서 노출량(dose)은 노출기준에 대한 백분율(%)로 나타낸다.

② 법정 설정기준

㉠ criteria : 90dB

㉡ exchange rate : 5dB

㉢ threshold : 80dB

(17) 소음의 평가

① 등가소음레벨(등가소음도, Leq)

㉠ 정의

변동이 심한 소음의 평가방법이며 이렇게 변동하는 소음을 일정시간 측정하여 그 평균에너지 소음레벨로 나타낸 값이 등가소음도이다.

㉡ 관련 식

$$\text{Leq} = 16.61 \log \dfrac{n_1 \times 10^{\frac{L_{A1}}{16.61}} + \cdots + n_n \times 10^{\frac{L_{An}}{16.61}}}{\text{각 소음레벨 측정치의 발생시간 합}}$$

여기서, Leq : 등가소음레벨[dB(A)]
L_A : 각 소음레벨의 측정치[dB(A)]
n : 각 소음레벨 측정치의 발생시간(분)

② 누적소음폭로량
  ㉠ 단위작업 장소에서 소음의 강도가 불규칙적으로 변동하는 소음 등을 누적소음노출량 측정기로 측정하여 평가한다.
  ㉡ 관련 식

$$D = \left(\frac{C_1}{T_1} + \frac{C_2}{T_2} + \cdots + \frac{C_n}{T_n} \right) \times 100$$

여기서, D : 누적소음폭로량(%)
  C : 각 소음레벨발생시간
  T : 각 폭로허용시간(TLV)

$$\text{TWA} = 16.61 \log \left[\frac{D(\%)}{100} \right] + 90$$

여기서, TWA : 시간가중 평균소음수준[dB(A)]
  D : 누적소음폭로량(%)
  100 : ($12.5 \times T$; T = 노출시간)

기출 및 예상문제 13

다음 측정값의 등가소음레벨(Leq)은?

- 소음레벨(dB) : 80, 85, 90, 95
- 소음지속시간(min) : 15, 8, 5, 2

[풀이]
$$\text{Leq} = 16.61 \log \frac{15 \times 10^{\frac{80}{16.61}} + 8 \times 10^{\frac{85}{16.61}} + 5 \times 10^{\frac{90}{16.61}} + 2 \times 10^{\frac{95}{16.61}}}{30} = 85.8 \text{dB(A)}$$

기출 및 예상문제 14

누적노출량계로 5시간 측정한 값이 60%이었을 때 측정시간 동안의 소음평균치는 몇 dB(A)인가?

[풀이]
$$\text{TWA} = 16.61 \log \left(\frac{60}{12.5 \times 5} \right) + 90 = 89.71 \text{dB(A)}$$

핵심이론 134 | 청각기관의 구조와 역할

(1) 개요
① 청각기관은 바깥귀부터 고막까지를 외이, 고막에서 난원창까지를 중이, 난형창 내부의 코르티기관을 내이로 구분된다.
② 소음전달경로는 이개 → 외이도 → 고막 → 이소골 → 달팽이관 → 청각세포 → 청각신경세포 순이다.

(2) 외이
① 이개 (귓바퀴)
  음을 모으는 집음기 역할을 한다.
② 외이도
  ㉠ 개구관의 형태를 가지며, 고막까지의 거리는 약 2.7cm이다.
  ㉡ 일종의 공명기로 약 3kHz의 소리를 증폭시켜 고막에 전달하여 진동시킨다.
③ 고막
  ㉠ 둥근 모양의 얇은 막으로 외이와 중이의 경계 사이에 위치한다.
  ㉡ 마이크로폰의 진동판과 같은 역할을 한다(음압은 외이의 외청도를 거쳐 고막에 전달되어 이를 진동시킴).
  ㉢ 고막의 진동은 망치뼈, 모루뼈, 등자뼈를 통하여 내이에 있는 난원창에 진동을 전달한다.
④ 외이의 음전달 매질
  공기(기체)

(3) 중이
① 고실 (빈 공간)
  ㉠ 3개의 청소골(망치뼈, 모루뼈, 등자뼈＝추골, 침골, 등골)을 담고 있는 공간이 고실이다.
  ㉡ 청소골은 외이와 내이의 임피던스 매칭을 담당한다. 즉, 망치뼈(고막과 연결되어 있음)에서의 높은 임피던스를 등자뼈에서는 낮은 임피던스로 바꿈으로써 외이의 높은 압력을 내이의 유효한 속도 성분으로 바꾸는 역할을 한다.
  ㉢ 3개의 뼈들은 고막에서 전달되는 소리의 진폭을 작게 하는 대신 힘을 약 10~20배 증가시켜 준다(3개의 뼈들은 고막의 진동을 내이로 전달하는 기능을 함).
  ㉣ 고실의 넓이는 1~2cm^{2}로 이소골이 있다.
  ㉤ 이소골은 진동음압(진폭의 힘)을 약 10~20배 정도 증폭하는 임피던스 변환기의 역할을 하며 뇌신경으로 전달한다.

ⓑ 이소골은 고막의 운동진폭을 감소시키며, 그 대신 진동력을 15~20배 정도 확대시켜 난원창에 전달하기도 하고 경우에 따라 감소시키기도 한다.
ⓢ 이소골은 고막의 진동을 고체진동으로 변환시켜 외이와 내이의 임피던스를 매칭하는 역할을 한다.

② 이관 (유스타키오관)
㉠ 외이와 중이의 기압을 조정하여 고막의 진동을 쉽게 할 수 있도록 한다. 즉, 귀 바깥쪽 중이의 압력을 평형화시켜서 정확한 소리를 감지할 수 있도록 하는 기능을 가진 기관이다.
㉡ 큰 음압에 대해서는 중이의 근육이 수축작용을 하여 진폭제한작용을 한다.
㉢ 고막 내외의 기압을 같게 하는 기능이 있다.

③ 중이의 음전달 매질
고체

(4) 내이

① 내이에서 소리에너지의 이동경로는 난형창 → 진정관 → 고실계 → 원형창 순이다.
② 고막을 통하여 들어온 음압은 중이를 거쳐 난형창을 통해 달팽이관으로 전달된다.
③ 난원창 (전정창)
난원창은 이소골의 진동을 와우각(달팽이관) 중의 림프액에 전달하는 진동판 역할을 한다.
④ 달팽이관 (와우각)
㉠ 지름이 3mm, 길이는 약 33~35mm 정도이고 약 3회권이다.
㉡ 달팽이관 내에는 기저막이 있고, 이 기저막에는 신경세포가 있어 소리의 감각을 대뇌에 전달시켜 준다.
㉢ 상층 기저막을 덮고 있는 섬모를 림프액이 진동하면 청신경이 이를 대뇌에 전달하여 수음한다.
㉣ 내이는 난형창 쪽에서부터 안쪽으로 20,000Hz에서 20Hz까지의 소리를 감지하는 섬모세포(hair cell)가 배치되어 있고 섬모세포(hair cell)는 약 23,000~24,000개 정도이며, 감음기 역할을 한다.
㉤ 음의 대소(세기)는 섬모가 받는 자극의 크기(기저막의 진폭크기)에 따라 결정된다.
㉥ 음의 고저(주파수)는 와우각 내에서 자극받는 섬모의 위치(기저막의 진동위치)에 따라 결정된다.
㉦ 고주파는 난원창의 가까이에서 최댓점을 가지고 주파수가 감소됨에 따라 달팽이관 쪽으로 최댓점이 이동한다.
㉧ 내이의 세반고리관 및 전정기관은 초저주파소음의 전달과 진동에 따르는 인체의 평형을 담당한다.

㉢ 달팽이관 내부 청각의 핵심부라고 할 수 있는 코르티기관은 텍토리알막과 외부 섬모세포 및 나선형 섬모, 내부 섬모세포, 반경방향성 섬모, 청각신경, 나선형 인대로 이루어져 있다.
⑤ 원형창(고실창), 인두, 평형기, 청신경 등도 내이의 구성요소이다.
⑥ 내이의 음전달 매질
액체

핵심이론 135 전리방사선 (이온화 방사선)

(1) 개요
① 이온화 방사선은 짧은 파장을 가지고 있어 어떤 원자에서 전자를 떼내어 이온화시킬 수 있는 광선을 말한다.
② 이온화란 원자구조의 외부에서 강한 에너지를 가해주면 불안정해지고 주위에 있는 전자가 바깥으로 튀어나가게 되는 현상이다.
③ 이온화를 일으킬 수 있는 강한 에너지를 가진 방사선을 전리방사선(이온화 방사선)이라 한다. 즉 비이온화 방사선에 비해 에너지가 큰 방사선이다.
④ 건강상의 영향은 암, 생식독성 등이다.
⑤ 전리방사선이 영향을 미치는 부위는 염색체, 세포, 조직이다.
⑥ 방사선은 생체 내 구성원자나 분자에 결합되어 전자를 유리시켜 이온화하고 원자의 들뜸 현상을 일으킨다.
⑦ 반응성이 매우 큰 자유라디칼이 생성되어 단백질, 지질, 탄수화물, 그리고 DNA 등 생체 구성성분을 손상시킨다.
⑧ 전리방사선에 의해 노출되는 직종은 지하철 정비종사자, 비파괴검사자, 탄광근로자, 원자력발전소 종사자 등이다.
⑨ 전리방사선의 강도는 거리의 제곱에 반비례한다.

(2) 종류

이온화 방사선(전리방사선) ─┬─ 전자기방사선(X-Ray, γ선)
└─ 입자방사선(α 입자, β 입자, 중성자)

① X선 (X-ray)
㉠ X선은 전자를 가속화시키는 장치로부터 얻어지는 인공적인 전자파이다.
㉡ X선의 에너지는 파장에 역비례하여 에너지가 클수록 파장은 짧아진다.

ⓒ 고속전자의 흐름을 물질에 충돌시켰을 때 생기는 파장이 짧은 전자기파로 뢴트겐선이라고도 한다.
ⓔ X선의 본질은 빛을 비롯해서 라디오파, 감마선(γ선) 등과 함께 파장이 각기 다른 전자기파에 속한다.
ⓜ X선은 감마선과 유사한 성질을 가지며 투과력도 비슷하다.

② α선(α입자)
ⓐ 방사선 동위원소의 붕괴과정 중에서 원자핵에서 방출되는 입자로서 헬륨 원자의 핵과 같이 2개의 양자와 2개의 중성자로 구성되어 있다. 즉, 선원(major source)은 방사선 원자핵이고 고속의 He 입자형태이다.
ⓑ 질량과 하전여부에 따라서 그 위험성이 결정된다.
ⓒ 투과력은 가장 약하나(매우 쉽게 흡수) 전리작용은 가장 강하다.
ⓓ 투과력이 약해 외부조사로 건강상의 위해가 오는 일은 드물며 피해부위는 내부노출이다. 즉, 피부를 통한 영향은 매우 작다.
ⓔ 외부조사보다 동위원소를 체내 흡입, 섭취할 때의 내부조사의 피해가 가장 큰 전리방사선이다.

Reference 1차 반응(First Order Reaction)

1. 개요
반응속도가 반응물의 농도에 비례하여 진행되는 반응이며 시간에 대한 농도변화는 그래프상 직선이 아닌 곡선으로 표현된다(단, 시간에 대한 농도의 대수로 표현하면 직선이 됨).

2. 관련 식

$$C_t = C_0 e^{-k \cdot t}$$

여기서, C_t : t기간 후 남은 반응물의 농도
C_0 : 초기($t=0$) 반응물의 농도
k : 1차 반응의 속도상수(hr^{-1}, 1/hr)

$$\ln\left(\frac{C_t}{C_0}\right) = -kt$$

$$반감기 = \frac{\ln 2}{k}$$

③ β선(β입자)
- ㉠ 선원은 원자핵이며, 형태는 고속의 전자(입자)이다.
- ㉡ 원자핵에서 방출되며 음전기로 하전되어 있고 β입자 자체가 전리적 성질을 가지고 있다.
- ㉢ 원자핵에서 방출되는 전자의 흐름으로 α입자보다 가볍고 속도는 10배 빠르므로 충돌할 때마다 튕겨져서 방향을 바꾼다.
- ㉣ 외부조사도 잠재적 위험이 되나 내부조사가 더 큰 건강상 위해를 일으킨다.

④ γ선
- ㉠ X선과 동일한 특성을 가지는 전자파 전리방사선으로 입자가 아니다.
- ㉡ 원자핵 전환 또는 원자핵 붕괴에 따라 방출하는 자연발생적인 전자파이다.
- ㉢ 투과력이 커 인체를 통할 수 있어 외부조사가 문제시되며, 전리방사선 중 투과력이 강하다.

⑤ 중성자
- ㉠ 전기적인 성질이 없거나 파동성을 갖고 있는 입자방사선 등을 일컫는 간접전리방사선에 속한다.
- ㉡ 외부조사가 문제시되며, 전리방사선 중 투과력이 가장 강하다.
- ㉢ 큰 질량을 가지나 하전되어 있지 않으며, 즉 전하를 띠지 않는 입자이다.
- ㉣ 수소동위원소를 제외한 모든 원자핵에 존재하고 고속 중성입자의 형태이다.

⑥ 양자
  조직 전리작용이 있으며, 비정거리는 같은 에너지의 α입자보다 길다.

(3) 단위
① 뢴트겐(Röntgen, R)
- ㉠ 조사선량 단위(노출선량의 단위)
- ㉡ 공기 중 생성되는 이온의 양으로 정의
- ㉢ 공기 1kg당 1쿨롬의 전하량을 갖는 이온을 생성하는 주로 X선 및 감마선의 조사량을 표시할 때 사용
- ㉣ 1R(뢴트겐)은 표준상태 하에서 X선을 공기 1cc(cm^3)에 조사해서 발생한 1정전단위(esu)의 이온(2.083×10^9개의 이온쌍)을 생성하는 조사량
- ㉤ 1R은 1g의 공기에 83.3erg의 에너지가 주어질 때의 선량 의미
- ㉥ 1R은 2.58×10^{-4}쿨롬/kg

② 라드(rad)
- ㉠ 흡수선량 단위
- ㉡ 방사선이 물질과 상호작용한 결과 그 물질의 단위질량에 흡수된 에너지 의미
- ㉢ 모든 종류의 이온화 방사선에 의한 외부노출, 내부노출 등 모든 경우에 적용

② 조사량에 관계없이 조직(물질)의 단위질량당 흡수된 에너지량을 표시하는 단위
④ 관용단위인 1rad는 피조사체 1g에 대하여 100erg의 방사선에너지가 흡수되는 선량단위($=100erg/gram=10^{-2}J/kg$)
⑤ 100rad를 1Gy(Gray)로 사용

③ 큐리(Curie, Ci), Bq(Becquerel)
㉠ 방사성 물질의 양 단위
㉡ 단위시간에 일어나는 방사선 붕괴율을 의미
㉢ radium이 붕괴하는 원자의 수를 기초로 해서 정해졌으며, 1초간 3.7×10^{10}개의 원자 붕괴가 일어나는 방사성 물질의 양(방사능의 강도)으로 정의
㉣ $1Bq = 2.7 \times 10^{-11}Ci$

④ 렘(rem)
㉠ 전리방사선의 흡수선량이 생체에 영향을 주는 정도를 표시하는 선당량(생체실효선량)의 단위
㉡ 생체에 대한 영향의 정도에 기초를 둔 단위
㉢ roentgen equivalent man 의미
㉣ 관련 식

$$rem = rad \times RBE$$

여기서, rem : 생체실효선량
rad : 흡수선량
RBE : 상대적 생물학적 효과비(rad를 기준으로 방사선효과를 상대적으로 나타낸 것)
X선, γ선, β입자 ⇨ 1(기준)
열중성자 ⇨ 2.5
느린중성자 ⇨ 5
α입자, 양자, 고속중성자 ⇨ 10

㉤ $1rem = 0.01Sv$

⑤ 노출선량
공기 1kg당 1쿨롬의 전하량을 갖는 이온을 생성하는 X선 또는 감마선량 의미

⑥ Gy(Gray)
㉠ 흡수선량의 단위(흡수선량 : 방사선에 피폭되는 물질의 단위질량당 흡수된 방사선의 에너지를 말함)
㉡ 방사선이 물질과 상호작용한 결과 그 물질의 단위질량에 흡수된 에너지
㉢ $1Gy = 100rad = 1J/kg$

⑦ Sv (Sievert)
  ㉠ 흡수선량이 생체에 영향을 주는 정도로 표시하는 선당량(생체실효선량)의 단위
  ㉡ 등가선량의 단위(등가선량 : 인체의 피폭선량을 나타낼 때 흡수선량에 당해 방사선의 방사선 가중치를 곱한 값을 말함)
  ㉢ 생물학적 영향에 상당하는 단위
  ㉣ RBE를 기준으로 평준화하여 방사선에 대한 보호를 목적으로 사용하는 단위
  ㉤ 1Sv=100rem

Reference 방사선 단위의 비교

구분	일반단위	국제단위(SI)	관계
방사능	Ci	Bq	$1Ci=3.7 \times 10^{10} Bq$
조사선량	R	C/kg	$1R=2.58 \times 10^{-4} C/kg$
흡수선량	rad	Gy	1Gy=100rad
등가선량	rem	Sv	1Sv=100rem

(4) 전리방사선에 대한 감수성 순서

[골수, 흉선 및 림프조직(조혈기관), 눈의 수정체, 임파선] > 상피세포 / 내피세포 > 근육세포 > 신경조직

(5) 관리대책 (방사선의 외부 노출에 대한 방어대책)

전리방사선 방어의 궁극적 목적은 가능한 한 방사선에 불필요하게 노출되는 것을 최소화 하는 데 있다.

① 시간
  ㉠ 노출시간을 최대로 단축(조업시간 단축)
  ㉡ 충분한 시간 간격을 두고 방사능 취급작업을 하는 것은 반감기가 짧은 방사능 물질에 유용

② 거리
  전리방사선의 강도는 거리의 제곱에 반비례(방사능은 거리의 제곱에 비례해서 감소하므로 먼 거리일수록 쉽게 방어 가능)

③ 차폐
  ㉠ 큰 투과력을 갖는 방사선 차폐물은 원자번호가 크고 밀도가 큰 물질이 효과적
  ㉡ α선의 투과력은 약하여 얇은 알루미늄판으로도 방어 가능

핵심이론 136   비전리방사선 (비이온화 방사선)

(1) 자외선
  ① 물리적 특성
    ㉠ 자외선 분류 : 가시광선과 전리복사선(X선) 사이의 파장을 가진 전자파로 UV-C는 대기 중의 오존분자 등의 가스성분에 의해 그 대부분이 흡수되어 지표면에 거의 도달하지 않는다.
      ⓐ UV-C(100~280nm : 발진, 경미한 홍반)
      ⓑ UV-B(280~315nm : 발진, 경미한 홍반, 피부암, 광결막염)
      ⓒ UV-A(315~400nm : 발진, 홍반, 백내장, 피부노화 촉진)
    ㉡ 자외선은 대략 100~400nm(12.4~3.2eV) 범위이고 구름이나 눈에 반사되며, 고층 구름이 낀 맑은 날에 가장 많고 대기오염의 지표로도 사용된다.
    ㉢ 자외선영역에서 나타나는 흡수 및 발광 스펙트럼을 이용하여 물질의 정성, 정량 분석에 쓰인다.
    ㉣ 전리작용은 없고 사진작용, 형광작용, 광이온작용을 가지고 있다.
    ㉤ 280(290)~315nm[2,800(2,900)~3,150Å, 1Å(angstrom) ; SI 단위로 10^{-10}m]의 파장을 갖는 자외선을 도노선(Dorno-ray)이라고 하며 인체에 유익한 작용을 하여 건강선(생명선)이라고도 한다. 또한 소독작용, 비타민 D 형성, 피부의 색소침착 등 생물학적 작용이 강하다.
    ㉥ 200~315nm의 파장을 갖는 자외선을 안전과 보건측면에서 중시하여 화학적 UV(화학선)라고도 하며 광화학반응으로 단백질과 핵산분자의 파괴, 변성작용을 한다.
  ② 생물학적 작용
    ㉠ 홍반작용(300nm 부근)
    ㉡ 색소침착(300~420nm)
    ㉢ 피부암(280~320nm)

(2) 적외선
  ① 물리적 특성
    ㉠ 적외선 분류
      ⓐ IR-C(0.1~1mm : 원적외선)
      ⓑ IR-B(1.4~10μm : 중적외선)
      ⓒ IR-A(700~1,400nm : 근적외선)
    ㉡ 적외선은 가시광선보다 파장이 길고 약 760nm(700nm)에서 1mm 범위에 있으며 가시광선에 가까운 곳을 근적외선, 먼 쪽을 원적외선이라 한다.

ⓒ 적외선은 대부분 화학작용을 수반하지 않는다.
ⓔ 태양복사에너지 중 적외선(52%), 가시광선(34%), 자외선(5%)이 분포를 갖는다.
ⓜ 절대온도 이상의 모든 물체는 온도에 비례하여 적외선을 복사한다.
ⓗ 적외선은 쉽게 식별이 된다는 점에서 자외선보다는 관리가 용이하다.
ⓢ 적외선은 지구기온의 근원이라 할 수 있다.
ⓞ 물질에 흡수되어 열작용을 일으키므로 열선 또는 열복사라고 부른다(온도에 비례하여 적외선을 복사).
ⓩ 파장의 범위는 가시광선과 라디오파(마이크로파)의 중간 정도이다.

② 생물학적 작용
ⓐ 눈장애
ⓑ 피부장애
ⓒ 두부장애

(3) 가시광선

① 물리적 특성

가시광선은 380~770nm(400~760nm)의 파장 범위이며, 480nm 부근에서 최대강도를 나타낸다.

② 생물학적 작용
ⓐ 열에 의한 각막손상
ⓑ 피부화상

③ 작업장에서 조도기준 (산업보건기준에 관한 규칙)

작업등급	작업등급에 따른 조도기준
초정밀작업	750lux 이상
정밀작업	300lux 이상
보통작업	150lux 이상
단순일반작업	75lux 이상

(4) 마이크로파

① 눈장애
② 혈액변화
③ 열작용

(5) 레이저

(6) 극저주파 방사선 (전기장, 자기장)

핵심이론 137 조명의 단위

(1) 럭스 (lux) ; 조도
① 1루멘(lumen)의 빛이 1m²의 평면상(구면상)에 수직으로 비칠 때의 밝기
② 1cd의 점광원으로부터 1m 떨어진 곳에 있는 광선의 수직인 면의 조명도
③ 조도는 어떤 면에 들어오는 광속의 양에 비례하고 입사면의 단면적에 반비례

$$조도(E) = \frac{\text{lumen}}{m^2}$$

④ 조도는 입사면의 단면적에 대한 광속의 비를 의미한다.

(2) 칸델라 (candela, cd) ; 광도
① 광원으로부터 나오는 빛의 세기를 광도라고 한다.
② 단위는 칸델라(cd)를 사용한다.
③ 101,325N/m² 압력 하에서 백금의 응고점 온도에 있는 흑체의 1m²인 평평한 표면 수직 방향의 광도를 1cd라 한다.

(3) 촉광 (candle)
① 빛의 세기인 광도를 나타내는 단위로 국제촉광을 사용한다.
② 지름이 1인치인 촛불이 수평 방향으로 비칠 때 빛의 광강도를 나타내는 단위이다.
③ 밝기는 광원으로부터 거리의 제곱에 반비례한다.

$$조도(E) = \frac{I}{r^2}$$

여기서, I : 광도(candle)
r : 거리(m)

(4) 루멘 (lumen, lm) ; 광속
① 광속의 국제단위로 기호는 lm으로 나타낸다.
② 1촉광의 광원으로부터 한 단위입체각으로 나가는 광속의 단위이다.
③ 광속이란 광원으로부터 나오는 빛의 양을 의미하고 단위는 lumen이다.
④ 1촉광과의 관계는 1촉광=4π(12.57)루멘으로 나타낸다.

(5) 풋 캔들(foot candle)
① 1루멘의 빛이 $1ft^2$의 평면상에 수직으로 비칠 때 그 평면의 빛 밝기

$$풋\ 캔들(ft\ cd) = \frac{lumen}{ft^2}$$

② 럭스와의 관계는 1ft cd=10.8lux, 1lux=0.093ft cd
③ 빛의 밝기
　㉠ 광원으로부터 거리의 제곱에 반비례한다.
　㉡ 광원의 촉광에 정비례한다.
　㉢ 조사평면과 광원에 대한 수직평면이 이루는 각(cosine)에 반비례한다.
　㉣ 색깔과 감각, 평면상의 반사율에 따라 밝기가 달라진다.

(6) 램버트(lambert)
① 빛을 완전히 확산시키는 평면의 $1ft^2(1cm^2)$에서 1lumen의 빛을 발하거나 반사시킬 때의 밝기를 나타내는 단위
②
$$1lambert = 3.18candle/m^2(candle/m^2 = nit\ ;\ 단위면적에\ 대한\ 밝기)$$

(7) 반사율
① 조도에 대한 휘도의 비로 나타낸다.
② 빛을 받은 평면에서 반사되는 빛의 밝기를 나타낸다.
③ 흰색 계통의 평면에서의 반사율은 100%에 근접, 검은색 계통은 0에 근접한다.

(8) 광속발산도(luminance)
① 단위면적당 표면에서 반사 또는 방출되는 빛의 양을 나타낸다.
② 광속발산비는 주어진 장소와 주위의 광속발산도의 비이다.
③ 사무실 및 산업현장에서의 추천 광속발산비는 일반적으로 3 : 1 정도이다.

(9) 주광률(daylight factor)
실내의 일정지점의 조도와 옥외의 조도와의 비율을 %로 표시한 것이다.

핵심이론 138 | 입자상 물질의 인체 내 축적 및 제거

(1) 입자의 호흡기계 침적(축적)기전
　① 충돌(관성충돌, impaction)
　　㉠ 충돌은 공기흐름 속도, 각도의 변화, 입자밀도, 입자직경에 따라 변화한다.
　　㉡ 충돌은 지름이 크고(1μm 이상), 공기흐름이 빠르고, 불규칙한 호흡기계에서 잘 발생한다.
　② 침강(중력침강, sedimentation)
　　㉠ 침강속도는 입자의 밀도, 입자지름의 제곱에 비례하여 지름이 크고(1μm), 공기흐름 속도가 느린 상태에서 빨라진다.
　　㉡ 중력침강은 입자 모양과는 관계가 없다.
　　㉢ 먼지의 운동속도가 낮은 미세먼지나 폐포에서 주로 작용하는 기전이다.
　③ 차단(interception)
　　㉠ 차단은 길이가 긴 입자가 호흡기계로 들어오면 그 입자의 가장자리가 기도의 표면을 스치게 됨으로써 일어나는 현상이다.
　　㉡ 섬유(석면)입자가 폐 내에 침착되는 데 중요한 역할을 담당한다.
　④ 확산(diffusion)
　　㉠ 미세입자의 불규칙적인 운동, 즉 브라운 운동에 의해 침적된다.
　　㉡ 지름이 0.5μm 이하의 것이 주로 해당되며 전 호흡기계 내에서 일어난다.
　　㉢ 입자의 지름에 반비례, 밀도와는 관계가 없다.
　　㉣ 입자의 침강속도가 0.001cm/sec 이하인 경우 확산에 의한 침착이 중요하다.
　⑤ 정전기(static electricity)

(2) 인체 방어기전
　① 점액 섬모운동
　　㉠ 가장 기초적인 방어기전(작용)이며, 점액 섬모운동에 의한 배출 시스템으로 폐포로 이동하는 과정에서 이물질을 제거하는 역할을 한다.
　　㉡ 기도와 기관지에 침착된 먼지는 점액섬모운동에 의해 상승하고 상기도로 이동되어 제거된다.
　　㉢ 기관지(벽)에서의 방어기전을 의미한다.
　　㉣ 정화작용을 방해하는 물질
　　　　카드뮴, 니켈, 황화합물 등

② 대식세포에 의한 작용 (정화)
　㉠ 대식세포가 방출하는 효소에 의해 서서히 용해되어 제거된다(용해작용).
　㉡ 폐포의 방어기전을 의미한다.
　㉢ 유리규산이 포함된 먼지는 대식세포를 사멸시키며 제거되지 않은 먼지는 폐에 남아 진 폐증을 일으킨다.
　㉣ 대식세포에 의해 용해되지 않는 대표적 독성 물질
　　 유리규산, 석면 등

Reference 직업성 천식 원인 물질

직업성 천식은 근무시간에 증상이 점점 심해지고, 휴일 같은 비근무시간에 증상이 완화되거나 없어지는 특징이 있고 일단 질환에 이환하게 되면 작업 환경에서 추후 소량의 동일한 유발물질에 노출되더라도 지속적으로 증상이 발현된다.

구분	원인 물질	직업 및 작업
금속	백금 니켈, 크롬, 알루미늄	도금 도금, 시멘트 취급자, 금고 제작공
화학물	Isocyanate(TDI, MDI) 산화무수물 송진 연무 반응성 및 아조 염료 trimellitic anhydride(TMA) persulphates ethylenediamine formaldehyde	페인트, 접착제, 도장작업 페인트, 플라스틱 제조업 전자업체 납땜 부서 염료공장 레진, 플라스틱, 계면활성제 제조업 미용사 래커칠, 고무공장 의료 종사자
약제	항생제, 소화제	제약회사, 의료인
생물학적 물질	동물 분비물, 털(말, 쥐, 사슴) 목재분진 곡물가루, 쌀겨, 메밀가루, 카레 밀가루 커피가루 라텍스 응애, 진드기	근무자, 동물 사육사 목수, 목재공장 근로자 농부, 곡물 취급자, 식품업 종사자 제빵공 커피 제조공 의료 종사자 농부, 과수원(귤, 사과)

※ • 직업성 천식을 확진하는 방법은 작업장 내 유발검사, 증상변화에 의한 추정, 특이항원 기관지 유발 검사 등이다.
　• 직업성 천식 발생기전과 관계되는 것은 항원공여세포, IgG, histamine 등이 있다.

핵심이론 139 진폐증

(1) 개요
① 호흡성 분진(0.5~5μm) 흡입에 의해 폐에 조직반응을 일으킨 상태, 즉 폐포가 섬유화되어 (굳게 되어) 수축과 팽창을 할 수 없고, 결국 산소교환이 정상적으로 이루어지지 않는 현상을 말한다.
② 흡입된 분진이 폐 조직에 축적되어 병적인 변화를 일으키는 질환을 총괄적으로 의미하는 용어를 진폐증이라 한다.
③ 호흡기를 통하여 폐에 침입하는 분진은 크게 무기성 분진과 유기성 분진으로 구분된다.
④ 진폐증의 대표적인 병리소견인 섬유증(fibrosis)이란 폐포, 폐포관, 모세기관지 등을 이루고 있는 세포들 사이에 콜라겐 섬유가 증식하는 병리적 현상이다.
⑤ 콜라겐 섬유가 증식하면 폐의 탄력성이 떨어져 호흡곤란, 지속적인 기침, 폐기능 저하를 가져온다.
⑥ 일반적으로 진폐증의 유병률과 노출기간은 비례하는 것으로 알려져 있다.
⑦ 면폐증은 처음에는 흉부압박감으로 시작되지만 이어서 지속적인 기침이 동반되고 천명음도 발생한다.
⑧ 용접공폐증은 유해인자에 대한 노출이 중단되면 방사선학적 소견상 자연적 완화를 기대할 수 있다.

(2) 진폐증 분류
① 분진 종류에 따른 분류(임상적 분류)
  ㉠ 유기성 분진에 의한 진폐증
    농부폐증, 면폐증, 연초폐증, 설탕폐증, 목재분진폐증, 모발분진폐증
  ㉡ 무기성(광물성) 분진에 의한 진폐증
    규폐증, 탄소폐증, 활석폐증, 탄광부진폐증, 철폐증, 베릴륨폐증, 흑연폐증, 규조토폐증, 주석폐증, 칼륨폐증, 바륨폐증, 용접공폐증, 석면폐증
② 병리적 변화에 따른 분류
  ㉠ 교원성 진폐증
    ⓐ 폐포조직의 비가역적 변화나 파괴가 있다.
    ⓑ 간질반응이 명백하고 그 정도가 심하다.
    ⓒ 폐 조직의 병리적 반응이 영구적이다.
    ⓓ 대표적 진폐증
      규폐증, 석면폐증, 탄광부진폐증

ⓛ 비교원성 진폐증
　　ⓐ 폐 조직이 정상이며 망상섬유로 구성되어 있다.
　　ⓑ 간질반응이 경미하다.
　　ⓒ 분진에 의한 조직반응은 가역적인 경우가 많다.
　　ⓓ 대표적 진폐증
　　　용접공폐증, 주석폐증, 바륨폐증, 칼륨폐증

(3) 규폐증 (silicosis)
① 개요
규폐증은 이집트의 미라에서도 발견되는 오랜 질병이며, 채석장 및 모래분사 작업장에 종사하는 작업자들이 석영을 과도하게 흡입하여 잘 걸리는 폐질환으로 SiO_2 함유 먼지 $0.5 \sim 5\mu m$ 크기에서 잘 유발된다.

② 원인
　㉠ 규폐증은 결정형 규소(암석 : 석영분진, 이산화규소, 유리규산)에 직업적으로 노출된 근로자에게 발생한다.
　㉡ 주요원인물질은 혼합물질이며, 건축업, 도자기작업장, 채석장, 석재공장 등의 작업장에서 근무하는 근로자에게 발생한다.
　㉢ 석재공장, 주물공장, 내화벽돌제조, 도자기제조 등에서 발생하는 유리규산이 주 원인이다.
　㉣ 유리규산(석영) 분진에 의한 규폐성 결정과 폐포벽 파괴 등 망상내피계 반응은 분진입자의 크기가 $2 \sim 5\mu m$일 때 자주 일어난다.

③ 규폐결절의 형성학설
　㉠ 기계적 자극설
　㉡ 화학적 자극설
　㉢ 면역학설
　㉣ 용해설

④ 인체영향 및 특징
　㉠ 폐 조직에서 섬유상 결절이 발견된다.
　㉡ 유리규산(SiO_2) 분진 흡입으로 폐에 만성섬유증식이 나타난다.
　㉢ 자각증상은 호흡곤란, 지속적인 기침, 다량의 담액 등이지만, 일반적으로는 자각증상 없이 서서히 진행된다(만성규폐증의 경우 10년 이상 지나서 증상이 나타남).
　㉣ 고농도의 규소입자에 노출되면 급성규폐증에 걸리며 열, 기침, 체중감소, 청색증이 나타난다.
　㉤ 폐결핵은 합병증으로 폐하엽 부위에 많이 생긴다.

ⓑ 폐에 실리카가 쌓인 곳에서는 상처가 생기게 된다.
ⓢ 석영분진이 직업적으로 노출 시 발생하는 진폐증의 일종이다.

(4) 석면폐증(asbestosis)
① 개요
  ㉠ 흡입된 석면섬유가 폐의 미세기관지에 부착하여 기계적인 자극에 의해 섬유증식증이 진행한다.
  ㉡ 석면분진의 크기는 길이가 5~8μm보다 길고, 두께가 0.25~1.5μm보다 얇은 것이 석면폐증을 잘 일으킨다.
② 영향 및 특징
  ㉠ 석면을 취급하는 작업에 4~5년 종사 시 폐하엽 부위에 다발한다.
  ㉡ 인체에 대한 영향은 규폐증과 거의 비슷하지만 구별되는 증상으로 폐암을 유발시킨다(결정형 실리카가 폐암을 유발하며 폐암발생률이 높은 진폐증).
  ㉢ 증상으로는 흉부가 야위고 객담에 석면소체가 배출된다.
  ㉣ 늑막과 복막에 악성 중피종이 생기기 쉽다.
  ㉤ 폐암, 중피종암, 늑막암, 위암을 일으킨다.
  ㉥ 보통 장기간에 걸쳐 진행되며 폐의 탄력성이 감소되어 산소흡수가 저해되고 악성중피종은 약 30~40년의 잠복기를 걸쳐서 발생되기도 한다.

핵심이론 140 화학물질 노출기준 관련 용어

(1) NEL(No Effect Level)
실험동물에서 어떠한 영향도 나타나지 않은 수준을 의미한다. 즉 주로 동물실험에서 유효량으로 이용된다.

(2) NOEL(No Observed Effect Level)
① 현재의 평가방법으로 독성 영향이 관찰되지 않은 수준을 말한다.
② 무관찰 영향 수준, 즉 무관찰 작용 양을 의미한다.
③ NOEL 투여에서는 투여하는 전 기간에 걸쳐 치사, 발병 및 생리학적 변화가 모든 실험대상에서 관찰되지 않는다.
④ 양-반응 관계에서 안전하다고 여겨지는 양으로 간주된다.
⑤ 아급성 또는 만성독성 시험에 구해지는 지표이다.
⑥ 밝혀지지 않은 독성이 있을 수 있다는 것과 다른 종류의 동물을 실험하였을 때는 독성이 있을 수 있음을 전제로 한다.

(3) NOAEL (No Observed Adverse Effect Level)
악영향도 관찰되지 않은 수준을 의미한다.

핵심이론 141 유해물질의 인체침입 경로

(1) 호흡기
① 유해물질의 흡수속도는 그 유해물질의 공기 중 농도와 용해도, 폐까지 도달하는 양은 그 유해물질의 용해도에 의해서 결정된다. 따라서 가스상 물질의 호흡기계 축적을 결정하는 가장 중요한 인자는 물질의 수용성 정도이다.
② 수용성 물질은 눈, 코, 상기도 점막의 수분에 용해된다.
③ 공기 중 농도가 낮을 경우는 거의 폐의 위치까지 도달하지 않는다(scrubbing effect, 마찰효과).
④ 불용성의 유해물질은 폐의 종말부위까지 침입, 폐수종을 유발시키며 대표적 유해물질은 포스겐, 이산화질소이다.
⑤ 일산화탄소는 호흡기 부분은 자극하지 않으나 혈액으로 흡수 시 전신중독을 일으킨다.

(2) 피부
① 피부를 통한 흡수량은 접촉 피부면적과 그 유해물질의 유해성과 비례하며, 유해물질이 침투될 수 있는 피부면적은 약 $1.6m^2$이다.
② 피부흡수량은 전 호흡량의 15% 정도이다.
③ 유해물질이 피부 접촉 시 발생하는 작용
  ㉠ 피부는 효과적인 보호막으로 작용한다.
  ㉡ 유해물질이 피부와 반응, 국소염증을 유발한다.
  ㉢ 피부감작을 유발한다.
  ㉣ 피부를 통과하여 혈관으로 침입 후 혈류로 들어간다.

(3) 소화기
① 소화기(위장관)를 통한 흡수량은 위장관의 표면적, 혈류량, 유해물질의 물리적 성질에 좌우되며 우발적, 고의에 의하여 섭취된다.
② 소화기 계통으로 침입하는 것은 위장관에서 산화, 환원 분해과정을 거치면서 해독되기도 한다.
③ 입으로 들어간 유해물질은 침이나 그 밖의 소화액에 의해 위장관에서 흡수된다.
④ 위의 산도에 의하여 유해물질이 화학반응을 일으켜 다른 물질로 되기도 한다.

⑤ 입을 통해 인체로 들어온 금속이 소화관에서 흡수되는 작용
  ㉠ 단순확산 또는 촉진확산
  ㉡ 특이적 수송과정
  ㉢ 음세포 작용
⑥ 흡수율에 영향을 미치는 요인
  ㉠ 위액의 산도(pH)
  ㉡ 음식물의 소화기관 통과속도
  ㉢ 화합물의 물리적 구조와 화학적 성질

핵심이론 142 자극제

(1) 유해물질의 용해도에 따른 구분
① 상기도 점막 자극제
② 상기도 점막 및 폐 조직 자극제
③ 종말기관지 및 폐포 점막 자극제

(2) 상기도 점막 자극제
① 개요
  ㉠ 수용성이 높은 화학물질이 대부분이다.
  ㉡ 상기도(비점막, 인후, 기관지) 표면에 용해된다.
② 종류
  ㉠ 암모니아(NH_3)
    ⓐ 알칼리성으로 자극적인 냄새가 강한 무색의 기체
    ⓑ 암모니아 주요 사용공정은 비료, 냉동제 등
    ⓒ 물에 대한 용해 잘됨(수용성)
    ⓓ 폭발성(폭발범위 16~25%) 있음
    ⓔ 피부, 점막(코와 인후부)에 대한 자극성과 부식성이 강하여 고농도의 암모니아가 눈에 들어가면 시력장애를 일으키고, 기관지경련 등을 초래
    ⓕ 중등도 이하의 농도에서 두통, 흉통, 오심, 구토 등을 일으킴
    ⓖ 고농도의 가스 흡입 시 폐수종을 일으키고 중추작용에 의해 호흡 정지 초래
    ⓗ 고용노동부 노출기준은 8시간 시간가중평균농도(TWA)로 25ppm이고, 단시간노출 기준(STEL)은 35ppm임
    ⓘ 암모니아중독 시 비타민 C가 해독에 효과적임

ⓛ 염화수소(HCl)
  ⓐ 무색, 자극성 기체로 물에 녹는 것은 염산
  ⓑ 염소화합물, 염화비닐 제조에 이용되고 주요 사용공정은 합성, 세척 등에 쓰임
  ⓒ 물에 대한 용해가 잘됨(수용성)
  ⓓ 피부나 점막에 접촉하면 염산이 되어 염증, 부식 등이 커지며 장기간 흡입하면 폐수(폐렴)을 일으킴
  ⓔ 주로 눈과 기관지계를 자극
  ⓕ 고용노동부 노출기준은 TWA로 1ppm, STEL은 2ppm임
  ⓖ 산업안전보건규칙상 관리대상 유해물질의 산·알칼리류임

ⓒ 아황산가스(SO_2)
  ⓐ 자극적인 냄새가 나는 가스
  ⓑ 유황의 제조, 표백제 등에 이용되고 주요 사용공정은 합성, 비료, 표백, 기폭제 등에 쓰임
  ⓒ 물에 대한 용해도는 25℃에서 8.5% 정도
  ⓓ 호흡기에서 체내로 유입, 호흡기 자극증상을 일으키며 티아노제, 폐수종으로 사망
  ⓔ 만성중독으로는 치아산식증, 빈혈, 만성기관지폐렴, 간장장애가 나타남
  ⓕ 단기간의 대량폭로보다 장기간의 소량폭로 쪽이 장애도가 강함
  ⓖ 고용노동부 노출시간은 TWA로 2ppm, STEL은 5ppm임
  ⓗ 인간에 대한 발암가능성은 의심되나 근거자료가 부족한 물질군(A4)

ⓔ 포름알데히드(HCHO)
  ⓐ 매우 자극적인 냄새가 나는 무색의 액체로 인화되기 쉽고, 폭발 위험성이 있음
  ⓑ 주로 합성수지의 합성원료로 이용되며 물에 대한 용해도는 최대 550g/L
  ⓒ 건축물에 사용되는 단열재와 섬유옷감에서 주로 발생
  ⓓ 메틸알데히드라고도 하며, 메탄올을 산화시켜 얻은 기체로 환원성이 강함
  ⓔ 눈과 코를 자극하며, 동물실험 결과 발암성이 있음
  ⓕ 피부, 점막에 대한 자극이 강하고, 고농도 흡입으로는 기관지염, 폐수종을 일으킴
  ⓖ 만성 노출 시 감작성 현상 발생(접촉성 피부염 및 알레르기 반응)
  ⓗ 고용노동부 노출기준은 TWA로 0.3ppm
  ⓘ 발암성 물질로 추정되는 물질군(A2)에 포함(비인두암, 혈액암, 비강암)

ⓜ 아크로레인(CH_2=CHCHO)
  ⓐ 무색 또는 노란색의 액체
  ⓑ 눈에 강한 자극
  ⓒ TLV-C는 0.1ppm, TWA 0.1ppm, STEL 0.3ppm

ⓑ 아세트알데히드(CH_3CHO)
- ⓐ 자극성 냄새가 나는 무색의 액체로 인화되기 쉽고, 폭발 위험성이 있음
- ⓑ 유기합성의 원료로 이용
- ⓒ 피부, 점막 자극작용, 마취작용 있음
- ⓓ 고용노동부 노출기준은 8시간 시간가중평균농도(TWA)로 50ppm이고, 단시간노출시간(STEL)은 150ppm임
- ⓔ 동물에 대한 발암성이 확인된 물질군(A3)에 포함

ⓢ 크롬산
- ⓐ 크롬산은 거의 수용성이며 6가 크롬에 해당
- ⓑ 크롬도금이나 아노다이징을 할 때 미스트로 발생
- ⓒ 인체에 대한 영향은 폐, 간, 신장 부위에 암 유발(A1)
- ⓓ 고용노동부 노출기준은 8시간 시간가중평균농도(TWA)로 $0.05mg/m^3$

ⓞ 산화에틸렌(C_2H_4O, CH_2CH_2O)
- ⓐ 상온, 상압에서 무색의 기체이며 기체상태에서 인화성이 강함
- ⓑ 병원에서 소독용으로 사용 및 결빙 방지제로도 사용
- ⓒ 급성중독으로는 눈, 상기도, 피부에 자극작용
- ⓓ 만성독성으로는 신경장애, 혈액이상, 생식 및 발육기능 장애, 발암성
- ⓔ 고용노동부 노출기준은 8시간 시간가중평균농도(TWA)로 1ppm
- ⓕ 발암성 물질로 추정되는 물질군(A2)에 포함

ⓩ 염산(HCl의 수용액)

ⓩ 불산(HF)

(3) 상기도 점막 및 폐 조직 자극제

① 개요
- ㉠ 수용성이 상기도 자극제에 비해 낮아 상기도나 폐 조직을 자극시키는 물질이다.
- ㉡ 물에 대한 용해도는 중등도 정도이다.
- ㉢ 상기도 점막과 호흡기관지에 작용하는 자극제이다.

② 종류
- ㉠ 불소(F_2)
  - ⓐ 자극성이 있는 황갈색 기체로 물과 반응하여 불화수소가 발생
  - ⓑ 불소화합물은 유기합성, 도금, 유리부식에 이용하며, 알루미늄 제조 시에 발생
  - ⓒ 체내에 들어온 불소는 뼈에 가장 많이 축적되어 뼈를 연화시키고, 그 칼슘화합물이 치아에 침착되어 반상치를 나타냄
  - ⓓ 고용노동부 노출기준은 8시간 시간가중평균농도(TWA)로 0.1ppm

ⓛ 요오드(I_2)
  ⓐ 암자색, 금속광택이 나는 고체
  ⓑ 증기는 강한 자극성이 있으며 눈물, 눈이 타는 듯한 통증, 비염, 인후, 인두염을 유발하고, 고농도 흡입 또는 장시간 흡입 시 폐수종
  ⓒ 고용노동부 노출기준은 최고노출농도(ceiling)로 0.1ppm, TWA 0.01ppm, STEL 0.1ppm

ⓒ 염소(Cl_2)
  ⓐ 강한 자극성 냄새가 나는 황록색 기체
  ⓑ 산화제, 표백제, 수돗물의 살균제 및 염소화합물 제조에 이용
  ⓒ 물에 대한 용해도는 0.7%
  ⓓ 피부나 점막에 부식성, 자극성 작용(부식성 염화수소의 20배)
  ⓔ 기관지염을 유발하며 만성작용으로 치아산식증 일어남
  ⓕ 고용노동부 노출기준은 8시간 시간가중평균농도(TWA)로 0.5ppm이며, 단시간 노출시간(STEL)은 1ppm임
  ⓖ 발암성은 의심되나 근거자료가 부족한 물질군(A4)에 포함

ⓔ 오존(O_3)
  ⓐ 매우 특이한 자극성 냄새를 갖는 무색의 기체로 액화하면 청색을 나타냄
  ⓑ 물에 잘 녹으며 알칼리용액, 클로로포름에도 녹음
  ⓒ 복사기, 전기기구, 플라스마 이온방식의 공기청정기 등에서 공통적으로 발생함
  ⓓ 강력한 산화제이므로 화재의 위험성 높고 약간의 유기물 존재 시 즉시 폭발을 일으킴
  ⓔ 0.1ppm을 2시간 흡입하면 폐활량이 20% 감소하고, 1ppm을 6시간 흡입하면 두통, 기관지염 유발
  ⓕ 고용노동부 노출기준은 TWA로 0.08ppm이며, STEL은 0.2ppm임
  ⓖ 발암성은 의심되나 근거자료가 부족한 물질군(A4)에 포함

ⓜ 브롬(Br_2, 브롬화합물)
  ⓐ 자극적인 냄새가 나는 적갈색의 액체
  ⓑ 의약, 염료, 브롬화합물 제조, 살균제 등에 이용
  ⓒ 피부, 점막에 대한 자극과 부식작용
  ⓓ 고용노동부 노출기준은 TWA로 0.1ppm이며, STEL은 0.3ppm임

ⓗ 청산화물
ⓢ 황산디메틸 및 황산디에틸
ⓞ 사염화인 및 오염화인

(4) 종말 (세)기관지 및 폐포 점막 자극제

① 개요

상기도에 용해되지 않고 폐 속 깊이 침투하여 폐 조직에 작용한다.

② 종류

㉠ 이산화질소(NO_2)

ⓐ 물에 대하여 비교적 용해성이 낮고 물에 용해 시 분해되어 일산화질소나 질산을 생성함

ⓑ 적갈색의 기체이며 비교적 용해도가 낮음

ⓒ 로켓 연료의 질화나 산화에 사용되며 질산의 중간체임

ⓓ 눈, 점막, 호흡기 자극을 유발

ⓔ 폐수종(폐기종) 유발

ⓕ 고용노동부 노출기준은 TWA로 3ppm이며, STEL은 5ppm임

ⓖ 발암성은 의심되나 근거자료가 부족한 물질군(A4)임

㉡ 포스겐($COCl_2$)

ⓐ 무색의 기체로서 시판되고 있는 포스겐은 담황록색이며 독특한 자극성 냄새가 나며 가수분해되고 일반적으로 비중이 1.38정도로 큼

ⓑ 태양자외선과 산업장에서 발생하는 자외선은 공기 중의 NO_2와 올레핀계 탄화수소와 광학적 반응을 일으켜 트리클로로에틸렌을 독성이 강한 포스겐으로 전환시키는 광화학작용을 함

ⓒ 공기 중에 트리클로로에틸렌이 고농도로 존재하는 작업장에서 아크용접을 실시하는 경우 트리클로로에틸렌이 포스겐으로 전환될 수 있음

ⓓ 독성은 염소보다 약 10배 정도 강함

ⓔ 호흡기, 중추신경, 폐에 장애를 일으키고 폐수종을 유발하여 사망에 이름

ⓕ 고용노동부 노출기준은 TWA로 0.1ppm

㉢ 염화비소(삼염화비소 ; $AsCl_3$)

(5) 기타 자극제 - 사염화탄소 (CCl_4)

① 특이한 냄새가 나는 무색의 액체로 소화제, 탈지세정제, 용제로 이용

② 신장장애 증상으로 감뇨, 혈뇨 등이 발생하며 완전 무뇨증이 되면 사망할 수 있음

③ 피부, 간장, 신장, 소화기, 신경계에 장애를 일으키는데 특히 간에 대한 독성작용이 강하게 나타남. 즉, 간에 중요한 장애인 중심소엽성 괴사를 일으킴

④ 고온에서 금속과의 접촉으로 포스겐, 염화수소를 발생시키므로 주의를 요함

⑤ 고농도로 폭로되면 중추신경계 장애 외에 간장이나 신장에 장애가 일어나 황달, 단백뇨, 혈뇨의 증상을 보이는 할로겐 탄화수소임

⑥ 초기증상으로 지속적인 두통, 구역 및 구토, 간 부위의 압통 등의 증상을 일으킴
⑦ 고용노동부 노출기준은 TWA로 5ppm
⑧ 인간에 대한 발암성이 의심되는 물질군(A2)에 포함

핵심이론 143 질식제 (asphyxiants)

질식제는 조직의 호흡을 방해하여 질식시키는 물질이다. 즉 조직 내 산화작용(폐 속으로 들어가는 산소의 활용)을 방해한다.

(1) 단순 질식제
① 개요
  ㉠ 환경 공기 중에 다량 존재하여 정상적 호흡에 필요한 혈중 산소량을 낮추는 생리적으로는 아무 작용도 하지 않는 불활성 가스를 말한다.
  ㉡ 원래 그 자체는 독성작용이 없으나 공기 중에 많이 존재하면 산소분압의 저하로 산소 공급 부족을 일으키는 물질을 말한다.
② 종류
  ㉠ 이산화탄소(CO_2)
  ㉡ 메탄가스(CH_4)
  ㉢ 질소가스(N_2)
  ㉣ 수소가스(H_2)
  ㉤ 에탄, 프로판, 에틸렌, 아세틸렌, 헬륨

(2) 화학적 질식제
① 개요
  ㉠ 직접적 작용에 의해 혈액 중의 혈색소와 결합하여 산소운반능력을 방해하여 질식시키는 물질을 말한다.
  ㉡ 조직 중의 산화효소를 불활성화시켜 질식작용(세포의 산소수용능력 상실)을 일으킨다.
  ㉢ 화학적 질식제에 심하게 노출 시 폐 속으로 들어가는 산소의 활용을 방해하기 때문에 사망에 이르게 된다.
② 종류
  ㉠ 일산화탄소(CO)
    ⓐ 탄소 또는 탄소화합물이 불완전연소할 때 발생되는 무색무취의 기체
    ⓑ 산소결핍 장소에서 보건학적 의의가 가장 큰 물질

ⓒ 혈액 중 헤모글로빈과의 결합력이 매우 강하여 체내 산소공급능력을 방해하므로 대단히 유해함
ⓓ 생체 내에서 혈액과 화학작용을 일으켜서 질식을 일으키는 물질
ⓔ 정상적인 작업환경 공기에서 CO 농도가 0.1%로 되면 사람의 헤모글로빈 50%가 불활성화됨
ⓕ CO 농도가 1%(10,000ppm)에서 1분 후에 사망에 이름(COHb : 카복시헤모글로빈 20% 상태가 됨)
ⓖ 물에 대한 용해도 23mL/L
ⓗ 중추신경계에 강하게 작용하여 사망에 이르게 함
ⓘ 고용노동부 노출기준은 TWA로 30ppm이며, STEL은 200ppm임

ⓛ 황화수소(H_2S)
ⓐ 부패한 계란 냄새가 나는 무색의 기체로 폭발성 있음
ⓑ 공업약품 제조에 이용되며 레이온공업, 셀로판 제조, 오수조 내의 작업 등에서 발생하며, 천연가스, 석유정제산업, 지하석탄광업 등을 통해서도 노출
ⓒ 급성중독으로는 점막의 자극증상이 나타나며 경련, 구토, 현기증, 혼수, 뇌의 호흡 중추신경의 억제와 마비 증상
ⓓ 만성작용으로는 두통, 위장장애 증상
ⓔ 치료로는 100% 산소를 투여
ⓕ 고용노동부 노출기준은 TWA로 10ppm이며, STEL은 15ppm임

ⓒ 시안화수소(HCN)
ⓐ 상온에서 무색의 기체 또는 청백색의 액체
ⓑ 유성섬유, 플라스틱, 시안염 제조에 사용
ⓒ 독성은 두통, 갑상선 비대, 코 및 피부자극 등이며 중추신경계의 기능 마비를 일으켜 심한 경우 사망에 이름
ⓓ 원형질(protoplasmic) 독성이 나타남
ⓔ 호기성 세포가 산소 이용에 관여하는 시토크롬산화제를 억제함
ⓕ 시안이온이 존재하여 산소를 얻을 수 없음
ⓖ 고용노동부 노출기준은 최고노출 4.7ppm

ⓔ 아닐린($C_6H_5NH_2$)
ⓐ 특유의 냄새가 나는 투명기체
ⓑ 연료 중간체와 향료의 제조원료로 이용
ⓒ 메트헤모글로빈(methemoglobin)을 형성하여 간장, 신장, 중추신경계 장애를 일으킴
ⓓ 시력과 언어장애 증상

ⓔ 고용노동부 노출기준 TWA로 2ppm
ⓕ 동물에 대한 발암성이 확인된 물질군(A3)에 포함

핵심이론 144 유기용제

(1) 정의 및 개요
① 유기용제의 일반적인 정의
다른 물질을 녹이는 용해능력(피용해 물질의 성질을 변화시키지 않고 다른 물질을 녹일 수 있는 액체성 유기화학물질)을 가진 물질을 말한다.
② 유기용제의 산업안전보건기준에 관한 규칙 정의
상온, 상압 하에서 휘발성이 있는 액체로서 다른 물질을 녹이는 성질이 있는 것으로 명시되었다.
③ 유기용제의 증기가 가장 활발하게 발생될 수 있는 환경조건
높은 온도와 낮은 기압이다.
④ 유기용제 중 극성이 가장 강한 것
알코올이며 호흡기를 통하여 인체로 흡입되는 경우가 많다.
⑤ 중추신경계 독성 물질
뇌, 척수에 작용하여 마취작용, 신경염, 정신장애 등을 일으킨다.
⑥ 유기용제는 지방, 콜레스테롤 등 각종 유기물질을 녹이는 성질 때문에 여러 조직에 다양한 영향을 미친다.
⑦ 중추신경계에 작용하여 마취, 환각현상을 일으키고, 간장장애도 일으킨다.
⑧ 장기간 노출 시 만성중독이 발생한다.

(2) 할로겐화 탄화수소의 일반적 독성작용
① 중독성
② 연속성
③ 중추신경계의 억제작용
④ 점막에 대한 중등도의 자극효과

(3) 유기화학물질의 중추신경 억제작용 및 자극작용의 순서
① 중추신경계 억제작용 순서

알칸 < 알켄 < 알코올 < 유기산 < 에스테르 < 에테르 < 할로겐화합물(할로겐족)

② 중추신경계 자극작용 순서

> 알칸 < 알코올 < 알데히드 또는 케톤 < 유기산 < 아민류

(4) 포화지방족 유기용제
① 알칸(C_nH_{2n+2} : n은 탄소 원자 수)류를 의미하며 급성독성 측면에서 가장 독성이 작다.
② 물에 대하여 불용성이며, 물 위에 뜨는 성질이 있다.
③ 급성독성의 경우 용제류 중 독성이 가장 작다(중추신경계의 억제작용과 자극성 미비).
④ 지방족 탄화수소 중 탄소 수가 4개 이하인 것은 질식제로서의 역할 이외에는 인체에 거의 영향이 없다.

(5) 방향족 유기용제
① 정의
1개 이상의 벤젠고리로 구성된 화합물이며 벤젠과 알킬유도체(알킬벤젠, 톨루엔, 크실렌)가 대표적이다.
② 용도
잉크, 플라스틱, 접착제, 가솔린 제조에 이용된다.
③ 특징
  ㉠ 주로 치환반응을 하고 고농도에서 주로 중추신경계에 영향을 미친다.
  ㉡ 독성(자극성)은 지방족 화합물에 비해 훨씬 강하다.
  ㉢ 급성독성 시 중추신경계를 억제하지만 지방족 화합물 급성독성과는 기전이 다르다.
④ 중추신경계에 영향크기 순서

> 벤젠 < 알킬벤젠 < 아릴벤젠 < 치환벤젠 < 고리형 지방족 치환벤젠

⑤ 벤젠(C_6H_6)
  ㉠ 상온, 상압에서 향긋한 냄새를 가진 무색 투명한 액체로 방향족화합물
  ㉡ 분자량 78.11, 끓는점(비점) 80.1℃, 물에 대한 용해도 1.8g/L
  ㉢ ACGIH에서는 인간에 대한 발암성이 확인된 물질군(A1)에 포함하고, 우리나라에서는 발암성 물질(혈액암)로 추정되는 물질군(A2)에 포함
  ㉣ 벤젠은 영구적 혈액장애를 일으키지만 벤젠치환화합물(대표적 : 톨루엔, 크실렌)은 노출에 따른 영구적 혈액장애는 일으키지 않음
  ㉤ 염료, 합성고무 등의 원료 및 페놀 등의 화학물질제조에 사용되며 중추신경계에 대한 독성이 큼
  ㉥ 주요 최종 대사산물은 페놀이며 이것은 황산 혹은 글루크론산과 결합하여 소변으로 배출된다. 즉 페놀은 벤젠의 생물학적 노출지표로 이용됨

- ⓐ 방향족 탄화수소 중 저농도에 장기간 폭로(노출)되어 만성중독(조혈장애)을 일으키는 경우에는 벤젠의 위험도가 가장 크고 조혈장해를 유발함
- ⓞ 장기간 폭로 시 혈액장애, 간장장애를 일으키고 노출 초기에는 재생불량성 빈혈, 백혈병(급성뇌척수성)을 일으킴
- ⓧ 혈액조직에서 벤젠이 유발하는 가장 일반적인 독성은 백혈구 수의 감소로 인한 응고작용 결핍임
- ⓒ 장기간 노출에 의한 혈액장애는 혈소판 감소, 백혈구 감소증, 빈혈증을 말하며 범혈구 감소증이라 함(혈액의 모든 세포성분을 감소시킴)
- ㉠ 만성장애로서 조혈장애는 비가역적 골수손상(골수독성 : 골수이상증식증후군) 등을 의미하며 천천히 진행함
- ㉡ 골수 독성 물질이라는 점에서 다른 유기용제와 다름
- ㉣ 급성중독은 주로 마취작용이며 현기증, 정신착란, 뇌부종, 혼수, 호흡정지에 의한 사망에 이름
- ㉤ 고농도의 벤젠증기는 마취작용이 있고 약하기는 하지만, 눈 및 호흡기 점막을 자극함
- ㉮ 조혈장애는 벤젠중독의 특이증상(모든 방향족 탄화수소가 조혈장애를 유발하지 않음)

⑥ **톨루엔** ($C_6H_5CH_3$)
- ㉠ 방향의 무색액체로 인화, 폭발의 위험성
- ㉡ 분자량 92.13, 끓는점(비점) 110.63℃, 물에 대한 용해도 5.15g/L
- ㉢ 인간에 대한 발암성은 의심되나 근거자료가 부족한 물질군(A4)에 포함
- ㉣ 방향족 탄화수소 중 급성 전신중독을 유발하는 데 독성이 가장 강한 물질(뇌손상)
- ㉤ 급성 전신중독 시 독성이 강한 순서는 톨루엔 > 크실렌 > 벤젠
- ㉥ 피부로도 흡수되며 증기형태로 흡입 시 약 50% 정도가 체내에 남음
- ㉦ 벤젠보다 더 강하게 중추신경계의 억제재로 작용
- ㉧ 영구적인 혈액장애를 일으키지 않음(벤젠은 영구적 혈액장애) 또한 골수장애도 일어나지 않음
- ㉨ 생물학적 노출지표는 뇨 중 마뇨산 및 혈중 톨루엔이고, 생물학적 노출기준(BEI)은 뇨 중 마뇨산 1.6g/g-크레아티닌, 혈중 톨루엔 0.05mg/L임
- ㉩ 주로 간에서 마뇨산으로 되어 뇨로 배설됨
- ㉪ 크실렌은 중추신경계 억제작용을 함

> **Reference** TDI(Toluene DiIsocyanate)
> 1. 직업성 천식의 원인물질로 자동차 정비업체에서 우레탄 도료를 사용하는 도장공장, 피혁제조에 사용되는 포르말린·크롬화합물, 식물성기름 제조에 사용되는 아마씨, 목화씨에서 주로 발생한다.
> 2. TMA(TriMellitic Anhydride)도 직업성 천식의 원인물질이다.

⑦ 다핵방향족 탄화수소류(PAH, 일반적으로 시토크롬 P-448이라 함)
  ㉠ PAH는 벤젠고리가 2개 이상 연결된 것으로 20여 가지 이상이 있음
  ㉡ PAH는 대사가 거의 되지 않아 방향족 고리로 구성되어 있음
  ㉢ 철강제조업의 코크스제조공정, 담배의 흡연, 연소공정, 석탄건류, 아스팔트 포장, 굴뚝 청소 시 발생
  ㉣ PAH는 비극성의 지용성화합물이며 소화관을 통하여 흡수됨
  ㉤ PAH는 시토크롬 P-450의 준개체단에 의하여 대사되고, PAH의 대사에 관여하는 효소는 P-448로 대사되는 중간산물이 발암성을 나타냄
  ㉥ 대사 중에 산화아렌(arene oxide)을 생성하고 잠재적 독성이 있음
  ㉦ 연속적으로 폭로된다는 것은 불가피하게 발암성으로 진행됨을 의미
  ㉧ PAH는 배설을 쉽게 하기 위하여 수용성으로 대사되는데 체내에서 먼저 PAH가 hydroxylation(수산화)되어 수용성을 도움
  ㉨ PAH의 발암성 강도는 독성 강도와 연관성이 큼

(6) 알코올 유기용제 (R-OH)

① 개요
  ㉠ 대표적 물질로 메탄올, 에탄올, 에틸글리콜이 있다.
  ㉡ 메탄올과 에탄올은 폐·피부, 에틸글리콜은 경피를 통해 흡수되며 독성작용으로는 중추신경계 억제작용, 조직독성, 자극작용이 있다.

② 메탄올 (CH_3OH)
  ㉠ 메탄올은 공업용제로 사용되며 자극성이 있고 중추신경계를 억제하는 신경독성 물질이다.
  ㉡ 플라스틱, 필름제조와 휘발유 첨가제 등에 이용된다.
  ㉢ 메탄올의 주요 독성은 시각장애, 중추신경 억제, 혼수상태를 야기한다.
  ㉣ 메탄올은 호흡기 및 피부로 흡수된다.
  ㉤ 메탄올의 대사산물(생물학적 노출지표)은 뇨 중 메탄올이다.
  ㉥ 메탄올의 시각장애기전(메탄올의 대사산물인 포름알데히드가 망막조직을 손상시킴)
    '메탄올→포름알데히드→포름산→이산화탄소'이다. 즉 중간대사체에 의하여 시신경에 독성을 나타낸다.
  ㉦ 메탄올 중독 시 중탄산염의 투여와 혈액투석 치료가 도움이 된다.
  ㉧ 메탄올은 CNC 가공공정에서 사용되었으며 작업자는 송기마스크를 착용하여야 한다.

③ 에탄올 (C_2H_5OH)
  ㉠ 에탄올은 국소자극제로 작용하며 중추신경에 심한 영향을 미친다.
  ㉡ 고농도에서 심장, 골격에 근병증을 유발한다.

ⓒ 간경화증을 유발시켜 간암으로 진행한다.
ⓓ 피부혈관을 확장시켜 심장혈관을 억압하고 위액분비를 증가시켜 궤양을 일으킨다.

(7) 아민류 유기용제(R-NH₃)
① 아민류는 다른 유기용제보다 자극성이 강하므로 취급상 위험성이 크며, 가장 독성이 강한 유기용제이다.
② 심한 부식성이 있고, pH 10 이상의 염기성이므로 접촉 시 장애가 유발된다.
③ 아민류의 공통적 특징은 적혈구에서의 MetHb(methemoglobin)의 생성과 해당 화학물질에 대한 감작화이다.
④ 안료공장에서 베타 나프탈아민에 장기적으로 노출되는 작업장에서 일어날 수 있는 질환은 방광염 등 요도 질환이다.
⑤ 염료산업의 벤지딘, 2-나트틸아민, 4-아미노디페닐, 디페닐아민화합물은 방광종양을 유발한다.
⑥ 아민류의 노출기준은 대부분 인체 발암확정물질(A1)로 분류한다.

(8) 유기할로겐화합물
① 사염화탄소(CCl₄)
  ⓐ 특이한 냄새(에테르와 비슷)가 나는 무색의 액체로 소화제, 탈지세정제, 용제로 이용된다.
  ⓑ 고농도로 폭로 시 간장이나 신장장애를 유발하며, 초기 증상으로 지속적인 두통, 구역 및 구토, 간 부위의 압통 등의 증상을 일으키는 할로겐화 탄화수소이다.
  ⓒ 피부로도 흡수되며 피부, 간장, 신장, 소화기, 중추신경계에 장애를 일으키는데, 특히 간장에 대한 독성작용을 가진 물질로 유명하다.
  ⓓ 가열하면 포스겐이나 염소(염화수소)로 분해되어 주의를 요한다.
  ⓔ 폐를 통해 흡수되어 간에서 과산화작용에 의해 중심소엽성 괴사를 일으킨다.
  ⓕ 간에서 발암성 물질(A2)로 규정되어 있다.
② 트리클로로에틸렌(삼염화에틸렌, 트리클렌, CHCl=CCl₂)
  ⓐ 클로로포름과 같은 달콤한 냄새가 나는 무색 투명한 휘발성 액체이며 인화성, 폭발성이 있다.
  ⓑ 휘발성이 강해 주로 호흡기로 흡입되며 피부흡수는 드물다.
  ⓒ 도금사업장 등에서 금속표면의 탈지·세정제, 일반용제로 널리 사용된다.
  ⓓ 주로 금속가공공장에서 기계세척용이나 금속부품의 증기 탈지작업에 사용된다.
  ⓔ 마취작용이 강하며, 피부·점막에 대한 자극은 비교적 약하다.
  ⓕ 고농도 노출에 의해 간 및 신장에 대한 장애를 유발한다.

ⓢ 주로 콩팥, 심혈관계, 중추신경계, 피부에 건강상 악영향을 미친다. 또한 피부에 발적과 소양감을 동반한 발진이 나타난다.
ⓞ 폐를 통하여 흡수, 삼염화에탄올과 삼염화초산으로 대사된다.
ⓩ 염화에틸렌은 화기 등에 접촉하면 유독성의 포스겐이 발생하여 폐수종을 일으킨다.
③ **염화비닐** (C_2H_3Cl)
  ㉠ 클로로포름과 비슷한 냄새가 나는 무색의 기체로 공기와 폭발성 혼합가스를 만든다.
  ㉡ 염화비닐수지 제조에 사용된다.
  ㉢ 장기간 폭로될 때 간조직세포에서 여러 소기관이 증식하고 섬유화 증상이 나타나 간에 혈관육종(hemangiosarcoma)을 일으킨다.
  ㉣ 장기간 흡입한 근로자에게 레이노 현상이 나타난다.
  ㉤ 그 자체 독성보다 대사산물에 의하여 독성작용을 일으킨다.
④ **브롬화메틸** (CH_3Br)
  ㉠ 클로로포름 냄새가 나는 무색의 기체로 유기합성의 원료, 소화제, 용제, 훈증제에 이용된다.
  ㉡ 중추신경계에 장애를 일으키며, 떨림, 경련, 신경계 장애 등이 나타난다.
  ㉢ 피부에 접촉 시 심한 화상을 유발하고 자극성이 매우 강해 중독되기 전 초기에 인지할 수 있다.

핵심이론 145 유해화학물질

(1) 이황화탄소
① 상온에서 무색 무취의 휘발성이 매우 높은(비점 46.3℃) 액체이며, 인화·폭발의 위험성이 있다.
② 주로 인조견(비스코스레이온)과 셀로판 생산 및 농약공장, 사염화탄소 제조, 고무제품의 용제 등에서 사용된다.
③ 지용성 용매로 피부로도 흡수되며, 독성작용으로는 급성 혹은 아급성 뇌병증을 유발한다.
④ 중추신경계통을 침해하고 말초신경장애 현상으로 파킨슨 증후군을 유발하며 급성마비, 두통, 신경증상 등도 나타난다(감각 및 운동신경 모두 유발).
⑤ 급성으로 고농도 노출 시 사망할 수 있고 1,000ppm 수준에서 환상을 보는 정신이상을 유발(기질적 뇌손상, 말초신경병, 신경행동학적 이상)하며, 심한 경우 불안, 분노, 자살성향 등을 보이기도 한다.
⑥ 급성정신병을 동반한 뇌병증을 유발한다.
⑦ 만성독성으로는 뇌경색증, 다발성신경염, 협심증, 신부전증 등을 유발한다.

⑧ 고혈압의 유병률과 콜레스테롤수치의 상승빈도가 증가되어 뇌·심장 및 신장의 동맥경화성 질환을 초래한다.
⑨ 청각장애는 주로 고주파 영역에서 발생한다.
⑩ 생물학적 노출기준(BEI)은 뇨 중 TTCA(2-thiothiazolidine-4-carboxylic acid) 5mg/g-크레아티닌이다(iodine-azide 검사).

(2) 노말헥산 (n-헥산, $CH_3(CH_2)_4CH_3$)
① 투명한 휘발성 액체로 파라핀계 탄화수소의 대표적 유해물질이며 휘발성이 크고 극도로 인화하기 쉽다.
② 페인트, 신나, 잉크 등의 용제로 사용되며 정밀기계의 세척제 등으로 사용한다.
③ 장기간 폭로될 경우 독성 말초신경장애가 초래되어 사지의 지각상실과 신근마비 등 다발성 신경장애를 일으킨다.
④ 2000년대 외국인 근로자에게 다발성 말초신경증을 집단으로 유발한 물질이다.
⑤ 체내 대사과정을 거쳐 2,5-hexanedione 물질로 배설된다.

(3) 디메틸포름아미드 (DMF ; Dimethylformamide)
① 분자식 : $HCON(CH_3)_2$
② DMF는 다양한 유기물을 녹이며, 무기물과도 쉽게 결합하기 때문에 각종 용매로 사용된다.
③ 피부에 묻었을 경우 피부를 강하게 자극하고, 피부로 흡수되어 건강장애 등의 중독증상을 일으킨다.
④ 현기증, 질식, 숨가쁨, 기관지 수축을 유발시킨다.
⑤ 전형적인 급성간염증상이 발생된다.

핵심이론 146 유기용제별 대표적 특이 증상 (가장 심각한 독성 영향)

① 벤젠 : 조혈장애, 재생불량성빈혈
② 염화탄화수소 : 간장애
③ 이황화탄소 : 중추신경 및 말초신경장애, 생식기능장애
④ 메틸알코올 (메탄올) : 시신경장애(위축성 시신경염, 시신경염)
⑤ 메틸부틸케톤 : 말초신경장애(중독성)
⑥ 노말헥산 : 다발성 신경장애
⑦ 에틸렌클리콜에테르 : 생식기장애
⑧ 알코올, 에테르류, 케톤류 : 마취작용

⑨ 염화비닐 : 간장애
⑩ 톨루엔 : 중추신경장애
⑪ 2-브로모프로판 : 생식독성

핵심이론 147 내분비계 교란물질 종류

① 다이옥신(Dioxin)
② 디디티(DDT)
③ 디에틸스틸베스트롤(DES)
④ 디히드로에피안드로스테론(DHEA)
⑤ 비스페놀 A(Bisphenol A)
⑥ 폴리염화비페닐(PCBs)
⑦ 프탈레이트

핵심이론 148 직업성 피부질환

(1) 개요
① 직업과 연관되어 접촉물질에 의해 발생되는 모든 피부질환, 즉 작업환경 내 유해인자에 노출되어 피부 및 부속기관에 병변이 발생되거나 악화되는 질환을 직업성 피부질환이라 한다.
② 지용성이 높은 화학물질이 체내에 침입하는 경로가 용이한 것이 피부이다.

(2) 일반적 특징
① 피부는 크게 표피층과 진피층으로 구성되며 표피에는 색소침착이 가능한 표피층 내의 멜라닌세포와 랑거한스세포가 존재한다.
② 표피는 대부분 각질세포로 구성되며, 각화세포를 결합하는 조직은 케라틴 단백질이다.
③ 표피의 각질층은 유해인자의 흡수에 관한 장벽으로 가장 중요한 역할을 한다.
④ 표피의 각질층은 전체 피부에 비하여 매우 얇으며 수분의 증발을 막고 보호하는 기능을 한다.
⑤ 진피 속의 모낭은 유해물질이 피부에 부착하여 체내로 침투되도록 확산측로의 역할을 한다.
⑥ 피부의 땀샘과 모낭은 피부에 노출된 화학물질을 직접 혈관으로 흡수할 수 있는 경로를 제공한다.

⑦ 자외선(햇빛)에 노출되면 멜라닌세포가 증가하여 각질층이 비후되어 자외선으로부터 피부를 보호한다.
⑧ 랑거한스세포는 피부의 면역반응에 중요한 역할을 한다.
⑨ 피부에 접촉하는 화학물질의 통과속도는 일반적으로 각질층에서 가장 느리다.
⑩ 보통 직업성 피부질환은 일반인에게서는 거의 발생하지 않고 직업적으로 직접 접할 수 있는 원인물질에 의하여 발생하는 피부질환에 국한한다.
⑪ 직업성 피부질환의 발생빈도는 타 질환에 비하여 월등히 많다는 것이 특징이며, 이로 인해 생산성을 크게 저해하여 큰 경제적 손실을 가져온다(근로자의 휴지 일수의 25% 정도).
⑫ 생명에 큰 지장을 초래하지 않는 경우가 많아 보고되는 것은 실제의 질환빈도보다 매우 작다.
⑬ 직업성 피부질환은 대부분 화학물질에 의한 접촉피부염이다.
⑭ 근로자의 직업병으로 집계되지 않는 경우가 대부분이며, 정확한 발생빈도와 원인물질의 추정은 거의 불가능하다.
⑮ 피부흡수는 수용성보다 지용성 물질의 흡수가 빠르다. 즉, 비극성, 비이온화성 성분의 흡수가 용이하다.
⑯ 대부분의 화학물질이 피부를 투과하는 과정은 단순 확산이며, 피부수화도가 크면 클수록 투과도가 증가되어 흡수가 촉진된다.
⑰ 극성유해물질의 피부흡수는 피부의 수분함량에 영향을 많이 받는다.
⑱ 수용성 및 지용성 물질은 땀이나 피지에 녹아서 피부로 침입하여 국소적인 피부장애를 일으키거나 한선 및 피지선에 있는 모세혈관으로부터 흡수되어 전신적인 장애를 일으킨다.
⑲ 허용기준에 '피부' 또는 'Skin' 표시는 그 물질은 피부로 흡수되어 전체 노출량에 기여할 수 있다는 의미이다.
⑳ 피부종양은 발암물질과 피부의 직접접촉뿐만 아니라 다른 경로를 통한 전신적인 흡수에 의하여도 발생될 수 있다.
㉑ 광독성 반응은 홍반·부종·착색을 동반하기도 하고, 담마진반응은 접촉 후 보통 30~60분 후에 발생한다.

> **Reference 환경호르몬**
> 1. 내분비계 교란물질이라고 한다.
> 2. 플라스틱(합성 화학물질)에 잔류된 화학물질이 사용 중 인체에 미량 흡수되어 영향을 미친다.
> 3. 호르몬의 생성, 분비, 이동 등에 혼란을 준다.

(3) 피부흡수에 영향을 미치는 인자

① 피부를 통한 흡수는 진피에서 일어난다.

② 피부를 통한 흡수는 수동확산에 의한 Ficks's(픽스)의 법칙에 의한다.

$$A = N_P \times C$$

여기서, A : 흡수
N_P : 투과상수
C : 접촉용액의 농도

③ 영향인자
㉠ 피부에 노출된 양
㉡ 노출시간
㉢ 발한 및 주변온도
㉣ 해당 부위의 각질층 두께
㉤ 피모 유무

(4) 직업성 피부질환의 간접적 요인

① 인종
  인종에 따라 주로 발생되는 직업성 피부질환의 종류는 큰 차이를 보이지 않는다.

② 피부의 종류
  ㉠ 지루성 피부(oily skin)는 비누, 용제, 절삭유 등에 자극을 덜 받는 것으로 알려져 있다.
  ㉡ 털이 많이 난 사람들은 비용해성 기름, 타르, 왁스 등에 민감한 자극을 받는다.

③ 연령, 성별
  ㉠ 젊은 근로자들이나 일에 미숙할수록 피부질환이 많이 발생하는 경향이 있다.
  ㉡ 일반적으로 여자는 남자보다 접촉피부염이 많이 발생한다.

④ 땀
  과다한 땀의 분비는 땀띠를 유발하며 이는 때로 2차적 피부감염을 유발하기도 한다.

⑤ 계절
  여름에 빈발하게 되는 경향이 있다.

⑥ 비직업성 피부질환의 공존 (유무)
  아토피성 피부염, 건선, 습진 등의 병력이 있는 작업자는 직업성 질환으로 악화되는 경향이 있다.

⑦ 온도, 습도

⑧ 청결(개인 위생)

핵심이론 149 | 고용노동부상 주요 발암성 물질

벤젠, 1,3-부타디엔, 사염화탄소, 포름알데히드, 니켈 및 그 화합물(불용성 화합물만 발암성), 안티몬 및 그 화합물(삼산화안티몬만 발암성), 카드뮴 및 그 화합물, 크롬 및 그 화합물(6가 크롬만 발암성), 산화에틸렌, 석면, 클로로에틸렌(염화비닐), 베릴륨, 휘발성 콜타르 피치, 비소 등

핵심이론 150 | 발암성 물질의 구분

(1) 국제암연구소(IARC) 발암물질 구분
  ① Group 1 : 인체 발암성 확인물질
    ㉠ 사람, 동물에게 발암성 평가
    ㉡ 인체에 대한 발암물질로서 충분한 증거가 있음(sufficient evidence)
    ㉢ 확실하게 발암물질이 과학적으로 규명된 인자
    예 벤젠, 알코올, 담배, 다이옥신, 석면
  ② Group 2A : 인체 발암성 예측·추정 물질
    ㉠ 동물에게만 발암성 평가
    ㉡ 발암물질로서 증거는 불충분함(단, 동물에는 충분한 증거가 있음, limited evidence)
    ㉢ 발암가능성이 십중팔구 있다고(probably) 인정되는 인자
    예 자외선, 태양램프, 방부제, DDT, 무기납화합물 등
  ③ Group 2B : 인체 발암성 가능 물질
    ㉠ 발암물질로서 증거는 부적절함(inadequate evidence)
    ㉡ 인체 발암성 가능 물질을 말함
    ㉢ 사람에 있어서 원인적 연관성 연구결과들이 상호 일치되지 못하고 아울러 통계적 유의성도 약함
    ㉣ 실험동물에 대한 발암성 근거가 충분하지 못하여 사람에 대한 근거 역시 제한적임
    ㉤ 아마도, 혹시나, 어쩌면 발암 가능성이 있다고 추정하는 인자
    예 커피, pickle, 고사리, 클로로포름, 삼염화안티몬, 가솔린, 코발트 등
  ④ Group 3 : 인체 발암성 미분류물질
    ㉠ 발암물질로서 증거는 부적절함(inadequate evidence)
    ㉡ 발암물질로 분류하지 않아도 되는 인자
    ㉢ 인간 및 동물에 대한 자료가 불충분하여 인간에게 암을 일으킨다고 판단할 수 없는 물질
    예 카페인, 홍차, 콜레스테롤, 페놀, 톨루엔 등

⑤ Group 4 : 인체 비발암성 추정물질
  ㉠ 십중팔구 발암물질이 아닌 인자(발암물질일 가능성이 거의 없음)
  ㉡ 동물실험, 역학조사 결과 인간에게 암을 일으킨다는 증거가 없는 물질
  예 카프로락탐

(2) 미국산업위생전문가협의회 (ACGIH)의 발암물질 구분
  ① A1
    인체 발암 확인(확정)물질
    예 석면, 우라늄, Cr^{6+} 화합물, 아크릴로니트릴, 벤지딘, 염화비닐, β-나프틸아민, 베릴륨
  ② A2
    인체 발암이 의심되는 물질(발암 추정물질)
  ③ A3
    ㉠ 동물 발암성 확인물질
    ㉡ 인체 발암성을 모름
  ④ A4
    ㉠ 인체 발암성 미분류 물질
    ㉡ 인체 발암성이 확인되지 않은 물질
  ⑤ A5
    인체 발암성 미의심 물질

핵심이론 151 화학물질에 의한 다단계 암발생 이론 (발암과정)

① 개시(initiation)
② 촉진(promotion)
③ 전환(conversion)
④ 진행(progression)

핵심이론 152 | 금속의 독성작용 기전

(1) 효소억제
효소구조 및 효소기능을 변화시킨다.

(2) 간접영향
세포성분의 역할을 변화시킨다.

(3) 필수금속 성분의 대체
생물학적 과정들이 민감하게 변화된다.

(4) 필수금속 평형의 파괴
필수금속성분의 농도를 변화시킨다.

(5) 술퍼드릴(sulfhydryl)기와의 친화성으로 단백질 기능을 변화시킨다.

> **Reference 유해물질의 흡수, 배설**
> 1. 흡수된 유해물질은 원래의 형태든, 대사산물의 형태든 배설되기 위해서 수용성으로 대사된다.
> 2. 유해물질은 조직에 분포되기 전에 먼저 몇 개의 막을 통과하여야 한다.
> 3. 흡수속도는 유해물질의 물리화학적 성상과 막의 특성에 따라 결정된다.
> 4. 흡수된 유해화학물질은 다양한 비특이적 효소에 의하여 이루어지는 유해물질의 대사로 수용성이 증가되어 체외 배출이 용이하게 된다.
> 5. 간은 화학물질을 대사시키고, 콩팥과 함께 배설시키는 기능을 가지고 있어 다른 장기보다 여러 유해물질의 농도가 높다.

핵심이론 153 | 납(Pb)

(1) 개요
① 기원전 370년 히포크라테스는 금속추출 작업자들에게서 심한 복부산통이 나타난 것을 기술하였는데, 이는 역사상 최초로 기록된 직업병이다.
② 우리나라에서는 1970년 초 모 축전지 제조사업장에서 납중독을 보고한 기록이 있고, 매년 약 100명 정도의 납중독이 발생하는 것으로 알려져 있다.
③ 납중독은 그 영향이 서서히 점진적으로 나타나고 특별한 증상을 보이지 않기 때문에 'silent disease'라고도 한다.

(2) 발생원
   ① 납 제련소(납 정련) 및 납 광산
   ② 납축전지(배터리 제조) 생산
   ③ 납 포함된 페인트(안료) 생산
   ④ 납 용접작업 및 절단작업
   ⑤ 인쇄소(활자의 문선, 조판작업)
   ⑥ 합금
   ⑦ PVC 압축혼합공정

(3) 성상 (특성)
   ① 원자량 207.21, 비중 11.34, 원자번호 82의 청색 또는 은회색의 연한 중금속이다.
   ② 대부분의 납화합물은 물에 잘 녹지 않는다.
   ③ 융점은 327℃, 끓는점 1,620℃이고 무기납, 유기납으로 구분한다.
   ④ 용해된 납은 500~600℃에서 흄을 발생하며 발생량은 온도 상승에 비례하여 증가한다.
   ⑤ 무기납
      ㉠ 금속납(Pb)과 납의 산화물[일산화납(PbO), 삼산화이납(Pb_2O_3), 사산화납(Pb_3O_4)] 등이다.
      ㉡ 납의 염류(아질산납, 질산납, 과염소산납, 황산납) 등이다.
      ㉢ 금속납을 가열하면 330℃에서 PbO, 450℃ 부근에서 Pb_3O_4, 600℃ 부근에서 납의 흄이 발생한다.
   ⑥ 유기납
      ㉠ 4메틸납(TML)과 4에틸납(TEL)이며, 이들의 특성은 비슷하다.
      ㉡ 물에 잘 녹지 않고 유기용제, 지방, 지방질에는 잘 녹는다.
      ㉢ 유기납화합물은 약품과 킬레이트화합물에 반응하지 않는다.

(4) 인체 내 축적 및 제거
   ① 흡수
      ㉠ 무기납
         호흡기, 소화기를 통하여 체내에 흡수
      ㉡ 유기납
         피부를 통하여 체내에 흡수
      ㉢ 작업장에서의 흡수는 주로 호흡기를 통하여 행하여지며, 일반적으로 입경이 $5\mu m$ 이하의 호흡성 분진 및 흄만이 체내에 흡수된다.
      ㉣ 호흡기를 통하여 흡수된 납의 30~40% 정도가 폐의 혈액을 통해 체내에 흡수된다.
      ㉤ 소화기를 통하여 흡수된 납의 30~40% 정도가 체내에 흡수, 나머지는 배설된다.

② 축적
  ㉠ 납은 적혈구와 친화력이 강해 납의 95% 정도는 적혈구에 결합되어 있다.
  ㉡ 체내부담
      인체 내에 남아 있는 총 납량을 의미하여 신체 장기 중 납의 90%는 뼈 조직에 축적된다.
  ㉢ 혈중 납은 최근에 노출된 납을 나타낼 뿐이다.
③ 배설
  ㉠ 호흡기를 통하여 흡수된 납
      약 50%는 폐, 기도에 침착, 침착된 납의 입자는 기도 점액에 섞여서 섬모운동에 의하여 배출 후 나머지는 소화기로 들어간다.
  ㉡ 소화기를 통하여 흡수된 납
      약 10%는 소장에서 흡수, 나머지는 대변으로 배설한다.
  ㉢ 혈액 중 유리된 납
      뇨와 땀으로 배설된다.
  ㉣ 배설은 아주 느리게 진행하므로 체내축적이 쉽게 일어난다.
      납의 반감기는 약 10~20년으로 길다.

(5) 납에 의한 건강장애
  ① 개요
    ㉠ 납중독의 초기 증상은 식욕부진, 변비, 복부팽만감, 더 진행되면 급성복통이 나타나기도 한다. 즉, 조혈장애가 나타난다.
    ㉡ 납의 주요 표적기관은 중추신경계와 조혈기계이다.
  ② 납중독의 주요 증상 (임상증상)
    ㉠ 위장계통의 장애(소화기장애)
        ⓐ 복부팽만감, 급성복부 선통
        ⓑ 권태감, 불면증, 안면창백, 노이로제
        ⓒ 연선(lead line)이 잇몸에 생김
    ㉡ 신경, 근육계통의 장애
        ⓐ 손처짐, 팔과 손의 마비
        ⓑ 근육통, 관절통
        ⓒ 신장근의 쇠약
        ⓓ 근육의 피로로 인한 납경련
    ㉢ 중추신경장애
        ⓐ 뇌중독 증상으로 나타남
        ⓑ 유기납에 폭로로 나타나는 경우 많음
        ⓒ 두통, 안면창백, 기억상실, 정신착란, 혼수상태, 발작

③ 납중독 4대 증상
  ㉠ 납빈혈
    초기에 나타남
  ㉡ 망상적혈구와 친염기성 적혈구(적혈구 내 프로토포르피린)의 증가
    염기성 과립적혈구 수의 증가 의미
  ㉢ 잇몸에 특징적인 연선(lead line)
    ⓐ 치은연에 감자색의 착색이 생긴 것
    ⓑ 황화수소와 납이온이 반응하여 만들어진 황화납이 치은에 침착된 것
  ㉣ 소변에 코프로포르피린(coproporphyrin) 검출
    뇨 중 δ-aminolevulinic acid(ALAD) 증가(δ-ALAD 활성치 저하)

④ 이미증(pica)
  ㉠ 1~5세의 소아환자에게서 발생하기 쉬움
  ㉡ 매우 낮은 농도에서 어린이에게 학습장애 및 기능저하 초래
  ㉢ 어린이의 납 노출원은 가정 및 주거환경에 광범위하게 분포하기 때문

⑤ 기타 증상
  ㉠ 적혈구 안에 있는 혈색소(헤모글로빈)량 저하, 망상적혈구 수 증가, 혈청 내 철 증가
  ㉡ δ-ALAD 활성치 저하, 혈청 및 뇨 중 δ-ALA 증가
  ㉢ 연산통 및 만성신부전
  ㉣ 피로와 쇠약, 불면증
  ㉤ 골수침입
  ㉥ 납은 알레르기성 접촉피부염을 일으키지 않음

⑥ 급성(아급성), 만성장애 분류
  ㉠ 급성(아급성)장애
    ⓐ 위장, 경련
    ⓑ 복부산통, 신장장애
    ⓒ 변비, 소화기장애
  ㉡ 만성장애
    ⓐ 피로감, 불안감(피로와 쇠약)
    ⓑ 위장장애
    ⓒ 체중 감소 및 식욕부진
    ⓓ 주의력 부족
    ⓔ 극심한 빈혈
    ⓕ 근육통(근육약화)

(6) 납중독 확인 시험사항

① 혈액 내의 납농도 (만성중독의 지표 : 혈액 중 2ppm 농도)
  ㉠ 혈액 중 납농도가 높아지면 망상적혈구와 친염기성 적혈구가 증가한다.
  ㉡ 심할 경우 용혈성 빈혈증상이 나타난다.

② 헴(heme)의 대사
  ㉠ 세포 내에서 SH-기와 결합하여 포르피린과 heme의 합성에 관여하는 효소를 포함한 여러 세포의 효소작용을 방해한다.
  ㉡ 헴 합성의 장애로 주요 증상은 빈혈증이며 혈색소량이 감소, 적혈구의 생존기간이 단축, 파괴가 촉진된다.

③ 말초신경의 신경 전달속도
  납은 신경자극이 전달되는 속도를 저하시킨다.

④ Ca-EDTA 이동시험
  ㉠ 체내의 납량을 측정할 수 있다.
  ㉡ Ca-EDTA 투여 24시간 동안 뇨 채취 시 납의 총량이 500~600μg을 초과하면 과다노출을 의미한다.

⑤ β-ALA (Amino Levulinic Acid) 축적

(7) 적혈구에 미치는 작용(조혈기능에 미치는 영향)

① K^+과 수분이 손실된다.
② 삼투압이 증가하여 적혈구가 위축된다.
③ 적혈구 생존기간이 감소한다.
④ 적혈구 내 전해질이 감소한다.
⑤ 미숙적혈구(망상적혈구, 친염기성 혈구)가 증가한다.
⑥ 혈색소량 저하 및 혈청 내 철이 증가한다.
⑦ 적혈구 내 프로토포르피린이 증가한다.

(8) 납의 노출기준

① 고용노동부 노출기준
  8시간 시간가중평균농도(TWA)로 $0.05mg/m^3$

② 미국산업위생전문가협의회(ACGIH)
  8시간 시간가중평균농도(TWA)로 $0.05mg/m^3$

③ 생물학적 노출기준(BEI)
  혈중의 납으로 $30\mu g/100mL$

(9) 납중독의 진단
   ① 근로자의 직력조사
   ② 병력조사
   ③ 임상검사[납중독 확인(진단) 검사]
      ㉠ 뇨 중 코프로포르피린(coproporphyrin) 배설량 측정
      ㉡ 뇨 중 델타 아미노레블린산 측정(δ-ALA)
      ㉢ 혈중 징크프로토포르피린(ZPP) 측정(Zinc protoporphyrin)
      ㉣ 혈중 납량 측정
      ㉤ 뇨 중 납량 측정
      ㉥ 빈혈검사
      ㉦ 혈액검사
      ㉧ 혈중 α-ALA 탈수효소 활성치 측정

(10) 납중독의 치료
   ① 급성중독
      ㉠ 섭취 시 즉시 3% 황산소다용액으로 위세척
      ㉡ Ca-EDTA을 하루에 1~4g 정도 정맥 내 투여하여 치료(5일 이상 투여금지)
      ㉢ Ca-EDTA는 무기성 납으로 인한 중독 시 원활한 체내 배출을 위해 사용하는 배설촉진제임(단, 배설촉진제는 신장이 나쁜 사람에게는 금지)
   ② 만성중독
      ㉠ 배설촉진제 Ca-EDTA 및 페니실라민(penicillamine) 투여
      ㉡ 대중요법으로 진정제, 안정제, 비타민 $B_1 \cdot B_2$ 사용

핵심이론 154 수은(Hg)

(1) 개요
   ① 수은은 인간의 연금술, 의약품 분야에서 가장 오래 사용해 왔던 중금속의 하나이며 로마시대에는 수은광산에서 수은중독 사망이 발생하였다.
   ② 우리나라에서는 형광등 제조업체에 근무하던 문송면 군에게 직업병을 야기시킨 원인인자가 수은이다.
   ③ 수은은 금속 중 증기를 발생시켜 산업중독을 일으킨다.
   ④ 17세기 유럽에서 신사용 중절모자를 제조하는 데 사용함으로써 근육경련(hatter's shake)을 일으킨 기록이 있다.

(2) 발생원

① 무기수은(금속수은)
- ㉠ 형광등, 수은온도계 제조
- ㉡ 체온계, 혈압계, 기압계 제조
- ㉢ 수은전지 제조
- ㉣ 아말감(금, 은, 동 등) 제조
- ㉤ 페인트, 농약, 살균제 제조
- ㉥ 모자용 모피 및 벨트 제조
- ㉦ 뇌홍[$Hg(ONC)_2$] 제조

② 유기수은
- ㉠ 의약, 농약 제조
- ㉡ 종자소독
- ㉢ 펄프 제조
- ㉣ 농약살포
- ㉤ 가성소다 제조

(3) 성상(특성)

① 원자량 200.61g, 비중 13.546, 원자번호 80의 은백색을 띠며, 아주 무거운 금속이다.
② 상온에서 액체상태의 유일한 금속이며, 수은 합금(아말감)을 만드는 특징이 있다.
③ 주광석은 진사이다.
④ 융점이 38.97℃, 비등점은 356.6℃로 상온상태에서 기화하여 수은증기를 만든다.
⑤ 상온에서는 산화되지 않으나 비등점보다 낮은 온도에서 가열 시 독성이 강한 산화수은이 발생하며, 수은화합물은 유기수은화합물과 무기수은화합물로 대별된다.
⑥ 수은중독의 위험성이 높은 작업은 수은광산과 수은 추출작업으로, 수은중독자는 대부분 수은증기에 폭로되어 발생한다.
⑦ 유기수은 중 알킬수은화합물의 독성은 무기수은화합물의 독성보다 매우 강하다.
⑧ 무기수은화합물
- ㉠ 질산수은, 승홍, 감홍 등이 있으며 철, 니켈, 알루미늄, 백금 이외에 대부분의 금속과 화합하여 아말감을 만든다.
- ㉡ 무기수은은 상온에서 기화되는 성질이 있다.

⑨ 유기수은화합물
아릴수은화합물과 알킬수은화합물, 페닐수은, 에틸수은 등이 있다.

(4) 인체 내 축적 및 제거
① 흡수
- ㉠ 금속수은
  주로 증기가 기도를 통해서 흡수되고 일부는 피부로 흡수되며, 소화관으로는 2~7% 정도 소량 흡수된다.
- ㉡ 무기수은
  - ⓐ 무기수은염류는 호흡기나 경구적 어느 경로라도 흡수되며 주로 기도, 피부를 통해 흡수되지만 금속수은보다 흡수율은 낮다.
  - ⓑ 위장이나 소장과 같은 소화기계를 통해서는 거의 흡수되지 않는다.
- ㉢ 유기수은
  - ⓐ 대표적 메틸수은, 에틸수은은 모든 경로로 흡수가 잘되고 특히 소화관으로부터 흡수는 100% 정도이다.
  - ⓑ 페닐수은은 약 50% 정도가 소화관으로부터 흡수된다.
- ㉣ 수은에 폭로되지 않더라도 인간은 음식물을 통하여 약 하루에 5~20μg의 수은을 섭취한다.
- ㉤ 흡수된 증기의 약 80%는 폐포에서 빨리 흡수된다.

② 축적
- ㉠ 금속수은은 전리된 수소이온이 단백질을 침전시키고 -SH기 친화력을 가지고 있어 세포 내 효소반응을 억제함으로써 독성작용을 일으킨다(-SH 기능기와 친화력이 높아 -SH 기능기를 가진 효소에 작용하여 기능장해를 일으킴).
- ㉡ 신장 및 간에 고농도 축적 현상이 일반적이다.
  - ⓐ 금속수은은 뇌, 혈액, 심근 등에 분포
  - ⓑ 무기수은은 신장, 간장, 비장, 갑상선 등에 주로 분포
  - ⓒ 알킬수은은 간장, 신장, 뇌 등에 분포
- ㉢ 뇌에서 가장 강한 친화력을 가진 수은화합물은 메틸수은이다.
- ㉣ 혈액 내 수은 존재 시 약 90%는 적혈구 내에서 발견된다.

③ 배설
- ㉠ 금속수은(무기수은화합물)
  대변보다 소변으로 배설이 잘된다.
- ㉡ 유기수은화합물
  - ⓐ 대변으로 주로 배설되고 일부는 땀으로도 배설된다.
  - ⓑ 알킬수은은 대부분 담즙을 통해 소화관으로 배설되지만 소화관에서 재흡수도 일어난다.

ⓒ 무기수은화합물
생물학적 반감기는 약 6주이다.

(5) 수은에 의한 건강장애
① 수은중독의 특징적인 증상은 구내염, 근육진전, 정신증상으로 분류된다.
② 수족신경마비, 시신경장애, 정신이상, 보행장애 등의 장애가 나타난다.
③ 만성 노출 시 식욕부진, 신기능부전, 구내염을 발생시킨다.
④ 치은부에는 황화수은의 청회색 침전물이 침착된다.
⑤ 혀나 손가락의 근육이 떨린다(수전증).
⑥ 전신증상으로는 중추신경계통, 특히 뇌조직에 심한 증상이 나타나 정신기능이 상실될 수 있다(정신장애).
⑦ 유기수은(알킬수은) 중 메틸수은은 미나마타(minamata)병을 발생시킨다.
⑧ 수은은 혈액뇌장벽(Brain Blood Barrier ; BBB)이나 태반을 통과할 수 있다.

(6) 수은의 노출기준
① 고용노동부 노출기준
8시간 시간가중평균농도(TWA)
㉠ 수은(아릴화합물) : $0.1mg/m^3$
㉡ 수은 및 무기형태(아릴 및 알킬화합물 제외) : $0.025mg/m^3$
㉢ 수은(알킬화합물) : $0.01mg/m^3$
② 미국산업위생전문가협의회 (ACGIH)
8시간 시간가중평균농도(TWA)
㉠ 무기수은화합물 및 금속수은 : $0.025mg/m^3$
㉡ 아릴수은화합물 : $0.1mg/m^3$
㉢ 알킬수은화합물 : $0.01mg/m^3$
③ 생물학적 노출기준 (BEI)
㉠ 무기수은화합물 및 금속수은 : 뇨 중 총 무기수은 $35\mu g/g$-크레아티닌
㉡ 뇨 중 총 무기수은 : $15\mu g/L$

(7) 수은중독의 진단
① 급성중독
중독 발생 시 상황, 접촉유무 및 정도 조사
② 만성중독
직력조사 및 현직근로 연수조사

③ 임상증상 확인
  ㉠ 수지진전, 보행실조 증상
  ㉡ 지속적 불면증, 두통, 침흘림, 구내염, 치은염, 수지경련, 치아부식 증상
④ 간기능 및 신기능 검사
⑤ 뇨 중 수은량 측정
⑥ 개인적 수은약제 사용 유무 조사

(8) 수은중독의 치료

① 급성중독
  ㉠ 우유와 계란의 흰자를 먹여 단백질과 해당 물질을 결합시켜 침전시킨다.
  ㉡ 마늘계통의 식물을 섭취한다.
  ㉢ 위세척(5~10% S.F.S 용액)을 한다. 다만, 세척액은 200~300mL를 넘지 않도록 한다.
  ㉣ BAL(British Anti Lewisite) 투여(체중 1kg당 5mg의 근육주사)

② 만성중독
  ㉠ 수은 취급을 즉시 중지시킨다.
  ㉡ BAL(British Anti Lewisite) 투여한다.
  ㉢ 1일 10L의 등장식염수를 공급(이뇨작용으로 촉진)한다.
  ㉣ N-acetyl-D-penicillamine을 투여한다.
  ㉤ 땀을 흘려 수은배설을 촉진한다.
  ㉥ 진전증세에 genascopalin을 투여한다.
  ㉦ Ca-EDTA의 투여는 금기사항이다.

핵심이론 155 카드뮴(Cd)

(1) 개요

① 1945년 일본에서 '이타이이타이'병이란 중독사건이 생겨 수많은 환자가 발생한 사례가 있으며 우리나라에서는 1988년 한 도금업체에서 카드뮴 노출에 의한 사망 중독사건이 발표되었으나 정확한 원인규명은 하지 못했다.
② 이타이이타이병은 생축적, 먹이사슬의 축적에 의한 카드뮴 폭로와 비타민 D의 결핍에 의한 것이다.

(2) 발생원

① 납광물이나 아연제련 시 부산물
② 주로 전기도금, 알루미늄과의 합금에 이용

③ 축전기 전극
④ 도자기, 페인트의 안료
⑤ 니켈카드뮴 배터리 및 살균제

(3) 성상(특성)
① 원자량 112.4, 비중 8.6인 청색을 띤 은백색의 금속으로, 부드럽고 연성이 있는 금속이다.
② 아연, 동, 연 등의 광석에 소량 섞여 있으며, 특히 아연광물이나 납광물 제련 시 부산물로 얻어진다.
③ 물에는 잘 녹지 않고 산에는 잘 녹으며, 가열 시 쉽게 증기화한다.
④ 산소와 결합 시 흄을 만들며, 흄이 많이 발생할 때에는 갈색의 연기처럼 보인다.
⑤ 내식성이 강하다.

(4) 인체 내 축적 및 제거
① 흡수
  ㉠ 인체에 대한 노출경로는 주로 호흡기이며, 소화관에서는 별로 흡수되지 않는다.
  ㉡ 경구흡수율은 5~8%로 호흡기 흡수율보다 적으나 단백질이 적은 식사를 할 경우 흡수율이 증가된다.
  ㉢ 칼슘 결핍 시 장 내에서 칼슘 결합 단백질의 생성이 촉진되어 카드뮴의 흡수가 증가한다.
  ㉣ 체내에서 이동 및 분해하는 데에는 분자량 10,500 정도의 저분자단백질인 metallothionein(혈장단백질)이 관여한다.
  ㉤ metallothionein은 방향족 아미노산이 없으며, 주로 간장과 신장에 많이 축적되고 시스테인이 주성분인 아미노산으로 구성된다.
  ㉥ 카드뮴이 체내에 들어가면 간에서 metallothionein 생합성이 촉진되어 폭로된 중금속의 독성을 감소시키는 역할을 하나 다량의 카드뮴일 경우 합성이 되지 않아 중독작용을 일으킨다.
② 축적
  ㉠ 체내에 흡수된 카드뮴은 혈액을 거쳐 2/3는 간과 신장으로 이동한다.
  ㉡ 체내에 축적된 카드뮴의 50~75%는 간과 신장에 축적되고 일부는 장관벽에 축적된다.
  ㉢ 반감기는 약 수년에서 30년까지이다.
  ㉣ 흡수된 카드뮴은 혈장단백질과 결합하여 최종적으로 신장에 축적된다.
③ 배설
  ㉠ 체내로부터 카드뮴이 배설되는 것은 대단히 느리다.
  ㉡ 소변 속의 카드뮴 배설량은 카드뮴 흡수를 나타내는 지표가 된다.

(5) 독성 메커니즘
① 호흡기, 경구로 흡수되어 체내에서 축적작용을 한다.
② 간, 신장, 장관벽에 축적하여 효소의 기능유지에 필요한 -SH기와 반응하여(SH 효소를 불활성화하여) 조직세포에 독성으로 작용한다.
③ 호흡기를 통한 독성이 경구독성보다 약 8배 정도 강하다.
④ 산화 카드뮴에 의한 장애가 가장 심하며 산화 카드뮴, 에어로졸 노출에 의해 화학적 폐렴을 발생시킨다.
⑤ 표적장기는 신장이며, 가장 흔한 증상은 효소뇨와 단백뇨이다.

(6) 카드뮴의 건강장애
① 급성중독
　㉠ 호흡기 흡입
　　ⓐ 호흡기도, 폐에 강한 자극 증상(화학성 폐렴)
　　ⓑ 초기에는 인두부 통증, 기침, 두통 현상이 나며 나중에는 호흡곤란, 폐수종 증상으로 사망에 이르기도 함(카드뮴 흄이나 먼지에 급성적으로 노출되면 호흡기가 손상되며 사망에 이르기도 함)
　　ⓒ 대표적 물질 : 산화카드뮴(CdO)
　　ⓓ CdO의 치사량(LD_{50})은 치사폭로 지수(CT)로 표시

$$CT = 공기\ 중\ 농도(mg/m^3) \times 폭로시간(min)$$

　　　예 일반사람의 경우 CT 200~2,900 정도
　㉡ 경구흡입
　　ⓐ 구토와 설사, 급성위장염
　　ⓑ 근육통, 복통, 체중 감소, 착색뇨
　　ⓒ 간, 신장장애
② 만성중독
　㉠ 신장기능 장애
　　ⓐ 저분자 단백뇨 다량배설, 신석증 유발
　　ⓑ 칼슘대사에 장애를 주어 신결석을 동반한 신증후군이 나타남
　㉡ 골격계 장애
　　ⓐ 다량의 칼슘배설(칼슘 대사장애)이 일어나 뼈의 통증, 골연화증 및 골수공증 유발
　　ⓑ 철분결핍성 빈혈증 나타남

ⓒ 폐기능 장애
  ⓐ 폐활량 감소, 잔기량 증가 및 호흡곤란의 폐증세가 나타나며, 이 증세는 노출기간과 노출농도에 의해 좌우됨
  ⓑ 폐기종, 만성폐기능 장애 일으킴
  ⓒ 기도 저항이 늘어나고 폐의 가스교환 기능 저하
  ⓓ 고환의 기능 쇠퇴(atrophy)
ⓓ 자각 증상
  ⓐ 기침, 가래, 후각 이상
  ⓑ 식욕부진, 위장장애, 체중 감소
  ⓒ 치은부의 연한 황색 색소침착 유발

(7) 카드뮴의 노출기준

① 고용노동부 노출기준
  8시간 시간가중평균농도(TWA)로 $0.01mg/m^3$(호흡성 $0.002mg/m^3$)
② 미국산업위생전문가협의회 (ACGIH)
  ㉠ 8시간 시간가중평균농도(TWA) 총 분진 : $0.01mg/m^3$
  ㉡ 호흡성 카드뮴분진 : $0.002mg/m^3$
③ 생물학적 노출기준 (BEI)
  ㉠ 뇨 중 카드뮴이 $5\mu g/g$-크레아티닌
  ㉡ 혈중 카드뮴이 $5\mu g/L$
④ 발암성 1A, 생식세포 변이원성 2, 생식독성 2, 호흡성

(8) 카드뮴의 진단

① 초기에 저분자량의 단백뇨(B_2-microglobulin)검사, 검출 시에는 신장기능장애를 유발하며 이때는 칼슘, 아미노산, 포도당, 인산염의 배설량도 증가한다.
② 정기적 근로자 체중 측정
③ 위장장애, 후각, 만성비염, 치아이상, 빈혈 등 초기증상을 확인한다.

(9) 카드뮴중독의 치료

① BAL 및 Ca-EDTA를 투여하면 신장에 대한 독성작용이 더욱 심해져 금한다.
② 안정을 취하고 대중요법을 이용, 동시에 산소흡입, 스테로이드를 투여한다.
③ 치아에 황색 색소침착 유발 시 글루쿠론산칼슘 20mL를 정맥주사한다.
④ 비타민 D를 피하 주사한다(1주 간격 6회가 효과적).

핵심이론 156 크롬 (Cr)

(1) 개요
　① 금속 크롬, 여러 형태로 산화화합물로 존재하며 2가 크롬은 매우 불안정하고, 3가 크롬은 매우 안정된 상태, 6가 크롬은 비용해성으로 산화제, 색소로서 산업장에서 널리 사용된다.
　② 비중격연골에 천공이 대표적 증상이며 근래에 와서는 직업성 피부질환도 다량 발생하는 경향이 있다.
　③ 3가 크롬은 피부흡수가 어려우나 6가 크롬은 쉽게 피부를 통과하여 6가 크롬이 더 해롭다.
　④ 크롬중독은 뇨 중의 크롬 양을 검사하여 진단한다.

(2) 발생원
　① 전기도금 공장
　② 가죽, 피혁 제조
　③ 염색, 안료 제조
　④ 방부제, 약품 제조

(3) 성상 (특성)
　① 원자량 52.01, 비중 7.18, 비점 2,200℃의 은백색의 금속이다.
　② 자연 중에는 주로 3가 형태로 존재하고 6가 크롬은 적다.
　③ 인체에 유해한 것은 6가 크롬(중크롬산)이며, 부식작용과 산화작용이 있다.
　④ 3가 크롬보다 6가 크롬이 체내흡수가 많이 된다.
　⑤ 3가 크롬은 피부흡수가 어려우나 6가 크롬은 쉽게 피부를 통과한다.
　⑥ 세포막을 통과한 6가 크롬은 세포 내에서 수 분 내지 수 시간 만에 체내에서 발암성을 가진 3가 형태로 환원된다.
　⑦ 6가에서 3가로의 환원이 세포질에서 일어나면 독성이 적으나 DNA의 근위부에서 일어나면 강한 변이원성을 나타낸다.
　⑧ 3가 크롬은 세포 내에서 핵산, nuclear, enzyme, nucleotide와 같은 세포핵과 결합될 때만 발암성을 나타낸다.
　⑨ 크롬은 생체에 필수적인 금속으로 결핍 시에는 인슐린의 저하로 인한 대사장애를 일으킨다.

(4) 인체 내 축적 및 제거
　① 흡수
　　㉠ 호흡기, 소화기 및 피부를 통하여 체내에 흡수되며 호흡기가 가장 중요하다.

ⓒ 화합물의 용해도에 따라 3가 크롬(0.2~3%)과 6가 크롬(1~10%)이 구강을 통해 체내에 흡수된다.
ⓒ 6가 크롬이 독성이 강하고 발암성도 크며 6가 크롬이 3가 크롬보다 체내흡수가 많이 된다.
ⓔ 3가 크롬은 정상적으로 피부흡수가 안 되지만, 피부의 진피가 소실된 경우에는 가능하다.

② 축적
6가 크롬은 생체막을 통해 세포 내에서 3가로 환원되어 간, 신장, 부갑상선, 폐, 골수에 축적된다.

③ 배설
대부분 소변을 통해 배설된다.

(5) 크롬에 의한 건강장애

① 급성중독
ⓐ 신장장애
과뇨증(혈뇨증) 후 무뇨증을 일으키며, 요독증으로 10일 이내에 사망
ⓑ 위장장애
심한 복통, 빈혈을 동반하는 심한 설사 및 구토
ⓒ 급성폐렴
크롬산 먼지, 미스트 대량 흡입 시

② 만성중독
ⓐ 점막장애
점막이 충혈되어 화농성 비염이 되고 차례로 깊이 들어가서 궤양이 되고, 코 점막의 염증, 비중격천공 증상
ⓑ 피부장애
ⓐ 피부궤양을 야기(둥근 형태의 궤양)
ⓑ 수용성 6가 크롬은 저농도에서도 피부염 야기
ⓒ 손톱주위, 손 및 전박부에 잘 발생
ⓒ 발암작용
ⓐ 장기간 흡입에 의한 기관지암, 폐암, 비강암(6가 크롬) 발생
ⓑ 크롬 취급자의 폐암에 의한 사망률은 정상인보다 약 13~31배로 상당히 높음
ⓓ 호흡기 장애
크롬폐증 발생

(6) 크롬의 노출기준

① 고용노동부 노출기준

8시간 시간가중평균농도(TWA)
- 크롬광 가공(크롬산) : $0.05mg/m^3$
- 크롬(금속) : $0.5mg/m^3$
- 크롬(6가)화합물(불용성 무기화합물) : $0.01mg/m^3$
- 크롬(6가)(수용성) : $0.05mg/m^3$

② 미국산업위생전문가협의회 (ACGIH)

8시간 시간가중평균농도(TWA)
- 금속 및 3가 크롬 : $0.2mg/m^3$
- 크롬광 : $0.05mg/m^3$

③ 생물학적노출기준 (BEI)

수용성 6가 크롬 경우
- 주말작업의 작업종료 시 뇨 중 총 크롬 농도 : $25\mu g/L$
- 주간작업 중 뇨 중 총 크롬 농도 : $10\mu g/L$

(7) 크롬의 진단

① 뇨 중 크롬량 검사(0.05mg/L 이상 시 정밀검사)
② 장기 취급 근로자(5년 이상) : X선 진찰

(8) 크롬중독의 치료

① 크롬 폭로 시 즉시 중단(만성 크롬중독의 특별한 치료법은 없음)하여야 하며, BAL, Ca-EDTA 복용은 효과가 없다.
② 사고로 섭취 시 응급조치로 환원제인 우유와 비타민 C를 섭취한다.
③ 피부궤양에는 5% 티오황산소다(sodium thiosulfate)용액, 5~10% 구연산소다(sodium citrate)용액, 10% Ca-EDTA 연고를 사용한다.

핵심이론 157 　베릴륨 (Be)

(1) 개요

① 원자량 9.01, 비중 1.8477, 끓는점 2,500℃의 회백색의 육방정 결정체로서 이제까지 알려진 가장 가벼운 금속 중의 하나이다.
② 합금 제조, 원자로작업, 산소화학합성, 베릴륨 제조, 금속재생공정, 우주항공산업 등에서 발생한다.
③ 더운물에 약간 용해, 약산과 약알칼리에는 용해되는 성질이 있다.

④ 저농도에서도 장애는 일반적으로 아주 크다.

(2) 인체 내 축적 및 제거
① 주요 흡수경로는 호흡기이고, 위장관계나 피부를 통하여 흡수될 수 있다.
② 체내 침입한 베릴륨화합물 대부분은 폐에 침적한다.
③ 용해성 화합물은 침입 후 다른 조직에 분포하며 산모의 모유를 통하여 태아에게까지 영향을 미친다.
④ 주로 소변이나 대변으로 배설한다.

(3) 베릴륨에 의한 건강장애
① 급성중독
  ㉠ 염화물, 황화물, 불화물과 같은 용해성 베릴륨화합물은 급성중독을 일으킨다.
  ㉡ 인후염, 기관지염, 모세기관지염, 폐부종, 피부염(접촉성 피부염) 등이 발생한다.
② 만성중독
  ㉠ 육아 종양, 화학적 폐렴 및 폐암을 발생시킨다.
  ㉡ 피부 등에 육아 형성을 일으킨다.
  ㉢ 체중 감소, 전신쇠약 등이 나타난다.
  ㉣ 'neighborhood cases'라고도 불린다.

(4) 베릴륨의 노출기준
① 고용노동부 노출기준
  8시간 시간가중평균농도(TWA)로 $0.002mg/m^3$
② 미국산업위생전문가협의회 (ACGIH)
  ㉠ TWA : $0.002mg/m^3$
  ㉡ STEL : $0.01mg/m^3$
③ 인간에 대한 발암성이 확인된 물질군(A1)에 포함

(5) 베릴륨의 치료
① 급성 베릴륨폐증인 경우 즉시 작업을 중단한다.
② 금속배출촉진제 chelating agent를 투여한다.

핵심이론 158 비소 (As)

(1) 개요
① 은빛 광택을 내는 비금속으로서 가열하면 녹지 않고 승화된다.
② 피부 특히 겨드랑이나 국부 등에 습진형 피부염이 생기며 피부암이 유발되는 물질이다.
③ 우리나라에서는 사약으로도 사용된 바 있다.

(2) 발생원
① 토양의 광석 등 자연계에 널리 분포
② 벽지, 조화, 색소 등의 제조
③ 살충제, 구충제, 목재 보존제 등에 많이 이용
④ 베어링 제조
⑤ 유리의 착색제, 피혁 및 동물의 박제에 방부제로 사용
⑥ 반도체 이온주입공정

(3) 성상(특성)
① 원자량 74.92, 비중 5.72(결정체 고체)의 은빛 광택이 나는 유사금속(metaled)이다.
② 공기 중에서 400℃로 가열하면 녹지 않고 승화되어 삼산화비소가 생성된다.
③ 자연계에서는 3가 및 5가의 원소로서 삼산화비소, 오산화비소의 형태로 존재하여 독성작용은 5가보다는 3가의 비소화합물이 강하다. 특히 물에 녹아 아비산을 생성하는 삼산화비소가 가장 강력하다.

(4) 인체 내 축적 및 제거
① 흡수
  ㉠ 비소의 분진과 증기는 호흡기를 통해 체내에 흡수되며, 작업현장에서의 호흡기 노출이 가장 문제가 된다.
  ㉡ 비소화합물이 상처에 접촉됨으로써 피부를 통하여 흡수될 수 있다.
  ㉢ 무기물질의 경우 장관계에서 매우 잘 흡수된다.
  ㉣ 체내에 침입된 3가 비소가 5가 비소 상태로 산화되며 반대현상도 나타날 수 있다.
  ㉤ 체내에서 -SH기 그룹과 유기적인 결합을 일으켜서 독성을 나타낸다.
  ㉥ 체내에서 -SH기를 갖는 효소작용을 저해시켜 세포호흡에 장애를 일으킨다.
② 축적
  ㉠ 주로 뼈, 모발, 손톱 등에 축적되며 간장, 신장, 폐, 소화관벽, 비장 등에도 축적된다.
  ㉡ 골조직(뼈) 및 피부는 비소의 주요한 축적장기이다.
  ㉢ 뼈에는 비산칼륨 형태로 축적된다.

③ 배설

대부분 뇨 중으로 배출되고, 일부는 대변으로 배출되며 극히 일부는 모발, 피부를 통해서 배설된다.

(5) 비소에 대한 건강장애

① 급성중독
  ㉠ 용혈성 빈혈을 일으킨다. 특히 비화수소에 노출될 경우 혈관에서 용혈이 발생한다.
  ㉡ 심한 구토, 설사, 근육경직, 안면부종, 심장이상, 쇼크 등이 발생된다.
  ㉢ 혈뇨 및 무뇨증이 발생된다(신장기능 저하).
  ㉣ 급성피부염 및 상기도 점막에 염증을 일으킨다.

② 만성중독
  ㉠ 피부각화증의 피부증상이 가장 흔하게 나타난다.
  ㉡ 피부의 색소침착(흑피증), 각질화가 심하면 피부암이 나타난다.
  ㉢ 다발성 신경염 등의 말초신경장애로 인한 질환, 빈혈, 심혈관계, 간장장애 등이 나타난다. 특히 지각마비 및 근무력증이 생긴다.

③ 분말 (고형)비소화합물의 중독
  ㉠ 분진에 의해 피부, 겨드랑이 등 습한 부위에 낭창형 또는 습진형의 피부염이 발생하며, 피부염이 심하면 피부암을 유발한다.
  ㉡ 비중격궤양을 유발한다.
  ㉢ 폐암을 유발한다.
  ㉣ 생식독성 원인물질로 작용할 수 있다.

(6) 비소의 노출기준

① 고용노동부 노출기준
   8시간 시간가중평균농도(TWA)로 $0.01mg/m^3$

② 미국산업위생전문가협의회 (ACGIH)
   8시간 시간가중평균농도(TWA)로 $0.01mg/m^3$

③ 생물학적 노출기준 (BEI)
   무기비소 및 메틸화된 대사물이 $35\mu g$ As/L

④ 인간에 대한 발암성이 확인된 물질군(A1)에 포함

⑤ 발암성 구분 : 1A

(7) 비소의 치료

① 비소 폭로가 심한 경우는 전체 수혈을 행한다.
② 만성중독 시에는 작업을 중지시킨다.

③ 급성중독 시 활성탄과 하제를 투여하고 구토를 유발시킨 후 BAL을 투여한다.
④ 급성중독 시 확진되면 dimercaprol 약제로 처치한다(삼산화비소 중독 시 dimercaprol이 효과 없음).
⑤ 쇼크의 치료는 강력한 정맥수액제와 혈압상승제를 사용한다.

핵심이론 159 망간(Mn)

(1) 개요
① 철강 제조분야에서 직업성 폭로가 가장 많다.
② 합금, 용접봉의 용도로 사용된다.
③ 계속적인 폭로로 전신의 근무력증, 수전증, 파킨슨씨 증후군이 나타나며 금속열을 유발한다.

(2) 발생원
MMT를 함유한 연료 제조에 종사하는 근로자에게 노출되는 일이 많다.
① 특수강철 생산(망간 함유 80% 이상 합금)
② 망간건전지
③ 전기용접봉 제조업, 도자기 제조업
④ 산화제(화학공업)
⑤ 유리착색 및 페인트의 안료
⑥ 망간광산

(3) 성상(특성)
① 원자량 54.94, 비중 7.21~7.4, 비점 1,962℃의 은백색, 금색이며 통상 2가, 4가의 원자가를 갖는다.
② 마모에 강한 특성 때문에 최근 금속제품에 널리 활용된다.
③ 망간광석에서 산출되는 회백색의 단단하지만 잘 부서지는 금속으로 산화제일망간, 이산화망간, 사산화망간 등 8가지의 산화형태로 존재한다.
④ 인간을 비롯한 대부분 생물체에는 필수적인 원소이다.
⑤ 망간의 직업성 폭로는 철강 제조에서 많다.

(4) 인체 내 축적 및 제거

① 흡수

호흡기, 소화기 및 피부를 통하여 체내에 흡수되며 이 중 호흡기를 통한 경로가 가장 많고 또 가장 위험하다.

② 축적

㉠ 체내에 흡수된 망간은 혈액에서 신속하게 제거되어 10~30%는 간에 축적되며 뇌혈관 막과 태반을 통과하기도 한다.

㉡ 폐, 비장에도 축적되며 손톱, 머리카락 등에서도 망간이 검출된다.

(5) 망간에 의한 건강장애

① 급성중독

㉠ MMT(Methylcyclopentadienyl Manganese Tricarbonyl)에 의한 피부와 호흡기 노출로 인한 증상이다.

㉡ 이산화망간 흄에 급성노출되면 열, 오한, 호흡곤란 등의 증상을 특징으로 하는 금속열을 일으킨다.

㉢ 급성 고농도에 노출 시 조증(들뜸병)의 정신병 양상(행동이상)을 나타낸다.

② 만성중독

㉠ 무력증, 식욕감퇴, 수면방해 등의 초기증세를 보이다 심해지면 중추신경계의 특정 부위를 손상(뇌기저핵에 축적되어 신경세포 파괴)시켜 노출이 지속되면 파킨슨 증후군과 보행장애가 두드러진다.

㉡ 안면의 변화, 즉 무표정하게 되며 배근력의 저하를 가져온다(소자증 증상).

㉢ 언어가 느려지는 언어장애(발음부정확) 및 균형감각 상실 증세가 나타난다.

㉣ 신경염(신경증상), 신장염 등의 증세가 나타난다.

㉤ 조혈장기의 장애와는 관계가 없다.

(6) 망간의 노출기준

① 고용노동부 노출기준

8시간 시간가중평균농도(TWA)

㉠ 망간 및 무기화합물 : $1mg/m^3$

㉡ 망간(흄) : $1mg/m^3$

② 미국산업위생전문가협의회 (ACGIH)

8시간 시간가중평균농도(TWA) : 무기망간화합물 $0.2mg/m^3$

핵심이론 160 | 니켈 (Ni)

(1) 개요

니켈은 모넬(monel), 인코넬(inconel), 인콜리(incoloy)와 같은 합금과 스테인리스강에 포함되어 있고 허용농도는 $1mg/m^3$이다.

(2) 발생원

① 도금, 합금, 제강 등의 생산과정에서 발생한다.
② 정상작업에서는 용접으로 인하여 유해한 농도까지 니켈흄이 발생되지 않는다. 그러나 스테인리스강이나 합금을 용접할 때에는 고농도의 노출에 대해 주의가 필요하다.

(3) 니켈에 의한 건강장애

① 급성중독
  폐부종, 폐렴, 접촉성 피부염
② 만성중독
  ㉠ 폐, 비강, 부비강에 암이 발생되고 간장에도 손상이 발생
  ㉡ 호흡기 장애와 전신중독

(4) 대책

① 배설을 촉진하도록 Dithiocarb를 투여한다.
② 중추신경증상이 일산화탄소 중독의 경우와 같다.
③ 니켈에 노출되지 않도록 격리시킨다.

핵심이론 161 | 인체 주요장기, 조직, 유해요인

인체 주요장기	기본단위 조직	대표적 유해요인
신경	뉴런	알코올, 글루타메이트
신장	네프론	수은
폐	폐포	유리규산
간	간소엽	사염화탄소
근육	근섬유	반복작업

핵심이론 162 | 독성 실험에 관한 용어

(1) LD_{50}
① 유해물질의 경구투여용량에 따른 반응범위를 결정하는 독성검사에서 얻은 용량-반응 곡선에서 실험동물군의 50%가 일정기간 동안에 죽는 치사량을 의미
② 독성 물질의 노출은 흡입을 제외한 경로를 통한 조건이어야 함
③ 치사량 단위는 [물질의 무게(mg)/동물의 몸무게(kg)]로 표시함
④ 통상 30일간 50%의 동물이 죽는 치사량을 말함
⑤ LD_{50}에는 변역 또는 95% 신뢰한계를 명시하여야 함
⑥ 노출된 동물의 50%가 죽는 농도의 의미도 있음

(2) LD_{100}
① 실험동물군에서 사망이 일어나지 않는 농도
② LD_{100}은 노출된 동물이 100% 사망할 수 있는 최저 농도

(3) LC_{50}
① 실험동물군을 상대로 기체상태의 독성 물질을 호흡시켜 50%가 죽는 농도
② 시험 유기체의 50%를 죽게 하는 독성 물질의 농도
③ 동물의 종, 노출지속시간, 노출 후 관찰시간과 밀접한 관계

(4) ED_{50}
① 사망을 기준으로 하는 대신에 약물을 투여한 동물의 50%가 일정한 반응을 일으키는 양을 의미
② 시험 유기체의 50%에 대하여 준치사적인 거동감응 및 생리감응을 일으키는 독성 물질의 양을 의미
③ ED는 실험동물을 대상으로 얼마간의 양을 투여했을 때 독성을 초래하지 않지만 실험군의 50%가 관찰가능한 가역적인 반응이 나타나는 작용량 즉 유효량을 의미

(5) TL_{50}
① 시험 유기체의 50%가 살아남는 독성 물질의 양을 의미
② 생존율이 50%인 독성 물질의 양으로 허용한계 의미에서 사용

(6) TD_{50}
시험 유기체의 50%에서 심각한 독성반응을 나타내는 양, 즉 중독량을 의미

(7) 안전역

화학물질의 투여에 의한 독성범위

$$\text{안전역} = \frac{TD_{50}}{ED_{50}} = \frac{중독량}{유효량} = \frac{LD_1}{ED_{99}}$$

(8) TI

생물학적인 활성을 갖는 약물의 안전성을 평가하는 데 이용하는 치료지수

$$\text{치료지수} = \frac{LD_{50}}{ED_{50}} = \frac{치사량}{유효량}$$

(9) 반응에 있어서 병리학적 변화는 사망을 유발시키기 바로 전 용량에서 확인

(10) 조직 중 독성작용에 민감하게 반응하는 기관은 간과 신장

핵심이론 163 | 사업장 위험성 평가에 관한 지침

(1) 용어

① 위험성평가

유해·위험요인을 파악하고 해당 유해·위험요인에 의한 부상 또는 질병의 발생 가능성(빈도)과 중대성(강도)을 추정·결정하고 감소대책을 수립하여 실행하는 일련의 과정을 말한다.

② 유해·위험요인

유해·위험을 일으킬 잠재적 가능성이 있는 것의 고유한 특징이나 속성을 말한다.

③ 유해·위험요인 파악

유해요인과 위험요인을 찾아내는 과정을 말한다.

④ 위험성

유해·위험요인이 부상 또는 질병으로 이어질 수 있는 가능성(빈도)과 중대성(강도)을 조합한 것을 의미한다.

⑤ 위험성 추정

유해·위험요인별로 부상 또는 질병으로 이어질 수 있는 가능성과 중대성의 크기를 각각 추정하여 위험성의 크기를 산출하는 것을 말한다.

⑥ 위험성 결정
  유해·위험요인별로 추정한 위험성의 크기가 허용 가능한 범위인지 여부를 판단하는 것을 말한다.
⑦ 위험성 감소대책 수립 및 실행
  위험성 결정 결과 허용 불가능한 위험성을 합리적으로 실천 가능한 범위에서 가능한 한 낮은 수준으로 감소시키기 위한 대책을 수립하고 실행하는 것을 말한다.
⑧ 기록
  사업장에서 위험성평가 활동을 수행한 근거와 그 결과를 문서로 작성하여 보존하는 것을 말한다.
⑨ 그 밖에 이 고시에서 사용하는 용어의 뜻은 이 고시에 특별히 정한 것이 없으면 「산업안전보건법」. 같은 법 시행령. 같은 법 시행규칙 및 「산업안전보건기준에 관한 규칙」에서 정하는 바에 따른다.

(2) 위험성평가 실시주체
① 사업주는 스스로 사업장의 유해·위험요인을 파악하기 위해 근로자를 참여시켜 실태를 파악하고 이를 평가하여 관리 개선하는 등 위험성평가를 실시하여야 한다.
② 작업의 일부 또는 전부를 도급에 의하여 행하는 사업의 경우는 도급을 준 도급인과 도급을 받은 수급인은 각각 위험성평가를 실시하여야 한다.
③ 도급사업주는 수급사업주가 실시한 위험성평가 결과를 검토하여 도급사업주가 개선할 사항이 있는 경우 이를 개선하여야 한다.

(3) 근로자 참여
사업주는 위험성평가를 실시할 때, 다음의 어느 하나에 해당하는 경우 해당 작업에 종사하는 근로자를 참여시켜야 한다.
① 관리감독자가 해당 작업의 유해·위험요인을 파악하는 경우
② 사업주가 위험성 감소대책을 수립하는 경우
③ 위험성평가 결과 위험성 감소대책 이행여부를 확인하는 경우

(4) 위험성평가의 방법
① 사업주는 다음과 같은 방법으로 위험성평가를 실시하여야 한다.
  ㉠ 안전보건관리책임자 등 해당 사업장에서 사업의 실시를 총괄 관리하는 사람에게 위험성평가의 실시를 총괄 관리하게 할 것
  ㉡ 사업장의 안전관리자, 보건관리자 등이 위험성평가의 실시에 관하여 안전보건관리책임자를 보좌하고 지도·조언하게 할 것

ⓒ 관리감독자가 유해·위험요인을 파악하고 그 결과에 따라 개선조치를 시행하게 할 것
ⓔ 기계·기구, 설비 등과 관련된 위험성평가에는 해당 기계·기구, 설비 등에 전문 지식을 갖춘 사람을 참여하게 할 것
ⓕ 안전·보건관리자의 선임의무가 없는 경우에는 업무를 수행할 사람을 지정하는 등 그 밖에 위험성평가를 위한 체제를 구축할 것

② 사업주는 위험성평가를 실시하기 위한 필요한 교육을 실시하여야 한다. 이 경우 위험성평가에 대해 외부에서 교육을 받았거나, 관련학문을 전공하여 관련 지식이 풍부한 경우에는 필요한 부분만 교육을 실시하거나 교육을 생략할 수 있다.

③ 사업주가 위험성평가를 실시하는 경우에는 산업안전·보건 전문가 또는 전문기관의 컨설팅을 받을 수 있다.

④ 사업주가 다음의 어느 하나에 해당하는 제도를 이행한 경우에는 그 부분에 대하여 이 고시에 다른 위험성평가를 실시한 것으로 본다.
  ㉠ 위험성평가 방법을 적용한 안전·보건진단
  ㉡ 공정안전보고서. 다만, 공정안전보고서의 내용 중 공정위험성 평가서가 최대 4년 범위 이내에서 정기적으로 작성된 경우에 한한다.
  ㉢ 근골격계 부담 작업 유해요인 조사
  ㉣ 그 밖에 법과 이 법에 따른 명령에서 정하는 위험성평가 관련 제도

(5) 위험성평가의 절차

사업주는 위험성평가를 다음의 절차에 따라 실시하여야 한다. 다만, 상시근로자수 20명 미만 사업장(총 공사금액 20억원 미만의 건설공사)의 경우에는 다음 중 ③을 생략할 수 있다.
① 평가대상의 선정 등 사전준비
② 근로자의 작업과 관계되는 유해·위험요인의 파악
③ 파악된 유해·위험요인별 위험성의 추정
④ 추정한 위험성이 허용 가능한 위험성인지 여부의 결정
⑤ 위험성 감소대책의 수립 및 실행
⑥ 위험성평가 실시내용 및 결과에 관한 기록

(6) 사전준비

① 사업주는 위험성평가를 효과적으로 실시하기 위하여 최초 위험성평가시 다음의 사항이 포함된 위험성평가 실시규정을 작성하고, 지속적으로 관리하여야 한다.
  ㉠ 평가의 목적 및 방법
  ㉡ 평가담당자 및 책임자의 역할
  ㉢ 평가시기 및 절차

ㄹ 주지방법 및 유의사항

ㅁ 결과의 기록·보존

② 위험성평가는 과거에 산업재해가 발생한 작업, 위험한 일이 발생한 작업 등 근로자의 근로에 관계되는 유해·위험요인에 의한 부상 또는 질병의 발생이 합리적으로 예견 가능한 것은 모두 위험성평가의 대상으로 한다. 다만, 매우 경미한 부상 또는 질병만을 초래할 것으로 명백히 예상되는 것에 대해서는 대상에서 제외할 수 있다.

③ 사업주는 다음의 사업장 안전보건정보를 사전에 조사하여 위험성평가에 활용하여야 한다.

ㄱ 작업표준, 작업절차 등에 관한 정보

ㄴ 기계·기구, 설비 등의 사양서, 물질안전보건자료(MSDS) 등의 유해·위험요인에 관한 정보

ㄷ 기계·기구, 설비 등의 공정 흐름과 작업 주변의 환경에 관한 정보

ㄹ 같은 장소에서 사업의 일부 또는 전부를 도급을 주어 행하는 작업이 있는 경우 혼재작업의 위험성 및 작업 상황 등에 관한 정보

ㅁ 재해사례, 재해통계 등에 관한 정보

ㅂ 작업환경측정결과, 근로자 건강진단결과에 관한 정보

ㅅ 그 밖에 위험성평가에 참고가 되는 자료 등

(7) 유해·위험요인 파악

사업주는 유해·위험요인을 파악할 때 업종, 규모 등 사업장 실정에 따라 다음의 방법 중 어느 하나 이상의 방법을 사용하여야 한다. 이 경우 특별한 사정이 없으면 ①에 의한 방법을 포함하여야 한다.

① 사업장 순회점검에 의한 방법

② 청취조사에 의한 방법

③ 안전보건 자료에 의한 방법

④ 안전보건 체크리스트에 의한 방법

⑤ 그 밖에 사업장의 특성에 적합한 방법

(8) 위험성 추정

① 사업주는 유해·위험요인을 파악하여 사업장 특성에 따라 부상 또는 질병으로 이어질 수 있는 가능성 및 중대성의 크기를 추정하고 다음의 어느 하나의 방법으로 위험성을 추정하여야 한다.

ㄱ 가능성과 중대성을 행렬을 이용하여 조합하는 방법

ㄴ 가능성과 중대성을 곱하는 방법

ㄷ 가능성과 중대성을 더하는 방법

ㄹ 그 밖에 사업장의 특성에 적합한 방법

② 위험성을 추정할 경우에는 다음에서 정하는 사항을 유의하여야 한다.
  ㉠ 예상되는 부상 또는 질병의 대상자 및 내용을 명확하게 예측할 것
  ㉡ 최악의 상황에서 가장 큰 부상 또는 질병의 중대성을 추정할 것
  ㉢ 부상 또는 질병의 중대성은 부상이나 질병 등의 종류에 관계없이 공통의 척도를 사용하는 것이 바람직하며, 기본적으로 부상 또는 질병에 의한 요양기간 또는 근로손실 일수 등을 척도로 사용할 것
  ㉣ 유해성이 입증되어 있지 않은 경우에도 일정한 근거가 있는 경우에는 그 근거를 기초로 하여 유해성이 존재하는 것으로 추정할 것
  ㉤ 기계·기구, 설비, 작업 등의 특성과 부상 또는 질병의 유형을 고려할 것

(9) 위험성 감소대책 수립 및 실행
① 사업주는 위험성을 결정한 결과 허용 가능한 위험성이 아니라고 판단되는 경우에는 위험성의 크기, 영향을 받는 근로자 수 및 다음의 순서를 고려하여 위험성 감소를 위한 대책을 수립하여 실행하여야 한다. 이 경우 법령에서 정하는 사항과 그 밖에 근로자의 위험 또는 건강장해를 방지하기 위하여 필요한 조치를 반영하여야 한다.
  ㉠ 위험한 작업의 폐지·변경, 유해·위험물질 대체 등의 조치 또는 설계나 계획 단계에서 위험성을 제거 또는 저감하는 조치
  ㉡ 연동장치, 환기장치 설치 등의 공학적 대책
  ㉢ 사업장 작업절차서 정비 등의 관리적 대책
  ㉣ 개인용 보호구의 사용
② 사업주는 위험성 감소대책을 실행한 후 해당 공정 또는 작업의 위험성의 크기가 사전에 자체 설정한 허용 가능한 위험성의 범위인지를 확인하여야 한다.
③ 확인 결과, 위험성이 자체 설정한 허용 가능한 위험성 수준으로 내려오지 않는 경우에는 허용 가능한 위험성 수준이 될 때까지 추가의 감소대책을 수립·실행하여야 한다.
④ 사업주는 중대재해, 중대산업사고 또는 심각한 질병이 발생할 우려가 있는 위험성으로서 수립한 위험성 감소대책의 실행에 많은 시간이 필요한 경우에는 즉시 잠정적인 조치를 강구하여야 한다.
⑤ 사업주는 위험성평가를 종료한 후 남아 있는 유해·위험요인에 대해서는 게시, 주지 등의 방법으로 근로자에게 알려야 한다.

(10) 위험성평가의 실시 시기
① 위험성평가는 최초평가 및 수시평가, 정기평가로 구분하여 실시하여야 한다. 이 경우 최초평가 및 정기평가는 전체 작업을 대상으로 한다.

② 수시평가는 다음의 어느 하나에 해당하는 계획이 있는 경우에는 해당 계획의 실행을 착수하기 전에 실시하여야 한다. 다만, ⑩에 해당하는 경우에는 재해발생 작업을 대상으로 작업을 재개하기 전에 실시하여야 한다.
  ㉠ 사업장 건설물의 설치·이전·변경 또는 해체
  ㉡ 기계·기구, 설비, 원재료 등의 신규 도입 또는 변경
  ㉢ 건설물, 기계·기구, 설비 등의 정비 또는 보수(주기적·반복적 작업으로서 정기평가를 실시한 경우에는 제외)
  ㉣ 작업방법 또는 작업절차의 신규 도입 또는 변경
  ㉤ 중대산업사고 또는 산업재해(휴업 이상의 요양을 요하는 경우에 한정한다) 발생
  ㉥ 그 밖에 사업주가 필요하다고 판단한 경우
③ 정기평가는 최초평가 후 매년 정기적으로 실시한다. 이 경우 다음의 사항을 고려하여야 한다.
  ㉠ 기계·기구, 설비 등의 기간 경과에 의한 성능 저하
  ㉡ 근로자의 교체 등에 수반하는 안전·보건과 관련되는 지식 또는 경험의 변화
  ㉢ 안전·보건과 관련되는 새로운 지식의 습득
  ㉣ 현재 수립되어 있는 위험성 감소대책의 유효성 등

핵심이론 164 생물학적 모니터링

(1) 개요
① 생물학적 모니터링은 근로자의 유해물질에 대한 노출정도를 소변, 호기, 혈액 중에서 그 물질이나 대사산물을 측정함으로써 노출정도를 추정하는 방법을 말한다.
② 생물학적 검체의 측정을 통해서 노출의 정도나 건강위험을 평가하는 것이다.
③ 건강에 영향을 미치는 바람직하지 않은 노출상태를 파악하는 것이다.
④ 최근의 노출량이나 과거로부터 축적된 노출량을 간접적으로 파악한다.
⑤ 건강상의 위험은 생물학적 정체에서 물질별 결정인자를 생물학적 노출지수와 비교하여 평가된다.
⑥ Biomarker로 유해물질 또는 대사산물을 측정한다.
⑦ 건강영향을 추정할 수 있는 적정 Biomarker를 찾는 것이 중요하다.

(2) 근로자의 화학물질에 대한 노출 평가방법 종류
① 개인시료 측정
  ㉠ 근로자 신체부위에 여재나 감지기구를 부착하여 그 부근에서 양이나 농도를 측정하여 실제 근로시간 동안 노출되는 양, 농도가 간접적으로 평가된다.
  ㉡ 유해물질의 유해인자에 대한 근로자의 노출을 추정하기 위하여 실시하며, 노출을 줄이기 위한 관리대책의 선정이나 계획을 수립하기 위하여 실시한다.
  ㉢ 호흡기를 통하여 공기 중 농도만을 평가하므로 종합적인(직접적인) 흡수량을 알지 못하는 단점이 있다(피부나 소화기계의 흡수는 반영 못함).
  ㉣ 간편하고 신속하게 근로자가 작업환경 공기 중의 농도를 측정, 건강 위험을 간접적으로 평가할 수 있는 것이다.
  ㉤ 유해물질의 공기 중 농도로는 호흡기를 통한 흡수정도를 예측할 수는 있으나, 피부와 소화기를 통한 흡수는 평가할 수 없다.
② 생물학적 모니터링
  근로자의 노출평가와 건강상의 영향평가 두 가지 목적으로 모두 사용할 수 있다.
③ 건강감시(medical surveillance)
  ㉠ 유해물질에 노출된 근로자를 주기적으로 의학, 생리학적 검사를 실시하여 평가하는 방법을 사용한다.
  ㉡ 생물학적 모니터링이 건강에 악영향을 미치는 노출상태를 알기 위한 방법이라면 건강감시는 근로자의 건강한 상태를 평가하고 건강상의 악영향에 대한 초기 증상을 각 근로자에 따라 규명하는 데 목적이 있다.

(3) 생물학적 모니터링의 목적
① 유해물질에 노출된 근로자 개인에 대해 모든 인체침입경로, 근로시간에 따른 노출량 등 정보를 제공하는 데 있다.
② 개인위생보호구의 효율성 평가 및 기술적 대책, 위생관리에 대한 평가에 이용한다.
③ 근로자 보호를 위한 모든 개선 대책을 적절히 평가한다.

(4) 생물학적 모니터링의 장점 및 단점
① 장점
  ㉠ 공기 중의 농도를 측정하는 것보다 건강상의 위험을 보다 직접적으로 평가할 수 있다.
  ㉡ 모든 노출 경로(소화기, 호흡기, 피부 등)에 의한 종합적인 노출을 평가할 수 있다.
  ㉢ 개인시료보다 건강상의 악영향을 보다 직접적으로 평가할 수 있다.
  ㉣ 건강상의 위험에 대하여 보다 정확한 평가를 할 수 있다.

⑩ 인체 내 흡수된 내재용량이나 중요한 조직부위에 영향을 미치는 양을 모니터링할 수 있다.
 ② 단점
   ㉠ 시료채취가 어렵다.
   ㉡ 유기시료의 특이성이 존재하고 복잡하다.
   ㉢ 각 근로자의 생물학적 차이가 나타날 수 있다.
   ㉣ 분석의 어려움 및 분석 시 오염에 노출될 수 있다.
   ㉤ 시료보관, 처치, 분석에 주의를 요하는 방법이다.
   ㉥ 시료채취 시 근로자에게 부담을 주는 방법이다.

(5) 생물학적 모니터링의 특성
① 작업자의 생물학적 시료에서 화학물질의 노출을 추정하는 것을 말한다.
② 근로자 노출평가와 건강상의 영향평가 두 가지 목적으로 모두 사용될 수 있다.
③ 모든 노출경로에 의한 흡수정도를 나타낼 수 있다.
④ 개인시료 결과보다 측정결과를 해석하기가 복잡하고 어렵다.
⑤ 폭로 근로자의 호기, 뇨, 혈액 기타 생체시료를 분석하게 된다.
⑥ 단지 생물학적 변수로만 추정을 하기 때문에 허용기준을 검증하거나 직업성 질환(직업병)을 진단하는 수단으로 이용할 수 없다.
⑦ 유해물질의 전반적인 폭로량을 추정할 수 있다.
⑧ 반감기가 짧은 물질일 경우 시료채취, 시기는 특별히 중요하나 긴 경우는 특별히 중요하지 않다.
⑨ 생체시료가 너무 복잡하고 쉽게 변질되기 때문에 시료의 분석과 취급이 보다 어렵다.
⑩ 건강상의 영향과 생물학적 변수와 상관성이 있는 물질이 많지 않아 작업환경측정에서 설정한 허용기준(TLV)보다 훨씬 적은 기준을 가지고 있다.
⑪ 개인의 작업특성, 습관 등에 따른 노출의 차이도 평가할 수 있다.
⑫ 생물학적 시료는 그 구성이 복잡하고 특이성이 없는 경우가 많아 BEI(생물학적 노출지수)와 건강상의 영향과의 상관이 없는 경우가 많다.
⑬ 자극성 물질은 생물학적 모니터링을 할 수 없거나 어렵다.
⑭ BEI가 설정된 화학물질 수가 적은 이유는 건강영향을 추정할 수 있는 바이오마커가 드물기 때문이다.

(6) 생물학적 결정인자 선택기준 시 고려사항
결정인자는 공기 중에서 흡수된 화학물질에 의하여 생긴 가역적인 생화학적 변화이다.

① 결정인자가 충분히 특이적이어야 한다(다른 노출인자에 의해서도 나타나는 인자가 아니어야 함).
② 적절한 민감도를 지니고 있어야 한다.
③ 검사에 대한 분석과 생물학적 변이가 적어야 한다.
④ 검사 시 근로자에게 불편을 주지 않아야 한다.
⑤ 생물학적 검사 중 건강위험을 평가하기 위한 유용성 측면을 고려한다.

(7) 생체시료채취 및 분석방법
① 시료채취시간
  ㉠ 작업 전, 작업 중 또는 작업 종료 시 시료를 채취한다.
  ㉡ 배출이 빠르고 반감기가 짧은 물질(5분 이내의 물질)에 대해서는 시료채취시기가 대단히 중요하다.
  ㉢ 유해물질의 배출 및 축적되는 속도에 따라 시료채취시기를 적절히 정한다.
  ㉣ 긴 반감기를 가진 화학물질(중금속)은 시료채취시간이 별로 중요하지 않으며, 반대로 반감기가 짧은 물질인 경우에는 시료채취시간은 매우 중요하다.
  ㉤ 축적이 누적되는 유해물질(납, 카드뮴, PCB 등)인 경우 노출 전에 기본적인 내재용량을 평가하는 것이 바람직하다.

화학물질에 대한 대사산물(측정대상물질), 시료채취시기

화학물질	대사산물(측정대상물질) : 생물학적 노출지표	시료채취시기
납	혈액 중 납	중요치 않음(제한 없음)
	뇨 중 납	
카드뮴	뇨 중 카드뮴	중요치 않음
	혈액 중 카드뮴	
일산화탄소	호기에서 일산화탄소	작업 종료 시
	혈액 중 carboxyhemoglobin	
벤젠	뇨 중 총 페놀	작업 종료 시
	뇨 중 t,t-뮤코닉산(t,t-muconic acid)	
에틸벤젠	뇨 중 만델린산	작업 종료 시
니트로벤젠	뇨 중 p-nitrophenol	작업 종료 시
아세톤	뇨 중 아세톤	작업 종료 시
톨루엔	혈액, 호기에서 톨루엔	작업 종료 시
	뇨 중 마뇨산(o-크레졸)	
크실렌	뇨 중 메틸마뇨산	작업 종료 시

화학물질	대사산물(측정대상물질) : 생물학적 노출지표	시료채취시기
스티렌	뇨 중 만델린산	작업 종료 시
트리클로로에틸렌	뇨 중 트리클로로초산(삼염화초산)	주말작업 종료 시
테트라클로로에틸렌	뇨 중 트리클로로초산(삼염화초산)	주말작업 종료 시
트리클로로에탄	뇨 중 트리클로로초산(삼염화초산)	주말작업 종료 시
사염화에틸렌	뇨 중 트리클로로초산(삼염화초산)	주말작업 종료 시
	뇨 중 삼염화 에탄올	
이황화탄소	뇨 중 TTCA	작업 종료 시
	뇨 중 이황화탄소	
노말헥산(n-헥산)	뇨 중 2,5-hexanedione	작업 종료 시
	뇨 중 n-헥산	
메탄올	뇨 중 메탄올	–
클로로벤젠	뇨 중 총 4-chlorocatechol	작업 종료 시
	뇨 중 총 p-chlorophenol	
크롬(수용성 흄)	뇨 중 총 크롬	주말작업 종료 시 주간작업 중
N,N-디메틸포름아미드	뇨 중 N-메틸포름아미드	작업 종료 시
페놀	뇨 중 메틸마뇨산	작업 종료 시
methyl n-butyl ketone	뇨 중 2,5-hexanedione	–
디니트로톨루엔	혈액 중 메트헤모글로빈	–
p-니트로클로로벤젠	혈액 중 메트헤모글로빈	–
2-에톡시에탄올	뇨 중 e-ethoxyacetic acid	–
디클로로메탄	혈액 중 카복시헤모글로빈	–

㊟ 혈액 중 납(mercury-total inorganic lead in blood)
　뇨 중 총 페놀(s-phenylmercapturic acid in urine)
　뇨 중 메틸마뇨산(methylhippuric acid in urine)

핵심이론 165 | 직무노출매트릭스(Job Exposure Matrix)

(1) 정의

근무경력에 대한 조사를 통하여 직업적인 유해물질의 노출정도를 추정하는 방법을 말한다.

(2) 4요소
① 직무 구분
② 노출되는 유해물질에 대한 정보
③ 시간
④ 장소

(3) 분류
① 일반 인구 혹은 사회 중심의 연구에서 사용된 JEM
② 가설의 생성을 위한 JEM
③ 특정 연구를 위한 JEM
④ 특정산업 혹은 사업장을 위한 JEM

(4) 활용사례
① 근로자 유해인자 노출 분류
② 과거 유해인자 노출 추정
③ 유사노출 그룹 분류
④ 유해인자 노출근로자 코호트 구축

핵심이론 166 | 산업역학

(1) 개요
① 역학이란 인간집단 내에 발생하는 모든 생리적 상태와 이상상태의 빈도와 분포를 기술하고 이들 빈도와 분포를 결정하는 요인들의 원인적 연관성 여부를 근거로 그 발생원인을 밝혀 상태 개선을 위하여 투입된 사업의 작업동기를 규명함으로써 효율적인 예방법을 개발하는 학문이다.
② 산업역학은 유해환경에 노출 시 노출된 집단 내에서의 어떠한 질병의 빈도와 분포에 미치는 영향을 연구하는 역학의 한 분야이다.
③ 직업역학은 일하는 사람이 대상이다.

(2) 산업역학 연구에서 원인(유해인자에 대한 노출)과 결과(건강상의 장애 또는 직업병 발생)의 연관성(인과성)을 확정짓기 위한 충족조건 : Bradford Hill 인과 관계 기준
① 연관성(원인과 질병)의 강도
강한 연관성은 약한 연관성보다 인과성의 가능성이 더 큼
② 특이성(노출인자와 영향 간의 특이성)
한 원인이 여러 효과가 아닌 단 하나의 효과를 유도함
③ 시간적 속발성
노출 또는 원인이 결과에 선행되어야 한다는 것, 즉 원인은 시간상 효과를 선행함
④ 양-반응 관계(예측이 가능할 수 있어야 한다는 것)
용량-반응 곡선에서처럼 원인의 증량에 따라 효과로 변화함
⑤ 개연성(생물학적 타당성)
인과성 가설은 생물학적 개연성을 가짐
⑥ 일관성
연관성이 다른 환경의 다른 연구집단에서 반복적으로 관찰됨
⑦ 유사성
유사한 약물이 한 질병에 가지는 효과처럼 유사성에 의한 판단
⑧ 실험에 의한 증명(실험적 증거)
실험적, 준실험적 증거는 인과성 가설을 지지
⑨ 기존 지식과 일치성
원인-결과 해석은 기존에 알려진 질병의 자연사 및 생물학에 배치되지 않음

핵심이론 167 분석역학

(1) 개요
① 어떠한 요인에의 노출과 질병발생 사이의 연관성을 규명하는 것을 의미하며 가설을 검증하는 데 목적이 있다.
② 개인단위가 아닌 인구집단 또는 특정집단을 분석의 단위로 하는 연구를 생태학적 연구라 한다.

(2) 코호트 연구
코호트 연구는 위해요인에 대한 노출이 기준이 되며 노출에 대한 정보를 수집하는 시점이 현재이냐 과거이냐에 따라 구분되며, 전향적 코호트 연구(코호트가 정의된 시점에서 노출에 대

한 자료를 새로이 수집하여 이용하는 경우)와 후향적 코호트 연구(이미 작성되어 있는 자료를 이용하는 경우)의 가장 큰 차이점은 연구 개시시점과 기간이다.

① 전향적 코호트 연구
  ㉠ 코호트를 구축한 후 연구 개시시점에서 노출된 집단의 질병발생률과 노출되지 않은 대조군의 질병발생률을 비교함으로써 상대위험비, 기여위험도, 표준화사망비를 산출할 수 있다.
  ㉡ 잠재기가 매우 길어 추적 관찰하는데 장시간이 걸리고 매우 큰 집단이 있어야만 산출이 가능하다.

② 후향적 코호트 연구
  ㉠ 이미 질병이 발생한 다음에 연구를 시작하며 근로자의 코호트는 과거의 어떤 시점에서 위해요인에의 노출여부로 구분하여 그 후 질병발생률을 비교한다.
  ㉡ 사례군(환자군)과 대조군을 비교하는 변수는 유해인자의 노출비율이다.
  ㉢ 근로자의 사망자료는 기록되어 보존되지만 사망 이외의 자료는 얻어지기가 쉽지 않다.

(3) 환자대조군 연구
① 질병을 가진 환자를 먼저 확인하고 환자와 역학적 특성이 비슷한 대조군을 선정하여 이 두 집단의 위해요인에 대한 노출여부를 비교한다.
② 위해요인에 노출된 사람이 질병에 걸릴 위험도를 환자군과 대조군에서 요인에 노출된 빈도의 차이로부터 간접적으로 측정하는 방법이다.
③ 참여하는 대상을 알고자 하는 결과변수(질병 또는 특정건강상태)의 유무를 기반으로 정해지는 연구이다.
④ 교차비를 산출할 수 있으며 교차비가 1보다 크다는 것은 요인노출과 결과변수가 양의 관계에 있다는 것을 의미한다.

(4) 단면연구
① 위해요인에의 노출과 질병발생 간의 연관성을 어떤 한 시점에서 조사. 즉 연구대상집단을 선정하고 이들의 노출여부와 질병여부를 동시에 조사하는 방법이다.
② 가장 큰 단점은 위해요인에 노출 후 어떤 질병으로 퇴직한 사람들은 연구대상에서 제외된 상태에서 계산되는 것이다.

(5) 개입연구
① 인구집단을 위해요인에 인위적으로 노출시키는 실험연구로서 노출군과 비노출군을 관찰 조사하여 질병발생을 확인하는 방법이다.
② 윤리적인 이유로 위해요인에 노출수준을 낮추어서 시행되는 경우가 많다.

(6) 패널연구
반복측정연구라고도 하며, 단면연구와 코호트 연구의 혼합형태이다.

(7) 역학연구 설계 시 인과관계의 근거수준 순서
① 코호트 연구
② 환자-대조군 연구
③ 생태학적 연구
④ 사례군 연구

(8) 질병의 업무관련 역학조사
① 담당한 공정과 직무 등 원인인자를 파악한다.
② 개인기호 및 과거질환여부를 고려한다.
③ 질병원인 유해인자에 대한 연구결과를 고찰한다.
④ 국내외 유사한 질병사례를 조사한다.
⑤ 동료근로자를 대상으로 과거 작업 상황을 조사한다.

핵심이론 168 유병률 및 발생률

(1) 유병률
① 정의
어떤 시점에서 이미 존재하는 질병의 비율. 즉, 발생률에서 기간을 제거한 의미이다.
② 특징
㉠ 일반적으로 기간유병률보다 시점유병률을 사용한다.
㉡ 인구집단 내에 존재하고 있는 환자수를 표현한 것으로 시간 단위가 없다.
㉢ 지역사회에서 질병의 이완정도를 평가하고, 의료의 수효를 판단하는 데 유용한 정보로 사용된다.
㉣ 어떤 시점에서 인구집단 내에 존재하는 환자의 비례적인 분율 개념이다.
㉤ 여러 가지 인자에 영향을 받을 수 있어 위험성을 실질적으로 나타내지 못한다.

(2) 발생률
① 정의
특정기간 위험에 노출된 인구집단 중 새로 발생한 환자수의 비례적인 분율 개념이다. 즉 발생률은 위험에 노출된 인구 중 질병에 걸릴 확률의 개념이다.

② 특징
  ㉠ 시간차원이 있고 관찰기간 동안 평균인구가 관찰대상이 된다.
  ㉡ 발생밀도 및 누적발생률로 표현한다.

$$\text{발생밀도} = \frac{\text{일정 기간 내에 새로 발생한 환자수}}{\text{관찰 연인원의 총합}}$$

$$\text{누적발생률} = \frac{\text{연구기간 동안에 새로 발생한 환자수}}{\text{관찰 개시 때의 위험에 노출된 인구수}}$$

  ※ 누적발생률은 고정인구집단을 특정기간 관찰할 때 유용한 지표이다.

(3) 유병률과 발생률과의 관계

$$\text{유병률}(P) = \text{발생률}(I) \times \text{평균이환기간}(D)$$

단, 유병률은 10% 이하, 발생률과 평균이환기간이 시간경과에 따라 일정하여야 한다.

핵심이론 169　위험도

(1) 정의

위험도란 집단에 소속된 구성원 개개인이 일정기간 내에 질병이 발생할 확률을 말한다.

(2) 특징
① 시간차원이 없다.
② 관찰기간 개시점에서 질병이 없는 인구가 관찰대상이 된다.
③ 발생률과 구분된다.

(3) 상대위험도 (상대위험비, 비교위험도)
① 비율비 또는 위험비라고도 하며, 유해인자에 노출된 집단과 노출되지 않은 집단을 전향적으로 추적하여 두 집단에서 발생하는 질병발생률의 결과 확률의 비를 말한다.
② 비노출군에 비해 노출군에서 얼마나 질병에 걸릴 위험도가 큰 가를 나타낸다.
③ 위험요인을 갖고 있는 군이 위험요인을 갖고 있지 않은 군에 비하여 질병의 발생률이 몇 배인가를 나타내는 것이다.
④ 관련 식

$$\frac{\text{상대위험비}}{\text{(비교위험도)}} = \frac{\text{노출군에서의 질병발생률}}{\text{비노출군에서의 질병발생률}} = \frac{\text{위험요인이 있는 해당군의 해당 질병발생률}}{\text{위험요인이 없는 해당군의 해당 질병발생률}}$$

㉠ 상대위험비 = 1인 경우 노출과 질병 사이의 연관성 없음 의미
㉡ 상대위험비 > 1인 경우 위험의 증가를 의미
㉢ 상대위험비 < 1인 경우 질병에 대한 방어효과가 있음을 의미

(4) 기여위험도 (귀속위험도)

① 비율차이 또는 위험도차이라고도 하며, 어떤 위험요인에 노출된 사람과 노출되지 않은 사람 사이의 발생률 차이를 말한다.
② 위험요인을 갖고 있는 집단의 해당 질병발생률의 크기 중 위험요인이 기여하는 부분을 추정하기 위해 사용된다. 즉 노출이 기여하는 절대적인 위험률의 정도를 의미한다.
③ 어떤 유해요인에 노출되어 얼마만큼의 환자수가 증가되어 있는지를 설명해 준다.
④ 순수하게 유해요인에 노출되어 나타난 위험도를 평가하기 위한 것이다.
⑤ 질병발생의 요인을 제거하면 질병발생이 얼마나 감소될 것인가를 설명해 준다.
⑥ 관련 식

$$기여위험도 = 노출군에서의\ 질병발생률 - 비노출군에서의\ 질병발생률$$

⑦ 기여분율 (노출군)

$$= \frac{노출군에서의\ 질병발생률 - 비노출군에서의\ 질병발생률}{노출군에서의\ 질병발생률}$$

$$= \frac{위험요인이\ 있는\ 해당군의\ 해당\ 질병발생률 - 위험요인이\ 없는\ 해당군의\ 해당\ 질병발생률}{위험요인이\ 있는\ 해당군의\ 해당\ 질병발생률}$$

$$= \frac{상대위험비 - 1}{상대위험비}$$

(5) 교차비

특성을 지닌 사람들의 수와 특성을 지니지 않은 사람들의 수와의 비를 말한다.

$$교차비 = \frac{환자군에서의\ 노출\ 대응비}{대조군에서의\ 노출\ 대응비}$$

여기서, 대응비 $= \dfrac{노출\ 또는\ 질병의\ 발생확률}{노출\ 또는\ 질병의\ 비발생확률}$

교차비 = 1인 경우 요인과 질병 사이의 관계가 없음을 의미
교차비 > 1인 경우 요인에의 노출이 질병발생을 증가시킴을 의미
교차비 < 1인 경우 요인에의 노출이 질병발생을 방어함을 의미

핵심이론 170 표준화 사망비 (SMR)

(1) 개요
① 어떠한 작업인원의 사망률을 일반집단의 사망률과 산업의학적으로 비교하는 비이며, 그 작업으로 인한 사망의 위험도를 간접적으로 SMR을 이용한다.
② SMR이 1보다 크면 표준인구집단에 비해 더 많은 사망자가 발생한다는 의미이다. 즉 관찰 집단에서 특정질병에 대한 위험요인이 존재할 가능성이 있는 것이다.
③ 직업역학분야에서 사용하는 주요지표 중 하나이다.
④ 기대사망은 관찰사망집단보다 더 큰 집단을 사용한다.

(2) 관련 식

$$SMR = \frac{작업장에서의 \ 사망률}{일반인구의 \ 사망률} = \frac{어떤 \ 집단에서 \ 관찰된 \ 총 \ 사망자 \ 수}{표준집단에서 \ 예상되는 \ 총 \ 기대사망자 \ 수}$$

기출 및 예상문제 01

다음 표는 A작업장의 백혈병과 벤젠에 대한 코호트 연구를 수행한 결과이다. 이때 벤젠의 백혈병에 대한 상대위험비는 약 얼마인가?

구분	백혈병	백혈병 없음	합계
벤젠의 노출	5	14	19
벤젠 비노출	2	25	27
합 계	7	39	46

[풀이] 상대위험비 $= \dfrac{노출군에서 \ 질병발생률}{비노출군에서 \ 질병발생률} = \dfrac{5/19}{2/27} = 3.55$

(3) 비례사망비 (PMR)

$$비례사망비 = \frac{특정인구집단 \ B의 \ 비례사망}{특정인구집단 \ A의 \ 비례사망} \times 100 = \frac{특정인구집단 \ B의 \ 비례사망 \ 관찰값}{표준인구집단의 \ 비례사망 \ 기댓값} \times 100$$

핵심이론 171 측정타당도

(1) 개요
① 역학연구의 측정정확도의 결과를 해석할 때 측정타당도는 매우 중요하다.
② 측정 시에는 측정방법의 민감도, 특이도, 예측도가 관계된다.

(2) 민감도
① 노출을 측정 시 실제로 노출된 사람이 이 측정방법에 의하여 '노출된 것'으로 나타날 확률을 의미한다.
② **가음성률** (민감도의 상대적 개념) : 위음성률
'1-민감도'로 나타냄(실제로 노출된 사람이 노출되지 않은 것으로 나타날 확률)

(3) 특이도
① 실제 노출되지 않은 사람이 이 측정방법에 의하여 노출되지 않은 것으로 나타날 확률을 의미한다. 즉 해당 질병이 없는 사람들을 검사한 결과가 음성으로 나타나는 확률이다.
② **가양성률** (특이도의 상대적 개념) : 위양성률
'1-특이도'로 나타냄(실제로는 노출되지 않았지만 노출된 것으로 나타날 확률)
③ 가음성률과 위양성률은 타당한 지표이다.

구분		실제값(질병)		합계
		양성	음성	
검사법	양성	A	B	A+B
	음성	C	D	C+D
합계		A+C	B+D	

- 민감도 = A/(A+C)
- 가음성률 = C/(A+C)
- 가양성률 = B/(B+D)
- 특이도 = D/(B+D)

(4) 예측도
검사결과가 양성 및 음성으로 나올 경우 실제 환자수를 얼마나 반영할 것인지를 나타내는 확률을 의미한다.

(5) 신뢰도
측정이 얼마나 일정성을 유지하는가를 평가하는 '반복성' 또는 '재현성'을 의미한다.

기출 및 예상문제 01

표와 같은 크롬중독을 스크린하는 검사법을 개발하였다면 이 검사법의 특이도는 약 얼마인가?

구분		크롬중독 진단		합계
		양성	음성	
검사법	양성	15	9	24
	음성	8	22	30
합계		23	31	54

풀이 특이도(%) = $\frac{22}{31} \times 100 = 70.97\%$

핵심이론 172 산업안전보건법에 의한 역학조사의 대상

① 작업환경측정 또는 건강진단의 실시 결과만으로 직업성 질환 이환여부의 판단이 곤란한 근로자의 질병에 대하여 사업주, 근로자대표, 보건관리자 또는 건강진단기관의 의사가 역학조사를 요청하는 경우
② 근로복지공단이 고용노동부장관이 정하는 바에 따라 업무상 질병 여부의 결정을 위해 역학조사를 요청하는 경우
③ 공단이 직업성 질환의 예방을 위하여 필요하다고 판단하여 역학조사평가위원회의 심의를 거친 경우
④ 그 밖에 직업성 질환에 걸렸는지 여부로 사회적 물의를 일으킨 질병에 대하여 작업장 내 유해요인과의 연관성 규명이 필요한 경우 등으로서 지방고용노동관서의 장이 요청하는 경우

산업보건지도사

PART 2
과년도 출제문제

2013년 제3회 산업보건지도사

산업위생일반

2013년 4월 20일 시행

01 검사결과값이 높을수록 뇌심혈관계 질환에 예방적 효과를 나타내는 것은?
① 혈당
② 중성지방
③ 총 콜레스테롤
④ HDL-콜레스테롤
⑤ LDL-콜레스테롤

> **해설** 검사결과값이 높을수록 뇌심혈관계 질환에 예방적 효과를 나타내는 것은 HDL-콜레스테롤 수치(60mg/dL)이며 혈당, 중성지방, 총 콜레스테롤, LDL-콜레스테롤 수치는 낮을수록 예방적 효과가 있다.

02 산업안전보건법령상 대상 유해인자와 배치 후 첫 번째 특수건강진단의 시기가 옳게 짝지어진 것은?
① N,N-디메틸아세트아미드 - 1개월 이내
② N,N-디메틸포름아미드 - 3개월 이내
③ 벤젠 - 3개월 이내
④ 염화비닐 - 6개월 이내
⑤ 사염화탄소 - 6개월 이내

> **해설** 특수건강진단의 시기 및 주기

구분	대상 유해인자	시기 배치 후 첫 번째 특수건강진단	주기
1	N,N-디메틸아세트아미드 디메틸포름아미드	1개월 이내	6개월
2	벤젠	2개월 이내	6개월
3	1,1,2,2-테트라클로로에탄 사염화탄소 아크릴로니트릴 염화비닐	3개월 이내	6개월
4	석면, 면 분진	12개월 이내	12개월
5	광물성 분진 나무 분진 소음 및 충격소음	12개월 이내	24개월

정답 | 01.④ 02.①

03 산업안전보건법령상 진단결과에 따라 사업주가 근로를 금지하거나 취업을 제한하여야 하는 대상이 아닌 질병자는?

① 정신분열증에 걸린 사람
② 마비성 치매에 걸린 사람
③ 폐결핵으로 진단받고 1개월째 약물치료를 받고 있는 사람
④ 규폐증으로 진단받고 모래를 이용한 주형작업에 근무하려는 사람
⑤ 만성신장질환으로 치료중이나 카드뮴 노출 작업장에 근무하려는 사람

해설 질병자의 근로금지 및 제한
  ㉠ 질병자의 근로금지
   • 전염될 우려가 있는 질병에 걸린 사람. 다만, 전염을 예방하기 위한 조치를 한 경우에는 그러하지 아니하다.
   • 조현병(정신분열증), 마비성 치매에 걸린 사람
   • 심장·신장·폐 등의 질환이 있는 사람으로서 근로에 의하여 병세가 악화될 우려가 있는 사람
   • 위의 규정에 준하는 질병으로서 고용노동부장관이 정하는 질병에 걸린 사람
  ㉡ 질병자의 근로제한
   • 유기화합물, 금속류 등의 유해물질에 중독된 사람
   • 해당 유해물질에 중독될 우려가 있다고 의사가 인정하는 사람
   • 진폐의 소견이 있는 사람
   • 방사선에 피폭된 사람

04 다음 질환의 유해인자에 대한 노출이 중단되면 방사선학적 소견상 자연적 완화를 기대할 수 있는 진폐증은?

① 면폐증
② 규폐증
③ 베릴륨폐증
④ 탄광부진폐증
⑤ 용접공폐증

해설 용접공폐증
  ㉠ 비섬유성 산화철 분진이 폐에 축적됨으로써 생기는 증상이다.
  ㉡ 방사선 소견은 매우 심한 비만성 망상결정성 음영이 보이지만 노출이 중단되면 자연적 완화를 기대할 수 있다.
  ㉢ 결정형 규석이나 석면에 노출된 용접근로자의 경우에는 용접공폐증과 폐섬유화증을 구분하는 것은 어렵다.

05 유기용제와 독성영향이 잘못 짝지어진 것은?

① 톨루엔 - 조혈장애
② 벤젠 - 재생불량성 빈혈
③ 이황화탄소 - 말초신경장애
④ 메틸알코올 - 위축성 시신경염
⑤ 2-브로모프로판 - 생식독성

해설 톨루엔은 방향족 탄화수소 중 급성전신중독을 유발하는 데 독성이 가장 강한 물질이며 중추신경계의 억제재로 작용된다.

06 남성 근로자 우측 귀의 청력검사결과와 연령보정값은 아래 표와 같다. 이 근로자의 표준역치 변동값과 청력평가로 옳은 것은?

주파수별 청력검사결과와 연령보정값					
주파수(HZ)	1,000	2,000	3,000	4,000	6,000
청력역치 변동값(dB)	5	10	15	20	20
남성의연령보정값(dB)	2	2	3	5	6

① 표준역치변동값 : 8.7dB, 청력평가 : 유의하지 않은 표준역치변동
② 표준역치변동값 : 9.5dB, 청력평가 : 유의한 표준역치변동
③ 표준역치변동값 : 10.4dB, 청력평가 : 유의하지 않은 표준역치변동
④ 표준역치변동값 : 11.7dB, 청력평가 : 유의한 표준역치변동
⑤ 표준역치변동값 : 12.3dB, 청력평가 : 유의하지 않은 표준역치변동

해설
- 2,000Hz 표준역치변동값 = 10 − 2 = 8dB
- 3,000Hz 표준역치변동값 = 15 − 3 = 12dB
- 4,000Hz 표준역치변동값 = 20 − 5 = 15dB

평균표준역치 변동값 $= \dfrac{8+12+15}{3} = 11.67dB$

10dB를 초과하여 유의한 표준역치변동이 나타났다고 판단된다.

NOTE 청력평가란 청력보존프로그램 시행을 위해 순음청력검사기로 측정한 2,000, 3,000 및 4,000Hz의 기도 청력역치에서 각각의 연령를 고려한 표준역치변동값의 평균값(3분법)을 말한다.

07 근로자의 폐기능 검사에 관한 설명으로 옳지 않은 것은? (단, TLC : 총폐활량, FVC : 노력성 폐활량, FEV_1 : 일초량)

① 기관지 천식과 같은 폐쇄성 질환에서는 FEV_1이 FVC보다 더 많이 감소한다.
② 검사결과는 같은 성, 연령, 신장, 인종 등의 참고값과 비교하여 해석하여야 한다.
③ FVC는 최대로 흡입한 후 최대한 내쉰 총공기량이며, FEV_1은 검사하는 동안 처음 1초간 내쉰 공기량이다.
④ 신뢰할 만한 검사가 되기 위해서 최대한으로 숨을 들이마시어 TLC에 도달한 다음 검사를 시작해야 한다.
⑤ 폐섬유화와 같은 제한성 질환에서는 FEV_1과 FVC 모두 감소하여 특징적으로 FEV_1/FVC비가 정상이거나 작아진다.

해설
- FVC(Forced Vital Capacity : 노력성 폐활량) : 최대로 숨을 들이쉰 다음 최대노력으로 끝까지 내쉬었을 때 공기량(강제폐활량 : 공기를 최대로 많이 들이마신 후 최대한 빠르고 세게 끝까지 불어낸 날숨량)
- FEV_1(1초간 노력성 호기량) : 첫 1초간 얼마나 빨리 숨을 내쉴 수 있는지를 보는 지표(1초간 강제날숨량 : 강제폐활량 중에서 최초 1초간 불어낸 날숨량)
- FEV_1/FVC 비율 : 기관지 폐쇄유무를 확인하는 지표로 0.7 이하인 경우 숨을 내쉬는 데 장애가 있음을 의미

정답 | 06.④ 07.⑤

08 손목을 이용하여 드라이버로 주로 작업하는 근로자가 엄지와 2, 3수지 부위가 저리다고 할 때, 적절한 진단결과는?

① 경추염좌
② 방아쇠 수지
③ 유착성 견관절염
④ 수근관증후군
⑤ 테니스 엘보(외상과염)

> **해설** 수근관증후군(손목뼈터널증후군)
> ㉠ 손목과 손가락에 저린 느낌과 통증이 나타나는 질환이다(엄지, 집게, 가운데, 반지손가락 일부에 무감각, 작열감, 저림, 통증).
> ㉡ 원인으로는 반복적이고 지속적인 손목압박 및 굽힘 자세 등이다.
> ㉢ 시간의 경과와 더불어 엄지손가락 근육이 악화되고 수축될 수 있다.

09 유해인자의 피부흡수에 관한 설명으로 옳지 않은 것은?

① 지용성이 높은 물질은 피부흡수가 더 잘된다.
② 물질의 pH가 피부흡수에 가장 중요한 역할을 한다.
③ 피부흡수가 가능한 물질은 노출기준에 'Skin'으로 표시한다.
④ 극성 유해물질의 피부흡수는 피부의 수분함량에 영향을 많이 받는다.
⑤ 피부의 각질층은 유해인자의 흡수에 관한 장벽으로 가장 중요한 역할을 한다.

> **해설** 피부흡수에 영향을 미치는 인자
> ㉠ 피부에 노출된 양
> ㉡ 노출시간
> ㉢ 발한 및 주변온도
> ㉣ 해당 부위의 각질층 두께
> ㉤ 피모 유무

10 직무스트레스를 해결하기 위한 조직적 접근에 관한 내용으로 옳지 않은 것은?

① 근로자를 참여시킨다.
② 단계적으로 문제에 접근한다.
③ 조직 문화의 변화를 포함한다.
④ 사업주는 프로그램에 관심을 가져야 하며 책임을 져야 한다.
⑤ 사업장에서 스트레스 관리 목적은 스트레스를 완전히 없애는 것이다.

> **해설** 사업장에서 스트레스 관리 목적은 작업현장에서 각 스트레스 요인들이 부정적 영향을 미치지 않게 예방하는 것이다.

11 고용노동부 고시 「근골격계 부담작업의 범위」에 포함되지 않는 것은?
① 하루에 총 2시간 이상 쪼그리고 앉거나 무릎을 굽힌 상태에서 이루어지는 작업
② 하루에 2시간 이상 집중적으로 자료입력 등을 위해 키보드 또는 마우스를 조작하는 작업
③ 하루에 총 2시간 이상 목, 어깨, 팔꿈치, 손목 또는 손을 사용하여 같은 동작을 반복하는 작업
④ 하루에 총 2시간 이상 머리 위에 손이 있거나, 팔꿈치가 어깨 위에 있거나, 팔꿈치를 몸통으로부터 들거나, 팔꿈치를 몸통 뒤쪽에 위치하도록 하는 상태에서 이루어지는 작업
⑤ 하루에 총 2시간 이상 지지되지 않은 상태에서 1kg 이상의 물건을 한 손의 손가락으로 집어 옮기거나, 2kg 이상에 상응하는 힘을 가하여 한 손의 손가락으로 물건을 쥐는 작업

해설 근골격계 부담작업의 범위
㉠ 하루에 4시간 이상 집중적으로 자료입력 등을 위해 키보드 또는 마우스를 조작하는 작업
㉡ 하루에 총 2시간 이상 목, 어깨, 팔꿈치, 손목 또는 손을 사용하여 같은 동작을 반복하는 작업
㉢ 하루에 총 2시간 이상 머리 위에 손이 있거나, 팔꿈치가 어깨 위에 있거나, 팔꿈치를 몸통으로부터 들거나, 팔꿈치를 몸통 뒤쪽에 위치하도록 하는 상태에서 이루어지는 작업
㉣ 지지되지 않은 상태이거나 임의로 자세를 바꿀 수 없는 조건에서, 하루에 총 2시간 이상 목이나 허리를 구부리거나 펴는 상태에서 이루어지는 작업
㉤ 하루에 총 2시간 이상 쪼그리고 앉거나 무릎을 굽힌 자세에서 이루어지는 작업
㉥ 하루에 총 2시간 이상 지지되지 않은 상태에서 1kg 이상의 물건을 한 손의 손가락으로 집어 옮기거나, 2kg 이상에 상응하는 힘을 가하여 한 손의 손가락으로 물건을 쥐는 작업
㉦ 하루에 총 2시간 이상 지지되지 않은 상태에서 4.5kg 이상의 물건을 한 손으로 들거나, 동일한 힘으로 쥐는 작업
㉧ 하루에 10회 이상 25kg 이상의 물체를 드는 작업
㉨ 하루에 25회 이상 10kg 이상의 물체를 무릎 아래에서 들거나, 어깨 위에서 들거나, 팔을 뻗은 상태에서 드는 작업
㉩ 하루에 총 2시간 이상 분당 2회 이상 4.5kg 이상의 물체를 드는 작업
㉪ 하루에 총 2시간 이상 시간당 10회 이상 손 또는 무릎을 사용하여 반복적으로 충격을 가하는 작업

12 노출평가는 유해인자에 대한 작업자의 노출 타당성을 파악하기 위해 통계적 방법에 근거해야 한다. 다음에 제시한 노출평가 과정 중 옳지 않은 것은?
① 노출에 대한 신뢰구간 계산
② 신뢰구간과 노출기준과의 비교
③ 분포에 따른 대표치와 변이 산출
④ 자료의 분포검정과 이상값 존재유무 확인
⑤ 자료가 기하정규분포할 경우의 변이는 기하평균으로 산출

해설 자료가 기하정규분포할 경우의 변이는 기하표준편차로 산출한다.

정답 | 11.② 12.⑤

13 산업위생 발전에 기여한 인물과 업적이 잘못 짝지어진 것은?

① 렌(Rehn) – Anilin 염료로 인한 직업성 방광암 발견
② 아그리콜라(Agricola) – 〈광물에 대하여〉를 저술
③ 해밀턴(Hamilton) – 사이다공장에서 납에 의한 복통 보고
④ 로리가(Loriga) – 진동공구에 의한 수지 Raynaud 증상 보고
⑤ 갈레노스(Galenos) – 구리광산에서의 산 증기의 위험성 보고

해설 Alice Hamilton(20세기)
㉠ 미국의 여의사이며 미국 최초의 산업위생학자, 산업의학자로 인정받음
㉡ 현대적 의미의 최초 산업위생전문가(최초 산업의학자)
㉢ 20세기 초 미국의 산업보건 분야에 크게 공헌(1910년 납공장에 대한 조사 시작)
㉣ 유해물질(납, 수은, 이황화탄소) 노출과 질병의 관계 규명
㉤ 1910년 납공장에 대한 조사를 시작으로 40년간 각종 직업병 발견 및 작업환경 개선에 힘을 기울임
㉥ 미국의 산업재해보상법을 제정하는 데 크게 기여
※ Sir George Baker(18세기)
사이다공장에서 납에 의한 복통 발표

14 DNPH(2,4–Dinitrophenyhydrazine) 카트리지를 이용하여 작업장에서 포름알데히드(HCHO)를 포집한 후 아세토니트릴(ACN)을 이용하여 추출하였다. 고성능액체크로마토그래피(HPLC)를 이용하여 추출액을 분석하여 아래와 같은 결과를 얻었다. 포름알데히드의 농도($\mu g/m^3$)는?

- 현장시료 분석결과값 : $3\mu g/mL$
- 공시료 분석결과값 : $0.3\mu g/mL$
- 아세토니트릴로 추출한 부피 : 5mL
- 펌프유량 : 1,000mL/min
- 측정시간 : 30분

① 250　② 350
③ 450　④ 550
⑤ 650

해설
$$농도(\mu g/m^3) = \frac{(현장시료\ 분석결과값 - 공시료\ 분석결과값) \times 추출부피}{펌프유량 \times 측정시간}$$
$$= \frac{(3-0.3)\mu g/mL \times 5mL}{1,000mL/min \times 30min \times m^3/10^6 mL}$$
$$= 450 \mu g/m^3$$

15 공기 중 유해인자에 대해 고체흡착제를 이용하여 시료를 포집할 때, 포집에 영향을 주는 인자에 관한 설명으로 옳은 것은?

① 습도 : 비극성 흡착제를 사용할 때 수증기가 흡착되기 때문에 파과가 일어난다.
② 흡착제의 크기 : 입자의 크기가 클수록 표면적이 증가하므로 채취효율이 증가한다.
③ 온도 : 흡착은 열역학적으로 발열반응이므로 온도가 높을수록 흡착에 좋은 조건이 된다.
④ 유해물질의 농도 : 공기 중 유해물질의 농도가 낮을수록 흡착량이 많고 파과가 일어나기 쉽다.
⑤ 시료채취속도 : 시료채취속도가 높으면 파과가 일어나기 쉬우며 코팅된 흡착제일수록 그 경향이 강하다.

> **해설** ① 습도 : 극성 흡착제를 사용할 때 수증기가 흡착되기 때문에 파과가 일어난다.
> ② 흡착제의 크기 : 입자의 크기가 작을수록 표면적이 증가하므로 채취효율이 증가한다.
> ③ 온도 : 흡착은 온도가 낮을수록 흡착에 좋은 조건이 된다.
> ④ 유해물질의 농도 : 공기 중 유해물질의 농도가 높을수록 흡착량이 많고 파과가 일어나기 쉽다.

16 작업장에서 사용하는 압축기(compressor)로부터 50m 떨어진 거리에서 측정한 음압수준(sound pressure level)이 130dB였다면, 압축기로부터 25m와 100m 떨어진 거리에서 측정한 음압수준(dB)은 각각 얼마인가? (단, 작업장은 경계가 없어서 음의 전파에 방해를 받지 않는 영역이다.)

① 132, 128
② 134, 126
③ 136, 124
④ 140, 120
⑤ 150, 120

> **해설** • 25m 떨어진 경우
> $$SPL_1 - SPL_2 = 20\log\frac{r_2}{r_1}$$
> $$SPL_1 - 130 = 20\log\frac{50}{25}$$
> $$SPL_1 = 20\log 2 + 130 = 136.02 ≒ 136\text{dB}$$
> • 100m 떨어진 경우
> $$SPL_1 - SPL_2 = 20\log\frac{r_2}{r_1}$$
> $$130 - SPL_2 = 20\log\frac{100}{50}$$
> $$SPL_2 = 130 - 20\log 2 = 123.97\text{dB}(124\text{dB})$$

정답 | 15.⑤ 16.③

17 크실렌의 주요한 생물학적 노출지수로서 소변 중에서 측정하는 물질은?
① 페놀
② 뮤콘산
③ 만델산
④ 메틸마뇨산
⑤ 카르복시헤모글로빈

> **해설** 크실렌의 생물학적 노출지수
> 뇨 중 메틸마뇨산

18 폐포에 침착된 먼지에 관한 설명으로 옳지 않은 것은?
① 서서히 용해된다.
② 점액-섬모운동에 의해 밖으로 배출된다.
③ 유리규산이 포함된 먼지는 식세포를 사멸시킨다.
④ 폐포벽을 뚫고 림프계나 다른 조직으로 이동한다.
⑤ 제거되지 않은 먼지는 폐에 남아 진폐증을 일으킨다.

> **해설** 폐포의 방어기전은 대식세포가 방출하는 효소에 의해 용해되어 제거되는 것을 의미한다.

19 유해인자의 정화 및 여과에 사용하는 호흡용보호구에 관한 설명으로 옳지 않은 것은?
① 공기공급식 호흡용보호구인 송기식마스크 전면형의 양압보호계수는 1,500이다.
② 산소결핍상태에서 사용하는 호흡용보호구에는 자급식(SCBA)마스크가 포함된다.
③ 호흡용보호구의 선택에 있어서 근로자가 불쾌감, 호흡저항, 중량, 시야 또는 작업방해 등을 고려하여 선정한다.
④ 보호계수는 호흡용보호구 바깥쪽 오염물질 농도와 안쪽 오염물질 농도비로 착용자 보호의 정도를 나타내는 척도이다.
⑤ 선택한 호흡용보호구 중 두 종류 이상이 밀착계수가 양호하다는 것이 확인된 경우에 사업주는 착용근로자가 선호하는 호흡용보호구를 지급한다.

> **해설** 공기공급식 호흡용보호구인 송기식마스크 전면형의 양압보호계수는 1,000이다.

20 근로자가 산업재해로 인하여 우리나라 신체장애등급 제10등급 판정을 받았다면, 국제노동기구(ILO)의 기준으로 어느 정도의 부상을 의미하는가?
① 영구 전노동 불능
② 영구 일부 노동 불능
③ 일시 전노동 불능
④ 일시 일부 노동 불능
⑤ 구급(응급)처치

해설 ILO의 상해 분류
  ㉠ 사망 : 안전사고로 죽거나 혹은 사고 시 입은 부상의 결과 일정기간 내에 생명을 잃는 것
  ㉡ 영구 전노동 불능상해 : 부상의 결과로 근로의 기능을 완전 영구적으로 잃는 상해 정도(신체장애 등급 1~3급)
  ㉢ 영구 일부 노동 불능상해 : 부상의 결과로 신체의 일부가 영구적으로 노동기능을 상실한 상해 정도(신체장애 등급 4~14급)
  ㉣ 일시 전노동 불능상해 : 의사의 진단에 따라 일정 기간 정규노동에 종사할 수 없는 상해 정도
  ㉤ 일시 일부 노동 불능상해 : 의사의 진단으로 일정 기간 정규노동에 종사할 수 없으나, 휴무상태가 아닌 일시 가벼운 노동에 종사할 수 있는 상해 정도

21 ACGIH의 TLV에서 'skin' 표시대상 물질이 아닌 것은?
  ① 옥탄올-물 분배계수가 낮은 물질
  ② 반복하여 피부에 도포했을 때 전신작용을 일으키는 물질
  ③ 손이나 팔에 의한 흡수가 몸 전체 흡수에서 많은 부분을 차지하는 물질
  ④ 다른 노출경로에 비하여 피부흡수가 전신작용에 중요한 역할을 하는 물질
  ⑤ 동물을 이용한 급성중독 시험결과, 피부흡수에 의한 LD_{50}이 비교적 낮은 물질

해설 노출기준에 피부(skin) 표시를 하여야 하는 물질
  ㉠ 손이나 팔에 의한 흡수가 몸 전체 흡수에 지대한 영향을 주는 물질
  ㉡ 반복하여 피부에 도포했을 때 전신작용을 일으키는 물질
  ㉢ 급성 동물실험 결과 피부 흡수에 의한 치사량이 비교적 낮은 물질
  ㉣ 옥탄올-물 분배계수가 높아 피부 흡수가 용이한 물질
  ㉤ 피부 흡수가 전신작용에 중요한 역할을 하는 물질

22 역학의 평가방법에 관한 설명으로 옳지 않은 것은?
  ① 코호트 연구에서 검정력은 비노출군에서의 질병발생률과 직접적인 관련이 있다.
  ② 통계학적 연관성이 입증되었다 하여도 반드시 원인적 연관성이라고 말할 수 없다.
  ③ 제1종 오류(type I error)는 귀무가설이 실제로 사실이 아닐 때 이를 기각하지 못할 확률을 말한다.
  ④ 메타분석이란 개별 연구로부터 모은 많은 연구결과를 통합할 목적으로 통계적 분석을 하는 계량적 방법이다.
  ⑤ 어떤 요인과 질병발생 간의 연관성을 추론하고자 할 때, 연구계획 및 분석방법상의 오류로 인하여 참값과 차이가 나는 결과나 추론을 생성하게 되는데 이를 바이어스(bias)라 한다.

해설 제1종 오류와 제2종 오류
  ㉠ 제1종 오류(Type I error) : 귀무가설이 실제로 참이지만, 이에 불구하고 귀무가설을 기각하는 오류를 말한다. 즉 실제 음성인 것을 양성으로 판정하는 경우이다.
  ㉡ 제2종 오류(type II error) : 귀무가설이 실제로 거짓이지만, 이에 불구하고 귀무가설을 채택하는 오류를 말한다. 즉 실제 양성인 것을 음성으로 판정하는 경우이다.

정답 | 21.① 22.③

23 1941년부터 1980년 사이 취업한 대규모 화학공장 근로자 800명의 사망진단서를 확보하였다. 이 중에서 암으로 사망한 사람은 160명이었으며, 동일기간 지역사회의 전체 사망자 중에서 암으로 인한 사망자는 15%였다면 비례사망비(PMR)는?

① 75%
② 120%
③ 133%
④ 150%
⑤ 200%

해설 비례사망비

$$비례사망비 = \frac{특정인구집단\ B의\ 비례사망}{특정인구집단\ A의\ 비례사망} \times 100$$

$$= \frac{특정인구집단\ B의\ 비례사망\ 관찰값}{표준인구집단의\ 비례사망\ 기댓값} \times 100$$

$$= \frac{\left(\frac{160}{800}\right) \times 100}{15} \times 100$$

$$= 133\%$$

24 고용노동부의「보호구 의무안전인증 고시」에서 규정하는 안전인증 방독마스크에 장착하는 정화통의 종류와 외부 측면의 표시 색이 옳게 짝지어진 것은?

① 유기화합물 정화통 – 녹색
② 할로겐용 정화통 – 회색
③ 시안화수소용 정화통 – 갈색
④ 아황산용 정화통 – 백색
⑤ 암모니아 정화통 – 노란색

해설 방독마스크 정화통 외부 측면의 표시색

흡수관 종류	색
유기화합물용	갈색
할로겐용, 황화수소용, 시안화수소용	회색
아황산용	노란색
암모니아용	녹색
복합용 및 겸용	• 복합용의 경우 : 해당 가스 모두 표시(2층 분리) • 겸용의 경우 : 백색과 해당 가스 모두 표시(2층 분리)

25 도금조에서 사용되는 푸시-풀(push-pull) 배기장치의 설계에 있어서 ACGIH에서 권장하는 사항이 아닌 것은?

① 푸시노즐의 각도는 하방으로 0~20° 이내이어야 한다.
② 도금조의 액체표면은 배기후드 밑에서부터 30cm를 벗어나지 않게 한다.
③ 풀(배출구 슬롯)쪽의 후드 개구면은 슬롯속도가 10m/s를 유지하도록 설계한다.
④ 노즐의 형태는 3~6mm 크기의 수평슬롯이나 4~6mm 구멍으로 직경의 3~8배 간격으로 배치한 것을 사용한다.
⑤ 푸시노즐의 단면이 원형, 직사각형, 정사각형 어느 것이나 무방하나 단면적은 전체노즐 단면적의 2.5배 이상의 크기이어야 한다.

해설 ACGIH에서 권장하는 push-pull HOOD 설계사양
㉠ 배기구 슬롯속도는 10m/sec 이상이어야 하며, 이 속도 이상이 유지되도록 슬롯폭과 길이을 설계한다.
㉡ push-pull 후드는 pull(배기)유량이 후드에 도착하는 push(급기)유량의 1.5~2.0배가 적합하다.
㉢ 최대충만실 속도는 슬롯속도의 절반이 되도록 충만실을 설계한다.
㉣ 조의 용액은 부품을 넣었을 때 조상부에서 15~20cm 이하로 내려가도록 한다.
㉤ 후드 주변에 방해기류를 차단하기 위한 차폐막을 설치한다.
㉥ 후드 개구면에는 배플(baffle)을 설치하여 배기효과를 높인다.
㉦ push노즐 각도를 0~20° 하향하며, push관 단면적이 총노즐(급기구) 면적의 2.5배 이상이 되도록 한다.
㉧ push노즐 plenum 단면은 원형, 직사각형 또는 정사각형으로 하고 push노즐의 크기는 1/8"(3.2mm)~1/4"(6.4mm)의 수평 slot 또는 1/4"(6.4mm)의 구멍으로 노즐간격은 구멍의 3~8배 간격으로 한다.
㉨ 배기후드의 개구부 높이는 후드에서 push노즐까지 거리의 0.14배이고, 다수의 slot을 설치할 경우는 $0.14w$(w : 폭) 높이 내에서 설치하여야 하며 후드의 위치는 후드와 용기 사이의 간격이 없도록 용기 끝에 설치하여야 한다.

2014년 제4회 산업보건지도사

산업위생일반

2014년 4월 12일 시행

01 다음과 같이 동시에 2가지 화학물질에 노출되고 있는 경우에 대한 해석 및 작업환경평가에 관한 설명으로 옳지 않은 것은?

화학물질명	노출농도(ppm)	노출기준(ppm)
톨루엔	25	50
크실렌	70	100

① 작업환경 측정을 위해 활성탄을 사용한다.
② 두 물질은 상가작용을 하는 것으로 판단한다.
③ 작업환경측정 시료는 가스크로마토그래피를 사용하여 분석한다.
④ 톨루엔과 크실렌은 모두 중추신경계의 억제작용을 하는 것으로 알려져 있다.
⑤ 각각의 화학물질은 기준을 초과하지 않았으므로 노출기준을 초과하지 않은 것으로 판단한다.

해설 노출지수(EI)

$$EI = \frac{C_1}{TLV_1} + \frac{C_2}{TLV_2} = \frac{25}{50} + \frac{70}{100} = 1.2$$

기준값 1보다 크므로 초과평가한다.

02 외부식 후드를 설계할 때 설계요소의 변동에 따른 필요환기량의 증감에 관한 설명으로 옳지 않은 것은?

① 제어속도가 클수록 필요환기량이 증가한다.
② 플랜지를 부착하면 필요환기량이 감소한다.
③ 제어거리가 클수록 필요환기량이 증가한다.
④ 덕트의 길이가 증가할수록 필요환기량이 증가한다.
⑤ 후드개방 면적이 작을수록 필요환기량이 감소한다.

해설 외부식 후드의 필요환기량 (Q : 기본식)

$$Q = V_c(10X^2 + A)$$

- V_c(제어속도)가 클수록 필요환기량이 증가한다.
- X(제어거리)가 클수록 필요환기량이 증가한다.
- A(후드개방 면적)이 클수록 필요환기량이 증가한다.

㉠ 일반적으로 외부식 후드에 플랜지(flange)를 부착하면 후방 유입기류를 차단하고 후드 전면에서 포집범위가 확대되어 flange가 없는 후드에 비해 동일 지점에서 동일한 제어속도를 얻는 데 필요한 송풍량을 약 25% 감소시킬 수 있다.
㉡ 덕트의 길이는 필요환기량 증감에 관련이 없다.

정답 | 01.⑤ 02.④

03 공기 중 곰팡이, 박테리아의 농도를 나타내는 단위는?

① CFU/m^3
② f/cc
③ mg/m^3
④ mccf
⑤ ppm

해설 곰팡이, 박테리아, 총부유세균의 농도단위 : CFU/m^3
CFU/m^3는 $1m^3$당 얼마만큼의 세포 또는 균주가 있는지를 나타낸다. 즉 $1m^3$당 집락형성단위를 의미한다.

04 공기 중 유해물질과 이를 채취하기 위한 여과지가 잘못 짝지어진 것은?

① 흡입성 분진 – PVC 필터
② 호흡성 분진 – PVC 필터
③ 석면 – PVC 필터
④ 납(금속) – MCE 필터
⑤ 농약 – 유리섬유 필터

해설 공기 중 석면시료의 채취는 MCE막 여과지를 이용하여 open face로 시료채취를 하여 전처리한 후 월톤-버켓 눈금자가 있는 위상차현미경으로 분석한다.

05 소음노출량계를 사용하여 다음과 같은 소음에 노출되는 근로자의 8시간 소음노출량을 측정하면 몇 %가 되겠는가? (단, Threshold=80dB, Criteria=90dB, Exchange rate=5dB)

노출시간	소음수준 dB(A)
08:00 – 12:00	70
13:00 – 16:00	100
16:00 – 17:00	95

① 75
② 100
③ 125
④ 150
⑤ 175

해설 누적 소음노출량$(D) = \left(\dfrac{C_1}{T_1} + \dfrac{C_2}{T_2} + \cdots + \dfrac{C_n}{T_n}\right) \times 100$

$= \left(\dfrac{3}{2} + \dfrac{1}{4}\right) \times 100 = 175\%$

NOTE 소음수준 중 70dB(A)는 8시간 노출기준 90dB(A)보다 작으므로 계산에서 제외한다.

정답 | 03.① 04.③ 05.⑤

06 화학물질의 인체노출과 그 영향에 관한 설명으로 옳지 않은 것은?

① 암모니아는 용해도가 커서 대부분 인후두부 및 상기도에서 흡수되므로 코와 상기도에 자극을 일으키는 물질로 알려져 있다.
② 이산화탄소는 용해도가 낮아 폐의 호흡영역까지 침투하며, 노출기준을 초과하면 폐포를 자극하여 폐렴을 일으키는 물질로 알려져 있다.
③ 작업환경의 노출기준에 '피부' 표기가 되어 있는 화학물질은 피부를 통해 쉽게 흡수될 수 있다는 것을 의미한다.
④ 작업장에서 무기납의 주요 노출경로는 호흡기이며, 체내로 흡수된 후 가장 많이 축적되는 조직은 뼈인 것으로 알려져 있다.
⑤ 일산화탄소는 헤모글로빈과 친화력이 산소보다 약 200배 이상 높기 때문에 산소보다 먼저 헤모글로빈과 결합하여 혈액의 산소운반능력을 저해하는 것으로 알려져 있다.

해설 이산화탄소(CO_2)는 용해도가 높고 그 자체는 독성작용이 없으나 공기 중에 많이 존재하면 산소분압의 저하로 산소공급부족을 일으키는 물질이다.

07 근골격계부담작업을 평가하는 도구 중에서 '중량물 취급작업'을 평가하기 위한 도구만 고른 것은?

> ㉠ NLE(Revised NIOSH Lifting Equation)
> ㉡ MAC(Manual Handling Assessment Charts)
> ㉢ RULA(Rapid Upper Limbs Assessment)
> ㉣ 3D SSPP(3D Static Strength Prediction Program)
> ㉤ WAC 296-62-05105
> ㉥ OWAS(Ovako Working-posture Analysis System)

① ㉠, ㉡
② ㉡, ㉢
③ ㉢, ㉣
④ ㉣, ㉥
⑤ ㉤, ㉥

해설 근골격계부담작업 평가도구
㉠ NLE : 들기・내리기 작업(지수계산법)
㉡ MAC : 중량물취급작업(지수계산법)
㉢ RULA : 상지중심작업(자세관찰기법)
㉣ 3D SSPP : 중량물취급작업(시뮬레이션)
㉤ WAC 296-62-05105 : 일반적 작업(체크리스트)
㉥ OWAS : 전신작업(자세관찰기법)
㉦ JSI : 수작업(지수계산법)
㉧ REBA : 전신작업(자세관찰기법)

08 수은 화합물의 흡수와 대사 및 건강영향에 관한 설명으로 옳지 않은 것은?

① 수은은 혈액뇌장벽(Brain Blood Barrier, BBB)이나 태반을 통과할 수 있는 것으로 알려져 있다.
② 무기수은은 위장이나 소장과 같은 소화기계를 통해서는 거의 흡수되지 않는 것으로 알려져 있다.
③ 무기수은은 상온에서 기화되므로 수은온도계 제조공정에서 수은을 주입하는 근로자는 호흡기를 통해 체내로 수은이 흡수될 가능성이 높은 것으로 알려져 있다.
④ 수은은 인체에 흡수되면 대부분 뼈에 축적되며, 뼈에 축적된 수은은 서서히 혈액으로 빠져나와 뇌로 이동하여 뇌병변장해를 일으키는 것으로 알려져 있다.
⑤ 수은은 SH- 기능기와의 친화력이 높아 SH- 기능기를 가진 효소에 작용하여 기능장해를 일으키는 것으로 알려져 있다.

해설 수은은 인체에 흡수되면 신장 및 간에 고농도 축적현상이 나타나며, 배설은 소변, 대변을 통해서 이루어진다.

09 벤젠의 생물학적 노출지표로 사용되는 대사산물은?

① 메틸마뇨산
② 메트헤모글로빈
③ S-페닐머캅토산
④ 2,5-헥산디온
⑤ 카르복시헤모글로빈

해설 벤젠의 생물학적 노출지표
㉠ 뇨 중 s-phenylmercapturic acid
㉡ 뇨 중 t,t-뮤코닉산(trans, trans-muconic acid)
㉢ 혈액 중 벤젠
㉣ 뇨 중 페놀

10 산업재해 지표에 관한 설명으로 옳은 것은?

① 건수율은 연작업시간당 재해발생 건수이다.
② 도수율은 천인율 또는 발생률이라고도 한다.
③ 강도율은 연 100만 작업시간당 작업손실일수를 말한다.
④ 도수율은 작업시간이 고려되지 않은 산업재해 지표이다.
⑤ 사망만인률은 근로자 1만명당 산업재해로 인한 사망자수를 말한다.

해설 ① 건수율(재해율)은 근로자 100인당 연간 재해건수를 말한다.
② 도수율은 빈도율이라고도 한다.
③ 강도율은 연 근로시간 1,000시간당 재해에 의해서 잃어버린 근로손실일수를 말한다.
④ 도수율은 작업시간이 고려된 산업재해 지표이다.

11 산업안전보건법령에 규정되어 있는 특수건강진단의 대상이 아닌 근로자는?

① 크롬에 노출되는 근로자
② 유리섬유분진에 노출되는 근로자
③ 1일 8시간 작업시 85dB(A) 이상의 소음에 노출되는 근로자
④ 1일 6시간 이상 전화상담 등 감정노동에 종사하는 근로자
⑤ 상시근로자 300인 이상 사업장에서 최근 6개월간 오후 10시부터 오전 6시까지 월평균 80시간 이상 일하는 근로자

해설 특수건강진단 대상 유해인자
  ㉠ 유기화합물(109종)
  ㉡ 금속류(20종)
  ㉢ 산 및 알칼리류(8종)
  ㉣ 가스 상태 물질류(14종)
  ㉤ 허가 대상 유해물질(12종)
  ㉥ 분진(7종)
     곡물 분진, 광물성 분진, 면 분진, 목재 분진, 용접 흄, 유리 섬유, 석면 분진
  ㉦ 물리적 인자(8종)
     • 소음작업, 강렬한 소음작업 및 충격소음작업에서 발생하는 소음
     • 진동작업에서 발생하는 진동
     • 방사선
     • 고기압
     • 저기압
     • 유해광선(자외선, 적외선, 마이크로파 및 라디오파)
  ㉧ 야간작업
     • 6개월간 밤 12시부터 오전 5시까지의 시간을 포함하여 계속되는 8시간 작업을 월 평균 4회 이상 수행하는 경우
     • 6개월간 오후 10시부터 다음날 오전 6시 사이의 시간 중 작업을 월 평균 60시간 이상 수행하는 경우

12 배치전 건강진단 결과 다음과 같이 여러 가지 건강장해 요인을 가진 근로자들이 나타났다. 피혁 가공공정에서 DMF로 인한 건강장해를 예방하기 위해 배치하지 말아야 할 필요성이 가장 높은 근로자는?

① 청력장해가 있는 근로자
② 제한성 폐기능장해가 있는 근로자
③ 폐활량이 저하된 근로자
④ 간기능 장해가 있는 근로자
⑤ 폐쇄성 폐기능장해가 있는 근로자

해설 DMF(Dimethylformamide)
  ㉠ 화학식 : $HCON(CH_3)_2$
  ㉡ 용해도 : 물에 잘 녹으며 대부분의 유기용제에 잘 녹음(양극성)
  ㉢ 건강영향 : 복통, 소화불량, 황달, 만성피로 등 급성간염증상 발생

13 석면노출로 인한 중피종의 위험을 평가하고자 역학연구를 실시하기 위하여 석면공장에서 10년 이상 근무한 적이 있는 근로자 집단을 파악하고, 이 집단과 유사한 인구학적 특성(성별, 연령 등)을 가진 일반 인구집단도 선정하여 중피종으로 인한 사망자를 파악하였다. 이와 같은 방식의 역학연구에 관한 설명으로 옳은 것은?

① 단면연구(Cross Sectional Study)라고 하며, 석면으로 인한 중피종 사망위험은 조사망율(Crude Death Rate)로 평가한다.
② 환자대조군 연구(Case Control Study)라고 하며, 석면으로 인한 중피종 사망위험은 교차비(OR : Odds Ratio)로 산출된다.
③ 환자대조군 연구(Case Control Study)라고 하며, 석면으로 인한 중피종 사망위험은 상대적 위험비(RR : Risk Ratio)로 산출된다.
④ 전향적 코호트 연구(Prospective Cohort Study)라고 하며, 석면으로 인한 중피종 사망위험은 교차비(OR : Odds Ratio)로 산출된다.
⑤ 후향적 코호트 연구(Retrospective Cohort Study)라고 하며 석면으로 인한 중피종 사망위험은 상대적 위험비(RR : Risk Ratio)로 산출된다.

해설 코호트 연구는 노출에 대한 정보를 수집하는 시점이 현재이냐 과거이냐에 따라 구분되며 전향적 코호트 연구(코호트가 정의된 시점에서 노출에 대한 자료를 새로이 수집하여 이용하는 경우)와 후향적 코호트 연구(이미 작성되어 있는 자료를 이용하는 경우)의 가장 큰 차이점은 연구 개시시점과 기간이다.

14 산업보건역사에 관한 설명으로 옳지 않은 것은?

① 히포크라테스가 납중독에 대한 기록을 남겼다.
② 중세시대에 아그리콜라에 의해 구리에 대한 직업적 노출기준이 처음으로 제안되었다.
③ 이탈리아의 의사 라마치니가 최초로 직업병의 원인을 유해물질(요인)과 불안전한 작업자세라는 점을 명시했다.
④ 산업혁명 초기에는 공장 안은 물론 인접지역까지 공기, 물 등의 오염으로 개인위생이 중요한 문제로 대두되었다.
⑤ 파라셀수스는 "모든 물질은 그 양(dose)에 따라 독(poison)이 될 수도 있고 치료약(remedy)이 될 수도 있다."고 하였다.

해설 Georgius Agricola(1494~1555년)
  ㉠ 저서 "광물에 대하여(De Re Metallica)"
    (내용 : 광부들의 사고와 질병, 예방방법, 비소 독성 등을 포함한 광산업에 대한 상세한 내용 설명)
  ㉡ 광산에서의 환기와 마스크 착용을 권장
  ㉢ 먼지에 의한 규폐증 기록

정답 | 13.⑤ 14.②

15 가로, 세로, 높이가 각각 20m, 10m, 5m인 밀폐된 대형 챔버에 톨루엔 1L가 쏟아져 모두 증발했다. 이 때 공기 중 톨루엔 농도(ppm)는 약 얼마인가? (단, 톨루엔의 분자량은 92, 비중은 0.86, 온도와 압력은 정상조건이다.)

① 118
② 228
③ 338
④ 448
⑤ 558

해설 사용량(g) = 1L×0.86g/mL×1,000mL/L=860g
발생부피(L)
92g : 24.45L = 860g : 발생부피(L)
발생부피(L) = $\dfrac{24.45 \times 860g}{92g}$ = 228.55L

농도(ppm) = $\dfrac{228.55L \times m^3/1,000L}{(20 \times 10 \times 5)m^3} \times 10^6$ = 228.55ppm

16 근로자 건강을 보호하기 위한 작업환경관리의 우선순위를 바르게 연결한 것은?

① 제거 → 대체 → 환기 → 교육 → 보호구착용
② 환기 → 보호구착용 → 대체 → 제거 → 교육
③ 환기 → 제거 → 대체 → 교육 → 보호구착용
④ 보호구착용 → 교육 → 제거 → 대체 → 환기
⑤ 보호구착용 → 환기 → 제거 → 대체 → 교육

해설 작업환경관리 우선순위
㉠ 유해요인 제거
㉡ 대체(공정, 시설, 유해물질 변경)
㉢ 환기(국소배기, 전체환기)
㉣ 교육
㉤ 보호구착용

17 석유화학공장의 야외에서 유사한 직무를 수행하는 근로자 30명의 공기 중 1,3-부타디엔 노출농도를 측정하였다. 측정결과의 통계자료에 관한 설명으로 옳지 않은 것은?

① 일반적으로 정규분포보다는 기하분포를 할 것으로 기대된다.
② 1,3-부타디엔 노출농도의 기하평균은 산술평균보다 클 것이다.
③ 노출농도의 기하평균 단위는 ppm이지만 기하표준편차는 단위가 없다.
④ 노출농도를 로그변환하면 변환된 자료는 정규분포를 할 것으로 기대된다.
⑤ 기하평균이 같다면 기하표준편차가 클수록 노출기준을 초과할 확률은 커진다.

해설 1,3-부타디엔 노출농도의 기하평균은 산출평균보다 작다(기하평균이 산술평균보다 작게 계산된다).

18 청력보호구에 관한 설명으로 옳은 것은?

① 귀마개나 귀덮개의 차음효과는 주파수별로 차이가 없어야 한다.
② 현장에서 귀마개를 착용할 때의 차음효과는 NRR보다는 낮다.
③ 1종(EP-1형) 귀마개는 저주파수보다 고주파수의 소음을 차단하기 위한 귀마개이다.
④ 귀마개와 귀덮개를 동시에 착용하면 합산 차음효과는 각각의 차음효과를 더하여 산출한다.
⑤ 귀마개의 NRR은 모든 주파수의 소음수준이 법적 기준인 90dB이라고 가정하고 계산한 차음효과값이다.

> **해설** ① 귀마개나 귀덮개의 차음효과는 주파수별로 차이가 있다.
> ③ 1종(EP-1형) 귀마개는 저주파부터 고주파까지 소음을 차단하기 위한 귀마개이다.
> ④ 귀마개와 귀덮개를 동시에 착용하면 합산 차음효과는 귀덮개의 차음효과에 추가로 3~5dB(A) 정도로 산출한다.
> ⑤ 귀마개의 NRR은 EPA(미국환경보호처)가 각 청력보호구에 차음효과를 나타내는 단일숫자로 명시하도록 규정하고 있다.

19 인체의 주요 장기 및 조직에서 기본이 되는 단위조직의 명칭과 대표적인 유해요인이 잘못 짝지어진 것은?

① 신경 - 시냅스 - 노말헥산
② 신장 - 네프론 - 수은
③ 폐 - 폐포 - 유리규산
④ 간 - 간소엽 - 사염화탄소
⑤ 근육 - 근섬유 - 반복작업

> **해설** 신경계의 기본단위는 신경세포(뉴런)이며 알코올, 글루타메이트 등이 유해요인이다.

20 인체의 청각기관에 관한 설명으로 옳지 않은 것은?

① 내이에서 소리에너지의 이동경로는 난형창 → 전정관 → 고실계 → 원형창이다.
② 중이는 추골, 침골, 등골의 조그만 뼈로 구성되어 있으며, 고막의 진동을 내이로 전달하는 기능을 한다.
③ 내이는 난형창 쪽에서부터 안쪽으로 20,000Hz에서 20Hz까지의 소리를 감지하는 모세포(hair cell)가 배치되어 있다.
④ 청각기관은 바깥귀부터 고막까지를 외이, 고막에서 난형창까지를 중이, 난형창 내부의 코르티 기관을 내이로 나눈다.
⑤ 내이는 3개의 관으로 나뉘어져 있으며 소리의 통로가 되는 전정관과 고실계는 공기로 채워져 있으며, 소리를 감지하는 모세포(hair cell)에 있는 코르티 기관은 액체로 채워져 있다.

> **해설** 내이는 측두골의 추체부에 위치하며 구조와 형태가 매우 복잡하고 와우, 전정, 반규관으로 구성되어 있다. 기저막 위에 코르티 기관이라는 와우 감수기가 있고 코르티 기관에는 내유모세포(1줄)와 외유모세포(3줄)가 있다(코르티기관은 텍토리알막과 외부 섬모세포 및 나선형 섬모, 반경방향성 섬모, 청각신경, 나선형 인대로 이루어져 있음).

정답 | 18.② 19.① 20.⑤

21 비스코스 레이온 공정에서 이황화탄소 노출을 평가하기 위해 다음과 같이 개인시료를 포집한 후 가스크로마토그래피로 분석하였다. 이 근로자의 6시간 동안 이황화탄소 노출농도(ppm)는 약 얼마인가?

- 이황화탄소 분자량 : 76.14
- 시료채취 유량 : 0.2L/분
- 시료 포집시간 : 6시간
- 이황화탄소의 양 : 앞층 2,900μg, 뒤층 140μg
- 평균탈착효율 : 90%
- 온도와 압력은 정상조건

① 5 ② 10
③ 15 ④ 20
⑤ 25

해설

$$\text{농도}(\text{mg/m}^3) = \frac{(\text{앞층} - \text{뒤층})\text{흡착량}}{\text{시료채취 유량} \times \text{포집시간} \times \text{탈착효율}}$$

$$= \frac{(2,900-140)\mu g \times mg/10^3 \mu g}{0.2L/\min \times 360\min \times 0.9 \times m^3/1,000L} = 42.59 \text{mg/m}^3$$

$$\text{농도}(\text{ppm}) = 42.59\text{mg/m}^3 \times \frac{24.45\text{mL}}{76.14\text{mg}} = 13.68\text{ppm}(\text{mL/m}^3)$$

22 방진마스크의 성능 및 검정 기준에 관한 설명으로 옳은 것은?

① 방진마스크의 성능은 여과효율이 동등하다면 흡배기저항이 높을수록 우수하다.
② 방진마스크를 현장에서 사용하는 시간이 길어지면 여과지의 기공에 먼지가 축적됨에 따라 먼지의 여과효율은 점점 감소한다.
③ 방진마스크의 여과효율은 먼지의 크기가 작아질수록 점점 낮아진다.
④ 특급, 1급, 2급으로 구분하며 각각의 최소여과효율은 99%, 95%, 90% 이상이어야 한다.
⑤ 여과효율을 검정하기 위한 먼지의 크기는 공기역학적 직경으로 0.3μm 내외이다.

해설 ① 방진마스크의 성능은 여과효율이 동등하다면 흡배기저항이 작을수록 우수하다.
② 방진마스크를 현장에서 사용하는 시간이 길어지면 여과지의 기공에 먼지가 축적됨에 따라 먼지의 여과효율은 점점 증가한다.
③ 방진마스크의 여과효율은 먼지의 크기가 0.3μm 내외에서 낮아진다.
④ 여과효율은 분리식(특급 : 99.95% 이상, 1급 : 94.0% 이상, 2급 : 80.0% 이상), 안면부 여과식(특급 : 99.0% 이상, 1급 : 94.0% 이상, 2급 : 80.0% 이상)으로 구분하여 나타낸다.

23 뇌심혈관계 질환의 위험이 높은 근로자가 뇌심혈관계 질환 예방을 위해 노출되지 않도록 관리해야 할 유해요인으로 우선순위가 가장 낮은 것은?

① 고열
② 질산염
③ 베릴륨
④ 스트레스
⑤ 일산화탄소

> **해설** 뇌심혈관계 질환의 유해요인
> ㉠ 개인적 요인
>   • 유전적 요인(연령, 성, 유전 등)
>   • 건강상태요인(고혈압, 고지혈증, 당뇨, 비만 등)
>   • 생활습관요인(흡연, 운동부족 등)
> ㉡ 작업관련 요인
>   • 화학적 요인(이황화탄소, 질산염, 염화탄화수소, 일산화탄소, 니트로글리세린, 메틸렌클로라이드)
>   • 물리적 요인(소음, 고열 및 한냉작업)
>   • 정신적 요인(스트레스 등)
>   • 작업관리적 요인(교대근무, 야간근무 등)

24 최근 산재사고 예방을 위해 우리나라에서 적극적으로 도입하고 있는 위험성평가 제도의 취지와 실무에 관하여 가장 잘 설명하고 있는 것은?

① 50인 미만 소규모 사업장은 적용대상에서 제외되어 있다.
② 위험성평가는 기본적으로 사업장의 안전보건관리를 해야 하는 사업주와 근로자에 의해 이루어져야 한다.
③ 위험성평가는 기본적으로 유해위험요인에 대한 전문지식과 개선 및 관리에 대한 공학적 지식 및 기술을 가진 전문가에 의뢰하여 실시하여야 한다.
④ 발암성 물질과 같은 유해화학물질의 위험성 평가는 1년에 2회 이상 작업환경 측정 결과를 노출기준과 비교하여 평가하여야 한다.
⑤ 위험성평가란 기계, 기구, 설비 및 화학물질, 그 자체의 위험성 및 유해성을 평가하는 것으로 전문기관에서 객관적으로 평가하는 것을 말한다.

> **해설** ① 위험성평가 대상은 1인 이상 사업장(모든 사업장)이다.
> ③ 위험성평가는 사업주가 스스로 사업장의 유해·위험요인을 파악하기 위해 근로자를 참여시켜 실태를 파악하고 이를 평가하여 관리 개선하는 등 위험성평가를 실시하여야 한다.
> ④ 사업주는 유해·위험요인별 위험성 추정결과와 사업장 자체적으로 설정한 허용가능한 위험성기준을 비교하여 해당 유해·위험요인별 위험성의 크기가 허용가능한지 여부를 판단하여야 한다.
> ⑤ 위험성평가란 유해·위험요인을 파악하고 해당 유해·위험요인에 의한 부상 또는 질병의 발생가능성(빈도)과 중대성(강도)을 추정, 결정하고 감소대책을 수립하여 실행하는 일련의 과정을 말한다.

정답 | 23.③ 24.②

25 가로, 세로, 높이가 각각 10m, 15m, 4m인 사무실에서 120명이 근무하고 있다. 이 사무실의 이산화탄소(CO_2) 농도를 1,000ppm 이하로 유지하고자 할 때, 최소환기율은 ACH(hr^{-1})로 나타내면 약 얼마인가?

- 1시간당 1인당 CO_2배출량 : 2.2L
- 대기 중 CO_2농도 : 350ppm
- 확산에 의한 환기효율계수(또는 안전계수 : K)는 5로 가정

① 1.4 ② 2.1
③ 2.4 ④ 3.4
⑤ 3.9

해설

$$ACH = \frac{필요환기량(m^3/hr)}{작업장 용적(m^3)}$$

$$필요환기량 = \frac{M}{C_s - C_o} \times 10^6 = \frac{2.2L/hr \cdot 인 \times 120인 \times m^3/1,000L}{1,000 - 350} \times 10^6$$

$$= 406.15 m^3/hr \times 5 = 2,030.77 m^3/hr$$

$$= \frac{2,030.77 m^3/hr}{(10 \times 15 \times 4)m^3}$$

$$= 3.39 ACH \text{ (시간당 3.39회)}$$

2015년 제5회 산업보건지도사

산업위생일반

2015년 4월 18일 시행

01 유기화합물의 신경독성에 관한 설명으로 옳지 않은 것은?

① 대부분의 유기용제는 비특이적인 독성으로 마취작용을 갖고 있다.
② 포화지방족 유기용제(알칸류)는 다른 유기화합물보다 강한 급성 독성을 나타낸다.
③ 마취제처럼 뇌와 척추의 활동을 저해한다.
④ 작업자를 자극하여 무감각하게 하고, 결국은 무의식 혹은 혼수상태가 된다.
⑤ 이황화탄소(CS_2)는 급성 정신병을 동반한 뇌병증을 보인다.

해설 포화지방족 유기용제
㉠ 알칸(C_nH_{2n+2} : n은 탄소원자 수)류를 의미하며 급성독성 측면에서 가장 독성이 작다.
㉡ 물에 대하여 불용성이며, 물 위에 뜨는 성질이 있다.
㉢ 급성독성의 경우 용제류 중 독성이 가장 작다(중추신경계의 억제작용과 자극성 미비).
㉣ 지방족 탄화수소 중 탄소 수가 4개 이하인 것은 질식제로서의 역할 이외에는 인체의 거의 영향이 없다.

02 산업안전보건기준에 관한 규칙상 관리대상 유해물질 상태와 관련하여 국소배기장치 후드의 제어풍속 기준으로 옳은 것은?

	유해물질 상태	후드 형식	제어풍속(m/sec)
①	가스	포위식 포위형	0.5
②	가스	외부식 상방흡인형	0.5
③	입자	포위식 포위형	0.7
④	가스	외부식 하방흡인형	1.0
⑤	입자	외부식 측방흡인형	1.2

해설 관리대상 유해물질 관련 국소배기장치 후드의 제어풍속

물질의 상태	후드 형식	제어풍속(m/s)
가스상태	포위식 포위형	0.4
	외부식 측방흡인형	0.5
	외부식 하방흡인형	0.5
	외부식 상방흡인형	1.0
입자상태	포위식 포위형	0.7
	외부식 측방흡인형	1.0
	외부식 하방흡인형	1.0
	외부식 상방흡인형	1.2

정답 | 01.② 02.③

03 입자상 물질에 노출되었을 때 발생하는 인체영향에 관한 설명으로 옳지 않은 것은?
① 규폐증은 주로 석공장, 벽돌제조, 도자기제조, 채탄작업 근로자에게 발생한다.
② 석면폐증은 보통 장기간에 걸쳐 진행되며 폐의 탄력성이 감소되어 산소흡수가 저해되고, 악성중피종은 약 30~40년의 잠복기를 거쳐서 발생되기도 한다.
③ 광부에게 발생 가능한 탄광부 진폐증은 교원성(collagenous) 진폐증이다.
④ 면폐증은 처음에는 흉부 압박감으로 시작되지만 이어서 지속적인 기침이 동반되고, 천명음도 발생한다.
⑤ 비교원성(non-collagenous) 진폐증은 정상적으로 돌아오지 않는 비가역적인 진폐증이다.

해설 진폐증의 병리적 변화에 따른 분류
㉠ 교원성 진폐증
- 폐포조직의 비가역적 변화나 파괴가 있다.
- 간질반응이 명백하고 그 정도가 심하다.
- 폐 조직의 병리적 반응이 영구적이다.
- 대표적 진폐증 : 규폐증, 석면폐증, 탄광부진폐증
㉡ 비교원성 진폐증
- 폐 조직이 정상이며 망상섬유로 구성되어 있다.
- 간질반응이 경미하다.
- 분진에 의한 조직반응은 가역적인 경우가 많다.
- 대표적 진폐증 : 용접공폐증, 주석폐증, 바륨폐증, 칼륨폐증

04 작업환경에서 발생되는 유해물질별 주요 노출원 및 노출기준으로 옳지 않은 것은?

	유해물질	주요 노출원	노출기준(mg/m^3)
①	비소 및 그 무기화합물	구리제련소	0.01
②	베릴륨 및 그 화합물	핵융합부품개발	0.002
③	수용성 크롬(6가)화합물	용접	0.01
④	벤젠	석유화학 제조	3
⑤	카드뮴 및 그 화합물	도금작업	0.01

해설 크롬의 노출기준
㉠ 고용노동부 노출기준

8시간 시간가중평균농도(TWA)
- 크롬광 가공(크롬산) : 0.05mg/m^3
- 크롬(금속) : 0.5mg/m^3
- 크롬(6가)화합물(불용성 무기화합물) : 0.01mg/m^3
- 크롬(6가)(수용성) : 0.05mg/m^3

㉡ 미국산업위생전문가협의회(ACGIH)

8시간 시간가중평균농도(TWA)
- 금속 및 3가 크롬 : 0.2mg/m^3
- 크롬광 : 0.05mg/m^3

㉢ 생물학적 노출기준(BEI)

수용성 6가 크롬 경우
- 주말작업의 작업종료 시 뇨 중 크롬 농도 : 25μg/L
- 주간작업 중 뇨 중 총 크롬 농도 : 10μg/L

PART 02 | 과년도 출제문제

05 유기화합물의 직업적 노출로 인한 인체영향의 설명으로 옳은 것은?
① 벤젠 중독 시 초기에는 빈혈, 백혈구 및 혈소판이 감소되어 백혈병이 급성장애로 나타난다.
② 사염화탄소는 주로 신경독성을 유발한다.
③ 톨루엔디이소시아네이트(TDI)는 눈과 코에 자극증상이 강하게 나타나지만, 천식성 감작반응은 유발하지 않는다.
④ 노말헥산의 대사산물인 2,5-hexanedione은 독성이 강하며, 생물학적 노출지표로도 이용된다.
⑤ 이황화탄소는 우리나라에서 단일 화학물질로는 가장 많은 직업병을 유발한 물질이며, 생물학적 노출지표는 소변 중 phenylglyoxylic acid이다.

해설 ① 벤젠은 장기간 폭로 시 혈액장애, 간장장애를 일으키고 노출 초기에는 재생불량성 빈혈, 백혈병(급성뇌척수성)을 일으킨다. 혈액장애는 혈소판 감소, 백혈구감소증, 빈혈증을 말하며 범혈구 감소증이라 한다.
② 사염화탄소는 주로 간에 대한 독성작용이 강하게 나타난다.
③ 톨루엔디이소시아네이트(TDI)는 눈과 코에 자극증상이 강하게 나타나고, 천식성 감작반응을 유발한다.
⑤ 이황화탄소의 생물학적 노출지표는 소변 중 TTCA(2-Thiothiazolidine-4-Carboxylic Acid)이다.

06 전자제품 제조업 작업장에서 측정한 공기 중 벤젠의 농도가 다음과 같을 때, 기술통계값인 기하평균(GM)과 기하표준편차(GSD)는 약 얼마인가?

| 벤젠 농도(ppm) : 0.5 0.2 1.5 0.9 0.02 |

① GM : 0.31ppm
　GSD : 5.47
② GM : 0.62ppm
　GSD : 0.59
③ GM : 0.93ppm
　GSD : 5.47
④ GM : 0.31ppm
　GSD : 0.59
⑤ GM : 0.62ppm
　GSD : 3.03

해설 • 기하평균(GM)
$$\log GM = \frac{\log 0.5 + \log 0.2 + \log 1.5 + \log 0.9 + \log 0.02}{5}$$
$$= -0.513$$
$$GM = 10^{-0.513} \fallingdotseq 0.31 ppm$$
• 기하표준편차(GSD)
$$\log GSD = \left(\frac{[\log 0.5 - (-0.513)]^2 + [(\log 0.2 - (-0.513)]^2 + [(\log 1.5 - (-0.513)]^2 + [(\log 0.9 - (-0.513)]^2 + [(\log 0.02 - (-0.513)]^2}{5-1}\right)^{0.5}$$
$$= 0.738$$
$$GSD = 10^{0.738} = 5.47$$

정답 | 05.④ 06.①

07 사업장에서 사용하는 중금속의 특성에 관한 설명으로 옳은 것은?
① 유기납은 물과 유기용제에 잘 녹는 금속이다.
② 무기수은화합물의 독성은 알킬수은화합물의 독성보다 강하다.
③ 6가 크롬은 피부 흡수가 어려우나 3가 크롬은 가능하다.
④ 망간에 노출되면 파킨슨씨 증후군과 유사한 뇌병변을 보이며, 무력증과 두통의 증상을 수반한다.
⑤ 5가의 비소화합물은 3가로 산화되면서 독성작용을 일으킨다.

해설 ① 유기납은 물에 잘 녹지 않고, 유기용제, 지방, 지방질에 잘 녹는다.
② 유기수은 중 알킬수은화합물의 독성은 무기수은화합물의 독성보다 매우 강하다.
③ 3가 크롬은 피부 흡수가 어려우나 6가 크롬은 쉽게 피부를 통과한다.
⑤ 5가의 비소화합물은 3가로 환원되면서 독성작용을 일으킨다.

08 작업환경측정을 위한 예비조사 및 측정계획서 작성에 관한 설명으로 옳지 않은 것은?
① 해당 공정별 작업내용, 측정대상공정, 공정별 화학물질 사용 실태를 파악한다.
② 원재료의 투입과정부터 최종 제품생산까지의 주요 공정을 도식화한다.
③ 유해인자별 측정방법 및 소요기간에 대한 계획을 수립한다.
④ 전회 측정을 실시한 사업장은 공정 및 취급인자의 변동이 없는 경우, 서류상의 예비 조사를 생략할 수 있다.
⑤ 측정대상 유해인자 및 유해인자 발생주기를 확인한다.

해설 예비조사의 측정계획서 작성 시 포함사항
㉠ 원재료의 투입과정부터 최종 제품생산공정까지의 주요 공정 도식
㉡ 해당 공정별 작업내용, 측정대상공정 및 공정별 화학물질 사용 실태
㉢ 측정대상 유해인자, 유해인자 발생주기, 종사근로자 현황
㉣ 유해인자별 측정방법 및 측정소요기간 등 필요한 사항
NOTE 지정 측정기관이 전회 측정을 실시한 사업장으로서 공정 및 취급인자 변동이 없는 경우 서류상으로 예비조사를 실시할 수 있다.

09 산소농도가 낮은 작업장에서 발생할 수 있는 질환은?
① Hypoxia
② Caisson disease
③ Pneumoconiosis
④ Oxygen poison
⑤ Raynaud disease

해설 산소결핍증(hypoxia, 저산소증)
저산소증이라고도 하며, 저산소상태에서 산소분압의 저하, 즉 저기압에 의하여 발생되는 질환이다.

10 일반적으로 소음성 난청이 가장 잘 발생될 수 있는 주파수와 음압은?
① 6,000Hz, 80dBA
② 4,000Hz, 100dBA
③ 2,000Hz, 80dBA
④ 1,000Hz, 90dBA
⑤ 500Hz, 100dBA

해설 소음성 난청은 청감에 가장 예민한 4,000Hz 주파수 영역에서 시작하여 전 영역으로 파급된다(우리나라 8hr 노출기준 90dB).

11 피로의 증상으로 옳지 않은 것은?
① 초기에는 맥박이 느려지고 혈압이 낮아지나 피로가 진행되면서 높아진다.
② 호흡이 얕아지고 호흡곤란이 오기도 한다.
③ 근육 내 글리코겐량이 감소한다.
④ 혈액의 혈당수치가 낮아지고 젖산과 탄산량이 증가한다.
⑤ 체온이 초기에는 높았다가 피로 정도가 심하면 낮아진다.

해설 피로의 증상
㉠ 체온은 처음에는 높아지나 피로 정도가 심해지면 오히려 낮아진다.
㉡ 혈압은 초기에는 높아지나 피로가 진행되면 오히려 낮아진다.
㉢ 혈액 내 혈당치가 낮아지고 젖산과 탄산량이 증가하여 산혈증으로 된다.
㉣ 맥박 및 호흡이 빨라지며 에너지 소모량이 증가된다.
㉤ 체온상승과 호흡중추의 흥분이 온다(체온상승이 호흡중추를 자극하여 에너지 소모량을 증가시킴).
㉥ 권태감과 졸음이 오고 주의력이 산만해지며 식은땀이 나고 입이 자주 마른다.
㉦ 호흡이 얕고 빠른데 이는 혈액 중 이산화탄소량이 증가하여 호흡중추를 자극하기 때문이다.
㉧ 맛, 냄새, 시각, 촉각 등 지각기능이 둔해지고 반사기능이 낮아진다.
㉨ 체온조절기능이 저하되고 판단력이 흐려진다.
㉩ 소변의 양이 줄고 진한 갈색으로 변하며 심한 경우 단백뇨가 나타나며 뇨 내의 단백질 또는 교질물질의 배설량(농도)이 증가한다.

12 화학물질의 분류·표시 및 물질안전보건자료에 관한 기준상 MSDS의 작성 원칙에 관한 설명으로 옳지 않은 것은?
① 실험실에서 시험·연구목적으로 사용하는 시약은 MSDS가 외국어로 작성된 경우에는 한국어로 번역하지 아니할 수 있다.
② MSDS 작성에 필요한 용어 및 기술지침은 한국산업안전보건공단이 정할 수 있다.
③ MSDS의 작성단위는 「계량에 관한 법률」이 정하는 바에 의한다.
④ MSDS 작성 시 시험결과를 반영하고자 하는 경우에는 해당 국가의 우량실험기준(GLP)에 따라 수행한 시험결과를 우선적으로 고려하여야 한다.
⑤ MSDS의 어느 항목에 대해 관련 정보를 얻을 수 없거나 적용이 불가능한 경우 "자료 없음"이라고 기재한다.

해설 MSDS 작성 시 부득이 어느 항목에 대해 관련 정보를 얻을 수 없는 경우에는 작성란에 '자료 없음'이라고 기재하고 적용이 불가능하거나 대상이 되지 않는 경우에는 작성란에 '해당 없음'이라고 기재한다.

정답 | 10.② 11.① 12.⑤

13 호흡용 보호구에 관한 설명으로 옳지 않은 것은?
① 공기정화식은 공기가 호흡기로 흡입되기 전에 여과재 또는 정화통에 의해 유해물질을 제거하는 방식이다.
② 공기공급식은 공기 공급관, 공기 호스 또는 자급식 공기원으로 구성된 호흡용 보호구에서 신선한 공기만을 공급하는 방식이다.
③ 공기정화식은 가격이 비교적 저렴하고 사용이 간편하여 널리 사용되지만, 산소농도가 18% 미만인 장소에서는 사용할 수 없다.
④ 단시간 노출되었을 시 사망 또는 회복 불가능한 상태를 초래할 수 있는 농도 이상에서는 공기정화식을 사용할 수 없다.
⑤ 호흡용 보호구 선택 시 고려해야 할 유해비는 노출기준을 공기 중 유해물질 농도로 나눈 값이다.

해설 호흡용 보호구 선택 시 고려해야 할 유해비는 공기 중 유해물질 농도를 노출기준으로 나눈 값이다.

14 세척공정에서 작업하는 근로자가 톨루엔 55ppm의 농도에 노출되고 있다. 해당 작업의 근로자는 공기정화식 반면형 호흡용 보호구를 착용하고 있고 보호구 안의 농도가 0.5ppm일 때, 보호계수를 구하고 보호구의 적절성을 평가하면?

	보호계수	보호구의 적절성
①	27.5	적절
②	27.5	부적절
③	90.9	적절
④	110	적절
⑤	110	부적절

해설
- 보호계수$(PF) = \dfrac{C_o(보호구\ 밖의\ 농도)}{C_i(보호구\ 안의\ 농도)} = \dfrac{55}{0.5} = 110$
- 보호구의 적절성 평가 : 전동식 반면형의 기준 보호계수값이 50이므로 적절할 것으로 평가함

15 산업안전보건법령상 특수건강진단 시 1차 검사항목 중 유해인자별 생물학적 노출지표에 해당되지 않는 것은?
① 불화수소 – 소변 중 불화물
② 톨루엔 – 소변 중 o-크레졸
③ 크실렌 – 소변 중 메틸마뇨산
④ 디니트로톨루엔 – 혈중 메트헤모글로빈
⑤ p-니트로클로로벤젠 – 혈중 메트헤모글로빈

해설 불화수소는 특수건강진단 시 2차 검사항목에 해당하며 생물학적 노출지표는 소변 중 불화물(작업 전후를 측정하여 그 차이를 비교)이다.

16 다음은 A 근로자 우측 귀의 주파수별 청력손실치를 나타낸 것이다. 소음성 난청 D1(직업병 유소견자)의 판정기준이 되는 3분법에 의한 평균 청력 손실치(dB)는?

주파수(Hz)	250	500	1,000	2,000	3,000	4,000	8,000
청력손실치(dB)	10	20	30	40	40	60	80

① 20
② 30
③ 35
④ 43
⑤ 47

해설 평균 청력 손실(3분법)

평균 청력 손실 $= \dfrac{a+b+c}{3}$

a : 옥타브 밴드 중심주파수 500Hz에서의 청력손실치
b : 옥타브 밴드 중심주파수 1,000Hz에서의 청력손실치
c : 옥타브 밴드 중심주파수 2,000Hz에서의 청력손실치

$= \dfrac{20+30+40}{3} = 30\text{dB}$

17 직무스트레스 관리에 관한 설명으로 옳지 않은 것은?

① 유산소 운동뿐 아니라 역도 등의 근육 운동도 직무스트레스를 관리하는 방법이 될 수 있다.
② 자기의 주장을 표현할 수 있는 훈련도 좋은 관리 방법 중 하나이다.
③ 명상을 하는 것도 직무스트레스 관리에 도움이 된다.
④ 교대근무 설계 시 야간반 → 저녁반 → 아침반의 순서로 하는 것이 스트레스 관리를 위해서 좋다.
⑤ 야간작업은 연속하여 3일을 넘기지 않도록 설계하는 것이 좋다.

해설 교대근무 설계 시 주간반(아침반) → 저녁반 → 야간반의 순서로 하는 것이 스트레스 관리를 위해서 좋다.

18 흡연, 염화비닐, 아플라톡신으로 인한 암 발생과 가장 밀접한 관련이 있는 인체 장기는?

① 위
② 폐
③ 간
④ 유방
⑤ 방광

해설
• 흡연과 관련된 암으로는 폐암, 위암, 간암, 대장암, 자궁경부암 등이 있다.
• 염화비닐에 장기간 폭로 시 간조직세포에서 여러 소기관이 증식하고 섬유화 증상이 나타나 간에 혈관육종(hemangiosarcoma)을 일으킨다.
• 아플라톡신은 땅콩, 옥수수 등에 생기는 곰팡이에서 발생하는 곰팡이 독소로 B형 간염환자가 아플라톡신에 만성적으로 노출되면 간암의 위험도가 매우 높아진다.

정답 | 16.② 17.④ 18.③

19 직무스트레스를 호소하고 있는 10명의 근로자가 근무하고 있는 사무실이 아래와 같은 조건일 때, CO_2를 실내환경기준 이하로 관리하기 위한 필요환기량(m^3/hr)은?

- CO_2 실내 환경기준 : 1,000ppm
- 외기의 CO_2 농도 : 0.03%
- 1인 1시간당 CO_2의 배출량 : 21L/(1hr · 1인)

① 100
② 150
③ 200
④ 250
⑤ 300

해설 필요환기량$(Q) = \dfrac{M}{C_s - C_o} \times 10^6$

$M = 21L/인 \cdot hr \times 10인 \times m^3/1,000L = 0.21 m^3/hr$

$C_o = 0.03\% \times \dfrac{10,000ppm}{1\%} = 300ppm$

$= \dfrac{0.21 m^3/hr}{(1,000 - 300)ppm} \times 10^6 = 300 m^3/hr$

20 28세 남자 환자가 1주 전부터 발생한 황달 증상으로 내원하였다. 한 달 전부터 에어컨 부품 가공공장에서 유기용제를 이용한 세척작업에 종사하였고, 작업이 끝나면 술에 취한 느낌이 들고 멍한 상태가 되며 가끔 오심을 경험하였으며, 내원 2주 전부터 피부에 발적과 소양감을 동반한 발진이 나타났다. 이러한 질환을 유발할 가능성이 높은 유해물질은?

① 산화에틸렌
② 노말헥산
③ 스티렌
④ 톨루엔
⑤ 트리클로로에틸렌

해설 **트리클로로에틸렌(TCE)의 건강 영향 및 유해성**
㉠ TCE에 노출되면 스티븐슨존슨 증후군(독성 간염 및 피부 질환) 유발 : 피부에 작은 홍반이 여러 개 생기다가 이것이 수포로 바뀌고 심한 경우 피부가 벗겨지며, 독성 간염에 의한 간 괴사가 발생하며 이 상태에서 조속히 치료하지 않으면 사망하는 경우가 많음 또한 노출된 후 2~3주까지는 증상이 잘 나타나지 않아 진단이 어렵다.
㉡ 간 : 고농도 또는 반복 노출 시 간조직 괴사가 초래되며, 드라이클리닝 용액으로 사용하는 경우에는 급성 간독성을 초래한다.
㉢ 피부 : 피부 노출(접촉) 시 홍반, 벗겨짐, 수포 등을 초래한다.
㉣ 호흡기계 : 호흡곤란, 폐부종 발생(TCE의 분해산물이 포스겐과 dichloroacetyl chloride에 의한 것으로 추정)
㉤ 중추신경계
  • 100~200ppm에 노출된 근로자에게 피로, 현기증, 두통, 기억력 저하, 집중력 장애 등의 증상이 나타난다.
  • 평균적으로 200~300ppm에 노출된 근로자에게서 시력장애가 나타나고, 장기간 노출된 경우에는 청력감소가 초래된다.
㉥ 심혈관계 : 고농도 노출 시 부정맥과 심장마비로 인해 사망할 수 있다.

21. 야간작업으로 인한 건강영향과 특수건강진단에 관한 설명으로 옳은 것은?

① 교대근무군은 주간근무군과 비교하여 대사증후군 발생률은 비슷하다.
② 위장관계와 내분비계 증상에 대한 1차 검사항목은 문진이다.
③ 상시 근로자 50인 이상 100인 미만을 사용하는 사업장은 배치 전 건강진단을 실시하지 않아도 된다.
④ 배치 후 첫 번째 특수건강진단은 2년 이내에 실시하면 된다.
⑤ 1차 검사항목으로는 총콜레스테롤, 트리글리세라이드, HDL콜레스테롤, 24시간 심전도 검사 등이 있다.

해설 ① 교대근무군은 주간근무군과 비교하여 대사증후군 발생률이 높다.
③ 각종 유해인자에 노출되는 업무나 야간작업을 하는 근로자는 배치 전 건강진단을 실시하여야 한다.
④ 배치 후 첫 번째 특수건강진단은 대상유해인자에 따라 1개월~12개월 이내이다.
⑤ 24시간 심전도검사는 1차, 2차 야간작업 검사항목에 포함되지 않는다.

22. 산업재해조사의 목적 및 산업재해 발생보고 방법에 관한 설명으로 옳지 않은 것은?

① 재해조사의 목적은 동종재해를 예방하기 위한 것이다.
② 3일 이상의 휴업이 필요한 부상을 입었거나 질병에 걸린 사람이 발생한 경우에는 산업재해조사표를 제출하여야 한다.
③ 휴업일수에 법정휴일은 포함되지 않는다.
④ 산업재해조사표에 근로자 대표의 확인을 받아야 하지만 건설업의 경우에는 이를 생략할 수 있다.
⑤ 재해조사를 통하여 근로자 및 사업주의 안전의식을 고취시킬 수 있다.

해설 휴업일수에 법정휴무일 및 공휴일은 포함되고 휴업일수에 재해발생일은 포함되지 않는다.

23. 산업재해 지표에 관한 설명으로 옳은 것만을 모두 고른 것은?

> ㉠ 건수율은 작업시간이 고려되지 않는 것이 단점이다.
> ㉡ 100만 근로시간당 재해 발생건수를 나타내는 지표는 도수율이다.
> ㉢ 재해에 의한 손실의 정도를 나타내는 지표는 강도율이다.

① ㉡
② ㉠, ㉡
③ ㉠, ㉢
④ ㉡, ㉢
⑤ ㉠, ㉡, ㉢

해설 ㉠ 건수율 $\left(\dfrac{\text{재해건수}}{\text{근로자수}} \times 100\right)$ 은 작업시간이 고려되지 않는 것이 단점이다.
㉡ 재해의 발생빈도를 나타내는 것으로 연근로시간 합계 100만 시간당의 재해 발생건수를 나타내는 지표는 도수율이다.
㉢ 재해의 경중(정도) 즉 강도를 나타내는 척도는 강도율이다.

정답 | 21.② 22.③ 23.⑤

24 다음 산업재해보상보험에 관한 설명으로 옳지 않은 것은?

① 일반보험과는 달리 가입자와 수혜자가 일치하지 않는다.
② 업무상 재해로 인해 보험금을 지급하는 경우, 배우자가 혼인신고를 하지 않은 상태라면 지급대상에서 배제된다.
③ 보상에 있어 해당 근로자의 근무기간은 보상액 산정기간에 고려되지 않는다.
④ 사업주는 안전사고 발생에 대한 과실이 전혀 없더라도 업무중 발생한 사고에 대해서는 책임을 져야한다.
⑤ 산업재해보상보험법령상 보상의 주체는 국가이지만, 산업재해보상보험 미가입 대상 사업인 경우 보상의 주체는 사업주이다.

해설 산업재해보상보험법에서도 업무상 재해로 인해 근로자가 사망하면 유족보상연금은 사실혼 배우자가 받을 수 있다.

25 폐암환자 100명과 대조군 100명에 대해 흡연력을 조사한 환자대조군 연구를 수행한 결과는 아래와 같다. 연구 결과를 확인하기 위한 적절한 역학지수와 그 값의 연결이 옳은 것은?

	폐암환자	대조군
흡연자	80명	40명
비흡연자	20명	60명

① 교차비 - 2.67
② 상대위험도 - 3.67
③ 교차비 - 6
④ 상대위험도 - 6
⑤ 기여위험도 - 3.67

해설
- 상대위험도 $= \dfrac{\text{노출군에서 질병발생률}}{\text{비노출군에서 질병발생률}} = \dfrac{\left(\dfrac{80}{120}\right)}{\left(\dfrac{20}{80}\right)} = 2.67$

- 기여위험도 $=$ 노출군에서의 질병발생률 $-$ 비노출군에서 질병발생률
 $= \left(\dfrac{80}{120}\right) - \left(\dfrac{20}{80}\right) = 0.42$

- 교차비 $= \dfrac{\text{환자군에서의 노출대응비}}{\text{대조군에서의 노출대응비}} = \dfrac{80 \times 60}{40 \times 20} = 6$

2016년 제6회 산업보건지도사 — 산업위생일반

2016년 4월 9일 시행

01 다음은 자동차 공장에서 5개의 근로자 그룹별 공기 중 금속가공유 노출농도의 대표치와 변이를 나타낸 것이다. 금속가공유 노출이 상대적으로 가장 비슷한 근로자 그룹은?

① 근로자 1그룹 : GM=0.2mg/m^3, GSD=1.1
② 근로자 2그룹 : GM=0.5mg/m^3, GSD=2.1
③ 근로자 3그룹 : GM=1.0mg/m^3, GSD=3.5
④ 근로자 4그룹 : GM=0.4mg/m^3, GSD=4.0
⑤ 근로자 5그룹 : GM=0.8mg/m^3, GSD=2.9

해설 GSD(기하표준편차)에서 변이(편차)가 작을수록 관측값이 상대적으로 비슷하다(기하표준편차는 데이터가 기하평균에서 얼마나 흩어져 있는가를 나타내는 값).

02 후향적 코호트(retrospective cohort) 역학연구에서 사례군(환자군, case)과 대조군(control)을 비교하는 변수로 옳은 것은?

① 유병율
② 사망율
③ 유해인자 노출 비율
④ 질병발생률
⑤ 증상 호소율

해설 후향적 코호트 역학연구
연구시작 시점에 코호트를 구축하여 조사를 수행하는 것이 아니고 기존에 있는 기록이나 기억을 통해 특정인자 노출여부와 질병발생 여부에 대한 자료를 얻는 연구를 말한다. 기록에서 특정인자 노출여부에 따라 노출된 그룹과 노출되지 않은 그룹을 나누고 각 그룹에서 질병발생 여부를 확인한다.

03 도장 공정에서 일하는 3개 직종(감독, 운전, 정비)별로 분진 평균 노출 농도를 통계적으로 비교하고자 할 경우 사용해야 할 자료분석 방법은? (단, 그룹별 분진 농도는 모두 정규분포한다고 가정한다.)

① 자기상관(autocorrelation)
② 분산분석(ANOVA)
③ 상관(correlation)
④ 회귀분석(regression)
⑤ 박스 플롯(box plot)

해설 분산분석(ANOVA ; 변량분석)
3개 이상 다수의 집단을 비교할 때 사용하는 가설검정방법으로 서로 다른 그룹의 평균(또는 산술평균)에서 분산값을 비교하는 데 사용되는 통계공식이다.

정답 | 01.① 02.③ 03.②

04 체적 15m³인 작업장에서 톨루엔이 포함된 시너(thinner)를 취급하는 과정에서 공기 중으로 증발된 톨루엔 부피가 0.1L/min이었다. 이 작업장에서 시간당 공기교환은 5회 일어난다고 가정할 때 공기 중 톨루엔 농도(ppm)는?

① 0.008
② 0.08
③ 0.8
④ 8
⑤ 80

해설

$$ACH = \frac{필요환기량(Q)}{작업장\ 체적}$$

$$5ACH = \frac{Q}{15m^3}$$

$$Q = 75m^3/hr$$

톨루엔 농도(ppm) = $\frac{0.1L/min \times 60min/hr \times m^3/1,000L}{75m^3/hr} \times 10^6 = 80ppm$

05 다음 중 밀폐공간(confined space)이라고 볼 수 없는 작업 환경은?

① 기름 탱크 내부 도장
② 디젤 차량 하부 도장
③ 집진설비 내부 용접
④ 지하 정화조 정비
⑤ 가스 저장 탱크 내부 도장

해설 밀폐공간

근로자가 작업을 수행할 수 있는 공간으로 탱크, 정화조, 침전조 등 환기가 불충분한 상태에서 산소결핍, 유해가스로 인한 질식·중독과 인화성 물질에 의한 화재·폭발 등의 위험이 있는 장소를 말하는 것으로 밀폐공간 내부는 미생물의 증식 및 부패작용으로 쉽게 산소결핍상태가 되고 황화수소 등과 같은 질식작용을 일으키는 유해가스가 다량 발생한다.

06 작업환경 노출기준(occupational exposure limit)에 관한 설명으로 옳은 것은?

① 노출기준 이하 노출에서는 안전하다.
② 법적 노출기준은 질병 예방만을 목적으로 설정되었다.
③ 질병 보상기준으로도 활용될 수 있다.
④ 노출기준은 항상 변화될 수 있다.
⑤ 대부분 유해인자들의 노출기준은 인체실험 결과에 근거해서 설정되었다.

해설
① 노출기준 이하 노출이라도 안전하다고 할 수 없다.
② 법적 노출기준은 산업장의 유해조건을 평가 및 건강장애를 예방하기 위한 목적으로 설정되었다.
③ 유해인자(유해요인)에 대한 감수성은 개인에 따라 차이가 있으며 노출기준 이하의 작업환경에서도 직업상 질병이 발생하는 경우가 있으므로 노출기준 이하의 작업환경이라는 이유만으로 직업성 질병의 이환을 부정하는 근거 또는 반증 자료로 사용할 수 없다.
⑤ 대부분 유해인자들의 노출기준은 화학구조상의 유사성, 동물실험자료, 인체실험자료, 산업장 역학조사에 근거해서 설정되었다.

07 유해인자 노출에 따른 암 발생 단계로 옳은 것은?
① 진행(progression) → 개시(initiation) → 촉진(promotion)
② 촉진 → 개시 → 진행
③ 개시 → 촉진 → 진행
④ 개시 → 진행 → 촉진
⑤ 촉진 → 진행 → 개시

해설 화학물질에 의한 다단계 암 발생이론(발암과정)
   ㉠ 개시(initiation)
   ㉡ 촉진(promotion)
   ㉢ 전환(conversion)
   ㉣ 진행(progression)

08 직무노출매트릭스(job exposure matrix)를 활용할 수 있는 사례가 아닌 것은?
① 건강 영향 분류
② 근로자 유해인자 노출 분류
③ 과거 유해인자 노출 추정
④ 유사 노출 그룹 분류
⑤ 유해인자 노출 근로자 코호트 구축

해설 직무노출매트릭스(Job Exposure Matrix)
근무경력에 대한 조사를 통하여 직업적인 유해물질의 노출정도를 추정하는 방법을 말한다.

09 생물학적 유해인자 노출이 주요 위험인 환경(또는 직무)이 아닌 것은?
① 정화조
② 샌드 블라스팅(sand blasting)
③ 환경미화원
④ 절삭가공 공정
⑤ 폐수처리장

해설 샌드 블라스팅 공정에서 발생하는 먼지와 흄 특히 실리카먼지는 화학적 유해인자에 해당된다.

10 다음 중 산업안전보건법령상 발암물질이 아닌 유해인자는?
① 6가 크롬
② 비소
③ 벤젠
④ 수은
⑤ PAHs(다핵방향족탄화수소화합물)

해설 ① 6가 크롬(폐암)
② 비소(피부암)
③ 벤젠(혈액암)
④ 수은(신경, 신장, 언어장애)
⑤ PAHs(iRAC에서 1군 발암물질)

정답 | 07.③ 08.① 09.② 10.④

11 근로자 유해인자 노출평가에서 예비조사를 실시하는 주요 목적이 아닌 것은?
① 작업환경 측정 전략을 수립하기 위해
② 유사노출그룹을 설정하기 위해
③ 작업 공정과 특성을 파악하기 위해
④ 특수건강진단 대상자를 선정하기 위해
⑤ 근로자가 노출되는 유해인자를 파악하기 위해

해설 예비조사 목적
㉠ 동일노출그룹(유사노출그룹, HEG)의 설정
㉡ 정확한 시료채취 전략 수립
㉢ 발생되는 유해인자의 특성 조사
㉣ 작업장과 공정의 특성 및 근로자들의 작업특성 파악
㉤ 측정대상, 측정시간, 측정매체 등 계획

12 공기 중 금속을 정량하기 위한 일반적인 분석 장비는?
① 원자흡광광도계(AA), 유도결합플라스마(ICP)
② 분광광도계, 이온 크로마토그래피(IC)
③ 위상차현미경, 원자흡광광도계(AA)
④ 흑연로장치, 가스 크로마토그래피(GC)
⑤ 유도결합플라스마(ICP), 액체 크로마토그래피(LC)

해설 금속의 분석
㉠ 금속채취
- 셀룰로오스 에스테르 여과지(MCE)로 채취한다.
- MCE의 규격은 직경이 37mm이고, 공극은 약 $0.8\mu m$ 정도이다.
- MCE의 장점은 산에 의해서 쉽게 용해되어 회화(ashing)되기가 쉬우며, 분석 시 방해물이 거의 없는 것이다.
㉡ 분석기기 : 일반적으로 금속분석에 이용되는 분석기기는 유도결합플라스마분광광도계와 원자흡광분석기(원자흡광광도계)이다.

13 이온화(전리)방사선에 노출될 수 있는 직종이 아닌 것은?
① 지하철 정비 종사자　　　　　② 금속가공 작업자
③ 비파괴 검사자　　　　　　　④ 탄광 근로자
⑤ 원자력 발전소 종사자

해설 금속가공 작업 시는 주로 비전리(비이온화) 방사선 중 자외선에 노출된다.

14 최근 발생한 메탄올 중독 사건에 관한 설명으로 옳지 않은 것은?
   ① 주요 중독 건강영향은 시각손상이었다.
   ② 메탄올은 CNC 가공공정에서 사용되었다.
   ③ 건강영향은 5년 이상 만성 노출로 발생되었다.
   ④ 특수건강진단을 실행한 적이 없었다.
   ⑤ 작업환경 중 메탄올 농도는 노출기준을 훨씬 초과하였다.

해설 메탄올(CH_3OH)
   ㉠ 메탄올은 공업용제로 사용되며 자극성이 있고 중추신경계를 억제하는 신경독성물질이다.
   ㉡ 플라스틱, 필름제조와 휘발유 첨가제 등에 이용된다.
   ㉢ 메탄올의 주요 독성은 시각장애, 중추신경 억제, 혼수상태를 야기한다.
   ㉣ 메탄올은 호흡기 및 피부로 흡수된다.
   ㉤ 메탄올의 대사산물(생물학적 노출지표)은 뇨 중 메탄올이다.
   ㉥ 메탄올의 시각장애기전(메탄올의 대사산물인 포름알데히드가 망막조직을 손상시킴)을 '메탄올 ➡ 포름알데히드 ➡ 포름산 ➡ 이산화탄소'이다. 즉 중간대사체에 의하여 시신경에 독성을 나타낸다.
   ㉦ 메탄올 중독 시 중탄산염의 투여와 혈액투석 치료가 도움이 된다.
   NOTE 메탄올 특수건강진단(신경계 및 눈, 피부, 비강, 인두의 점막자극검사 및 진찰 등을 정기적으로 실시)

15 고체흡착관(활성탄관)을 이황화탄소 1mL로 추출하여 가스 크로마토그래피로 정량한 톨루엔의 농도는 5ppm이었다. 0.2L/min 펌프로 4시간 채취하였다. 탈착율은 98%이였고 공시료에서 검출된 양은 없었다. 이 때 공기 중 톨루엔의 농도($\mu g/m^3$)는 약 얼마인가?
   ① 66
   ② 86
   ③ 106
   ④ 126
   ⑤ 146

해설 $$농도(\mu g/m^3) = \frac{5mg/L \times 0.001L \times 10^3 \mu g/mg}{0.2L/min \times 240min \times 0.98 \times m^3/1,000L} = 106.29 \mu g/m^3$$

16 산업안전보건법령상 허용기준이 설정되어 있는 물질이 아닌 것은?
   ① 벤젠
   ② 트리클로로메탄
   ③ 포름알데히드
   ④ 수은
   ⑤ 극저주파

해설 산업안전보건법상 허용기준 설정 유해물질
   6가크롬화합물, 납 및 그 무기화합물, 니켈 불용성 무기화합물, 니켈카르보닐, 디메틸포름아미드, 디클로로메탄, 1,2-디클로로프로판, 망간 및 그 무기화합물, 메탄올, 메틸렌 비스, 베릴륨 및 그 화합물, 벤젠, 1,3-부타디엔, 2-브로모프로판, 브롬화 메틸, 산화에틸렌, 석면, 수은 및 그 무기화합물, 스티렌, 시클로헥사논, 아닐린, 아크릴로니트릴, 암모니아, 염소, 염화비닐, 이황화탄소, 일산화탄소, 카드뮴 및 그 화합물, 코발트 및 그 무기화합물, 콜타르피치 휘발물, 톨루엔, 톨루엔-2,4-디이소시아네이트, 톨루엔-2,6-디이소시아네이트, 트리클로로메탄, 트리클로로에틸렌, 포름알데히드, n-헥산, 황산

정답 | 14.③ 15.③ 16.⑤

17 화학물질을 취급하는 작업 공정에서 중독사고 예방을 위해 게시해야 할 항목이 아닌 것은?

① 유해성·위험성
② 취급상의 주의사항
③ 적절한 보호구 착용
④ 작업환경 측정방법
⑤ 응급조치 요령

해설 MSDS 대상 취급하는 공정별로 게시해야 할 항목
㉠ 제품명
㉡ 건강 및 환경에 대한 유해성·물리적 위험성
㉢ 안전 및 보건상의 취급주의사항
㉣ 적절한 보호구
㉤ 응급조치요령 및 사고 시 대처방법

NOTE 물질안전보건자료 작성 시 포함 항목
㉠ 화학제품과 회사에 관한 정보
㉡ 유해성·위험성
㉢ 구성성분의 명칭 및 함유량
㉣ 응급조치 요령
㉤ 폭발·화재 시 대처방법
㉥ 누출사고 시 대처방법
㉦ 취급 및 저장방법
㉧ 노출방지 및 개인보호구
㉨ 물리화학적 특성
㉩ 안정성 및 반응성
㉪ 독성에 관한 정보
㉫ 환경에 미치는 영향
㉬ 폐기 시 주의사항
㉭ 운송에 필요한 정보
㉮ 법적 규제 현황
㉯ 그 밖의 참고사항

18 산업안전보건법령상 사업주가 실시해야 할 위험성평가(risk assessment)에 관한 설명으로 옳은 것은?

① 위험성평가는 허용기준 설정 인자에 대해서만 실시한다.
② 위험성은 유해인자의 독성(toxicity)과 유해성(hazard)만을 근거로 평가한다.
③ 작업환경측정을 실시하면 위험성평가를 생략할 수 있다.
④ 기계·기구, 설비, 원재료 등의 신규 도입 또는 변경하는 경우에도 위험성평가를 실시해야 한다.
⑤ 서비스 업종은 위험성평가에서 제외된다.

해설 ① 위험성평가는 사업장의 유해·위험요인에 대하여 실시한다.
② 위험성은 유해·위험요인이 부상 또는 질병으로 이어질 수 있는 가능성(빈도)과 중대성(강도)을 근거로 평가한다.
③ 작업환경측정을 실시하여도 위험성평가를 생략할 수 없다.
⑤ 서비스 업종도 위험성평가를 실시하여야 한다. 다만 상시근로자수 20명 미만 사업장은 생략할 수 있다.

19 직업성 암 등 만성질병을 초래하는 직무 또는 원인을 규명하기 어려운 이유가 아닌 것은?

① 질병 진단이 어렵기 때문
② 작업기간 동안 노출된 정보가 부족하기 때문
③ 직무나 환경에 의한 순수 영향 규명이 어렵기 때문
④ 작업 공정이 없거나 변경되었기 때문
⑤ 작업환경 중 노출된 물질이나 함량에 대한 정보가 부족하기 때문

해설 만성질병의 질병 진단은 가능하다.

20 산업안전보건기준에 관한 규칙상 근골격계 부담 작업에 해당되지 않는 것은?

① 하루에 4시간 이상 집중적으로 자료입력 등을 위해 키보드 또는 마우스를 조작하는 작업
② 하루에 10회 이상 25kg 이상의 물체를 드는 작업
③ 하루에 총 2시간 이상 목, 어깨, 팔꿈치, 손목 또는 손을 사용하여 같은 동작을 반복하는 작업
④ 하루에 총 2시간 이상 쪼그리고 앉거나 무릎을 굽힌 자세에서 이루어지는 작업
⑤ 하루에 총 2시간 이상, 분당 1회 미만 4.5kg 이상의 물체를 양손으로 드는 작업

해설 근골격계 부담 작업의 범위
㉠ 하루에 4시간 이상 집중적으로 자료입력 등을 위해 키보드 또는 마우스를 조작하는 작업
㉡ 하루에 총 2시간 이상 목, 어깨, 팔꿈치, 손목 또는 손을 사용하여 같은 동작을 반복하는 작업
㉢ 하루에 총 2시간 이상 머리 위에 손이 있거나, 팔꿈치가 어깨 위에 있거나, 팔꿈치를 몸통으로부터 들거나, 팔꿈치를 몸통 뒤쪽에 위치하도록 하는 상태에서 이루어지는 작업
㉣ 지지되지 않은 상태이거나 임의로 자세를 바꿀 수 없는 조건에서, 하루에 총 2시간 이상 목이나 허리를 구부리거나 펴는 상태에서 이루어지는 작업
㉤ 하루에 총 2시간 이상 쪼그리고 앉거나 무릎을 굽힌 자세에서 이루어지는 작업
㉥ 하루에 총 2시간 이상 지지되지 않은 상태에서 1kg 이상의 물건을 한 손의 손가락으로 집어 옮기거나, 2kg 이상에 상응하는 힘을 가하여 한 손의 손가락으로 물건을 쥐는 작업
㉦ 하루에 총 2시간 이상 지지되지 않은 상태에서 4.5kg 이상의 물건을 한 손으로 들거나, 동일한 힘으로 쥐는 작업
㉧ 하루에 10회 이상 25kg 이상의 물체를 드는 작업
㉨ 하루에 25회 이상 10kg 이상의 물체를 무릎 아래에서 들거나, 어깨 위에서 들거나, 팔을 뻗은 상태에서 드는 작업
㉩ 하루에 총 2시간 이상 분당 2회 이상 4.5kg 이상의 물체를 드는 작업
㉪ 하루에 총 2시간 이상 시간당 10회 이상 손 또는 무릎을 사용하여 반복적으로 충격을 가하는 작업

21 생물학적 모니터링에 관한 설명으로 옳지 않은 것은?

① 시료 채취 대상자에게 동의를 받지 않아도 되는 장점이 있다.
② 바이오마커(biomarker)로 유해물질 또는 대사산물을 측정한다.
③ 건강 영향을 추정할 수 있는 적정 바이오마커를 찾는 것이 중요하다.
④ 시료 보관, 처치, 분석에 주의를 요하는 방법이다.
⑤ 시료 채취시 근로자에게 부담을 주는 방법이다.

해설 생물학적 모니터링은 시료 채취 대상자에게 동의를 반드시 받아 실시하여야 한다.

22 사무실 실내 공기 질(indoor air quality) 관리에 관한 설명으로 옳은 것은?

① 실내공기오염 지표로 사용하는 인자는 분진이다.
② 현재 PM_{10} 기준치는 $10\mu g/m^3$이다.
③ ACH(시간당 공기교환 횟수)는 공간 체적과 공기 유속으로 산정한다.
④ 일반적으로 음압 시설을 설치해야 한다.
⑤ 실내공기오염에 의해 호흡기 자극 및 과민성 질환이 발생될 수 있다.

해설 ① 실내공기오염 지표로 사용하는 인자는 이산화탄소(CO_2)이다.
② 현재 PM_{10} 기준치는 $100\mu g/m^3$ 이하이다.
③ ACH(시간당 공기교환 횟수)는 공간 체적과 필요환기량으로 산정한다.
④ 일반적으로 양압 시설을 설치해야 한다.

23 고열작업에 관한 설명으로 옳은 것은?

① 흑구온도와 기온과의 차이를 실효복사온도라 하고 이는 감각온도와 상관이 없다.
② WBGT 측정기로 옥내 작업장을 측정할 때에는 자연습구온도와 흑구온도를 고려한다.
③ 고열작업을 평가하는 데 있어서 각 습구흑구 온도지수를 측정하고 작업강도를 고려하지 않는다.
④ WBGT 30℃ 되는 중등작업을 하는 경우 휴식시간 없이 계속 작업을 해도 무방하다.
⑤ 복사열은 열선풍속계로 측정한다.

해설 ① 흑구온도와 기온과의 차이를 실효복사온도라고 하고 이는 감각온도와 상관이 있다.
③ 고열작업을 평가하는 데 있어서 각 습구흑구 온도지수를 측정하고 작업강도를 고려한다.
④ WBGT 30℃ 되는 중등작업을 하는 경우 15분 작업, 45분 휴식을 하여야 한다.
⑤ 복사열은 흑구온도계로 측정한다.

24 유해중금속의 인체 노출 및 흡수, 독성에 관한 설명으로 옳지 않은 것은?
① 작업장에서 망간의 주요 노출 경로는 호흡기다.
② 납의 주요 표적기관은 중추신경계와 조혈기계이다.
③ 유기수은은 무기수은 화합물보다 독성이 상대적으로 강하다.
④ 6가 크롬은 세포막을 통과한 뒤 세포내에서 3가 크롬으로 산화되어 폐섬유화를 초래한다.
⑤ 카드뮴은 폐렴, 폐수종, 신장질환 등을 일으킨다.

> 해설 6가 크롬은 생체막을 통해 세포내에서 3가로 환원되어 간, 신장, 부갑상선, 폐, 골수에 축적된다.

25 프레스 소음수준이 100dB인 작업 환경에서 근로자는 NRR(Noise Reduction Rating)이 "29"인 귀덮개를 착용하고 있다. 차음효과와 근로자가 노출되는 음압수준을 순서대로 옳게 나열한 것은?
① 18dB, 89dB
② 11dB, 78dB
③ 9dB, 91dB
④ 18dB, 92dB
⑤ 11dB, 89dB

> 해설 차음효과＝(NRR−7)×0.5＝(29−7)×0.5＝11dB
> 노출음압수준＝100−11＝89dB

2017년 제7회 산업보건지도사

산업위생일반

2017년 3월 25일 시행

01 산업피로에 관한 설명으로 옳지 않은 것은?
① 근육 내 에너지원의 부족은 피로발생의 생리적 원인에 해당된다.
② 체내 대사물질인 젖산, 암모니아, 시스틴, 잔여질소는 피로물질이라 한다.
③ 국소피로의 측정은 피로의 주관적 측정이다.
④ 산업피로는 정신적 피로와 육체적 피로로 구분할 수 있다.
⑤ 전신피로는 심박수를 측정한 후 산출하여 판정한다.

해설 국소피로를 측정, 평가하는 데에는 객관적인 방법인 근전도(EMG)를 가장 많이 이용한다.

02 화학물질의 분류·표시 및 물질안전보건자료에 관한 기준에 따른 물질안전보건자료의 작성 항목으로 옳지 않은 것은?
① 유해성·위험성
② 누출사고 시 대처방법
③ 취급 및 저장방법
④ 환경에 미치는 영향
⑤ 안정성 및 폭발성

해설 물질안전보건자료 작성 시 포함 항목
㉠ 화학제품과 회사에 관한 정보
㉡ 유해성·위험성
㉢ 구성성분의 명칭 및 함유량
㉣ 응급조치 요령
㉤ 폭발·화재 시 대처방법
㉥ 누출사고 시 대처방법
㉦ 취급 및 저장방법
㉧ 노출방지 및 개인보호구
㉨ 물리화학적 특성
㉩ 안정성 및 반응성
㉪ 독성에 관한 정보
㉫ 환경에 미치는 영향
㉬ 폐기 시 주의사항
㉭ 운송에 필요한 정보
㉮ 법적 규제 현황
㉯ 그 밖의 참고사항

정답 | 01.③ 02.⑤

03 산업안전보건기준에 관한 규칙상 밀폐공간과 관련된 내용으로 옳지 않은 것은?
① 사업주는 근로자가 밀폐공간에서 작업을 하는 경우에 그 작업장과 외부의 감시인 간에 상시 연락을 취할 수 있는 설비를 설치하여야 한다.
② 사업주는 근로자가 밀폐공간에서 작업을 하는 경우에 작업을 시작하기 전과 작업 중에 해당 작업장을 적정공기 상태가 유지되도록 환기하여야 한다.
③ "유해가스"란 밀폐공간에서 탄산가스·황화수소 등의 유해물질이 가스상태로 공기 중에 발생하는 것을 말한다.
④ "적정공기"란 산소농도의 범위가 18% 이상, 23.5% 미만, 탄산가스의 농도가 1.5% 미만, 황화수소의 농도가 20ppm 미만인 수준의 공기를 말한다.
⑤ 사업주는 근로자가 밀폐공간에서 작업을 하는 경우에 그 장소에 근로자를 입장시킬 때와 퇴장시킬 때마다 인원을 점검하여야 한다.

해설 적정공기
㉠ 산소농도의 범위가 18% 이상 23.5% 미만인 수준의 공기
㉡ 탄산가스 농도가 1.5% 미만인 수준의 공기
㉢ 황화수소 농도가 10ppm 미만인 수준의 공기
㉣ 일산화탄소의 농도가 30ppm 미만인 수준의 공기

04 산업보건의 역사에 관한 설명으로 옳은 것은?
① 라마치니(B. Ramazzini)는 '직업인의 질병'을 저술하였다.
② 히포크라테스는 구리광산에서 산 증기의 위험성을 보고하였다.
③ 원진레이온에서 발생한 직업병의 원인물질은 황화수소이다.
④ 우리나라는 1991년에 산업안전보건법을 제정하였다.
⑤ 우리나라는 1995년에 작업환경측정실시규정을 제정하였다.

해설 ② 히포크라테스는 역사상 최초로 기록된 직업병인 납중독을 보고하였다.
③ 원진레이온에서 발생한 직업병의 원인물질은 이황화탄소이다.
④ 우리나라는 1981년에 산업안전보건법을 제정하였다.
⑤ 우리나라는 1992년에 작업환경측정실시규정을 제정하였다.

05 근로자 건강진단 실시기준에서 건강진단 실시결과에 따라 건강상담, 보호구 지급 및 착용지도, 추적검사, 근무 중 치료 등의 조치를 시행할 수 있는 기관 또는 자격자에 해당하지 않는 것은?
① 건강진단기관
② 산업보건의
③ 보건관리자
④ 보건진단기관
⑤ 한국산업안전보건공단 근로자 건강센터

정답 | 03.④ 04.① 05.④

해설 사업주는 건강진단 실시결과에 따라 건강상담, 보호구 지급 및 착용지도, 추적검사, 근무 중 치료 등의 조치를 시행할 때에 다음의 어느 하나를 활용할 수 있다.
㉠ 건강진단기관
㉡ 산업보건의
㉢ 보건관리자
㉣ 공단 근로자 건강센터

06 작업환경측정 및 지정측정기관 평가 등에 관한 고시에서 정한 6가 크롬화합물의 측정과 분석방법에 관한 설명으로 옳은 것은?

① 시료채취기는 유리섬유 여과지와 패드가 장착된 3단 카세트를 사용한다.
② 시료채취용 펌프는 작업자의 정상적인 작업 상황에서 작업자에게 부착 가능해야 하며, 적정유량(1~4L/분)에서 6시간 동안 연속적으로 작동이 가능해야 한다.
③ 시료채취량은 여과지에 채취된 먼지의 무게가 10mg을 초과하지 않도록 펌프의 유량 및 시료채취 시간을 조절하여 시료채취를 한다.
④ 현장공시료의 개수는 채취된 총 시료 수의 5% 이상 또는 시료세트당 1~10개를 준비한다.
⑤ 분석기기는 전도도 또는 분광검출기가 장착된 이온 크로마토그래피이어야 한다.

해설 6가 크롬화합물의 측정과 분석방법
㉠ 시료채취 : PVC 여과지(직경 : 37mm, 공극 : 5.0μm, polyvinyl chloride membrane)와 패드(backup pad)가 장착된 3단 카세트를 사용한다.
㉡ 시료채취용 펌프
 • 작업자의 정상적인 작업상황에서 작업자에게 부착 가능해야 한다.
 • 적정유량(1~4L/분)에서 8시간 동안 연속적으로 작동이 가능해야 한다.
㉢ 유량보정
 • 시료채취기와 펌프를 유연성 튜브로 연결한 후, 비누거품 유량보정기를 사용하여 적정유량(1~4L/분)으로 보정한다.
 • 유량보정은 시료채취 전·후에 실시한다.
㉣ 시료채취
 • 시료채취 직전 시료채취기의 마개를 열고 유연성 튜브를 이용하여 시료채취기와 펌프를 연결한다.
 • 개인 시료채취의 경우 근로자에게 장착시키고 시료채취기는 근로자의 호흡영역에 부착하여 시료를 채취한다.
㉤ 시료채취량 : 여과지에 채취된 먼지의 무게가 1mg을 초과하지 않도록 펌프의 유량 및 시료채취 시간을 조절하여 시료채취를 한다.
㉥ 시료운반, 시료안정성, 현장공시료
 • 채취된 시료는 시료채취기의 마개를 완전히 밀봉한 후 실험실로 운반하여 냉장보관한다. 분석은 시료채취 후 2주 이내에 분석하도록 한다.
 • 현장공시료의 개수는 채취된 총 시료 수의 10% 이상 또는 시료세트당 2~10개를 준비한다.
  - [6가 크롬 도금공정에서 채취된 시료는 시료채취 후 즉시 여과지를 꺼내 바이엘에 넣고 추출용액(2% 수산화니트륨/3% 탄산나트륨) 5mL를 첨가하여 여과지를 완전히 적신 후 마개로 밀봉하여 냉장보관한다.]
  - 스테인리스강(stainless steel) 용접공정에서 채취된 시료의 경우는 시료채취 후 8일 이내에 분석하도록 한다.
㉦ 분석기기 : 전도도 또는 분광검출기가 장착된 이온 크로마토그래피이어야 한다.

PART 02 | 과년도 출제문제

07 산업안전보건법령상 유해물질 또는 작업장소에 따른 포위식 후드의 제어풍속이 옳지 않은 것은?
① 메틸알코올(가스상태) – 0.4m/sec
② 망간 및 그 화합물(입자상태) – 0.6m/sec
③ 염화비닐(가스상태) – 0.5m/sec
④ 주물모래를 재생하는 장소 – 0.7m/sec
⑤ 암석 등 탄소원료 또는 알루미늄박을 체로 거르는 장소 – 0.7m/sec

해설 입자상태 관리대상 유해물질의 포위식 후드 제어풍속은 0.7m/sec이다.

08 상이한 반응을 보이는 집단의 중심경향을 파악하고자 할 때 유용하게 이용되는 대푯값은?
① 산술평균　　　　　　　② 가중평균
③ 기하평균　　　　　　　④ 조화평균
⑤ 중앙값

해설 조화평균
상이한 반응을 보이는 집단의 중심경향을 파악하고자 할 때 유용하게 이용되며, 각 요소의 역수를 산술평균한 후 그 값을 다시 역수로 변환한 값을 말한다.

09 폐환기 및 폐기능에 관한 설명으로 옳은 것을 모두 고른 것은?

> ㉠ 안정 시 호흡에서 폐로 들어가는 공기의 양을 1회 호흡량(TV)이라 한다.
> ㉡ 안정 시 호기 후에 노력하여 최대한 호기할 수 있는 공기의 양을 예비호기량(ERV)이라 한다.
> ㉢ 안정시 흡기 후에 노력하여 최대한 들여 마실 수 있는 공기의 양을 예비흡기량(IRV)이라 한다.
> ㉣ 1회 호흡량, 예비흡기량, 예비호기량을 모두 더한 양을 전폐용량(total lung capacity)이라 한다.
> ㉤ 최대한 공기를 다 내쉰 후에도 기도에 남아 있는 공기가 있는데 이를 잔기량(RV)이라고 하며, 1,200mL 정도가 된다.

① ㉠, ㉢
② ㉡, ㉣, ㉤
③ ㉠, ㉡, ㉢, ㉤
④ ㉠, ㉡, ㉣, ㉤
⑤ ㉡, ㉢, ㉣, ㉤

해설 전폐용량(total lung capacity)은 최대 흡식을 하였을 때에 폐에 포함되는 전가스량을 말하며 폐활량에 잔기량을 합한 것이다. 즉, 최대로 숨을 들이쉬었을 때 폐에 존재하는 공기의 총용량을 말한다.

정답 | 07.② 08.④ 09.③

10 화학물질 및 물리적 인자의 노출기준에 따른 화학물질의 생식독성 분류 기준은?
① 국제암연구소의 분류
② 미국산업위생전문가협회의 분류
③ 미국국립산업안전보건연구원의 분류
④ 미국독성프로그램의 분류
⑤ 유럽연합의 분류·표시에 관한 규칙의 분류

해설 화학물질의 생식독성 분류 기준
유럽연합의 분류·표시에 관한 규칙의 분류

11 직업에 대한 개인의 동기와 환경이 제공해 주는 여러 여건들이 조화를 이루지 못할 때, 혹은 직장에서의 요구와 그 요구에 대처할 수 있는 인간의 능력에 차이가 존재할 때 긴장이 발생하게 된다고 보는 직무스트레스 모델은?
① 인간-환경 적합 모델
② ISR 모델
③ 노력-보상 불균형 모델
④ Newman의 요소 모델
⑤ 요구-통제 모델

해설 인간-환경 적합 모델
스트레스는 인간이나 환경으로부터 독립적으로 발생하는 것이 아니라, 그들의 부적합이나 서로에 대한 일치, 즉 인간과 환경 간의 (요구-공급 적합, 능력-요구 적합, 객관적-주관적 적합) 등에 의해 발생하게 된다는 모델(환경요소보다 개인요소 측정에 더 집중했다는 한계점이 있음)

12 근로자 건강증진활동 지침에 따라 사업주가 건강증진활동계획을 수립할 때 포함해야 할 사항은?
① 작업환경측정결과 사후관리조치
② 건강진단결과 사후관리조치
③ 위험성평가결과 사후관리조치
④ 화학물질의 유해성·위험성 평가결과 사후관리조치
⑤ 직무스트레스 평가결과 사후관리조치

해설 사업주의 건강증진활동계획 수립 시 포함사항
㉠ 건강진단결과 사후관리조치
㉡ 안전보건규칙에 따른 근골격계질환 징후가 나타난 근로자에 대한 사후조치
㉢ 안전보건규칙에 따른 직무스트레스에 의한 건강장해 예방조치

13 금속의 체내대사에 관한 설명으로 옳지 않은 것은?
① 무기연 화합물은 주로 호흡기와 소화기를 통하여 인체 내에 들어 온다.
② 금속수은의 표적장기는 심장과 근육이고, 무기수은염의 표적장기는 뇌이다.
③ 체내에 흡수된 카드뮴은 혈액을 거쳐 2/3 정도 간과 신장으로 이동하고, 물질대사를 통해 메탈로티오네인(metallothionein)이 합성되어 혈액을 통하여 다른 장기로 이동한다.
④ 체내에 흡수된 망간은 10~30% 정도 간에 축적되며, 뇌혈관막을 통과하기도 한다.
⑤ 베릴륨의 주된 흡수 경로는 호흡기이고, 위장관계나 피부를 통하여 흡수될 수도 있다.

해설 금속수은의 표적장기는 뇌, 혈액, 심근이고, 무기수은염의 표적장기는 신장, 간장, 비장 등이다.

14 하인리히(H. Heinrich)의 사고 발생과정 5단계에 관한 설명으로 옳지 않은 것은?
① 사고예방 중심은 1단계이다.
② 도미노 이론이라고도 한다.
③ 불안전한 행동 및 상태는 3단계에 해당된다.
④ 낙하·비래와 같은 사고는 4단계에 해당된다.
⑤ 사고 결과로 발생하는 상해는 5단계에 해당된다.

해설 하인리히의 도미노 이론 : 사고 연쇄반응(사고 발생과정 5단계)
사회적 환경 및 유전적 요소(선천적 결함) → 개인적인 결함(인간의 결함) → 불안전한 행동 및 상태(인적 원인과 물적 원인) → 사고 → 재해(상해)

15 재해율에 관한 설명으로 옳은 것은?
① 천인율은 산출이 용이하며 근로시간수나 근로일수에 변동이 많은 사업장에 적합하다.
② 종합재해지수(FSI)의 계산식은 $\sqrt{2.4 \times 도수율 \times 강도율}$ 이다.
③ 사망 및 장해등급 1~3급 상해자의 손실일수는 6,500일이다.
④ 일시 전근로불능상해 또는 일시 부분근로불능상해는 휴식일수에 250/360을 곱하여 산정한다.
⑤ 작업기록을 근거로 근로시간의 산출이 불가능할 때는 근로자 1인당 연간 근로시간은 2,400시간으로 계산한다.

해설 ① 천인율은 산출이 용이하며 근로자수나 근로일수의 변동이 많은 사업장은 적합하지 않다.
② 종합재해지수(FSI)의 계산식은 $\sqrt{도수율 \times 강도율}$ 이다.
③ 사망 및 장해등급 1~3급 상해자의 손실일수는 7,500일이다.
④ 입원, 휴업, 휴직, 요양의 경우 근로손실일수 산정기준은 총휴업일수에 $\frac{300}{365}$을 곱하여 구한다.

정답 | 13.② 14.① 15.⑤

16 하이드라진(Hydrazine)의 증기압은 10mmHg, 노출기준은 0.05ppm이며, 노말헥산의 증기압은 124mmHg, 노출기준은 50ppm이다. 다음 중 옳은 것을 모두 고른 것은? (단, 증기유해지수(VHI) = $\frac{포화농도}{노출기준}$)

> ㉠ 하이드라진의 포화농도는 약 1.3%이다.
> ㉡ 노말헥산의 포화농도는 약 26.3%이다.
> ㉢ 하이드라진의 VHI는 약 263,000이다.
> ㉣ 노말헥산의 VHI는 약 53,000이다.

① ㉠, ㉢
② ㉠, ㉣
③ ㉠, ㉡, ㉢
④ ㉡, ㉢, ㉣
⑤ ㉠, ㉡, ㉢, ㉣

해설
- 하이드라진

$$포화농도(\%) = \frac{증기압}{760} \times 100 = \frac{10}{760} \times 100 = 1.3158\%$$

$$증기위해지수(VHI) = \frac{포화농도}{노출기준} = \frac{1.3158\% \times 10,000ppm/1\%}{0.05ppm} = 263,160$$

- 노말헥산

$$포화농도(\%) = \frac{124}{760} \times 100 = 16.315\%$$

$$증기위해지수(VHI) = \frac{16.315\% \times 10,000ppm/1\%}{50ppm} = 3,263$$

17 사실을 확인하여 미리 정해 둔 판정기준에 근거해서 재해요소를 찾고 그 중요도를 평가하는 재해요인의 분석기법은?

① 특성요인도 분석
② 문답방식 분석
③ 일반적인 재해원인 분석
④ 4M기법
⑤ 3E기법

해설 일반적인 재해원인 분석
㉠ 사실을 확인하여 파악된 사실에 관해 미리 정해 둔 판정기준에 근거해 재해요소를 찾고 재해요소의 중요도를 평가하여 재해요인을 파악한다.
㉡ 결론적으로 재해요인의 상관관계와 중요도를 검토하여 재해원인을 결정한다.
㉢ 판정기준으로서는 법규, 사내규정, 기술지침, 작업표준, 설비기준 등이 있다.

18 우리나라 산업재해 발생형태의 분류 항목이 아닌 것은?
① 전도
② 붕괴·도괴
③ 협착
④ 유해물질 접촉
⑤ 절단

해설 산업재해 발생형태의 분류
추락, 전도, 충돌, 낙하·비래, 붕괴·도괴, 협착, 감전, 폭발, 화재, 이상온도 접촉, 유해물질 접촉
NOTE 상해종류별 분류
골절, 동상, 부종, 자상, 좌상, 절상, 중독·질식, 찰과상, 창상, 청력장애, 화상, 시력장애, 뇌진탕, 익사, 피부병

19 환경역학연구에 관한 설명으로 옳지 않은 것은?
① 개인단위가 아닌 인구집단 또는 특정집단을 분석의 단위로 하는 연구를 생태학적 연구라 한다.
② 참여하는 대상을 알고자 하는 결과변수(질병 또는 특정 건강상태)의 유무를 기반으로 정해지는 것은 환자–대조군 연구이다.
③ 환자–대조군 연구에서 교차비(OR)가 1보다 크다는 것은 요인노출과 결과변수가 양의 관계에 있다는 것을 의미한다.
④ 코호트 연구에서 연관성은 환자군에서의 질병발생률과 대조군에서의 질병발생률의 비인 상대위험도(RR)로 나타낸다.
⑤ 패널연구는 반복측정연구라고도 하며, 단면연구와 코호트 연구의 혼합형태이다.

해설 코호트 연구에서 연관성은 노출군에서의 질병발생률과 비노출군에서의 질병발생률의 비율인 상대위험도(RR)로 나타낸다.

20 트리클로로에틸렌에 관한 설명으로 옳지 않은 것은?
① 무색의 불연성 액체로 달콤한 냄새가 난다.
② 휘발성이 강해 주로 호흡기로 흡입되며 피부흡수는 드물다.
③ 화학물질 및 물리적 인자의 노출기준에서 발암성을 1B로 구분한다.
④ 주로 금속가공 공장에서 기계 세척용이나 금속부품의 증기탈지 작업에 사용된다.
⑤ 주로 간, 콩팥, 심혈관계, 중추신경계, 피부에 건강상 악영향을 미친다.

해설 화학물질 및 물리적 인자의 노출기준에서 발암성을 1A로 구분한다(TWA : 10ppm, STEL : 25ppm).

정답 | 18.⑤ 19.④ 20.③

21 다음에서 설명하는 금속은?

> - 화학물질 및 물리적 인자의 노출기준에서 발암성 구분은 1A이며, 노출기준(TWA)은 0.01 mg/m³이다.
> - 무기물질의 경우 장관계에서 매우 잘 흡수된다.
> - 무기물질에 만성적으로 노출되는 경우 피부 색소침착, 피부각화 등의 피부증상이 가장 흔하게 나타난다.

① 비소
② 납
③ 수은
④ 망간
⑤ 크롬

해설 비소(AS)
㉠ 비소의 노출기준
- 고용노동부 노출기준 : 8시간 시간가중평균농도(TWA)로 0.01mg/m³
- 미국산업위생전문가협의회(ACGIH) : 8시간 시간가중평균농도(TWA)로 0.01mg/m³
- 생물학적 노출기준(BEI) : 무기비소 및 메틸화된 대사물이 35㎍ As/L
- 인간에 대한 발암성이 확인된 물질군(1A)에 포함
㉡ 흡수 : 비소의 분진과 증기는 호흡기를 통해 체내에 흡수되며 무기물질의 경우 장관계에서 매우 잘 흡수된다.
㉢ 만성중독
- 피부의 색소침착(흑피증), 각질화가 심하면 피부암이 나타난다.
- 다발성 신경염 등의 말초신경장애로 인한 질환, 빈혈, 심혈관계, 간장장애 등이 나타난다. 특히 지각마비 및 근무력증이 생긴다.

22 방독마스크에 관한 설명으로 옳지 않은 것은?

① 일산화탄소용 정화통의 색깔은 흑색이다.
② 방독마스크의 흡착제로 가장 많이 쓰는 것은 활성탄이다.
③ 사용 중에 조금이라도 가스냄새가 나는 경우에는 새로운 정화통으로 교환한다.
④ 정화통은 온도나 습도에 영향을 받으므로 건냉소에 보관한다.
⑤ 공기 중 사염화탄소 농도가 2,500ppm이며, 정화통의 정화능력이 사염화탄소 0.4%에서 150분간 사용가능하다면 유효시간은 240분이다.

해설 방독마스크 정화통 외부 측면의 표시색

흡수관 종류	색
유기화합물용	갈색
할로겐용, 황화수소용, 시안화수소용	회색
아황산용	노란색
암모니아용	녹색
복합용 및 겸용	• 복합용의 경우 : 해당 가스 모두 표시(2층 분리) • 겸용의 경우 : 백색과 해당 가스 모두 표시(2층 분리)

23 제철소의 작업환경에서 발생하는 코크스오븐배출물질(COE)의 시료 채취에 사용하는 매체는?
① 은막 여과지
② MCE 여과지
③ PVC 여과지
④ 활성탄관
⑤ 실리카겔관

해설 은막 여과지(silver membrane filter)
㉠ 균일한 금속은을 소결하여 만들며 열적·화학적 안정성이 있다.
㉡ 코크스 제조공정에서 발생되는 코크스오븐 배출물질, 콜타르피치 휘발물질, x선 회절분석법을 적용하는 석영 또는 다핵방향족 탄화수소 등을 채취하는 데 사용한다.
㉢ 결합제나 섬유가 포함되어 있지 않다.

24 소변 또는 혈액을 이용한 생물학적 모니터링에 관한 설명으로 옳지 않은 것은?
① 혈액을 이용한 생물학적 모니터링은 혈액 구성성분에 개인간 차이가 적다.
② 혈액을 이용한 생물학적 모니터링은 소변에 비해 약물동력학적 변이 요인들의 영향을 적게 받는다.
③ 소변을 이용한 생물학적 모니터링은 소변 배설량의 변화로 농도보정이 필요하다.
④ 생물학적 모니터링을 위한 혈액 채취는 정맥혈을 기준으로 한다.
⑤ 소변은 많은 양의 시료 확보가 가능하다.

해설 혈액을 이용한 생물학적 모니터링은 소변에 비해 약물동력학적 변이 요인들의 영향을 많이 받는다.
　NOTE 약물동력학은 약물의 화학구조와 생리적 활성관계 및 약물의 용량과 생체반응관계를 생리적, 생화학적 작용, 효과 면에서 연구하는 학문

25 입자상 물질에 관한 설명으로 옳지 않은 것은?
① 호흡기계의 어느 부위에 침착하더라도 독성을 나타내는 입자상 물질을 흡입성 분진(IPM)이라 한다.
② 흄은 금속의 증기화, 증기물의 산화, 증기물의 가공에 의하여 발생한다.
③ 호흡성 분진(RPM)의 평균 입자 크기는 $4\mu m$이다.
④ 가스교환지역인 폐포나 폐기도에 침착되었을 때 독성을 나타내는 입자상 물질을 흉곽성 분진(TPM)이라 한다.
⑤ 스모크는 유기물질의 불완전 연소에 의하여 생성된다.

해설 흄은 금속의 증기화, 증기물의 산화, 산화물의 응축에 의하여 발생한다.

2018년 제8회 산업보건지도사

산업위생일반

2018년 3월 24일 시행

01 활성탄관으로 채취한 벤젠을 1mL 이황화탄소로 추출하여 정량한 결과가 다음과 같을 때, 벤젠 양(μg)은?

- 시료(앞층 10ppm, 뒤층 0.1ppm)
- 공시료(앞층 0.1ppm, 뒤층 검출되지 않음)

① 9.9
② 10
③ 99
④ 100
⑤ 파과현상 때문에 시료로 쓰지 못함

해설 벤젠 양(μg) = (10+0.1)ppm − 0.1ppm
= 10ppm(mg/L) × 0.001L × $10^3 \mu g$/mg
= 10 μg

02 중금속별로 노출될 수 있는 공정을 연결한 것으로 옳지 않은 것은?

① 크롬 – 도금
② 납 – PVC 압출 혼합
③ 유기수은 – 형광등 제조
④ 비소 – 반도체 이온주입
⑤ 카드뮴 – 축전지 제조

해설 유·무기수은 발생원
 ㉠ 무기수은(금속수은)
  • 형광등, 수은온도계 제조
  • 체온계, 혈압계, 기압계 제조
  • 수은전지 제조
  • 아말감(금, 은, 동 등) 제조
  • 페인트, 농약, 살균제 제조
  • 모자용 모피 및 벨트 제조
  • 뇌홍[Hg(ONC)$_2$] 제조
 ㉡ 유기수은
  • 의약, 농약 제조
  • 종자소독
  • 펄프 제조
  • 농약살포
  • 가성소다 제조

정답 | 01.② 02.③

03 생물학적 유해인자가 주로 발생되는 공정 또는 작업이 아닌 것은?

① 사료 저장
② 농작업
③ 제빵
④ 주물
⑤ 수용성 금속가공

해설 주물공정 또는 작업에서는 주로 화학적 유해인자가 발생되며 분진, 일산화탄소, 아황산가스, 페놀류, 포름알데히드, 고열, 소음 등이 해당된다.

04 국내외 산업위생 역사에 관한 설명으로 옳은 것은?

① 중세 노동자 사고와 질병은 의학적 인과관계에 의해서 규명되었다.
② 산업혁명 초창기 어린이 장시간 노동은 일반적이었다.
③ 1963년 산업안전보건법에 이어 1981년 산업재해보상보험법이 제정되었다.
④ 2015년 메탄올 시각 손상이 발생한 공정은 도장(painting)이었다.
⑤ 우리나라 반도체 공장 직업병 문제는 화학물질 급성 중독 사례로 시작되었다.

해설 ① 중세 노동자 사고와 질병은 의학적 인과관계에 의해서 규명되지 못하였다.
③ 1963년 산업재해보상보험법에 이어 1981년 산업안전보건법에 제정되었다.
④ 2015년 메탄올 시각 손상이 발생한 공정은 금속가공 시 발생하는 열을 식히려고 사용했던 메탄올 냉각 공정이다.
⑤ 우리나라 반도체 공장 직업병 문제는 화학물질 만성 중독 사례로 시작되었다.

05 유해인자 측정결과 자료에 관한 해석으로 옳은 것은?

① 근로자가 노출되는 유해인자 측정자료는 일반적으로 정규분포(normal distribution)를 나타낸다.
② 기하표준편차(GSD) 값이 클수록 유해인자 노출특성은 유사한 것으로 평가한다.
③ 동일 자료에 대한 기하평균(GM) 값은 산술평균(AM) 값보다 크다.
④ 정규분포하지 않은 자료를 대수로 변환했을 때 정규분포하면 대수정규분포한다고 평가한다.
⑤ 기하표준편차(GSD) 단위는 ppm 또는 $\mu g/m^3$이다.

해설 ① 근로자가 노출되는 유해인자 측정자료는 일반적으로 정규분포를 나타내지 않는다.
② 기하표준편차(GSD) 값이 작을수록 유해인자 노출특성은 유사한 것으로 평가한다.
③ 동일 자료에 대한 기하평균(GM) 값은 산술평균(AM) 값보다 작다.
⑤ GSD의 단위는 없다.

06 작업장 환기에 관한 설명으로 옳은 것은?
① HVACs(공조시설)에서 공급하는 공기량은 국소배기장치 후드로 들어가는 공기량의 0.5배로 설계해야 한다.
② 국소배기장치에서 실외로 배기된 공기속도는 반송속도의 50%를 유지해야 한다.
③ 먼지가 발생되는 공정에서 국소배기 공기정화장치는 송풍기 뒤에 설치하는 것이 좋다.
④ 1면이 개방된 포위식 후드에서 소요 풍량(Q)은 1면이 완전히 닫혔을 때를 가정하고 설계하는 것이 좋다.
⑤ 외부식 원형후드에서 등속도 면적은 제어거리와 후드 면적을 고려하여 설계한다.

해설 ① HVACs(공조시설)에서 공급하는 공기량은 국소배기장치 후드로 들어가는 공기량의 약 10% 정도가 넘게 설계해야 한다.
② 국소배기장치에서 실외로 배기된 공기속도는 반송속도의 50% 이내이어야 한다(배기구속도는 일반적으로 약 15m/s가 적합하다).
③ 먼지가 발생되는 공정에서 국소배기 공기정화장치는 송풍기 앞에 설치하는 것이 좋다.
④ 1면이 개방된 포위식 후드에서 소요 풍량(Q)은 1면이 완전히 개방되었을 때를 가정하고 설계하는 것이 좋다.

07 일반적으로 알려진 내분비계 교란물질(endocrine disruptors)이 아닌 것은?
① DDT
② Diethylstilbestrol(DES)
③ 프탈레이트
④ 다이옥신
⑤ 메틸에틸케톤(MEK)

해설 내분비계 교란물질 종류
㉠ 다이옥신(Dioxin)
㉡ 디디티(DDT)
㉢ 디에틸스틸베스트롤(DES)
㉣ 디히드로에피안드로스테론(DHEA)
㉤ 비스페놀A(Bisphenol A)
㉥ 폴리염화비페닐(PCBs)
㉦ 프탈레이트

08 다음은 자동차 산업 노동자를 대상으로 수행한 역학연구에서 얻은 SMR(표준화사망비) 값과 95% 신뢰구간이다. 건강근로자 영향(healthy worker effect)을 의심할 수 있는 결과는?
① 0.6(0.4-0.8)
② 1.1(0.9-1.5)
③ 1.2(0.9-1.9)
④ 1.5(1.2-1.9)
⑤ 3.0(1.5-9.2)

해설 표준화사망비(SMR)가 1보다 작은 경우 분석의 기준이 되는 집단에 비해 영향이 적다는 것을 의미, 즉 건강근로자의 영향을 의심할 수 있는 결과로는 문제에서 주어진 보기 항목에서 1 미만의 값으로 선정한다.

정답 | 06.⑤ 07.⑤ 08.①

09 중간대사산물(metabolite)이 암을 일으키는 물질은?
  ① 다핵방향족탄화수소화합물(PAHs)
  ② 비소
  ③ 석면
  ④ 베릴륨
  ⑤ 라돈

  해설 다핵방향족탄화수소화합물(PAHs)은 시토크롬 P-450의 준개체단에 의하여 대사되며, 대사에 관여하는 효소는 P-448로 대사되는 중간산물이 발암성을 나타낸다.

10 유해인자 노출기준에 관한 설명으로 옳은 것은?
  ① 노출기준 초과여부로 건강영향을 진단할 수 있다.
  ② 모든 근로자의 건강영향을 진단하기 위한 법적기준이다.
  ③ 개인 시료(personal sample) 측정 결과로 호흡기, 피부, 소화기 등 종합적인 인체 노출수준을 추정할 수 있다.
  ④ 동물실험에 근거해서 설정된 노출기준은 역학조사보다 불확실성이 낮아 신뢰성이 높다.
  ⑤ 생물학적 노출기준(BEI)이 설정된 화학물질 수가 적은 이유는 건강영향을 추정할 수 있는 바이오마커가 드물기 때문이다.

  해설 ① 노출기준 초과여부로 건강영향을 진단할 수 없다.
  ② 모든 근로자의 건강영향을 진단하기 위한 법적기준은 아니다.
  ③ 개인 시료 측정 결과로 호흡기에서 노출되는 유해인자의 양이나 강도를 간접적으로 추정할 수 있다.
  ④ 역학조사에 근거해서 설정된 노출기준은 동물실험자료보다 불확실성이 낮아 신뢰성이 높다.

11 건강영향을 일으킬 수 있는 직접적인 직무스트레스 요인이 아닌 것은?
  ① 책임감이 높은 일의 연속
  ② 상사 및 동료와의 갈등
  ③ 불규칙한 작업형태
  ④ 영양부족
  ⑤ 열악한 작업환경

  해설 영양부족은 건강영향을 일으킬 수 있는 간접적인 직무스트레스 요인이다.

12 밀폐공간에서 안전한 작업을 위한 일반적인 대책으로 옳지 않은 것은?
  ① 냉각탑 내부를 교체할 때 불활성 기체를 주입하는 배관 장치는 잠근다.
  ② 출입 전 산소 및 유해가스 농도를 측정한다.
  ③ 작업하는 동안 감시인을 밀폐공간 밖에 배치한다.
  ④ 불활성기체가 고농도일 경우 방독마스크를 착용한다.
  ⑤ 신선한 공기를 공급하기 곤란한 경우 공기호흡기 또는 송기마스크를 착용한다.

  해설 불활성기체가 고농도일 경우 환기를 실시하여야 한다.

정답 | 09.① 10.⑤ 11.④ 12.④

13 주요 국가에서 설정한 노출기준 용어로 옳지 않은 것은?

① 미국(OSHA) – PEL
② 미국(NIOSH) – REL
③ 미국(ACGIH) – WEEL
④ 영국(HSE) – WEL
⑤ 독일 – MAK

> **해설** 미국정부산업위생전문가협의회(ACGIH)
> 매년 "화학물질과 물리적 인자에 대한 노출기준 및 생물학적 노출지수"를 발간하여 노출기준 제정에 있어서 국제적으로 선구적인 역할을 담당하고 있다.
> ㉠ 허용기준(TLVs ; Threshold Limit Values) : 세계적으로 가장 널리 이용(권고사항)
> ㉡ 생물학적 노출지수(BEIs ; Biological Exposure Indices)
> • 근로자가 특정한 유해물질에 노출되었을 때 체액이나 조직 또는 호기 중에 나타나는 반응을 평가함으로써 근로자의 노출 정도를 권고하는 기준이다.
> • 근로자가 유해물질에 어느 정도 노출되었는지를 파악하는 지표로서, 작업자의 생체시료에서 대사산물 등을 측정하여 유해물질의 노출량을 추정하는 데 사용된다.

14 화학물질에 대한 노출수준을 추정하는 데 활용될 수 없는 것은?

① 하루 평균 화학물질 취급 빈도(frequency)
② 하루 평균 화학물질 취급 시간
③ 하루 평균 화학물질 취급량
④ 화학물질 제거 환기 효율
⑤ 화학물질의 독성(toxicity)

> **해설** 화학물질 노출수준 추정 활용인자
> ㉠ 하루 평균 화학물질 취급 빈도
> ㉡ 하루 평균 화학물질 취급 시간
> ㉢ 하루 평균 화학물질 취급량
> ㉣ 화학물질 제거 환기 효율

15 산업현장에서 일반재해가 발생했을 때 조치 순서로 옳은 것은?

① 재해발생 → 긴급처리 → 재해조사 → 원인분석 → 대책수립 → 평가
② 재해발생 → 재해조사 → 긴급처리 → 원인분석 → 대책수립 → 평가
③ 재해발생 → 긴급처리 → 원인분석 → 재해조사 → 대책수립 → 평가
④ 재해발생 → 원인분석 → 재해조사 → 긴급처리 → 대책수립 → 평가
⑤ 재해발생 → 긴급처리 → 원인분석 → 대책수립 → 재해조사 → 평가

> **해설** 일반재해 조치 순서(재해발생 시 조치 순서)
> 재해발생 → 긴급처리 → 재해조사(피해조사) → 원인분석(원인강구) → 대책수립 → 대책실시계획 → 실시 → 평가

16 미국 NIOSH의 중량물 들기 최대 허용기준(Maximum Permissible Limit ; MPL)에 관한 설명으로 옳지 않은 것은?

① MPL을 초과하면 대부분의 근로자에게 근육 및 골격장애를 유발한다.
② 5번 요추와 1번 천추(L5/S1)에 미치는 압력이 6,400N의 부하에 해당된다.
③ 감시기준(Action Limit)의 5배에 해당된다.
④ 작업강도, 즉 에너지 소비량은 5.0kcal/min을 초과한다.
⑤ 남자의 25%, 여자의 1%가 작업 가능하다.

해설 MPL(최대 허용기준)=AL(감시기준)×3

17 질병의 업무관련 역학조사에 관한 설명으로 옳지 않은 것은?

① 담당한 공정과 직무 등 원인인자를 파악한다.
② 개인 기호 및 과거 질환 여부는 고려하지 않는다.
③ 질병 원인 유해인자에 대한 연구결과를 고찰한다.
④ 국내외 유사한 질병 사례를 조사한다.
⑤ 동료 근로자를 대상으로 과거 작업 상황을 조사한다.

해설 질병의 업무관련 역학조사 시 개인 기호 및 과거 질환 여부도 고려해야 한다.

18 가축 분뇨 정화조를 청소하는 동안 착용해야 할 호흡 보호구는?

① 방진마스크
② 면마스크
③ 송기마스크
④ 반면형 방독마스크
⑤ 전면형 방독마스크

해설 가축분뇨 정화조 내부 청소 중 황화수소가 발생하므로 호흡 보호구 중 송기마스크 및 공기호흡기를 착용하여야 한다.

NOTE 송기마스크를 착용하여야 할 작업[산업안전보건기준에 관한 규칙]
㉠ 환기를 할 수 없는 밀폐공간에서의 작업
㉡ 밀폐공간에서 비상 시에 근로자를 피난시키거나 구출작업
㉢ 탱크, 보일러 또는 반응탑의 내부 등 통풍이 불충분한 장소에서의 용접작업
㉣ 지하실 또는 맨홀의 내부 기타 통풍이 불충분한 장소에서 가스배관의 해체 또는 부착작업을 할 때 환기가 불충분한 경우
㉤ 국소배기장치를 설치하지 아니한 유기화합물 취급 특별장소에서 관리대상물질의 단시간 취급업무
㉥ 유기화합물을 넣었던 탱크 내부에서 세정 및 도장 업무

정답 | 16.③ 17.② 18.③

19 청각의 등감곡선에 관한 설명으로 옳지 않은 것은?
① 정상적인 청력을 가진 사람들을 대상으로 음의 크기(loudness)를 실험한 결과에 근거한다.
② 동일한 크기를 듣기 위해서 고주파에서는 저주파보다 물리적으로 더 높은 음압 수준을 필요로 한다.
③ 1,000Hz에서 40dB은 100Hz에서 약 50dB과 비슷한 크기로 느껴진다.
④ 고주파 음압 수준에 노출되면 주로 직업성 소음성 난청이 발생한다.
⑤ 1,000Hz에서 음압 수준을 기준으로 등감곡선을 나타내는 단위를 'phon'이라고 한다.

해설 동일한 크기를 듣기 위해서 저주파에서는 고주파보다 물리적으로 더 높은 음압 수준을 필요로 한다.

20 방사선 유효선량(effective dose)의 단위는?
① 시버트(Sv)
② 라드(rad)
③ 그레이(Gy)
④ 뢴트겐(R)
⑤ 베크렐(Bq)

해설 Sv(Sievert)
㉠ 흡수선량이 생체에 영향을 주는 정도로 표시하는 선당량(생체실효선량)의 단위이다.
㉡ 등가선량의 단위(등가선량 : 인체의 피폭선량을 나타낼 때 흡수선량에 당해 방사선의 방사선 가중치를 곱한 값을 말함)이며 유효선량과 같은 단위이다.
㉢ 생물학적 영향에 상당하는 단위이다.
㉣ RBE를 기준으로 평준화하여 방사선에 대한 보호를 목적으로 사용하는 단위이다.
㉤ 1Sv=100rem

21 호흡기 상기도 점막을 주로 자극하는 물질이 아닌 것은?
① 암모니아
② 이산화질소
③ 염화수소
④ 아황산가스
⑤ 불화수소

해설 호흡기 상기도 점막자극제
㉠ 암모니아
㉡ 염화수소
㉢ 아황산가스
㉣ 포름알데히드
㉤ 아크롤레인
㉥ 아세트알데히드
㉦ 크롬산
㉧ 불화수소

22 동물실험 결과에 근거해서 설정된 노출기준들의 한계점에 관한 설명으로 옳지 않은 것은?

① 무관찰작용량(No Observed Effect Level)을 알아내는 것이 어렵다.
② 다양한 화학물질의 노출상황에 따른 독성을 알아내기 어렵다.
③ 동물과 사람의 종(species) 차이에 따른 독성의 불확실성이 있다.
④ 수십 년 동안 낮은 농도의 화학물질 노출에 따른 건강영향을 알아내기 어렵다.
⑤ 기저질환을 갖고 있는 질환자들의 건강영향을 규명하기 어렵다.

> **해설** 노출기준 설정 시 동물실험자료를 근거로 하는 경우
> 무관찰작용량(NOEL)을 알아내는 것이 어렵지 않다(14일, 90일, 6개월 동안 실험해서 나타난 무관찰작용량을 이용).

23 양압(positive pressure)을 유지해야 하는 공정 또는 장소는?

① 감염환자 병실
② 석면해체 실내작업
③ 전자부품 제조 공장
④ 실험실 흄 후드 안
⑤ 생물안전(biosafety) 실험실

> **해설** 양압은 공간을 팽창시키려는 방향으로 미치는 압력이고, 음압은 공간을 압축시키려는 방향으로 미치는 압력이다. 따라서 팽창하여 누출되더라도 영향이 없는 공정에 적용하여야 한다.

24 근로자의 만성질병과 직무 또는 업무 연관성을 규명하기 어려운 이유로 옳지 않은 것은?

① 과거 담당했던 직무 기록의 미흡
② 과거 일했던 공정이 존재하지 않음
③ 과거 유해인자 노출수준 추정의 어려움
④ 과거 작업 상황 조사의 어려움
⑤ 만성 질병 분류(classification)의 어려움

> **해설** 만성 질병 분류는 가능하다.

25 고압환경에서 2차성 압력현상과 이로 인한 건강영향으로 옳지 않은 것은?

① 고압환경에서 대기 가스 때문에 나타나는 현상이다.
② 흉곽이 잔기량보다 적은 용량까지 압축되면 폐 압박 현상이 나타날 수 있다.
③ 질소 마취에 의해 작업력의 저하와 다행증이 발생할 수 있다.
④ 산소 중독 증세가 나타날 수 있다.
⑤ 이산화탄소 분압의 증가로 관절 장해가 발생할 수 있다.

> **해설** 흉곽이 잔기량보다 적은 용량까지 압축되면 폐 압박 현상이 나타나는 것은 1차성 압력현상에 의한 생체변환이다.

정답 | 22.① 23.③ 24.⑤ 25.②

2019년 제9회 산업보건지도사

산업위생일반

2019년 3월 30일 시행

01 산업보건의 역사에 관한 설명으로 옳지 않은 것은?
① 그리스의 갈레노스(Galenos, Galen, Galenus)는 구리 광산에서 광부들에 대한 산(acid) 증기의 위험성을 보고하였다.
② 독일의 아그리콜라(G. Agricola)는 「광물에 대하여(De Re Metallica)」를 통해 광업 관련 유해성을 언급하였으며, 이는 후에 Hoover 부부에 의해 번역되었다.
③ 영국의 필(R. Peel) 경은 자신의 면방직공장에서 진폐증이 집단적으로 발병하자, 그 원인에 대해 조사하였으며, 「도제 건강 및 도덕법」 제정에 주도적인 역할을 하였다.
④ 1825년 「공장법」은 대부분 어린이 노동과 관련한 내용이었으며, 1833년에 감독권과 행정명령에 관한 내용이 첨가되어 실질적인 효과를 거두게 되었다.
⑤ 하버드 의대 최초의 여교수인 해밀턴(A. Hamilton)은 「미국의 산업중독」을 발간하여 납중독, 황린에 의한 직업병, 일산화탄소 중독 등을 기술하였다.

해설 영국의 필(Robert Peel) 경은 자신의 면방직공장에서 발진티푸스가 집단적으로 발병하자, 그 원인에 대해 조사하였으며, 「도제건강 및 도덕법」 제정에 주도적인 역할을 하였다.

02 화학물질 및 물리적 인자의 노출기준에서 "Skin" 표시가 된 화학물질로만 나열한 것은?
① 메탄올, 사염화탄소
② 트리클로로에틸렌, 아세톤
③ 트리클로로에틸렌, 사염화탄소
④ 1,1,1-트리클로로에탄, 메탄올
⑤ 1,1,1-트리클로로에탄, 아세톤

해설 화학물질 및 물리적 인자의 노출기준에서 'Skin' 표시 대표적 화학물질
㉠ 나프탈렌
㉡ 2-N-디부틸아미노에탄올
㉢ N-메틸아닐린
㉣ 노말-부틸 글리시딜에테르
㉤ 노말헥산
㉥ 니코틴
㉦ 니트로벤젠
㉧ 메틸알코올
㉨ 사염화탄소
㉩ 1,1,2-트리클로로에탄

정답 | 01.③ 02.①

03 작업환경측정 자료들의 분포(distribution)는 주로 우측으로 무한히 뻗어있는 형태(positively skewed)이다. 이에 관한 설명으로 옳은 것은?

① 평균, 중위수, 최빈수가 같은 값이다.
② 평균이 중위수보다 더 크다.
③ 이를 표준정규분포라고 한다.
④ 기하표준편차는 1 미만이다.
⑤ 최빈수가 평균보다 더 크다.

해설 ① positive skew는 평균, 중위수, 최빈수는 각각 다른 값을 갖는다(평균 > 중위수 > 최빈수).
③ 이를 양으로 치우친 분포라 한다(정적편포분포라고도 함).
④ 기하표준편차는 1 이상이다.
⑤ 최빈수가 평균보다 더 작다.

04 작업환경측정 시 관련 절차별로 다음과 같이 오차 값이 추정될 때, 누적오차(cumulative error) 값은 약 얼마인가?

- 유량측정 : ±13.5%
- 탈착효율 : ±8.5%
- 시료분석 : ±16.2%
- 시료채취시간 : ±3.6%
- 포집효율 : ±4.1%

① 3.6%
② 12.6%
③ 23.4%
④ 29.7%
⑤ 45.9%

해설 누적오차(%) $= \sqrt{13.5^2 + 3.6^2 + 8.5^2 + 4.1^2 + 16.2^2} = 23.4\%$

05 산업환기시스템 설계 중 덕트의 합류점에서 시스템의 효율을 극대화하기 위한 정압(SP)균형유지법에 관한 설명으로 옳지 않은 것은?

① 저항 조절을 위하여 설계 시 덕트의 직경을 조절하거나 유량을 재조정하는 방법이다.
② 최대 저항경로 선정이 잘못되어도 설계 시 쉽게 발견할 수 있다.
③ 균형이 유지되려면 설계도면에 있는 대로 덕트가 설치되어야 한다.
④ $\dfrac{SP_{lower}}{SP_{higher}}$를 계산하여 그 값이 0.8보다 작다면 정압이 낮은 덕트의 직경을 다시 설계해야 한다.
⑤ $\dfrac{SP_{lower}}{SP_{higher}}$를 계산하여 그 값이 0.8 이상일 때는 그 차를 무시하고, 높은 정압을 지배정압으로 한다.

해설 $\dfrac{SP_{lower}}{SP_{higher}}$ 를 계산하여 그 값이 0.8보다 작다면 정압이 낮은 쪽의 유량을 증가시켜 압력을 조정한다.

06 방사능 측정값 600pCi를 표준화(SI) 단위 값으로 옳게 표현한 것은? (단, 1Ci=3.7×10¹⁰Bq)

① 16Bq
② 22.2Bq
③ 16dps
④ 22.2dpm
⑤ 6×10^{-10}Ci

해설 방사선 세기의 단위인 피코큐리(pCi)는 1조분의 1큐리(Ci)를 말한다.

$$600\text{pCi} \times \dfrac{\text{Ci}}{10^{12}\text{pCi}} \times \dfrac{3.7 \times 10^{10}\text{Bq}}{\text{Ci}} = 22.2\text{Bq}$$

07 화학물질 및 물리적 인자의 노출기준 중 발암성에 대한 분류 기준이 아닌 것은?

① 미국 국립산업안전보건연구원(NIOSH)의 분류
② 미국독성프로그램(NTP)의 분류
③ 「유럽연합의 분류·표시에 관한 규칙(EU CLP)」의 분류
④ 국제암연구소(IARC)의 분류
⑤ 미국산업안전보건청(OSHA)의 분류

해설 화학물질 및 물리적 인자의 노출기준

발암성, 생식세포 변이원성 및 생식독성 정보는 법상 규제 목적이 아닌 정보제공 목적으로 표시하는 것으로서 발암성은 국제암연구소(International Agency for Research on Cancer, IARC), 미국산업위생전문가협회(Americal Conference of Governmental Industrial Hygienists, ACGIH), 미국독성프로그램(National Toxicology Program, NTP), 「유럽연합의 분류·표시에 관한 규칙(European Regulation on the Classification, Labelling and Packaging of substances and mixtures, EU CLP) 또는 미국산업안전보건청(American Occupational Safety & Health Administration, OSHA)의 분류를 기준으로, 생식세포 변이원성 및 생식독성은 유럽연합의 분류·표시에 관한 규칙(European Regulation on the Classification, Labelling and Packaging of substances and mixtures, EU CLP)를 기준으로 「화학물질의 분류·표시 및 물질안전보건자료에 관한 기준」에 따라 분류한다.

08 생물학적 유해인자인 독소(toxin)에 관한 설명으로 옳은 것은?

① 마이코톡신(mycotoxins)은 세균이 유기물을 분해할 때 내놓는 분해산물로 종에 따라 다르다.
② 아플라톡신 B1(aflatoxin B1)은 폐암을 초래한다.
③ 글루칸(glucan)은 바이러스의 세포벽 성분으로 호흡기 점막을 자극하여 건물증후군(SBS)을 초래하는 원인으로 추정되고 있다.
④ 엔도톡신(endotoxins)은 그람양성세균이 죽을 때나 번식할 때 내놓는 독소이다.
⑤ 낮은 농도의 엔도톡신은 호흡기계 점막의 자극, 발열, 오한 등을 일으키나, 높은 농도에서는 기도와 폐포 염증, 폐기능 장해까지 초래한다.

해설 ① 마이코톡신(mycotoxins)은 곰팡이와 진균의 유독대사산물의 총칭으로 곰팡이독이라고도 한다.
② 아플라톡신 B1은 간암을 초래한다.
③ 글루칸은 글루코스(glucose)를 구성하는 당으로 하는 분자량이 큰 다당류로 우리 몸에서 소화되지 않는 섬유소이다.
④ 엔도톡신은 그람음성균이 죽을 때나 번식할 때 내놓는 독소로 발열성 물질 중에서 가장 강력한 발열물질이다.

09 다음에 해당하는 중금속은?

> • 연성이 있으며, 아연광물 등을 제련할 때 부산물로 얻어지며, 합금과 전기도금 등에 이용된다.
> • 경구 또는 흡입을 통한 만성 노출 시 표적 장기는 신장이며, 가장 흔한 증상은 효소뇨와 단백뇨이다.
> • 화학물질 및 물질적 인자의 노출기준에 따르면 발암성 1A, 생식세포 변이원성 2, 생식독성 2, 호흡성으로 표기하고 있다.

① 납
② 크롬
③ 카드뮴
④ 수은
⑤ 망간

해설 **카드뮴(Cd)**
㉠ 발생원
  • 납광물이나 아연제련 시 부산물
  • 주로 전기도금, 알루미늄과의 합금에 이용
  • 축전기 전극
  • 도자기, 페인트의 안료
  • 니켈카드뮴 배터리 및 살균제
㉡ 성상(특성)
  • 원자량 112.4, 비중 8.6인 청색을 띤 은백색의 금속으로, 부드럽고 연성이 있는 금속이다.
  • 아연, 동, 연 등의 광석에 소량 섞여 있으며, 특히 아연광물이나 납광물 제련 시 부산물로 얻어진다.
  • 물에는 잘 녹지 않고 산에는 잘 녹으며, 가열 시 쉽게 증기화한다.
  • 산소와 결합 시 흄을 만들며, 흄이 많이 발생할 때에는 갈색의 연기처럼 보인다.
  • 내식성이 강하다.
㉢ 독성 메커니즘
  • 호흡기, 경구로 흡수되어 체내에서 축적작용을 한다.
  • 간, 신장, 장관벽에 축적하여 효소의 기능유지에 필요한 -SH기와 반응하여(SH 효소를 불활성화하여) 조직세포에 독성으로 작용한다.
  • 호흡기를 통한 독성이 경구독성보다 약 8배 정도 강하다.
  • 산화카드뮴에 의한 장애가 가장 심하며 산화카드뮴, 에어로졸 노출에 의해 화학적 폐렴을 발생시킨다.
  • 표적 장기는 신장이며 가장 흔한 증상은 효소뇨와 단백뇨이다.
㉣ 화학물질 및 물리적 인자의 노출기준
  • 발암성 1A
  • 생식세포 변이원성 2
  • 생식독성 2
  • 호흡성

정답 | 09.③

10 산업안전보건기준에 관한 규칙에서 정하고 있는 "밀폐공간"에 해당하지 않는 것은?

① 장기간 사용하지 않은 우물 등의 내부
② 화학물질이 들어있던 반응기 및 탱크의 내부
③ 간장·주류·효모 그 밖에 발효하는 물품이 들어 있거나 들어 있었던 탱크·창고 또는 양조주의 내부
④ 천장·바닥 또는 벽이 건성유를 함유하는 페인트로 도장되어 그 페인트가 건조된 후의 지하실 내부
⑤ 드라이아이스를 사용하는 냉장고·냉동고·냉동화물자동차 또는 냉동컨테이너의 내부

해설 산업안전보건기준에 관한 규칙상 밀폐공간

㉠ 다음의 지층에 접하거나 통하는 우물·수직갱·터널·잠함·피트 또는 그 밖에 이와 유사한 것의 내부
　• 상층에 물이 통과하지 않는 지층이 있는 역압층 중 함수 또는 용수가 없거나 적은 부분
　• 제1철 염류 또는 제1망간 염류를 함유하는 지층
　• 메탄·에탄 또는 부탄을 함유하는 지층
　• 탄산수를 용출하고 있거나 용출할 우려가 있는 지층
㉡ 장기간 사용하지 않은 우물 등의 내부
㉢ 케이블·가스관 또는 지하에 부설되어 있는 매설물을 수용하기 위하여 지하에 부설한 암거·맨홀 또는 피트의 내부
㉣ 빗물·하천의 유수 또는 용수가 있거나 있었던 통·암거·맨홀 또는 피트의 내부
㉤ 바닷물이 있거나 있었던 열교환기·관·암거·맨홀·둑 또는 피트의 내부
㉥ 장기간 밀폐된 강재(鋼材)의 보일러·탱크·반응탑이나 그 밖에 그 내벽이 산화하기 쉬운 시설(그 내벽이 스테인리스강으로 된 것 또는 그 내벽의 산화를 방지하기 위하여 필요한 조치가 되어 있는 것은 제외한다)의 내부
㉦ 석탄·아탄·황화광·강재·원목·건성유(乾性油)·어유(魚油) 또는 그 밖의 공기 중의 산소를 흡수하는 물질이 들어 있는 탱크 또는 호퍼(hopper) 등의 저장시설이나 선창의 내부
㉧ 천장·바닥 또는 벽이 건성유를 함유하는 페인트로 도장되어 그 페인트가 건조되기 전에 밀폐된 지하실·창고 또는 탱크 등 통풍이 불충분한 시설의 내부
㉨ 곡물 또는 사료의 저장용 창고 또는 피트의 내부, 과일의 숙성용 창고 또는 피트의 내부, 종자의 발아용 창고 또는 피트의 내부, 버섯류의 재배를 위하여 사용하고 있는 사일로(silo), 그 밖에 곡물 또는 사료 종자를 적재한 선창의 내부
㉩ 간장·주류·효모 그 밖에 발효하는 물품이 들어 있거나 들어 있었던 탱크·창고 또는 양조주의 내부
㉪ 분뇨, 오염된 흙, 썩은 물, 폐수, 오수, 그 밖에 부패하거나 분해되기 쉬운 물질이 들어있는 정화조·침전조·집수조·탱크·암거·맨홀·관 또는 피트의 내부
㉫ 드라이아이스를 사용하는 냉장고·냉동고·냉동화물자동차 또는 냉동컨테이너의 내부
㉬ 헬륨·아르곤·질소·프레온·탄산가스 또는 그 밖의 불활성기체가 들어 있거나 있었던 보일러·탱크 또는 반응탑 등 시설의 내부
㉭ 산소농도가 18퍼센트 미만 또는 23.5퍼센트 이상, 탄산가스농도가 1.5퍼센트 이상, 일산화탄소 농도가 30피피엠 이상 또는 황화수소 농도가 10피피엠 이상인 장소의 내부
㉮ 갈탄·목탄·연탄난로를 사용하는 콘크리트 양생장소(養生場所) 및 가설숙소 내부
㉯ 화학물질이 들어있던 반응기 및 탱크의 내부
㉰ 유해가스가 들어있던 배관이나 집진기의 내부
㉱ 근로자가 상주(常住)하지 않는 공간으로서 출입이 제한되어 있는 장소의 내부

11 근골격계부담작업의 범위 및 유해요인조사 방법에 관한 고시의 내용으로 옳지 않은 것은?

① 유해요인조사는 고시에서 정한 유해요인조사표 및 근골격계질환 증상조사표를 활용하여야 한다.
② 작업장 상황조사 내용에는 작업설비, 작업량, 작업속도, 업무변화가 포함된다.
③ 하루에 총 2시간 이상, 분당 2회 이상 4.5 kg 이상의 물체를 드는 작업은 근골격계부담작업에 해당된다.
④ "단기간 작업"이란 2개월 이내에 종료되는 1회성 작업을 말한다.
⑤ "간헐적인 작업"이란 연간 총 작업일수가 30일을 초과하지 않는 작업을 말한다.

해설 "간헐적인 작업"이란 연간 총 작업일수가 60일을 초과하지 않는 작업을 말한다.

12 1기압, 25℃에서 수은(분자량 : 200)의 증기압이 0.00152mmHg라고 할 때, 이 조건의 밀폐된 작업장에서 공기 중 수은의 포화농도(mg/m³)는 약 얼마인가?

① 2.0
② 16.4
③ 27.9
④ 35.9
⑤ 156.3

해설
$$\text{포화농도(ppm)} = \frac{\text{증기압}}{760} \times 10^6 = \frac{0.00152}{760} \times 10^6 = 2\text{ppm}$$

$$\text{포화농도(mg/m}^3\text{)} = 2\text{ppm}(\text{mL/m}^3) \times \frac{200\text{mg}}{24.45\text{mL}} = 16.40\text{mg/m}^3$$

13 화학물질 및 물리적 인자의 노출기준에서 "호흡성"으로 표시되지 않은 화학물질은?

① 카본블랙
② 산화아연 분진
③ 인듐 및 그 화합물
④ 산화규소(결정체 석영)
⑤ 텅스텐(가용성화합물)

해설 카본블랙
㉠ TWA : 3.5mg/m³
㉡ 발암성 2
㉢ 흡입성

정답 | 11.⑤ 12.② 13.①

14 다음 정의에 해당하는 역학 지표는?

> 유해인자 노출된 집단과 노출되지 않은 집단을 전형적(prospectively)으로 추적하여 각 집단에서 발생하는 질병발생률의 비

① 교차비(odd ratio)
② 기여위험도(attributable risk)
③ 상대위험도(relative risk)
④ 치명률(fatality rate)
⑤ 발병률(attack rate)

해설 상대위험도(상대위험비, 비교위험도)
  ㉠ 비율비 또는 위험비라고도 한다.
  ㉡ 전향적으로 추적하여 비노출군에 비해 노출군에서 얼마나 질병에 걸릴 위험도가 큰 가를 나타낸다.
  ㉢ 위험요인을 갖고 있는 군이 위험요인을 갖고 있지 않은 군에 비하여 질병의 발생률이 몇 배인가를 나타내는 것이다.

$$\text{상대위험비(비교위험도)} = \frac{\text{노출군에서 질병발생률}}{\text{비노출군에서 질병발생률}} = \frac{\text{위험요인이 있는 해당군의 해당 질병발생률}}{\text{위험요인이 없는 해당군의 해당 질병발생률}}$$

  • 상대위험비 = 1인 경우 노출과 질병 사이의 연관성 없음 의미
  • 상대위험비 > 1인 경우 위험의 증가를 의미
  • 상대위험비 < 1인 경우 질병에 대한 방어효과가 있음을 의미

15 유해물질의 생물학적 노출지표 및 시료채취시기에 관한 내용으로 옳지 않은 것은?
① 크실렌은 소변 중 메틸마뇨산을 작업 종료 시 채취하여 분석한다.
② 반감기가 길어서 수년간 인체에 축적되는 물질에 대해서는 채취시기가 중요하지 않다.
③ 유해물질의 공기 중 농도로는 호흡기를 통한 흡수 정도를 예측할 수 있으나, 피부와 소화기를 통한 흡수는 평가할 수 없다.
④ 일산화탄소는 호기 중 카복시헤모글로빈을 작업 종료 후 10~15분 이내에 채취하여 분석한다.
⑤ 배출이 빠르고 반감기가 5분 이내인 물질에 대해서는 작업 전, 작업 중 또는 작업 종료 시 시료를 채취한다.

해설 일산화탄소
  ㉠ 생물학적 노출지표
    • 호기에서 일산화탄소
    • 혈액 중 카복시헤모글로빈
  ㉡ 시료채취시기 : 작업 종료 시

16 다음 역학연구의 설계를 인과관계의 근거(evidence) 수준이 높은 것에서 낮은 것의 순서대로 옳게 나열한 것은?

> ㉠ 사례군 연구 　　　　　 ㉡ 코호트 연구
> ㉢ 환자 – 대조군 연구 　　 ㉣ 생태학적 연구

① ㉡ → ㉠ → ㉢ → ㉣
② ㉡ → ㉢ → ㉣ → ㉠
③ ㉢ → ㉡ → ㉠ → ㉣
④ ㉢ → ㉡ → ㉣ → ㉠
⑤ ㉣ → ㉡ → ㉠ → ㉢

해설 역학연구의 설계를 인과관계의 근거 수준이 높은 것에서 낮은 것의 순으로 나열하면 다음과 같다.
코호트 연구 → 환자–대조군 연구 → 생태학적 연구 → 사례군 연구

17 청각기관의 구조와 소리의 전달에 관한 설명으로 옳지 않은 것은?
① 음압은 외이의 외청도(ear canal)를 거쳐 고막에 전달되어 이를 진동시킨다.
② 중이는 추골, 침골, 등골의 세 개 뼈로 구성되어 있다.
③ 고막을 통하여 들어온 음압은 중이를 거쳐 난형창을 통해 달팽이관으로 전달된다.
④ 내이액에 전달된 음압은 고막관(tympanic canal)을 거쳐 전정관(vestibular canal)으로 이동한다.
⑤ 귀는 외이, 중이, 내이로 구분할 수 있다.

해설 내이에서 소리에너지의 이동경로는 난형창 → 전정관 → 고실계 → 원형창이다.

18 산업안전보건법상 유해인자와 특수·배치 전·수시 건강진단의 1차 임상검사 및 진찰에 해당하는 기관/조직을 연결한 것으로 옳지 않은 것은?

	유해인자	1차 임상검사 및 진찰의 기관/조직
①	마이크로파 및 라디오파	신경계, 생식계, 눈
②	시클로헥산	피부, 호흡기계
③	황산	호흡기계, 눈, 피부, 비강, 인두·후두, 악구강계
④	망간과 그 화합물	호흡기계, 신경계
⑤	야간작업	신경계, 심혈관계, 위장관계, 내분비계

해설 시클로헥산의 1차 임상검사 및 진찰의 기관/조직은 신경계이다.

19 작업환경측정 및 정도관리 등에 관한 고시에서 명시하고 있는 화학적 인자와 시료채취 매체, 분석기기의 연결로 옳지 않은 것은?

	화학적 인자	시료채취 매체	분석기기
①	니켈(불용성 무기화합물)	막여과지	ICP, AAS
②	디메틸포름아미드	활성탄관	GC-FID
③	6가 크롬화합물	PVC여과지	IC-분광검출기
④	벤젠	활성탄관	GC-FID
⑤	2,4-TDI	1-2PP 코팅 유리섬유여과지	HPLC-형광검출기

해설 디메틸포름아미드
㉠ 시료채취 매체 : 실리카겔관
㉡ 분석기기 : GC-FID

20 CNC 공정에서 메탄올을 사용할 때, 작업자가 착용해야 하는 호흡보호구는?
① 유기화합물용 방독마스크
② 산가스용 방독마스크
③ 방진방독겸용 마스크
④ 전동식 방독마스크
⑤ 송기마스크

해설 CNC 공정에서 메탄올 사용 시 작업자가 착용해야 하는 호흡보호구는 작업장 내 고농도의 메탄올 증기가 존재하는 상황이므로 송기마스크를 착용해야 한다.

21 다음에서 설명하는 여과지의 종류는?

- Polycarbonate로 만들어진 것으로 강도가 우수하고 화학물질과 열에 안정적이다.
- 체(sieve)처럼 구멍이 일직선(straight-through holes)으로 되어 있다.
- TEM 분석에 사용할 수 있다.

① MCE 막여과지
② Nuclepore 여과지
③ PTFE 막여과지
④ 섬유상 여과지
⑤ PVC 막여과지

해설 Nuclepore 여과지
㉠ 폴리카보네이트 재질에 레이저빔을 쏘아 만들어지며, 구조가 막 여과지처럼 여과지 구멍이 겹치는 것이 아니고, 체(sieve)처럼 구멍(공극)이 일직선으로 되어 있다.
㉡ TEM(전자현미경) 분석을 위한 석면의 채취에 이용된다.
㉢ 화학물질과 열에 안정적이다.
㉣ 표면이 매끄럽고, 기공의 크기는 일반적으로 $0.03 \sim 8\mu m$ 정도이다.

22 보호구 안전인증 고시에서 화학물질용 보호복의 구분 기준 중 "분진 등과 같은 에어로졸에 대한 차단 성능을 갖는 보호복"은?

① 1형식
② 2형식
③ 3형식
④ 4형식
⑤ 5형식

해설 보호구 안전인증 고시(화학물질용 보호복의 구분)

형식		형식구분 기준
1형식	1a형식	보호복 내부에 개방형 공기호흡기와 같은 대기와 독립적인 호흡용 공기공급이 있는 가스 차단 보호복
	1a형식 (긴급용)	긴급용 1a 형식 보호복
	1b형식	보호복 외부에 개방형 공기호흡기와 같은 호흡용 공기공급이 있는 가스 차단 보호복
	1b형식 (긴급용)	긴급용 1b 형식 보호복
	1c형식	공기라인과 같은 양압의 호흡용 공기가 공급되는 가스 차단 보호복
2형식		공기라인과 같은 양압의 호흡용 공기가 공급되는 가스 비차단 보호복
3형식		액체 차단 성능을 갖는 보호복. 만일 후드, 장갑, 부츠, 안면창(visor) 및 호흡용보호구가 연결되는 경우에도 액체 차단 성능을 가져야 한다.
4형식		분무 차단 성능을 갖는 보호복. 만일 후드, 장갑, 부츠, 안면창(visor) 및 호흡용보호구가 연결되는 경우에도 분무 차단 성능을 가져야 한다.
5형식		분진 등과 같은 에어로졸에 대한 차단 성능을 갖는 보호복
6형식		미스트에 대한 차단 성능을 갖는 보호복

[비고] 3, 4, 6형식은 부분 보호복을 인정한다.

23 고용노동부에서 발표한 2017년 산업재해 현황에 관한 설명으로 옳지 않은 것은?

① 직업병이란 작업환경 중 유해인자와 관련성이 뚜렷한 질병으로 난청, 진폐, 금속 및 중금속 중독, 유기화합물 중독, 기타 화학물질 중독 등이 있다.
② 직업관련성 질병이란 업무적 요인과 개인질병 등 업무외적 요인이 복합적으로 작용하여 발생하는 질병으로 뇌·심혈관질환, 신체부담작업, 요통 등이 있다.
③ 2017년에는 2016년 대비 업무상질병자 중 직업병과 직업관련성 질병의 빈도수가 모두 증가하였다.
④ 업무상질병자 중 직업병에서는 난청이 가장 높은 빈도수로 나타났다.
⑤ 업무상질병자 중 직업관련성 질병에서는 요통이 가장 높은 빈도수로 나타났다.

해설 업무상질병자 중 직업병에서는 진폐증이 가장 높은 빈도수로 나타났다.

정답 | 22.⑤ 23.④

24 표준화사망비(SMR)에 관한 설명으로 옳지 않은 것은?

① 직접표준화법으로 산출한다.
② 관찰사망수를 기대사망수로 나눈다.
③ 기대사망은 관찰사망 집단보다 더 큰 집단을 사용한다.
④ 1(100%)보다 크면 관찰집단에서 특정 질병에 대한 위험요인이 존재할 가능성이 있다.
⑤ 직업역학분야에서 사용하는 주요 지표 중 하나이다.

해설 표준화사망비(SMR)는 사망의 위험도를 간접표준화법으로 산출한다(간접표준화의 경우 어떤 집단의 발생률, 사망률 등이 표준집단에 비해 높은지, 낮은지를 판단하기 위해서 사용).

25 한 사업장에서 다음과 같은 재해결과가 나왔을 때, 이에 관한 해석으로 옳지 않은 것은?

- 환산도수율(F) = 1.2
- 환산강도율(S) = 96

① 작업자 1인당 일평생 1.2회의 재해가 발생한다.
② 작업자 1인당 일평생 96일의 근로손실일수가 발생한다.
③ 재해 1건당 근로손실일수는 평균 80일이다.
④ 사업장의 도수율은 12이다.
⑤ 사업장의 강도율은 9.6이다.

해설 강도율 $= \dfrac{\text{환산강도율}}{100} = \dfrac{96}{100} = 0.96$

2020년 제10회 산업보건지도사

산업위생일반

2020년 7월 25일 시행

01 산업보건위생의 역사에 관한 설명으로 옳지 않은 것은?

① 영국의 Thomas Percival은 세계 최초로 직업성 암을 보고하였다.
② 1833년 영국에서 공장법이 제정되었다.
③ 이탈리아 Ramazzini가 ≪직업인의 질병≫을 저술하였다.
④ 스위스 Paracelsus가 물질 독성의 양-반응 관계에 대해 언급하였다.
⑤ 그리스의 Galen이 납중독의 증세를 관찰하였다.

해설 Percivall Pott(18세기)
㉠ 영국의 외과의사로 직업성 암을 최초로 보고하였으며, 어린이 굴뚝청소부에게 많이 발생하는 음낭암(scrotal cancer) 발견
㉡ 암의 원인물질은 검댕 속 여러 종류의 다환 방향족 탄화수소(PAH)
㉢ 굴뚝청소부법을 제정하도록 함(1788년)

02 '페인트가 칠해진 철제 교량을 용접을 통해 보수하는 작업'에 대한 측정 및 분석 계획에 관한 설명으로 옳지 않은 것은?

① 철 이외에 다른 금속에 노출될 수 있다.
② 금속의 성분 분석을 위해서 셀룰로오스 에스테르 막여과지를 사용해 측정한다.
③ 유도결합플라스마 - 원자발광분석기를 이용하면 동시에 많은 금속을 분석할 수 있다.
④ 페인트가 녹아 발생하는 유기용제의 농도가 높기 때문에 이를 측정대상에 포함한다.
⑤ 발생하는 자외선량은 전류량에 비례한다.

해설 페인트가 녹아 발생하는 유기용제의 농도는 높지만 이를 측정대상에 포함하지는 않는다.

03 국소배기장치의 점검에 사용되는 기기와 그 사용 목적의 연결이 옳은 것은?

① 발연관 - 덕트 내 유량 측정
② 마노미터(manometer) - 유체 흐름에 대한 압력 측정
③ 피토관 - 송풍기의 회전속도 측정
④ 회전날개풍속계 - 개구부 주위의 난류현상 확인
⑤ 타코미터(tachometer) - 송풍기의 전류 측정

해설 ① 발연관 - 대략적인 후드의 성능을 평가하기 위한 측정
③ 피토관 - 덕트 내 기류속도 측정
④ 회전날개풍속계 - 공기 공급 및 배기용 송풍량(풍속) 측정
⑤ 타코미터 - 송풍기의 회전속도 측정

정답 | 01.① 02.④ 03.②

04 화학물질 및 물리적 인자의 노출기준에 제시된 라돈의 작업장 농도기준은?

① 4pCi/L
② 2.58×10^{-4} C/kg
③ 20mSv/yr
④ 1eV
⑤ 600Bq/m^3

해설 라돈의 작업장 농도기준 : 600Bq/m^3
> **NOTE** 사무실 공기관리 지침상 기준 : 148Bq/m^3

05 공기역학적 직경에 따라 입자의 크기를 구분하는 기기가 아닌 것은?

① 사이클론(cyclone)
② 미젯임핀저(midget impinger)
③ 다단직경분립충돌기(cascade impactor)
④ 명목상충돌기(virtual impactor)
⑤ 마플 개인용 직경분립충돌기(Marple personal cascade impactor)

해설 미젯임핀저(midget impinger)
가스상 물질을 채취할 때 사용하는 액체를 담는 유리로 된 채취기구로 가스상 물질인 가스, 산, 증기, 미스트 등을 액체 용액에 충돌·반응·흡수시켜 채취한다.

06 고용노동부 고시에서 정하는 발암성 물질이 아닌 것은?

① 석면
② 베릴륨
③ 휘발성 콜타르피치
④ 비소
⑤ 산화철

해설 산화철(Fe$_2$O$_3$) : TWA 5mg/m^3, 발암성정보 없음

07 사업장에서 사용하는 금속의 독성에 관한 설명으로 옳은 것은?

① 니켈, 망간은 생식독성이 있다.
② 무기수은이 유기수은보다 모든 경로에서 흡수율이 높다.
③ 5가 비소가 3가 비소에 비해 독성이 강하다.
④ 3가 크롬은 발암성이 없고, 6가 크롬은 발암성이 있다.
⑤ 6가 크롬에 노출되면 파킨슨증후군의 소견이 나타난다.

해설 ① 니켈, 망간은 생식독성과 무관하다.
② 유기수은이 무기수은보다 모든 경로에서 흡수율이 높다.
③ 3가 비소가 5가 비소에 비해 독성이 강하다.
⑤ 6가 크롬에 노출되면 비중격연골에 천공이 나타난다.

08 산업안전보건법령상 허용기준이 설정된 물질에 해당하지 않는 것은?

① 1-브로모프로판   ② 1,3-부타디엔
③ 암모니아   ④ 코발트 및 그 무기화합물
⑤ 톨루엔

> **해설** ② 1,3-부타디엔(TWA 2ppm, STEL 10ppm, 발암성 1A, 생식세포변이원성 1B)
> ③ 암모니아(TWA 25ppm, STEL 35ppm)
> ④ 코발트 및 그 무기화합물(TWA 0.02mg/m^3)
> ⑤ 톨루엔(TWA 50ppm, STEL 150ppm)

09 근로자 건강진단 결과 판정에 따른 사후관리 조치 판정에 해당하지 않는 것은?

① 건강상담   ② 추적검사
③ 작업전환   ④ 근로제한 금지
⑤ 야간근무 제한

> **해설** 근로자 건강진단 실시기준 상 사후관리 조치
> 사업주가 건강진단 실시결과에 따른 작업장소 변경, 작업전환, 근로시간 단축, 야간근무 제한, 작업환경측정, 시설·설비의 설치 또는 개선, 건강상담, 보호구 지급 및 착용 지도, 추적검사, 근무 중 치료 등 근로자의 건강관리를 위하여 실시하는 조치를 말한다.

10 피로의 발생원인으로만 묶인 것이 아닌 것은?

① 작업자세, 작업강도, 긴장도
② 환기, 소음과 진동, 온열조건
③ 엄격한 작업관리, 1일 노동시간, 야간근무
④ 숙련도, 영양상태, 신체적인 조건
⑤ 혈압변화, 졸음, 체온조절 장애

> **해설** 피로의 발생요인
> ㉠ 내적 요인(개인적응조건)
> • 적응능력
> • 영양상태
> • 숙련 정도
> • 신체적 조건
> ㉡ 외적 요인
> • 작업환경(환기, 소음·진동, 온열조건)
> • 작업부하(작업자세, 작업강도, 조작방법)
> • 생활조건
> • 엄격한 작업관리, 1일 노동시간, 야간근무

정답 | 08.① 09.④ 10.⑤

11 근로자 건강장해 예방에 관한 설명으로 옳지 않은 것은?

① 톨루엔 특수건강진단의 제1차 검사 시 소변중 o –크레졸(작업 종료 시)을 채취하여 검사한다.
② 잠함(潛函) 또는 잠수작업 등 높은 기압에서 작업하는 근로자는 1일 6시간, 1주 34시간 초과하여 근로하지 않는다.
③ 한랭에 대한 순화는 고온순화보다 빠르다.
④ NIOSH 들기지수(LI)는 작업조건을 인간공학적으로 개선하기 위한 우선순위를 결정하는 데 이용된다.
⑤ 청력장해 정도는 정상적인 귀로 들을 수 있는 최소 가청치를 0dB이라 하고 그것에 대한 청력변화를 청력계로 측정하여 평가한다.

해설 한랭에 대한 순화는 고온순화보다 느리다(한랭순화는 열생산의 증가, 체열보존능력의 증대, 체온조절기능의 강화, 혈관운동기능의 향상, 추위에 대한 내성 증가로 요약됨).

12 산업안전보건법령상 밀폐공간 작업으로 인한 건강장해 예방조치로 옳지 않은 것은?

① 분뇨·오수·펄프액 및 부패하기 쉬운 장소 등에서의 황화수소 중독 방지에 필요한 지식을 가진 자를 작업 지휘자로 지정 배치한다.
② "적정공기"란 산소농도 18퍼센트 이상 23.5퍼센트 미만, 탄산가스 농도 1.5피피엠 미만, 황화수소 농도 25피피엠 미만 수준의 공기를 말한다.
③ 긴급 구조훈련은 6개월에 1회 이상 주기적으로 실시한다.
④ 작업 시작(작업 일시중단 후 다시 시작하는 경우를 포함)하기 전 밀폐공간의 산소 및 유해가스 농도를 측정한다.
⑤ 근로자에게 공기호흡기 또는 송기마스크를 지급하여 착용하도록 한다.

해설 **적정공기**
㉠ 산소농도의 범위가 18% 이상 23.5% 미만인 수준의 공기
㉡ 탄산가스 농도가 1.5% 미만인 수준의 공기
㉢ 황화수소 농도가 10ppm 미만인 수준의 공기
㉣ 일산화탄소의 농도가 30ppm 미만인 수준의 공기

13 개인보호구의 선택 및 착용 등에 관한 설명으로 옳지 않은 것은?

① 순간적으로 건강이나 생명에 위험을 줄 수 있는 유해물질의 고농도 상태(IDLH)에서는 반드시 공기공급식 송기마스크를 착용해야 한다.
② 입자상 물질과 가스, 증기가 동시에 발생하는 용접작업 시 방진방독 겸용마스크를 착용한다.
③ 산소결핍장소에서는 방독마스크를 착용토록 한다.
④ 국내 귀마개 1등급 EP-1은 저음부터 고음까지 차음하는 성능을 말한다.
⑤ 방독마스크 정화통의 수명은 흡착제의 질과 양, 온도, 상대습도, 오염물질의 농도 등에 영향을 받는다.

해설 산소결핍 장소에서는 송기마스크(호스마스크, 에어라인 마스크, 복합식 에어라인 마스크)를 착용토록 한다.

14 직무스트레스 관리를 위한 집단차원에서의 관리방법은?

① 자아인식의 증대
② 신체단련
③ 긴장 이완훈련
④ 사회적 지원 시스템 가동
⑤ 작업의 변경

해설 집단(조직) 차원의 관리기법
㉠ 개인별 특성 요인을 고려한 작업근로환경(개인의 적응수준 제고)
㉡ 작업계획 수립 시 적극적 참여 유도(참여적 의사결정)
㉢ 사회적 지위 및 일 재량권 부여
㉣ 근로자 수준별 작업 스케줄 운영(직무 재설계)
㉤ 적절한 작업과 휴식시간
㉥ 조직구조와 기능의 변화
㉦ 우호적인 직장 분위기 조성
㉧ 사회적 지원 시스템 가동

15 석면의 측정, 분석 등에 관한 설명으로 옳지 않은 것은?

① 석면은 폐암, 중피종을 일으키며 흡연은 석면노출에 의한 암 발생을 촉진하는 인자로 알려져 있다.
② 고형시료 분석에 있어 위상차현미경법이 간편하여 가장 많이 사용된다.
③ 공기중 석면섬유 계수 A규정은 길이가 $5\mu m$보다 크고 길이 대 너비의 비가 3 : 1 이상인 섬유만 계수한다.
④ 석면 취급장소에서는 특급 방진마스크를 착용하여야 한다.
⑤ 위상차현미경으로는 $0.25\mu m$ 이하의 섬유는 관찰이 잘 되지 않는다.

해설 고형시료 분석에 있어 편광현미경법이 사용되며 석면을 감별 분석할 수 있다.
NOTE 편광현미경법은 석면 광물이 가지는 고유한 빛의 편광성을 이용하는 방법이다.

16 생물학적 유해인자에 관한 설명으로 옳지 않은 것은?

① 생물학적 유해인자는 생물학적 특성이 있는 유기체가 근원이 되어 발생된다.
② 유기체가 방출하는 독소로는 그람음성박테리아가 내놓는 마이코톡신(mycotoxin) 등이 있다.
③ 곰팡이의 세포벽인 글루칸(glucan)은 호흡기 점막을 자극하여 새집증후군을 초래한다.
④ 박테리아에 의한 대표적인 감염성질환은 탄저병, 레지오넬라병, 결핵, 콜레라 등이 있다.
⑤ 공기 중의 박테리아와 곰팡이에 대한 측정 및 분석은 곰팡이와 박테리아를 살아있는 상태로 채취, 배양한 다음, 집락수를 세어 CFU로 나타낸다.

해설 유기체가 방출하는 독소로는 그람음성박테리아가 내놓는 엔도톡신(endotoxin, 내독소) 등이 있다.
NOTE 마이코톡신은 곰팡이의 대사 부산물이다.

정답 | 14.④ 15.② 16.②

17 산업안전보건법령상 특수건강진단 유해인자와 생물학적 노출지표의 연결이 옳은 것은?

① 일산화탄소 : 혈중 카복시헤모글로빈
② 2-에톡시에탄올 : 소변 중 o-크레졸
③ 디클로로메탄 : 소변 중 2,5-헥산디온
④ 트리클로로에틸렌 : 소변 중 메틸에틸케톤
⑤ 메틸 n-부틸 케톤 : 혈중 메트헤모글로빈

해설 ② 2-에톡시에탄올 : 소변 중 e-ethoxyacetic acid)
③ 디클로로메탄 : 혈중 카복시헤모글로빈
④ 트리클로로에틸렌 : 소변 중 트리클로로초산(삼염화 초산)
⑤ 메틸 n-부틸 케톤 : 소변 중 2,5-hexanedione

18 직무스트레스 요인 중 조직적 요인에 해당하지 않는 것은?

① 작업속도
② 관리유형
③ 역할모호성 및 갈등
④ 경력 및 직무안전성
⑤ 직무요구(역할요구)

해설 NIOSH에서 제시한 직무 스트레스 모형에서 직무스트레스 요인
㉠ 작업요인
  • 작업부하
  • 작업속도
  • 교대근무
㉡ 환경요인(물리적 환경)
  • 소음, 진동
  • 고온, 한랭
  • 환기 불량
  • 부적절한 조명
㉢ 조직요인
  • 관리유형
  • 역할요구(직무요구)
  • 역할모호성 및 갈등
  • 경력 및 직무안전성

19 생물학적 결정인자의 선택기준에 관한 설명으로 옳지 않은 것은?

① 생물학적 검사를 선택할 때는 여러 가지 방법 중 건강위험을 평가하는 유용성을 고려하지 말아야 한다.
② 적절한 민감도가 있는 결정인자여야 한다.
③ 검사에 대한 분석적, 생물학적 변이가 타당해야 한다.
④ 검체의 채취나 검사과정에서 대상자에게 거의 불편을 주지 않아야 한다.
⑤ 다른 노출인자에 의해서도 나타나는 인자가 아니어야 한다.

> [해설] **생물학적 결정인자 선택기준 시 고려사항**
> 결정인자는 공기 중에서 흡수된 화학물질에 의하여 생긴 가역적인 생화학적 변화이다.
> ㉠ 결정인자가 충분히 특이적이어야 한다.
> ㉡ 적절한 민감도를 지니고 있어야 한다.
> ㉢ 검사에 대한 분석적, 생물학적 변이가 적어야 한다.
> ㉣ 검사 시 근로자에게 불편을 주지 않아야 한다.
> ㉤ 생물학적 검사 중 건강위험을 평가하기 위한 유용성 측면을 고려해야 한다.

20 청각기관과 소음의 전달경로에 해당하지 않는 것은?
① 고막
② 달팽이관
③ 수근관
④ 외이도
⑤ 이소골

> [해설] **소음전달경로**
> 이개 → 외이도 → 고막 → 이소골 → 달팽이관 → 청각세포 → 청각신경경로

21 산업안전보건 기준에 관한 규칙에서 정한 장시간 야간작업을 할 때 발생할 수 있는 직무스트레스에 의한 건강장해 예방조치가 아닌 것은?
① 뇌혈관 및 심장질환 발병위험도를 평가하여 금연, 고혈압 관리 등 건강증진 프로그램을 시행한다.
② 건강진단 결과, 상담자료 등을 참고하여 적절하게 근로자를 배치하고 직무스트레스 요인, 건강문제 발생가능성 및 대비책 등에 대하여 해당 근로자에게 충분히 설명한다.
③ 근로시간 외의 근로자 활동에 대한 복지 차원의 지원에 최선을 다한다.
④ 작업량·작업일정 등 작업계획 수립 시 해당 근로자의 의견을 반드시 노사협의회를 거쳐서 반영한다.
⑤ 작업환경·작업내용·근로시간 등 직무스트레스 요인에 대하여 평가하고 근로시간 단축, 장·단기 순환작업 등의 개선대책을 마련하여 시행한다.

> [해설] **직무스트레스에 의한 건강장해 예방조치**
> 사업주는 근로자가 장시간 근로, 야간작업을 포함한 교대작업, 차량운전[전업으로 하는 경우에만 해당한다] 및 정밀기계 조작작업 등 신체적 피로와 정신적 스트레스 등(이하 "직무스트레스"라 한다)이 높은 작업을 하는 경우에 직무스트레스로 인한 건강장해 예방을 위하여 다음의 조치를 하여야 한다.
> ㉠ 작업환경·작업내용·근로시간 등 직무스트레스 요인에 대하여 평가하고 근로시간 단축, 장·단기 순환작업 등의 개선대책을 마련하여 시행할 것
> ㉡ 작업량·작업일정 등 작업계획 수립 시 해당 근로자의 의견을 반영할 것
> ㉢ 작업과 휴식을 적절하게 배분하는 등 근로시간과 관련된 근로조건을 개선할 것
> ㉣ 근로시간 외의 근로자 활동에 대한 복지 차원의 지원에 최선을 다할 것
> ㉤ 건강진단 결과, 상담자료 등을 참고하여 적절하게 근로자를 배치하고 직무스트레스 요인, 건강문제 발생 가능성 및 대비책 등에 대하여 해당 근로자에게 충분히 설명할 것
> ㉥ 뇌혈관 및 심장질환 발병위험도를 평가하여 금연, 고혈압 관리 등 건강증진 프로그램을 시행할 것

22 산업재해 중 중대재해에 관한 설명으로 옳지 않은 것은?

① 3개월 이상의 요양이 필요한 부상자가 동시에 2명 이상 발생한 산업재해는 중대재해에 속한다.
② 사망자가 1명 이상 발생한 산업재해는 중대재해에 속한다.
③ 부상자 또는 직업성 질병자가 동시에 10명 이상 발생한 산업재해는 중대재해에 속하지 않는다.
④ 중대재해가 발생한 때에는 지체없이 발생개요 및 피해상황을 관할하는 지방고용노동관서의 장에게 전화, 팩스, 그밖의 적절한 방법으로 보고하여야 한다.
⑤ 중대재해가 발생했을 때에는 산업재해 조사표 사본을 보존하거나 요양신청서 사본에 재발방지대책을 첨부해서 보존한다.

해설 중대재해
㉠ 사망자가 1인 이상 발생한 재해
㉡ 3개월 이상의 요양을 요하는 부상자가 동시에 2인 이상 발생한 재해
㉢ 부상자 또는 직업성 질병자가 동시에 10인 이상 발생한 재해

23 역학의 정의에 관한 설명으로 옳지 않은 것은?

① 인간집단 내 발생하는 모든 생리적 이상 상태의 빈도와 분포는 기술하지 않는다.
② 빈도와 분포를 결정하는 요인은 원인적 관련성 여부에 근거를 둔다.
③ 발생원인을 밝혀 상태 개선을 위하여 투입된 사업의 작동기전을 규명한다.
④ 예방법을 개발하는 학문이다.
⑤ 직업역학은 일하는 사람이 대상이다.

해설 역학이란 인간집단 내에 발생하는 모든 생리적 상태와 이상 상태의 빈도와 분포를 기술하고 이들 빈도와 분포를 결정하는 요인들의 원인적 연관성 여부를 근거로 그 발생원인을 밝혀 냄으로써 효율적인 예방법을 개발하는 학문이다.

24 산업재해 통계 목적과 작성방법에 관한 설명으로 옳지 않은 것은?

① 재해통계는 주로 대상으로 하는 조직의 안전관리수준을 평가하고 차후의 재해방지에 기본이 되는 정보를 파악하기 위해 작성하는 것이다.
② 재해통계에 의해 대상집단의 경향과 특성 등을 수량적, 총괄적으로 해명할 수 있다.
③ 정보에 근거해서 조직의 대상집단에 대해 미리 효과적인 대책을 강구한다.
④ 동종재해 또는 유사재해의 재발방지를 도모한다.
⑤ 재해통계는 도형이나 숫자에 의한 표시법이 있지만, 숫자에 의한 표시법이 이해하기 쉽다.

해설 재해통계는 도형이나 숫자에 의한 표시법이 있지만 도형에 의한 표시법이 이해하기 쉽다.

25 업무상 질병의 특성이 아닌 것은?

① 임상적, 병리적 소견이 일반 질병과 구분이 어렵다.
② 개인적 요인 또는 비직업적 요인은 상승작용을 하지 않는다.
③ 직업력을 소홀히 할 경우 판정이 어렵다.
④ 건강영향에 대한 미확인 신물질이 많아 정확한 판정이 어려운 경우가 많다.
⑤ 보상에 실익이 없을 수도 있다.

해설 업무상 질병(직업성 질환)의 특성
㉠ 열악한 작업환경 및 유해인자에 장기간 노출된 후에 발생한다.
㉡ 폭로 시작과 첫 증상이 나타나기까지 장시간이 걸린다(질병증상이 발현되기까지 시간적 차이가 큼).
㉢ 인체에 대한 영향이 확인되지 않은 신물질(새로운 물질)이 있다(건강영향에 대한 미확인 신물질이 많아 정확한 판정이 어려운 경우가 많음).
㉣ 임상적 또는 병리적 소견이 일반 질병과 구별하기가 어렵다.
㉤ 많은 직업성 요인이 비직업성 요인에 상승작용을 일으킨다.
㉥ 임상의사가 관심이 적어 이를 간과하거나 직업력을 소홀히 한다(직업력을 소홀히 할 경우 판정이 어려움).
㉦ 보상과 관련이 있다(보상에 실익이 없을 수도 있음).

정답 | 25.②

2021년 제11회 산업보건지도사

산업위생일반

2021년 3월 13일 시행

01 국내·외 산업위생의 역사에 관한 설명으로 옳지 않은 것은?

① 미국의 산업위생학자 Hamilton은 유해물질 노출과 질병과의 관계를 규명하였다.
② 1981년 우리나라는 노동청이 노동부로 승격되었고 산업안전보건법이 공포되었다.
③ 원진레이온에서 이황화탄소(CS_2) 중독이 집단적으로 발생하였다.
④ Agricola는 음낭암의 원인물질이 검댕(soot)이라고 규명하였다.
⑤ Ramazzini는 직업병의 원인을 작업장에서 사용하는 유해물질과 불안전한 작업자세나 과격한 동작으로 구분하였다.

> **해설** Georgius Agricola (1494~1555년)
> ㉠ 저서 "광물에 대하여(De Re Metallica)"
>   (내용 : 광부들의 사고와 질병, 예방방법, 비소 독성 등을 포함한 광산업에 대한 상세한 내용 설명)
> ㉡ 광산에서의 환기와 마스크 착용을 권장
> ㉢ 먼지에 의한 규폐증 기록

02 직경 200mm의 원형 덕트에서 측정한 후드정압(SP_h)은 100mmH₂O, 유입계수(C_e)는 0.5이었다. 후드의 필요환기량(m³/min)은 약 얼마인가? (단, 현재의 공기는 표준공기 상태이다.)

① 18.10
② 23.10
③ 28.10
④ 33.10
⑤ 38.10

> **해설** $Q(\text{m}^3/\text{min}) = A \times V$
> $$A = \frac{3.14 \times 0.2^2}{4} = 0.0314 \text{m}^2$$
> $$V = 4.043 \times \sqrt{VP} = 4.043\sqrt{25} = 20.215 \text{m/sec}$$
> $$SP_h = VP(1+F)$$
> $$F = \frac{1}{C_e^2} - 1 = \frac{1}{0.5^2} - 1 = 3$$
> $$100 = VP(1+3)$$
> $$VP = \frac{100}{4} = 25 \text{mmH}_2\text{O}$$
> $= 0.0314\text{m}^2 \times 20.215 \text{m/sec} \times 60 \text{sec/min}$
> $= 38.085 ≒ 38.10 \text{m}^3/\text{min}$

03 작업환경측정 및 정도관리 등에 관한 고시에서 입자상 물질의 측정, 분석방법의 내용으로 옳지 않은 것은?

① 석면의 농도는 여과채취방법으로 측정하고 계수방법 또는 이와 동등 이상의 분석방법으로 분석한다.
② 광물성 분진은 여과채취방법으로 측정한다.
③ 흡입성 분진은 흡입성 분진용 분립장치 또는 흡입성 분진을 채취할 수 있는 기기를 이용한 여과채취방법으로 측정한다.
④ 용접흄은 여과채취방법으로 측정하되 용접보안면을 착용한 경우에는 그 외부에서 시료를 채취한다.
⑤ 규산염은 중량분석방법으로 분석한다.

해설 용접흄은 여과채취방법으로 측정하되 용접보안면을 착용한 경우에는 그 내부에서 채취한다.

04 망간(Mn)의 인체에 대한 실험결과 안전한 체내 흡수량은 0.1mg/kg이었다. 1일 작업시간이 8시간인 경우 허용농도(mg/m³)는 약 얼마인가? (단, 폐에 의한 흡수율은 1, 호흡률은 1.2m³/hr, 근로자의 체중은 80kg으로 계산한다.)

① 0.83
② 0.88
③ 0.93
④ 0.98
⑤ 1.03

해설 체내 흡수량 $= C \times T \times V \times R$

$C(\text{농도}) = \dfrac{\text{체내 흡수량}}{T \times V \times R} = \dfrac{0.1\text{mg/kg} \times 80\text{kg}}{8\text{hr} \times 1.2\text{m}^3/\text{hr} \times 1.0} \fallingdotseq 0.83\text{mg/m}^3$

05 산업안전보건법 시행규칙과 산업안전보건기준에 관한 규칙상 소음발생으로 인한 건강장해 예방에 관한 설명으로 옳지 않은 것은?

① 8시간 시간가중평균 80dB 이상의 소음은 작업환경측정 대상이다.
② 1일 8시간 작업을 기준으로 소음측정 결과 85dB인 경우 청력보존 프로그램 수립대상이다.
③ 1일 8시간 작업을 기준으로 소음측정 결과 90dB인 경우 특수건강진단 대상이다.
④ 사업주는 근로자가 강렬한 소음작업에 종사하는 경우 인체에 미치는 영향과 증상을 근로자에게 알려야 한다.
⑤ 사업주는 근로자가 충격소음작업에 종사하는 경우 근로자에게 청력보호구를 지급하고 착용하도록 하여야 한다.

해설 청력보존 프로그램 수립대상
근로자가 소음작업, 강렬한 소음작업, 또는 충격소음작업에 종사하는 사업장, 소음으로 인하여 근로자에게 건강장해가 발생한 사업장(신규입사자가 D_1이 나온 경우 청력보존 프로그램 실시하지 않아도 됨)은 청력보존 프로그램을 수립·시행해야 한다.

정답 | 03.④ 04.① 05.②

06 전리방사선에 관한 설명으로 옳은 것은?
① β입자는 그 자체가 전리적 성질을 가지고 있다.
② γ-선이 인체에 흡수되면 α입자가 생성되면서 전리작용을 일으킨다.
③ 중성자는 하전되어 있어 1차적인 방사선을 생성한다.
④ 뢴트겐(R)은 방사능 단위에 해당된다.
⑤ 라드(rad)는 조사선량 단위에 해당된다.

해설 ② γ-선은 투과력이 커 인체를 통과할 수 있어 외부조사가 문제시되며, 전리방사선 중 투과력이 강하다 (전자파 전리방사선으로 입자가 아니다).
③ 중성자는 전기적인 성질이 없거나 파동성을 갖고 있는 입자방사선 등을 일컫는 간접 전리방사선에 속한다.
④ 뢴트켄(R)은 조사선량(노출선량) 단위에 해당한다.
⑤ 라드(rad)는 흡수선량 단위에 해당한다.

07 입자상 물질의 호흡기 내 침착 및 인체 방어기전에 관한 설명으로 옳지 않은 것은?
① 입자상 물질이 호흡기 내에 침착하는 데는 충돌, 중력침강, 확산, 간섭 및 정전기 침강이 관여한다.
② 호흡성 분진(RPM)은 주로 폐포에 침착되어 독성을 나타내며 평균입자의 크기(D_{50})는 $10\mu m$이다.
③ 흡입된 공기는 기도를 거쳐 기관지와 미세기관지를 통하여 폐로 들어간다.
④ 기도와 기관지에 침착된 먼지는 점액 섬모운동에 의해 상승하고 상기도로 이동되어 제거된다.
⑤ 흡입성 분진(IPM)은 주로 호흡기계의 상기도 부위에 독성을 나타낸다.

해설 호흡성 분진(RPM)은 주로 폐포에 침착되어 독성을 나타내며 평균입자의 크기(D_{50})는 $4\mu m$이다.

08 산업안전보건법 시행규칙상 유해인자의 유해성·위험성 분류기준으로 옳은 것은?
① 급성 독성 물질 : 호흡기를 통하여 2시간 동안 흡입하는 경우 유해한 영향을 일으키는 물질
② 소음 : 소음성난청을 유발할 수 있는 80데시벨(A) 이상의 시끄러운 소리
③ 이상기압 : 게이지 압력이 제곱미터당 1킬로그램 초과 또는 미만인 기압
④ 공기매개 감염인자 : 결핵·수두·홍역 등 공기 또는 비말감염 등을 매개로 호흡기를 통하여 전염되는 인자
⑤ 자연발화성 액체 : 적은 양으로도 공기와 접촉하여 10분 안에 발화할 수 있는 액체

해설 ① 급성 독성 물질 : 입 또는 피부를 통하여 1회 투여 또는 24시간 이내에 여러 차례로 나누어 투여하거나 호흡기를 통하여 4시간 동안 흡입하는 경우 유해한 영향을 일으키는 물질
② 소음 : 소음성난청을 유발할 수 있는 85데시벨(A) 이상의 시끄러운 소리
③ 이상기압 : 게이지 압력이 제곱센티미터당 1킬로그램 초과 또는 미만인 기압
⑤ 자연발화성 액체 : 적은 양으로도 공기와 접촉하여 5분 안에 발화할 수 있는 액체

09 근로자 건강진단 실시기준에서 인체에 미치는 영향이 "수면방해, 행동이상, 신경증상, 발음 부정확 등"으로 기술된 유해요인은?

① 망간
② 오산화바나듐
③ 수은
④ 카드뮴
⑤ 니켈

해설 망간에 의한 건강장애
㉠ 급성중독
- MMT(Methylcyclopentadienyl Manganese Trialbonyls)에 의한 피부와 호흡기 노출로 인한 증상이다.
- 이산화망간 흄에 급성노출되면 열, 오한, 호흡곤란 등의 증상을 특징으로 하는 금속열을 일으킨다.
- 급성 고농도에 노출 시 조증(들뜸병)의 정신병 양상(행동이상)을 나타낸다.

㉡ 만성중독
- 무력증, 식욕감퇴 등의 초기증세를 보이다 심해지면 중추신경계의 특정 부위를 손상(뇌기저핵에 축적되어 신경세포 파괴)시켜 노출이 지속되면 파킨슨 증후군과 보행장애가 두드러진다.
- 안면의 변화, 즉 무표정하게 되며 배뇨력의 저하를 가져온다(소자증 증상).
- 언어가 느려지는 언어장애(발음부정확) 및 균형감각 상실 증세가 나타난다.
- 신경염(신경증상), 신장염 등의 증세가 나타난다.
- 조혈장기의 장애와는 관계가 없다.

10 산업안전보건기준에 관한 규칙상 사업주의 근골격계질환 유해요인조사에 관한 내용으로 옳은 것은?

① 신설 사업장은 신설일부터 6개월 이내에 최초 유해요인조사를 하여야 한다.
② 근골격계부담작업 여부와 상관없이 3년마다 유해요인조사를 하여야 한다.
③ 법에 따른 임시건강진단 등에서 근골격계질환자가 발생하였을 경우, 근골격계부담작업이 아닌 작업에서 발생한 경우라도 지체 없이 유해요인조사를 하여야 한다.
④ 근골격계부담작업에 해당하는 새로운 작업·설비를 도입한 경우 반드시 고용노동부장관이 정하여 고시하는 방법에 따라 유해요인조사를 하여야 한다.
⑤ 유해요인조사 결과 근골격계질환 발생 우려가 없더라도 인간공학적으로 설계된 인력작업 보조설비 설치 등 반드시 작업환경 개선에 필요한 조치를 하여야 한다.

해설 ① 신설 사업장은 신설일부터 1년 이내에 최초의 유해요인조사를 하여야 한다.
② 근골격계부담작업을 하는 경우에는 3년마다 유해요인조사를 하여야 한다.
④ 근골격계부담작업에 해당하는 새로운 작업, 설비를 도입한 경우 1개월 이내에 조사대상 및 조사방법들을 검토하여 유해요인조사를 하여야 한다.
⑤ 유해요인조사 결과 근골격계질환이 발생할 우려가 있는 경우에는 인간공학적으로 설계된 인력작업 보조설비 및 편의설비를 설치하는 등 작업환경 개선에 필요한 조치를 하여야 한다.

정답 | 09.① 10.③

11 작업환경 개선을 위한 공학적 관리 방안이 아닌 것은?
① 대체(substitution)
② 호흡보호구(respirator)
③ 포위(enclosure)
④ 환기(ventilation)
⑤ 격리(isolation)

해설 작업환경 개선을 위한 공학적 관리 방안
㉠ 대치(대체)
㉡ 격리(밀폐, 포위)
㉢ 환기
㉣ 교육

12 산업안전보건기준에 관한 규칙상 근로자 건강장해 예방을 위한 사업주의 조치에 관한 설명으로 옳지 않은 것은?
① 고열작업에 근로자를 새로 배치할 경우 고열에 순응할 때까지 고열작업시간을 매일 단계적으로 증가시키는 등 필요한 조치를 해야 한다.
② 근로자가 한랭작업을 하는 경우 적절한 지방과 비타민 섭취를 위한 영양지도를 해야 한다.
③ 근로자 신체 등에 방사성물질이 부착될 우려가 있을 경우 판 또는 막 등의 방지설비를 제거해야 한다.
④ 근로자가 주사 및 채혈 작업 시 채취한 혈액을 검사 용기에 옮기는 경우에는 주사침 사용을 금지하도록 해야 한다.
⑤ 근로자가 공기매개 감염병이 있는 환자와 접촉하는 경우 면역이 저하되는 등 감염의 위험이 높은 근로자는 전염성이 있는 환자와의 접촉을 제한하도록 해야 한다.

해설 사업주는 근로자가 신체 또는 의복, 신발, 보호장구 등에 방사성물질이 부착될 우려가 있는 작업을 하는 경우에 판 또는 막 등의 방지설비를 설치하여야 한다.

13 호흡보호구에 관한 설명으로 옳지 않은 것은?
① 대기에 대한 압력상태에 따라 음압식과 양압식 호흡보호구로 분류된다.
② 음압 밀착도 자가점검은 흡입구를 막고 숨을 들이마신다.
③ 양압 밀착도 자가점검은 배출구를 막고 숨을 내쉰다.
④ NIOSH는 발암물질에 대하여 음압식 호흡보호구를 사용하지 않도록 권고한다.
⑤ 산소가 결핍된 밀폐공간 내에서는 방독마스크를 착용하여야 한다.

해설 산소가 결핍된 밀폐공간 내에서는 송기마스크를 착용하여야 한다.

정답 | 11.② 12.③ 13.⑤

14 물질안전보건자료(MSDS) 작성 시 포함되어야 할 항목에 해당하는 것을 모두 고른 것은?

> ㉠ 안정성 및 반응성　　㉡ 폐기 시 주의사항
> ㉢ 환경에 미치는 영향　　㉣ 운송에 필요한 정보
> ㉤ 누출사고 시 대처방법

① ㉠, ㉢, ㉣
② ㉠, ㉢, ㉤
③ ㉡, ㉣, ㉤
④ ㉠, ㉡, ㉢, ㉤
⑤ ㉠, ㉡, ㉢, ㉣, ㉤

해설 물질안전보건자료 작성시 포함 항목
- 화학제품과 회사에 관한 정보
- 유해성·위험성
- 구성성분의 명칭 및 함유량
- 응급조치 요령
- 폭발·화재 시 대처방법
- 누출사고 시 대처방법
- 취급 및 저장방법
- 노출방지 및 개인보호구
- 물리화학적 특성
- 안정성 및 반응성
- 독성에 관한 정보
- 환경에 미치는 영향
- 폐기 시 주의사항
- 운송에 필요한 정보
- 법적 규제 현황
- 그 밖의 참고사항

15 인체 부위 중 피부에 관한 설명으로 옳지 않은 것은?
① 피부는 표피와 진피로 구분된다.
② 표피의 각질층은 전체 피부에 비하여 매우 두꺼워서 피부를 통한 화학물질의 흡수속도를 제한한다.
③ 피부의 땀샘과 모낭은 피부에 노출된 화학물질을 직접 혈관으로 흡수할 수 있는 경로를 제공한다.
④ 대부분의 화학물질이 피부를 투과하는 과정은 단순확산이다.
⑤ 피부 수화도가 크면 클수록 투과도가 증대되어 흡수가 촉진된다.

해설 표피의 각질층은 전체 피부에 비하여 매우 얇으며 수분의 증발을 막고 보호하는 기능을 한다. 주성분은 케라틴, 세포간지질 등이다.

정답 | 14.⑤　15.②

16 특수건강진단 대상 유해인자 중 치과검사를 치과의사가 실시해야 하는 것에 해당하지 않는 것은?

① 염소
② 과산화수소
③ 고기압
④ 이산화황
⑤ 질산

해설 특수건강진단 대상 유해인자 중 치과의사가 검사를 실시하여야 하는 물질
ⓐ 불화수소   ⓑ 염소
ⓒ 염화수소   ⓓ 질산
ⓔ 황산   ⓕ 이산화황
ⓖ 황화수소   ⓗ 고기압

17 산업안전보건법 시행규칙상 유해인자별 제1차 검사항목의 생물학적 노출지표 및 시료 채취 시기가 옳지 않은 것은?

구분	유해인자	제1차 검사항목의 생물학적 노출자료	시료 채취시기
㉠	납 및 그 무기화합물	혈중 납	제한 없음
㉡	크실렌	소변 중 메틸마뇨산	작업 종료 시
㉢	1,2-디클로로프로판	소변 중 페닐글리옥실산	주말작업 종료 시
㉣	카드뮴	혈중 카드뮴	제한 없음
㉤	디메틸포름아미드	소변 중 N-메틸포름아미드(NMF)	작업 종료 시

① ㉠
② ㉡
③ ㉢
④ ㉣
⑤ ㉤

해설 1,2-디클로로프로판
- 제1차 검사항목의 생물학적 노출지표 : 소변 중 1,2-디클로로프로판
- 시료 채취시기 : 당일 작업종료 2시간 전부터 작업종료 사이에 채취

18 직장에서의 부적응 현상으로 보기 어려운 것은?

① 타협(Compromise)
② 퇴행(Degeneration)
③ 고집(Fixation)
④ 체념(Resignation)
⑤ 구실(Pretext)

해설 사업장에서의 부적응 현상
ⓐ 퇴행, ⓑ 고집, ⓒ 체념, ⓓ 구실, ⓔ 대립

19 직무스트레스의 반응에 따른 행동적 결과로 나타날 수 있는 것을 모두 고른 것은?

㉠ 흡연	㉡ 약물 남용
㉢ 폭력 현상	㉣ 식욕 부진

① ㉠, ㉣
② ㉡, ㉢
③ ㉠, ㉡, ㉣
④ ㉡, ㉢, ㉣
⑤ ㉠, ㉡, ㉢, ㉣

해설 직무스트레스의 반응에 따른 결과
  ㉠ 행동적 결과
    • 흡연
    • 알코올 및 약물 남용
    • 행동 격양에 따른 돌발적 사고
    • 식욕 감퇴
  ㉡ 심리적 결과
    • 가정 문제(가족 조직 구성인원 문제)
    • 불면증으로 인한 수면부족
    • 성적 욕구 감퇴
  ㉢ 생리적(의학적) 결과
    • 심혈관계 질환(심장)
    • 위장관계 질환
    • 기타 질환(두통, 피부질환, 암, 우울증 등)

20 건강진단 판정에서 건강관리구분과 그 의미의 연결이 옳은 것은?
① A - 질환 의심자로 2차 진단 필요
② C_1 - 일반질병 유소견자로 사후관리가 필요
③ D_2 - 직업병 요관찰자로 추적관찰이 필요
④ R - 건강진단 시기 부적정으로 1차 재검 필요
⑤ U - 2차 건강진단 미실시로 건강관리구분을 판정할 수 없음

해설 건강관리구분

건강관리구분		건강관리구분 내용
A		건강관리상 사후관리가 필요없는 자(건강자, 정상자)
C	C_1	직업성 질병으로 진전될 우려가 있어 추적검사 등 관찰이 필요한 자(직업병 요관찰자)
	C_2	일반질병으로 진전될 우려가 있어 추적관찰이 필요한 자(일반질병 요관찰자)
D_1		직업성 질병의 소견을 보여 사후관리가 필요한 자(직업병 유소견자)
D_2		일반질병의 소견을 보여 사후관리가 필요한 자(일반질병 유소견자)
R		일반 건강진단에서의 질환 의심자(제2차 건강진단 대상자, 질환의심자)

※ 특수건강진단 선택 검사항목 추가검사 대상임을 통보하였으나 해당 근로자의 퇴직 등으로 해당 검사가 이루어지지 않아 건강관리 구분을 판정할 수 없는 근로자에 대해서는 "U"로 분류함

21 산업재해의 4개 기본 원인(4M) 중 Media(매체-작업)에 해당하지 않는 것은?

① 위험 방호장치의 불량
② 작업정보의 부적절
③ 작업자세의 결함
④ 작업환경조건의 불량
⑤ 작업공간의 불량

해설 산업재해의 기본 원인(4M)
㉠ Man(사람) : 본인 이외의 사람으로 인간관계, 의사소통의 불량을 의미한다.
㉡ Machine(기계, 설비) : 기계, 설비 자체의 결함을 의미한다.
㉢ Media(작업환경, 작업방법) : 인간과 기계의 매개체를 말하며 작업자세(작업동작)의 결함, 작업정보・작업환경조건・작업공간의 불량을 의미한다.
㉣ Managemen(법규준수, 관리) : 안전교육과 훈련의 부족, 부하에 대한 지도・감독의 부족을 의미한다.

22 재해사고 원인 분석을 위한 버드(F. Bird)의 이론에 관한 설명으로 옳지 않은 것은?

① 하인리히(H. Heinrich)의 사고연쇄 이론을 새로운 도미노 이론으로 개선하였다.
② 새로운 도미노 이론의 시간적 계열은 제어의 부족 → 기본원인 → 직접원인 → 사고 → 상해(재해)이다.
③ 불안전한 행동 등 직접원인만 제거하면 재해사고가 발생하지 않는다.
④ 기본원인은 개인적 요인과 작업상의 요인으로 분류된다.
⑤ 부적절한 프로그램은 '제어의 부족'의 예에 해당한다.

해설 버드는 재해연쇄이론에서 통제(제어)부족, 기본원인, 직접원인을 제거하면 재해예방이 가능하다고 주장하였다.

23 재해 통계에 관한 설명으로 옳지 않은 것은?

① "재해율"은 근로자 100명당 발생한 재해자수를 의미한다.
② "연천인율"은 1년간 평균 1,000명당 발생한 재해자수를 의미한다.
③ "도수율"은 연 근로시간 10,000시간당 발생한 재해건수를 의미한다.
④ "강도율"은 연 근로시간 1,000시간당 재해로 인하여 근로를 하지 못하게 된 일수를 의미한다.
⑤ "환산도수율"과 "환산강도율"은 연 근로시간을 100,000시간으로 하여 계산한 것이다.

해설 '도수율'은 연 근로시간 100만 시간당 발생한 재해건수를 의미하며 현재 재해발생의 빈도를 표시하는 표준 척도로 사용된다.

24. A사업장 소속 근로자 중 산업재해로 사망 1명, 3일의 휴업이 필요한 부상자 3명, 4일의 휴업이 필요한 부상자 4명이 발생하였다. 산업안전보건법 시행규칙에 따라 A사업장의 사업주가 산업재해 발생 보고를 하여야 하는 인원(명)은?

① 1　　　　　　　　　　　② 4
③ 5　　　　　　　　　　　④ 7
⑤ 8

> **해설** 사업주는 산업재해로 사망자가 발생하거나 3일 이상의 휴업이 필요한 부상을 입거나 질병에 걸린 사람이 발생한 경우에는 1개월 이내에 지방고용노동관서의 장에게 제출하여야 한다(1+3+4=8명).

25. 역학 용어에 관한 설명으로 옳지 않은 것은?

① 위음성률(false negative rate)과 위양성률(false positive rate)은 타당도 지표이다.
② 기여위험도(attributable risk ratio)는 어떤 위험요인에 노출된 사람과 노출되지 않은 사람 사이의 발병률 차이를 의미한다.
③ 특이도(specificity)는 해당 질병이 없는 사람들을 검사한 결과가 음성으로 나타나는 확률이다.
④ 유병률(prevalence rate)은 일정기간 동안 질병이 없던 인구에서 질병이 발생한 율이다.
⑤ 비교위험도(relative risk ratio)가 1보다 큰 경우는 해당 요인에 노출되면 질병의 위험도가 증가함을 의미한다.

> **해설** 유병률은 어떤 시점에서 이미 존재하는 질병의 비율, 즉 발생률에서 기간을 제거한 의미이다.
> **NOTE** 유병률은 어떤 시점에서 인구집단 내에 존재하는 환자의 비례적인 분율 개념으로 시간 단위가 없으며 지역사회에서 질병의 이완정도를 평가하고, 의료의 수요를 판단하는 데 유용한 정보로 사용된다.

2022년 제12회 산업보건지도사

산업위생일반

2022년 3월 19일 시행

01 산업위생 활동에 관한 내용으로 옳은 것은?
① 관리의 최우선순위는 보호구 착용이다.
② 인지(인식)란 현재 상황에서 존재 또는 잠재하고 있는 유해인자의 파악이다.
③ 유해인자에 대한 평가는 특수건강진단의 결과만을 사용한다.
④ 처음으로 요구되는 것은 근로자 건강진단이다.
⑤ 사업장 근로자만의 건강을 보호하는 것이다.

해설 ① 산업위생 활동 중 관리는 크게 공학적 관리, 행정적인 관리, 개인보호구로 구분하며 관리의 가장 최우선 순위는 공학적 관리(환기, 대체, 격리, 포위 등)이다.
③ 유해인자에 대한 평가는 노출정도(유해정도)를 노출기준과 통계적인 근거로 비교하여 판정한다.
④ 산업위생에서 처음으로 요구되는 활동은 예측이다.
⑤ 사업장 근로자 및 지역사회 주민도 산업위생 활동대상에 포함된다.

02 다음에서 설명하고 있는 가스 크로마토그래피 검출기는?

- 원리 : 수소/공기로 시료를 태워 전하를 띤 이온 생성
- 감도 : 대부분의 화합물에 대해 높은 감도
- 특징 : 큰 범위의 직선성

① 질소인검출기(NPD)
② 전자포획검출기(ECD)
③ 열전도도검출기(TCD)
④ 불꽃광도검출기(FPD)
⑤ 불꽃이온화검출기(FID)

해설 불꽃이온화검출기(FID)의 특징
㉠ 유기용제분석 시 가장 많이 사용하는 검출기이다.
㉡ 매우 안정한 보조가스(수소-공기)의 기체흐름이 요구된다.
㉢ 큰 범위의 직선성, 비선택성, 넓은 용융성, 안정성, 높은 민감성 등이 특징이다.
㉣ 할로겐 함유 화합물에 대하여 민감도가 낮다.
㉤ 운반기체로 질소나 헬륨을 사용한다.
㉥ 분석 주성분 대상가스는 다핵방향족 탄화수소류, 할로겐화 탄화수소류, 알코올류, 방향족 탄화수소류

정답 | 01.② 02.⑤

03 다음은 도장 작업자들을 대상으로 한 벤젠(노출기준 0.5ppm)의 작업환경측정 결과이다. 노출기준을 초과할 확률은 약 얼마인가? (단, 정규분포곡선의 z값에 따른 확률은 다음 표와 같다.)

구분	z값			
	−0.42	−0.38	0.32	1.25
확률	0.337	0.352	0.626	0.894

〈작업환경측정 결과(ppm)〉
0.03, 0.22, 1.85, 0.04, 0.1, 0.22, 7.5, 0.05, 2, 0.3

① 0.663
② 0.374
③ 0.337
④ 0.147
⑤ 0.106

해설 z-table상의 값을 구하면
$$z = \frac{\text{노출기준} - \text{평균}}{\text{표준편차}}$$

평균$(m) = \dfrac{0.03+0.22+1.85+0.04+0.1+0.22+7.5+0.05+2+0.3}{10}$

$= 1.231\text{ppm}$

표준편차$(SD) = \left(\dfrac{(0.03-1.231)^2 + (0.22-1.231)^2 + (1.85-1.231)^2 + (0.04-1.231)^2 + (0.1-1.231)^2 + (0.22-1.231)^2 + (7.5-1.231)^2 + (0.05-1.231)^2 + (2-1.231)^2 + (0.3-1.231)^2}{10-1}\right)^{0.5}$

$= 2.327\text{ppm}$

노출기준$(X_i) = 0.5\text{ppm}$

$= \dfrac{0.5 - 1.231}{2.327} = -0.315(0.32)$

z-table에서 z가 0.32일 때 확률(P)은 0.626
노출기준 0.5ppm을 초과할 확률은 1−0.626=0.374

04 ACGIH에서 권고하고 있는 유해물질과 기준(TLV) 설정 근거가 된 건강영향의 연결로 옳지 않은 것은?

① 벤젠(TWA 0.5ppm, STEL 2.5ppm) : 백혈병
② 카본블랙(TWA 3mg/m³) : 기관지염
③ 톨루엔(TWA 20ppm) : 혈액학적 악영향
④ 이산화탄소(TWA 5,000ppm, STEL 30,000ppm) : 질식
⑤ 노말-헥산(TWA 50ppm) : 중추신경계 손상, 말초신경염, 눈 염증

해설 톨루엔은 영구적인 혈액장애를 일으키지 않으며 TLV 설정 근거가 된 건강상 영향은 중추신경계에 대한 억제작용이다.

정답 | 03.② 04.③

05 화학물질 및 물리적 인자의 노출기준에 관한 설명으로 옳지 않은 것은?
① 발암성, 생식세포 변이원성 및 생식독성 정보는 산업안전보건법상 규제 목적으로 표시한다.
② 내화성세라믹섬유의 노출기준 표시단위는 세제곱센티미터당 개수(개/cm^3)를 사용한다.
③ 노출기준은 작업장의 유해인자에 대한 작업환경개선기준과 작업환경측정결과의 평가기준으로 사용할 수 있다.
④ "최고노출기준(C)"이란 근로자가 1일 작업시간동안 잠시라도 노출되어서는 아니 되는 기준을 말하며, 노출기준 앞에 "C"를 붙여 표시한다.
⑤ 혼재하는 물질 간에 유해성이 인체의 서로 다른 부위에 유해작용을 하는 경우, 혼재하는 물질 중 어느 한 가지라도 노출기준을 넘을 때는 노출기준을 초과하는 것으로 한다.

해설 화학물질 및 물리적 인자의 노출기준(고용노동부 고시)
발암성, 생식세포 변이원성 및 생식독성 정보는 산업안전보건법상 규제 목적이 아닌 정보제공 목적으로 표시한다.

06 작업환경측정에 관한 내용으로 옳지 않은 것은?
① 단위작업 장소에서 11명이 작업할 때 시료 채취 수는 3개 이상이다.
② 산화아연 분진은 호흡성 분진을 채취할 수 있는 여과채취방법으로 측정한다.
③ 시료채취 시에는 예상되는 측정대상물질의 농도, 방해물, 시료채취 시간 등을 종합적으로 고려한다.
④ 불화수소의 경우 최고노출기준(Ceiling)과 시간가중평균노출기준(TWA)에 대하여 병행 측정한다.
⑤ 관리대상 유해물질의 취급 장소가 실내인 경우 공기의 최대부피를 120세제곱미터로 하여 허용소비량 초과여부를 판단한다.

해설 관리대상 유해물질의 취급(보건규칙 제421조)
㉠ 사업주가 관리대상 유해물질의 취급업무에 근로자를 종사하도록 하는 경우로서 작업시간 1시간당 소비하는 관리대상 유해물질의 양(그램)이 작업장 공기의 부피(세제곱미터)를 15로 나눈 양(이하 "허용소비량"이라 한다) 이하인 경우에는 이 규정을 적용하지 아니한다. 다만, 유기화합물 취급 특별장소, 특별관리물질취급장소, 지하실 내부, 그 밖의 환기가 불충분한 실내작업장인 경우에는 그러하지 아니하다.
㉡ 작업장 공기의 부피는 바닥에서 4미터가 넘는 높이에 있는 공간을 제외한 세제곱미터를 단위로 하는 실내작업장의 공간부피를 말한다. 다만, 공기의 부피가 150세제곱미터를 초과하는 경우에는 150세제곱미터를 그 공기의 부피로 한다.

07 60℃, 1기압인 탈지조에서 TCE(분자량 131.4, 비중 1.466) 2L를 사용하였다. 공기 중으로 모두 증발하였다고 가정할 때, 발생한 증기량(m^3)은 약 얼마인가?
① 0.34
② 0.50
③ 0.54
④ 0.61
⑤ 0.82

> [해설] 사용량(g) = 2L×1.466g/mL×1,000mL/L = 2,923g
>
> 60℃, 1기압의 부피 = 22.4L× $\frac{273+60}{273}$ = 27.32L
>
> 131.48g : 27.32L = 2932g : 발생 증기량
>
> 발생 증기량(m³) = $\frac{27.32L \times 2932g \times m^3/1,000L}{131.4g}$ = 0.61m³

08 입자상 물질에 관한 설명으로 옳은 것을 모두 고른 것은?

> ㉠ 호흡성 분진(RPM)은 가스 교환 부위에 침착될 때 독성을 일으키는 물질이다.
> ㉡ 석면이나 유리규산은 대식세포의 용해효소로 쉽게 제거된다.
> ㉢ 우리나라 노출기준에는 산화규소 결정체 4종이 있으며, 모두 발암성 1A이다.
> ㉣ 입자상 물질의 침강속도는 스토크스 법칙(Stokes' law)을 따르며, 입자의 밀도와 입경에 반비례한다.

① ㉠, ㉡
② ㉠, ㉢
③ ㉡, ㉣
④ ㉡, ㉢, ㉣
⑤ ㉠, ㉡, ㉢, ㉣

> [해설] ㉡ 대식세포에 의해 용해되지 않는 대표적 독성물질은 유리규산, 석면으로 대식세포가 방출하는 효소에 의해 서서히 용해되지 않는다.
> ㉣ 입자상 물질의 침강속도는 스토크스 법칙(Stokes' law)을 따르며, 입자의 밀도에 비례, 입경의 2승에 비례한다.
> ※ 스토크스(Stokes) 종말침강속도(분리속도)
>
> $V_g = \frac{d_p^2(\rho_p - \rho)g}{18\mu}$
>
> 여기서, V_g : 종말침강속도(m/sec)
> d_p : 입자의 직경(m)
> ρ_p : 입자의 밀도(kg/m³)
> ρ : 가스(공기)의 밀도(kg/m³)
> g : 중력가속도(9.8m/sec)
> μ : 가스의 점도(점성계수)(kg/m·sec)

09 물리적 유해인자의 관리방법으로 옳지 않은 것은?

① 고압환경에서는 질소 대신 헬륨으로 대치한 공기를 흡입한다.
② 고온순화(순응)는 노출 후 4~7일부터 시작하여 12~14일에 완성된다.
③ 자유공간(점음원)에서 거리가 2배 증가하면 소음은 6dB 감소한다.
④ 진동공구 작업자는 금연하는 것이 바람직하다.
⑤ 전리방사선의 강도는 거리의 제곱근에 반비례한다.

> [해설] 전리방사선의 강도는 거리의 제곱에 반비례한다. 즉 거리의 제곱에 비례해서 감소하므로 먼 거리일수록 강도가 낮아져 쉽게 방어가 가능하다.

정답 | 08.② 09.⑤

10 국소배기장치 설계에 관한 설명으로 옳지 않은 것은?

① 송풍기에서 가장 먼 쪽의 후드부터 설계한다.
② 설계 시 먼저 후드의 형식과 송풍량을 결정한다.
③ 1차 계산된 덕트 직경의 이론치보다 더 큰 크기의 시판 덕트를 선정한다.
④ 합류관 연결부에서 정압은 가능한 같아지게 한다.
⑤ 합류관 연결부의 정압비(SP_{high}/SP_{low})가 1.05 이내이면 정압 차를 무시하고 다음 단계 설계를 계속한다.

해설 실제 덕트 직경은 이론치보다 작은 것(시판용 덕트)을 선택하여야 하며 이렇게 선정된 시판용 덕트의 단면적을 갖고 덕트의 직경을 구하여 다시 실제 덕트 속도를 구한다.

11 화학물질 및 물리적 인자의 노출기준에서 "발암성 1A"가 아닌 중금속은?

① 비소 및 그 무기화합물
② 니켈(가용성 화합물)
③ 니켈(불용성 무기화합물)
④ 수은 및 무기형태(아릴 및 알킬 화합물 제외)
⑤ 카드뮴 및 그 화합물

해설 ① 비소 및 그 무기화합물(TWA 0.01mg/m³) : 발암성 1A
② 니켈[가용성 화합물(TWA 0.1mg/m³)] : 발암성 1A
③ 니켈[불용성 무기화합물(TWA 0.2mg/m³)] : 발암성 1A
④ 수은 및 무기형태(아릴 및 알킬 화합물 제외)(TWA 0.025mg/m³) : 생식독성 1B, skin
⑤ 카드뮴 및 그 화합물(TWA 0.01mg/m³) : 발암성 1A, 생식세포 변이원성 2, 생식독성 2, 호흡성

12 실험실로 I-131(반감기 8.04일)이 들어있는 보관함이 배달되었으며, 방사능을 측정한 결과 500pCi였다. 30일 후 방사능(pCi)은 약 얼마인가?

① 37.6
② 32.6
③ 27.6
④ 22.6
⑤ 17.6

해설 1차 반응

$\ln \dfrac{C_o}{C_i} = -kt$

$\ln 0.5 = -k \times 8.04 \text{day}$

$k = \dfrac{\ln 0.5}{8.04 \text{day}} = 0.0862 \text{day}^{-1}$

$\ln \dfrac{x}{500} = -0.0862 \text{day}^{-1} \times 30 \text{day}$

$x = 500 \times e^{-(0.0862 \times 30)}$
$= 37.66 \text{pCi}$ [x : 30일 후 방사능]

13 다음 조건을 고려하여 공기 중 섬유상 물질의 농도(개/cm³)를 구하면 약 얼마인가?

- 직경 25mm 여과지(유효직경 22.1mm)
- 시료채취 시간 : 1시간 30분
- 공기시료 채취기의 유량보정 : 뷰렛의 용량 0.90L
  채취 전(초) : 15.2, 15.35, 15.6
  채취 후(초) : 16.3, 16.35, 16.45
- 위상차현미경을 이용하여 섬유상 물질을 계수한 결과
  공시료 : 0.02개/시야
  시료 : 150개/30시야
  (단, Walton-Beckett Field(시야)의 직경은 100μm)

① 0.2 ② 0.4
③ 0.6 ④ 0.8
⑤ 1.0

해설
- 1시야당 실제 석면개수 = 5개/시야 − 0.02개/시야 = 4.98개/시야
- 여과지의 유효면적 = $\left(\dfrac{3.14 \times 22.1^2}{4}\right)$mm² = 383.4mm²
- 공기채취량 = pump 용량 × 시료채취시간

  채취 전 pump 용량 = $\dfrac{0.90\text{L}}{\left(\dfrac{15.2+15.35+15.6}{3}\right)\text{sec}}$

  = 0.0585L/sec × 60sec/min = 3.51L/min

  채취 후 pump 용량 = $\dfrac{0.90\text{L}}{\left(\dfrac{16.3+16.35+16.45}{3}\right)\text{sec}}$

  = 0.0549L/sec × 60sec/min = 3.3L/min

  pump 용량 = $\dfrac{3.51\text{L/min} + 3.3\text{L/min}}{2}$ = 3.4L/min

  = 3.4L/min × 90min = 306L

- 직경 100μm의 시야의 면적은 0.00785mm²
- 383.4mm²에 채취된 총섬유(석면)개수 = $\dfrac{4.98\text{개}}{0.00785\text{mm}^2} \times 383.4\text{mm}^2$ = 243,227개
- 공기 중 섬유(석면)농도 = $\dfrac{243,227\text{개}}{306\text{L}} \times \dfrac{1\text{L}}{1,000\text{cc}}$ = 0.8개/cc = 0.8개/cm³

정답 | 13.④

14 개인보호구에 관한 설명으로 옳은 것을 모두 고른 것은?

> ㉠ 유기화합물용 정화통은 습도가 높을수록 수명은 길어진다.
> ㉡ 산소결핍장소에서는 전동식 호흡보호구를 착용한다.
> ㉢ 보호구 안전인증 고시에서 액체 차단 보호복은 3형식, 분진 차단 보호복은 5형식이다.
> ㉣ 보호구 안전인증 고시에서 귀마개 등급은 1종과 2종으로 구분한다.

① ㉠, ㉡
② ㉢, ㉣
③ ㉠, ㉢, ㉣
④ ㉡, ㉢, ㉣
⑤ ㉠, ㉡, ㉢, ㉣

해설 ㉠ 유기화합물(유기용제용) 정화용은 습도가 낮을수록, 산성용(황화수소, 아황산가스, 할로겐가스 등) 정화통은 습도가 높을수록(50% 이상) 수명은 길어진다.
㉡ 산소결핍장소에서는 송기식 및 자급식 호흡보호구를 착용한다(비전동식 및 전동식은 공기정화식의 종류).

15 톨루엔 노출 작업자의 호흡보호구에 적합한 정성적 밀착도 검사(QLFT) 방법은?

① 초산이소아밀법
② 사카린법
③ 자극성 스모그법
④ 공기 중 에어로졸법(Condensation Nucleus Counter)
⑤ 통제음압모니터법(Controlled Negative-Pressure Monitor)

해설 호흡보호구 정성적 밀착도 검사(QLFT)
㉠ QLFT를 사용할 수 있는 경우
  • 음압식, 공기정압식 호흡보호구[단, 유해인자가 개인노출한도(PEL)의 10배 미만인 대기에서만 사용해야 함]
  • 전동식 및 송기식 호흡보호구와 함께 사용되는 밀착식 보호구
㉡ QLFT의 판정
  합격 또는 불합격으로 판정
㉢ 검사물질(OSHA에 승인한 4가지 검사물질)
  • 아세트산 이소아밀(초산 이소아밀) : 바나나향
    유기증기 정화통이 장착되는 호흡보호구만 검사
  • 사카린 : 달콤한 맛
    어떠한 방진등급의 미립자 방진필터가 장착된 호흡보호구도 검사 가능함
  • Bitrex : 쓴맛
    어떠한 등급의 미립자 방진필터가 장착된 호흡보호구도 검사 가능함
  • 자극적인 연기 : 비자발적 기침 반사
    미국기준수준 100(또는 한국방진특급) 미립자 방진필터가 장착된 호흡보호구만 검사함
㉣ QLFT의 수행 동작(1분간 수행)
  • 정상 호흡
  • 머리 좌우로 움직이기
  • 호리굽히기
  • 다시 정상호흡
  • 깊은 호흡
  • 머리 상하로 움직이기
  • 말하기

16 산업안전보건기준에 관한 규칙에서 밀폐공간과 관련된 용어의 정의로 옳지 않은 것은?

① "밀폐공간"이란 산소결핍, 유해가스로 인한 질식·화재·폭발 등의 위험이 있는 장소이다.
② "유해가스"란 탄산가스·일산화탄소·황화수소 등의 기체로서 인체에 유해한 영향을 미치는 물질을 말한다.
③ "적정공기"란 산소농도의 범위가 18퍼센트 이상 23.5퍼센트 미만, 탄산가스의 농도가 1.5퍼센트 미만, 일산화탄소의 농도가 30피피엠 미만, 황화수소의 농도가 10피피엠 미만인 수준의 공기를 말한다.
④ "산소결핍"이란 공기 중의 산소농도가 18퍼센트 이하인 상태를 말한다.
⑤ "산소결핍증"이란 산소가 결핍된 공기를 들이마심으로써 생기는 증상을 말한다.

해설 산소결핍이란 공기 중의 산소농도가 18퍼센트 미만인 상태를 말한다.

17 유해화학물질 또는 공정에 적합한 호흡보호구의 연결이 옳지 않은 것은?

① 석면 : 특급 방진마스크
② 스프레이 도장작업 : 방진방독 겸용 마스크
③ 베릴륨 : 1급 방진마스크
④ 포스겐 : 송기마스크
⑤ 금속흄 : 배기밸브가 있는 안면부여과식 마스크

해설 방진마스크의 사용장소

등급	특급	1급	2급
사용장소	• 베릴륨 등과 같이 독성이 강한 물질들을 함유한 분진 등 발생장소 • 석면 취급장소	• 특급마스크 착용장소를 제외한 분진 등 발생장소 • 금속흄 등과 같이 열적으로 생기는 분진 등 발생장소 • 기계적으로 생기는 분진 등 발생장소(규소 등과 같이 2급 방진마스크를 착용하여도 무방한 경우는 제외)	특급 및 1급 마스크 착용장소를 제외한 분진 등 발생장소
	배기밸브가 없는 안면부여과식 마스크는 특급 및 1급 장소에 사용해서는 안 된다.		

18 고용노동부가 발표한 2020년 산업재해 현황 분석에서, 2020년에 발생한 직업병 중 발생자 수가 가장 많은 것은?

① 진폐
② 난청
③ 금속 및 중금속 중독
④ 유기화합물 중독
⑤ 기타 화학물질 중독

정답 | 16.④ 17.③ 18.②

해설
- 직업병 발생자 수
  소음성 난청 > 진폐증 > 유기화합물 중독 > 금속 및 중금속 중독 > 기타 화학물질 중독
- 직업관련성 질환 발생자 수
  신체부담작업 > 사고성 요통 > 비사고성 요통 > 뇌혈관질환 > 정신질환 > 심장질환 > 수근관 증후군

19 호흡기계의 구조와 기능에 관한 설명으로 옳지 않은 것은?
① 폐포는 가스교환 작용이 일어나는 곳이다.
② 해부학적으로 상부와 하부 호흡기계로 구분한다.
③ 내호흡은 폐포와 혈액 사이에서 발생하는 산소와 이산화탄소의 교환작용을 말한다.
④ 비강(nasal cavity)은 호흡공기의 온·습도를 조절하고 오염물질을 제거하는 등의 기능을 한다.
⑤ 기관지는 세기관지(bronchiole)에 가까울수록 섬모세포의 수는 줄어들고 섬모가 없는 클라라세포(clara cell)가 주종을 이룬다.

해설 **내호흡과 외호흡**
㉠ 내호흡은 조직에서 일어나며 산소는 조직액 쪽으로 이동하며 이산화탄소는 조직액으로부터 혈액 쪽으로 이동하는 것을 말한다.
㉡ 외호흡은 폐호흡으로 폐포공기와 폐의 모세혈관 사이에서의 이산화탄소와 산소의 교환작용을 말한다.

20 재해의 직접원인 중 불안전한 행동에 해당하지 않는 것은?
① 안전장치의 부적합
② 위험장소 접근
③ 개인보호구의 잘못 착용
④ 불안전한 속도 조작
⑤ 감독 및 연락 불충분

해설 **산업재해의 직접원인(1차 원인)**
㉠ 불안전한 행위(인적 요인)
  - 위험장소 접근
  - 안전장치 기능제거(안전장치를 고장나게 함)
  - 기계·기구의 잘못 사용(기계설비의 결함)
  - 운전 중인 기계장치의 손실
  - 불안전한 속도 조작
  - 주변환경에 대한 부주의(위험물 취급 부주의)
  - 불안전한 상태의 방치
  - 불안전한 자세
  - 안전확인 경고의 미비(감독 및 연락 불충분)
  - 복장, 보호구의 잘못 사용(보호구를 착용하지 않고 작업)
㉡ 불안전한 상태(물적 요인)
  - 물 자체의 결함
  - 안전보호장치 결함
  - 복장, 보호구의 결함
  - 물의 배치 및 작업장소 결함(불량)
  - 작업환경의 결함(불량)
  - 생산공장의 결함
  - 경계표시, 설비의 결함

21 메탄올의 생체 내 대사과정 중 ( )에 들어갈 내용으로 옳은 것은?

메탄올 → (㉠) → (㉡) → 이산화탄소

① ㉠ : 포름산   ㉡ : 산화아렌
② ㉠ : 포름알데히드   ㉡ : 아세트산
③ ㉠ : 포름알데히드   ㉡ : 포름산
④ ㉠ : 아세트알데히드   ㉡ : 포름산
⑤ ㉠ : 아세트알데히드   ㉡ : 아세트산

해설 메탄올의 생체 내 대사과정(메탄올의 시각장애기전)
메탄올 → 포름알데히드 → 포름산 → 이산화탄소
메탄올의 대사산물인 포름알데히드가 망막 조직을 손상시킨다. 즉, 중간대사체에 의해서 시신경에 독성을 나타낸다.

22 신체부위별 동작 유형에 관한 내용으로 옳은 것을 모두 고른 것은?

㉠ 굴곡(flexion) : 관절에서의 각도가 증가하는 동작
㉡ 신전(extension) : 관절에서의 각도가 감소하는 동작
㉢ 내전(adduction) : 몸의 중심선으로 향하는 이동 동작
㉣ 외전(abduction) : 몸의 중심선에서 멀어지는 이동 동작
㉤ 내선(medial rotation) : 몸의 중심선을 향하여 안쪽으로 회전하는 동작

① ㉠, ㉡
② ㉡, ㉢
③ ㉡, ㉢, ㉤
④ ㉢, ㉣, ㉤
⑤ ㉠, ㉡, ㉢, ㉣, ㉤

해설 ㉠ 굴곡(flexion) : 각을 이루며 굽히는 동작으로, 관절의 각도가 작아지는 동작을 말한다.
㉡ 신전(extension) : 굴곡의 반대 움직임으로 굽히기에서 기본 자세로 돌아가는 동작. 즉, 관절에서의 각도가 증가하는 동작을 말한다.

23 힐(A. Hill)이 주장한 인과 관계를 결정하는 기준에 관한 설명으로 옳지 않은 것은?

① 어떤 원인에 대한 노출과 특정 질병 발생 간에 관련성이 보이지만, 다른 질병과의 연관성도 함께 관찰된다면 인과 관계의 가능성은 작아진다.
② 원인에 대한 노출이 질병 발생 시점보다 시간적으로 앞설 때 인과 관계의 가능성이 커진다.
③ 의심되는 원인에 노출되어 질병이 발생하는 기전에 대해 기존 지식이 아닌 새로운 이론으로 해석될 때 인과 관계의 가능성이 커진다.
④ 원인에 대한 노출 정도가 커질수록 질병 발생 확률도 높아지는 용량-반응 관계가 나타날 경우에 인과 관계의 가능성이 커진다.
⑤ 연관성의 강도가 클수록 인과 관계의 가능성이 커진다.

정답 | 21.③ 22.④ 23.③

> **해설** 기존 학설과의 일관성(Coherence)
> 의심되는 원인에 노출되어 질병이 발생하는 기전에 대해 즉, 측정된 인과 관계가 기존의 지식, 소견과 일치할수록 인과 관계의 가능성이 커진다.

24 유해인자별 건강관리에 관한 설명으로 옳지 않은 것은?

① 도장작업자는 유기화합물에 의한 급성중독, 접촉성 피부염 등에 대해 관리하여야 한다.
② 진동작업자의 경우 정기적인 특수건강진단이 필요하다.
③ 금속가공유 취급자는 폐기능의 변화, 피부질환 등에 대해 관리하여야 한다.
④ "사후관리 조치"란 사업주가 건강관리 실시결과에 따른 작업장소 변경, 작업전환, 건강상담, 근무 중 치료 등 근로자의 건강관리를 위하여 실시하는 조치를 말한다.
⑤ 전(前) 사업장에서 황산에 대한 건강진단을 받고 6개월이 지난 작업자의 경우 배치전건강진단 실시를 면제할 수 있다.

> **해설** 전(前) 사업장에서 황산에 대한 건강검진을 받고 6개월이 지나지 않은 작업자의 경우 배치전건강진단 실시를 면제할 수 있다.

25 산업안전보건법 시행규칙 중 납에 대한 특수건강진단 시 제2차 검사항목에 해당하는 생물학적 노출지표를 모두 고른 것은?

| ㉠ 혈중 납 | ㉡ 소변 중 납 |
| ㉢ 혈중 징크프로토포피린 | ㉣ 소변 중 델타아미노레불린산 |

① ㉠
② ㉡
③ ㉠, ㉢
④ ㉡, ㉢, ㉣
⑤ ㉠, ㉡, ㉢, ㉣

> **해설** 납에 대한 특수건강진단 시 생물학적 노출지표
> ㉠ 제1차 검사항목 생물학적 노출지표 검사
>   혈중 납
> ㉡ 제2차 검사항목 생물학적 노출지표 검사
>   • 혈중 징크프로토포피린
>   • 소변 중 델타아미노레불린산
>   • 소변 중 납

2023년 제13회 산업보건지도사

산업위생일반

2023년 4월 1일 시행

01 우리나라 산업보건 역사에 관한 설명으로 옳은 것을 모두 고른 것은?

　㉠ 1982년 : 산업안전보건법 시행규칙 제정
　㉡ 1986년 : 문송면 군 수은중독 사망
　㉢ 1990년 : 한국산업위생학회 창립
　㉣ 1999년 : 화학물질 및 물리적 인자의 노출기준 시행

① ㉠, ㉡
② ㉠, ㉢
③ ㉡, ㉢
④ ㉡, ㉣
⑤ ㉢, ㉣

해설 ㉡ 1988년 : 문송면 군 수은중독 사망(온도계, 형광등 제조회사에서 발생)
　　　㉣ 1988년 : 화학물질 및 물리적 인자의 노출기준 시행

02 고용노동부 고시에 따라 원자흡광광도법(AAS)으로 분석할 수 있는 유해인자 중 외부 작업환경전문연구기관 등에 시료분석을 위탁할 수 있는 유해인자로 옳은 것은?

① 구리
② 수산화나트륨
③ 산화마그네슘
④ 산화아연
⑤ 주석

해설 원자흡광광도법(AAS)으로 분석할 수 있는 유해인자
　㉠ 구리
　㉡ 납
　㉢ 니켈
　㉣ 크롬
　㉤ 망간
　㉥ 산화마그네슘
　㉦ 산화아연
　㉧ 산화철
　㉨ 수산화나트륨
　㉩ 카드뮴
위의 10가지 유해물질을 제외하고 원자흡광광도계–불꽃원자화장치(AAS–flame)로 분석하기 어렵거나 분석빈도가 낮은 유해인자를 측정한 경우 해당 측정시료를 분석할 수 있는 분석장비 등을 갖춘 다른 사업장 위탁 측정기관이나 작업환경전문연구기관 등에 시료의 분석을 위탁할 수 있다.

정답 | 01.② 02.⑤

03 고용노동부의 2021년 산업보건통계 현황에 관한 내용으로 옳지 않은 것은?

① 직업병 유소견자는 소음성 난청이 가장 많았다.
② 유기화합물중독으로 인한 직업병 유소견자는 전년대비 감소하였다.
③ 직업병 유소견자에 대한 사후관리조치는 보호구 착용이 가장 많았다.
④ 일반질병 유소견자의 질병종류는 소화기질환이 가장 많았다.
⑤ 일반질병 유소견자에 대한 사후관리조치는 근무 중 치료가 가장 많았고, 보호구 착용, 추적 검사 순이었다.

해설 유기화합물 중독으로 인한 직업병 유소견자는 전년대비 증가하였다. (2020년 15명, 2021년 30명)

04 산업보건통계에 관한 설명으로 옳지 않은 것은?

① 기하평균을 계산하는 방법 중 그래프 법에서는 누적빈도 50%에 해당하는 값을 기하평균으로 한다.
② 대수정규분포의 특성은 좌측이나 우측 방향으로 비대칭꼴을 이루며 주로 우측으로 무한히 뻗어 있는 형태이다.
③ 기하표준편차를 계산하는 방법에는 대수변환법이 있다.
④ 자료가 정규분포를 이루는 경우 평균과 표준편차의 범위에 대한 면적은 정규분포 곡선에서 전체 면적의 95.0%를 차지한다.
⑤ 기하평균을 계산하는 방법 중 그래프 법에서는 누적빈도 84.1%에 해당하는 값이 2.4이고 누적빈도 50%에 해당하는 값이 1.2이면 기하표준편차는 2이다.

해설
• 표준편차 ±1배의 범위 내에 전체면적의 약 68%를 차지한다.
• 표준편차 ±2배의 범위 내에 전체면적의 약 95%를 차지한다.
• 표준편차 ±3배의 범위 내에 전체면적의 약 99%를 차지한다.

05 산업환기설비에 관한 기술지침에서 국소배기장치에 관한 설명으로 옳지 않은 것은?

① 반송속도라 함은 덕트를 이동하는 유해물질이 덕트 내에서 퇴적이 일어나지 않은 상태로 이동하기 위해 필요한 최소 속도를 말한다.
② 후드는 내마모성, 내부식성 등의 재료 또는 도포한 재질을 사용하고, 변형 등이 발생하지 않는 충분한 강도를 지닌 재질로 하여야 한다.
③ 송풍기 전후에 진동전달을 방지하기 위하여 충만실을 설치한다.
④ 주덕트와 가지덕트의 접속은 30° 이내가 되도록 한다.
⑤ 포위식 및 부스식 후드에서의 제어풍속은 후드의 개구면에서 흡입되는 기류의 풍속을 말한다.

해설 송풍기 전후에 진동전달을 방지하기 위하여 캔버스(Canvas)를 설치하는 경우 캔버스의 파손 등이 발생하지 않도록 조치하여야 한다.

06 송풍기가 설치된 덕트 내에서의 공기 압력에 관한 설명으로 옳지 않은 것은?

① 송풍기 앞 덕트 내 정압은 음압을 유지한다.
② 송풍기 뒤 덕트 내 정압은 양압을 유지한다.
③ 송풍기 앞 덕트 내 동압(속도압)은 음압을 유지한다.
④ 송풍기 뒤 덕트 내 동압(속도압)은 양압을 유지한다.
⑤ 송풍기 앞과 뒤의 덕트 내 전압은 정압과 동압(속도압)의 합으로 나타낸다.

해설 동압(속도압)은 공기의 운동에너지에 비례하여 항상 0 또는 양압을 갖는다. 즉, 동압은 공기가 이동하는 힘으로 항상 0 이상이다.

07 고온 노출에 따른 건강장해 유형과 그 설명이 옳은 것은?

① 열경련 : 지나친 발한에 의한 당분 소실이 원인이다.
② 열사병 : 조기에 적절한 조치가 없어도 사망까지는 이르지 않는다.
③ 열피로 : 심박출량의 증가가 그 원인이다.
④ 열발진 : 고온다습한 대기에 오랫동안 노출 시 발생한다.
⑤ 열쇠약 : 고온에 의한 급성 건강장해이다.

해설 ① 열경련은 지나친 발한에 의한 수분 및 혈중염분 소실이 원인이다.
② 열사병은 고온다습한 환경에 노출될 때 뇌 온도의 상승으로 신체 내부의 체온조절중추에 기능장애를 일으켜서 생기는 위급한 상태를 말하며, 초기에 조치가 취해지지 못하면 사망에 이를 수도 있다.
③ 열피로는 말초혈관 확장에 따른 요구증대만큼의 혈관운동조절이나 심박출량의 증대가 없을 때 발생한다. (말초혈관 운동신경의 조절장해와 심박출량의 부족으로 발생)
⑤ 열쇠약은 고온에 의한 만성 체력소모를 의미한다.

08 전리방사선에 해당하는 것은?

① 알파(α)선
② 자외선
③ 극저주파
④ 레이저(Laser)
⑤ 마이크로파(Microwave)

해설 **전리방사선** ─ 전자기방사선(X-ray, γ선)
           └ 입자방사선(α입자, β입자, 중성자)

09 입자상 물질에 관한 설명으로 옳지 않은 것은?

① 흡입성 입자상 물질은 호흡기계 어느 부위에 침착하더라도 독성을 나타내는 물질이다.
② 흡입성 입자상 물질의 입경 범위는 0~100μm이다.
③ 흉곽성 입자상 물질의 평균 입경(D_{50})은 10μm이다.
④ 호흡성 입자상 물질은 폐포에 침착할 때 독성을 유발하는 물질을 말한다.
⑤ 호흡성 입자상 물질의 포집은 IOM sampler를 사용하여 포집한다.

해설 호흡성 입자상 물질의 포집은 10mm nylon cyclone을 사용하여 포집한다.

정답 | 06.③ 07.④ 08.① 09.⑤

10 자극제에 관한 설명으로 옳은 것은?

① 피부 또는 눈과 접촉 시에만 자극을 유발하는 물질이다.
② 상기도 점막을 자극하는 물질들은 대부분이 비수용성을 나타낸다.
③ 산화에틸렌은 상기도 점막을 자극하는 물질에 해당된다.
④ 염화수소는 중기도(폐조직)를 자극하는 물질에 해당된다.
⑤ 오존은 종말기관지 및 폐포점막을 자극하는 물질에 해당된다.

해설
① 자극성 물질이란 흡입하거나 피부 또는 눈에 접촉할 때 자극을 일으키는 물질이다.
② 상기도 점막을 자극하는 물질들은 수용성이 높은 화학물질이 대부분으로 상기도 표면에 용해된다.
④ 염화수소는 상기도 점막을 자극하는 물질이다.
⑤ 오존은 상기도 점막 및 폐조직을 자극하는 물질이다.

11 고용노동부 고시의 생식독성 정보물질에 관한 설명으로 옳지 않은 것은?

① 생식독성 정보물질은 성적기능, 생식능력 또는 태아의 발생·발육에 유해한 영향을 주는 물질이다.
② 흡수, 대사, 분포 및 배설에 대한 연구에서 해당물질이 잠재적으로 유독한 수준으로 모유에 존재할 가능성을 보이는 물질은 "수유독성"으로 표기한다.
③ 동물에 대한 1세대 또는 2세대 연구결과에서 모유를 통해 전이되어 자손에게 유해영향을 주는 물질은 "생식독성 1B"로 표기한다.
④ 납 및 그 무기화합물, 2-브로모프로판은 모두 "생식독성 1A" 표기물질이다.
⑤ 이황화탄소는 "생식독성 2" 표기물질이다.

해설 생식독성 정보물질 구분

구분	구분 기준
1A	사람에게 성적기능, 생식능력이나 발육에 악영향을 주는 것으로 판단할 정도의 사람에서의 증거가 있는 물질
1B	사람에게 성적기능, 생식능력이나 발육에 악영향을 주는 것으로 추정할 정도의 동물시험 증거가 있는 물질
2	사람에게 성적기능, 생식능력이나 발육에 악영향을 주는 것으로 의심할 정도의 사람 또는 동물시험 증거가 있는 물질
수유독성	다음 어느 하나에 해당하는 물질 ① 흡수, 대사, 분포 및 배설에 대한 연구에서, 해당 물질이 잠재적으로 유독한 수준으로 모유에 존재할 가능성을 보임 ② 동물에 대한 1세대 또는 2세대 연구결과에서, 모유를 통해 전이되어 자손에게 유해영향을 주거나, 모유의 질에 유해영향을 준다는 명확한 증거가 있음 ③ 수유기간 동안 아기에게 유해성을 유발한다는 사람에 대한 증거가 있음

정답 | 10.③ 11.③

12 입자의 가장자리를 이등분할 때의 직경으로 과대평가의 위험성이 있는 입경(입자의 크기)은?
① 마틴(Martin) 직경
② 페렛(Feret) 직경
③ 등면적(Projected area) 직경
④ 공기역학적(Aerodynamic) 직경
⑤ 질량 중위(Mass median) 직경

> **해설** 페렛 직경((Feret Diameter)
> ㉠ 먼지의 한쪽 끝 가장자리와 다른 쪽 가장자리 사이의 거리이다.
> ㉡ 과대평가될 가능성이 있는 입자상 물질의 직경이다.

13 비소(As)에 관한 설명으로 옳지 않은 것은?
① 비금속으로서 가열하면 녹지 않고 승화된다.
② 독성 작용은 3가 보다 5가의 비소화합물이 강하다.
③ 체내에서 3가 비소는 5가 상태로 산화되며 그 반대 현상도 가능하다.
④ 피부 장해가 나타날 수 있다.
⑤ 노출 시 체내 저감 대책으로 설사약을 투여한다.

> **해설** 자연계에서는 3가 및 5가의 원소로서 삼산화비소, 오산화비소의 형태로 존재하며 독성작용은 5가보다는 3가의 비소화합물이 강하다. 특히 물에 녹아 아비산을 생성하는 삼산화비소가 가장 독성이 강하다.

14 교대근무자의 보건관리지침에서 교대근무작업에 관한 설명으로 옳지 않은 것은?
① 야간작업이란 오후 10시부터 익일 오전 6시까지 사이의 시간이 포함된 교대작업을 말한다.
② 야간작업자란 야간작업시간마다 적어도 2시간 이상 정상적 업무를 하는 근로자를 말한다.
③ 야간작업은 연속하여 3일을 넘기지 않도록 한다.
④ 교대작업일정을 계획할 때 가급적 근로자 개인이 원하는 바를 고려하도록 한다.
⑤ 근무반 교대방향은 아침반 → 저녁반 → 야간반으로 바뀌도록 정방향으로 순환하도록 한다.

> **해설** ② 야간작업자란 야간작업시간마다 적어도 3시간 이상 정상적 업무를 하는 근로자를 말한다.

15 충돌기(impactor)를 이용하여 사무실 내 총부유세균을 포집하여 배양한 결과, 배지에 100개의 집락(colony)이 계수(counting)되었다. 충돌기의 유량을 20L/min으로 가정하고 5분간 공기 시료 채취 시 농도(CFU/m³)와 사무실 실내공기질 관리기준 초과 여부로 옳은 것은? (단, 공시료는 고려하지 않는다.)
① 500 – 초과되지 않음
② 500 – 초과됨
③ 1,000 – 초과되지 않음
④ 1,000 – 초과됨
⑤ 1,500 – 초과되지 않음

> **해설** 농도(CFU/m³) = $\dfrac{\text{집락수}}{\text{pump용량} \times \text{채취시간}} = \dfrac{100\text{CFU}}{20\text{L/min} \times 5\text{min} \times \text{m}^3/1,000\text{L}} = 1,000\text{CFU/m}^3$
> 사무실 실내공기질 관리기준에서 총부유세균의 관리기준이 800CFU/m³ 이하이므로 초과된다.

산업보건지도사 | 산업위생일반

16 고용노동부 고시에 따른 물질안전보건자료에 관한 설명이다. ( )에 들어갈 내용으로 옳은 것은?

> 물질안전보건자료대상물질을 ( ) · ( )하는 자는 해당 물질안전보건자료대상물질의 용기 및 포장에 한글로 작성한 경고표지를 부착하거나 인쇄하는 등 유해 · 위험 정보가 명확히 나타나도록 하여야 한다.

① 양도, 제공
② 수입, 제공
③ 가공, 수입
④ 제조, 양도
⑤ 제조, 가공

해설 경고표지의 부착(물질안전보건자료)
㉠ 물질안전보건자료대상물질을 양도 · 제공하는 자는 해당 물질안전보건자료대상물질의 용기 및 포장에 한글 경고표지(같은 경고표지 내에 한글과 외국어가 함께 기재된 경우를 포함)를 부착하거나 인쇄하는 등 유해 · 위험 정보가 명확히 나타나도록 하여야 한다.
다만, 실험실에서 시험 · 연구목적으로 사용하는 시약으로서 외국어로 작성된 경고표지가 부착되어 있거나 수출하기 위하여 저장 또는 운반 중에 있는 완제품은 한글 경고표지를 부착하지 아니할 수 있다.
㉡ 국제연합(UN)의 "위험물 운송에 관한 권고"에서 정하는 유해성 · 위험성 물질을 포장에 표시하는 경우에는 "위험물 운송에 관한 권고"에 따라 표시할 수 있다.
㉢ 포장하지 않는 드럼 등의 용기에 국제연합(UN)의 "위험물 운송에 관한 권고"에 따라 표시를 한 경우에는 경고표지에 해당 그림문자를 표시하지 아니할 수 있다.
㉣ 용기 및 포장에 경고표지를 부착하거나 경고표지의 내용을 인쇄하는 방법으로 표시하는 것이 곤란한 경우에는 경고표지를 인쇄한 꼬리표를 달 수 있다.
㉤ 물질안전보건자료대상물질을 사용 · 운반 또는 저장하고자 하는 사업주는 경고표지의 유무를 확인하여야 하며, 경고표지가 없는 경우에는 경고표지를 부착하여야 한다.
㉥ 사업주는 물질안전보건자료대상물질의 양도 · 제공자에게 경고표지의 부착을 요청할 수 있다.

17 산업안전보건기준에 관한 규칙상 유해인자 취급 작업별 보호구에 관한 설명으로 옳지 않은 것은?

구분	유해인자	작업명	보호구
㉠	관리대상 유해물질	관리대상 유해물질이 흩날리는 업무	보안경
㉡	허가대상 유해물질	허가대상 유해물질을 제조 · 사용하는 작업	방진마스크 또는 방독마스크
㉢	관리대상 유해물질	금속류, 가스상태 물질류를 취급하는 작업	호흡용보호구
㉣	혈액매개 감염	혈액 또는 혈액오염물을 취급하는 작업	보호앞치마
㉤	소음	소음작업, 강력한 소음작업 또는 충격 소음 작업	청력보호구

① ㉠
② ㉡
③ ㉢
④ ㉣
⑤ ㉤

해설 혈액매개 감염
㉠ 혈액이 분출되거나 분무될 가능성이 있는 작업 : 보안경, 보호마스크
㉡ 혈액 또는 혈액오염물을 취급하는 작업 : 보호장갑
㉢ 다량의 혈액이 의복을 적시고 피부에 노출될 우려가 있는 작업 : 보호앞치마

18 고용노동부 고시에 따른 안전인증 방독마스크의 정화통 외부 측면에 표시하는 종류별 표시색으로 옳지 않은 것은?

① 유기화합물용 : 갈색
② 할로겐용 : 회색
③ 아황산용 : 노란색
④ 암모니아용 : 녹색
⑤ 복합용 및 겸용 : 흑색

해설 정화통의 외부 측면 색

흡수관 종류	색
유기화합물용	갈색
할로겐용, 황화수소용, 시안화수소용	회색
아황산용	노란색
암모니아용	녹색
복합용 및 겸용	• 복합용의 경우 : 해당 가스 모두 표시(2층 분리) • 겸용의 경우 : 백색과 해당 가스 모두 표시(2층 분리)

※ 증기밀도가 낮은 유기화합물 정화통의 경우 색상표시 및 화학물질명 또는 화학기호를 표기

19 특수건강진단 시 유해인자별 제2차 검사항목 생물학적 노출지표의 시료채취시기로 옳은 것은?

구분	유해인자	제2차 검사항목 생물학적 노출지표	시료채취시기
㉠	디클로로메탄	혈중 카복시헤모글로빈	주말 작업 종료 시
㉡	메탄올	혈중 또는 소변 중 메탄올	주말 작업 종료 시
㉢	2-에톡시에탄올	소변 중 2-에톡시초산	주말 작업 종료 시
㉣	이소프로필알코올	혈중 또는 소변 중 아세톤	주말 작업 종료 시
㉤	클로로벤젠	소변 중 총 클로로카테콜	주말 작업 종료 시

① ㉠ ② ㉡
③ ㉢ ④ ㉣
⑤ ㉤

해설 특수건강진단 시 유해인자별 제2차 검사항목 생물학적 노출지표 및 시료채취시기

유해인자	제2차 검사항목 생물학적 노출지표	시료채취시기
디클로로메탄	혈중 카복시헤모글로빈	작업 종료 시
메탄올	혈중 또는 소변 중 메탄올	작업 종료 시
이소프로필알코올	혈중 또는 소변 중 아세톤	작업 종료 시
클로로벤젠	소변 중 총 클로로카테콜	작업 종료 시

정답 | 18.⑤ 19.③

20 직무스트레스 평가에 관한 지침에서 직무스트레스 요인의 영역 중 직무자율에 속하는 것은?
① 책임감
② 업무 다기능
③ 시간적 압박
④ 기술적 재량
⑤ 조직 내 갈등

해설 (1) 직무스트레스 요인(8개 영역)
　　　㉠ 물리적 환경
　　　㉡ 직무요구
　　　㉢ 직무자율
　　　㉣ 관계갈등
　　　㉤ 직무불안정
　　　㉥ 조직체계
　　　㉦ 보상 부적절
　　　㉧ 직장문화
　(2) 직무자율
　　의사결정의 권한과 자신의 직무에 대한 재량활용성의 수준을 말하며 기술적 재량, 업무예측 가능성, 기술적 자율성, 직무수행권 등이 해당된다.

21 인듐 및 그 화합물에 대한 특수건강진단 시 제2차 검사항목에 해당하는 것은? (단, 근로자는 해당 작업에 처음 배치되는 것은 아니다.)
① 호흡기계 : 폐활량검사
② 주요 표적장기와 관련된 질병력 조사
③ 임상진찰 및 검사 : 흉부방사선(측면)
④ 생물학적 노출 지표검사 : 혈청 중 인듐
⑤ 직업력 · 노출력 조사

해설 인듐 및 그 화합물(특수건강진단)
　(1) 제1차 검사항목
　　　㉠ 직업력 및 노출력 검사
　　　㉡ 주요표적기관과 관련된 병력검사
　　　㉢ 임상검사 및 진찰
　　　　　- 호흡기계 : 청진, 흉부방사선(후전면, 측면)
　　　㉣ 생물학적 노출지표 검사 : 혈청 중 인듐
　(2) 제2차 검사항목
　　　임상검사 및 진찰
　　　　- 호흡기계 : 폐활량검사, 흉부 고해상도 전산화 단층촬영

22 산업재해 중 업무상 부상에 해당하지 않는 것은?
① 출장 중 발생한 교통사고
② 사업장 시설에 의해 발생한 손 베임
③ 회사 행사 중 발생한 발목 골절
④ 분진 노출에 의해 발생한 비염
⑤ 출퇴근 중 넘어져 발생한 손목 염좌

정답 | 20.④ 21.① 22.④

해설 산업재해란 근로자가 업무에 관계되는 건설물·설비·원재료·가스·증기·분진 등에 의하거나 작업 또는 그 밖의 업무로 인하여 사망 또는 부상하거나 질병에 걸리는 것을 말하며 업무상 재해란 업무상의 사유에 따른 근로자의 부상·질병·장해 또는 사망을 말한다. 따라서 분진노출에 의해 발생한 비염은 업무상 질병에 해당한다.

23 역학에 관한 설명으로 옳은 것을 모두 고른 것은?

> ㉠ 지역사회의 건강인과 환자를 포함한 인구집단이 대상이다.
> ㉡ 질병과 요인간의 연관성을 이론적 근거로 한다.
> ㉢ 진단결과는 정상 혹은 이상 여부로 한다.
> ㉣ 개인의 건강수준 향상을 목적으로 한다.

① ㉠, ㉡
② ㉠, ㉢
③ ㉡, ㉢
④ ㉠, ㉢, ㉣
⑤ ㉡, ㉢, ㉣

해설 역학은 인구집단의 건강과 질병에 영향을 주는 요인에 관한 연구를 하는 학문으로 특정 인구집단에 발생한 이상상태의 빈도와 분포를 지리적, 시간적 및 인적특성에 따라 기술하고 역학적 연구설계를 이용하여 이상상태의 발생에 대한 영향요인이나 결정요인을 연구, 효과적인 예방법을 강구하여 이상상태의 예방과 건강 증진을 목적으로 한다.

24 근로자건강진단 실무지침에서 "n-부탄올(1-부틸알코올)" 노출근로자에 대한 업무수행 적합여부 평가 시 고려해야 할 건강상태에 해당되지 않는 것은?

① 중추 및 말초신경장해가 중한 자
② 피부질환이 중한 자
③ 심한 회화음역의 청력저하로 청력보호가 필요한 자
④ 알코올 중독
⑤ 위장질환자

해설 (1) n-부탄올(1-부틸알코올) 노출근로자에 대한 업무수행 적합여부 평가 시 고려해야 할 건강상태
  ㉠ 중추 및 말초신경장해가 중한 자
  ㉡ 피부질환이 중한 자
  ㉢ 심한 회화음역의 청력저하로 청력보호가 필요한 자
  ㉣ 알코올 중독
(2) Sec-부탄올(2-부틸알코올) 노출근로자에 대한 업무수행 적합여부 평가 시 고려해야 할 건강상태
  ㉠ 중추 및 말초신경장해가 중한 자
  ㉡ 피부질환이 중한 자
  ㉢ 알코올 중독

정답 | 23.① 24.⑤

25 여성화를 제조하는 A사업장에서 작업환경을 측정하였더니 노말-헥산 10ppm, 크실렌 15ppm, 톨루엔 20ppm, 메틸에틸케톤 40ppm이 검출되었다. 이 물질들이 상가작용을 한다고 할 때, 노출지수로 옳은 것은?

① 0.90
② 0.95
③ 1.00
④ 1.05
⑤ 1.15

해설 ㉠ 노말-헥산 TLV : 50ppm
㉡ 크실렌 TLV : 100ppm
㉢ 톨루엔 TLV : 50ppm
㉣ 메틸에틸케톤 TLV : 200ppm

노출지수(EI) $= \dfrac{10}{50} + \dfrac{15}{100} + \dfrac{20}{50} + \dfrac{40}{200} = 0.95$

2024년 제14회 산업보건지도사

산업위생일반

2024년 3월 30일 시행

01 다음에서 설명하는 역학조사 연구방법은?

- 특정요인에 노출된 집단과 노출되지 않은 집단의 질병발생률 또는 사망률을 비교하기 위해 추적 조사하는 연구방법이다.
- 한 가지의 노출에 의하여 발생하는 다양한 결과를 검정할 수 있다.
- 오랜 기간 동안 많은 사람을 추적하므로 연구대상자 탈락문제, 시간과 비용이 많이 드는 문제점이 있다.

① 단면 연구 ② 환자군 연구
③ 코호트 연구 ④ 실험 연구
⑤ 사례 연구

해설 **코호트 연구(cohort study)**
㉠ 정의
코호트는 같은 특성을 가진 인구집단이란 의미로 코호트 연구는 질병의 원인과 관련되어 있다고 생각되는 어떤 특성을 가진 인구집단과 가지고 있지 않은 인구집단을 계속 관찰하여 특정 질병의 발생을 시간 경과에 따라 전향적으로 추적·관찰하여 서로 간의 질병발생률 차이가 있는지를 비교하는 방법으로 전향적 연구 또는 계획 연구라고도 한다.
㉡ 장점
- 비교위험도와 귀속위험도를 직접 측정할 수 있다.
- 비교적 신뢰성 높은 자료를 얻을 수 있다(전체 인구대상집단을 포함하는 것이 일반적이기 때문에 다른 역학연구와 비교 시 큰 장점이 있음).
- 시간적 선·후 관계가 분명하여 연구결과의 일반화가 가능하고 부수적으로 다른 질환의 속성관계를 알 수 있다.
㉢ 단점
- 시간, 노력 및 비용이 많이 소요된다.
- 많은 대상자가 필요하므로 발생률이 낮은 질병에는 적절하지 않다.
- 연구대상자가 사망하거나 이동하는 등 중도에 탈락할 가능성이 높다(조사기간이 길어 진단방법과 기준에 변동이 생길 수 있음).

02 반감기($T_{1/2}$)가 87.5일인 S-35가 0.5mg이 있을 때, 방사능은 약 몇 Ci인가? (단, $A_i = A_o \times 0.693/T_{1/2}$, 아보가드로수=$6.023 \times 10^{23}$, 1Ci=$3.7 \times 10^{10}$dps)

① 21.3 ② 26.3
③ 32.2 ④ 36.4
⑤ 41.7

정답 | 01.③ 02.①

해설 $A(방사능, Bq) = 붕괴상수 \times 원자수$

$$= \frac{0.693}{T_{1/2}(반감기)} \times \frac{W(질량)}{M(질량수)} \times 6.023 \times 10^{23}$$

$$= \frac{0.693}{87.5\text{day} \times 24\text{hr/day} \times 3{,}600\text{sec/hr}} \times \frac{0.0005\text{g}}{\left(\frac{35\text{g}}{\text{mol}}\right)} \times 6.023 \times 10^{23}$$

$$= 7.8873 \times 10^{11} \text{Bq}$$

$A(방사능, Ci) = 7.8873 \times 10^{11}\text{Bq} \times \frac{1\text{Ci}}{3.7 \times 10^{10}\text{Bq}} = 21.32\text{Ci}$

NOTE Bq은 초당 붕괴수이므로 sec로 환산

03 비가역적(irreversible)인 건강상태에 관한 설명으로 옳은 것은?

① 인체의 방어기전에 의해 다시 회복할 수 있는 상태이다.
② 과학적인 방법을 이용하여 유해인자에 대한 양, 정도, 중요성, 상태를 근거로 노출의 타당성을 결정하는 것이다.
③ 유해인자에 노출되면 일시적인 불쾌감과 작업능률 저하가 일어난다.
④ 다시 회복할 수 없는 건강상태로서 인체의 조직이나 기관에 기능상 장해가 일어난 경우이다.
⑤ 유해인자 노출에 대하여 적응할 수 있는 항상성 유지 단계이다.

해설 질병을 설명할 때 비가역적은 돌이킬 수 없는 상태, 치료는 할 수 있지만 결코 치유되거나 제거되지 않는 상태의 부상 또는 질병을 의미하며 가장 대표적인 비가역적 질환에는 치매가 있다.

04 ACGIH TLV의 종류가 아닌 것은?

① TLV-C
② TLV-SL
③ TLV-STEL
④ TLV-CA
⑤ TLV-TWA

해설 ACGIH TLV 종류
㉠ TLV-TWA(Threshold Limit Value-Time-Weighted Average)-시간가중평균 노출기준
화학물질의 공기 중 농도를 나타내며, 근로자가 매일 반복적으로 노출되더라도 거의 모든 근로자가 건강에 악영향이 없을 것으로 여겨지는 농도를 말한다.
㉡ TLV-STEL(Threshold Limit Value-Short-Term Exposure Limit)-단시간 노출기준
15분간의 시간가중평균 노출값으로 노출농도가 TWA을 초과하고 STEL 이하인 경우에는 1회 노출지속시간이 15분 미만이어야 하고, 이러한 상태가 1일 4회 이하로 발생하여야 하며, 각 노출의 간격은 1시간 이상이어야 한다.
㉢ TLV-C(Threshold Limit Value-Ceiling)-최고노출기준
근로자가 1일 작업시간동안 잠시라도 노출되어서는 안 되는 기준
㉣ TLV-Limit(Threshold Limit Value-Surface Limit)
직·간접적 접촉 후에 부작용을 일으키지 않는 장비 및 시설의 표면농도

05 화학물질 및 물리적 인자의 노출기준에서 "Skin" 표시 물질의 의미로 옳은 것은?

① 피부자극성이 있는 물질이다.
② TLV-STEL이나 TLV-Ceiling이 미설정 되어 있는 물질에 적용한다.
③ 소화기 흡수에 대한 급성독성 유발물질이다.
④ 호흡기 노출에 주의하라는 것이다.
⑤ 점막과 눈 그리고 경피로 흡수되어 전신 영향을 일으킬 수 있는 물질을 말한다.

해설 화학물질 및 물리적 인자의 노출기준에서 "SKIN 표시 물질"
점막과 눈 그리고 경피로 흡수되어 전신 영향을 일으킬 수 있는 물질을 말함(피부자극성을 뜻하는 것이 아님)

06 고온의 조리과정에서 발생되는 조리흄(emissions from high-temperature frying)에 관한 국제암연구소(IARC)의 분류로 옳은 것은?

① Group 1(carcinogenic to humans)
② Group 2A(probably carcinogenic to humans)
③ Group 2B(possibly carcinogenic to humans)
④ Group 3(not classifiable as to its carcinogenicity to humans)
⑤ Group 4(carcinogenic to animals)

해설 IARC는 고온의 튀김요리에서 발생하는 배출물질을 Group 2A(거의 확실히 인체 발암 가능)로 분류한다. IARC는 고온의 조리과정에서 발생되는 조리흄이 인체에 암을 일으킨다는 제한적인 증거가 있고, 정제되지 않은 고온의 유채씨 기름에서 유발된 배출물이 실험동물에게 암을 유발하는 충분한 증거가 있다고 밝히고 있다.

07 직경 30cm인 원형 덕트의 유량이 93.26m³/min, 정압 -59.58mmH₂O일 때, 전압(TP, mmH₂O)은 약 얼마인가?

① -45
② -30
③ -15
④ 30
⑤ 45

해설 $TP = VP + SP$
$SP = -59.58 \text{mmH}_2\text{O}$
$VP = \left(\dfrac{V}{4.043}\right)^2 = \left(\dfrac{22}{4.043}\right)^2 = 29.61 \text{mmH}_2\text{O}$
$V = \dfrac{Q}{A} = \dfrac{93.26 \text{m}^3/\text{min} \times \text{min}/60\text{sec}}{\left(\dfrac{3.14 \times 0.3^2}{4}\right)\text{m}^2} = 22 \text{m/sec}$
$= 29.61 + (-59.58) = -29.97 \text{mmH}_2\text{O}$

정답 | 05.⑤ 06.② 07.②

08 입자상 물질에 관한 설명으로 옳지 않은 것은?

① 입자상 물질의 크기를 표시하는 데는 공기역학적(유체역학적) 직경과 물리적(기하학적) 직경 등이 있다.
② 공기 중 입자상 물질의 시료 채취 시 주된 메커니즘은 차단, 간섭, 관성 충돌 및 확산이다.
③ 방진 마스크의 여과효율을 검정할 때는 국제적으로 $1.0\mu m$의 먼지를 사용한다.
④ 흉곽성 입자상 물질의 평균 입경(D_{50})은 $10\mu m$이다.
⑤ 흡입성 입자상 물질은 호흡기에 침착하면 독성을 나타낸다.

해설 방진 마스크의 여과효율을 검정할 때는 국제적으로 $0.3\mu m$의 먼지를 사용한다.

09 유해화학물질에 관한 설명으로 옳지 않은 것은?

① 공기 중 유해화학물질의 주된 침입경로는 호흡기이다.
② 물리적 성상과 화학적 성질 또는 생물학적 작용에 따라 분류한다.
③ 인체 대사과정을 거쳐 배출 및 축적되는 속도에 따라 생체시료의 채취시기를 적절히 정해야 한다.
④ Hatch의 양-반응 관계에서 유해인자가 인체에 미치는 장애는 기관장애가 먼저 오고 기능장애가 나타난다.
⑤ 흡입된 유해화학물질의 폐흡수율은 공기/혈액(물) 분배계수가 클수록 증가한다.

해설 **분배계수(Partition Coefficient : PC)**
흡입된 유해화학물질의 일부는 폐포를 통하여 체내에 흡수되고 일부는 다시 외부로 배출되는 데 물질의 폐흡수율은 그 물질의 분배계수[공기/혈액(물)]에 의해 결정되며 분배계수가 작을수록 폐흡수율은 증가한다.

10 니켈화합물에 관한 설명으로 옳은 것을 모두 고른 것은?

㉠ 직업적 노출로 인하여 알레르기성 접촉성 피부염과 폐암을 포함한 호흡기계에 악영향이 나타난다.
㉡ 인체에 흡수되면 혈액에서 주로 단백질과 결합된 상태로 발견되며, 신장 기능에 악영향을 준다.
㉢ 국내 노출기준은 불용성 무기화합물 $1.0mg/m^3$, 수용성 무기화합물 $5.0mg/m^3$로 규정한다.

① ㉢
② ㉠, ㉡
③ ㉠, ㉢
④ ㉡, ㉢
⑤ ㉠, ㉡, ㉢

해설 니켈화합물
- ㉠ 노출기준
  - 니켈(가용성 화합물) : TWA $0.1mg/m^3$ 발암성 1A
  - 니켈(불용성 무기화합물) : TWA $0.2mg/m^3$ 발암성 1A
  - 니켈(금속) : TWA $1mg/m^3$ 발암성 2
- ㉡ 니켈 노출
  - 건식 또는 습식으로 제련, 정련공정
  - 주조작업 시 용해작업, 주탕작업공정
  - 도금공정(도금조에 황산니켈 첨가)
  - 금속용접(니켈이 함유된 모재 금속)
- ㉢ 체내 흡수, 배출
  - 호흡기를 통해 빠르게 흡수, 일부는 위장관 흡수
  - 니켈의 20~35%는 혈액으로 흡수
  - 흡수된 니켈은 주로 신장에 축적
  - 소변을 통하여 배출
- ㉣ 발암성
  - 불용성 니켈화합물 : 비강, 부비동, 폐에 암 유발
  - 수용성 니켈 : 발암성 없음
- ㉤ 취급일지 및 고지
  불용성 화합물인 경우 특별관리물질로 취급일지 작성 및 발암성(1A) 물질임을 고지
- ㉥ 건강진단
  - 배치 전 건강진단
  - 배치 후 첫 번째 특수건강진단 6개월 이내 및 그 후 주기는 12개월 1회
  - 수시건강진단 : 비강, 피부, 호흡기계 등 증상 및 징후를 보이는 경우

11 피로에 관한 설명으로 옳지 않은 것은?

① 전신피로와 국소피로로 구분할 수 있다.
② 국소피로는 지속적이고 반복적인 일부 근육의 운동으로 인하여 주관적 및 객관적 변화가 초래된 상태이다.
③ 근육 운동에 필요한 에너지는 호기성 및 혐기성 대사를 통해서 얻어진다.
④ 근육 운동이 시작된 직후에는 주로 호기성 대사에 의해 에너지가 공급된다.
⑤ 혐기성 대사의 최종 분해산물은 젖산(lactate)이다.

해설 근육 운동에 필요한 에너지
- ㉠ 혐기성 대사
  - 근육 내 존재하는 크레아틴 인산(CP), 글리코겐이 ATP(근육을 움직이게 하는 에너지)를 만들고, ATP로 에너지를 생산한다.
  - CP, ATP는 순환하고 글리코겐은 소모만 해서 고갈된다.
  - ATP가 줄어들며 크레아틴과 젖산은 축적된다.
- ㉡ 호기성 대사
  - 근육 운동이 시작된 직후에는 혐기성 대사로 에너지를 공급받지만 약 2분 정도 후면 에너지의 고갈로 호기성 대사에 의한 에너지 공급이 이루어진다.
  - 호기성 대사는 음식물로 섭취한 에너지(탄수화물, 단백질, 지방)가 산소와 결합하여 에너지를 생산한다.

12 유해물질의 체내흡수량(absorbed dose)을 결정하는 요소가 아닌 것은?
① 공기 중 농도
② 노출시간
③ 폐환기율
④ 체내잔류율
⑤ 반수 치사량

해설 체내흡수량(안전흡수량 ; SHD)
체내흡수량(mg)= $C \times T \times V \times R$
여기서, 체내흡수량(SHD) : 안전계수와 체중을 고려한 것
C : 공기 중 유해물질 농도(mg/m³)
T : 노출시간(hr)
V : 호흡률(폐환기율)(m³/hr)
R : 체내잔류율(보통 1.0)

13 사업장 근로자의 업무적합성평가 기본지침에 관한 설명으로 옳지 않은 것은?
① 해당 업무 근로자 및 동료 근로자들의 건강에 악영향을 미치지 않으면서 평가하는 것이다.
② 직무를 확인하고, 신체 및 심리적 기능을 평가한다.
③ 기능평가는 노동능력평가로도 불리며, 질병진단과 관련하여 평가한다.
④ 업무수행 적합여부 판정은 고용노동부고시에 따라 가/나/다/라로 판정한다.
⑤ 사후관리조치는 평가 완료 후 사업주가 제시하며, 개인중재와 작업중재가 있다.

해설 사업장 근로자의 업무적합성평가 기본지침
㉠ 용어
- 업무적합성평가 : 해당 업무에 종사하는 근로자 및 그 동료 근로자들의 건강에 나쁜 영향을 미치지 않으면서 그 업무수행이 적합한지를 직업환경의학과전문의 등 직업의학분야 전문의사가 평가하는 행위를 말한다. '당해 근로자의 건강을 악화시킬 우려가 있는가', '동료 근로자의 건강 및 안전에 좋지 않은 영향을 미칠 것인가', '신체적 및 심리적으로 업무수행에 적합한가'라는 세 가지 측면에서 평가한다. 평가 후 필요시 병의원, 사업장 의사나 근로자건강센터 등에서 업무적합성평가서를 발급받을 수 있다.
- 사후관리조치 : 직업환경의학과전문의가 업무적합성평가 후 근로자의 건강관리와 적절한 업무수행을 위해 추가적으로 제시하는 조치사항을 말한다. 사후관리조치는 개인을 대상으로 하는 개인중재와 작업장 또는 작업을 대상으로 하는 작업중재가 있다.
- 개인중재 : 근로자 개인에 대한 생활습관 관리 및 의학적 관리에 대한 개입을 말한다. 건강상담, 혈액 등 의학적 추적검사, 약물 치료 등이 대표적인 예이다.
- 작업중재 : 근로자 개인, 작업 단위 또는 작업장 전체를 대상으로 작업환경을 개선하거나 작업조건 변경에 개입하는 것을 말한다. 즉 보호구 제공 및 착용, 작업시간(근무시간 단축, 근로제한 및 금지 등), 작업부하(중량물 취급 제한 등), 작업절차, 작업자세, 편의제공(보조장비 제공과 작업환경 개선) 등에 대하여 검토하고 대책을 수립하는 것을 의미한다.
㉡ 업무적합성평가 진행 과정
업무적합성평가는 직무를 확인(업무분석)하고, 신체 및 심리적 기능을 평가(병력조사, 임상 진찰 및 검사)한다. 그리고 확인된 직무와 근로자의 기능을 서로 비교(업무적합성평가)한 결과를 바탕으로 판정 및 사후관리조치를 한다.

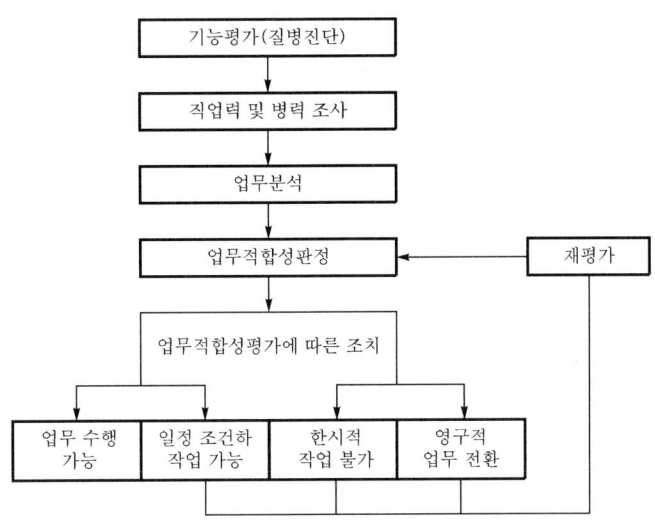

‖ 업무적합성평가 진행 과정 도식도 ‖

- 기능평가(질병진단) : 노동능력평가로도 불리며, 질병진단과 관련하여 평가된다. 하지만 질병명 자체보다는 질병으로 인한 신체적, 심리적 기능 정도에 초점을 두어 평가한다. 이런 이유로 질병명이 동일해도 병의 진행정도, 기능의 손상수준 그리고 업무강도와 내용에 따라 기능평가의 종류는 크게 달라질 수 있다는 사실을 이해하는 것이 중요하다.
  - 직업환경의학과전문의 등은 임상진찰 및 검사를 통해 업무수행에 장애가 될 수 있는 신체적, 심리적 조건을 확인한다.
  - 직업환경의학과전문의 등은 업무분석과 직업력 및 병력조사 등을 종합적으로 판단하여, 필요한 경우 적절한 임상병리검사, 영상검사, 기타 생물학적 노출지표 등 특수검사 등을 실시할 수 있다.
- 직업력 및 병력조사 : 다음과 같은 직업력과 병력에 대한 내용을 파악하여 업무적합성평가에 활용할 수 있다.
  - 과거의 직업경력(취업관련 기록)
  - 현장사고 경험
  - 건강진단기록
  - 과거 및 현재 병력(필요시 진단서 및 소견서 포함)
  - 생활습관(흡연, 음주, 취미생활 등)
- 업무분석 : 업무분석은 근로자의 구체적인 업무 내용을 파악하는 것으로, 직업환경의학과전문의는 사업주나 보건관리자의 도움을 받거나 근로자가 준비한 자료를 참고하게 된다. 근로자나 보건관리자가 업무적합성평가를 위해 직업환경의학과전문의 등과 면담 시 기본적으로 다음 항목들에 대한 정보를 제공하면 보다 적절한 업무적합성평가를 수행하는데 도움이 된다.
  - 업무내용(업무내용상 요구되는 신체적, 심리적 측면을 포함)
  - 업무시간
  - 업무장소
  - 작업장의 유해요인과 위해도
  - 신체적, 심리적 노동강도
- 업무적합성평가의 판정
  - 직업환경의학과전문의 등은 업무분석, 직업력 및 병력조사, 임상진찰 및 임상검사 결과를 활용하여 업무적합성을 평가한다. 그리고 필요시 정당한 편의제공을 포함한 근무조건 및 사후관리조치를 제시할 수 있다.

– 업무적합성평가는 고용노동부고시 제2020-60호의 별표 4의 내 업무수행 적합여부 판정을 근거로 가/나/다/라로 판정된다. 근로자의 건강 상태나 신체적, 심리적 기능에 제한이 있을 때 '일정한 조건'이 함께 명시되는 경우가 종종 있으며, 노사 모두 가능한 수준 내에서 해당 조건을 성실히 이행하는 것이 적절한 업무수행과 근로자 건강보호와 유지에 도움이 될 수 있다.

표 1. 고용노동부고시 제2020-60호의 별표 4의 내 업무수행 적합여부 판정

구분	내용
'가' 판정	현재 조건하에서 현재업무 가능 : 건강관리상 현재의 조건하에서 작업이 가능한 경우를 말한다.
'나' 판정	일정 조건하에서 현재업무 가능 : 일정한 조건(환경개선, 보호구착용, 건강진단주기의 단축 등)하에서 현재의 작업이 가능한 경우를 말한다.
'다' 판정	일정 기간 현재업무 불가 : 건강장해가 우려되어 한시적으로 현재의 작업을 할 수 없는 경우(건강상 또는 근로 조건상의 문제가 해결된 후 업무복귀 가능)를 말한다.
'라' 판정	영구적으로 현재업무 불가와 같이 업무수행적합 여부 : 건강장해의 악화 또는 영구적인 장해의 발생이 우려되어 현재의 작업을 해서는 안 되는 경우를 말한다.

– 직업환경의학과전문의가 주로 활용하는 사후관리조치 및 중재방안은 〈표 2〉와 같다. 이러한 중재내용을 성공적으로 하기 위해서는 사업주(보건관리자), 근로자 그리고 전문의 상호간 의견교환이 필요한 경우가 많다.

표 2. 사후관리조치 종류 및 중재방안

종류	중재방안
개인중재	• 생활습관 관리 : 건강상담 • 의학적 관리 : 추적검사, 검진주기 단축, 근무 중 치료
작업중재	• 보호구 제공 및 착용 • 근무상 조치 : 작업전환, 근무시간 단축(연장근무제한), 근로제한 및 금지 • 작업환경관리 : 작업환경개선, 작업관리 • 편의 제공

14 유해인자에 관한 생물학적 노출지표의 연결이 옳지 않은 것은?

① 디클로로메탄 : 혈중 메트헤모글로빈
② 메틸 n-부틸케톤 : 소변 중 2,5-헥산디온
③ 2-에톡시에탄올 : 소변 중 2-에톡시초산
④ 일산화탄소 : 혈중 카복시헤모글로빈 또는 호기중 일산화탄소
⑤ 아세톤 : 소변 중 아세톤

해설 디클로로메탄 생물학적 노출지표
혈중 카복시헤모글로빈(작업종료시 채혈)

15 화학물질의 분류·표시 및 물질안전보건자료에 관한 기준에서 정하는 물질안전보건자료의 작성원칙에 관한 설명으로 옳지 않은 것은?

① 물질안전보건자료는 한글로 작성하는 것을 원칙으로 하되 화학물질명, 외국기관명 등의 고유명사는 영어로 표기할 수 있다.
② 실험실에서 시험·연구 목적으로 사용하는 시약으로서 물질안전보건자료가 외국어로 작성된 경우에는 한국어로 번역하지 아니할 수 있다.
③ 각 작성항목은 빠짐없이 작성하여야 하나 부득이 어느 항목에 대해 관련 정보를 얻을 수 없는 경우에는 작성란에 "해당 없음"이라고 기재한다.
④ 물질안전보건자료 작성에 필요한 용어, 작성에 필요한 기술지침은 한국산업안전보건공단이 정할 수 있다.
⑤ 작성 시 시험결과를 반영하고자 하는 경우에는 해당 국가의 우수실험실기준(GLP) 및 국제공인시험기관 인정(KOLAS)에 따라 수행한 시험결과를 우선적으로 고려하여야 한다.

해설 화학물질의 분류·표시 및 물질안전보건자료에 관한 기준(작성원칙)
㉠ 물질안전보건자료는 한글로 작성하는 것을 원칙으로 하되 화학물질명, 외국기관명 등의 고유명사는 영어로 표기할 수 있다.
㉡ 실험실에서 실험·연구 목적으로 사용하는 시약으로서 물질안전보건자료가 외국어로 작성된 경우에는 한국어로 번역하지 아니할 수 있다.
㉢ 실험결과를 반영하고자 하는 경우에는 해당 국가의 우수실험실기준(GLP) 및 국제공인시험기관 인정(KOLAS)에 따라 수행한 시험결과를 우선적으로 고려하여야 한다.
㉣ 외국어로 되어 있는 물질안전보건자료를 번역하는 경우에는 자료의 신뢰성이 확보될 수 있도록 최초 작성 기관명 및 시기를 함께 기재하여야 하며, 다른 형태의 관련 자료를 활용하여 물질안전보건자료를 작성하는 경우에는 참고문헌의 출처를 기재하여야 한다.
㉤ 물질안전보건자료 작성에 필요한 용어, 작성에 필요한 기술지침은 한국산업안전보건공단이 정할 수 있다.
㉥ 물질안전보건자료의 작성단위는 "계량에 관한 법률"이 정하는 바에 의한다.
㉦ 각 작성항목은 빠짐없이 작성하여야 한다. 다만, 부득이 어느 항목에 대해 관련 정보를 얻을 수 없는 경우에는 작성란에 "자료 없음"이라고 기재하고, 적용이 불가능하거나 대상이 되지 않는 경우에는 작성란에 "해당 없음"이라고 기재한다.
㉧ 구성성분의 함유량을 기재하는 경우에는 함유량의 ±5퍼센트포인트(%P) 내에서 범위(하한값~상한값)로 함유량을 대신하여 표시할 수 있다.
㉨ 물질안전보건자료를 작성할 때에는 취급근로자의 건강보호 목적에 맞도록 성실하게 작성하여야 한다.

16 직무스트레스 예방을 위한 국내의 근로시간 관련 지침에 관한 설명으로 옳지 않은 것은?

① 근무 중 적절한 휴식시간을 제공한다.
② 1일 11시간 이상의 연장 근로와 야간 근로는 최소한으로 한다.
③ 주 7일 근무를 해야 하는 상황에서도 한 달에 두 번은 이틀의 휴일을 제공한다.
④ 1개월간 주당 평균근로시간이 52시간 이상인 경우 근로자의 신청을 받아 보건관리자에 의한 면접지도를 실시한다.
⑤ 최소한 하루에 5시간 이상의 수면시간을 확보한다.

해설 장시간 근로자 보건관리 지침
① 용어
　㉠ 법정기준근로시간 : 근로기준법 제50조에 의해 주 단위 및 1일 단위로 정하여져 있는 기준근로시간을 말하며, 1주간의 근로시간은 휴게시간을 제외하고 40시간, 1일의 근로시간은 휴게시간을 제외하고 8시간을 초과할 수 없음을 말한다.
　㉡ 장시간 근로 : 근로기준법에서 정한 법정기준근로시간을 초과하는 근로를 말한다.
② 장시간 근로의 건강 영향
　㉠ 심혈관계 : 현재까지 발표된 연구에서 심혈관질환과 근로시간과의 관계를 요약하면 대체로 1일 노동 시간이 11시간 이상인 경우와 주당 60시간 이상 근무하는 경우에는 심혈관질환에 영향을 미치는 것을 확인할 수 있다.
　㉡ 뇌혈관계 : 장시간 근로와 뇌혈관질환에 대한 연구는 부족하지만, 뇌혈관질환과 심혈관질환은 기본적인 병태생리가 유사하므로 장시간 근로가 심혈관질환에 미치는 영향이나 뇌혈관질환에 미치는 영향이 유사할 것으로 추정된다.
　㉢ 근골격계 : 장시간 근로와 손과 팔의 불편감, 목과 어깨 질환의 유병률이 관련성이 있다. 13시간 이상의 장시간 근로, 휴일근무 등은 근골격계 질환을 증가시킨다.
　㉣ 생식 건강 : 장시간 근로로 인한 생식 건강 영향으로 임신까지의 기간 증가, 조산이 증가한다.
　㉤ 정신 건강 : 장시간 근로를 할수록 자살률이 증가하고, 수면의 질이 낮아진다.
　㉥ 내분비계 : 장시간 근로로 인해 당뇨 위험성이 증가한다.
　㉦ 면역계 : 장시간 근로에서 면역계에 부정적인 영향을 준다고 알려져 있다.
　㉧ 사고 증가 : 장시간 근로는 안전에 영향을 준다. 장시간 근로가 주의집중을 방해하고, 위기를 다루는 행동에 영향을 주기 때문이다.
　㉨ 건강관련행위 : 근로시간이 갈수록 흡연과 음주와 같은 부정적인 생활습관이 많아지고 운동 등의 신체활동은 줄어든다. 따라서 체중이 증가하여 건강에 나쁜 영향을 줄 수 있다.
　㉩ 기타 : 장시간 근로는 건물증후군(Sick building syndrome)의 위험을 증가시킬 수 있다.
③ 장시간 근로자의 보건관리
　㉠ 사업주 조치사항
　　• 하루에 11시간 이상의 연장근로와 야간 근로는 최소한으로 하여야 한다.
　　　- 생리주기와 수면주기를 고려하고 졸음을 방지하기 위해서는 연속적인 야간근로가 4회를 넘지 않아야 한다.
　　　- 가능하면 근무시간 종료 후 11시간 이상의 휴식시간은 확보되어야 식사와 이동 시간을 제외하고 최소한 6시간의 수면시간을 확보할 수 있다.
　　　- 가능하면 최소 1주일에 한 번 정도는 온전한 하루 즉 연속된 24시간을 쉴 수 있도록 일정을 짜야 한다.
　　　- 일주일 7일의 근무를 해야 하는 상황에서도 한 달에 두 번은 이틀을 충분히 쉴 수 있는 휴일을 제공한다.
　　　- 근무 중 적절한 휴식시간을 제공한다.
　　• 정기적이며 예측할 수 있는 일정을 확보하는 것이 좋다.
　　　- 비정기적인 근무일정으로 수면부족과 피로가 발생하므로 가능한 비정기적인 근무일정은 피하는 것이 좋다.
　　　- 근무일정은 최소 1주일 전에는 알 수 있도록 하여야 하며, 근로자 본인의 동의를 구해야 가족생활과 다른 사회생활에 어려움을 최소화 할 수 있다.
　　• 사업주는 근로자의 1개월간 주당 평균 52시간 이상인 경우 근로자의 신청을 받아 보건관리자에 의한 면접지도를 실시하도록 하며 면접지도를 할 때에는 다음 사항을 고려한다.
　　　- 작업환경, 작업내용, 근로시간 등 피로와 스트레스 요인에 대하여 평가하고 근로시간 단축, 장·단기순환작업 등 개선대책 필요성 검토
　　　- 작업량과 작업일정 등에 대한 근로자의 의견 수렴
　　　- 작업과 휴식의 배분 등 근로시간과 관련된 근로조건 검토

- 근로시간 이외의 근로자 활동에 대한 복지차원의 지원 필요성 검토
- 건강진단결과와 상담자료 등을 참고하여 적정하게 근로자를 배치하고 피로와 스트레스 요인, 건강문제 발생가능성 및 대비책 등에 대하여 당해 근로자에게 충분히 설명할 것
• 사업주는 면접지도결과, 필요하다고 인정되는 때에는 취업 장소의 변경, 작업의 전환, 근로시간의 단축, 야간 근무의 감소 등의 필요한 조치를 실시한다.
• 사업주는 작업장에 적절한 휴식공간을 조성한다.
  - 휴식시간에 간단한 음료를 마시고 앉아서 쉴 수 있는 편의시설이 있는 공간
  - 야간 근무 시에 사이잠을 잘 수 있는 가수면실
• 사업주는 야간 근무 시에 작업환경에 관심을 기울여 주의력 부족 등으로 인한 재해 발생을 예방하도록 한다.
  - 부족한 조명이 있거나 소음이 있는 곳에서 근무하는 것은 피한다.
  - 적절한 온도를 유지하도록 난방 및 냉방 장치가 필요하다.
  - 근로자 1인 근무는 사고 위험이 증가하기 때문에 피하도록 한다.
  - 유해물질 노출 작업을 하는 경우에는 12시간 근무를 피하도록 한다.
  - 야간 근무 중 매점이나 따뜻한 음식과 음료를 제공해 주는 이용시설을 갖추도록 해야 한다.

ⓒ 보건관리자 조치사항
  ⓐ 보건관리자는 근로자의 근무시간을 관리하고, 근로자의 근무상황, 피로의 축적 정도, 그 밖의 정신 건강을 포함한 근로자의 건강 상태에 관하여 확인하고 근로자 본인에게 필요한 사항을 지도해야 한다.
  ⓑ 수면 위생에 대해 교육하고, 필요할 경우 의사에 의한 진료를 받도록 한다.
    • 수면 위생에 대해 교육할 사항은 다음과 같다.
      - 최소한 하루에 6시간 이상의 수면시간을 확보하도록 노력한다.
      - 쾌적한 수면 환경을 조성한다. : 소음을 차단하고, 최대한 침실을 어둡게 만들고, 가능한 침실에서 자도록 한다.
      - 침실에서는 회사 잔무처리와 같은 골치 아픈 일거리를 벌이지 않는다.
      - 시장해서 잠이 안 오면 간단한 간식을 먹는다.
      - 잠자리에 들기 전에 과식을 하거나 음주를 하는 것은 자제한다.
      - 수면제 복용은 반드시 의사와 상담 후에 복용하는 것이 좋고 정기적으로 매일 복용하는 것은 일반적으로 추천되지 않는다.
      - 매일 규칙적으로 적절한 양의 운동을 한다.
    • 의사의 진료가 필요한 수면문제는 다음과 같다.
      - 지난 수개월 동안 30분 이내에 잠을 들지 못한다.
      - 잠을 자는 중간에 자주 깬다.
      - 편안하게 숨을 쉴 수 없거나 코골이가 심하다.
      - 수면 중에 악몽을 자주 꾸거나 통증을 느낀다.
      - 잠을 들거나 수면을 유지하기 위하여 수면제나 술을 마셔야 한다.
      - 수면 후에도 피로가 회복되지 않고 직업적, 사회적 혹은 기타 중요한 기능적 영역에 지장을 일으킨다.
  ⓒ 근로자의 1개월간의 근로시간을 파악하여 주당 평균 52시간을 초과하였고, 다음의 증상을 호소하는 경우에는 산업의학전문의에게 의뢰한다.
    산업의학전문의에게 진료를 의뢰해야 하는 경우는 다음과 같다.
    • 장시간 근로를 한 근로자가 극심한 육체적 피로나 정신적 불안을 호소하는 경우
    • 수면장애를 호소하는 경우
    • 장시간 근로로 인해 심신의 피로가 있는 근로자가 의사의 진료를 원하는 경우
  ⓓ 상담지도에 관여하는 보건관리자는 근로자나 사업주로부터 얻은 정보에 대해 비밀을 지켜야 한다.

ⓒ 개인 조치사항
  • 장시간 근로로 인한 피로와 저하된 신체 능력의 회복을 위해 근로자는 6시간 이상의 수면을 취해야 한다.

- 피로감이 심하게 느껴질 경우 휴식시간을 이용하여 낮잠을 자는 것이 좋다.
  - 15분 이내의 낮잠은 오히려 더 졸리게 만들게 되므로 낮잠은 가능하면 20분에서 30분 정도 취하는 것이 좋다.
  - 피로 회복과 스트레스 해소를 위해 카페인과 술을 섭취하는 것은 되도록 삼가도록 한다.
- 정기적이고 적절한 운동은 심혈관질환의 발병 위험을 낮추고, 피로로부터 쉽게 회복할 수 있도록 도움을 준다.

17 호흡보호구의 선정·사용 및 관리에 관한 지침에서 사용하는 용어의 정의로 옳지 않은 것은?

① "방독마스크"라 함은 흡입공기 중 가스·증기상 유해물질을 막아주기 위해 착용하는 호흡보호구를 말한다.
② "보호계수(Protection Factor, PF)"란 잘 훈련된 착용자가 보호구를 착용했을 때 각 호흡보호구가 제공할 수 있는 보호계수의 기대치를 말한다.
③ "송기식 마스크"라 함은 작업장이 아닌 장소의 공기를 호스 등을 통하여 공급하여 흡입할 수 있도록 만들어진 호흡보호구를 말한다.
④ "즉시위험건강농도(IDLH)"라 함은 생명 또는 건강에 즉각적으로 위험을 초래하는 농도로서 그 이상의 농도에서 30분간 노출되면 사망 또는 회복 불가능한 건강장해를 일으킬 수 있는 농도를 말한다.
⑤ "유해비"라 함은 공기 중 오염물질 농도와 노출기준과의 비로 호흡보호구 착용장소의 오염정도를 나타내는 척도를 말한다.

해설 호흡보호구의 선정·사용 및 관리에 관한 지침(용어)
- ㉠ 호흡보호구 : 산소결핍공기의 흡입으로 인한 건강장해예방 또는 유해물질로 오염된 공기 등을 흡입함으로써 발생할 수 있는 건강장해를 예방하기 위한 보호구를 말한다.
- ㉡ 방독마스크 : 흡입공기 중 가스·증기상 유해물질을 막아주기 위해 착용하는 호흡보호구를 말한다.
- ㉢ 방진마스크 : 흡입공기 중 입자상(분진, 흄, 미스트 등) 유해물질을 막아주기 위해 착용하는 호흡보호구를 말한다.
- ㉣ 송기식 마스크 : 작업장이 아닌 장소의 공기를 호스 등을 통하여 공급하여 흡입할 수 있도록 만들어진 호흡보호구를 말한다.
- ㉤ 자급식 마스크 : 착용자의 몸에 지닌 압력공기실린더, 압력산소실린더 또는 산소발생장치가 작동되어 호흡용 공기가 공급되도록 만들어진 호흡보호구를 말한다.
- ㉥ 밀착도 검사(fit test) : 착용자의 얼굴에 호흡보호구가 효과적으로 밀착되는지 확인하기 위한 검사를 말한다.
- ㉦ 보호계수(Protection Factor, PF) : 호흡보호구 바깥쪽에서의 공기 중 오염물질 농도와 안쪽에서의 오염물질 농도비로 착용자 보호의 정도를 나타내는 척도를 말한다.
- ㉧ 할당보호계수(Assigned Protection Factor, APF) : 잘 훈련된 착용자가 보호구를 착용했을 때 각 호흡보호구가 제공할 수 있는 보호계수의 기대치를 말한다.
- ㉨ 밀폐공간 : 산업안전보건기준에 관한 규칙 제618조에서 정한 내용을 말한다.
- ㉩ 즉시위험건강농도(IDLH, Immediately Dangerous to Life or Health) : 생명 또는 건강에 즉각적으로 위험을 초래하는 농도로서 그 이상의 농도에서 30분간 노출되면 사망 또는 회복 불가능한 건강장해를 일으킬 수 있는 농도를 말한다.
- ㉪ 밀착형 호흡보호구 : 호흡보호구의 안면부가 얼굴이나 두부에 직접 닿는 호흡보호구를 말한다.
- ㉫ 유해비 : 공기 중 오염물질 농도와 노출기준과의 비로 호흡보호구 착용장소의 오염정도를 나타내는 척도를 말한다.

18 인체의 부위 중 하지부가 아닌 것은?
① 삼각근부　　　　　　② 대퇴부
③ 슬부　　　　　　　　④ 하퇴부
⑤ 둔부

해설 인체 부위 분류
㉠ 머리(Head)
㉡ 몸통(Trunk)
　• 목(neck)
　• 흉부(thorax)
　• 복부(abdomen)
㉢ 상지(Upper Extremity)
　• 상완(upper arm)
　• 전완(fore arm)
　• 손(hand)
㉣ 하지(Lower Extremity)
　• 대퇴(thigh)
　• 하퇴(shank)
　• 슬부(knee)
　• 발(foot)

19 산업재해조사에 관한 설명으로 옳지 않은 것은?
① 산업재해발생의 책임 소재를 밝히고 산업재해가 발생한 날로부터 60일 이내에 산업재해조사표를 작성하여 제출하여야 한다.
② 사람의 불안전한 행동유무에 대하여 육하원칙에 의거 기술한다.
③ 산업재해 발생 과정에서 관련 있었던 물질, 재료를 확인한다.
④ 산업재해 조사 중 파악된 사실에서 재해의 직접원인을 확정하고 원인과 연관된 제반 기준에 어긋난 문제점 유무와 이유를 분명히 한다.
⑤ 재발방지 대책을 수립하기 위함이다.

해설 산업재해조사표
㉠ 산업재해 발생보고
사업주는 산업재해로 사망자가 발생하거나 3일 이상의 휴업이 필요한 부상을 입거나 질병에 걸린 사람이 발생한 경우에는 산업재해가 발생한 날부터 1개월 이내에 산업재해조사표를 작성하여 관할 지방고용노동관서의 장에게 제출(전자문서로 제출하는 것을 포함)해야 한다.
㉡ 작성제출기준
사망 또는 3일 이상의 휴업이 필요한 산업재해 발생(휴업일수에 사고발생일은 포함되지 않으나, 근로제공의무가 없는 휴무일 및 법정공휴일은 포함)
㉢ 제출기한
산업재해, 근로자의 사고 또는 질병이 발생한 날부터 1개월(30일) 이내 제출(질병산업재해일 경우 공단 산재승인 날부터 1개월 이내 제출)

20 인체의 계(system)에 관한 설명으로 옳지 않은 것은?
① 호흡계는 코, 인·후두, 기관, 기관지, 폐 등으로 구성되어 신체의 호흡을 담당한다.
② 근육계는 뼈대근, 심장근, 평활근, 근막, 건(힘줄), 건초(힘줄집), 윤활낭 등으로 구성된 능동적 운동장치이다.
③ 감각계는 눈, 코, 귀, 혀 등으로 구성되어 신체의 감각을 받아들인다.
④ 소화계는 위, 소장, 대장의 소화를 담당하는 장기와 간, 췌장, 담낭 등으로 구성된다.
⑤ 내분비계는 심장, 혈액, 혈관, 림프, 비장, 흉선으로 구성되어 영양분을 운반하고 림프구 및 항체를 생산한다.

해설 내분비계
  ㉠ 호르몬이라는 화학전달물질을 생성하는 다양한 분비선으로 구성되며 호르몬은 혈류를 통해 다른 기관으로 이동하여 해당 기관의 기능을 조절한다.
  ㉡ 호르몬을 분비해 인체 내 여러 기능을 제어한다.
  ㉢ 신진대사조절, 생체의 발육과 항상성유지에 관여하며 뇌하수체, 갑상선, 부갑상선, 부신 등이 해당된다.

21 재해의 발생형태에 따른 원인 분석 방법에 관한 설명으로 옳지 않은 것은?
① 파레토도는 좌표의 가로축에 중요도가 높은 순서로 요인을 기재하고, 세로축에 각 요인의 도수를 고려한 누적치로 막대형 그래프를 작성한다.
② 특성요인도는 재해특성과 요인 관계를 도표로 그려 어골상으로 세분화하여 연쇄관계를 나타내는 형태로 표현한다.
③ 웨버의 사고연쇄반응이론은 직업성질환과 역학조사를 위하여 개발한 기법이다.
④ 크로스분석은 불안전한 상태와 불안전한 행동이 서로 밀접한 관계를 유지할 때 사용하는 방법이다.
⑤ 관리도(control chart)는 월별 재해추이 등을 그래프로 그려 관리구역을 설정하고 대책을 수립하는데 활용한다.

해설 웨버(Weaver)의 사고연쇄반응이론
  ㉠ 개요
   • 웨버는 사고의 연쇄반응이론에 전술적 잘못의 발견(탐색)과 지적(명시)이라는 새 개념을 결합시켜 불안전한 행동이나 상태와 사고 및 재해까지도 전술적 잘못의 징후로 보았다.
   • 사고를 일으키는 직접원인인 불안전한 행동 또는 불안전한 상태의 배후에는 정책(방침), 우선순위, 조직, 의사결정, 평가통제 및 경영면에 있어서 관리가 제대로 이뤄지지 못한 것을 뜻한다.
  ㉡ 재해발생 5단계
   • 제1단계 : 유전과 환경 – 사회적 환경 및 유전적 요소
   • 제2단계 : 인간의 결함(실수) – 개인적 결함
   • 제3단계 : 불안전한 행동과 상태
   • 제4단계 : 사고
   • 제5단계 : 상해

22 산업재해통계 업무처리규정상 산업재해통계의 산출방법에 관한 설명으로 옳지 않은 것은?

① 총 요양근로손실일수는 재해자의 총 요양기간을 합산하여 산출하되 사망, 부상 또는 질병이나 장애자의 요양근로손실일수는 등급별로 차이를 두지 아니한다.
② 도수율(빈도율)=(재해건수/연근로시간수)×1,000,000
③ 임금근로자수는 통계청의 경제활동인구조사상 임금근로자수이다.
④ 고혈압 등 개인지병, 방화 등에 의한 재해 중 재해원인이 사업주의 법 위반 등에 기인하지 아니한 것이 명백한 경우에는 산업재해조사 대상 사고 사망자수에서 제외한다.
⑤ 휴업재해율=(휴업재해자수/임금근로자수)×100

해설 산업재해통계의 산출방법 및 정의

㉠ 재해통계
  고용노동부 산업재해통계업무 담당자는 분기별·연도별 재해발생현황을 작성해야 한다.
㉡ 작성할 재해통계
  • 재해율=(재해자수/산재보험적용근로자수)×100
    - 재해자수 : 근로복지공단의 유족급여가 지급된 사망자 및 근로복지공단에 최초요양신청서(재진 요양신청이나 전원요양신청서는 제외)를 제출한 재해자 중 요양승인을 받은 자(지방고용노동관서의 산재미보고 적발 사망자수를 포함)를 말함. 다만, 통상의 출퇴근으로 발생한 재해는 제외함
    - 산재보험적용근로자수 : 「산업재해보상보험법」이 적용되는 근로자수를 말함. 이하 같음
  • 사망만인율=(사망자수/산재보험적용근로자수)×10,000
    - 사망자 : 근로복지공단의 유족급여가 지급된 사망자(지방고용노동관서의 산재미보고 적발 사망자를 포함)수를 말함. 다만, 사업장 밖의 교통사고(운수업, 음식숙박업은 사업장 밖의 교통사고도 포함)·체육행사·폭력행위·통상의 출퇴근에 의한 사망, 사고발생일로부터 1년을 경과하여 사망한 경우는 제외함
  • 휴업재해율=(휴업재해자수/임금근로자수)×100
    - 휴업재해자수 : 근로복지공단의 휴업급여를 지급받은 재해자수를 말함. 다만, 질병에 의한 재해와 사업장 밖의 교통사고(운수업, 음식숙박업은 사업장 밖의 교통사고도 포함)·체육행사·폭력행위·통상의 출퇴근으로 발생한 재해는 제외함
    - 임금근로자수 : 통계청의 경제활동인구조사상 임금근로자수를 말함
  • 도수율(빈도율)=재해건수/연근로시간수×1,000,000
  • 강도율=(총요양근로손실일수/연근로시간수)×1,000
    - 총 요양근로손실일수 : 재해자의 총 요양기간을 합산하여 산출하되, 사망, 부상 또는 질병이나 장애자의 요양근로손실일수는 등급별로 차이를 둔다.
  • 재해조사 대상 사고사망자수 : 「근로감독관 집무규정(산업안전보건)」에 따라 지방고용노동관서에서 법 상 안전·보건조치 위반 여부를 조사하여 중대재해로 발생보고한 사망사고 중 업무상 사망사고로 인한 사망자수를 말함. 다만 다음의 업무상 사망사고는 제외한다.
    - 법의 일부적용대상 사업장에서 발생한 재해 중 적용조항 외의 원인으로 발생한 것이 객관적으로 명백한 재해[「중대재해처벌 등에 관한 법률」(이하 "중처법"이라 한다)에 따른 중대산업재해는 제외]
    - 고혈압 등 개인지병, 방화 등에 의한 재해 중 재해원인이 사업주의 법 위반, 경영책임자 등의 중처법 위반에 기인하지 아니한 것이 명백한 재해
    - 해당 사업장의 폐지, 재해발생 후 84일 이상 요양 중 사망한 재해로서 목격자 등 참고인의 소재불명 등으로 재해발생에 대하여 원인규명이 불가능하여 재해조사의 실익이 없다고 지방관서장이 인정하는 재해

정답 | 22.①

23 직업성 질환 역학조사 실시 사례가 아닌 것은?

① 핸드폰 부품을 생산하는 사업장에서 CNC 절삭작업과 검사작업을 하는 근로자가 고농도의 메탄올 증기를 흡입하여 급성 중독을 일으킴에 따라 역학조사를 실시하였다.
② 2-브로모프로판을 포함한 화학물질을 사용하는 전자사업장 근로자에서 생식기계, 조혈기계, 건강장해가 집단 발생하여 이에 따른 역학조사를 실시하였다.
③ 주민이 집단적으로 원인모를 피부병과 암에 시달린다는 주장이 제기되어 역학조사를 실시하였다.
④ 반도체 제조공장에서 다양한 종류의 암이 발생하여 취급화학물질과 작업환경에 대한 역학조사를 실시하였다.
⑤ 의료용 금속부품을 도장하는 사업장 근로자가 세척조 내부에서 청소작업을 하다가 TCE 증기에 중독되어 사망하였고 이에 따라 역학조사를 실시하였다.

해설 **직업성 질환 역학조사**
직업성 질환 역학조사는 직업성 질환의 진단 및 예방, 발생원인의 규명을 위하여 근로자의 질병과 작업장의 유해요인의 상관관계에 관하여 실시한다.

24 산업보건통계에 관한 설명으로 옳은 것을 모두 고른 것은?

㉠ 비(ratio)는 하나의 측정값을 다른 측정값으로 나눈 것으로, 분자는 분모에 포함된다.
㉡ 중앙값은 자료를 작은 것부터 큰 것으로 나열했을 때, 가운데에 위치한 값이다.
㉢ 분율(proportion)은 분자가 분모에 포함되는 것으로 비율 또는 구성비라고도 한다.
㉣ 명목형 자료는 각 범주들 간에 어떤 방식으로든 순서가 매겨진다.

① ㉠, ㉡
② ㉠, ㉢
③ ㉡, ㉢
④ ㉠, ㉡, ㉣
⑤ ㉡, ㉢, ㉣

해설 **통계용어**
㉠ 비(ratio)
 • 비는 두 개 숫자의 상대적 크기를 비교한 것으로 확인하고 싶은 범위를 분자에, 비교하려는 것의 기준이 되는 범위를 분모로 놓고 서로 나눈 값이다.
 • 분자와 분모는 독립, 독립이란 집단을 비교할 때 둘 다 상관이 없는 경우를 의미한다.
㉡ 분율(proportion : 비율)
 • 분율은 비의 특수한 형태로 분모에 분자가 포함된다.
 • 분모에는 측정한 모든 정보가 들어가고 분자는 그 중 알아보고픈 정보가 들어간다.
 • 전체 정보에 대한 일부의 정보를 상대적인 크기로 알려주기 때문에 판단이 용이해진다.
㉢ 명목형 자료
 • 명목형은 성별, 성공여부, 혈액형 등 단순히 분류된 자료를 말한다. 즉, 순서를 매길 수 없고 셀 수 있다는 특징을 갖고 있다.
 • 순서형은 개개의 값들이 이산적이며 그들 사이에 순서관계가 존재하는 자료를 말한다.

25 산업안전보건법령상 사업주가 근로자를 고기압 업무에 종사하도록 해서는 안 되는 질병에 해당하지 않는 것은?

① 감압증에 의한 장해 또는 그 후유증
② 만성전립선염, 요로감염 등 비뇨기계의 질병
③ 빈혈증, 심장판막증, 관상동맥경화증, 고혈압증, 그 밖의 혈액 또는 순환기계의 질병
④ 정신신경증, 알코올중독, 신경통, 그 밖의 정신신경계의 질병
⑤ 메니에르씨병, 중이염, 그 밖의 이관(耳管)협착을 수반하는 귀 질환

해설 고기압 업무에 종사하도록 해서는 안 되는 질병
㉠ 감압증이나 그 밖에 고기압에 의한 장해 또는 그 후유증
㉡ 결핵, 급성상기도감염, 진폐, 폐기종, 그 밖의 호흡기계의 질병
㉢ 빈혈증, 심장판막증, 관상동맥경화증, 고혈압증, 그 밖의 혈액 또는 순환기계의 질병
㉣ 정신신경증, 알코올중독, 신경통, 그 밖의 정신신경계의 질병
㉤ 메니에르씨병, 중이염, 그 밖의 이관협착을 수반하는 귀 질환
㉥ 관절염, 류마티스, 그 밖의 운동기계의 질병
㉦ 천식, 비만증, 바세도우씨병, 그 밖에 알레르기성·내분비계·물질대사 또는 영양장해 등과 관련된 질병

정답 | 25.②

2025년 제15회 산업보건지도사

산업위생일반

2025년 3월 29일 시행

01 고용노동부 고시에서 규정하는 "용접흄 및 분진"에 관한 설명으로 옳지 않은 것은?

① 시간가중평균(TWA) 노출기준은 5mg/m³이며, 여과재를 이용해 시료를 채취해야 한다.
② 용접보안면 착용 시 내부에서 시료를 채취하고, 중량분석법과 GC-FID로 분석한다.
③ 시간가중평균(TWA) 노출기준이 설정된 물질로 1일 작업시간 동안 6시간 이상 연속 측정을 한다.
④ 발암성에 대해 사람이나 동물에 제한된 증거가 있으나, 구분 1로 분류하기에는 증거가 충분하지 않다.
⑤ 1일 작업시간이 8시간 초과 시 보정노출기준을 산출해 측정값과 비교한다.

> **해설**
> • 용접흄은 37mm PVC 여과지나 MCE 여과지를 장착한 카세트에 포집하여 전자저울을 이용한 중량분석법을 이용한다.
> • 용접보안면을 착용한 경우에는 보안면 내부에서 채취한다.
>
> **NOTE 입자상 물질의 측정**
> ㉠ 소우프스톤, 운모, 포틀랜드 시멘트, 활석, 흑연 등 결정체 산화규소 성분 1% 미만 함유한 광물성 분진은 37mm PVC 여과지를 장착한 카세트에 포집하여 전자저울을 이용한 중량분석법을 이용한다.
> ㉡ 곡물 분진, 유리섬유 분진은 37mm PVC 여과지를 장착한 카세트에 포집하여 전자저울을 이용한 중량분석법을 이용한다.
> ㉢ 목재 분진과 같은 흡입성 분진을 측정하려는 경우 PVC 여과지가 장착된 IOM sampler(Institute of Occupational Medicine) 또는 직경분립충돌기 등 동등 이상의 채취가 가능한 장비를 이용하여 시료를 채취하고 전자저울을 이용한 중량분석법으로 정량한다.

02 작업장에서의 소음측정 및 평가방법 지침상 누적소음노출량 측정기에 의한 작업환경측정에 관한 설명으로 옳지 않은 것은?

① 누적소음노출량 측정기는 작업자의 이동성이 크거나 소음의 강도가 불규칙적으로 변동하는 소음의 측정에 이용한다.
② 1일 작업시간 동안 6시간 이상 연속 측정, 소음 발생시간이 6시간 이내인 경우나 발생시간이 간헐적인 경우에는 발생시간 동안 연속 측정한다.
③ 측정결과는 Dose(%)나 dB(A)로 표시한다.
④ 마이크로폰은 작업자의 청각영역 내의 옷깃에 부착시키며 마이크로폰의 손상을 방지하기 위하여 보호구나 의복 등으로 차단시키도록 한다.
⑤ 부착 시 작업자에게 소음기를 떼어낼 시간과 장소를 알려주며 임의로 떼거나 조작해서는 안된다는 것을 사전에 충분히 주지시킨다.

정답 | 01.② 02.④

해설 누적소음노출량 측정기에 의한 평가

㉠ 누적소음노출량 측정기(Noise Dosimeter)는 ANSI S1-25-1978 규격에 적합한 것을 사용하며 작업자의 이동성이 크거나 소음의 강도가 불규칙적으로 변동하는 소음의 측정에 이용한다.
㉡ 1일 작업시간 동안 6시간 이상 연속 측정하거나 소음 발생시간이 6시간 이내인 경우나 발생시간이 간헐적인 경우에는 발생시간 동안 연속 측정한다.
㉢ 측정결과는 작업시간 동안 노출되는 소음의 총량을 Dose(%)로 나타내는 것도 있고, 노출기준을 초과했는가를 비교할 수 있도록 dB(A)로 표시하는 것도 있다.
㉣ 측정위치 마이크로폰을 작업자의 청각영역 내의 옷깃에 부착시키며 마이크로폰을 보호구나 의복으로 차단시키지 않도록 한다.
㉤ 부착 시 작업자에게 소음기를 떼어낼 시간과 장소를 알려주며 임의로 떼거나 조작해서는 안된다는 것을 사전에 충분히 주지시킨다.
㉥ 소음계의 청감보정회로는 A특성으로 한다.
㉦ 소음계의 지시침의 동작은 느린(Slow) 상태로 한다.
㉧ 역치(Threshold)는 누적소음노출량 측정기가 측정치를 적분하기 시작하는 A특성 소음치의 하한치를 의미한다.
- 역치(Threshold)가 80dB란 의미는 80dB 이상의 소음수준만을 누적하여 측정한다는 의미가 된다.
- 작업자가 80dB 미만의 장소에서만 작업을 하였다면 그때의 소음수준은 측정되지 않는다. 국내와 미국 OSHA에서는 80dB이고, ISO에서는 75dB를 정하고 있다.

㉨ 교환율(Exchange Rate)은 소음수준이 어느 정도 증가할 때마다 노출시간을 절반으로 감소시킬 것인가를 의미한다.
- 등가에너지 법칙에 의해 음압이 2배가 되면 3dB이 증가하지만 인체에 미치는 영향은 5dB 증가 시 2배가 된다는 조사 결과를 반영해 국내와 미국 OSHA에서는 5dB이고, ISO, 미국 NIOSH, EPA에서는 3dB를 정하고 있다.

㉩ 소음이 불규칙적으로 변동하는 소음 등을 누적소음노출량 측정기로 측정하여 노출량으로 산출되었을 경우에는 시간가중평균(TWA) 소음수준으로 환산한다. 다만, 누적소음노출량 측정기에 의한 노출량 산출치가 주어진 값보다 작거나 크면 시간가중평균 소음은 다음의 식에 따라 산출한 값을 기준으로 평가한다.

$$TWA = 16.61 \log(D/(12.5 \times T)) + 90$$

여기서, D = 누적소음폭로량(%)
T = 측정시간

㉪ 노출기준은 8시간 시간가중치를 의미하므로 90dB를 설정한다.
㉫ 누적소음노출량 평가는 8시간 동안 측정치가 폭로량으로 산출되었을 경우에는 표를 이용하여 8시간 시간가중평균치로 환산하여 노출기준과 비교하며 표에 없는 경우에는 다음 식을 이용하여 계산한다.

$$TWA = 16.61 \log(D/100) + 90$$

여기서, D = 누적소음폭로량(%)

㉬ 음압수준이 전체 작업교대 시간 동안 일정하다면, 소음노출량(D)은 다음 공식으로 산출한다.

$$D(\%) = C/T$$

여기서, C : 하루 작업시간(시간)
T : 측정된 음압수준에 상응하는 허용노출시간(시간)

㉭ 전체 작업시간 동안 서로 다른 소음수준에서 노출될 때 총 소음노출량(D)은 다음 식으로 계산한다.

$$D = [C_1/T_1 + C_2/T_2 + \cdots + C_n/T_n] \times 100$$

총 노출량 100%는 8시간 시간가중평균(TWA)이 90dB에 상응

03 베르누이 정리에 따른 속도압에 관한 설명으로 옳은 것은?

① 속도압은 표준상태에서의 공기 밀도가 커지면 증가한다.
② 속도압은 표준상태에서의 증기압이 커지면 감소한다.
③ 속도압은 중력가속도가 커지면 증가한다.
④ 속도압은 속도가 커지면 감소한다.
⑤ 속도압은 속도 제곱으로 커지면 감소한다.

해설 ② 속도압은 표준상태에서의 증기압이 커지면 증가한다.
③ 속도압은 중력가속도가 커지면 감소한다.
④ 속도압은 속도가 커지면 증가한다.
⑤ 속도압은 속도 제곱으로 커지면 증가한다.

NOTE 동압(속도압)
㉠ 공기의 흐름방향으로 미치는 압력이고 단위체적의 유체가 갖고 있는 운동에너지이다. 즉, 동압은 공기의 운동에너지에 비례한다.
㉡ 정지상태의 유체에 작용하여 일정한 속도 또는 가속을 일으키는 압력으로 공기를 이동시킨다.
㉢ 공기의 운동에너지에 비례하여 항상 0 또는 양압을 갖는다. 즉, 동압은 공기가 이동하는 힘으로 항상 0 이상이다.
㉣ 동압은 송풍량과 덕트 직경이 일정하면 일정하다.
㉤ 정지상태의 유체에 작용하여 현재의 속도로 가속시키는 데 요구하는 압력이고 반대로 어떤 속도로 흐르는 유체를 정지시키는 데 필요한 압력으로서 흐름에 대항하는 압력이다.
㉥ 덕트(duct)에서 속도압은 덕트의 반송속도를 추정하기 위해 측정한다.
㉦ 공기속도(V)와 속도압(VP)의 관계

$$속도압(동압)(VP) = \frac{\gamma V^2}{2g} \text{에서, } V = \sqrt{\frac{2gVP}{\gamma}}$$

여기서, 표준공기인 경우 $\gamma = 1.203 \text{kg}_f/\text{m}^3$, $g = 9.81 \text{m/s}^2$이므로 위의 식에 대입하면

$$V = 4.043\sqrt{VP}$$

$$VP = \left(\frac{V}{4.043}\right)^2$$

여기서, V : 공기속도(m/sec)
VP : 동압(속도압)(mmH$_2$O)

04 산업안전보건기준에 관한 규칙상 온도·습도에 의한 건강장해의 예방에 관한 설명으로 옳지 않은 것은?

① "고열"이란 열에 의하여 근로자에게 열경련·열탈진 또는 열사병 등의 건강장해를 유발할 수 있는 온도를 말한다.
② "고열작업"이란 체감온도가 32℃ 이상인 장소에서의 작업을 말한다.
③ "한랭"이란 냉각원에 의하여 근로자에게 동상 등의 건강장해를 유발할 수 있는 차가운 온도를 말한다.
④ "한랭작업"이란 다량의 액체공기, 드라이아이스 등을 취급하는 장소에서의 작업을 말한다.
⑤ "다습"이란 습기로 인하여 근로자에게 피부질환 등의 건강장해를 유발할 수 있는 습한 상태를 말한다.

해설 **고열작업(산업안전보건기준에 관한 규칙)**
㉠ 용광로, 평로(平爐), 전로 또는 전기로에 의하여 광물이나 금속을 제련하거나 정련하는 장소
㉡ 용선로(鎔船爐) 등으로 광물·금속 또는 유리를 용해하는 장소
㉢ 가열로(加熱爐) 등으로 광물·금속 또는 유리를 가열하는 장소
㉣ 도자기나 기와 등을 소성(燒成)하는 장소
㉤ 광물을 배소(焙燒) 또는 소결(燒結)하는 장소
㉥ 가열된 금속을 운반·압연 또는 가공하는 장소
㉦ 녹인 금속을 운반하거나 주입하는 장소
㉧ 녹인 유리로 유리제품을 성형하는 장소
㉨ 고무에 황을 넣어 열처리하는 장소
㉩ 열원을 사용하여 물건 등을 건조시키는 장소
㉪ 갱내에서 고열이 발생하는 장소
㉫ 가열된 노(爐)를 수리하는 장소
㉬ 그 밖에 고용노동부장관이 인정하는 장소

NOTE
(1) 한랭작업
　㉠ 다량의 액체공기·드라이아이스 등을 취급하는 장소
　㉡ 냉장고·제빙고·저빙고 또는 냉동고 등의 내부
　㉢ 그 밖에 고용노동부장관이 인정하는 장소
(2) 다습작업
　㉠ 다량의 증기를 사용하여 염색조로 염색하는 장소
　㉡ 다량의 증기를 사용하여 금속·비금속을 세척하거나 도금하는 장소
　㉢ 방적 또는 직포(織布) 공정에서 가습하는 장소
　㉣ 다량의 증기를 사용하여 가죽을 탈지(脫脂)하는 장소
　㉤ 그 밖에 고용노동부장관이 인정하는 장소

05 석면 해체·제거 작업 지침상 음압기와 음압기록장치에 관한 설명으로 옳지 않은 것은?
① 음압기에는 전처리 필터를 고성능필터 앞쪽에 반드시 설치해야 한다.
② 음압기에는 필터 차압게이지를 장착해야 한다.
③ 음압기의 송풍기는 필터 뒤쪽에 설치해야 한다.
④ 음압기록장치는 $0.01mmH_2O$ 이하의 측정 감도를 가져야 한다.
⑤ 음압기록장치는 압력 차가 $0.508mmH_2O$ 이상이면 경보가 울려야 한다.

해설 **석면해체·제거 장비 및 보호구**
(1) 음압기
　㉠ 고성능필터를 장착하여야 한다.
　㉡ 전처리 필터를 고성능필터 앞쪽에 반드시 설치하여야 한다.
　㉢ 필터 차압게이지를 설치하여야 한다.
　㉣ 음압기 내부를 밀폐하여 여과되지 않은 공기가 누설되지 않도록 하는 구조가 되어야 한다.
　㉤ 송풍기는 필터 뒤쪽에 설치하여야 한다.
　㉥ 이동 시 음압기 내·외부의 석면이 비산하지 않도록 비산 방지 장치 혹은 설비를 갖추어야 한다.
(2) 음압기록장치
　㉠ 측정 감도는 $0.01mmH_2O$ 이하일 것
　㉡ 1분 간격으로 측정된 자료를 24시간 연속하여 1개월 이상 저장 가능한 자료 저장용량을 가질 것

정답 | 05.⑤

ⓒ 1분 평균으로 측정된 작업장소와 외부와의 압력 차가 0.508mmH$_2$O 이하일 때 경보음이 작동하는 기능을 가질 것
ⓔ 측정 전 자체적으로 영점(zero point)을 교정할 수 있는 기능을 갖출 것
ⓜ 결과물을 출력할 수 있는 기능을 가질 것

NOTE
(1) 용어(석면 해체·제거 작업 지침)
  ㉠ 석면 : 자연적으로 생성되며 섬유상 형태를 갖는 규산염(硅酸鹽) 광물류로서 악티노라이트석면, 안소필라이트석면, 트레모라이트석면, 청석면, 갈석면, 백석면 등 여섯 종의 물질을 말한다.
  ㉡ 석면함유물질 : 석면이 중량기준 1% 초과 함유된 물질을 말한다.
  ㉢ 고성능필터(High Efficiency Particulate Air filter : HEPA filter) : 0.3μm의 입자를 99.97% 포집할 수 있는 성능을 가진 필터를 말한다.
  ㉣ 음압기 : 고성능필터가 달린 팬을 이용하여 작업장 내부 공기를 일정 유량으로 배기하여 석면 해체·제거 작업 공간 내부를 음압으로 유지하도록 하는 장치를 말한다.
  ㉤ 음압기록장치 : 석면 해체·제거 작업 공간 내외부의 압력 차이를 측정·기록할 수 있는 장비를 말한다.
  ㉥ 글로브 백 작업(Glove bag operation) : 폴리에틸렌 등 불침투성 재질의 비닐시트를 사용하며 안쪽으로 손 모양의 글로브에 손을 넣어서 석면 해체·제거 작업을 수행하는 것을 말한다.

(2) 석면 해체·제거 작업계획에 포함될 내용
  ㉠ 석면함유물질 사전조사내용
  ㉡ 석면 해체·제거 작업 공사기간 및 투입인력
  ㉢ 석면 해체·제거 작업의 절차 및 방법 : 사전조사결과 해체·제거할 석면함유물질별로 사용하는 도구 등 장비목록, 작업순서 및 작업방법 등의 해체·제거방법
  ㉣ 석면 비산방지 및 처리방법
  ㉤ 근로자 보호조치

06 우리나라에서 발생한 급성 중독 사례이다. 해당 화학물질로 옳은 것은?

- 사례 1 : 도장공정에서 사용하는 금속 지그에 묻은 페인트를 제거하는 작업 중 작업자가 디핑 세척조(높이 1.5m) 내부 슬러지를 제거하다가 화학물질에 노출되어 중독사고가 발생하였다(KOSHA Alert 2014-02호).
- 사례 2 : 전자제품 분체도장 사업장에서 작업자가 세척조 청소작업 중 잔류 화학물질에 급성중독되어 사망하였다(KOSHA Alert 2022-02호).

① 디클로로메탄
② 아크릴로니트릴
③ 메틸클로로포름
④ 트리클로로메탄
⑤ 노말헥산

해설 디클로로메탄(CH$_2$Cl$_2$)
㉠ 현재 국내에서는 금속부품을 세척하기 위한 용도로 많이 사용되며 추출제, 발포제, 추진제, 의약품 등에도 사용된다.
㉡ 세척작업은 금속이나 플라스틱 표면에 묻어있는 그리스나 오일, 왁스와 같은 오염물질을 제거하는 작업을 말한다.

ⓒ 빠른 건조특성 때문에 짧은 시간에 많은 양의 증기가 발생하여 중독사고를 일으킨다.
② 디클로로메탄은 무색이며 약간의 냄새가 나고 공기보다 무거워 작업장 아래쪽에 축적될 수 있다.
◎ 급성중독 증상으로는 어지럽거나 쉽게 피로한 느낌, 메스꺼움, 황달 등이 나타날 수 있고, 장기간 노출되면 신장에 암을 유발할 수도 있다.
⑭ 중독을 예방하기 위해서는 세척제의 유해성 인지, 국소배기장치 가동상태에서 작업 실시, 작업 시 방독마스크를 착용하여야 한다.

07 고용노동부 고시에서 제시하는 건강장해 예방을 위한 국소배기장치 안전검사 대상 유해화학물질로 옳은 것은?

① 황화수소
② 암모니아
③ 면분진
④ 트리클로로메탄
⑤ 크실렌

해설 국소배기장치 안전검사 대상 유해화학물질
다음의 어느 하나에 해당하는 유해물질(49종)에 따른 건강장해를 예방하기 위하여 설치한 국소배기장치는 사업장에 끝난 날로부터 3년 이내에 최초 안전검사를 실시하고 그 이후부터 2년마다 안전검사를 받아야 한다.

① 디아니시딘과 그 염
② 디클로로벤지딘과 그 염
③ 베릴륨
④ 벤조트리클로리드
⑤ 비소 및 그 무기화합물
⑥ 석면
⑦ 알파-나프틸아민과 그 염
⑧ 염화비닐
⑨ 오르토-톨리딘과 그 염
⑩ 크롬광
⑪ 크롬산 아연
⑫ 황화니켈
⑬ 휘발성 콜타르피치
⑭ 2-브로모프로판
⑮ 6가크롬 화합물
⑯ 납 및 그 무기화합물
⑰ 노말헥산
⑱ 니켈(불용성 무기화합물)
⑲ 디메틸포름아미드
⑳ 벤젠
㉑ 이황화탄소
㉒ 카드뮴 및 그 화합물
㉓ 톨루엔-2,4-디이소시아네이트
㉔ 트리클로로에틸렌
㉕ 포름알데히드
㉖ 메틸클로로포름(1,1,1-트리클로로에탄)
㉗ 곡물분진
㉘ 망간
㉙ 메틸렌디페닐디이소시아네이트(MDI)
㉚ 무수프탈산
㉛ 브롬화메틸
㉜ 수은
㉝ 스티렌
㉞ 시클로헥사논
㉟ 아닐린
㊱ 아세토니트릴
㊲ 아연(산화아연)
㊳ 아크릴로니트릴
㊴ 아크릴아미드
㊵ 알루미늄
㊶ 디클로로메탄(염화메틸렌)
㊷ 용접흄
㊸ 유리규산
㊹ 코발트
㊺ 크롬
㊻ 탈크(활석)
㊼ 톨루엔
㊽ 황산알루미늄
㊾ 황화수소

다만, 최근 2년 동안 작업환경측정결과가 노출기준 50% 미만인 경우에는 적용 제외

NOTE 국소배기장치의 검사기준
(1) 후드
㉠ 후드의 설치
• 유해물질 발산원마다 후드가 설치되어 있을 것
• 후드 형태가 해당 작업에 방해를 주지 않고 유해물질을 흡인하기에 적절한 형식과 크기를 갖출 것
• 근로자의 호흡위치가 오염원과 후드 사이에 위치하지 않으며, 후드가 유해물질 발생원 가까이에 위치할 것
㉡ 후드의 표면상태
후드의 내외면은 흡기의 기능을 저하시키는 마모, 부식, 흠집, 그 밖의 손상이 없을 것

정답 | 07.①

ⓒ 흡입기류를 방해하는 방해물 등의 여부
　　　　• 흡입기류를 방해하는 기둥, 벽 등의 구조물이 없을 것
　　　　• 후드 내부 또는 전처리필터 등의 퇴적물로 인한 제어풍속의 저하 없이 기준치를 유지할 것
　　　② 흡인성능
　　　　• 스모크테스터(발연관)를 이용하여 흡인기류(스모크)가 완전히 후드 내부로 흡인되어 후드 밖으로의 유출이 없을 것
　　　　• 회전체를 가진 레시버식 후드는 정상작업이 행해질 때 발산원으로부터 유해물질이 후드 밖으로 비산하지 않고 완전히 후드 내로 흡입되어야 할 것
　　　　• 후드의 제어풍속이 「산업안전보건기준에 관한 규칙」의 제어풍속에 적합할 것
　(2) 덕트
　　　㉠ 표면상태 등
　　　　덕트 내외면의 파손, 변형 등으로 인한 설계 압력손실 증가 또는 파손부분 등에서의 공기 유입 또는 누출이 없고, 이상음 또는 이상진동이 없을 것
　　　㉡ 플렉시블 덕트
　　　　플렉시블(flexible) 덕트의 심한 굴곡, 꼬임 등으로 인한 압력손실은 흡인성능 이내일 것
　　　㉢ 덕트 내면상태 등
　　　　• 덕트 내면의 분진, 오일미스트 등의 퇴적물로 인해 설계 압력손실 증가 등 배기성능에 영향을 주지 않도록 할 것
　　　　• 분진 등의 퇴적으로 인한 이상음 또는 이상진동이 없을 것
　　　㉣ 접속부
　　　　• 플랜지의 결합볼트, 너트, 패킹의 손상이 없을 것
　　　　• 정상작동 시 스모크테스터의 기류가 흡입덕트에서는 접속부로 흡입되지 않고 배기덕트에서는 접속부로부터 배출되지 않도록 관리될 것
　　　　• 공기의 유입이나 누출에 의한 이상음이 없을 것
　　　㉤ 댐퍼
　　　　• 댐퍼가 손상되지 않고 정상적으로 작동될 것
　　　　• 댐퍼가 해당 후드의 적정 제어풍속 또는 필요 풍량을 가지도록 적절하게 개폐되어 있을 것
　　　　• 댐퍼 개폐방향이 올바르게 표시되어 있을 것
　(3) 배풍기
　　　㉠ 배풍기
　　　　• 배풍기 또는 모터의 기능을 저하시키는 파손, 부식, 그 밖에 손상 등이 없을 것
　　　　• 배풍기 케이싱(Casing), 임펠러(Impeller), 모터 등에서의 이상음 또는 이상진동이 발생하지 않을 것
　　　　• 각종 구동장치, 제어반(Control Panel) 등이 정상적으로 작동될 것
　　　㉡ 벨트
　　　　벨트의 파손, 탈락, 심한 처짐 및 풀리의 손상 등이 없을 것
　　　㉢ 회전방향
　　　　배풍기의 회전방향은 규정의 회전방향과 일치할 것
　　　㉣ 캔버스
　　　　• 캔버스의 파손, 부식 등이 없을 것
　　　　• 송풍기 및 덕트와의 연결부위 등에서 공기의 유입 또는 누출이 없을 것
　　　　• 캔버스의 과도한 수축 또는 팽창으로 배풍기 설계 정압 증가에 영향을 주지 않을 것
　　　㉤ 안전덮개
　　　　전동기와 배풍기를 연결하는 벨트 등에는 안전덮개가 설치되고 그 설치부는 부식, 마모, 파손, 변형, 이완 등이 없을 것
　　　㉥ 배풍량 등
　　　　배풍기의 성능을 저하시키는 설계정압의 증가 또는 감소가 없을 것

08 근로자건강진단 실무지침에 따른 생물학적 노출지표의 검사방법으로 옳은 것은?

① 일산화탄소의 1차 생물학적 노출지표는 작업 종료 후 10~15분 이내 마지막 호기를 채취하여 일산화탄소 측정기로 분석한다.
② 납 및 그 무기화합물의 1차 생물학적 노출지표는 혈액 내 납 농도를 기준으로 하며, AAS로 분석한다.
③ 메탄올의 1차 생물학적 노출지표는 소변을 이용하여 평가하며, 작업 종료 시 채취한 시료를 HS GC-FID로 분석한다.
④ 1,2-디클로로프로판의 2차 생물학적 노출지표는 소변을 이용하여 평가하며, 작업 종료 시 채취한 시료를 GC-MSD로 분석한다.
⑤ 톨루엔의 2차 생물학적 노출지표는 소변을 이용하여 평가하며, 작업 종료 시 채취한 시료를 HS GC-FID로 분석한다.

해설 대상 생물학적 노출지표물질의 종류

(1) 항목 분류
　㉠ 특수건강진단제도에서는 생물학적 모니터링에서 실시할 수 있는 생물학적 노출지표물질을 1차와 2차 지표물질로 구분하였다.
　㉡ 1차 지표물질은 건강진단의 1차 항목에 포함되어 있어 반드시 실시하여야 하는 노출지표물질이다.
　㉢ 2차 지표물질은 2차 항목 검사 시 필요하다고 인정되는 경우에 실시할 수 있는 노출지표물질이다.
　㉣ 1차 노출지표물질은 유기화합물 15종 10항목, 금속류 5종 4항목, 가스 상태 물질류 1종 2항목으로 모두 21종 16항목이 규정되어 있다.
　㉤ 2차 지표물질은 유기화합물 14종 18항목, 금속류는 9종 12항목을 규정하였다.
　㉥ 산 및 알칼리류는 1종 1항목, 가스 상태 물질류는 2종 2항목, 허가대상물질(13종)은 3종 3항목으로 총 29종 31항목을 규정하였다.
　㉦ 특수건강진단 항목에는 1차나 2차 지표물질로 규정되어 있지는 않지만, 유기화합물 5종 6항목, 금속류 1종 1항목, 산 및 알칼리류 1종 1항목으로 총 7종 8항목을 권장지표물질로 제시하였다.

유기화합물 생물학적 노출지표의 노출기준값 및 검사방법

구분	번호*	유해물질명	시료채취 종류	시료채취 시기	지표물질명	권장분석법*	검사값 노출기준	표시단위*	비고
1차	7	p-니트로아닐린	혈액	수시	메트헤모글로빈	혈액가스분석	1.5	%	
	8	p-니트로클로로벤젠	혈액	수시	메트헤모글로빈	혈액가스분석	1.5	%	
	9	디니트로톨루엔	혈액	수시	메트헤모글로빈	혈액가스분석	1.5	%	
	10	N,N-디메틸아닐린	혈액	수시	메트헤모글로빈	혈액가스분석	1.5	%	
	12	N,N-디메틸아세트아미드	소변	당일	N-메틸아세트아미드	GC-NPD	30	mg/g crea	피부
	13	디메틸포름아미드	소변	당일	N-메틸포름아미드	GC-NPD	15	mg/L	피부
	22	1,2-디클로로프로판	소변	당일	1,2-디클로로프로판	GC-MSD	180	μg/L	
	34	메틸클로로포름	소변	주말	삼염화초산	GC-ECD	10	mg/L	
			소변	주말	총삼염화에탄올	GC-ECD	30	mg/L	
	59	아닐린 및 그 동족체	혈액	수시	메트헤모글로빈	혈액가스분석	1.5	%	
	71	에틸렌 글리콜 디니트레이트	혈액	수시	메트헤모글로빈	혈액가스분석	1.5	%	
	85	크실렌	소변	당일	메틸마뇨산	HPLC-UVD, GC-FID	1.5	g/g crea	

정답 | 08.②

구분	번호*	유해물질명	시료채취 종류	시료채취 시기	지표물질명	권장분석법*	검사값 노출기준	표시단위*	비고
1차	91	톨루엔	소변	당일	o-크레졸	GC-FID	0.8	mg/g crea	피부
	96	트리클로로에틸렌	소변	주말	총삼염화물	GC-ECD	300	mg/g crea	
			소변	주말	삼염화초산	GC-ECD	15	mg/L	
	98	퍼클로로에틸렌	소변	주말	삼염화초산	GC-ECD	3.5	mg/L	
	106	n-헥산	소변	당일	2,5-헥산디온	GC-FID	5	mg/L	
2차	11	p-디메틸 아미노아조벤젠	혈액	수시	메트헤모글로빈	혈액가스분석	1.5	%	
	18	디클로로메탄	혈액	당일	카복시헤모글로빈	혈액가스분석	3.5	%	
	26	메탄올	소변	당일	메탄올	HS GC-FID	15	mg/L	
			혈액	당일	메탄올	HS GC-FID			
	29	메틸 n-부틸 케톤	소변	당일	2,5-헥산디온	GC-FID	5	mg/g crea	
	31	메틸 에틸 케톤	소변	당일	메틸에틸케톤	HS GC-FID	2	mg/L	
	32	메틸 이소부틸 케톤	소변	당일	메틸이소부틸케톤	HS GC-FID	2	mg/g crea	
	41	벤젠 0.5ppm 기준	소변	당일	뮤콘산	HPLC-UVD	500	μg/g crea	피부
			혈액	당일	벤젠	HS GC-MSD	5	μg/L	
		10ppm 기준[1]	소변	당일	페놀	GC-FID	50	mg/g crea	
	61	아세톤	소변	당일	아세톤	HS GC-FID	80	mg/L	
	66	2-에톡시에탄올	소변	주말	2-에톡시초산	GC-FID	100	mg/g crea	피부
	81	이소프로필 알코올	혈액	당일	아세톤	HS GC-FID	50	mg/L	
			소변			HS GC-FID	50	mg/L	
	83	콜타르	소변	당일	1-하이드록시파이렌	HPLC-FD	4.6	μg/L	
	87	클로로벤젠	소변	당일	총 클로로카테콜	HPLC-UVD	150	mg/g crea	
	99	페놀	소변	당일	페놀	GC-FID	250	mg/g crea	피부
	100	펜타클로로페놀	소변	주말	펜타클로로페놀	HPLC-UVD		mg/g crea	피부
			혈액	당일	유리펜타클로로페놀	HPLC-UVD	5	mg/L	
권장	41	벤젠(1ppm 기준)	소변	당일	S-페닐머캅토산	GC-MSD	25	μg/g crea	피부
	54	스티렌	소변	당일	만델릭산+페닐글리옥실산	HPLC-UVD, GC-FID	600	mg/g crea	피부
			소변	당일	스티렌	HS GC-FID	40	μg/L	
	82	이황화탄소	소변	당일	TTCA	HPLC-UVD	0.5	mg/g crea	
	91	톨루엔(50ppm 기준)	혈액	당일	톨루엔	HS GC-FID	0.05	mg/L	
	98	퍼클로로에틸렌	혈액	주말	퍼클로로에틸렌	HS GC-FID	0.5	mg/L	

1) 작업환경 노출기준 10ppm(1999)이 0.5ppm으로 강화되어 10ppm 기준의 벤젠노출지표인 소변 중 페놀은 사용하지 않으려는 경향이 있다.

금속류 생물학적 노출지표의 노출기준값 및 검사방법

구분	번호*	유해물질명	시료채취 종류	시료채취 시기	지표물질명	권장분석법*	검사값 노출기준	표시단위*	비고
1차	2	납 및 그 무기화합물	혈액	수시	납	AAS	30	μg/dL	
	5	사알킬납	혈액	수시	납	AAS	30	μg/dL	
	9	수은 및 그 화합물	소변	작업전	수은	AAS	50	μg/g crea	
	14	인듐	혈청	수시	인듐	ICP-MS	1.2	μg/L	
	17	카드뮴과 그 화합물	혈액	수시	카드뮴	AAS	5	μg/L	
2차	2	납 및 그 무기화합물	소변	수시	납	AAS	150	μg/L	
			혈액	수시	ZPP	hematofluorometer	100	μg/dL	
			소변	수시	δ-ALA	HPLC·UV	5	mg/L	
	3	니켈 및 그 화합물, 니켈 카르보닐	소변	주말	니켈	AAS	80	μg/L	
	5	사알킬납	소변	수시	납	AAS	150	μg/L	
			혈액	수시(근무 1개월 후)	ZPP	hematofluorometer	100	μg/dL	
			소변	수시	δ-ALA	HPLC·UV	5	mg/L	
	8	삼산화비소	소변	주말	비소	AAS	총비소 150μg/L (초과 시 종분류: 무기비소+메틸화 대사물질 35μg/L)	μg/L	
			혈액	주말	비소	AAS		μg/dL	
	9	수은 및 그 화합물	혈액	주말	수은	AAS	15	μg/L	
	10	안티몬 및 그 화합물	소변		안티몬				
	12	오산화바나듐(분진, 흄)	소변	주말	바나듐	AAS	50	μg/g crea	
	17	카드뮴 및 그 화합물	소변	수시	카드뮴	AAS	5	μg/g crea	
	19	크롬 및 그 화합물	소변	주말	크롬	AAS	30	μg/g crea	
			혈액		크롬				
권장	4	망간 및 그 무기화합물	혈액	당일	망간	AAS	36	μg/L	

산 및 알칼리류의 생물학적 노출지표의 노출기준값 및 검사방법

구분	번호*	유해물질명	시료채취 종류	시료채취 시기	지표물질명	권장분석법*	검사값 / 노출기준	표시단위*	비고
1차									
2차	2	불화수소	소변	당일***	불화물	이온선택전극법	10	mg/g crea	
권장	6	질산	혈액	수시	메트헤모글로빈	혈액가스분석	1.5	%	

가스 상태 물질류의 생물학적 노출지표의 노출기준값 및 검사방법

구분	번호*	유해물질명	시료채취 종류	시료채취 시기	지표물질명	권장분석법*	검사값 / 노출기준	표시단위*	비고
1차	11	일산화탄소	혈액	당일**	카복시헤모글로빈	혈액가스분석	3.5	%	
			호기		일산화탄소	일산화탄소측정기	40	ppm	
2차	2	브롬	혈액		브롬이온				
	4	삼수소화 비소	소변	주말	비소	AAS	총비소 150μg/L (초과 시 종분류 : 무기비소+메틸화 대사물질 35μg/L)	μg/L	
권장					−				

허가 대상 유해물질의 생물학적 노출지표의 노출기준값 및 검사방법

구분	번호*	유해물질명	시료채취 종류	시료채취 시기	지표물질명	권장분석법*	검사값 / 노출기준	표시단위*	비고
1차									
2차	6	비소 및 그 무기화합물	소변	주말	비소	AAS	총비소 150μg/L (초과 시 종분류 : 무기비소+메틸화 대사물질 35μg/L)	μg/L	
	8	콜타르피치 휘발물 (코크스 제조 또는 취급업무)	소변	주말	1-하이드록시파이렌	HPLC-UVD	4.6	μg/L	
	12	황화니켈류	소변	주말	니켈	AAS	80	μg/L	
권장					−				

GC ; gas chromatography, HPLC ; high performance liquid chromatography
UV ; ultra violet-visible spectrometry, AAS ; atomic absorption spectrometry
UVD ; ultra violet-visible detection, FD ; fluorescence detection, FID ; flame ionization detection
ECD ; electron capture detection, MSD ; mass selective detection, HS ; headspace
ICP-MS ; inductively coupled plasma-mass spectrometry
* 번호 : 산업안전보건법 시행규칙 [별표 24] 특수건강진단・배치전건강진단・수시건강진단의 검사항목상의 번호
** 혈액 : 작업 종료 후 10~15분 이내에 채취, 호기 : 작업 종료 후 10~15분 이내. 마지막 호기 채취
*** 작업 전-후 측정하여 그 차이를 비교

09 작업환경측정·분석 기술지침에 따라 초산(Acetic acid)에 대한 측정을 실시하였을 때, 시료채취에 사용할 흡착관으로 옳은 것은?

① 활성탄관(100mg/50mg)
② 실리카겔관(100mg/50mg)
③ 실리카겔관(150mg/75mg)
④ XAD-7(100mg/50mg)
⑤ 2,4-DNPH Coating Silicagel(300mg/150mg)

해설 초산(Acetic acid)에 대한 작업환경측정·분석 기술지침

노출기준	고용노동부 (ppm)	10(TWA), 15(STEL)	OSHA (ppm)	10(TWA)
	ACGIH (ppm)	10(TWA), 15(STEL)	NIOSH (ppm)	10(TWA), 15(STEL)

시료채취 개요	분석 개요

• 시료채취매체 : 고체흡착관, 활성탄관(100mg/50mg)
• 유량 : 0.01~1.0L/min
• 공기량
  - 최대 : 300L
  - 최소 : 20L@10ppm
• 운반 : 시료 채취 후 흡착관을 플라스틱 마개로 막고 밀봉한 후 운반
• 시료의 안정성 : 25℃에서 최소 7일간
• 공시료 : 총 시료수의 10% 이상 또는 시료 세트당 2~10개의 현장 공시료
	• 분석기술 : 가스크로마토그래프법, 불꽃이온화 검출기
	• 분석대상물질 : 초산
	• 전처리 : Formic acid 1mL로 60분간 탈착
	• 주입량 : 5μL
	• 기기조건
	  - 주입구 : 230℃, 검출기 : 230℃
	  - 오븐 : 130~180℃, 10℃/min, 또는 100℃ 등온
	• 이동상가스 : N_2 또는 He, 60mL/min
	• 컬럼 : 1m×4mm ID glass ; Carbopack B 60/80 mesh/3% Carbowax 20M/0.5% H_3PO_4 또는 동등 이상의 컬럼
	• CALIBRATION : 88~95%의 개미산 용액에 초산 표준용액을 희석하여 조제
	• 범위 : 0.5~10mg/sample
	• 검출한계 : 0.01mg/sample
	• 정밀도 : 0.007@0.3~5mg/sample

10 원심형 송풍기(centrifugal fan)에 해당하지 않는 것은?

① Sirocco fan
② Air foil fan
③ Turbo fan
④ Radial fan
⑤ Axial fan

해설 (1) 원심형 송풍기(Centrifugal fan)
    ㉠ Turbo fan
    ㉡ Air foil fan
    ㉢ Radial fan(Plate fan)

정답 | 09.① 10.⑤

ⓔ Sirocco fan(다익형)
ⓓ Plenum fan
(2) 축류형 송풍기(Axial flow fan)
ⓐ Propeller fan
ⓑ Axial fan(Tube, Vane)
ⓒ Inline fan

11 소음의 특수건강진단 및 청력보존프로그램에 관한 설명으로 옳지 않은 것은?

① 특수건강진단시 2,000Hz에서 30dB 이상의 청력손실을 보이면 양쪽 귀에 대한 정밀청력검사(2차)를 실시한다.
② 특수건강진단시 2,000, 3,000, 4,000Hz의 주파수에서 기도청력검사를 실시한다.
③ 배치전건강진단시 500, 1,000, 2,000, 3,000, 4,000 및 6,000Hz의 주파수에서 기도청력검사를 실시한다.
④ 소음성 난청의 업무상 질병에 대한 인정기준 적용시 6분법으로 판정한다.
⑤ 청력보존프로그램을 시행해야 하는 소음작업이란 1일 8시간 작업을 기준으로 90dB 이상의 소음이 발생하는 작업을 말한다.

해설 청력보존프로그램 수립 대상
근로자가 소음작업, 강렬한 소음작업 또는 충격소음작업에 종사하는 사업장[산업안전보건기준에 관한 규칙(제517조)]

구분	내용
소음작업	1일 8시간 작업을 기준으로 85데시벨 이상의 소음이 발생하는 작업
강렬한 소음작업	• 90데시벨 이상의 소음이 1일 8시간 이상 발생하는 작업 • 95데시벨 이상의 소음이 1일 4시간 이상 발생하는 작업 • 100데시벨 이상의 소음이 1일 2시간 이상 발생하는 작업 • 105데시벨 이상의 소음이 1일 1시간 이상 발생하는 작업 • 110데시벨 이상의 소음이 1일 30분 이상 발생하는 작업 • 115데시벨 이상의 소음이 1일 15분 이상 발생하는 작업
충격소음작업	• 120데시벨을 초과하는 소음이 1일 1만회 이상 발생하는 작업 • 130데시벨을 초과하는 소음이 1일 1천회 이상 발생하는 작업 • 140데시벨을 초과하는 소음이 1일 1백회 이상 발생하는 작업

NOTE 청력보존프로그램 관련 용어
ⓐ 청력보존프로그램 : 소음성 난청을 예방하고 관리하기 위하여 소음노출 평가, 소음노출에 대한 공학적 대책, 청력보호구의 지급과 착용, 소음의 유해성 및 예방 관련 교육, 정기적 청력검사, 청력보존프로그램 수립 및 시행 관련 기록·관리체계 등을 포함하여 수립한 종합적인 계획을 말한다.
ⓑ 소음작업 : 1일 8시간 작업을 기준으로 85dB(A) 이상의 소음이 발생하는 작업을 말한다.
ⓒ 연속음 : 소음발생 간격이 1초 미만을 유지하면서 계속적으로 발생되는 소음을 말한다.
ⓓ 충격소음 : 소음이 1초 이상의 간격을 유지하면서 최대음압 수준이 120dB(A) 이상인 소음을 말한다.
ⓔ 청력보호구 : 청력을 보호하기 위하여 사용하는 귀마개와 귀덮개를 말한다.
ⓕ 청력검사 : 순음청력검사기로 주파수별 기도 및 골도 청력역치를 측정하는 것을 말한다.

ⓐ 기초 청력 : 청력평가의 표준역치변동에 적용되는 현재 근무하는 사업장의 소음작업장에 최초 배치된 시점의 기준 청력을 말한다.
ⓑ 표준역치변동 : 기초 청력역치에 대한 현재 청력역치의 변동량이다. 기초 청력검사와 비교하여 추적검사 기간에 어느 한쪽 귀에서 2, 3, 4kHz의 평균 청력역치가 10dB 이상 변화가 있는 경우를 말한다.
ⓒ 연령보정 : 작업에 기인한 소음성 난청의 발생 시 연령에 의한 기여분을 제외하기 위한 방법으로서 연령보정표를 통해 연령 증가에 따른 청력상승의 변동량 수치를 적용하는 것을 말한다.

12 다음 중 화학적 질식제에 해당하는 것은?

① 아산화질소
② 헬륨
③ 메탄
④ 일산화탄소
⑤ 질소

해설 질식제의 구분

구분	정의	종류
단순 질식제	원래 그 자체는 독성 작용이 없으나 공기 중에 많이 존재하면 산소분압의 저하로 산소공급 부족을 일으키는 물질	• 이산화탄소(CO_2) • 메탄가스(CH_4) • 질소가스(N_2) • 수소가스(H_2) • 에탄, 프로판, 에틸렌, 아세틸렌, 헬륨
화학적 질식제	• 직접적 작용에 의해 혈액 중의 혈색소와 결합하여 산소운반능력을 방해하는 물질 • 조직 중의 산화효소를 불활성시켜 질식작용(세포의 산소 수용능력 상실)	• 일산화탄소(CO) • 황화수소(H_2S) • 시안화수소(HCN) : 독성은 두통, 갑상선 비대, 코 및 피부 자극 등이며, 중추신경계 기능의 마비를 일으켜 심한 경우 사망에 이르며, 원형질(protoplasmic) 독성이 나타남 • 아닐린($C_6H_5NH_2$) : 메트헤모글로빈(methe-moglobin)을 형성하여 간장, 신장, 중추신경계 장애를 일으킴(시력과 언어 장애 증상)

13 근골격계부담작업 및 유해요인조사에 관한 설명으로 옳은 것은?

① "단기간 작업"이란 1개월 이내에 종료되는 1회성 작업을 말한다.
② "간헐적인 작업"이란 연간 총 작업일수가 30일을 초과하지 않는 작업을 말한다.
③ 신설되는 사업장의 경우에는 신설일부터 1년 이내에 최초의 유해요인조사를 실시해야 한다.
④ 하루 총 2시간 이상 지지되지 않은 상태에서 1kg 이상에 상응하는 힘을 가하여 한손의 손가락으로 물건을 쥐는 작업은 근골격계부담작업이다.
⑤ 하루 총 2시간 이상, 시간당 2회 이상 4.5kg 이상의 물체를 드는 작업은 근골격계부담작업이다.

정답 | 12.④ 13.③

해설
- 임시 작업
  일시적으로 하는 작업 중 월 24시간 미만인 작업. 단, 월 10시간 이상 24시간 미만인 작업이 매월 행하여지는 작업은 제외
- 단시간 작업
  관리대상물질(허용기준 설정 대상 유해인자)을 취급하는 시간이 1일 1시간 미만인 작업. 단, 1일 1시간 미만인 작업이 매일 수행되는 경우 제외
- 단기간 작업
  2개월 이내에 종료되는 1회성 작업
- 간헐적 작업
  연간 총 작업일수가 60일을 초과하지 않는 작업
- 일시적 작업
  30일 이내 종료되는 1회성 작업

14 고용노동부 고시에서 제시하는 방진마스크 여과재의 포집효율에 관한 시험성능기준으로 옳은 것은?

① 안면부 여과식 특급 : 95.0% 이상
② 안면부 여과식 1급 : 90.0% 이상
③ 분리식 특급 : 99.95% 이상
④ 분리식 1급 : 90.0% 이상
⑤ 분리식 2급 : 75.0% 이상

해설 방진마스크 시험성능기준(여과재 분진 등 포집효율과 누설률)

형태 및 등급		염화나트륨(NaCl) 및 파라핀 오일(Paraffin oil) 시험	누설률(%)	
분리식	특급	99.95 이상	전면형	0.05 이하
	1급	94.0 이상		
	2급	80.0 이상	반면형	5 이하
안면부 여과식	특급	99.0 이상		5 이하
	1급	94.0 이상		11 이하
	2급	80.0 이상		25 이하

NOTE 여과재의 분진 등 포집효율시험 및 안면부 누설률시험

여과재의 분진 등 포집효율 시험	• 분리식 마스크에 대한 염화나트륨 에어로졸(NaCl aerosol)의 시험방법 – 염화나트륨 에어로졸의 입경분포는 0.04μm∼1.0μm이며, 평균 입경은 약 0.6μm이다. – 염화나트륨 에어로졸의 유량은 분당 95L이며, 농도는 (8±4)mg/m^{3}이다. – 여과재를 분진포집효율시험장치에 장착하여 염화나트륨 에어로졸을 분당 95L의 유량으로 여과재에 통과시킨 후 여과재 통과 전후의 농도를 측정한다. • 분리식 마스크에 대한 파라핀 오일(Paraffin Oil) 미스트의 시험방법 – 파라핀 오일 미스트의 입경분포는 0.05μm∼1.7μm이며, 평균 입경은 약 0.4μm이다. – 파라핀 오일 미스트의 유량은 분당 95L이며, 미스트의 농도는 (20±5)mg/m^{3}이다. – 여과재를 분진포집효율시험장치에 장착하여 파라핀 오일 미스트를 분당 95L의 유량으로 여과재에 통과시킨 후 여과재 통과 전후의 농도를 측정한다.

안면부 누설률시험	• 안면부의 누설률은 배기밸브의 누설률도 포함하되, 배기밸브의 누설률은 전면형의 경우는 100분의 0.01, 반면형의 경우는 100분의 0.05를 초과하지 않아야 한다. • 시험환경 : 가능한 염화나트륨 에어로졸이 챔버의 꼭대기로 들어가도록 하고, 그 속도는 최소한 0.12m/s의 속도로 피시험자의 머리 위로 직접 흘러내리도록 하고 염화나트륨 에어로졸의 농도는 균일해야 하고, 속도는 피시험자 머리의 가까운 위치에서 측정한다.

15 화학물질의 분류·표시 및 물질안전보건자료에 관한 기준에 따른 경고표지 작성 시 옳지 않은 것은?

① 물질안전보건자료 대상물질의 내용량이 100그램 이하는 경고표지에 명칭, 그림문자, 신호어 및 공급자 정보만을 표시할 수 있다.
② "해골과 X자형 뼈" 그림문자와 "감탄부호(!)" 그림문자에 모두 해당되는 경우에는 "해골과 X자형 뼈" 그림문자만을 표시한다.
③ 5개 이상의 그림문자에 해당하는 경우에는 4개의 그림문자만을 표시할 수 있다.
④ 물질안전보건자료 대상물질이 "위험"과 "경고"에 모두 해당되는 경우에는 2가지 모두를 표시한다.
⑤ 경고표지 전체의 바탕은 흰색으로, 글씨와 테두리는 검정색으로 하여야 한다.

해설 화학물질의 분류·표시 및 물질안전보건자료에 관한 기준상 경고표지 작성
㉠ 경고표지의 작성방법
  • 물질안전보건자료 대상물질의 내용량이 100그램(g) 이하 또는 100밀리리터(mL) 이하인 경우에는 경고표지에 명칭, 그림문자, 신호어 및 공급자 정보만을 표시할 수 있다.
  • 물질안전보건자료 대상물질을 해당 사업장에서 자체적으로 사용하기 위하여 담은 반제품용기에 경고표시를 할 경우에는 유해·위험의 정도에 따른 "위험" 또는 "경고"의 문구만을 표시할 수 있다. 다만, 이 경우 보관·저장장소의 작업자가 쉽게 볼 수 있는 위치에 경고표지를 부착하거나 물질안전보건자료를 게시하여야 한다.
㉡ 경고표지 기재항목의 작성방법
  • 명칭은 물질안전보건자료 상의 제품명을 기재한다.
  • 그림문자는 해당되는 것을 모두 표시한다. 다만 다음의 어느 하나에 해당되는 경우에는 이에 따른다.
    – "해골과 X자형 뼈" 그림문자와 "감탄부호(!)" 그림문자에 모두 해당되는 경우에는 "해골과 X자형 뼈" 그림문자만을 표시한다.
    – 부식성 그림문자와 피부자극성 또는 눈 자극성 그림문자에 모두 해당되는 경우에는 부식성 그림문자만을 표시한다.
    – 호흡기 과민성 그림문자와 피부 과민성, 피부 자극성 또는 눈 자극성 그림문자에 모두 해당되는 경우에는 호흡기 과민성 그림문자만을 표시한다.
    – 5개 이상의 그림문자에 해당되는 경우에는 4개의 그림문자만을 표시할 수 있다.
  • 신호어는 "위험" 또는 "경고"를 표시한다. 다만, 물질안전보건자료 대상물질이 "위험"과 "경고"에 모두 해당되는 경우에는 "위험"만을 표시한다.
  • 유해·위험 문구는 해당되는 것을 모두 표시한다. 다만, 중복되는 유해·위험문구를 생략하거나 유사한 유해·위험 문구를 조합하여 표시할 수 있다.
  • 예방조치 문구는 해당되는 것을 모두 표시한다. 다만 다음의 어느 하나에 해당되는 경우에는 이에 따른다.

- 중복되는 예방조치 문구를 생략하거나 유사한 예방조치 문구를 조합하여 표시할 수 있다.
- 예방조치 문구가 7개 이상인 경우에는 예방·대응·저장·폐기 각 1개 이상(해당 문구가 없는 경우는 제외)을 포함하여 6개만 표시해도 된다. 이 때 표시하지 않은 예방조치 문구는 물질안전보건자료를 참고하도록 기재하여야 한다.

16 중추신경에 주요 건강장해를 일으키는 유기화합물질이 아닌 것은?

① 디클로로메탄
② 글루타르알데히드
③ 아세트알데히드
④ 메틸 노말-부틸케톤
⑤ 디에틸 에테르

해설 글루타르알데히드($C_5H_8O_2$)

㉠ 용도 및 사용 공정

용도	냉살균제, 인화제, 세척제, 소독제 및 방부제
취급사업장	병원, 석유산업, 펄프 및 제지 산업 및 화장품 제조 사업장
주요 취급공정	살균 및 소독공정, X-ray 인화, 세척 및 화장품 제조 공정

㉡ 노출경로 및 증상

주요 노출경로	호흡기, 위장관(경구), 피부 및 눈의 점막 등
만성 건강영향	피부염, 말초신경염, 중추신경계 손상
단기 노출증상	눈, 코, 피부, 점막, 상부호흡기관 등의 자극증상
중독사례	• 내시경 살균을 위해 글루타르알데히드를 사용하는 resriratory technologists의 직업성 천식 • 호흡기 치료 테크니션에서의 천식 • 간호사의 눈과 상기도관의 자극증세와 노력성 호흡곤란, 마른기침 증상

17 산업재해의 재해손실 비용 산정시 직접비와 간접비의 비율로 옳은 것은?

① 1 : 2
② 1 : 3
③ 1 : 4
④ 1 : 5
⑤ 1 : 10

해설 (1) 하인리히(Heinrich)의 산업재해 손실평가

총 재해코스트=직접비+간접비(직접비와 간접비의 비=1 : 4)=직접비×5

여기서, 직접비 : 법령으로 정한 피해자에게 지급되는 산재보상비
(종류 : 휴업보상비, 장애보상비, 요양보상비, 유족보상비, 장의비, 상병보상연금, 유족특별보상비, 장애특별보상비)
간접비 : 재산손실 및 생산중단으로 기업이 입은 손실
(종류 : 인적 손실, 물적 손실, 생산손실, 특수손실, 기타 손실)

(2) 시몬즈(Simonds)의 산업재해 손실평가

총 재해코스트=보험코스트+비보험코스트

여기서, 보험코스트 : 산재보험료
비보험코스트 : (휴업상해 건수×A)+(통원상해 건수×B)+(응급조치 건수×C)+(무상해사고 건수×D)
A, B, C, D는 장애 정도별에 의한 비보험코스트의 평균

18 화학물질 및 물리적 인자의 노출기준에서 벤젠의 정보물질 표기에 관한 내용으로 옳은 것을 모두 고른 것은?

> ㉠ 사람에게 충분한 발암성 증거가 있는 물질
> ㉡ 생식세포 변이원성(1B)에 해당하는 물질
> ㉢ 생식능력이나 발육에 악영향을 주는 물질
> ㉣ 점막과 눈 그리고 경피로 흡수되어 전신 영향을 일으킬 수 있는 물질

① ㉠, ㉣
② ㉡, ㉢
③ ㉠, ㉡, ㉢
④ ㉠, ㉡, ㉣
⑤ ㉠, ㉡, ㉢, ㉣

해설 화학물질의 노출기준 – 벤젠

유해물질의 명칭		화학식	노출기준				비고 (CAS번호 등)
국문표기	영문표기		TWA		STEL		
			ppm	mg/m³	ppm	mg/m³	
벤젠	Benzene	C_6H_6	0.5	–	2.5	–	[71-43-2] 발암성 1A, 생식세포 변이원성 1B, Skin

NOTE 화학물질 및 물리적 인자의 노출기준 관련 내용

㉠ Skin 표시 물질은 점막과 눈 그리고 경피로 흡수되어 전신 영향을 일으킬 수 있는 물질을 말함 (피부자극성을 뜻하는 것이 아님)
㉡ 발암성 정보물질의 표기는 「화학물질의 분류·표시 및 물질안전보건자료에 관한 기준」에 따라 다음과 같이 표기함
  • 1A : 사람에게 충분한 발암성 증거가 있는 물질
  • 1B : 시험동물에서 발암성 증거가 충분히 있거나, 시험동물과 사람 모두에서 제한된 발암성 증거가 있는 물질
  • 2 : 사람이나 동물에서 제한된 증거가 있지만, 구분 1로 분류하기에는 증거가 충분하지 않은 물질
㉢ 생식세포 변이원성 정보물질의 표기는 「화학물질의 분류·표시 및 물질안전보건자료에 관한 기준」에 따라 다음과 같이 표기함
  • 1A : 사람에게서의 역학조사 연구결과 양성의 증거가 있는 물질
  • 1B : 다음 어느 하나에 해당하는 물질
    – 포유류를 이용한 생체내(in vivo) 유전성 생식세포 변이원성 시험에서 양성
    – 포유류를 이용한 생체내(in vivo) 체세포 변이원성 시험에서 양성이고, 생식세포에 돌연변이를 일으킬 수 있다는 증거가 있음
    – 노출된 사람의 정자 세포에서 이수체 발생빈도의 증가와 같이 사람의 생식세포 변이원성 시험에서 양성
  • 2 : 다음 어느 하나에 해당되어 생식세포에 유전성 돌연변이를 일으킬 가능성이 있는 물질
    – 포유류를 이용한 생체내(in vivo) 체세포 변이원성 시험에서 양성
    – 기타 시험동물을 이용한 생체내(in vivo) 체세포 유전독성 시험에서 양성이고, 시험관내 (in vitro) 변이원성 시험에서 추가로 입증된 경우
    – 포유류 세포를 이용한 변이원성 시험에서 양성이며, 알려진 생식세포 변이원성 물질과 화학적 구조활성 관계를 가지는 경우
㉣ 생식독성 정보물질의 표기는 「화학물질의 분류·표시 및 물질안전보건자료에 관한 기준」에 따라 다음과 같이 표기함

정답 | 18.④

- 1A : 사람에게 성적기능, 생식능력이나 발육에 악영향을 주는 것으로 판단할 정도의 사람에서의 증거가 있는 물질
- 1B : 사람에게 성적기능, 생식능력이나 발육에 악영향을 주는 것으로 추정할 정도의 동물시험 증거가 있는 물질
- 2 : 사람에게 성적기능, 생식능력이나 발육에 악영향을 주는 것으로 의심할 정도의 사람 또는 동물시험 증거가 있는 물질
- 수유독성 : 다음 어느 하나에 해당하는 물질
    - 흡수, 대사, 분포 및 배설에 대한 연구에서, 해당 물질이 잠재적으로 유독한 수준으로 모유에 존재할 가능성을 보임
    - 동물에 대한 1세대 또는 2세대 연구결과에서, 모유를 통해 전이되어 자손에게 유해영향을 주거나, 모유의 질에 유해영향을 준다는 명확한 증거가 있음
    - 수유기간 동안 아기에게 유해성을 유발한다는 사람에 대한 증거가 있음
- ⑩ 화학물질이 IARC 등의 발암성 등급과 NTP의 R등급을 모두 갖는 경우에는 NTP의 R등급은 고려하지 아니함
- ⑪ 혼합용매추출은 에틸에테르, 톨루엔, 메탄올을 부피비 1 : 1 : 1로 혼합한 용매나 이외 동등 이상의 용매로 추출한 물질을 말함
- ⓐ 노출기준이 설정되지 않은 물질의 경우 이에 대한 노출이 가능한 한 낮은 수준이 되도록 관리하여야 함

19 2023년 산업재해 현황에서 제조업 중 재해자 수가 가장 많은 업종과 재해율이 가장 높은 업종으로 묶은 것은?

	재해자 수	재해율
㉠	선박건조 및 수리업	금속제련업
㉡	목재 및 종이제품제조업	선박건조 및 수리업
㉢	화학 및 고무제품제조업	금속제련업
㉣	금속제련업	기계기구·금속·비금속광물제품제조업
㉤	기계기구·금속·비금속광물제품제조업	선박건조 및 수리업

① ㉠
② ㉡
③ ㉢
④ ㉣
⑤ ㉤

해설 업종별(중분류) 산업재해 현황(2023년)

(명, %, ‰)

구분	근로자 수	재해자 수	사망자 수	재해율	사망만인율
총계	20,637,107	136,796	2,016	0.66	0.98
금융 및 보험업 소계	853,734	605	19	0.07	0.22
금융 및 보험업	853,734	605	19	0.07	0.22
광업 소계	9,713	2,988	427	30.76	439.62
석탄광업 및 채석업	2,073	2,589	389	124.89	1,876.51
석회석·금속·비금속광업 및 기타 광업	7,640	399	38	5.22	49.74

구분	근로자 수	재해자 수	사망자 수	재해율	사망만인율
제조업 소계	4,006,893	32,967	476	0.82	1.19
식료품제조업	346,484	3,400	17	0.98	0.49
섬유 및 섬유제품제조업	160,269	1,082	24	0.68	1.50
목재 및 종이제품제조업	115,850	1,590	12	1.37	1.04
출판·인쇄·제본 또는 인쇄물가공업	103,909	387	1	0.37	0.10
화학 및 고무제품제조업	437,959	3,464	36	0.79	0.82
의약품·화장품·연탄·석유제품제조업	113,869	354	15	0.31	1.32
기계기구·금속·비금속광물제품제조업	1,515,147	15,601	267	1.03	1.76
금속제련업	41,457	350	11	0.84	2.65
전기기계기구·정밀기구·전자제품제조업	911,665	1,939	22	0.21	0.24
선박건조 및 수리업	127,279	3,754	51	2.95	4.01
수제품 및 기타제품제조업	133,005	1,046	20	0.79	1.50
전기·가스·증기 및 수도사업 소계	79,956	134	3	0.17	0.38
전기·가스·증기 및 수도사업	79,956	134	3	0.17	0.38
건설업 소계	2,233,184	32,353	486	1.45	2.18
건설업	2,233,184	32,353	486	1.45	2.18
운수·창고·통신업 소계	1,120,705	14,937	189	1.33	1.69
철도·항공·창고·운수 관련 서비스업	522,624	3,595	52	0.69	0.99
육상 및 수상운수업	501,380	11,105	136	2.21	2.71
통신업	96,701	237	1	0.25	0.10
임업 소계	137,826	1,000	17	0.73	1.23
임업	137,826	1,000	17	0.73	1.23
어업 소계	5,775	37	4	0.64	6.93
어업	5,775	37	4	0.64	6.93
농업 소계	93,504	706	12	0.76	1.28
농업	93,504	706	12	0.76	1.28
기타의 사업 소계	12,095,817	51,069	383	0.42	0.32
시설관리 및 사업지원서비스업	2,191,469	10,284	147	0.47	0.67
기타의 각종사업	974,676	1,866	35	0.19	0.36
해외파견자	50,634	20	1	0.04	0.20
전문·보건·교육·여가 관련 서비스업	4,441,882	11,666	58	0.26	0.13
도소매·음식·숙박업	3,553,357	21,064	116	0.59	0.33
부동산업 및 임대업	158,723	295	2	0.19	0.13
국가 및 지방자치단체의 사업	703,158	5,834	24	0.83	0.34
주한미군	21,918	40	0	0.18	0.00

NOTE 산업재해 통계 관련 용어

㉠ 근로자 수(명)
   산업재해보상보험 적용 근로자 수
㉡ 재해자 수(명)
   업무상 사고 또는 질병으로 인해 발생한 사망자와 부상자, 질병이환자를 합한 수
   ※ 재해자 수에는 통상의 출퇴근에 의한 재해는 제외[산업재해통계업무처리규정(고용노동부 예규)]
   • 사고재해자 수(명) : 업무상 사고로 인해 발생한 사망자와 부상자를 합한 수
   • 질병재해자 수(명) : 업무상 질병으로 인해 발생한 사망자와 질병이환자를 합한 수
㉢ 재해율(%)
   근로자 100명당 발생하는 재해자 수의 비율
   * 재해율(%)=(재해자 수/근로자 수)×100
   • 사고재해율(%) : 근로자 100명당 발생하는 업무상 사고재해자 수의 비율
     * 사고재해율(%)=(사고재해자 수/근로자 수)×100
   • 질병발생률(%) : 근로자 100명당 발생하는 업무상 질병자 수의 비율
     * 질병발생률(%)=(질병재해자 수/근로자 수)×100
㉣ 사망자 수(명)
   업무상 사고 또는 질병으로 인해 발생한 사망자 수
   ※ 사망자 수에는 사업장 외 교통사고(운수업, 음식숙박업은 포함), 체육행사, 폭력행위, 통상의 출퇴근에 의한 사망, 사고발생일로부터 1년 경과 사고사망자 제외[산업재해통계업무처리규정(고용노동부 예규)]
   • 사고사망자 수(명) : 업무상 사고로 인해 발생한 사망자 수
     ※ 업무상 사고사망자 수에는 사업장 외 교통사고(운수업, 음식숙박업은 포함), 체육행사, 폭력행위, 통상의 출퇴근에 의한 사망, 사고발생일로부터 1년 경과 사고사망자 제외[산업재해통계업무처리규정(고용노동부 예규)]
   • 질병사망자 수(명) : 업무상 질병으로 인해 발생한 사망자 수
㉤ 사망만인율(‰)
   근로자 10,000명당 발생하는 사망자 수의 비율
   * 사망만인율(‰)=(사망자 수/근로자 수)×10,000
   • 사고사망만인율(‰) : 근로자 10,000명당 발생하는 업무상 사고사망자 수의 비율
     * 사고사망만인율(‰)=(사고사망자 수/근로자 수)×10,000
   • 질병사망만인율(‰) : 근로자 10,000명당 발생하는 업무상 질병사망자 수의 비율
     * 질병사망만인율(‰)=(질병사망자 수/근로자 수)×10,000

20 국내의 산업보건 역사에 관한 내용으로 옳은 것을 모두 고른 것은?

> ㉠ 1995년 : 작업환경측정 및 정도관리규정 제정
> ㉡ 1996년 : 화학물질의 분류·표시 및 물질안전보건자료에 관한 기준 제정
> ㉢ 1997년 : 영상표시단말기(VDT) 취급근로자 작업관리지침 제정
> ㉣ 2014년 : 사업장 위험성평가에 관한 지침 제정

① ㉠, ㉡
② ㉠, ㉢
③ ㉠, ㉣
④ ㉡, ㉢
⑤ ㉢, ㉣

해설 한국 산업위생의 주요 역사

연도	주요 역사
1953년	「근로기준법」 제정·공포(우리나라 산업위생에 관한 최초의 법령) ※ 근로기준법의 주요 내용 : 안전과 위생에 관한 조항 규정 및 산업재해를 방지하기 위하여 사업주로 하여금 의무 강요
1981년	「산업안전보건법」 제정·공포 ※ 산업안전보건법의 목적 : 근로자의 안전과 보건을 유지·증진, 산업재해 예방, 쾌적한 작업환경 조성
1986년	유해물질의 허용농도 제정
1987년	한국산업안전공단 및 한국산업안전교육원 설립
1991년	원진레이온(주) 이황화탄소(CS_2) 중독 발생 (1991년에 중독을 발견, 1998년에 집단적 직업병 유발)
1992년	작업환경측정 및 정도관리규정 제정, 산업보건연구원 개원
1996년	화학물질의 분류·표시 및 물질안전보건자료에 관한 기준 제정
1997년	영상표시단말기(VDT) 취급근로자 작업관리지침 제정
2002년	대한산업보건협회 12개 산업보건센터 운영
2012년	사업장 위험성평가에 관한 지침 제정

21 근로자건강진단 실무지침에서 인체에 미치는 영향이 "접촉성 피부염, 비중격 점막의 괴사, 다발성 신경염 등"으로 기술된 물질은?

① 납
② 석면
③ 비소
④ 니켈
⑤ 카드뮴

해설 삼산화비소(As_2O_3) 건강장해
㉠ 급성증상
- 흡입 후 몇 분 내지 몇 시간 내에 나타나며 메스꺼움, 구토, 복통과 혈액이 섞인 설사
- 추위를 느끼고 근육통증과 안면 부종
- 발작, 경련, 혼수를 초래하여 사망에 이를 수 있음
- 삼산화비소 120mg은 치명적이며 간비대와 빈뇨를 유발
- 급성증상에서 회복될 경우 수 주 내에 말초신경에 이상이 오며 대칭 감각을 잃음(다발성 신경염)
- 발생기 수소의 존재하에서는 비소는 수소이온과 결합하여 비화수소(AsH_3)를 형성하는데 이 비소는 무색, 무취의 기체로서 비인두에 약한 자극을 주어 폐에서 혈액 내로 들어와 적혈구를 용혈
- 비화수소에 과다하게 노출된 채로 처치없이 두면 신세뇨관에 혈색소가 침전되어 하부 네프론 신염(lower nephron nephritis)과 함께 신기능 상실을 초래

㉡ 만성증상
- 피부, 호흡기, 심장, 간장, 신장, 혈액 및 조혈기관 신경계에 영향
- 색소침착, 입주위의 헤르페스 모양의 병변, 비듬과 비슷한 표피탈락, 손과 발의 과각화증
- 드문 경우에 있어서 피부암 등의 피부변화
- 비중격 천공과 만성기관지염
- 폐의 기저부 섬유증이 증가

정답 | 21.③

22 역학에 관한 설명으로 옳지 않은 것은?

① 역학의 내용에는 발생빈도의 측정, 분포의 기술, 결정요인의 규명 등이 있다.
② 역학연구에서 발생빈도는 인구집단의 크기를 고려하여 분율(proportion)이나 비율(rate)로 나타낸다.
③ 유병률은 비율(rate)로 나타낸다.
④ 발생률은 분율(proportion) 또는 비율(rate)로 나타낼 수 있다.
⑤ 역학연구에서 건강관련 사건이나 상태에 영향을 미칠 수 있는 인자들을 결정요인이라고 한다.

해설 유병률
ⓐ 정의
어떤 시점에서 이미 존재하는 질병의 분율, 즉 발생률에서 기간을 제거한 의미이다.
ⓑ 특징
- 일반적으로 기간 유병률보다 시점 유병률을 사용한다.
- 인구집단 내에 존재하고 있는 환자 수를 표현한 것으로 시간단위가 없다.
- 지역사회에서 질병의 이완정도를 평가하고, 의료의 수요를 판단하는 데 유용한 정보로 사용된다.
- 어떤 시점에서 인구집단 내에 존재하는 환자의 비례적인 분율 개념이다.
- 여러 가지 인자에 영향을 받을 수 있어 위험성을 실질적으로 나타내지 못한다.

NOTE (1) 발생률
ⓐ 정의
특정 기간 위험에 노출된 인구집단 중 새로 발생한 환자 수의 비례적인 분율 또는 비율 개념이다. 즉, 발생률은 위험에 노출된 인구 중 질병에 걸릴 확률의 개념이다.
ⓑ 특징
- 시간차원이 있고 관찰기간 동안 평균인구가 관찰대상이 된다.
- 발생밀도 및 누적발생률로 표현한다.

- 발생밀도 = $\dfrac{\text{일정 기간 내에 새로 발생한 환자 수}}{\text{관찰 연인원의 총합}}$

- 누적발생률 = $\dfrac{\text{연구기간 동안에 새로 발생한 환자 수}}{\text{관찰 개시 때의 위험에 노출된 인구 수}}$

※ 누적발생률은 고정인구집단을 특정 기간 관찰할 때 유용한 지표이다.

(2) 유병률과 발생률과의 관계

유병률(P) = 발생률(I) × 평균이환기간(D)

단, 유병률은 10% 이하이고, 발생률과 평균이환기간이 시간경과에 따라 일정하여야 한다.

(3) 비(ratio), 분율(proportion), 율(rate)
ⓐ 비(ratio)
- 분자를 분모로 나누는 일반적인 개념의 지표이다.
- 예를 들어 성비(남성 인원 수/여성 인원 수) 등이 포함된다.
- 이 지표의 특성은 분자가 분모에 포함되지 않으며 분자와 분모가 반드시 같은 단위일 필요는 없다.
ⓑ 분율(proportion)
- 분자가 분모에 포함되는 지표이다.
- 예를 들어 남자의 분율은 남자 인구 수를 분자로 하고 전체 인구 수를 분모로 한다.
- 유병률도 전체 인구 중 질병자를 분자로 하는 분율이다.
ⓒ 율(rate)
- 분율과 같으나 단위시간당 변화는 속도의 개념이 추가된다.
- 예를 들어 연간 발생률이란 특정 연도의 발생률이라기 보다는 평균 연도별 변화에 따른 새로운 환자 수의 변화(시간에 따른 변화)를 의미한다. 단위는 0에서 무한대의 값을 갖는다.

23 피로의 기여요인 중 작업관련 요인으로 옳지 않은 것은?
① 소음
② 직무스트레스
③ 근육작업
④ 작업관리의 엄격성
⑤ 신체활동 부족

해설 피로의 기여요인

작업관련 요인	기타 요인
〈작업부하〉 • 작업방식 : 작업자세, 작업의 흐름, 조작방법, 동작순서, 근육작업 • 작업밀도 : 작업속도, 에너지사용, 주의집중과 긴장도, 업무요구도 〈작업환경조건〉 • 물리적 환경 : 조명, 소음, 진동, 환기, 온도조건(고온, 저온) • 사회심리적 환경 : 직무스트레스 〈작업편성과 시간〉 • 작업편성 : 작업관리의 엄격성, 규제 또는 책임분담 여부 • 작업시간 : 1일 연속작업시간, 부적절한 휴식, 부적절한 근무 일정 및 교대시기, 교대근무간 불충분한 회복시간 〈기타 요인〉 • 과도한 출퇴근시간 • 퇴근 후 추가근무 • 빈번하거나 늦은 시간까지 지속되는 회식	〈개인적 요인〉 • 연령(예 고령인 경우 밤근무 적응이 더 어려움) • 피로를 주요 증상으로 나타내는 질환 또는 건강상태(예 비만, 빈혈, 결핵, 우울증, 스트레스, 당뇨병, 임신, 갑상선 기능 저하, 심장질환, 만성피로증후군 등) • 약물 부작용(예 일부 항고혈압제, 대개의 신경안정제, 소염진통제, 항경련제, 부신피질 스테로이드, 감기약, 경구 피임약 등) • 지나친 음주와 흡연, 신체활동 부족 • 사회활동과 가정생활로 인한 수면 및 휴식 부족

24 야간작업으로 인한 수면장애 근로자의 작업환경 관리에 관한 지침의 내용으로 옳지 않은 것은?
① 연속적인 교대근무는 사고 위험을 높일 수 있다.
② 교대 주기는 느린 경우(근무 시간대 변경 주기가 4일 이상인 경우)가 빠른 경우보다 적응하기 쉽다.
③ 12시간 이상의 근무는 건강 및 사고 위험을 높일 수 있으며, 가수면이 확보되지 않는 24시간의 근무는 권장하지 않는다.
④ 야간작업은 연속하여 5일을 넘기지 않도록 한다.
⑤ 역방향 교대근무(저녁-오전-오후)는 순방향 교대근무보다 수면 적응에 부정적이다.

정답 | 23.⑤ 24.④

해설 야간작업으로 인한 수면장애 근로자의 작업환경 관리

ⓐ 역방향 교대근무(즉, 다음 교대 시간대가 현재 시간대보다 이른 시간에 시작하는 경우, 저녁-오전-오후)는 일반적으로 고정된 근무나 순방향 교대근무보다 수면과 일주기 적응에 부정적이다. 또한 교대주기는 느린 경우(근무 시간대 변경 주기가 4일 이상인 경우)가 빠른 경우보다 적응하기 쉬우므로 이러한 내용을 참고하여 교대근무 일정을 조정한다.

ⓑ 12시간 이상의 근무는 건강 및 사고 위험을 높일 수 있으며, 가수면이 확보되지 않는 24시간의 근무는 권장하지 않는다.

ⓒ 근로자가 교대근무에 충분히 준비할 수 있게 교대근무 일정은 항상 사전에 알린다.

ⓓ 교대근무 중의 휴식을 확보하기 위해 충분한 대체인력을 확보하여야 한다.

ⓔ 연속인 교대근무는 사고 위험을 높일 수 있으며, 교대근무와 다음 교대근무 시간 사이에는 회복을 위한 적절한 휴일을 제공하여야 한다. 야간작업은 연속하여 3일을 넘기지 않도록 하며, 특히 야간 근무를 모두 마친 후 아침 근무에 들어가기 전 최소한 24시간 이상 휴식을 제공한다.

ⓕ 일주기 유형(chronotype)은 개인별로 선호되는 일주기 리듬을 말하며, 아침형 혹은 야행성 등으로 나눌 수 있다. 이러한 일주기 유형과 교대근무 형태가 맞지 않을 경우 교대근무의 적응에 어려움이 있기 때문에 수면장애를 호소하는 근로자의 일주기 유형을 파악하여 그에 맞게 교대근무 유형을 변경한다.

ⓖ 근로자의 직무가 안전에 민감한 직무인 경우 과도한 졸음과 사고의 가능성을 면밀히 관찰하여야 한다. 증상의 중증도는 '주간졸림증 평가도구(Epworth Sleepiness Scale, ESS)'를 사용하여 객관적으로 판단할 수 있다. 안전성 문제에는 야간근무 후 귀가도 포함되는데, 졸음 및 피로로 인해 차량 사고 혹은 사고 위험이 있었던 근로자의 경우, 안전하게 귀가할 수 있도록 관리한다.

NOTE 용어(야간작업 특수건강진단 수면장애 사후관리 지침)

ⓐ 야간작업 : 6개월간 밤 12시부터 다음날 오전 5시까지의 시간을 포함하여 계속되는 8시간 작업을 월 평균 4회 이상 수행하는 경우 또는 6개월간 오후 10시부터 다음날 오전 6시 사이의 시간 중 작업을 월 평균 60시간 수행하는 작업을 말한다.

ⓑ 야간작업 특수건강진단 : 야간작업을 수행하는 근로자를 대상으로 하는 특수건강진단을 말한다.

ⓒ 교대근무 수면장애 : 야간작업으로 인해 발생하는 수면장애를 말하며, 적어도 한 달 이상 지속된 야간 교대근무와 관련되어 발생한 불면증, 과도한 졸림 증상을 말한다.

ⓓ 사후관리 : 사업주가 건강진단 실시결과에 따른 작업장소 변경, 작업전환, 근로시간 단축, 야간근무 제한, 작업환경측정, 시설·설비의 설치 또는 개선, 건강상담, 보호구 지급 및 착용 지도, 추적검사, 근무 중 치료 등 근로자의 건강관리를 위하여 실시하는 조치를 말한다.

25 청력보호구의 착용방법 및 관리에 관한 지침의 내용으로 옳지 않은 것은?

① 덥고 습기찬 곳에서는 일회용 귀마개를 착용한다.
② 귀마개 중 EP-1형은 고음만을 차단시키므로 대화가 필요한 작업에서 착용한다.
③ 귀덮개는 중심주파수 4,000Hz에서 차음성능이 35dB 이상이어야 한다.
④ 귀마개 중 EP-1형은 중심주파수 4,000Hz에서 차음성능이 25dB 이상이어야 한다.
⑤ 소음성 난청 유소견자나 유의한 역치 변동이 있는 근로자에 대해서는 청력보호구의 착용 효과로 소음노출 수준이 최소한 8시간 시간가중평균 85dB(A) 이하가 되어야 한다.

[해설] 청력보호구의 종류 및 성능

종류	등급	기호	성능	비고
귀마개	1종	EP-1	저음부터 고음까지 차음하는 것	귀마개의 경우 재사용 여부를 제조 특성으로 표기
귀마개	2종	EP-2	주로 고음을 차음하고 저음(회화음영역)은 차음하지 않는 것	
귀덮개	–	EM		

NOTE (1) 청력보호구의 사용 환경과 장·단점

종류	귀마개	귀덮개
사용 환경	• 덥고 습한 환경에 좋음 • 장시간 사용할 때 • 다른 보호구와 동시에 사용할 때	• 간헐적 소음 노출 시 • 귀마개를 쓸 수 없을 때
장점	• 작아서 휴대에 간편 • 안경이나 머리카락 등에 방해받지 않음 • 저렴함	• 착용여부 확인 용이 • 귀에 이상이 있어도 착용 가능
단점	• 착용여부 파악 곤란 • 착용 시 주의할 점이 많음 • 많은 시간과 노력이 필요 • 귀마개 오염 시 감염될 가능성이 있음	• 장시간 사용 시 내부가 덥고, 무겁고, 둔탁함 • 보안경사용 시 차음효과 감소 • 값이 비쌈

(2) 귀마개·귀덮개 차음성능 기준

	중심주파수 (Hz)	차음치(dB)		
		EP-1	EP-2	EM
차음성능	125	10 이상	10 미만	5 이상
	250	15 이상	10 미만	10 이상
	500	15 이상	10 미만	20 이상
	1,000	20 이상	20 미만	25 이상
	2,000	25 이상	20 이상	30 이상
	4,000	25 이상	25 이상	35 이상
	8,000	20 이상	20 이상	20 이상

㉠ 귀마개 중 EP-2형은 고음만을 차단시키므로 대화가 필요한 작업에서 착용한다.
㉡ 소음의 정도에 따라 착용해야 할 보호구가 각각 다르다. 즉, 소음수준이 85~115dB일 때는 귀마개 또는 귀덮개를 각각 착용하고, 110~120dB이 넘을 때는 귀마개와 귀덮개를 동시에 착용한다.
㉢ 청력보호구는 보호구의 착용으로 8시간 시간가중평균 90dB(A) 이하의 소음노출 수준이 되도록 차음효과가 있어야 한다. 단, 소음성 난청 유소견자나 유의한 역치 변동이 있는 근로자에 대해서는 청력보호구의 착용 효과로 소음노출 수준이 최소한 8시간 시간가중평균 85dB(A) 이하가 되어야 한다.

산업보건지도사 1차 시험
II 산업위생일반

2023. 1. 12. 초 판 1쇄 발행
2026. 1. 7. 3차 개정증보 3판 1쇄 발행

지은이	서영민
펴낸이	이종춘
펴낸곳	BM ㈜도서출판 **성안당**
주소	04032 서울시 마포구 양화로 127 첨단빌딩 3층(출판기획 R 10881 경기도 파주시 문발로 112 파주 출판 문화도시(제작 및 물류)
전화	02) 3142-0036 031) 950-6300
팩스	031) 955-0510
등록	1973. 2. 1. 제406-2005-000046호
출판사 홈페이지	www.cyber.co.kr
ISBN	978-89-315-8509-4 (13530)
정가	49,000원

이 책을 만든 사람들
책임 | 최옥현
진행 | 이용화, 김원갑
교정·교열 | 김원갑
전산편집 | 이지연
표지 디자인 | 박원석
홍보 | 김계향, 임진성, 김주승, 최정민, 이해솜
국제부 | 이선민, 조혜란
마케팅 | 구본철, 차정욱, 오영일, 나진호, 강호묵
마케팅 지원 | 장상범
제작 | 김유석

www.cyber.co.kr
성안당 Web 사이트

이 책의 어느 부분도 저작권자나 BM ㈜도서출판 **성안당** 발행인의 승인 문서 없이 일부 또는 전부를 사진 복사나 디스크 복사 및 기타 정보 재생 시스템을 비롯하여 현재 알려지거나 향후 발명될 어떤 전기적, 기계적 또는 다른 수단을 통해 복사하거나 재생하거나 이용할 수 없음.

※ 잘못된 책은 바꾸어 드립니다.